水质基准理论与方法学导论
（第二版）

吴丰昌 等 编著

U0193756

科学出版社

北　京

内 容 简 介

本书汇编了大量国内外资料和文献，特别是在20世纪80年代和90年代美国水质基准指南的基础上，分别总结了保护水生生物水质基准和人体健康水质基准推导的理论和方法、健康风险评估和生物累积因子推导的理论和方法及水质基准相关参数推导的案例分析；同时结合近十几年来我国在该领域最新的进展和成果，系统梳理了我国水质基准研究的历史、现状及应用，总结了我国水质基准理论方法学框架体系及典型案例。本书内容包括水质基准的概念、发展历史、现状和趋势；中外水质基准与水质标准的比较；水质基准的应用与实践。

本书是对当下水质基准的理论和方法学的系统总结，涉及了很多有关水质基准理论与相关参数的基本概念，并对环境暴露、生物富集和风险评估等国际前沿学科进行了较为详细的描述，反映了国内外水质基准与水质标准的科技动向，是水质基准相关学科及有关环保部门进行水质管理、制定水质标准及评估水环境质量的参考性资料。

本书可供水质基准、水质标准、环境管理、质量评估、风险评估、毒理学、环境科学与工程、生物学、人体流行病学和生态学等领域的科研和管理人员阅读。

图书在版编目（CIP）数据

水质基准理论与方法学导论/吴丰昌等编著. —2版. —北京：科学出版社，2020.11

ISBN 978-7-03-066856-1

Ⅰ. ①水… Ⅱ. ①吴… Ⅲ. ①水质标准–研究 Ⅳ. ①X-651

中国版本图书馆 CIP 数据核字（2020）第 222918 号

责任编辑：罗 吉 黄 梅/责任校对：杨聪敏
责任印制：张 伟/封面设计：许 瑞

科学出版社 出版
北京东黄城根北街 16 号
邮政编码：100717
http://www.sciencep.com

北京建宏印刷有限公司 印刷
科学出版社发行 各地新华书店经销

*

2020 年 11 月第 一 版 开本：787×1092 1/16
2021 年 1 月第二次印刷 印张：33 3/4
字数：800 000

定价：269.00 元
（如有印装质量问题，我社负责调换）

《水质基准理论与方法学导论》（第二版）
编辑委员会

第二版前言

水质基准是依据特定对象在水环境介质中的暴露数据，以及与水环境要素的剂量-效应关系数据，通过科学判断得出的对水生态和人体健康不产生有害效应的理论阈值，属于自然科学研究范畴，强调人与生态环境的和谐共处，是国家环境保护工作中自然控制依据的标准。水质基准是水质标准制定的基础和科学依据，同时也是水环境质量评价和风险管理的科学依据。包括美国在内的多个国家均已构建了环境基准框架体系，并发布了基准制订指导文件，将水质基准直接作为水质标准应用于水体功能评价以及其他环境管理中。可以说水质基准是国家环境保护工作的基石和尺度，也是环境保护工作的目标和方向。

目前我国生态环境依然脆弱，生态安全形势依然严峻，保护与发展矛盾依然突出，为了国家生态安全和社会经济的可持续发展，国家日益重视环境基准的科学研究。自2005年《国务院关于落实科学发展观加强环境保护的决定》提出"科学确定环境基准"的国家目标以来，国家相继出台了一系列法律法规，也明确将环境基准和标准列入生态与环境领域未来的重要研究方向，如2015年新修订的《中华人民共和国环境保护法》第15条规定，"国家鼓励开展环境基准研究"；2017年修订的《中华人民共和国水污染防治法》提出，"国务院环境保护主管部门制定国家水环境质量基准"；《水污染防治行动计划》（国发〔2015〕17号）第十二条规定，开展有机物和重金属等水环境基准研究。环境基准是构建我国生态环境风险防范体系的基石。2018年习近平总书记在全国生态环境保护大会上指出要有效防范生态环境风险，要把生态环境风险纳入常态化管理，系统构建全过程、多层级生态环境风险防范体系。生态环境风险防范体系建设是一项长远的系统性工程，需要坚实的基础和强有力的技术支撑，水质基准研究以环境暴露、毒理效应与风险评估为核心，揭示水环境因素对生态安全和人群健康影响的客观规律，是最新科技成果的综合总结，直接为国家环境安全服务。随着生态文明建设的不断深化及其对生态环境服务功能要求的不断提高，研究制定符合我国区域特征的水生态环境基准已成为国家生态环境风险防范和生态文明建设的重大现实需求。同时水质基准也是一个国家科学技术水平和能力的体现，也可为国家环境安全战略、人体健康保护、经济社会可持续发展提供科技支撑。

我国环境基准研究受到政府部门和科学家的日益关注，2008年，为了应对太湖蓝藻水华的大暴发，科技部紧急启动了"湖泊污染防治基础研究"专项。其作为三个专项之一，以中国环境科学研究院为依托单位设立了"湖泊水环境质量演变与水环境基准研究"（973项目）。该项目组系统开展了国内外水质基准理论、方法和案例研究，形成了系列研究成果。《水质基准的理论与方法学导论》第一版就是在这一背景下编写而成的。此书整理了大量国内外资料和文献，特别是在美国水质基准指南的基础上，对当时各个国家水质基准理论和方法学进行系统总结，反映了国内外水质基准与水质标准的科技动向，探求它们历史演变和发展的规律，发现暴露和存在的问题及未来的研究方向。该书的出版填补了当时我国在水质基准方面的空白，为国家环境保护和管理提供理论依据，同时对推动我国环境基准体系的构建与业务应用产生了重要而深远的影响。

近年来，环境基准研究工作在我国法律地位的确立，强力推进了我国水质基准的创新研究。科技部、国家自然科学基金委和生态环境部等在近 10 年相继部署了多个水质基准项目，如 2010 年国家环境保护公益性行业科研专项"我国环境基准技术框架与典型案例预研究"；2016 年国家自然科学基金创新研究群体项目"水质基准理论与方法"；2016 年环境保护部业务化工作项目"国家环境基准管理"等。恰逢其时，2012 年伴随着环境基准和风险评估国家重点实验室的成立，我国水质基准研究表现出强劲的后发优势，以国家重点实验室为牵头单位，联合各兄弟单位共同承担了大量水质基准相关研究项目，多年的工作积累使得在污染过程、毒理学、效应评价、生物学、水质基准理论、方法及应用案例等方面的研究和实践，取得了诸多创新性研究成果。

生态环境部一直高度重视环境基准研究工作，2016 年专门设立了"国家环境基准管理"业务化工作项目。在该项目的资助下，培养了一支以国家重点实验室为核心的研发团队，开展了环境基准创新和业务化应用研究。在吴丰昌院士的带领下，于 2017 年发布了《国家环境基准管理办法（试行）》，组建了国家生态环境基准专家委员会，并陆续发布了多个水生态基准制定技术指南；2020 年又发布了我国首个国家生态环境基准《淡水水生生物水质基准——镉》。伴随着后续一批污染物生态环境基准的发布，我国初步形成了顶层设计、技术规范、基准值有序衔接的生态环境基准管理链条。这标志着我国生态环境基准从无到有，取得了突破性进展。《水质基准的理论与方法学导论》的再版就是吸收了这些科研项目的部分研究成果，并在研究团队成员（包括博士后和研究生）的辛勤努力下共同完成的。

系统完善的理论方法学作为科学确定基准的根本途径，也是基准研究的基本保障。《水质基准的理论与方法学导论》作为我国水环境基准研究的核心内容，第一版出版后得到了全国众多环境基准相关科研学者及政府管理人员的一致认同，并引起同行的广泛关注。自 2010 年第一版出版 10 年来，水质基准发展迅速——从一个边缘冷门学科蜕变成一个相对成熟的体系。并且，我国多个大学及研究机构都掀起了水质基准研究热潮。然而迄今为止，环境基准作为一个新领域及新学科，我国尚未系统编制过一本基于科学理论和充足数据支持的环境基准制订方法学。我国从事环境基准研究的学者和相关管理部门可获得的参考资料很少，甚至可以说几乎没有。随着环境基准学科发展的日新月异以及读者的呼吁，对第一版进行修订和增删已成必要。还必须强调的是，为了贯彻落实全面、协调、可持续的生态环境风险防范常态化管理，我们要走的路还很长。因此，我们坚定地认为，开展"生态环境基准创新研究"应该是一个长期坚持的、奋斗不懈的事业。也正是出于这个信念，加上这十年来国内外在水质基准研究与实践等方面丰富的系列成果，我们对《水质基准的理论与方法学导论》进行了修订再版。

第二版是在 2010 年出版《水质基准的理论与方法学导论》的基础上，在体系与章节方面保留了第一版中的大部分内容，进一步拓展的内容更具有系统性和新颖性。第二版在第一版的基础上尽量体现国内外水质基准理论、方法及技术迅速发展的新成果，聚焦我国环境基准研究热点，高度概括了我国环境基准研究的历史、现状及应用，力求与时俱进，跟上国际环境基准发展的步伐。因此，读者将会发现本书在第一版基础上增加了国际水质基准近十年的发展，如美国、欧盟、日本、韩国、世界卫生组织等。同时也对我国水质基准理论和方法的最新进展及实际研究案例加以重点增补。希望第二版的出版有助于推动我国土壤和空气环境基准体系的构建，有益于我国环境基准的创新研究和业务应用发展。

《水质基准理论与方法学导论》（第二版）的编写工作由吴丰昌统筹、策划和负责。本书共分8章：第1章和第2章由张瑞卿、李会仙、苏海磊和吴丰昌完成，介绍了国内外水质基准概念内涵及其发展历程。第3章由李会仙、曹宇静和吴丰昌完成，介绍了水生生物水质基准推导的理论和方法。第4章和第8章由李会仙、苏海磊和吴丰昌完成，介绍了人体健康水质基准推导的理论与方法以及水质基准的应用与实践。第5章由李会仙完成，介绍了水质基准推导中健康风险评估的理论与方法。第6章由李会仙和苏海磊完成，介绍了生物累积因子推导的理论和方法。第7章由苏海磊、李会仙和吴丰昌完成，介绍了中外水质基准与水质标准的比较。附录部分由李会仙、苏海磊、张瑞卿、曹宇静和吴丰昌完成，整理了美国和欧盟颁布的历年国家水质基准推荐值、我国环境基准管理办法、水质基准制定技术指南及相关典型案例。最后由李会仙和苏海磊完成了对全书的统稿和校稿工作。

本书经多次研讨、补充和完善后定稿。编写过程中，王子健、宋永会、赵晓丽、刘征涛、陈艳卿、廖海清等提出了许多宝贵意见。同时，特此感谢中国环境科学研究院刘鸿亮院士，生态环境部黄润秋部长、赵英民和庄国泰副部长，以及法规与标准司的别涛司长、工开宇副司长、宛悦调研员、科技与财务司邹首民司长、陈胜处长对本书编写过程中的技术指导及许多具体建议。谨以本书献给水质基准、水质标准、环境管理、环境暴露、风险评估、毒理学、环境科学与工程、生物学、流行病学和生态学等领域的同行，若能对大家的工作有所裨益，自感由衷愉快和欣慰。

由于作者水平有限，书中疏漏之处在所难免，恳切希望各位同仁给予批评指正。

作　者

2020年10月10日

第一版序一

水乃生命之源，文明兴衰之根，世界万物之本。在数千年的人类文明进程中，河流、湖泊、海洋等环境水体维系着人与自然的和谐发展。中国政府高度重视环境保护，将环境保护确立为基本国策，实施可持续发展的国家战略。近几年来，相继提出建设生态文明、推进环境保护历史性转变和探索中国特色环境保护新路等一系列新理念和创新举措，环境保护从认识到实践都发生了重要的变化，具体为：坚持环境优先理念，将生态环境影响、水环境总量、容量和承载力作为经济社会发展规模、布局和速度的基础，将环境保护要求作为各类社会经济活动的约束性条件，采取多种措施，在发展经济过程中，维持水生态系统安全，促进系统良性循环，保障人体健康。水质基准是水环境质量评价、水环境质量标准制（修）订和环境管理与政策制定的科学基础，因此也是完成上述一系列重要认识和实践变化的核心理论依据。

中国水环境形势严峻，水污染控制和治理任务繁重。中国是世界上 13 个水资源最为短缺的国家之一，人均水资源量仅为世界平均水平的 25%，现阶段水污染依然较为严重，部分大型湖泊出现富营养化问题。2009 年我国长江、黄河、珠江、松花江、淮河、海河和辽河七大水系地表水国家控制监测断面中，Ⅰ—Ⅲ类，Ⅳ—Ⅴ类和劣Ⅴ类水质断面的比例分别为 57.3%、24.3%和 18.4%，水体污染控制和管理面临巨大挑战，亟待加强基础科学研究。

水质基准强调"以人（生物）为本"及人与自然和谐共处的理念，是科学理论上人与自然"希望维持的标准"，是国家环境保护工作的"自然控制标准"，也是环境保护的政策目标。我国一贯重视环境保护基础理论研究，环境标准是我国环境保护工作的重要任务，是我国环境保护依法行政的基础准绳，标准的科学性对环境保护成效至关重要。基准是标准制（修）订的理论依据，加强标准制定的科学性，就必须加强我国环境基准的研究，"基准不科学，质量标准就无法真实反映客观规律，环境保护就难以确定工作方向和目标，也难以达到理想效果"。国务院 2005 年明确提出"科学确定基准"的国家目标，并且把"大幅提高国家环境保护科技支撑能力"列入国家中长期发展规划纲要（2006～2020 年）。我国水质基准研究正是顺应国家环境保护工作的"三个重要转变"与"风险管理"新理念的核心理论工程。"中国制造"水质基准既注重针对中国区域特点和社会经济实际问题，又注重国际经验的借鉴和理论的总结与提升，是当前我国环境保护和环境管理的重大科技需求。

近年来，针对我国环境标准主要参照国外发达国家基准与标准制定的现状，国内很多研究单位和科学工作者开展了水质基准研究，在污染过程、毒理学、水质基准的理论、技术与方法、水质标准与污染控制等方面做了大量工作，获得了许多有价值的资料和成果。《水质基准的理论与方法学导论》是中国环境科学研究院在长期研究积累的基础上，系统总结国内外水质基准理论和方法学，对环境暴露、生物富集和风险评估等国际前沿学科进行了较为详细的论述，反映了国内外水质基准与水质标准的最新动向，是环境科学与工程及环境保护部门制定水质标准、排放标准和水质管理的重要参考资料。

　　该书在国内首次全面论述了水质基准理论和方法，部分内容填补了我国在水质基准方面的空白，对大气、土壤等环境基准的研究也具有一定的参考价值。该书的出版对我国环境污染控制和环境风险管理具有重要的理论意义，对推动我国环境基准体系的完善与构建，及环境管理制度的创新将产生重要而深远的影响。

　　祝贺《水质基准的理论与方法学导论》的付梓，感谢广大环境保护科研工作者和该书作者们为我国环境保护和环境管理所作的贡献。

环境保护部部长

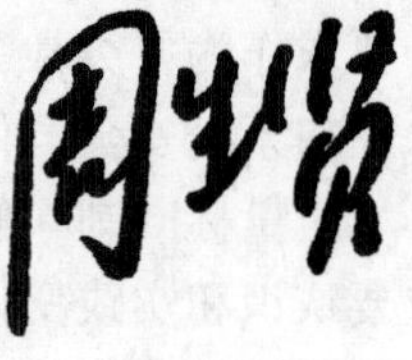

周生贤

2010 年 6 月

第一版序二

水环境污染是影响人类生存和健康的突出问题，近年来频频发生的突发性水污染事件以及由此导致的生态环境破坏和人体健康危害给人们敲起了警钟。随着对水环境问题认识的深化和强化科学管理的需要，水质基准研究也日益成为诸多领域学者探索的科学主题。

水质基准是一个科学术语，由污染物与特定对象之间的剂量-效应关系确定，涉及环境化学、毒理学、生态学、流行病学、生物学和风险评估等前沿学科领域。水质基准是世界各国可互相借鉴的科学资料，是当前最新科学知识的集成，体现了国家环境科学领域的最新进展，是在不断集成新的科学知识，并结合不同国家的国情基础上做出的合理的科学判断，开展水质基准的研究可以极大地促进和推动相关环境学科的发展。因此，水质基准研究是国家科技发展趋势和科学前沿。

国家制定环境质量标准的基本依据是反映环境中有害化学组分或物理因素的容许浓度的环境基准，同时，还要结合国家自然环境特征、控制环境污染的技术水平、经济条件和社会要求等。水质基准是指水环境中污染物对特定对象（人、生物和使用功能等）不产生不良或有害影响的最大可接受剂量、浓度和限值，是在保护人体健康及保护生活环境方面希望加以维持的最低限值，它包含了三个层次的内涵：第一，水质基准以保护人体健康、生态系统及其水体功能为目的，反映了污染物在水体中最大可接受浓度的科学信息；第二，水质基准是自然科学的研究范畴，它是在研究污染物在环境中的行为和生态毒理效应等基础上科学确定的，基准值是完全基于科学实验的客观记录和科学推论；第三，水质基准是制定水质标准的依据，以环境暴露、毒理效应与风险评估为核心内容的水质基准体系，是水环境质量评价、风险控制及整个水环境管理体系的科学基础。因此，水质基准是水环境质量科学管理的根本和源头。

我国地质、气候和生态环境要素、生态环境特征、污染类型和特征与国外相比差异显著，所处的经济发展阶段、产业发展模式、居民饮食习惯、消费方式与发达国家有明显不同。因此，完全依据国外水质基准和标准制定的水质标准可能难以符合实际区域水环境特征和经济发展现状。随着保护生物多样性和环境管理的强化，开展适合我国国情的水质基准研究势在必行。

欧美等发达国家从20世纪60年代起即开展了水质基准的研究，我国的水质基准研究相对滞后，与国外发达国家有较大的差距，尚未形成系统的理论、技术与方法体系。迄今为止，我国可用于环境管理的水质基准基本是空白，缺乏具有可操作性的水质基准制定的方法学，水质基准的理论研究不足，水质基准的原创性研究成果较少。因此，我国水质基准理论和方法学研究，对构建适合国情和污染控制需要的水质基准体系，整体提升我国环境保护科研水平具有重要的理论意义和实用价值。

该书系统集成了当前国际水质基准的理论和方法体系，总结了以美国水质基准为代表的国外科学和先进的水质基准制定方法；在吸收美国等发达国家和地区关于水质基准的最新研究成果的基础上，展示了中国环境科学研究院在我国水质基准研究实践中的系统性研究成果，阐明了我国水环境质量标准的演变规律和存在的不足，指出了我国水质基准对水环境标准与管理的支撑思路。

该书的出版将促进我国尚未健全的水质基准理论与方法学研究，直接服务于环境污染控制科学管理和突发性水污染事件的应急处置，为国家环境保护和管理提供理论依据；同时将促进和带动我国环境科学学科的发展，推动环境科学研究与国家环境管理工作的有效衔接。因此，该书的出版对于环境保护的科学研究具有里程碑意义。

水质基准研究因其自身的复杂性，是一项长期、艰巨和系统的工程，尚有很多科学问题需要研究，这将是政府和科学工作者今后很长一段时间的共同任务。该书为我国环境基准这一崭新领域的研究推开了一扇门，我们期待这一领域的蓬勃兴起，期望更多的科学家参与，期望更多更好的相关研究成果出版问世。

中国科学院院士

2010 年 6 月于广州

第一版前言

水质基准是制定水质标准的基础和科学依据，是整个环境保护和环境管理工作的基石。自 20 世纪 60 年代以来，美国等发达国家开展长期而系统的研究，到目前为止，已颁布了 7 次美国国家基准推荐值。近年来，其他国家如日本、加拿大和澳大利亚等也都相继开展了水质基准的研究，区域水质基准研究已成为国际发展趋势。我国一直没有开展过水质基准的系统研究。

我国环境标准研究起步较晚，水环境标准如《地表水环境质量标准》和《生活饮用水卫生规范》自 20 世纪 80 年代以来，进行了多次修订。目前已形成了比较完整的水环境标准管理体系。但是，我国水环境质量标准一直是借鉴和参照国外发达国家的水质基准或标准的基础上形成的，其适用性和适应性值得商榷。

美国一般由国家环境保护局研究、推荐和颁布国家水质基准，各州根据实际情况制定水质标准。美国水质基准体系是根据美国国情和区域（污染特征、生物区系、地质地理、水环境要素和社会经济条件等）特征建立起来的，水质基准值具有一定的普遍性和局限性，有的水质基准值适合于其他国家，有的可能不适合于其他国家。中国水质基准和环境管理科研之路该如何走？我国幅员辽阔，自然背景、地质、地理、气候和生态环境特征差异明显，污染特征和生物区系特色鲜明；近年来随着中国社会经济的快速发展，环境污染事态严峻，监管和治理压力很大，国家环境争端和外交任务重，构建具有中国区域特点水质基准的管理体系势在必行。

本书就是在这一背景下编写而成的。"它山之石，可以攻玉"，首先，作者回顾了水质基准的概念、发展历史、现状和趋势；然后，作者在整理了大量国内资料和文献，特别在 20 世纪 80 年代和 90 年代美国水质基准指南的基础上，结合近二三十年来该领域最新的进展和成果，分别总结了保护水生生物基准和人体健康基准推导的理论和方法，及健康风险评估和生物累积因子的理论和方法，开展了基准相关参数推导的案例分析；最后，作者对中外水质基准与环境标准作了对比，系统概述了水质基准的运用和实践。因此，本书是对目前水质基准的理论和方法学的系统总结，论述了涉及基准理论与相关参数的很多基本概念，并在环境暴露、生物富集和风险评估等国际前沿学科做了较为详细的描述，旨在阐述水质基准推导的基本理论、技术和方法，探求它们历史演变和发展的规律，发现暴露和存在的问题及未来的研究方向，以便为我国水质基准体系的构建提供启示和借鉴。

在本书编写过程中，正值国务院《关于落实科学发展观加强环境保护的决定》提出"科学确定基准"的科学目标，中华人民共和国环境保护部提出了探索中国特色的环境保护新道路，环境保护工作的"三个重要转变"、"休养生息"及"风险管理"新理论。同时，中华人民共和国科学技术部于 2008 年 7 月启动了国家重点基础研究发展计划"湖泊水环境质量演变与水环境基准研究"（"973"项目）。中华人民共和国环境保护部于 2010

年 6 月又启动了环保公益性行业科研专项"我国环境基准技术框架与典型案例预研究"。水质基准是整个环境保护和环境管理工作的基石,它强调的是"以人(生物)为本"及人与自然和谐共处的理念,是各个环境科学学科最新研究成果的集成,直接为国家环境管理服务。水质基准研究可以全面提升一个国家环境保护科研的水平、国际地位和综合实力。"中国制造"水质基准已成为当前我国环境保护和环境管理的重大科技需求。通过本书的出版,希望能推动我国水质基准的系统研究,为构建更为合理的环境管理和标准体系提供借鉴。

本书编写工作由吴丰昌统筹、策划和负责。本书共分 8 章:第 1 章和第 2 章由张瑞卿、李会仙和吴丰昌完成,介绍了水质基准的发展历史、现状和展望。第 3 章由曹宇静、李会仙和吴丰昌完成,介绍了保护水生生物水质基准推导的理论和方法。第 4 章和第 8 章由李会仙和吴丰昌完成,介绍了保护人体健康水质基准推导的理论和方法以及水质基准的运用和实践。第 5 章由唐阵武和李会仙完成,介绍了水质基准推导中健康风险评估的理论和方法。第 6 章由李会仙和苏海磊完成,介绍了生物累积因子推导的理论和方法。第 7 章由李会仙、苏海磊、吴丰昌、曹政和林樱完成,介绍了中外水质基准与水质标准的对比。参考附录部分由李会仙、张瑞卿、曹宇静和吴丰昌完成,介绍了美国颁布的 7 次国家水质基准推荐值。最后由李会仙完成了对全书的统稿和校稿工作。

本书经多次研讨、补充和完善后定稿。编写过程中,王子健、金相灿、郑丙辉、于云江、宋永会、刘征涛、席北斗、王圣瑞、姜霞、武雪芳、陈艳卿、胡林林、廖海清、赵晓丽、孙福红和冯承莲等提出了许多宝贵意见。同时,特此感谢中国环境科学研究院刘鸿亮院士、环境保护部科技司赵英民司长和刘志全副司长对本书编写过程中的技术指导、及许多具体建议。

谨以本书献给从事水质基准、水质标准、环境管理、环境暴露、风险评估、毒理学、环境科学与工程、生物学、流行病学和生态学等各个领域的同行,若能对大家的工作有所裨益,自感由衷愉快和欣慰。

本书的研究成果得到以下项目的资助,特此感谢:

(1)国家重点基础研究发展计划项目(973 项目)"湖泊水环境质量演变与水环境基准研究"(2008CB418200);

(2)国家环保公益重大科研专项"我国环境基准技术框架与典型案例预研究";

(3)国家自然科学基金杰出青年基金项目"环境地球化学与生物地球化学"(40525011)。

编　者

2009 年 8 月 31 日

目　　录

缩 略 词 表

ACR	急性–慢性比率	acute-chronic ratio
AEL	不良效应浓度	adverse-effect level
AWQC	环境水质基准	ambient water quality criteria
BAF	生物累积因子	bioaccumulation factor
BAF_L^{fd}	基线生物累积因子	baseline bioaccumulation factor
BAF_T^t	基于组织和水中总浓度的生物累积因子	bioaccumulation factor based on total concentrations in tissue and water
BCF	生物富集因子	bioconcentration factor
BCF_L^{fd}	基线生物富集因子	baseline bioconcentration factor
BCF_T^t	基于组织和水中总浓度的生物富集因子	bioconcentration factor based on total concentrations in tissue and water
BMC	基准浓度	benchmark concentration
BMD	基准剂量	benchmark dose
BMDL	基准剂量的95%置信下限	lower-bound confidence limit on the BMD
BMF	生物放大因子	biomagnification factor
BMR	基准反应	benchmark response
BW	体重	body weight
CCC	基准连续浓度	criteria continuous concentration
CMC	基准最大浓度	criteria maximum concentration
C_{soc}	有机碳标准化浓度	organic carbon-normalized concentration
C_l	标准化脂质浓度	lipid-normalized concentration
C_t	特定湿组织中的化学物质浓度	concentration of the chemical in the specified wet tissue
C_w	水体中的化学物质浓度	concentration of the chemical in water
DI	饮用水摄入量	drinking water intake
EC	有效浓度	effective concentration
EC_{50}	半数效应浓度	50% of effective concentration
ED_{10}	概率为10%的受试个体出现效应的剂量	dose associated with a 10 percent extra risk
ETM	生态毒理模型法	ecology toxicological models
f_{fd}	自由溶解态分数	fraction freely dissolved

f_1	脂质分数	fraction lipid
FACR	最终急性-慢性比率	final acute-chronic ratio
FAV	最终急性值	final acute value
FCM	食物链增殖因子	food chain multiplier
FCV	最终慢性值	final chronic value
FI	鱼类摄入量	fish intake
FPV	最终植物值	final plant value
FRV	最终残留值	final residue value
GMAV	属平均急性值	genus mean acute value
GMCV	属平均慢性值	genus mean chronic value
HC	危险浓度	hazardous concentration
IRIS	综合风险信息系统	integration risk information system
K_{ow}	辛醇-水分配系数	octanol-water partition coefficient
LC_{50}	半致死浓度	lethal concentration to 50 percent of the population
LD_{50}	半致死剂量	lethal dose to 50 percent of the population
LED_{10}	概率为10%的受试个体出现效应剂量的95%置信下限	the lower 95 percent confidence limit on a dose as sociated with a 10 percent extra risk
LMS	线性多级模型	linear multistage model
LOAEL	最低可见有害效应水平	lowest observed adverse effect level
MF	修正因子	modifying factor
MOA	反应模式	mode of action
MOE	暴露界限	margin of exposure
M_1	特定组织中脂质的量	mass of lipid in specified tissue
M_t	特定组织质量（湿重）	mass of specified tissue（wet weight）
NOAEL	未见有害效应剂量	no observed adverse effect level
NOEC	无观察效应浓度	no observed effect concentration
NOEL	未见效应剂量	no observed effect level
PNEC	预测无效应浓度	predicted no effect concentration
POC	颗粒有机碳	particulate organic carbon
POD	起始点	point of departure
q_1^*	致癌效力因子	cancer potency factor
RfC	参考浓度	rcference concentration
RfD	参考剂量	reference dose
RfD_{DT}	试验毒性参考剂量	developmental toxicity reference dose

RSC	相对源贡献	relative source contribution
RSD	特定风险剂量	risk-specific dose
SMAV	物种平均急性值	species mean acute value
SMCV	物种平均慢性值	species mean chronic value
SSD	物种敏感度分布	species sensitivity distribution
TEF	毒性当量因子	toxicity equivalency factor
TPR	毒性百分数排序法	toxicity percentile rank
UF	不确定因子	uncertainty factor
USEPA	美国环境保护署	United States Environmental Protection Agency

第1章 水质基准的总体概况

水质基准（water quality criteria，WQC）是制定水环境质量标准，以及评价、预测和控制与治理水体污染的重要依据。保护特定水体用途的水质基准与水体的指定用途和反退化政策共同构成水质标准，是水质标准的基石和核心（USEPA，1998）。水质基准描述了支持指定水体用途的水质，反映了污染物在水体中最大可接受浓度的科学信息。水质基准是在研究特定化学物质在环境中的行为和生态毒理效应等基础上科学确定的，并没有考虑社会、经济及技术等方面的因素，水质基准体现了国际环境科学领域的最新进展。

环境质量基准的研究起始于 19 世纪末，1898 年俄国卫生学家 A.Φ.尼基京斯基在《医生》杂志发表了《石油制品对河流水质和鱼类的影响》一文，阐述了原油、重油和其他石油制品对鱼类的毒害，提出了环境质量基准的概念（郑乃彤和陆昌淼，1983）。1907 年，Marsh 发表《工业废水对鱼类的影响》一文，这是美国最早关于污染物对水生生物影响的研究（USEPA，1976）。20 世纪 50 年代，美国加利福尼亚州首次发布了"水质基准"报告，此后美国相继发表了《1968 年水质基准》（《绿皮书》）、《1972 年水质基准》（《蓝皮书》）、《1976 年水质基准》（《红皮书》）和《1986 年水质基准》（《金皮书》）等一系列水质基准文献。1980 年，美国环境保护署（United States Environmental Protection Agency，USEPA）初步制定了确定水质基准的技术指南，1983 年和 1985 年又进行了两次修订，并鼓励各州开展地区性基准的研究工作以反映水环境差异的影响（夏青和张旭辉，1990）。美国环境保护署为各州和部落制定推荐的水质基准推导方法和水质基准值，由于各州的区域环境差异，允许各州直接采用环境保护署推荐的水质基准或根据当地环境条件重新计算水质基准。1998 年，美国又开始制定区域性营养物基准。目前美国环境保护署已经发布了包括河流、湖库及湿地等水域的营养物基准制定导则，制定了 14 个生态区域的营养物水质基准。到目前为止，欧美和日本等发达国家已经初步建立了国家水质基准体系。

1.1 水质基准的概念

欧美国家对水质基准的研究比较深入和全面，与基准相对应的英文有"benchmark"和"criteria"（criterion 的复数），我国学者对于这两个词的翻译以及基准的含义一直存在很大争议。"Benchmark"（或 benchmark value）是在保护生态受体的指南或标准不存在时使用的数值，该值往往根据单一学科数据得到。而在不同国家，"criteria"有两个不同但相关的含义，在澳大利亚和加拿大是指用来推导水质指南或标准的科学结果，如"某试验生物组在暴露于一定浓度的某污染物指定时间后半数死亡"，即"criteria"；然而在美国"water quality criteria"是可以反映很多有效信息的数值，能够反映保护水生生物和人体健康的水体中化合物的最大可接受浓度的信息。

另外，环境质量基准即环境基准（陈江涛等，2006），指环境中污染物对特定对象（人或其他生物）不产生不良或有害效应的最大剂量（无作用剂量）或浓度（郑乃彤和陆昌淼，1983）。环境质量基准按环境要素可分为大气质量基准、水质量基准和土壤质量基准。

较早的有关水质基准的研究是从化学物质对生物体的影响效应开始的（郑乃彤和陆昌淼，1983; Marsh, 1907）。美国早期对水质基准的表达是将污染物浓度和测试结果等因果关系一一列出，在之后较早的《红皮书》（USEPA, 1976）中采用推荐浓度的形式，但是基准浓度的推导方法多样，且原始数据也并不属于同一类型。在《红皮书》中，有的基准值根据急性毒性值（如 LC_{50}）计算得到，有的就是毒性试验的临界值，还有的则是使用了其他机构（如美国食品药品监督管理局）的规定值结合一定的应用因子得到。美国环境保护署对水质基准是这样陈述的，"期望能使水体适合其指定用途的水质水平，基准的依据是污染物的特定水平，这些污染物可能导致用于饮用、游泳、农业、鱼类生产或工业过程的水体变得有害"（USEPA, 1997）。美国环境保护署把人体健康水质基准定义为"人体健康水质基准是描述保护人体健康、防止其受到环境水体中污染物有害效应的环境水体浓度的若干数值"（USEPA, 2003）。加拿大不列颠哥伦比亚省政府在水质政策陈述中认为"水质基准是指在指定环境条件下，为防止一些发生在水体功能或生物体的特定有害效应而不能超过的适用于省级范围的水体、生物区或沉积物的一个最大或最小的物理、化学或生物学特征"。加拿大环境部认为"基准是指为各种水体用途推导推荐限值所评价的科学数据"，"水质指南（water quality guideline）是指为支持和保持一个指定的水体用途而推荐的定量浓度或叙述性陈述"（Canadian Council of Ministers of the Environment, 1999）。参考国外文献（USEPA, 1980），水质基准可以概括为"环境中污染物对特定对象（人或其他生物）不产生不良或有害效应的最大剂量（无作用剂量）或浓度"。

随着国内外水质基准的不断研究，对水质基准概念的理解也在不断深化。水质基准是为在一定环境条件下保护特定水体功能和生物体而推荐的定量浓度或叙述性陈述，涉及的水体污染物包括重金属、非金属无机物、农药和其他有机物，以及一些水质参数（pH、色度、浊度和大肠杆菌数量等）。

1.2 水质基准的分类和表达方式

水质基准可以根据保护对象的不同分为包括以保护人体健康为目标和以保护水生生物为目标的水质基准，它们构成水质基准体系的核心。其中，保护人体健康水质基准主要包括人体健康水质基准、微生物（病原体）水质基准和休闲用水水质基准；保护水生生物水质基准包括水生生物水质基准、生物学水质基准和营养物水质基准。近年来，考虑到污染物在食物链中的生物累积作用，逐渐将水环境以外的相关生物（如野生动物）纳入水质基准的保护对象（USEPA, 1995，2001）。水质基准也可以根据水体功能分为饮用水水质基准、农业用水水质基准、休闲用水水质基准、渔业用水水质基准和工业用水水质基准等。

根据水环境中污染物具体项目（或其他有害物质）的种类，水质基准包括重金属、有机物、营养盐、激素和病原菌等基准。目前，美国环境保护署已经颁布和修订了 122种项目的保护人体健康水质基准和 60 种保护水生生物水质基准，涉及金属、非金属无机物、有机物、有机农药及水质参数等（USEPA，2015，2018）。然而，目前已给出基准的污染物仅仅是人类使用化合物中很小的一部分。在北美五大湖能检测到 1000 多种污染物，美国目前登记使用的化学物质达 65000 种，而且还在不断增加（Flexner，1995）。此外，纳米材料污染物、内分泌干扰物及藻毒素等一批新兴污染物也逐渐引起了人们的关注（汤鸿霄，2003），2007 年美国发布了纳米材料污染物基准研究的国家战略白皮书。因此，运用新技术和新方法，不断深入开展传统污染物环境行为和毒理效应研究，发展基准新理论，制定或修订各种污染物基准，特别是对人类环境与健康有重要影响的污染物的水质基准是目前世界各国环境科学的重要研究内容和努力方向。

目前水质基准大多采用双值体系，其中保护人体健康基准表达形式包括仅摄入水生生物的水质基准与入水生生物和水的水质基准；保护水生生物基准形式为基准连续浓度和基准最大浓度，基准连续浓度保护水生生物长期暴露于一种物质而不会产生不可接受的有害效应；基准最大浓度保护水生生物短期暴露于一种污染物而不造成不可接受的有害效应。而感官质量基准是根据污染物对人体感官所产生的效应而制定的水质基准值，所以仅是单值。

1.3　水质基准的内涵

美国环境保护署每次发布水质基准文件都会声明，水质基准仅是依据污染物浓度与环境和人体健康效应间关系的数据和科学判断得出的，人体健康水质基准不考虑达到此水体浓度的经济效应或技术可行性（USEPA，1999）。我们可以从以下几个方面来理解水质基准。第一，水质基准有数值型和叙述型两种表达形式。数值型基准大部分以水体中污染物的浓度表示，个别以生物组织浓度表示（如甲基汞）；而对于那些无法给出具体的数值的基准，就采用叙述型基准（如浊度等）。第二，水质基准总是与特定的水体功能联系。制定水质基准的主要目的就是保护水体的指定用途，包括饮用、鱼类生产及娱乐等。不同的水体功能要求有不同的水质基准与其对应。第三，水质基准是在考虑了各种相关限制因素的基础上推导得出的数值。水质基准的推导要考虑多种因素，而不仅是一些毒理学参数。在推导保护人体健康的水质基准时，除了要采用毒性试验中得到的 NOAEL 或 LOAEL，还要考虑人的体重、人类对水和鱼类的平均摄入量及生物累积系数等，所以最终的水质基准值并不是直接的试验结果。第四，水质基准受到许多环境要素的限制，包括水体硬度、温度及一些地理气候方面的因素。基准所体现出的对文献和研究的科学推断，是基于对一定试验条件下特定水质组分对特定生物的浓度–效应关系的判断（USEPA，1976）。

综上所述，水质基准具有 3 个显著特点：科学性、基础性和区域性（吴丰昌等，2008）。①科学性：水质基准强调"以人（生物）为本"，是在研究污染物在环境中的行为和生态毒理效应等基础上确定的，涉及环境化学、毒理学、生态学和生物学等前沿学科领域；水质基准研究实际上体现了国际环境科学领域的最新进展。②基础性：水质基准是制定水环境标准体系和环境管理的科学基础，是整个环境保护工作的基石。③区域性：世界各国的水质基准研究是在各自国家或区域水环境质量演变和自然背景基础上建立的，其结果不一定全部适合其他国家；各国关注的特征污染物不完全相同；同一污染物在不同国家或地区的环境行为和毒理学效应可能也不完全相同，基准具有明显的区域性。因此，各国必须根据国情开展适合各自国家或区域的水质基准体系研究（Wu et al., 2010），开展本国水质基础研究已成为世界各国环境科学研究的潮流。

参 考 文 献

吴丰昌等. 2008. 中国湖泊水环境基准的研究进展[J]. 环境科学学报, 28(12): 2385-2363.

汤鸿霄. 2003. 环境纳米污染物与微界面水质过程[J]. 环境科学学报, 23(2): 146-155.

夏青, 张旭辉. 1990. 水质标准手册[M]. 北京: 中国环境科学出版社.

陈江涛等. 2006. 大辞海(环境科学卷)[M]. 上海: 上海辞书出版社.

郑乃彤, 陆昌淼. 1983. 中国大百科全书(环境科学)[M]. 北京: 中国大百科全书出版社.

Canadian Council of Ministers of the Environment. 1999. Canadian water quality guidelines for the protection of aquatic life: Introduction[R]. Winnipeg, Manitoba: Canadian Council of Ministers of the Environment.

Flexner M. 1995. Criteria development past, present, and future-new ways to evaluate risk: Moving beyond chemical toxicity in water column, in EPA report [R]. Washington DC: EPA 820R9500.

Marsh M C. 1907. The effect of some industrial wastes on fishes[R]. Water Supply and Irrigation Paper No. 192, US Geological Survey: 337-348.

Wu F C, Zhao X L, Li H X, et al. 2010. China embarking on development of its own national water quality criteria system [J]. Environmental Science and Technology, 44(21): 7992-7993.

USEPA. 1976. Quality criteria for water[R]. Washington DC: National Technical Information Service.

USEPA. 1980. Ambient water quality criteria(series)[R]. Washington DC: Office of Regulation and Standard.

USEPA. 1995. Great lakes water quality initiative technical support document for wildlife criteria[R]. Washington DC: Office of Water.

USEPA. 1997. Terms of environment: Glossary, abbreviations and acronyms [EB/OL]. Washington DC: USEPA. https://nepis.epa.gov/Exe/ZyPDF.cgi/4000081B.PDF?Dockey=4000081B.PDF/[2006-10-2].

USEPA. 1998. Water quality criteria and standards plan-Priorities for future[R]. Washington DC: Office of Water.

USEPA. 1999. National recommended water quality criteria-correction[R]. Washington DC: Office of Water, Office of Science and Technology.

USEPA. 2001. The incidence and severity of sediment contamination in surface waters of the United States [R]. EPA-823-R-01-01, Washington DC: Office of Water.

USEPA. 2003. National recommended water quality criteria for the protection of human health[EB/OL]. https://www.epa.gov/wqc/national-recommended-water-quality-criteria-human-health-criteria-table[2003 -12-31].

USEPA. 2015. National recommended water quality criteria[R]. Washington DC: Office of Water, Office of Science and Technology.

USEPA. 2018. National recommended water quality criteria[R]. Washington DC: Office of Water, Office of Science and Technology.

第 2 章　水质基准的发展历程

水质基准自 20 世纪初提出后，一直不断地完善。随着水体污染的日益加剧，水环境特征和水体污染特征等不断发生变化，与推导水质基准相关的学科，如环境化学、毒理学和生物学等不断有新的研究成果。推导水质基准主要依据水环境要素的实地调查、化学物质的毒性效应、生物累积研究和环境地球化学特性等方面的资料，水质基准反映了这些环境科学研究的最新进展。因此，环境科学研究发展史，实际上也是水质基准发展史。随着各学科领域的研究进展，水质基准的理论和方法也在不断发展。

2.1　世界水质基准发展的重要历史事件

水质基准发展历程中的重要历史事件如下。

1898 年，俄国卫生学家 A.Φ.尼基京斯基在《医生》杂志发表了《石油制品对河流水质和鱼类的影响》一文，阐述了原油、重油和其他石油制品对鱼类的毒害，提出了环境质量基准的概念。

1907 年，Marsh 发表《工业废水对鱼类的影响》一文，这是美国最早关于污染物对水生生物影响的研究。

1917 年，Shelford 发表了许多有关废气成分对鱼类的毒性效应的科学数据。

1937 年，Ellis 综述了当时 114 种物质的相关文献，获得了一系列的致死浓度，并提出了水生生物检测中所用标准动物的选用依据，建议使用金鱼和昆甲类作为实验物种。

1952 年，美国加利福尼亚州水污染控制委员会出版《水质基准》一书。该书概括了州和州际机构所发布的水质基准及这类基准在法律上的应用，将水体用途划分为 8 类，详细介绍了水体主要污染物的因果关系。

1961 年，Mantel 和 Bryan 将类似于基准剂量法的方法应用于低剂量致癌风险评价，1984 年 Crump 首次将该方法命名为"基准剂量"法。

1963 年，美国加利福尼亚州水污染控制委员会发布了《水质基准》（第二版）。该书根据特定时间和暴露条件下污染物对鱼有害程度的不同，按照递增顺序排列各浓度值，得到一个可以预测水质组分对受纳水体产生有害效应的浓度范围。

1966 年，美国内政部的全国技术顾问委员会开始主要针对五类功能水体（农业用水、工业用水、娱乐用水、鱼和野生生物用水、生活用水）制定水质基准。1968 年全国技术顾问委员会发布《水质基准》报告。该报告将水质基准形式由一系列浓度-效应水平改为推荐浓度。

1972 年，美国《联邦水污染控制法修正草案》（公共法 92-500，即《清洁水法》）要求美国环境保护署发布水质基准，以准确反映最新的科学进展。

1973 年，美国环境保护署、美国科学院和美国工程学院共同补充了 1966 年全国技术顾问委员会提出的"水质基准"，根据最新的科学研究成果编制了水质基准报告，成果作为《1972 年水质基准》(《蓝皮书》)于 1974 年出版。

1976 年，美国环境保护署在《1972 年水质基准》基础上，出版了《1976 年水质基准》(《红皮书》)。该书提出了 53 种水质项目的基准，并引用大量的文献来说明某些水质项目的生物作用机制，阐述其制定依据。

1979 年，环境毒理与化学学会在美国成立，促进了环境科学、生物学、化学和毒理学等学科间的交叉和交流。

1980 年，美国环境保护署首次发布保护水生生物水质基准推导技术指南。

1980 年 11 月，美国环境保护署首次发布保护人体健康水质基准的推导技术指南。

1980 年 11 月和 1984 年 2 月，美国环境保护署通过联邦登记处宣布，发布清洁水法案第 307 (a)(1) 节中所列 65 个有毒污染物的水质基准单行文件。1985 年 7 月，美国环境保护署又发布了水质基准补充文件。

1981 年，徐宗仁翻译《水质评价标准》，译自美国环境保护署于 1976 年发布的《水质基准》，这是中国首次将国外有关基准的文献资料引入国内。

1985 年，美国环境保护署发布新的推导保护水生生物水质基准的方法，即《推导保护水生生物及其用途的定量化国家水质基准的指南》。

1986 年，美国环境保护署出版了《1986 年水质基准》(《金皮书》)。该书是对最新的水质基准和有关信息的汇编。其中的附录部分概述了基准制定的方法。

1986 年，美国环境保护署发布了《综合风险信息系统》，该系统包含了关于化学物质致癌和非致癌效应风险信息的数据库。

1986 年，美国环境保护署发布了《暴露评价方法学研究：概要和分析，第一卷》，该报告提出了全面考虑人体暴露的过程和方法。

1987 年，加拿大环境部发布《加拿大水质基准》。该文件提供了各水质项目对加拿大水体用途的影响，水体用途包括未净化的饮用水、水生生物生存用水、农业用水、休闲用水、美学用水及工业用水。文件中还提到了评价水质问题的方法，以及该文件会协助建立特定区域的水质目标。

1990 年，夏青和张旭辉编著了《水质标准手册》一书，书中部分内容概述了美国拟定保护水生生物水质基准的原则等。

1990 年 11 月，结合《清洁水法》(公法 92-500) 118 (c)(2) 节中的规定，美国发布了《北美五大湖关键规划法案》(公法 101-596)，要求美国环境保护署为北美五大湖系统发布有关水质标准、反退化政策以及实施程序的推荐和最终水质指南。

1992 年，加拿大国家健康与福利部发布《加拿大休闲用水水质基准》。该基准是 1983 年《加拿大休闲用水水质基准》的修改版。

1992 年 5 月，美国环境保护署发布《暴露评价指南》，明确了暴露评价的一些概念，并且提供了暴露评价的规划和操作指南。

1993 年，应《清洁水法》和《北美五大湖关键规划法案》的要求，美国环境保护署发布了《北美五大湖泊系统水质推荐指南》，在总结各方面建议和观点的基础上，于 1995 年发布了《北美五大湖泊系统水质推荐指南》的修订版。该文件中的六个附录文件详细叙述了方法学、政策和程序方面的内容。

1997 年，张彤和金洪钧连续发表了三篇文章，根据我国水生生物区系特点以及水生生物毒性试验研究，使用美国环境保护署的方法分别推导了丙烯腈、硫氰酸钠和乙腈的水生态基准。这是较早利用我国水生生物数据推导适合我国区域特点水质基准的报道。

1997 年 8 月，美国环境保护署发布《暴露参数手册》。

1998 年 2 月，时任美国总统克林顿和副总统戈尔发布了一项综合的《清洁水行动计划》。该行动计划要求环境保护署收集与引起水质问题的营养物浓度有关的科技信息，并按照不同水体类型和地理区域来分类收集信息。

1998 年 4 月，美国环境保护署发布《神经毒性风险评价指南》。

1998 年 6 月，美国环境保护署发布《制定区域性营养物基准的国家战略》。该文件是环境保护署编制科学信息的战略文件，文件的主要内容之一是制定营养物基准。

1998 年 6 月，美国环境保护署发布了《水质基准和标准计划——未来的重点》。

1998 年，加拿大发布了《保护野生生物的组织残留基准报告》，给出了组织残留基准的推导方法，用于保护以水生生物为食的野生生物。之后，又陆续发布了多氯联苯（PCB）、DDT、毒杀芬、甲基汞和 PCDD/Fs 等几类典型生物累积性物质的组织残留基准。

1999 年，经过科学顾问委员会的评审，美国环境保护署发布了《致癌物风险评价指南——修改稿》，该指南提出了评估低剂量致癌风险的新方法，新方法取代了线性多级模型默认方法。

1999 年 4 月，美国环境保护署发布《国家推荐水质基准——修正文件》。

2000 年，美国环境保护署发布《营养物基准技术指导手册：湖泊和水库》和《营养物基准技术指导手册：河流和溪流》。

2000 年 10 月，美国环境保护署发布《推导保护人体健康水质基准的方法学》和《推导保护人体健康水质基准方法学的技术支持文件第一卷：风险评价》。

2000 年 12 月，美国环境保护署分别发布 II、VI、VII、VIII、IX、XI、XII 和 XIII 的营养区域湖泊和水库的《推荐环境水质基准》。

2001 年，美国环境保护署发布《营养物基准技术指导手册：河口和沿海海水》。

2001 年 1 月，美国环境保护署发布《保护人体健康水质基准：甲基汞》，该基准是环境保护署首次发布的以鱼和贝类组织浓度表示的水质基准。

2001 年 12 月，美国环境保护署分别发布了 III、IV、V 和 XIV 的营养区域湖泊和水库的《推荐环境水质基准》。

2002 年 11 月，美国环境保护署发布《国家推荐水质基准：2002》。

2003 年 8 月，美国环境保护署科学与技术办公室发布了《水质标准和基准战略：设定优先项目以巩固保护和修复全国水体的基础》。

2003 年 12 月，美国环境保护署发布《推导保护人体健康水质基准方法学的技术支持文件第二卷：国家生物富集因子的确定》。

2004 年，美国环境保护署发布《国家推荐水质基准：2004》。

2004 年，澳大利亚政府发布《澳大利亚饮用水指南》。

2005 年，我国《国家环境保护"十一五"规划》中明确提出"完善技术规范和环境标准体系，科学确定标准限值，鼓励各地制订更加严格的地方污染物排放标准"。

2005 年，美国环境保护署发布了拟修订的针对生物累积性物质的基于组织的基准文件，提出对于生物累积性物质，建议使用基于组织的基准保护水生生物。

2005 年 10 月，加拿大环境部发布新版《加拿大保护农业用水水质基准》。

2006 年，美国环境保护署发布《国家推荐水质基准：2006》。

2007 年，加拿大环境部发布《保护水生生物水质基准推导方法》修订版。

2007 年 9 月，美国环境保护署发布《营养物基准技术指导手册：湿地》。

2007 年 12 月，加拿大环境部发布最新《保护水生生物水质基准》。加拿大最早的《保护水生生物水质基准》是在 1999 年发布，期间于 2001 年、2002 年、2003 年、2005 年和 2006 年分别更新多次。

2008 年 5 月，加拿大发布《加拿大饮用水基准》。

2008 年 6 月，美国环境保护署发布《推导保护人体健康水质基准方法学的技术支持文件第三卷：特定地点的生物富集系数的制定》。

2008 年 7 月，我国国家重点基础研究发展计划（973 计划）启动"湖泊水环境质量演变与水环境基准研究"，首次系统开展中国水质基准研究。

2008 年 12 月，我国启动水体污染控制与治理科技重大专项"我国湖泊营养物基准和富营养化控制标准"的研究。

2008 年，世界卫生组织（World Health Organization, WHO）发布《饮用水水质指南》（第三版）。

2009 年，韩国发布了新的地表水环境质量标准，标准包括保护人体健康水质标准项目及其标准限值和保护生态环境标准项目及其标准限值两部分。

2009 年，美国环境保护署发布了更新的《国家推荐水质基准：2009》。

2010 年，中国环境科学研究院出版专著《水质基准的理论与方法学导论》，总结了国际先进的水质基准制定方法，展示了我国水质基准研究的成果，提出了我国水质基准研究的思路。

2010 年 6 月，国家环境保护公益性行业科研专项"我国环境基准技术框架与典型案例预研究"启动。

2011 年，环境基准与风险评估国家重点实验室获批准建设，是我国环境基准领域唯一的国家重点实验室。

2011 年 7 月，世界卫生组织发布了第四版《饮用水水质指南》。

2012 年，美国环境保护署发布了更新的《国家推荐水质基准：2012》，首次将保护人体健康和保护水生生物的水质基准分开表述。

2013 年，欧盟发布了新的《水框架指令》，制定了 45 种优控污染物和 9 种其他有害污染物的水环境质量标准，并对其中的 15 种有机污染物制定了生物区系的环境质量标准EQS-Biota。

2014 年，日本发布了最新修订的地表水环境质量标准项目及其标准限值，分别针对人体健康和生活环境保护设立了不同的污染物项目和标准值。

2014 年 4 月，中国发布了新修订的《中国人民共和国环境保护法》，明确提出国家鼓励开展环境基准研究。

2014 年 4 月，国家环境保护公益性行业科研专项"我国主要重金属水质基准制定技术与方法研究"启动。

2014 年 5 月，国家科技基础性工作专项"我国水环境基准基础数据的调查和整编"启动。

2015 年，美国环境保护署发布了更新的《国家推荐人体健康水质基准》。

2016 年，我国国家自然科学基金创新群体项目"水质基准理论与方法"启动。

2017 年 4 月，我国环境保护部（现生态环境部）发布《国家环境基准管理办法（试行）》。

2017 年 5 月，我国环境保护部（现生态环境部）发布《淡水水生生物水质基准制定技术指南》。

2017 年 6 月，我国环境保护部（现生态环境部）发布《人体健康水质基准制定技术指南》和《湖泊营养物基准制定技术指南》。

2017 年 6 月，全国人民代表大会常务委员会通过了新修订的《中华人民共和国水污染防治法》，规定国务院环境保护主管部门制定国家水环境质量标准。

2018 年，美国环境保护署发布了更新的《保护水生生物水质基准》。

2020 年，中国发布了第一个国家保护水生生物水质基准《淡水水生生物水质基准——镉》。

以上这些重要事件可能不尽全面，但从一个侧面反映了世界水质基准的基本发展历程，反映了环境保护需求和环境科学前沿学科的双轮驱动。

2.2　美国水质基准的发展历程

美国是最早开始水质基准研究的国家，其水质基准研究始于 20 世纪初，当时只是一些研究者发表了一些污染物对生物的毒性效应数据（Powers, 1917; Shelford, 1917; Marsh, 1907）。1937 年 Ellis 描述和记录了许多物质对水生生物的毒性效应数据，共报道了 114 种化学物质的致死浓度（Ellis, 1937），这应该是水质基准研究的雏形。

1952 年美国加利福尼亚州发布了州水质基准，该基准包含了 1369 篇参考文献（California State Water Pollution Control Board, 1952）。这个基准文件概述了由州和州际单位发布的水质基准及基准的应用，描述了八个主要水体用途及主要污染物的浓度-效应关系。

1966 年美国全国技术顾问委员会为五类水体用途制定了水质基准，包括生活用水供应、娱乐用水、鱼和野生生物用水、农业用水及工业用水。1968 年发布了报告《绿皮书》（National Technical Advisory Committee to the Secretary of the Interior, 1968）。这个文件的发布改变了水质基准的表达形式，将其从一系列浓度-效应水平改为能够保证保护水生态环境质量和指定水体用途可持续性的推荐浓度。当缺乏足够资料来推荐某种水体污染物的受试生物时，建议使用较为敏感的水生生物，并用受纳水体作为生物测定的稀释用水，根据所得数据提出推荐值作为代用的基准值。

美国环境保护署与国家科学院和国家工程学院合作修订了 1966 年全国技术顾问委员会的水质基准，并且编制了水质基准文件（《1972 年水质基准》）。在 1974 年发布了水质基准《蓝皮书》（National Academy of Science and National Academy of Engineering, 1974）。

《蓝皮书》是美国环境保护署首次发布的水质基准文件，之后美国环境保护署根据最新的科学进展对水质基准进行不断更新，包括对现有基准的修订以及制定新的水质基准，并于 1976 年、1986 年、1999 年、2002 年、2004 年、2006 年、2009 年、2012 年、2015 年和 2018 年分别发布了一系列水质基准文件。以下就这 10 次颁布的水质基准文件作简单介绍。

2.2.1　1976 年水质基准《红皮书》

1972 年《联邦水污染控制法案修正草案》要求美国环境保护署发布水质基准以准确反映最新的科学进展。于是美国环境保护署推荐了水质基准，并在 1973 年 10 月发布了通告（联邦登记册第 38 卷，29646 条）。在考虑了来自联邦、州、专门组织及科学家的建议后，1976 年发布了《红皮书》（USEPA, 1976）。该文件包括 12 种金属元素、8 种非金属无机物、15 种农药、5 种非农药类有机物和其他 13 种水质参数的基准（附录 1）。每一个基准的论述都由推荐基准值、该污染物或水质参数的介绍、支持推荐基准的依据和参考文献组成。水质基准的目标是要给保护鱼和其他水生生物的繁殖和生存推荐基准水平，以及保证当地供水质量，该基准保护的水质也适合于农业和工业用途。《红皮书》中没有将铝、锑、溴、钴、氟、锂、钼、铊、铀和钒 10 种物质编入，但在 1974 年美国国家科学院和美国国家工程学院编制的《1972 年水质基准》中有涉及。

2.2.2　1986 年水质基准《金皮书》

自 1976 年美国环境保护署发布《红皮书》以来，美国在毒理学研究方面取得了一定的进展，为水质基准的制定提供了更多的参考数据。1980 年 11 月，美国环境保护署为 65 个有毒污染物发布了环境水质基准单行本（45FR79318），均为《清洁水法》307（a）章要求的污染物（USEPA, 1980a, 1980b）。

在前面工作的基础上，1986 年 5 月美国环境保护署发布了新的水质基准推荐值《金皮书》（USEPA, 1986）。《金皮书》是对之前工作成果的汇编，给出了包括同分异构体在内的 136 种物质的基准值，与《红皮书》相比《金皮书》中增加了金属锑和铊及 30 多种含氯有机物（附录 2）。基准的保护对象主要针对水生生物和人体健康。《金皮书》给出的基准一部分仍沿用《红皮书》中的论述，如溶解性固体或盐度、悬浮固体或浊度、硫化物与硫化氢、引起异味的物质和温度等。书中大部分项目的基准根据 1980 年颁布的人体健康基准推导方法学文件以及 1985 年的《推导保护水生生物及其用途的定量化国家环境水质基准的指南》进行了修订。书中包括了三个附录，其中附录 A 概述了 1985 年建立保护水生生物水质基准的方法学，附录 B 概述了 1980 年建立的保护水生生物水质基准的方法学和保护人体健康的水质基准指南，附录 C 简单描述了制定 1976 年水质基准的基本原理。

2.2.3　1999 年《国家推荐水质基准——修正》

美国环境保护署在 1999 年 4 月发布了《国家推荐水质基准——修正》（USEPA, 1999）

文件，包括 157 种污染物的基准，其中 10 种是感官效应基准（附录 3）。1999 年公布的基准是变化较大的一次，其中许多物质的基准值都是根据最新的方法学重新计算的。美国环境保护署对水质基准的每一次修订并不涉及所有基准，各版本给出的基准总是由三部分组成：之前已经发布过的没有改变的基准、在早先已经发布过的基准基础上根据最新的信息重新计算过的基准以及根据同行评审结果、最新方法学和数据计算出的早先没有发布过的基准。如果没有更新推导基准的方法，那么对已发布基准的重新计算主要根据最新的研究资料对其进行修订；如果已经制定了新的方法学，那就要根据新的方法学和研究资料对其重新计算。

2.2.4　2002 年《国家推荐水质基准：2002》

《国家推荐水质基准：2002》发布之后取代了之前美国环境保护署发布的所有基准文件（USEPA，2002a）。该文件涉及 158 种污染物和 23 种感官质量基准（附录 4）。2002年基准也是环境保护署发布的历年基准变化最大的一个版本。与 1999 年基准相比，修订了 50%以上的保护人体健康水质基准，但保护水生生物水质基准仅有两个污染物被修订（镉和三丁基锡）。这主要是由于人体健康水质基准推导方法学做了更新，而新的水生生物水质基准的方法学还没有发布。

尽管有了新的推导人体健康水质基准方法学，但是 2002 年基准文件并没有根据该方法学对所有给出的基准进行修订，部分基准值仍沿用以前的推荐值。有些正在重新评价的基准这次没有修订，如砷、氯仿和镍。而且在这次修订中也不包括根据 2000 年方法修订的生物累积因子（BAF）值。修订生物累积因子需要大量的时间和资源，美国环境保护署没有用更长的时间去对所有的污染物进行修订，而是将有限的资源集中于修订一些在毒理学关注度、发生频率和生物富集潜力较高的优先控制污染物（USEPA，2002a）。

另外美国环境保护署制定或修订了砷、甲基汞和克百威（或呋喃丹）的人体健康基准，砷和克百威的修订工作仍在继续。2001 年环境保护署撤销了汞的基准，推荐了甲基汞的基准，2002 年基准表中收录了该基准。该基准描述了淡水和河口水体鱼贝类组织中甲基汞的浓度，该值是保护鱼贝类消费者的最大浓度。这是美国环境保护署第一次以鱼贝类组织中有毒污染物浓度（非水体中浓度）来表达基准值。

在保护水生生物基准方面，环境保护署修订了多氯联苯（polychlorinated biphenyl，PCB）的定义。该版本中多氯联苯是指所有的同族、异构体、同类物或异构体的混合物。前面版本中给出的多氯联苯仅包括七个异构体的混合物。

美国环境保护署发布了海水溶解氧基准。缺氧（低溶解氧）对于某些沿海水体是非常重要的问题，汇入这些区域水体的一些径流常会含有营养物和其他过度耗氧的生物学废物，而水生态系统富集过量的营养物会导致藻类大量生长，耗尽可被利用的溶解氧，从而影响水体中鱼贝类生物种群的生存。所以，美国环境保护署经过多年努力制定了海水溶解氧的基准。美国环境保护署针对弗吉尼亚州河口的环境监测和评价规划显示该区域的 25%的海水溶解氧的浓度低于 5mg/L。而对于许多鱼和贝类，溶解氧长期低于该浓度对仔鱼会产生有害效应。制定海水溶解氧基准的数据仅局限于美国大西洋沿岸的弗吉尼亚州沿海水体。美国环境保护署认为，如果在推导该基准中使用的物种和数据也适用于其他特定区域的生物学和自然水质条件，那么该基准可以适用于任何地方。

2.2.5 2006年《国家推荐水质基准：2006》

美国环境保护署在2002年基准发布之后，2004年和2006年又相继发布了《国家推荐水质基准：2004》（USEPA，2004）（附录5）和《国家推荐水质基准：2006》（USEPA，2006）（附录6）。与2002年基准相比，2004年仅有个别物质的基准值发生变化，是2002年基准修订的延续（附录5）。2006年基准与2004年基准相比几乎没有变化。2006年基准包括了120个优控污染物基准、47个非优控污染物基准和23个感官效应基准（附录6）。

1）2006年保护水生生物水质基准

在优控污染物中，给出完整保护水生生物水质基准值的物质有19种，没有给全的物质有6种，其余的95种污染物的基准值没有给出，这些物质主要都是一些有机污染物。在非优控污染物中，给出所有保护水生生物基准值的物质有5种，仅有部分基准值的物质有13种，其余的29种物质没有给出具体的基准值，仅有一些物质给出了叙述性的说明（表2-1）。

表2-1 2006年保护水生生物水质基准概况

类别	优控污染物（120种）	非优控污染物（47种）
给出完整基准	砷、镉、六价铬、铜、铅、汞、镍、锌、氰化物、五氯苯酚、氯丹、4,4′-滴滴涕、狄氏剂、α-硫丹、β-硫丹、异狄氏剂、七氯、环氧七氯、毒杀芬，共19种	氯、毒死蜱、壬基苯酚、二嗪农、三丁基锡，共5种
给出部分基准	三价铬、硒、银、艾氏剂、林丹和多氯苯酚，共6种	碱度、铝（pH 6.5～9.0）、氯化物、内吸磷、谷硫磷、铁、马拉硫磷、甲氧氯、灭蚁灵、对硫磷、pH、元素磷、硫化物-硫化氢，共13种
未给出基准	其余95种①	其余29种②

①优控污染物未给出基准的95物质：锑、铍、铊、石棉、2,3,7,8-四氯二苯并二噁英、丙烯醛、丙烯腈、苯、三溴甲烷、四氯化碳、氯苯、氯二溴甲烷、氯乙烷、2-氯乙基乙烯醚、三氯甲烷、二氯溴甲烷、1,1-二氯乙烷、1,2-二氯乙烷、1,1-二氯乙烯、1,2-二氯乙烷、1,3-二氯丙烯、乙苯、甲基溴、氯代甲烷、二氯甲烷、1,1,2,2-四氯乙烷、四氯乙烯、甲苯、反式-1,2-二氯乙烯、1,1,1-三氯乙烷、1,1,2-三氯乙烷、三氯乙烯、氯乙烯、2-氯苯酚、2,4-二氯苯酚、2,4-硝基苯酚、2-甲基-4,6-二硝基苯酚、2,4-二硝基苯酚、2-硝基苯酚、4-硝基苯酚、3-甲基-4-氯苯酚、苯酚、2,4,6-三氯苯酚、二氢苊、苊、蒽、联苯胺、苯并[a]蒽、苯并[a]芘、苯并[b]荧蒽、苯并[g,h,i]芘、苯并[k]荧蒽、二-2-氯乙氧基甲烷、二-2-氯乙基醚、二-2-二氯异丙基醚、邻苯二甲酸二-(2-乙基己基)酯、4-溴苯基苯醚、邻苯二甲酸丁苄酯、2-氯萘、4-氯苯基苯醚、䓛、二苯并[a,h]蒽、1,2-二氯苯、1,3-二氯苯、1,4-二氯苯、3,3′-二氯联苯、邻苯二甲酸二乙酯、邻苯二甲酸二甲酯、邻苯二甲酸二丁酯、2,4-二硝基甲苯、邻苯二甲酸二辛酯、1,2-二苯肼、荧蒽、芴、六氯苯、六氯丁二烯、六氯环戊二烯、六氯乙烷、茚并(1,2,3-cd)芘、异佛尔酮、萘、硝基苯、N-亚硝基二甲胺、N-亚硝基二丙胺、N-亚硝基二苯胺、菲、芘、1,2,4-三氯苯、α-六六六、β-六六六、δ-六六六、4,4′-滴滴伊、4,4′-滴滴滴、硫丹硫酸盐、异狄氏剂醛，共95种。

②非优控污染物未给出基准的29种物质：氨、感官质量、细菌、钡、硼、色度、2,4,5-涕丙酸、2,4-滴、二（氯甲基）醚、总可溶性气体、硬度、工业六六六、锰、硝酸盐、亚硝胺、二硝基苯酚、N-亚硝基二丁胺、N-亚硝基二乙胺、N-亚硝基吡咯烷、油和脂、溶解氧、五氯苯、营养物、悬浮固体和浊度、污染性物质、温度、可溶性固体和盐度、1,2,4,5-四氯苯、2,4,5-三氯苯酚，共29种。

对于给出保护水生生物基准值的物质来说，一般情况下，基准最大浓度要高于基准连续浓度，但锌和氰化物除外，保护淡水水生生物的锌的基准最大浓度和基准连续浓度相等，氰化物的保护海水水生生物的基准最大浓度和基准连续浓度相等。

另外，一些物质是保护淡水水生生物的基准严于保护海水水生生物的基准，如镉、六价铬、铅、汞、硒、狄氏剂和多氯联苯；而另外一些物质则是保护海水水生生物的基准严于保护淡水水生生物的基准，如砷、铜、镍、银、锌、氰化物、五氯苯酚、艾氏剂、林丹、氯丹、4,4′-滴滴涕、α-硫丹、β-硫丹、异狄氏剂、七氯、环氧七氯及毒杀芬。这可能与一些物质的毒性受到某些水质参数，如 pH、盐度、离子强度以及有机质等的影响有关（Bai et al., 2008; Fu et al., 2007）。

2）2006 年保护人体健康水质基准

在保护人体健康基准的优控污染物中，完全没有给出保护人体健康基准值的物质有 25 种，不全的有 3 种，其余的 92 种物质都有完整基准值。在非优控污染物中，给出所有保护人体健康基准值的物质有 11 种，仅有部分基准值的物质有 8 种，其余 28 种物质没有给出保护人体健康基准值（表 2-2）。

表 2-2　2006 年保护人体健康水质基准概况

类 别	优控污染物（120 种）	非优控污染物（47 种）	感官效应
给出完整基准	92 种[①]	二（氯甲基）醚、工业六六六、锰、亚硝胺、二硝基苯酚、N-亚硝基二丁胺、N-亚硝基二乙胺、N-亚硝基吡咯烷、五氯苯、1,2,4,5-四氯苯、2,4,5-三氯苯酚，共 11 种	23 种[③]
给出部分基准	铜、甲基汞、石棉，共 3 种	钡、2,4,5-涕丙酸、2,4-滴、铁、甲氧氯、硝酸盐、pH、可溶性固体和盐度，共 8 种	—
未给出基准	铍、镉、三价铬、六价铬、铅、汞、银、氯乙烷、2-氯乙基乙烯醚、1,1-二氯乙烷、氯代甲烷、1,1,1-三氯乙烷、2-硝基苯酚、4-硝基苯酚、3-甲基-4-氯苯酚、苊、苯并芘、二-2-氯乙基甲烷、4-溴基苯基醚、4-氯苯苯基醚、2,6-二硝基甲苯、邻苯二甲酸二辛酯、萘、菲、δ-六六六，共 25 种	其余 28 种[②]	—

①给出完整基准的 92 种优控污染物：锑、砷、镍、硒、铊、锌、氰化物、2,3,7,8-四氯二苯并二噁英、丙烯醛、丙烯腈、苯、三溴甲烷、四氯化碳、氯苯、氯二溴甲烷、三氯甲烷、二氯溴甲烷、1,2-二氯乙烷、1,1-二氯乙烯、1,2-二氯丙烷、1,3-二氯丙烷、乙苯、甲基溴、二氯甲烷、1,1,2,2-四氯乙烷、四氯乙烯、甲苯、1,2-反式-二氯乙烯、1,1,1-三氯乙烷、1,1,2-三氯乙烷、三氯乙烯、氯乙烯、2-氯苯酚、2,4-二甲基苯酚、2-甲基-4,6-二硝基苯酚、2,4-二硝基苯酚、五氯苯酚、苯酚、2,4,6-三氯苯酚、二氢苊、蒽、联苯胺、苯并蒽、苯并荧蒽、二-2-氯乙基醚、二-2-氯异丙基醚、邻苯二甲酸二-(2-乙基己基)酯、邻苯二甲酸丁苄酯、2-氯萘、菌、二苯并蒽、1,2-二氯苯、1,3-二氯苯、1,4-二氯苯、3,3′-二氯联苯、邻苯二甲酸二乙酯、邻苯二甲酸二甲酯、邻苯二甲酸二丁酯、2,4-二硝基甲苯、1,2-二苯肼、荧蒽、芴、六氯苯、六氯丁二烯、六氯环戊二烯、六氯乙烷、茚并芘、异佛尔酮、硝基苯、N-亚硝基二甲胺、N-亚硝基二丙胺、N-亚硝基二苯胺、芘、1,2,4-三氯苯、艾氏剂、α-六六六、β-六六六、γ-六六六、氯丹、4,4′-滴滴涕、4,4′-滴滴伊、4,4′-滴滴滴、狄氏剂、α-硫丹、β-硫丹、硫丹硫酸盐、异狄氏剂、异狄氏剂醛、七氯、环氧七氯、多氯联苯、毒杀芬，共 92 种。

②非优控污染物未给出基准值的 28 种污染物：碱度、铝、氨、感官质量、细菌、硼、氯化物、氯、毒死蜱、色度、内吸磷、总可溶性气体、谷硫磷、硬度、马拉硫磷、灭蚁灵、壬基苯酚、油和脂、淡水和海水溶解氧、二嗪农、对硫磷、元素磷、营养物、悬浮性固体和浊度、硫化物-硫化氢、沾染性物质、温度、三丁基锡，共 28 种。

③23 种感官效应基准污染物：二氢苊、一氯苯、3-氯苯酚、4-氯苯酚、2,3-二氯苯酚、2,5-二氯苯酚、2,6-二氯苯酚、3,4-二氯苯酚、2,4,5-三氯苯酚、2,4,6-三氯苯酚、2,3,4,6-四氯苯酚、2-甲基-4-氯苯酚、3-甲基-4-氯苯酚、3-甲基-6-氯苯酚、2-氯苯酚、铜、2,4-二氯苯酚、2,4-二甲基苯酚、六氯环戊二烯、硝基苯、五氯苯酚、苯酚、锌，共 23 种。

绝大多数物质的"消费水和生物"的基准值要低于"只消费生物"的基准值，只有下列几种物质除外，它们的这两个基准值相同，这些物质包括氰化物、氯丹、4,4′-滴滴涕、4,4′-滴滴伊、4,4′-滴滴滴、七氯、环氧七氯、多氯联苯及毒杀芬。

总的来说，相对于保护水生生物水质基准，大多数的物质都有保护人体健康推荐基准值。在水质基准的发展过程中人体健康一直是主要的关注对象，所以水生生物水质基准仍需进一步的深入研究。

2.2.6　2009 年《国家推荐水质基准：2009》

美国环境保护署在 2009 年又发布了《国家推荐水质基准：2009》（USEPA, 2009）。与 2006 年基准相比，2009 年仅有个别物质的基准值发生变化（3 种优控污染物和 1 种非优控污染物）。与 2006 年基准一样，2009 年基准包括了 120 个优控污染物基准、47 个非优控污染物基准和 23 个感官效应基准（附录 7）。

1）2009 年保护水生生物水质基准

在优控污染物中，给出完整保护水生生物水质基准值的物质有 20 种，比 2006 年多出了丙烯醛的保护淡水水生生物水质基准，丙烯醛的保护淡水水生生物的基准最大浓度和基准连续浓度均为 3 μg/L。另外，铜的保护淡水水生生物水质基准，推荐使用 BLM 模型计算，而不是给出具体的基准值。

在非优控污染物中，对壬基苯酚的保护水生生物基准值做了更新，其中保护淡水水生生物的基准连续浓度由 2006 年的 6.6 μg/L 更新为 28 μg/L，与基准最大浓度相同；保护海水水生生物的基准连续浓度由 2006 年的 1.7 μg/L 更新为 7.0 μg/L，与基准最大浓度相同。

2）2009 年保护人体健康水质基准

在保护人体健康基准的优控污染物中，针对苯酚的保护人体健康水质基准进行了更新，消费水和生物的水质基准由 2006 年的 21000 μg/L 更新为 10000 μg/L，只消费生物的水质基准由 2006 年的 1700000 μg/L 更新为 860000 μg/L。在非优控污染物中，水质基准的项目和数值都与 2006 年基准保持一致，没有更新。

2.2.7　2012 年《国家推荐水质基准：2012》

美国环境保护署在 2012 年发布了《国家推荐水质基准：2012》（USEPA, 2012）。与 2009 年基准相比，2012 年水质基准最大的变化是将保护水生生物水质基准和保护人体健康水质基准以不同的列表给出，且各类的优控污染物和非优控污染物在同一列表中给出。2012 年水质基准（附录 8）包括了 58 种水生生物水质基准，其中优控污染物 26 种，非优控污染物 32 种；122 种人体健康水质基准，其中优控污染物 103 种，非优控污染物 19 种；还有 27 种感官效应基准。

1）2012 年保护水生生物水质基准

2012 年水生生物水质基准包括了 58 种指标，其中优控污染物 26 种，非优控污染物 32 种。其中，增加了非优控污染物甲萘威的水质基准，该基准中保护淡水生物的急性和慢性基准均为 2.1 μg/L，保护海水生物的急性基准为 1.6 μg/L。另外，将非优控污染物毒死蜱从水生生物水质基准列表中删除。

2）2012 年保护人体健康水质基准

2012 年人体健康水质基准包括了 122 种指标，其中优控污染物 103 种，非优控污染物 19 种；还有 27 种感官效应基准。

另外，感官效应水质基准中增加了 4 个指标，分别为颜色（同人体健康基准）、铁（300 μg/L）、引起异味的物质（同人体健康基准）和锰（未给出基准值）。

2.2.8　2015 年《国家推荐人体健康水质基准》

美国环境保护署在 2015 年对《国家人体健康水质基准》进行了更新。2015 年人体健康基准（附录 9）包括了 122 种人体健康水质基准，其中优控污染物 103 种，非优控污染物 19 种。

2015 年人体健康基准共包含了 122 种指标，与 2012 年人体健康的指标数相同。但与 2012 年人体健康基准相比，2015 年人体健康基准增加了一个"2,4,5-涕丙酸（2,4,5-TP）"指标，去掉了一个"营养物（nutrients）"指标，并对 94 个指标的人体健康基准值进行了更新（表 2-3）。

表 2-3　2015 年更新的人体健康水质基准　　　　　　（单位：μg/L）

污染物	2015 年人体健康基准		2012 年人体健康基准	
	消费水和水生生物	仅消费水生生物	消费水和水生生物	仅消费水生生物
苊（acenaphthene，P）	70	90	670	990
丙烯醛（acrolein，P）	3	400	6	9
丙烯腈（acrylonitrile，P）	0.061	7.0	0.051	0.25
艾氏剂（Aldrin，P）	0.00000077	0.00000077	0.000049	0.000050
α-六六六[alpha-hexachlorocyclohexane（HCH），P]	0.00036	0.00039	0.0026	0.0049
α-硫丹（alpha-endosulfan，P）	20	30	62	89
蒽（anthracene，P）	300	400	8300	40000
苯（benzene，P）	0.58~2.1	16~58	2.2	51
联苯胺（benzidine，P）	0.00014	0.011	0.00086	0.00020
苯并[a]蒽[benzo（a）anthracene，P]	0.0012	0.0013	0.0038	0.018
苯并[a]芘[benzo（a）pyrene，P]	0.00012	0.00013	0.0038	0.018
苯并[b]荧蒽[benzo（b）fluoranthene，P]	0.0012	0.0013	0.0038	0.018
苯并[k]荧蒽[benzo（k）fluoranthene，P]	0.012	0.013	0.0038	0.018

续表

污染物	2015 年人体健康基准		2012 年人体健康基准	
	消费水和水生生物	仅消费水生生物	消费水和水生生物	仅消费水生生物
β-六六六[beta-hexachlorocyclohexane（HCH），P]	0.0080	0.014	0.0091	0.017
β-硫丹（beta-endosulfan，P）	20	40	62	89
二氯异丙醚[bis（2-chloro-1-methylethyl）ether，P]	200	4000	0.03	0.53
双（2-氯乙基）醚[bis（2-chloroethyl）ether，P]	0.030	2.2	1400	6500
邻苯二甲酸二（2-乙基己）酯[bis（2-ethylhexyl）phthalate，P]	0.32	0.37	1.2	2.2
二氯甲醚[bis（chloromethyl）ether]	0.00015	0.017	0.00010	0.00029
三溴甲烷[bromoform，P]	7.0	120	4.3	140
邻苯二甲酸丁苄酯（butylbenzyl phthalate，P）	0.10	0.10	1500	1900
四氯化碳（carbon tetrachloride，P）	0.4	5	0.23	1.6
氯丹（chlordane，P）	0.00031	0.00032	0.00080	0.00081
氯苯（chlorobenzene，P）	100	800	130	1600
氯二溴甲烷（chlorodibromomethane，P）	0.80	21	0.4	13
三氯甲烷（chloroform，P）	60	2000	5.7	470
2,4-滴[chlorophenoxy herbicide（2,4-D）]	1300	12000	100	
2,4,5-涕丙酸[chlorophenoxy herbicide（2,4,5-TP）（silvex）]	100	400		
䓛（chrysene，P）	0.12	0.13	0.0038	0.018
氰化物（cyanide，P）	4	400	140	140
二苯并[a,h]蒽[dibenzo（a,h）anthracene，P]	0.00012	0.00013	0.0038	0.018
二氯一溴甲烷（dichlorobromomethane，P）	0.95	27		
狄氏剂（dieldrin，P）	0.0000012	0.0000012	0.55	17
邻苯二甲酸二乙酯（diethyl phthalate，P）	600	600	17000	44000
邻苯二甲酸二甲酯（dimethyl phthalate，P）	2000	2000	270000	1100000
邻苯二甲酸正丁酯（di-n-butyl phthalate，P）	20	30	2000	4500
二硝基酚（dinitrophenols）	10	1000	69	5300
硫丹硫酸酯（endosulfan sulfate，P）	20	40	62	89
异狄氏剂（endrin，P）	0.03	0.03	0.059	0.060
异狄氏剂醛（endrin aldehyde，P）	1	1	0.29	0.30
乙苯（ethylbenzene，P）	68	130	530	2100
荧蒽（fluoranthene，P）	20	20	130	140
芴（fluorene，P）	50	70	1100	5300
γ-六六六（林丹）[gamma-hexachlorocyclohexane（HCH）（lindane），P]	4.2	4.4	0.98	1.8
七氯（heptachlor，P）	0.0000059	0.0000059	0.000079	0.000079
环氧七氯（heptachlor epoxide，P）	0.000032	0.000032	0.000039	0.000039
六氯苯（hexachlorobenzene，P）	0.000079	0.000079	0.00028	0.00029
六氯丁二烯（hexachlorobutadiene，P）	0.01	0.01	0.44	18

续表

污染物	2015 年人体健康基准		2012 年人体健康基准	
	消费水和水生生物	仅消费水生生物	消费水和水生生物	仅消费水生生物
六氯环己烷 [hexachlorocyclohexane（HCH）-technical]	0.0066	0.010	0.0123	0.0414
六氯环戊二烯（hexachlorocyclopentadiene，P）	4	4	40	1100
六氯乙烷（hexachloroethane，P）	0.1	0.1	1.4	3.3
茚并（1,2,3-cd）芘[indeno（1,2,3-cd）pyrene，P]	0.0012	0.0013	0.0038	0.018
异氟尔酮（isophorone，P）	34	1800	35	960
甲氧氯（methoxychlor）	0.02	0.02	100	
溴化甲烷（methyl bromide，P）	100	10000	47	1500
二氯甲烷（methylene chloride，P）	20	1000	4.6	590
硝基苯（nitrobenzene，P）	10	600	10000	
五氯苯（pentachlorobenzene）	0.1	0.1	1.4	1.5
五氯苯酚（pentachlorophenol，P）	0.03	0.04	0.27	3.0
苯酚（phenol，P）	4000	300000	10000	860000
芘（pyrene，P）	20	30	830	4000
四氯乙烯（tetrachloroethylene，P）	10	29	0.69	3.3
甲苯（toluene，P）	57	520	1300	15000
毒杀芬（toxaphene，P）	0.00070	0.00071	0.00028	0.00028
三氯乙烯（trichloroethylene，P）	0.6	7	2.5	30
氯乙烯（vinyl chloride，P）	0.022	1.6	0.025	2.4
1,1,1-三氯乙烷（1,1,1-trichloroethane，P）	10000	200000		
1,1,2,2-四氯乙烷（1,1,2,2-tetrachloroethane，P）	0.2	3	0.17	4.0
1,1,2-三氯乙烷（1,1,2-trichloroethane，P）	0.55	8.9	0.59	16
1,1-二氯乙烯（1,1-dichloroethylene，P）	300	20000	330	7100
1,2,4,5-四氯苯（1,2,4,5-tetrachlorobenzene）	0.03	0.03	0.97	1.1
1,2,4-三氯苯（1,2,4-trichlorobenzene，P）	0.071	0.076	35	70
1,2-二氯苯（1,2-dichlorobenzene，P）	1000	3000	420	1300
1,2-二氯乙烷（1,2-dichloroethane，P）	9.9	650	0.38	37
1,2-二氯丙烷（1,2-dichloropropane，P）	0.90	31	0.50	15
1,2-二苯肼（1,2-diphenylhydrazine，P）	0.03	0.2	0.036	0.20
反式-1,2-二氯乙烯（trans-1,2-dichloroethylene，P）	100	4000	140	10000
1,3-二氯苯（1,3-dichlorobenzene，P）	7	10	320	960
1,3-二氯丙烯（1,3-dichloropropene，P）	0.27	12	0.34	21
1,4-二氯苯（1,4-dichlorobenzene，P）	300	900	63	190
2,4,5-三氯苯酚（2,4,5-trichlorophenol）	300	600	1800	3600
2,4,6-三氯苯酚（2,4,6-trichlorophenol，P）	1.5	2.8	1.4	2.4
2,4-二氯苯酚（2,4-dichlorophenol，P）	10	60	77	290
2,4-二甲基苯酚（2,4-dimethylphenol，P）	100	3000	380	850

续表

污染物	2015 年人体健康基准		2012 年人体健康基准	
	消费水和 水生生物	仅消费 水生生物	消费水和 水生生物	仅消费 水生生物
2,4-二硝基酚（2,4-dinitrophenol，P）	10	300	69	5300
2,4-二硝基甲苯（2,4-dinitrotoluene，P）	0.049	1.7	0.11	3.4
2-氯萘（2-chloronaphthalene，P）	800	1000	1000	1600
2-氯酚（2-chlorophenol，P）	30	800	81	150
2-甲基-4,6-二硝基苯酚（2-methyl-4,6-dinitrophenol，P）	2	30	13	280
3,3'-二氯联苯胺（3,3'-dichlorobenzidine，P）	0.049	0.15	0.021	0.028
3-甲基-4-氯酚（3-methyl-4-chlorophenol，P）	500	2000		
4,4'-滴滴滴[p,p'-dichlorodiphenyldichloroethane（DDD），P]	0.00012	0.00012	0.00031	0.00031
4,4'-滴滴伊[p,p'-dichlorodiphenyldichloroethylene（DDE），P]	0.000018	0.000018	0.00022	0.00022
4,4'-滴滴涕[p,p'-dichlorodiphenyltrichloroethane（DDT），P]	0.000030	0.000030	0.00022	0.00022

2.2.9　2018 年《国家推荐保护水生生物水质基准》

美国环境保护署在 2018 年对美国《国家推荐保护水生生物水质基准》进行了更新。2018 年保护水生生物水质基准（附录 10）包括了 60 种水生生物水质基准的指标，其中优控污染物 25 种，非优控污染物 35 种。与 2012 年水生生物水质基准相比，增加了阿特拉津和甲基叔丁醚两个指标，但没有给出具体的基准数值。另外，将指标"砷"的优控污染物标注去掉，变为了非优控污染物。

2018 年水生生物水质基准对铝、镉和硒三个指标的基准值进行了更新。其中，将铝的淡水急性基准（750 $\mu g/L$）和慢性基准（87 $\mu g/L$）去掉具体数值，描述为该基准基于给定地点的水化学数据得出（pH、硬度和 DOC）；将镉的淡水急性基准和慢性基准分别由 2.0 $\mu g/L$ 和 0.25 $\mu g/L$ 更新为 1.8 $\mu g/L$ 和 0.72 $\mu g/L$，海水急性基准和慢性基准分别由 4.4 $\mu g/L$ 和 8.8 $\mu g/L$ 更新为 33 $\mu g/L$ 和 7.9 $\mu g/L$；将硒的淡水慢性基准（5.0 $\mu g/L$）描述为"见 2016 硒的淡水水生生物水质基准所述"。

2.3　水质基准推导的理论和方法学发展历程

2.3.1　保护人体健康水质基准推导的理论与方法学

1）水质基准推导理论和方法学的雏形

水质基准从最初的研究到《红皮书》的发布，其表达形式经过了多次变化。最初的水质基准研究仅是对一些毒性效应数据的描述,之后改为一系列浓度效应关系,《红皮书》中的水质基准是根据水体的使用功能推荐相应的浓度限值,但是这些都没有一个统一的基准推导方法。《红皮书》中的基准没有考虑很多参数,仅是根据实验或现场得到的科学数据推导得出(USEPA, 1976)。其推导方法大致可以归纳为以下几点:①根据感官质量鉴定。当这些化学物质在水体或是食物中的含量超过一定临界浓度时就会产生令人讨厌的品质,如令人讨厌的气味和颜色等。饮用水中铜浓度高于 1.0mg/L 时可能会产生令人讨厌的气味;泉水含铁 1.8mg/L,蒸馏水含铁 3.4mg/L 时容易测出味道,基准的设置是为防止产生讨厌的气味或衣服污染。这样的物质还有锰、锌和酚等。前四种金属元素均为人体必需的营养元素。②参考其他权威机构发布的标准限值。例如,铅的基准考虑了其生化效应,以及对美国饮用水水样的大量调查结果显示大部分水样中铅浓度都低于美国公共卫生局的规定值 50μg/L,最终使用该值作为基准。类似的还有银和硒等。③一些农药类物质的基准值是根据动物或人体的试验结果以及合理的参数假设推出。例如,氯代苯氧型除草剂、异狄氏剂、林丹和毒杀芬的基准,动物试验中得出的结果没有充分的人体数据印证,因此假设安全摄入量为动物试验结果效应最小或无效应的最低长期剂量、有最小效应或无长期效应的最高含量的 1/500(安全因子),假设污染物总摄入量的 20%来自饮用水,人体平均体重 70kg,每人每天平均饮水量 2L,通过公式(动物试验结果×0.2×70×1/500×1/2)得出基准值。甲氧涕具有充分的人体毒性数据,所以其采用的安全因子较大,为 1/100。④部分物质的基准值是根据其毒理学效应的临界值得出的,选择临界值或者取临界值乘以一定的应用系数作为基准。例如,钡的水质基准为安全浓度的 1/2。

2)1980 年水质基准推导方法学

1980 年美国环境保护署在《一致性法令水质基准文件的健康效应评价草案》中叙述了保护人体健康基准的基本推导方法(简称"1980 年方法学")(USEPA, 1986; 1980c)。该方法陈述了三个终点:致癌效应、非致癌效应和感官效应。致癌效应是无阈值效应,而非致癌效应是基于存在不产生有害效应剂量的假设,估计人体在接触环境污染物后所导致对健康的危害以及剂量-效应关系,将流行病学资料和动物的剂量-效应数据结合起来推导水质基准是比较流行的方法。推导致癌物的水质基准时,要利用线性多级模型,从高剂量到低剂量外推癌症的反应,随后依据动物数据对危害性进行估计。非致癌物的基准推导依据是不对人类产生有害影响浓度的估计值,主要依据每日允许摄入量和动物研究中得到的无可见有害效应的数据来推导(USEPA, 1986)。此外,还利用以下的一些基本参数:暴露个体为 70kg 体重的成年男性,淡水和河口鱼贝类的消费量为 6.5g/d,以及饮用水摄入量为 2L/d。

下面以锑的保护人体健康基准推导过程为例说明 1980 年基准推导方法(USEPA, 1980a)。在周期表中,锑是 VA 族金属元素,在砷和铋之间。锑或锑化合物对人体和其他生物具有毒性和致癌性,可导致皮肤、呼吸系统和心血管方面的疾病(吴丰昌等, 2008; Snawder, 1999; Poon et al., 1998; Gebel, 1997)。

制定基准前首先要考虑与锑暴露有关的流行病学资料和毒理学数据的充分性,然后考察剂量-效应或剂量-反应关系。1980 年，由于缺乏与锑环境暴露有关的可鉴别公共健康问题，在美国和其他国家的普通人群中与锑暴露有关的人体健康效应资料也很少，从人体健康和动物毒理学研究外推是有限的。

与锑暴露最相关的健康效应包括肺部、心血管、皮肤、生殖、发育及寿命方面的某些效应。然而其中的肺部效应几乎仅与吸入锑暴露有关，所以与其他效应相比并不适于作水质基准制定的依据。因此在推导锑的基准过程中没有考虑该项，而是强调了其他效应类型。

心血管的病变与锑暴露具有很好的相关性。人体暴露于三价或五价锑化合物后，观察到了各种心电图变化（如改变了的 T-波模式），这些被认为是锑的暂时性心血管效应。而更严重的可能是人体永久的心肌损坏，表现为心肌水肿、心肌纤维化和心肌结构损坏的其他标志。在锑化合物暴露的动物毒理学研究中也有类似的发现，包括心电图模型中的功能变化和心肌结构损坏的组织病理学证据。

仅有的非常有限的数据是与锑暴露具有相关性的其他效应类型，这些数据还不足以得到一个明确的结论，用于描述一些重要的暴露参数。例如，某些皮肤效应（如湿疹）会在高的职业锑暴露水平发生，类似的皮肤效应在一些使用锑化合物注射的医疗处理中也有报道。但是，没有任何证据表明皮肤效应是由口部摄入锑化合物导致的。关于生殖、发育和寿命方面的效应，锑效应数据几乎全部来自动物毒理学研究，涉及的数据表明：①出生前暴露会干扰胚胎发育；②经口慢性饮食暴露可导致出生后发育延迟，表现为抑制体重增加；③经口饮水暴露会引起某些血液学参数的改变以及显著缩短存活时间或预期寿命。然而在其他动物研究中并没有证实这些效应，仅是证明在人体中出现了非常有限的锑引发的生殖效应。

综上所述，心肌效应是刻画锑暴露引发的人体健康效应最合适的毒性效应。如果具有足够的信息表示心肌效应的剂量-效应关系，设定水质基准保护普通大众以防止锑引发的心肌效应是最理想的过程。否则，就用有关生殖、发育和寿命方面非常有限的动物毒理学资料作为替代依据。

剂量-效应或剂量-反应的描述可以为基准的制定提供进一步的依据。效应是指给予一个个体一定剂量后个体显示出的可能变化；反应是指一组中显示出这种效应的个体数量。遗憾的是，由于仅有非常有限的数据，所以不可能定量描述锑引发的关键健康效应。Brieger 等（1954）的研究提出了通过吸入锑暴露引发心肌效应的无效应水平，大约是 $0.5mg/m^3$；三硫化锑的空气浓度范围为 $0.58\sim5.5mg/m^3$，这与某些锑暴露下作业的工人中心电图（elctrocardiogram, ECG）模式改变和心肌损坏导致的死亡有关。同样在动物研究中，在暴露水平为 $3.1\sim5.6mg/m^3$ 的大鼠和兔子体内观察到了 ECG 改变，证明锑可以引发职业暴露中观察到的心肌效应类型（Brieger et al., 1954）。然而，当时没有足够的锑化合物暴露的数据，不能合理地估计出锑摄入导致心肌效应的无效应水平。所以，也就不可能通过预测心肌损坏的无效应水平推荐水质基准值。

锑的人体心肌效应有限数据不足以为制定基准提供依据，最可行的替代方法就是表明了锑诱发的生殖、发育和寿命方面效应的动物毒理学研究。而其中由于吸入暴露或组织注射锑化合物引起的出生前生殖效应不能用于保护类似的经口暴露的影响；同样在一

些人体研究中，吸入暴露导致的生殖效应也不能用于推导经口暴露的无效应水平。而有
关出生后发育和寿命的效应数据，Gross 等（1955）的研究提供了长期饲喂大鼠含有 2%
三氧化锑食物时出现生长延迟的证据，但却没能从所报道的结果中推导出生长延迟的无
效应水平。有关生长和寿命的锑效应数据研究表明，饮用水锑含量为 5mg/L 的经口暴露
对大鼠或老鼠的生长率没有影响。然而，5 mg/L 的暴露水平却能导致两种动物的预期寿
命显著降低以及改变了被暴露大鼠的血液化学性质（Schroeder et al., 1970; Kanisawa and
Schroeder, 1969）。于是，建议将 5 mg/L 的暴露水平作为动物中"最低可见有害效应剂量"
（lowest observable effect level, LOEL），它与导致生长和寿命效应的锑的无效应水平接近。
由于目前没有可供利用的关于该效应的人体流行病学数据，所以使用该值 5mg/L 和不确
定因子（UF）100 计算人体的可接受日摄入量（accetable daily intake, ADI），得到推荐的
基准值为 145μg/L。计算公式如下：

$$ADI = \frac{5mg/L \times 25mL/(d \cdot 只大鼠)}{100 \times 0.3kg/只大鼠} = 4.17\mu g/(kg \cdot d)$$

人的平均体重为 70kg 时：

$$ADI = 4.17\mu g/(kg \cdot d) \times 70kg = 292\mu g/d$$

$$基准 = \frac{ADI}{2L/d + (0.0065kg/d \times F)}$$

$$= \frac{292\mu g/d}{2L/d + (0.0065kg/d \times 1.0L/kg)} = 145\mu g/L$$

式中，25mL/（d·只大鼠）为大鼠每天摄入水的量；0.3kg/只大鼠为每只大鼠的体重；100
为不确定因子；2 L/d 为摄入水的量；0.0065kg/d 为人体消费鱼或贝类的量；1.0L/kg 为
生物浓缩系数（F）。

这里假设，通过饮用水的暴露占 99%，而摄入被污染鱼类的暴露仅占 1%。如果假
设暴露仅来自鱼和贝类的消费，那么锑的水质基准就是 45mg/L。

3）最新基准推导方法学

在美国环境保护署发布"1980 年方法学"之后一段时间，风险评价、暴露评价和生
物富集评价等研究领域在国际上取得了很大进展。1998 年，美国环境保护署制定了《水
质基准方法学草案：人体健康》（USEPA, 1998），2000 年发布了《推导保护人体健康环
境水质基准的方法学》（USEPA, 2000），该方法学是美国环境保护署最新保护人体健康
水质基准推导的方法指南。在致癌风险评价中，定量化致癌风险的低剂量外推法取代了
线性多级模型。在非致癌风险评价中，倾向于使用更多的统计模型推导参考剂量（RfD），
如基准剂量（BMD）法和分类回归法，而不是仅仅使用传统的基于未见有害效应剂量
（NOAEL）的方法。在暴露评价中，有关水和鱼类消耗的新研究也为建立各区域更合理
的消费模式提供了依据，将鱼类消耗量改为了 17.5g/d。并且在暴露评价中采用了更多的
方法来考虑多种来源的人体暴露，引入了暴露决策树法来确定非水源和非经口暴露。使
用相对源贡献（RSC）来表示非水源和非经口暴露。在生物累积评价中使用能反映鱼类
从所有源吸收污染物的生物累积因子（BAF），代替仅反映通过水源吸收污染物的生物浓

缩因子或生物富集因子（BCF），同时还制定了详细评价生物累积系数值的指南（USEPA，2008，2003a）。

在此期间，美国环境保护署还发布了一系列风险评价技术指南，如《致癌物风险评价推荐指南》（1996）、《诱变性评价指南》（1986）、《发育毒性风险评价指南》（1991）、《神经毒性风险评价指南》（1998）和《生殖毒性风险评价指南》（1996）。除了这些风险评价指南，美国环境保护署还发布了《暴露参数手册》（1989）（后又于1997年和2011年进行了修订；2017年以来，美国环境保护署开始单独发布章节更新）、《暴露评价指南》（1992）。这些指南丰富了基准推导方法，使基准的推导更加科学合理。1986年，美国环境保护署又发布了综合风险信息系统（IRIS），该系统集成了很多化学物质的致癌和非致癌效应的风险信息。

2.3.2 保护水生生物水质基准推导的理论与方法学

1）保护水生生物水质基准推导方法雏形

《红皮书》根据淡水和海水分别给出了基准值，对于一些受硬度影响较大的金属元素，其淡水水质基准会按照水体的硬度大小分别给出基准值。例如，铍的水质基准，铍的毒性与水体硬度有关，根据一系列铍毒性与硬度关系的研究，最后选定（最小值原则）一项研究中得出的黑头呆鱼在硬水（400mg/L CaCO$_3$，总碱度360 mg/L 和 pH 8.2）中 96h LC$_{50}$乘以一个应用系数0.1作为在硬水中保护水生生物的基准（Tarzwell and Henderson，1960）。而根据相关报道，软水中鱼的急性毒性大约比硬水中的增加了100倍，所以取硬水基准的1/100作为软水的基准值来保护水生生物。

《红皮书》中保护水生生物基准的推导方法：①选用慢性毒性实验中的无效应水平或产生毒性效应的临界值等作为基准值。例如，在淡水软水条件下的非敏感水生生物镉的基准为4.0μg/L，该浓度是镉对当地食蚊鱼的无毒性效应浓度（Spehar，1976）。②如果污染物对实验生物的毒性受多种因素影响，如碱度、溶解氧和实验物种等，确定这些物质的基准要选择当地土著敏感水生物种的96h LC$_{50}$乘以一定的应用因子得到。淡水鱼类铅的基准值即如此。水体中铅对水生生物的毒性测试受鱼种、pH、碱度等参数的影响，急性毒性范围较大，所以其基准是将溶解铅对淡水中敏感水生生物的96h LC$_{50}$乘以0.01得出。类似的还有铜、镍、银和锌等。③其他依据。淡水生物和野生动物的汞基准是由美国食品药品监督管理局规定的暂时允许量除以富集因子得出。

2）最新的水生生物水质基准推导方法

1980年美国环境保护署首次发布《推导保护水生生物及其用途的水质基准指南》，随后在1985年发布了新的指南文件，即《推导保护水生生物及其用途的定量化国家水质基准的指南》（USEPA，1985），形成了比较系统的水生生物水质基准推导的理论与方法体系。指南中要求在制定基准时收集大量的毒性实验数据，其中包括：①动物急性和慢性毒性数据，至少涉及3门8科的可接受急性、慢性实验结果，以及至少在三个不同的科中得出的急性-慢性比率；②水生植物毒性数据，需要用淡水（或海水）藻类或者维管束植物所做的至少一个可接受的实验结果；③生物富集性数据，至少选用一种淡水（或海水）物种来确定生物富集系数。然后再用得到的数据计算出一系列值，最终急性值（FAV）、最终慢性值（FCV）、最终植物值（FPV）和最终残留值（FRV），最后获得基准最大浓度（CMC）和基准连续浓度（CCC）（USEPA，1985）。该推导方法目前仍在广泛使用。

此外，美国环境保护署也修订了受硬度影响的金属水质基准的推导指南。由于硬度可以影响金属的毒性，所以某些金属在淡水条件下的水质基准受硬度控制。水生生物基准需要在不同硬度条件下分别计算。2002 年基准文件的附录 B 中给出了由硬度决定的金属基准的计算方法（USEPA，2002a）。2002 年基准表中给出的基准值是在硬度为 100mg/L CaCO$_3$ 时得到的（附录 4）。尽管不同金属具有不同的数据量和关系强度，但是几乎所有的硬度和毒性数据都在 20～400mg/L 硬度的范围内。因此，建议地表淡水的硬度低于 25mg/L 时计算基准的水体硬度就取 25mg/L。因为对于很多物质来说，硬度在这个范围的有效毒性数据很少或几乎没有。硬度低于 20mg/L 的铜、锌和镉仅有很少数据，而银、铅、三价铬和镍的数据几乎没有。经过对这些有限数据以及目前金属基准文件的评价，美国环境保护署认为这些都是不确定的。所以计算基准的硬度确定在 25mg/L 而没有其他的数据和判断，可能会导致基准不能提供指南所要达到的保护。因此，建议硬度不要定在 25mg/L 或其他更低的值。如果某个州或部落的法规要求硬度定在 25mg/L，或是有硬度-毒性关系的其他特殊情况，那么为了提供指南所要达到的保护应该使用一个水效应比率（water effect ratio，WER）方法。当使用低于 25mg/L 的水环境中的硬度计算铅或镉的基准时，随硬度而定的转换系数应该不超过 1。当硬度超过 400mg/L 时，美国环境保护署推荐了两个选择：①硬度公式中使用一个默认值为 1.0 的 WER 和 400mg/L 的硬度计算基准；②公式中使用 WER 和实际地表水硬度计算基准（USEPA，2002a）。

2.3.3 感官质量基准的确定

感官质量基准是根据污染物的感官效应特征确定的，是为了控制由这些污染物产生的令人不快的味道或气味。某些污染物的感官质量基准可能比基于毒理学的基准更加严格（表 2-4），这主要是由于污染物浓度在还没有达到对生物产生毒害效应之前就已经影响到了感官。基于感官效应终点推导的基准与基于毒理学信息的基准是不同的，感官质量基准与有害的人体健康效应没有直接关系，并不反映人体可接受的风险水平的近似值。目前美国环境保护署发布了 27 种物质的感官质量基准，如锌、硝基苯、五氯苯酚和二氢芘等（USEPA，2012）。

表 2-4 感官质量基准与其他类型基准的比较 （单位：µg/L）

类别	感官质量基准	保护水生生物水质基准		保护人体健康水质基准	
		基准最大浓度	基准连续浓度	摄入水和生物	仅摄入生物
二氢苊（acenaphthene）	20	—	—	70	90
2,4,6-三氯苯酚（2,4,6-trichlorophenol）	2	—	—	1.5	2.8
2-氯苯酚（2-chlorophenol）	0.1	—	—	30	800
铜（copper）	1000	13	9	1300	—

续表

类别	感官质量基准	保护水生生物水质基准		保护人体健康水质基准	
		基准最大浓度	基准连续浓度	摄入水和生物	仅摄入生物
2,4-二氯苯酚（2,4-dichlorophenol）	0.3	—	—	10	60
六氯环戊二烯（hexachlorocyclopentadiene）	1	—	—	4	4
硝基苯（nitrobenzene）	30	—	—	10	600
五氯苯酚（pentachlorophenol）	30	19	15	0.03	0.04
苯酚（phenol）	300	—	—	4000	300000
锌（zinc）	5000	120	120	7400	26000

注："—"为该污染物没有给出基准值。

2.4　对美国水质基准的评论

经过长期的研究，美国已经形成由保护水体功能和保护环境受体相结合以及多种基准类型组成的水质基准体系，但是仍然存在一些问题。

2015 年《国家推荐人体健康水质基准》中涉及 122 种优控和非优控污染物，2018年《国家推荐保护水生生物水质基准》中涉及 59 种优控和非优控污染物，对大部分污染物的基准值进行了更新和补充，但仍有部分物质由于缺乏毒性效应数据没有给出基准值。保护人体健康水质基准和保护水生生物水质基准还需完善。

保护人体健康水质基准和保护水生生物水质基准各自推导指南已经发布了多年，特别是目前使用的 1985 年《推导保护水生生物及其用途的定量化国家水质基准的指南》距今已经 35 年。指南是依据当时的科学信息制定的，经过这么多年之后，特别是近年来毒理学，生物学，污染物的环境化学、毒性效应模型及风险评价研究已经有了很大突破。同时，随着社会经济发展、生活水平和质量的提高，人们对于水质基准的要求也在不断提高。必须结合当今环境科学的最新研究进展，建立能够与社会经济、水环境质量、生活水平相适应的水质基准理论和方法体系。

在人体健康水质基准推导过程中，使用的毒理学数据大多来自动物实验结果，由于没有充足的人体流行病学资料来验证动物实验结果，导致在基准的推导中增加了不确定性。在使用低剂量外推法计算非致癌物的参考剂量时，由于没有 NOAEL，只能选择 LOAEL，从而增大了计算的不确定因子。例如，锑的健康风险评价（USEPA，1987a），由于没有充分的人体流行病学数据，只能使用大鼠的 LOAEL[0.35 mg/（kg 体重·d）]（Schroeder et al., 1970）推导参考剂量，不确定因子采用 1000，包括种间转换 10、保护敏感个体 10，以及使用 LOAEL 代替 NOAEL 增加的不确定性 10。

2.5　世界卫生组织和其他国家的水质基准

除美国对水质基准研究较早且较为系统外，世界卫生组织、加拿大、澳大利亚、欧盟、日本、韩国等对水质基准也开展了大量研究。

世界卫生组织在 1984～1985 年发布了第一版《饮用水水质指南》（共三卷）。1993～1994 年又发布了修订过的《饮用水水质指南》。2008 年发布了《饮用水水质准则：卷一》（第三版）（World Health Organization, 2008），该指南解释了确保饮用水安全的一些条件，包括最小化程序、一些特定的指南值，以及如何使用那些条件。同时，也描述了推导指南值使用的方法。2011 年世界卫生组织发布了最新版的《饮用水水质准则》（第四版）（World Health Organization, 2011），对前三版内容进行整合，进一步发展了早期版本中介绍的概念、方法和信息，包括在第三版中介绍的确保饮用水水质安全的综合预防风险管理方法，并给出了更新的饮用水中化学物质基准值（附录 11）。

加拿大最早在 1987 年由环境部制定了《加拿大水质指南》，提供了水质参数对加拿大水体用途（包括未净化的饮用水、水生生物、农业用水、休闲、美学和工业用水）影响的基础科学信息。该指南还提出了评价水质问题的方法，并且协助地方建立特定区域的水质目标，报道了许多无机、有机、放射性化学物及生物学参数的耐受浓度。加拿大环境部目前最新的文件有《加拿大保护水生生物水质指南》《休闲用水水质指南和感官性质》和《加拿大保护农业用水水质指南》（Canadian Council of Ministers of the Environment, 2007, 1999, 1998）等。此外，澳大利亚 2004 年由国民健康和医疗研究委员会与自然资源管理部门委员会合作制定了《澳大利亚饮用水指南》（Australian Government, 2004）。

2013 年欧盟发布了新的《水框架指令》Directive 2013/39/EU（附录 12），该指令对 Directives 2000/60/EC 和 2008/105/EC 做出了修改和进一步完善，制定了 45 种优控污染物和 9 种其他有害污染物的环境质量标准（environmental quality standards，EQS），并对其中的 15 种有机污染物（均为优控污染物）制定了生物区系的 EQS（EQS-Biota）（附录 12）。

日本《基本环境法》第十六条规定"环境标准必须经常进行适当的科学判断，以及必要的修订，鼓励推陈出新"。自 1971 年 12 月 28 日颁布以来，根据不同阶段的社会经济发展、水污染情况、国家环保理念及科研技术水平等，《水污染环境标准》共修订 22 次。其中特别需要注意的是，日本在针对水生生物的保护上是循序渐进的。1998 年，水环境保护需要调查项目清单首次设定；2003 年，《水污染环境标准》的部分修订案首次把保护水生生物标准写入《水污染环境标准》，对水生生物的保护达到法律高度；同年，首次设定保护水生生物需要监测项目，为水生生物的保护与风险防控迈出新一步；2013 年，保护水生生物标准项目和需要调查项目皆有更新，有关保护水生生物的调查项目也在下一年有针对性地被纳入清单。日本于 2014 年发布了最新修订的地表水环境质量标准项目及限值，分别针对人体健康和生活环境保护设立了不同的污染物项目和标准值。在该标准中，生活环境保护项目是指与人类生活密切相关的生存环境、生态环境的监测项目，根据河流、湖泊及近海等水域类型进行划分，并根据不同的水域环境功能设置标准值。日本保护水生生物和人体健康的水质标准值分别如表 2-5 和表 2-6 所示。

表 2-5 日本适合水生生物生存的水质标准

标准项目	水域类型	生物类型	标准限值/（mg/L）
总锌	河流和湖沼	生物 A[a]	≤0.03
		生物特 A[b]	≤0.03
		生物 B[c]	≤0.03
		生物特 B[d]	≤0.03
	海域	生物 A[a]	≤0.02
		生物特 A[b]	≤0.01
壬基酚	河流和湖沼	生物 A[a]	≤0.001
		生物特 A[b]	≤0.0006
		生物 B[c]	≤0.002
		生物特 B[d]	≤0.002
	海域	生物 A[e]	≤0.001
		生物 A[f]	≤0.0007
直链烷基苯磺酸盐	河流和湖沼	生物 A[a]	≤0.03
		生物特 A[b]	≤0.02
		生物 B[c]	≤0.05
		生物特 B[d]	≤0.04
	海域	生物 A[e]	≤0.01
		生物 A[f]	≤0.006

注：总锌、壬基酚和直链烷基苯磺酸盐的参考值均为年平均值。

生物 A[a]：红点鲑、鲑鳟鱼等喜欢较低温水域的水生生物及其饵料生物栖息的水域；

生物特 A[b]：在生物 A 栖息的水域中，作为生物 A 的产卵场（繁殖场）或育幼场需要特别保护的水域。

生物 B[c]：鲤鱼、鲫鱼等喜欢较高温水域的水生生物及其饵料生物栖息的水域；

生物特 B[d]：在生物 A 或生物 B 栖息的水域中，作为生物 B 的产卵场（繁殖场）或育幼场需要特别保护的水域。

生物 A[e]：有水生生物栖息的水域；

生物特 A[f]：在生物 A 栖息的水域中，作为水生生物的产卵场（繁殖场）或育幼场需要特别保护的水域。

表 2-6 日本保护人体健康的水质标准

项目	标准值	项目	标准值
镉	0.003mg/L 以下	1,1,2-三氯乙烷	0.006mg/L 以下
总氰	未被检出	三氯乙烯	0.01mg/L 以下
铅	0.01mg/L 以下	四氯乙烯	0.01mg/L 以下
六价铬	0.05mg/L 以下	1,3-二氯丙烯	0.002mg/L 以下
砷	0.01mg/L 以下	秋兰姆	0.006mg/L 以下
总汞	0.0005mg/L 以下	西玛津	0.003mg/L 以下
烷基汞	未被检出	禾草丹	0.02mg/L 以下
PCB	未被检出	苯	0.01mg/L 以下
二氯甲烷	0.02mg/L 以下	硒	0.01mg/L 以下
四氯化碳	0.002mg/L 以下	硝酸盐氮和亚硝酸盐氮	10mg/L 以下

续表

项目	标准值	项目	标准值
1,2-二氯乙烷	0.004mg/L 以下	氟	0.8mg/L 以下
1,1-二氯乙烯	0.1mg/L 以下	硼	1mg/L 以下
顺式-1,2-二氯乙烯	0.04mg/L 以下	1,4-二氧六环	0.05mg/L 以下
1,1,1-三氯乙烷	1mg/L 以下	共计 27 项	

注：标准值为年平均值。

测量方法：每个项目均给出了相应测定方法。

特殊情况：总氰相关的标准值采用最高值；氟和硼的标准值不适用于海域；硝酸盐氮和亚硝酸盐氮的浓度是硝酸根浓度乘以换算系数（0.2259）与亚硝酸根浓度乘以换算系数（0.3045）之和。

2009 年，韩国发布了新的地表水环境质量标准（Korean Ministry of Environment. *Major Policies, Water Quality and Water Ecosystem*），标准包括保护人体健康水质标准项目及其标准限值和保护生态环境标准项目及其标准限值两部分。保护生态环境的水质标准针对河流和湖泊水域分别制定污染物项目及其标准限值。河流生态环境保护标准污染物项目主要包括 pH、生物需氧量（BOD）、化学需氧量（COD）、总有机碳（TOC）、悬浮物（SS）、溶解氧（DO）、总磷（TP）、总大肠杆菌、粪大肠杆菌 9 项，根据水体的使用功能进行分类分级，分为Ⅵ级，分别设置标准限值，如表 2-7 所示。湖泊生态环境保护项目主要包括 pH、COD、TOC、SS、DO、总大肠杆菌、TP、总氮（TN）、叶绿素 a、粪大肠杆菌 10 项参数，分为Ⅵ级，分别设置标准限值，如表 2-8 所示。保护人体健康的水质标准对所有水域（河流和湖泊）设定全国统一的标准，规定了重金属（镉、汞、铅、六价铬）、砷、有机磷及多氯联苯等 17 项污染物的标准值，如表 2-9 所示。

表 2-7　韩国保护生态环境的水质标准（河流）

等级		pH	BOD /(mg/L)	COD /(mg/L)	TOC /(mg/L)	SS /(mg/L)	DO /(mg/L)	TP /(mg/L)	总大肠杆菌 /(个/100mL)	粪大肠杆菌 /(个/100mL)
很好	Ⅰa	6.5～8.5	<1	<2	<2	<25	>7.5	<0.02	<50	<10
好	Ⅰb	6.5～8.5	<2	<4	<3	<25	>5.0	<0.04	<500	<100
良好	Ⅱ	6.5～8.5	<3	<5	<4	<25	>5.0	<0.1	<1000	<200
普通	Ⅲ	6.5～8.5	<5	<7	<5	<25	>5.0	<0.2	<5000	<1000
略差	Ⅳ	6.5～8.5	<8	<9	<6	<100	>2.0	<0.3	—	—
差	Ⅴ	6.5～8.5	<10	<11	<8	无垃圾等漂浮	>2.0	<0.5	—	—
很差	Ⅵ	—	>10	>11	>8		<2.0	>0.5	—	—

表 2-8　韩国保护生态环境的水质标准（湖泊）

等级		pH	COD /(mg/L)	TOC /(mg/L)	SS /(mg/L)	DO /(mg/L)	TP /(mg/L)	TN /(mg/L)	Chl-a /(mg/m³)	总大肠杆菌/(个/100mL)	粪大肠杆菌/(个/100mL)
很好	Ⅰa	6.5～8.5	<2	<2	<1	>7.5	<0.01	<0.2	<5	<50	<10
好	Ⅰb	6.5～8.5	<3	<3	<5	>5.0	<0.02	<0.3	<9	<500	<100

续表

等级		pH	COD /(mg/L)	TOC /(mg/L)	SS /(mg/L)	DO /(mg/L)	TP /(mg/L)	TN /(mg/L)	Chl-a /(mg/m³)	总大肠杆菌/(个/100mL)	粪大肠杆菌/(个/100mL)
良好	II	6.5～8.5	<4	<4	<5	>5.0	<0.03	<0.4	<14	<1000	<200
普通	III	6.5～8.5	<5	<5	<15	>5.0	<0.05	<0.6	<20	<5000	<1000
略差	IV	6.5～8.5	<6	<6	<15	>2.0	<0.10	<1.0	<35		
差	V	6.5～8.5	<8	<8	无垃圾等漂浮	>2.0	<0.15	<1.5	<70		
很差	VI	—	>8	>8		<2.0	>0.15	>1.5	>70		

表 2-9　韩国保护人体健康的水质标准

序号	污染物	标准值/（mg/L）
1	镉	≤0.005
2	砷	≤0.05
3	氰化物	不得检出（检出限 0.01）
4	汞	不得检出（检出限 0.001）
5	有机磷	不得检出（检出限 0.0005）
6	多氯联苯	不得检出（检出限 0.0005）
7	铅	≤0.05
8	六价铬	≤0.05
9	烷基苯磺酸盐	≤0.5
10	四氯化碳	≤0.004
11	1,2-二氯乙烯	≤0.03
12	四氯乙烯	≤0.04
13	二氯甲烷	≤0.02
14	苯	≤0.01
15	三氯甲烷	≤0.08
16	邻苯二甲酸-（2-乙基己基）酯	≤0.008
17	锑	≤0.02

2.6　我国水质基准的研究历程

我国对水质基准的研究起步较晚，大多是对国外资料的收集和整理。最早是 1981 年中国建筑工业出版社出版的美国 1976 年《水质基准》（《红皮书》）的中文版《水质评价标准》（许宗仁译）。1991 年，水利电力出版社出版了美国 1986 年《水质基准》（《金皮书》）的中文版《水质评价标准》（水利电力部水质试验研究中心《水质评价标准》编译组译）。这两本著作是美国环境保护署早期制定水质基准的文件，中文版的出版为我国了解国外水质基准的研究起到了积极的作用，这使我国环境管理部门和科学界意识到水质基准对水质评价和标准制定的重要作用。1990 年夏青和张旭辉在《水质标准手册》一书中用一个章节的内容介绍了美国的水质标准和水质基准，概述了美国拟定水生生物水质基准的原则等内容。2004 年夏青等在《水质基准与水质标准》中也用大量的篇幅介绍了美国水质基准的研究。该书收录了美国环境保护署 2002 年公布的《国家推荐水质基准》文件、1999 年美国《氨的水质基准更新》、1998 年美国《制定区域性营养物基准的国家战略》、2000 年美国《营养物基准技术指南——湖泊与水库》。此外，该书在论述我国《地表水环境质量标准》（GB 3838—2002）中一些项目的标准值制定依据时，也引用了大量国外的毒理学文献及各国的水质基准和标准资料。也有一些学者对美国保护水生生物水质基准的制定方法和数据要求进行了概括（汪云岗和钱谊，1998；张彤和金洪钧，1996）。这些都为之后我国学者对水质基准的深入研究奠定了坚实的基础。

周忻等（2005）以 1,2,4-三氯苯的环境水质基准推导为例论述了非致癌有机物保护人体健康水质基准的推导方法，研究中参考了美国 2000 年发布的方法学（USEPA, 2000），其中所用实验结果 NOAEL 值是来自 Robinson 等（USEPA, 1987b; Robinson et al., 1981）的研究。推导过程中使用如下假设：相关源贡献率取 100%；成年男性平均体重取 70kg；饮水摄入量取 2L/d；鱼类总消耗量为 0.0175kg/d，其中第 2、3、4 营养级鱼类消耗量 FI 分别为 0.0038kg/d、0.0080kg/d、0.0057kg/d。该研究得到的环境水质基准值为 0.15mg/L，而我国《地表水环境质量标准》（GB 3838—2002）中集中式生活饮用水地表水源地特定项目标准限值规定三氯苯的标准值为≤0.02mg/L。而美国环境保护署目前使用的 1,2,4-三氯苯的消耗水和生物基准为 0.035mg/L，只消费生物的基准为 0.070mg/L（USEPA, 2006）。1999 年（USEPA, 1999）和 2002 年（USEPA, 2002a）公布的水质基准文件中该物质的保护人体健康值分别为 0.26mg/L 和 0.94mg/L，2002 年 12 月 27 口美国环境保护署发布联邦注册通告按照新的方法和数据修订了 1,2,4-三氯苯的基准值，将其改为 0.035mg/L 和 0.07mg/L（USEPA, 2003b, 2002b），使用参数 RfD 为 $1×10^{-2}$mg/（kg·d），BCF 为 130 L/kg 组织，RSC 为 20%、FI 为 17.5 g/d（USEPA, 2003b）。

张彤和金洪钧（1997a, 1997b, 1997c）参照美国环境保护署推荐的《推导保护水生生物及其用途的国家水质基准的技术指南》，根据我国水生生物区系特点以及通过水生生物毒性试验研究，推导了丙烯腈、硫氰酸钠和乙腈的水生态基准。张彤和金洪钧（1997a）在丙烯腈的水生态基准研究中按照美国环境保护署 1985 年《推导保护水生生物及其用途的国家水质基准技术指南》（USEPA, 1985），使用了 4 个门和 7 个科共 8 种生物的急性毒性实验（表 2-10），运用大型溞和中华大蟾蜍的慢性毒性实验和浮萍的植物毒性实验，最后得出丙烯腈的基准连续浓度为 0.5751mg/L。该实验中仅使用了 7 个科生物的急性毒性数据，还没达到"1985 年指南"要求的 8 个科，但在他们以后的研究中又补充了非鲤科鱼类（莫桑比克罗非鱼）的急性毒性实验（张彤和金洪钧，1997c）。此外，Yin 等（2003a, 2003b）根据美国环境保护署推荐的方法及我国的水生生物区系，分别研究了 2,4-二氯苯酚和 2,4,6-三氯苯酚的基准，推导出 2,4-二氯苯酚的基准最大浓度和基准连续浓度是 1.25 mg/L 和 0.212 mg/L，2,4,6-三氯苯酚的基准最大浓度和基准连续浓度分别为 1.01 mg/L 和 0.226mg/L。

王子健研究组按照美国水质基准制定方法筛选了太湖流域的优势物种及相应的毒性

数据，探讨了五氯酚、2,4-二氯酚和 2,4,6-三氯酚在我国太湖地区的水生态基准，同时采用蒙特卡罗构建物种敏感度分布（SSD）曲线和生态毒理模型方法做了对比研究。生态毒理模型方法的计算结果低于其他两种方法，相比其他两种方法，生态毒理模型能够反映生态系统的结构特征、物种间的相互作用关系以及由毒物引起的间接效应，该方法的结果更具有区域性、更接近实际环境（雷炳莉等，2009）。

　　吴丰昌研究团队将 QSAR 模型应用到金属等污染物的毒性预测和水质基准推导中，取得了一系列较新的科研成果，获得了国际上较为广泛的认可（Wu et al., 2013; Mu et al., 2016; Mu et al., 2018）。

表 2-10　　急性毒性实验生物的分类系统表（张彤和金洪钧, 1997a）

物种	属	科	纲	门
中华大蟾蜍（*Bufo gargarizans*）	蟾蜍属	蟾蜍科	两栖纲	
鲤鱼（*Cyprinus carpio*）	鲤属	鲤科	硬骨鱼纲	脊索动物门
草鱼（*Ctenopharyngodon idellus*）				
大型溞（*Daphnia magna*）	溞属	溞科	甲壳纲	
盐水丰年虫（*Artemia salina Sinnaeus*）		盐水丰年虫科		节肢动物门
摇蚊幼虫（*Chironomus sp.*）	摇蚊属	摇蚊科	昆虫纲	
霍甫水丝蚓（*Limnodrilus hoffmeisteri*）	水丝蚓属	颤蚓科	寡毛纲	环节动物门
折叠萝卜螺（*Radix plicatula*）	萝卜螺属	椎实螺科	腹足纲	软体动物门

　　总的来说，我国水质基准研究比较零星，既没有适合我国区域特点的水质基准理论和方法体系，又缺乏大量支持污染物风险评估方面的毒理学实验。在 2008 年在国家科技部 973 计划的支持下，我国启动了湖泊水质基准的系统研究，以湖泊为例，建立了我国比较完善的水质基准理论、技术和方法体系，推动我国水质基准体系的系统研究发展。在 973 项目"湖泊水环境质量演变与水环境质量基准研究"的支持下，开展了针对我国特有生物区系和水环境污染特征的硝基苯类、重金属镉和铜等污染物水质基准的理论和方法研究，初步得出了适合我国水环境特征的水质基准值。

　　2011 年，环境基准与风险评估国家重点实验室依托中国环境科学研究院建设，以国家战略目标和重大科技需求为导向，紧紧围绕区域/流域环境质量演变规律和分区理论研究、环境基准理论与方法研究、环境风险评估理论与技术研究三个研究方向，在化学品的环境暴露、毒理与生态效应、基准理论方法学、生态与健康风险评估的新理论与新技术等方面开展基础和应用研究。最近这十年是我国环境基准领域快速发展的十年。我国学者开展了大量的水质基准基础研究，探讨了各种基准研究方法（闫振广等，2012；金小伟等，2014；冯承莲等，2015；王颖等，2015；张瑞卿和吴丰昌，2015；刘娜等，2016）及我国水质基准推导的物种选择理论（刘征涛等，2012；苏海磊等，2012；王晓南等，2014），并针对重金属（吴丰昌等，2012；张瑞卿等，2012；廖静等，2014；张娟等，2015）、有机污染物（Yang et al., 2014；郑师梅等，2017；郑欣等，2016；武江越等，2018）、农药（陈朗等，2015；陈曲等，2016）、生物累积性物质（Zhang et al., 2013；Su et al., 2014）

等典型污染物做了大量研究，取得了环境基准领域的阶段性进展。

为贯彻《中华人民共和国环境保护法》，规范国家环境基准研究、制定、发布、应用与监督工作，环境保护部（现生态环境部）制定了《国家环境基准管理办法（试行）》（附录 13），并于 2017 年 4 月发布。该管理办法明确规定了环境基准的定义和分类，环境基准管理工作的法律依据、主要工作内容、遵循的基本原则，环境基准的制定原则和程序，以及环境基准的应用和监督等，是我国环境基准领域的里程碑事件，为我国环境基准工作的积极推进提供了法律基础。此外，同一年又相继发布了《淡水水生生物水质基准制定技术指南》（HJ 831—2017）（附录 14）和《人体健康水质基准制定技术指南》（HJ 837—2017）（附录 15），内容涵盖了水质基准的关键术语和定义、制定程序、毒性数据收集和筛选、物种筛选、基准推导、基准审核和应用，为我国保护人体健康和水生生物的水质基准制定提供了指导，为我国水质基准的发布奠定了基础。依据基准管理办法和技术指南，我国科研人员开始开展符合中国国情的水质基准研究，并于 2020 年发布了镉（附录 16）、氨氮（附录 17）和苯酚（附录 18）三种物质的水质基准，分别是《淡水水生生物水质基准技术报告——镉（2020 年版）》、《淡水水生生物水质基准技术报告——氨氮（2020 年版）》、《淡水水生生物水质基准技术报告——苯酚（征求意见稿）》。

参 考 文 献

陈朗, 宋玉芳, 张伟东, 等. 2015. 基于多指标的中国淡水拟除虫菊酯水质基准[J]. 生态学杂志, 34(10): 2879-2892.

陈曲, 郭继香, 孙乾耀, 等. 2016. 甲萘威的淡水水生生物水质基准研究[J]. 环境科学研究, 29(1): 84-91.

冯承莲, 付卫强, Scott D, 等. 2015. 种间关系预测(ICE)模型在水质基准研究中的应用[J]. 生态毒理学报, 10(1): 81-87.

金小伟, 王业耀, 王子健. 2014. 淡水水生态基准方法学研究: 数据筛选与模型计算[J]. 生态毒理学报, 9(1): 1-13.

雷炳莉, 金小伟, 黄圣彪, 等. 2009. 太湖流域 3 种氯酚类化合物水质基准的探讨[J]. 生态毒理学报, 4(1): 40-49.

廖静, 梁峰, 杨绍贵, 等. 2014. 我国六价铬淡水水生生物安全基准推导研究[J]. 生态毒理学报, 9(2): 306-318.

刘娜, 金小伟, 王业耀, 等. 2016. 生态毒理数据筛查与评价准则研究[J]. 生态毒理学报, 11(3): 1-10.

刘征涛, 王晓南, 闫振广, 等. 2012. "三门六科"水质基准最少毒性数据需求原则[J]. 环境科学研究, 25(12): 1364-1369.

美国环境保护署. 1981. 水质评价标准[M]. 徐宗仁, 译. 北京: 中国建筑工业出版社.

美国环境保护署. 1991. 水质评价标准[M]. 水利电力部水质试验研究中心《水质评价标准》编译组, 译. 北京: 水利电力出版社.

苏海磊, 吴丰昌, 李会仙, 等. 2012. 我国水生生物水质基准推导的物种选择[J]. 环境科学研究, 25(5): 506-511.

汪云岗, 钱谊. 1998. 美国制定水质基准的方法概要[J]. 环境检测管理与技术, 10(1): 23-25.

王晓南, 郑欣, 闫振广, 等. 2014. 水质基准鱼类受试生物筛选[J]. 环境科学研究, 27(4): 341-348.

王颖, 冯承莲, 黄文贤, 等. 2015. 物种敏感度分布的非参数核密度估计模型[J]. 生态毒理学报, 10(1):

215-224.

吴丰昌, 郑建, 潘响亮, 等. 2008. 锑的环境生物地球化学循环与效应研究展望[J]. 地球科学进展, 23(4): 350-356.

吴丰昌, 冯承莲, 曹宇静, 等. 2011. 我国铜的淡水生物水质基准研究[J]. 生态毒理学报, 6(6): 617-628.

吴丰昌, 冯承莲, 张瑞卿, 等. 2012. 我国典型污染物水质基准研究[J]. 中国科学: 地球科学, 42(5): 646-656.

武江越, 许国栋, 林雨霏, 等. 2018. 我国淡水生物菲水质基准研究[J]. 环境科学学报, 38(1): 399-406.

夏青, 张旭辉. 1990. 水质标准手册[M]. 北京: 中国环境科学出版社.

夏青, 陈艳卿, 刘宪兵. 2004. 水质基准与水质标准[M]. 北京: 中国标准出版社.

闫振广, 余若祯, 焦聪颖, 等. 2012. 水质基准方法学中若干关键技术探讨[J]. 环境科学研究, 25(4): 397-403.

张娟, 闫振广, 高富, 等. 2015. 不同形态的砷水生生物基准探讨及在辽河流域的初步应用[J]. 环境科学学报, 35(4): 1164-1173.

张彤, 金洪钧. 1996. 美国对水生态基准的研究[J]. 上海环境科学, 15(3): 7-9.

张彤, 金洪钧. 1997a. 丙烯腈水生态基准研究[J]. 环境科学学报, 17(1): 75-81.

张彤, 金洪钧. 1997b. 硫氰酸钠的水生态基准研究[J]. 应用生态学报, 8(1): 99-103.

张彤, 金洪钧. 1997c. 乙腈的水生态基准[J]. 水生生物学报, 21(3): 226-233.

张瑞卿, 吴丰昌, 李会仙, 等. 2012. 应用物种敏感度分布法研究中国无机汞的水生生物水质基准[J]. 环境科学学报, 32(2): 440-449.

张瑞卿, 吴丰昌. 2015. 组织残留法在水生生物基准中的应用概述[J]. 生态毒理学报, 10(1): 88-100.

郑师梅, 周启星, 杨凤霞, 等. 2017. 中国苯系物淡水水质基准推荐值的探讨[J]. 中国科学: 地球科学, 47(12): 1493-1508.

郑欣, 刘婷婷, 王一喆, 等. 2016. 三氯生毒性效应及水质基准研究进展[J]. 生态环境学报, 25(3): 539-546.

周忻, 刘存, 张爱茜, 等. 2005. 非致癌有机物水质基准的推导方法研究[J]. 环境保护科学, 31(127): 22-26.

Australian Government. 2004. Australian drinking water guidelines[R]. Australia: National Health and Medical Council; National Resource Management Ministerial Council.

Bai Y C, Wu F C, Liu C Q, et al. 2008. Ultraviolet absorbance titration for determining stability constants of humic substances with Cu (Ⅱ) and Hg (Ⅱ) [J]. Analytica Chimica Acta, 616: 115-121.

Brieger H, Semisch C W, Stasney J, et al. 1954. Industry antimony poisoning[J]. Industrial Medicine and Surgery, 23(12): 521-523.

California State Water Pollution Control Board. 1952. Water quality criteria[R]. Sacramento: California State Water Pollution Control Board.

Canadian Council of Ministers of the Environment. 1998. Recreational water quality guidelines and aesthetics[R]. Winnipeg, Manitoba: Canadian Council of Ministers of the Environment.

Canadian Council of Ministers of the Environment. 1999. Protocols for deriving water quality guidelines for the protection of agricultural water uses [R]. Winnipeg, Manitoba: Canadian Council of Ministers of the Environment.

Canadian Council of Ministers of the Environment. 2007. A protocol for the derivation of water quality guidelines for the protection of aquatic life[R]. Winnipeg, Manitoba: Canadian Council of Ministers of the Environment.

Ellis M M. 1937. Detection and measurement of stream pollution[J]. Bulletin of the Bureau of Fisheries, 48: 365-437.

Fu P Q, Wu F C, Liu C Q, et al. 2007. Fluorescence characterization of dissolved organic matter in an urban river and its complexation with Hg (II) ion [J]. Applied Geochemistry, 22: 1668-1679.

Gebel T. 1997. Arsenic and antimony: Comparative approach on mechanistic toxicology[J]. Chemico-Biological Interactions, 107: 131-144.

Gross P, Brown J H V, Westrick M L, et al. 1955. Toxicological study of calcium halophosphate phosphors and antimony trioxide. I . Acute and chronic toxicity and some pharmacological aspects[J]. Archives of Industrial Health, 11: 473.

Kanisawa M, Schroeder H A. 1969. Life term studies on the effect of trace elements of spontaneous tumors in mice and rats[J]. Cancer Research, 29: 892-895.

Marsh M C. 1907. The effect of some industrial wastes on fishes[R]. Water Supply and Irrigation Paper No. 192, US Geological Survey, 337-348.

Mu Y S, Wu F C, Zhao Q, et al. 2016. Predicting toxic potencies of metal oxide nanoparticles by means of nano-QSARs [J]. Nanotoxicology, 10(9): 1207-1214.

Mu Y S, Wang Z, Wu F C, et al. 2018. Model for predicting toxicities of metals and metalloids in coastal marine environments worldwide[J]. Environmental Science and Technology, 52(7): 4199-4206.

National Academy of Science and National Academy of Engineering. 1974. Water quality criteria[R]. Washington DC: U. S. Government Printing Office.

National Technical Advisory Committee to the Secretary of the Interior. 1968. Water quality criteria[R]. Washington DC: U. S. Government Printing Office.

Poon R, Chu I, Lecavalier P, et al. 1998. Effects of antimony on rats following 90-day exposure via drinking water[J]. Food and Chemical Toxicology, 36: 21-35.

Powers E B. 1917. The goldfish(Carassius carassius)as a test animal in the study of toxicity[J]. Illinois Biological Monographs, 4(2): 127-193.

Robinson K S, Kavlock R J, Chernoff N, et al. 1981. Multi-generation study of 1, 2, 4-trichlorobenzene in rats[J]. Journal of Toxicology and Environmental Health, 8: 489-500.

Schroeder H A, Mitchner M, Nador A P. 1970. Zirconium, niobium, antimony, vanadium and lead in rats: Life term studies[J]. Journal of Nutrition, 100: 59-66.

Shelford V E. 1917. An experimental study of the effects of gas wastes upon fishes, with especial reference to stream pollution[J]. Bulletin Illinois State Laboratory of Natural History, 11: 381-412.

Snawder E J. 1999. Induction of stress proteins in rat cardiac myocytes by antimony[J]. Toxicology and Applied Pharmacology, 159: 91-97.

Spehar R L. 1976. Cadmium and zinc toxicity to Jordanella floridae[D]. Duluth, Minnesota: Thesis, University of Minnesota.

Su H L, Wu F C, Zhang R Q, et al. 2014. Toxicity Reference Values for Protecting Aquatic Birds in China from the Effects of Polychlorinated Biphenyls[M]. New York: Springer: 59-82.

Tarzwell C M, Henderson C. 1960. Toxicity of less common metals to ashes[J]. Industry Waste, 5: 12.

Wu F C, Mu Y S, Chang H, et al. 2013. Predicting water quality criteria for protecting aquatic life from physicochemical properties of metals or metalloids[J]. Environmental Science and Technology, 47(1): 446-453.

USEPA. 1976. Quality criteria for water[R]. Washington DC: National Technical Information Service.

USEPA. 1980a. Ambient water quality criteria for antimony[R]. Washington DC: Office of Water. Regulation and Standards. Criteria and Standards Division.

USEPA. 1980b. Ambient water quality criteria for arsenic[R]. Washington DC: Office of Water. Regulation and Standards. Criteria and Standards Division.

USEPA. 1980c. Guidelines and methodology used in the preparation of health effect assessment chapters of the consent decree water criteria documents[R]. Washington DC: USEPA.

USEPA. 1985. Guidelines for deriving numerical national aquatic life criteria for protection of aquatic organisms and their uses[R]. Washington DC: Office of Research and Development.

USEPA. 1986. Quality criteria for water[R]. Washington DC: Office of Water Regulations and Standards.

USEPA. 1987a. Integrated risk information system: Antimony(CASRN 7440-36-0)[EB/OL]. http: //www. epa. gov/iris/subst/0006. htm[2002-12-03].

USEPA. 1987b. Integrated risk information system: 1, 2, 4-trichlorobenzene(CASRN 120-82-1)[EB/OL]. http: //www. epa. gov/iris/subst/0119. htm[1996-11-01].

USEPA. 1998. Draft water quality criteria methodology: Human health[R]. Federal Register Notice. Washington DC: Office of Water.

USEPA. 1999. National recommended water quality criteria-correction[R]. Washington DC: Office of Water, Office of Science and Technology.

USEPA. 2000. Methodology for deriving ambient water quality criteria for the protection of human health[R]. Washington DC: Office of Science and Technology, Office of Water.

USEPA. 2002a. National recommended water quality criteria[R]. Washington DC: Office of Water, Office of Science and Technology.

USEPA. 2002b. Revision of national recommended water quality criteria [EB/OL]. http: //www. epa. gov/ EPA-WATER/2002/December/Day-27/w32770. htm.

USEPA. 2003a. Methodology for deriving ambient water quality criteria for the protection of human health. Technical support document volume 2: Development of national bioaccumulation factors[R]. Washington DC: Office of Science and Technology, Office of Water.

USEPA. 2003b. National recommended water quality criteria for the protection of human health[EB/OL]. http: //www. epa. gov/EPA-WATER/2003/December/Day-31/w32211. htm

USEPA. 2004. National recommended water quality criteria[R]. Washington DC: Office of Water, Office of Science and Technology.

USEPA. 2006. National recommended water quality criteria[R]. Washington DC: Office of Water, Office of Science and Technology.

USEPA. 2008. Methodology for deriving ambient water quality criteria for the protection of human health. Technical Support Document Volume 3: Development of site-specific bioaccumulation factors[R]. Washington DC: Office of Science and Technology, Office of Water.

USEPA. 2009. National recommended water quality criteria[R]. Washington DC: Office of Water, Office of

Science and Technology.

USEPA. 2012. National recommended water quality criteria[R]. Washington DC: Office of Water, Office of Science and Technology.

World Health Organization. 2008. Guidelines for drinking-water quality: Incorporating 1st and 2nd addenda, Vol. 1, recommendations- 3rd edition[R]. Geneva: WHO.

World Health Organization. 2011. Guidelines for Drinking-Water Quality [M]. 4th . Geneva: WHO.

Yang S, Xu F, Wu F, et al. 2014. Development of PFOS and PFOA criteria for the protection of freshwater aquatic life in China[J]. Science of the Total Environment, 470: 677-683.

Yin D Q, Jin H J, Yu L W, et al. 2003a. Deriving freshwater quality criteria for 2, 4-dichlorophenol for protection of aquatic life in China[J]. Environmental Pollution, 122: 217-222.

Yin D Q, Hu S Q, Jin H J, et al. 2003b. Deriving freshwater quality criteria for 2, 4, 6-trichlorophenol for protection of aquatic life in China[J]. Chemosphere, 52: 67-73.

Zhang R Q, Wu F C, Li H X, et al. 2013. Toxicity Reference Values and Tissue Residue Criteria for Protecting Avian Wildlife Exposed to Methylmercury in China[M]. New York, NY: Springer: 53-80.

第3章 水生生物水质基准推导的理论和方法

3.1 引 言

水生生物水质基准是保护水生生物及其使用功能基准的简称，一般指的是水环境中的污染物对水生生物及其使用功能不产生长期和短期的不利影响的最大浓度（USEPA，1985）。这里需要特别说明的是，定义中提到的水生生物主要包括以下几类：①在商业上、娱乐上或者其他方面有重要用途的物种；②河流、湖泊、海洋、河口和水库等水体中的鱼类、无脊椎动物、两栖动物和浮游动物。水生生物使用功能主要包括以下几个方面：①水生生物作为更高营养级的水生生物、野生动物及人类食物的食用功能；②水生生物作为水生态系统的一个组成部分，维护水生态系统的多样性和完整性的功能；③水生生物在商业上、娱乐上以及其他方面的功能。

水生生物水质基准是水质基准的核心组成部分之一，有着极其重要的作用。只有保护了水生生物及其使用功能，才能保护水生态系统的多样性，从而保护整个生物圈的多样性；进而保护以水生生物为食的野生动物和人类的健康不会受到危害；并且维持水体的清洁及其生态功能，维护整个地球的环境。

美国是世界上最早开展水生生物基准研究工作的国家。美国最早制定的水生生物基准是一个值，它是用水生生物的急性毒性值乘以相应的应用系数所得到的浓度，并以它作为在任何情况下都不能超过的值（张彤和金洪钧，1996）。经过几代科学家的研究，美国环境保护署于1980年初步制定了获取水生生物基准的技术指南（USEPA，1980），并于1983年（USEPA，1983）和1985年（USEPA，1985）进行了修订。从《金皮书》（USEPA，1986）开始，以后的水生生物基准都是以两个值——基准最大浓度和基准连续浓度表示的，其中基准最大浓度是1h内不得超过的值，而基准连续浓度是96h内不得超过的值，并且规定了超标浓度发生的频率是不多于平均每三年一次。这是在考虑了急性和慢性这两种不同的毒性效应以及废水排放的波动之后，得出的较为科学的、合理的数值。

本章是在1985年美国水生生物基准技术指南的基础上结合近50年来该领域的最新进展和存在的问题形成的，首先简要介绍了推导水生生物基准的四种常见方法：评价因子法、物种敏感度分布曲线法、生态毒理模型法和毒性百分数排序法，并且比较了这四种方法的优缺点。在后续的内容中，从实验物种的选择、毒性实验的设计、实验数据的筛选、推导理论与方法等几个方面详细地介绍了如何利用毒性百分数排序法推导水生生物基准。在本章的最后，以目前人们较为关注的有毒重金属——镉和汞为例，介绍了如何利用毒性百分数排序法推导它们各自的水生生物基准过程，以加深读者对该方法的理解和认识。

3.2　水生生物水质基准的理论与方法

目前世界上有许多国家和组织开展了水生生物水质基准的研究，如美国、加拿大、欧盟等，各国也建立了相应的方法学来确定基准值。不同的推导方法对基础毒性数据有不同的要求，且得出的基准值会有所不同。本节主要介绍四种方法及其各自的理论，并且系统地比较了它们的优缺点和适用性。

3.2.1　评价因子法

评价因子法，即用敏感生物的毒性数据乘/除以相应的评价因子或利用相应的经验公式推导水质基准的方法（洪鸣，2008）。该方法基于化学物质效应评价的长期经验，在毒性数据偏少的情况下，评价因子法因其通用性而被广泛使用。我国常见的基于鱼类急性毒性数据的经验公式如下所示：

$$水质基准（安全浓度）=\frac{24h\ LC_{50}\times 0.3}{(24h\ LC_{50}\ /\ 48h\ LC_{50})^3} \tag{3-1}$$

$$水质基准（安全浓度）=\frac{48h\ LC_{50}\times 0.3}{(24h\ LC_{50}\ /\ 48h\ LC_{50})^3} \tag{3-2}$$

$$水质基准（安全浓度）=\frac{96h\ LC_{50}}{AF} \tag{3-3}$$

其中，式（3-3）应用最为广泛，$96h\ LC_{50}$ 为 96h 半致死浓度；AF 为评价因子（也称应用因子）。AF 的取值范围为 10~100：对于易分解、低残留的污染物，AF 的取值范围为 10～20；对于稳定的、易于在鱼体内富集的污染物，AF 的取值范围为 20～100（周永欣等，1983）。

许多国家应用评价因子法推导水生生物基准时，对于评价因子的设定值有所不同。例如，加拿大基于敏感生物的急性毒性值推导水质基准时，持久性污染物的评价因子为 100，非持久性污染物的评价因子为 20；基于敏感生物的慢性毒性值推导水质基准时，所有污染物的评价因子均为 10（Canadian Council of Ministers of the Environment, 1999）。另外，应欧盟委员会的要求，弗劳恩霍夫研究所于 2004 年编写了《推导水框架指南中优控污染物水质基准的方法学手册》（以下简称《手册》），《手册》中提出了更为完整的评价因子体系，应用这一评价因子体系须具备三个营养级代表生物的毒性数据，这三个营养级的主要代表生物分别为藻类、甲壳类和鱼类。同时，该评价因子体系分别考虑了淡水和海水两种生境，且认为海水中的生物种类更丰富，这意味着海洋生物对特定污染物的敏感性分布更广，而可获得的海洋生物毒性数据非常有限。因此，用于推导海水水质基准的评价因子要严于淡水水质基准的评价因子（Lepper, 2004）。荷兰国立公众健康和环境研究所于 2001 年更新了《环境风险阈值推导导则》（以下简称《导则》），该《导则》和欧盟的《手册》都基于相同的水质基准推导理论，只是在评价因子设定值上有所不同。《导则》中没有区分淡水和海水，且在推导水质基准时没有要求具备三个营养级代表生物的毒性数据（de Bruijin et al., 2001）。

评价因子法是世界上最早用于推导水生生物基准的方法，该方法简单易行，所需基础数据较少，评价因子法的有效性和适用性在某种程度上主要依赖于敏感生物的毒性数据。虽然评价因子法属于经验法，但是利用评价因子法进行的污染物毒性预测随着经验的丰富在不断改进。在缺乏毒性数据时，可以利用评价因子法来推导水生生物基准（洪鸣，2008）。

3.2.2　物种敏感度分布曲线法

物种敏感度分布理论最初是由欧美科学家 Stephan 和 Kooijman 于 20 世纪 80 年代中期分别提出的，现主要用于推导环境质量基准和标准的制定以及生态风险评价。物种敏感度分布理论认为不同的生物由于生活史、生理构造、行为特征和地理分布等的不同而产生了差异性，在毒理学上表现为不同物种对同一剂量的污染物有着不同的剂量-效应关系，即不同的生物对同一污染物的敏感性存在着差异，而这些敏感性差异遵循一定的概率分布模型。在获得所需的毒性数据后，便可根据毒性数据的频数分布拟合出某种概率分布函数，即物种敏感性分布模型。采用物种敏感度分布模型推导水质基准的步骤：①通过最大似然估计或其他方法将污染物对生物的毒性值（LC_{50}、EC_{50} 或 NOEC）拟合成未知参数的频数分布模型（如对数-三角分布、对数-正态分布、对数-对数分布）；②由拟合的频数分布模型计算出危险浓度 HC_p。危险浓度是指如果某种物质对所选物种的毒性值比该物质在环境中的浓度小 p%，那么认为该物质浓度会对该物种的 p% 的物种产生危害，则处于相对安全状态的物种百分数为（100–p）%，该物质在环境中的浓度就为危险浓度（van Straalen and Denneman, 1989）；③确定 p 值，欧美各国一般都默认 p 为 5，那么 HC_5 是指影响不超过 5% 的物种，即可以保护 95% 以上物种时对应的浓度（雷炳莉等，2009b）；④确定水质基准值，其中基准最大浓度等于水生生物的急性毒性值拟合的频数分布模型计算出的 HC_5 除以 2，基准连续浓度等于水生生物的慢性毒性值拟合的频数分布模型计算出的 HC_5（洪鸣，2008）。

3.2.3　生态毒理模型法

生态毒理模型是在生态风险评价不断深入发展的基础上提出来的，主要是用来对可能存在或已经存在的生态风险进行预测评估。生态毒理模型用于生态风险评价，它主要通过生态系统中各物种或种群的生物量变化来表征风险。在生态毒理模型中，规定与无毒性物质存在情况相比，某物种的生物量在–20%～20% 的范围内变化是正常的，超过这个范围则认为存在风险。一般把某物种的生物量在 1 年内变化 20% 定义为 EC_{20}，选择 1 年为效应时间和 EC_{20} 作为效应终点，主要是考虑了水生态系统的结构稳定性及其经济学价值。目前应用较为普遍的生态毒理模型有 AQUATOX 和 CASM 等（Natio et al., 2003）。其中 AQUATOX 模型广泛应用于北美地区水体中有机氯农药、多环芳烃、多氯联苯及酚类化合物的生态风险评估，我国在 2005 年发生的松花江硝基苯污染事故中也进行了尝试性应用（Lei et al., 2008）。因此，可以应用 AQUATOX 模型对生态风险进行研究，进而得出每个物种或者种群生物量变化的 EC_{20}，并且定义此浓度为可接受的预测无效应浓度，假定在生态系统中不同敏感度的物种或种群的预测无效应浓度满足一个概率分布，利用模型进行统计分析，得出保护 95%的物种或种群时某种污染物对应的浓度，定义为最终慢性值。由于生态毒理模型选择 1 年作为效应时间，它远远超出了急性效应发生的时间，因此该方法无法计算出最终急性值。因此，用该方法计算出的基准值是一个值，且该值的目标是保护水生生物不受慢性毒性的影响。

3.2.4　毒性百分数排序法

　　毒性百分数排序法是美国环境保护署推荐的推导水生生物水质基准的标准方法。该方法的提出是水生生物水质基准方法学上的一个里程碑，该方法的产生，使得美国环境保护署在推导水生生物水质基准时，摒弃了以前那种仅以急性值或慢性值乘以评价因子作为基准值的做法，转而采用将急性毒性效应和慢性毒性效应分开考虑，并且结合统计学方法来制定基准值。使用该方法制定出的基准值包括基准最大浓度和基准连续浓度两个值，其中基准最大浓度考虑的是急性毒性效应，基准连续浓度考虑的是慢性毒性效应。图 3-1 为采用该方法推导水生生物水质基准的流程图。

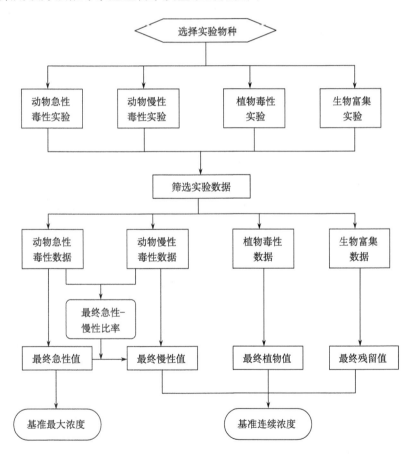

图 3-1　用毒性百分数排序法推导水生生物水质基准的流程图

　　用毒性百分数排序法推导水生生物水质基准可以概括为以下几个步骤。
（1）需要通过设计合理的毒理实验来获得某种物质对水生动物急性和慢性的毒性数

据、对水生植物毒性的数据及该物质的生物富集性数据。然后审核这些数据，判断哪些数据可以使用，哪些数据不可以使用。

（2）筛选毒理学数据，获得一系列和基准相关的值，具体如下：由动物急性毒性数据可以得出最终急性值；由动物慢性毒性数据（或动物急性毒性数据和最终急性-慢性比率）可以得出最终慢性值；由植物毒性数据可以得出最终植物值；由生物富集数据可以得出最终残留值。

（3）由上面得出的一系列值计算出基准最大浓度和基准连续浓度：基准最大浓度等于最终急性值的一半；基准连续浓度取最终慢性值、最终植物值和最终残留值中的最小值。

（4）根据上面得出的基准最大浓度和基准连续浓度表述水质基准。

3.2.5　四种方法的综合比较

评价因子法的优点是所需的基础数据少，一般只需获得敏感生物的毒性数据即可计算出基准值（欧盟要求获得三个营养级代表生物的毒性数据）。因此，当生物的毒性数据量不能满足推导水生生物基准的其他方法时，采用评价因子法是一个很好的选择。该方法的另一个优点是计算过程简单易行，一般情况下只需用最敏感生物的毒性值乘或除以评价因子即可得出基准值（欧盟要求按照可获得的生物门类数据来选择评价因子），这使得它在计算量上要远远小于其他的方法。然而，该方法存在严重的不足之处，具体表现在以下几个方面：①评价因子法的有效性和评价因子设定值主要依赖于敏感生物的毒性值，也就是说，特定污染物的水质基准值取决于最敏感生物的毒性值。这是该方法最大的局限性，因为如果一旦出现最敏感生物的毒性值测量不准确、所选生物并非最敏感生物等情况，计算出的水质基准值可能会有失准确。②评价因子法属于经验法，评价因子的确定是根据经验得出的，而且各国在设定同一物种的评价因子时往往相差较大，很难判断哪个更符合实际情况。③评价因子法没有考虑物种之间的相互关系以及污染物的生物富集效应，也缺乏数理统计理论的支持，因而该方法推导出的基准值缺乏足够的说服力。

物种敏感度分布曲线法的优点是它能够充分利用所获得的毒性数据，并且由于它假定有限的生物物种是从生态系统中随机取样的，而且不同物种的可接受效应水平满足一个概率分布，因此对有限物种的可接受效应水平的评估可以代表整个生态系统。但是该方法也存在着比较明显的缺点：①该方法在将毒性数据输入模型中时，没有考虑物种所属的种群和属，不能反映物种之间的相互关系及其产生的间接效应。②该方法没有考虑污染物在生物体内的富集效应。事实上，某些污染物虽然未给测试生物带来不利影响，但是这些污染物会在测试生物体内富集到相当高的浓度，进而给食用测试生物的生物甚至人类带来危害。因此，这就可能造成对某些物种的"欠保护"。

生态毒理模型法的优点是它可对区域水生态系统结构进行表征，并且把各营养级的相互关系进行量化，同时能反映毒物的作用引起的物种间的间接效应，因此它在表征区域生态环境上更接近真实情况。但是该方法也存在比较明显的缺点：①该方法仅以物种或种群的生物量变化作为表征生态风险的依据，实际上，除了生物量的变化，还有许多因素会给生态环境带来风险，如物种生长发育的延缓、繁殖力的降低、畸形率的增加等，因此仅以生物量来表征风险，不能全面地反映生态环境中存在的各种风险。②该方法以1 年作为生态风险的时间区间，按照该方法计算出的毒性值是最终慢性值，没有考虑急性效应，实际上急性效应和慢性效应是两个不同的效应，而且在有些情况下，污染物的急性毒性给水生生物及其环境造成的影响是相当严重的，因此该方法考虑得不够全面。③在慢性毒性效应方面，该方法和物种敏感度曲线法一样也没有考虑到污染物在生物体内的富集效应，因此同样会导致对某些物种的"欠保护"。

毒性百分数排序法的优点：①该方法综合考虑急性和慢性毒性效应，并且分别计算出最终急性值和最终慢性值，这种做法能够给水生生物提供全面的保护，既保证了水生生物免受急性毒性的影响，又保证了水生生物免受慢性毒性的影响。②在慢性毒性效应方面，该方法考虑了污染物在生物体内的富集效应，保护了那些处于较高营养级的物种免受那些富集能力很强的污染物的危害，为绝大多数水生生物提供了适当的保护。③该方法首先将每个测试生物归类为某一物种，计算了物种平均急性值、物种平均慢性值，然后又进一步将物种归类为属，计算了属平均急性值、属平均慢性值，最后以属为单位来计算基准值，这种做法不仅考虑了单个物种的毒性值，而且考虑了物种之间的联系，因此基准值更加科学合理。④在毒性效应表征方面，该方法以 LC_{50} 和 EC_{50} 作为表征毒性效应的参数，而且这两个值不仅以生物的死亡率为基础，还综合考虑了生物生长的延缓、发育的停滞、繁殖力的下降、畸形率的增加等多种因素，更加全面地反映了污染物给水生生物带来的毒性效应，使用该方法得出的基准值能够更加全面地保护水生生物。当然，该方法也存在一定的不足之处。它没有系统地对水生态系统进行表征，没有将各种生物按照营养级的相互关系进行考虑。因此不能够全面地表征污染物给整个水生态系统带来的不利影响。

综上所述，在这四种方法中，毒性百分数排序法在推导水生生物水质基准时的优势比较明显，它能够更加全面地反映污染物对水生生物的毒性效应，而且它更加符合实际情况，能给水生生物提供适当的保护，同时不会造成"过保护"或者"欠保护"的情况，这样也可以节约在环保资金方面的投入（胡林林等，2008）。虽然该方法没有系统地考虑整个水生态系统，但由于制定水生生物水质基准的目标是保护水生生物及其使用功能，对宏观的水生态系统不作深入的考虑，因此该方法能够满足推导水生生物水质基准的初衷。所以，本章后面几节结合了最新的科学研究成果，重点介绍运用毒性百分数排序法推导水生生物水质基准的具体方法和步骤。

3.3　用毒性百分数排序法确定基准相关数值的理论与方法

利用毒性百分数排序法推导水生生物水质基准的关键是确定基准最大浓度和基准连续浓度，而确定基准最大浓度的关键是确定最终急性值，确定基准连续浓度的关键是确定最终慢性值、最终植物值及最终残留值。本节将从这几个数值入手，从实验物种的选择、毒性实验的设计、实验数据的筛选、需要确定的重要数值、推导理论与方法等方面详细地介绍。在确定了这几个数值以后，就可以确定基准最大浓度和基准连续浓度，然后根据选择的监测时间和超标浓度的频率，科学地表述水生生物水质基准。另外，为了保证推导出的基准值的准确性，在获得水生生物水质基准后，应对其进行仔细地审核。

3.3.1　最终急性值和最终慢性值

3.3.1.1　定义

最终急性值（FAV）：用待测物质对选定的属所做的可接受的急性毒性实验得出的急性值，在毒性百分数排序中对应于 0.05 的累积概率时，得出的待测物质的浓度。

最终慢性值（FCV）：用待测物质对选定的属所做的可接受的慢性毒性实验得出的慢性值，在毒性百分数排序中对应于 0.05 的累积概率时，得出的待测物质的浓度。

0.05 的累积概率：待测物质所影响的属不超过总属的 5%，即能够保护 95%的属不受待测物质的影响。

选择 95%的保护水平，主要是基于两个方面的考虑：①从环境保护的角度考虑，所保护的物种越多越好，即保护水平越高越好；②从风险预测的角度考虑，保护水平太高会导致风险预测结果不可靠（雷炳莉等，2009a，2009b）。两个方面折中考虑，一般选择 95%作为保护水平。

3.3.1.2　实验物种的选择

1. 实验物种的选择依据

最终急性值和最终慢性值都是以水生动物为受试物种，为了使得出的数值更加合理且能够反映生物区系的要求，物种选择时遵循了如下原则：①充分考虑物种的多样性，急性毒性实验所用的物种至少要涉及 3 个门 8 个科的生物，慢性毒性实验所用的物种也要尽量满足 3 个门 8 个科的要求，但可根据实际情况酌减；②所选物种能够反映该区域生物区系特征（Yin et al., 2003a, 2003b）；③所选物种要包含在商业或者娱乐上有重要用途的物种。

2. 实验物种

1）淡水

按照上面提到的实验物种的选择依据，以我国为例，在选择实验物种时应当结合我国的生物区系特点和实际情况，在推导淡水水生生物水质基准时，应当从以下至少 8 个科中选择实验物种：①硬骨鱼纲中的鲤科（金相灿，1995）；②硬骨鱼纲中的另一科，最好是在商业或娱乐上有重要用途的温水物种；③脊索动物门中的第三科（可能在硬骨鱼纲中或者在两栖动物纲中等）；④浮游甲壳类中的一个科（如水蚤类、桡脚类动物等）；⑤底栖甲壳类中的一个科（如介形亚纲动物、等脚类动物、片脚类动物、小龙虾等）；⑥昆虫中的一个科（如蜉蝣类、蜻蜓、蜻蛉、石蚕、蠓、蚊等）；⑦除了节肢动物门或脊索动物门之外（如轮虫门、环节动物门、软体动物门等）的一个门中的一个科；⑧昆虫的任何一个目中的一个科或上面没有提到的任何一个门中的一个科。

中国国内一些学者对水生生物水质基准展开了研究，如尹大强等在推导保护我国水生生物的 2,4,6-三氯苯酚的淡水水生生物水质基准和 2,4-二氯苯酚的淡水水生生物水质基准（Yin et al., 2003a, 2003b）时，根据上面的实验物种的选取原则，选择以下 8 个科的水生动物为实验物种：鲫鱼、草鱼（鲤科），罗非鱼（丽鱼科），中华蟾蜍（蟾蜍科），黑斑蛙（蛙科），大型溞（溞科），折叠萝卜螺（椎实螺科），摇蚊（摇蚊科）和霍甫水丝蚓（颤蚓科）。

同时，为了获得急性-慢性比率（这个概念将在后续的内容中继续介绍），需要选择以下三个物种作为实验物种：①鱼类；②无脊椎动物类；③敏感淡水物种。

2）海水

按照上面提到的实验物种的选择依据，以我国为例，在选择实验物种时结合我国的生物区系特点和实际情况，在推导海水水生生物基准时，一般应从以下至少 8 个科中选择实验物种：①脊索动物门中的两个科；②不包括节肢动物门或脊索动物门的其他门中的一个科；③糠虾科或对虾科；④不包含在脊索动物门中的三个其他科（可能包括糠虾科或对虾科，上面没有用到的任何一个科）；⑤任何其他科。

为了获得急性-慢性比率，需要选择以下三个物种作为实验物种：①鱼类；②无脊椎动物类；③敏感海水物种。

3.3.1.3　动物毒性实验的设计

1. 动物急性毒性实验的设计

1）实验条件

在实验过程中，应严格控制以下实验条件：①实验温度。应针对不同的生物选择其最适的实验温度。例如，大型溞的实验温度应控制在（20±2）℃，黑头呆鱼和浅蓝色食用大太阳鱼的实验温度应控制在（22±2）℃，而虹鳟的实验温度应控制在（12±2）℃。②溶解氧。溶解氧浓度应是其饱和浓度的 60%～105%，某些鱼类对溶解氧有特殊要求。例如，虹鳟来的静水实验的溶解氧浓度应≥5.5mg/L，流水实验的溶解氧浓度应≥8.2mg/L。③光周期。针对不同的生物及生物的不同龄期选择不同的光暗周期。例如，大型溞、黑头呆鱼、红鲈等生物的光暗周期为 16：8，而溪红点鲑、虹鳟等生物的胚胎期所需的光暗周期比为 14：10。④生物量。不同的生物有不同的要求，以不影响实验结果为宜。例如，鱼类的生物量应≤0.5g/L，大型溞的生物量应≤40 个/L。

2）实验步骤

（1）预备实验

在进行正式实验之前，首先应进行预备实验以确定正式实验中待测物质的浓度范围。具体步骤如下：①将预先培养或驯养好的受试生物随机暴露于浓度跨度较大的一系列实验溶液中（如 1mg/L、10mg/L 和 100mg/L 等）；②每个处理组的生物数都不应小于 5，暴露时间须视实验生物而定，如大型溞或蚊类的暴露时间应为 48h，其他生物的暴露时间应为 96h（如果在较短的时间内可以获得预备实验所需的浓度，那么暴露时间也可以缩短）；③确定污染物对受试生物的完全致死浓度和无观察效应浓度。

（2）正式实验

正式实验应在预备实验的基础上进行，具体步骤如下：①根据预备实验得出的污染物对生物的完全致死浓度和无观察效应浓度，在此区间内按等比（1.5 或 2）设置 5 个或更多的浓度组，每个处理组至少 20 个生物，并同时设置重复实验和对照。②在实验开始和结束时，应测定实验容器中的溶解氧、温度、pH、硬度、电导率和碱度等参数。③统计实验数据。对大型溞而言，应观察其在 24h 和 48h 下不能移动或出现异常行为的生物个数。其他生物应观察其 24h、48h、72h 和 96h 下的生物死亡数，并及时去除行为异常或死亡个体。绘制浓度-效应曲线，通过生物软件计算出 EC_{50} 和 LC_{50}。

2. 动物慢性毒性实验的设计

1）实验条件

在实验过程中，除流水实验过程中流速的变化不应该超过 10%外，其余的实验温度、溶解氧、光周期和生物量等条件同急性实验。

2）实验步骤

（1）预备实验

正式实验前应进行预备实验以确定正式实验中待测物质的浓度范围。具体步骤如下：①将新孵化出的幼体（早期和整个生命周期实验）或处于特定生命阶段下的个体（部分生命周期实验）随机暴露于浓度跨度较大的一系列实验溶液中（如 1mg/L、10mg/L 和 100mg/L 等）。②每个处理组的生物个数都不应小于 5，暴露时间视实验生物而定。通常情况下暴露时间为 4～10d。③实验无须设置重复，确定污染物对实验生物的最高无观察效应浓度（NOEC）和最低观察效应浓度（LOEC）。

（2）正式实验

正式实验应在预备实验的基础上进行，具体步骤如下：①实验准备。将实验温度、水流速、光强度等理化条件调整到预先设定值，并使实验系统提前运行 48h。②胚胎孵化。用移液管或其他装置将胚胎移入胚胎孵化杯或盘中孵化。③暴露实验。整个生命周期的暴露时间依测试生物不同而不同。例如，鱼类始于胚胎或者孵化 48h 的仔鱼，至少要在孵化出下一代 24d 后实验才可结束（鲑鱼应大于 90d）；水蚤应始于龄期小于 24h 的幼体，且暴露时间应大于 21d；糠虾也始于龄期小于 24h 的幼体，实验至少持续 7d，即过了对照组初次孵化中期。早期生命阶段实验开始于受精后不久，且实验要经历胚胎期、幼年期及青年期，大约历时 28～32d（鲑鱼大约为 60d）；用鱼类所做部分生命周期实验始于幼体，至少要先于性腺发育期两个月的时间，实验至少持续到孵育出下一代 24d 后才可以结束。④统计实验数据。每天记录胚胎和幼体的死亡率、不能移动和行为异常的幼体个数（如身体失去平衡、出现不活跃或过度兴奋等）、生理异常的幼体个数（如出血、黏液分泌过多、褪色、畸形、个体短小等），最后考察所有存活个体的生长发育状况（如体长和体重等）、雌性和雄性的成熟情况、每个雌体所产卵数、胚胎的存活（仅对鲑鱼）及孵化能力方面的数据。⑤根据实验数据绘制污染物的浓度–效应曲线，计算出暴露期的 LC_{50} 和 EC_{50}，并且确定该污染物对受试生物的最高无观察效应浓度和最低观察效应浓度。

3.3.1.4　实验数据的筛选

1. 急性毒性实验数据的筛选

急性值是建立在能够反映待测物质对实验物种的急性严重不利影响的终点之上。因此，在水生生物的急性毒性实验中仅可以使用以下几个类型的数据。

（1）用水蚤和其他水蚤类动物所做的实验应该使用龄期小于 24h 的生物，用蚊类所做的实验应该使用第二或第三代幼虫。实验结果用 48h EC_{50} 来表示（该 EC_{50} 以不能活动的生物的百分比加上死亡的生物的百分比来表示），如果实验无法获得这种 EC_{50}，那么就以 48h LC_{50} 来代替。实验期间停止喂食且对照组生物在实验最后也没有出现反常的现象，那么也可以使用长于 48h EC_{50} 和 LC_{50} 值。

（2）用双壳类软体动物（如蛤、蚌类、牡蛎和扇贝）、海胆、龙虾、螃蟹、小虾和鲍鱼等的胚胎和幼体所做实验结果用 96h EC_{50} 来表示（该 EC_{50} 以壳发育不完全的生物的百分比加上死亡的生物的百分比来表示）。如果实验无法获得这种 EC_{50}，那么就以 96h EC_{50}（该 EC_{50} 以壳发育不完全的生物的百分比表示）和 96h LC_{50} 中的较小者来代替。如果实验的持续时间在 48~96h，那么就使用实验结束时的 LC_{50} 或 EC_{50}。

（3）用其他的淡水和海水的动物物种以及老龄期的藤壶、双壳类软体动物、海胆、龙虾、螃蟹、小虾、鲍鱼等所做实验的结果应该用 96h EC_{50} 来表示（该 EC_{50} 以失去平衡能力的生物的百分比加上不能移动的生物的百分比再加上死亡的生物的百分比来表示）。如果实验无法获得这种 EC_{50}，那么就以 96h LC_{50} 来代替。

2. 慢性毒性实验数据的筛选

慢性毒性实验分为整个生命周期实验、部分生命周期实验和早期生命阶段实验，因此，慢性值是建立在能够反映待测物质在不同的暴露时间内对物种产生的慢性不利影响的终点之上。在水生动物的慢性毒性实验中仅可以使用以下实验所获得的数据。

（1）在整个生命周期实验中，为了保证所有生命阶段和生命过程都暴露于实验物质，所使用的数据来源于以下实验：①用鱼类所做的慢性毒性实验始于胚胎或者新孵化出的龄期小于 48h 的仔鱼，在成熟和繁殖过程中应继续实验，而且实验至少要在孵化出下一代 24d 后才可结束（鲑鱼应大于 90d），在实验过程中，分析关于成鱼和幼鱼的存活和生长情况、雌性和雄性的成熟情况、每个雌体所产的卵数、胚胎的存活（仅对鲑鱼）及孵化能力方面的数据；②用水蚤所做的慢性毒性实验始于龄期小于 24h 的幼体，且暴露时间应大于 21d，在实验过程中，分析每个雌性的存活情况和幼蚤的数据；③用糠虾所做的慢性毒性实验始于龄期小于 24h 的幼体，且持续 7d，即过了对照组初次孵化中期，在实验过程中，分析每个幼年雌性的存活和生长情况及仔虾的数据。

（2）在部分生命周期实验中，通常仅使用鱼类的慢性毒性实验结果。部分生命周期实验允许使用需要一年以上才能达到性成熟的鱼类，为了保证所有主要生命阶段在实验期间都可以暴露于实验物质，所使用的数据来源于下列实验：用鱼类所做的慢性毒性实验开始于幼体，至少要先于性腺发育期两个月的时间，在成熟和繁殖过程中继续进行实验，且实验至少在孵育出下一代 24d 后才可以结束（对鲑鱼来说不小于 90d），在实验过程中，分析成鱼和幼鱼的存活和生长情况、雌性和雄性的成熟情况、每个雌体所产卵数、胚胎的存活（仅对鲑鱼）及孵化力方面的数据。

（3）在早期生命阶段实验中，通常仅使用鱼类的慢性毒性实验结果。为了保证早期生命阶段都暴露于实验物质，所使用的数据来源于以下实验：用鱼类所做的慢性毒性实验开始于受精后不久，且实验要经历胚胎期、幼年期及青年期，早期生命阶段历时 28～32d（鲑鱼大约为 60d），在实验过程中，分析鱼的存活和生长情况的数据。

需要特别说明的是，早期生命阶段实验的结果可以预测同一物种的整个生命周期实验和部分生命周期实验的结果。但是，当可同时获得整个生命周期实验或者部分生命周期实验的结果时，通常不会使用早期生命阶段实验的结果。同样，如果在早期生命阶段实验的终点出现死亡率和畸形数量大量增加的情况，则不能使用这些早期生命阶段实验结果，因为它不能很好地预测整个生命周期或者部分生命周期实验的结果。

3.3.1.5　需要确定的重要数值

3.3.1.2 节中介绍了水生动物毒性实验在选择实验物种时，是以科为单位的，这是为了使所选的生物具有更好的代表性；而在计算最终急性值和最终慢性值时，是以属为单位的，这是因为相同的属往往具有相似的生理特性并且它们对污染物的耐受力也很相近，而不同属的差异较大，以属为计算单位更加符合统计学特征。为了便于读者理解后序章节中介绍的推导方法，有必要对推导时用到的一些重要数值做以下说明。

1. 推导最终急性值时用到的重要数值

（1）物种平均急性值：待测物质对某一物种的所有急性值的几何平均值。
（2）属平均急性值：属内所有物种的物种平均急性值的几何平均值。

2. 推导最终慢性值时用到的重要数值

（1）慢性值：用待测物质所做的可接受的慢性毒性实验得出的慢性值的上限和慢性值的下限的几何平均值（慢性值的下限是指在一个慢性实验中不产生不利影响的最高的测试浓度，而且低于该浓度的任何实验浓度都不会产生不利影响；慢性值的上限是指在一个慢性实验中会产生不利影响的最低的测试浓度，而且高于该浓度的所有实验浓度也都会产生这样的影响）。
（2）物种平均慢性值：待测物质对某一物种的所有慢性值的几何平均值。
（3）属平均慢性值：属内所有物种的物种平均慢性值的几何平均值。
（4）急性-慢性比率：某一物种的急性值除以慢性值的商值。
（5）物种平均急性-慢性比率：某一物种的所有急性-慢性比率的几何平均值。
（6）最终急性-慢性比率：所有物种的物种平均急性-慢性比率的几何平均值。它是联系最终急性值和最终慢性值的纽带，它也等于最终急性值除以最终慢性值的商。通常对于给定的物质和物种，它可以被认为是恒定的。

从上面的一系列数值的定义中不难看出，这里用到的都是"几何平均值"，之所以采用几何平均值而没有采用算术平均值，是因为在毒性实验中单个生物对大多数物质的敏感性分布和一个属中的物种的敏感性分布都极有可能是呈对数正态分布而不是正态分布。类似地，几何平均值同样用在急性-慢性比率的计算和生物富集系数的计算中，因为商的分布可能更接近于对数正态分布而不是正态分布。另外，一组分子的几何平均值除以对应的一组分母的几何平均值将会得到一组商的几何平均值。

3.3.1.6　推导理论与方法

1. 推导的理论依据

从物质的毒理学性质可以知道，有些重金属对水生生物的毒性会受到很多因素的影响，这些物质的毒性通常会受到水体的水质特征（如 pH、温度、硬度、碱度、游离离子浓度及有机、无机试剂的络合作用等）的影响（刘清等, 1996），其中硬度和碱度是影响重金属对水生动物毒性的重要因素，这是因为 Ca^{2+} 和金属离子在细胞膜上竞争吸附位点而降低生物对金属的吸收。而且某些有机物的毒性也会受到某些水质特征的影响（朱琳, 2006）。因此，在推导某种物质的最终急性值和最终慢性值前，首先确定该物质对水生动物的毒性是否和水体的水质特征有关：如果经实验证明无关或者不同的研究人员给出了完全不同的相关关系或者无法量化这些水质特征与该物质的毒性的相关关系，那么按该物质的毒性不受水质特征的影响来处理，仅按简单的污染物对各个属的毒性百分数排序法进行推导；如果有足够的数据显示该污染物对多个物种的毒性都与某个水质特征相关，并且呈现出类似的相关关系且这些相关关系可以被量化，那么以该物质的毒性受水质特征影响来处理，这时就在相应的水质特征上分析该物质对水生动物的毒性，最终要建立起最终急性值、最终慢性值和水质特征的关系式。

以下针对上面介绍的理论分别对最终急性值和最终慢性值的推导方法做详细的介绍。

2. 推导方法

1）最终急性值的推导方法

最终急性值的推导方法可以分为下列两种情况。

（1）当最终急性值和水质特征无关时，按照下面的方法推导最终急性值。

①计算每个物种的物种平均急性值和每个属的属平均急性值（根据前面给出的定义计算即可）。

②将属平均急性值从高到低排列，并且给其分配等级 R，最小的属平均急性值的等级为 1，最大的属平均急性值的等级为 N（N 为属的个数），如果有两个或者更多的属平均急性值是相等的，可任意地将它们排列成连续的等级。

③计算每个属平均急性值的累积概率 P，计算公式为 $P=R/(N+1)$。

④选择 4 个累积概率接近 0.05 的属平均急性值（如果属的个数小于 59 个，通常就是最小的那 4 个属平均急性值），用所选择的属平均急性值和它们的累积概率计算最终急性值，计算公式如下：

$$S^2 = \frac{\sum\left((\ln \text{GMAV})^2 - \left(\sum(\ln \text{GMAV})\right)^2/4\right)}{\sum P - (\sum\sqrt{P})^2/4} \qquad (3\text{-}4)$$

$$L = \left(\sum \ln \text{GMAV} - S(\sum\sqrt{P})\right)/4 \qquad (3\text{-}5)$$

$$A = S(\sqrt{0.05}) + L \qquad (3\text{-}6)$$

$$\text{FAV} = e^A \qquad (3\text{-}7)$$

这里需要特别说明的是，对于那些在商业或者娱乐上有重要用途的物种来说，如果其物种平均急性值低于计算出的最终急性值，这时应该用物种平均急性值代替计算出的最终急性值。

（2）当最终急性值和水质特征有关时，按照下面的方法推导任意一个水质特征值下的最终急性值。

①分别计算每个物种可获得急性值的几何平均值 W，然后用该物种的每个急性值除以 W，进而得出了物种标准化急性值。

②同样地，分别计算每个物种相应的水质特征值的几何平均值 X，然后用该物种的每个水质特征值除以 X，进而得出了每个物种相应的水质特征标准化值。

③把所有的物种标准化急性值都看成同一物种的数据，然后以所有的物种标准化急性值的自然对数值为因变量，以相应的水质特征标准化值为自变量，对这些数据进行最小二乘回归分析，进而得到所有物种的急性值的斜率 V 和 95%的置信区间[该过程是利用统计分析系统软件程序（SAS Inc., Cary, NC）来完成的]，如果按照实际情况绘制现有数据，拟合最好的直线将通过（1，1）点。

④选定一个水质特征值 Z，然后计算 Z 时的每个物种的物种平均急性值（SMAV）的对数值 Y，计算公式为

$$Y = \ln W - V(\ln X - \ln Z) \qquad (3\text{-}8)$$

⑤计算 Z 时每个物种的物种平均急性值，计算公式为

$$\text{SMAV} = e^Y \qquad (3\text{-}9)$$

⑥使用式（3-4）～式（3-7）中介绍的方法获得 Z 时的最终急性值 A。

⑦根据上面得出的一系列值，可以计算任意水质特征下的最终急性值，使用的等式为

$$\text{最终急性值} = e^{V\ln(\text{水质特征值}) + \ln A - V\ln Z} \qquad (3\text{-}10)$$

式中，V 为急性值斜率；A 为 Z 时的最终急性值；Z 为选定的水质特征值。由于 V、A 和 Z 都是已知的，对于任意一个水质特征值都可以计算出最终急性值。

2）最终慢性值的推导方法

最终慢性值的推导方法可以分为下列两种情况。

（1）当最终慢性值和水质特征无关时，可以通过下面两种方法推导。

方法一：最终慢性值可以通过和最终急性值同样的方法推导，见 3.3.1.6 节 2.推导方法中第（1）部分，这里不再赘述。

方法二：最终慢性值也可以用最终急性值除以最终急性-慢性比率来获得，在这种情况下，只要可以获得物种的最终急性-慢性比率，利用前面计算出的最终急性值，就可以推导出最终慢性值。最终急性-慢性比率的计算有以下几种情况。

①如果急性-慢性比率随着物种平均急性值而变化,选择物种平均急性值接近最终急性值的物种的急性-慢性比率，最终急性-慢性比率就等于这些急性-慢性比率的几何平均值。

②如果没有明显的变化趋势且有很多物种的急性-慢性比率小于 10，那么最终急性-慢性比率就等于淡水和海水物种的所有可获得的物种平均急性-慢性比率的几何平均值。

③在用北极鹅、双壳类软体动物、海胆、龙虾、螃蟹、小虾和鲍鱼的胚胎和幼体做的关于金属和其他物质的急性实验中，将最终急性-慢性比率假定为 2。

④如果大多数物种的平均急性-慢性比率小于 2，特别是小于 1 的话，那么说明在慢性实验中很可能发生了适应现象。这时为了对野外物种提供足够的保护，应将最终急性-慢性比率假定为 2。

（2）当最终慢性值和水质特征有关时，可以通过下面两种方法推导。

方法一：最终慢性值可以通过和最终急性值同样的方法推导，见 3.3.1.6 节 2.推导方法中第（2）部分，这里不再赘述。

方法二：如果无法获得至少一个物种的有用的慢性斜率，或者可获得的斜率偏差太大，或者只有极少的数据不足以推导出慢性毒性和水质特征值的关系，那么就假定慢性斜率等于急性斜率，然后再按照和方法一同样的方法推导。

3.3.1.7　讨论

任何理论方法都存在一定的优点和缺点，上面介绍的用毒性百分数排序法推导最终急性值和最终慢性值的方法也不例外。其优点在于：①推导过程区分了物质对水生动物的毒性是否和水质特征有关，然后按照不同的方法进行推导。这种做法避免了盲目地利用实验得出的毒性值，提高了基准值的准确性。②以科作为选择实验物种的单位，并且以属作为计算最终急性值和最终慢性值的单位，这种做法既满足了保护物种多样性的要求，同时又避免了过多地采用对某种物质较为敏感的或者不敏感的某一科中的物种而导致计算出的基准值不够合理的情况。③在计算时，采用急性值和慢性值的几何平均值作为物种平均急性值和物种平均慢性值是按照实际情况中物种对污染物的敏感性考虑的，因而得出的最终急性值和最终慢性值更加科学。④采用最小二乘回归分析法来分析物质对水生动物的毒性值和水质特征的相关关系，更是从统计学的角度出发综合地考虑问题。当然，该方法也存在一些需要进一步改进的问题，具体表现：①该方法仅将物种以属归类，然后进行简单的计算，没有考虑不同的属之间存在的竞争、捕食等相互关系，所以也就没有考虑污染物在整个食物链上产生的毒性效应，需要进一步改进；②对计算时用到的公式和某些方法等原理需要进一步明确。

3.3.2 最终植物值

3.3.2.1 定义

最终植物值是用一种重要的水生植物物种做实验（通常是用藻类所做的96h实验或者是用水生维管束植物所做的慢性实验）得出的结果中的最小值。

3.3.2.2 实验物种的选择

1. 实验物种的选择依据

最终植物值是以水生植物作为实验物种的，为了使得出的最终植物值更加合理且能够反映基准适用地区的生物区系特点，同时考虑到指导和解释植物毒性实验结果的过程发展并不完善，在选择物种时一般遵循以下原则：①同时考虑物种的多样性和以某种物种作为实验物种的可行性；②所选的物种为基准适用地区的常见植物物种；③所选的物种中至少包含一种不太敏感的水生植物物种。而且毒性实验应在实验藻类呈现出良好的生长状态后开始（如进入对数生长期7d），一个特定实验所用的所有藻类都应该是相同来源的，且它们所用的培养基也应相同。实验藻类不能采用以前实验使用过的藻类，也不能采用那些被处理过或用于对照实验中的藻类。

2. 实验物种

按照上面提到的实验物种的选择依据，以我国为例，在选择实验物种时应该结合我国的生物区系特点和实际情况，在推导最终植物值时，通常选择以下物种作为实验物种：①藻类（可以来自绿藻门、蓝藻门、硅藻门、金藻门、隐藻门、甲藻门、裸藻门、黄藻门等）；②水生维管束植物（可以是挺水植物、浮叶植物、漂浮植物、沉水植物等）。在选择实验物种时可以根据实际情况进行选择。

3.3.2.3 植物毒性实验的设计

1. 实验条件

实验过程中应严格控制以下实验条件：①实验温度。不同的物种采用的实验温度不同，如淡水藻的实验温度应控制在（24±2）℃，海水藻的实验温度应控制在（20±2）℃。且每小时应记录一次。②光周期。淡水藻应给予持续光照，海水藻的光暗周期比为14∶10。③振荡。整个实验过程应保持振荡，淡水藻类的旋转频率应设置为100r/min，海水藻类的旋转频率应设置为60r/min。实验过程中接入藻类的容器应每天再用手振荡两次，使藻均匀分布。④pH。淡水藻培养基的pH应控制在（7.5±0.1）的范围内，海水藻类的pH应控制在（8.1±0.1）的范围内，且在实验开始和结束时应测定所有实验溶液的pH。⑤光强度。实验期间每天应至少测定一次光强度。

2. 实验步骤

1）预备实验

正式实验之前应进行预备实验以确定待测物质的浓度范围。具体步骤如下：①将藻类接入浓度跨度较大的一系列实验溶液中，待测物质浓度的最小值为该物质的检出限，最大值为该物质的饱和浓度（针对可溶于水的化合物），实验无须重复；②每种受试藻类都应进行一次实验，淡水藻类和海水藻类的细胞浓度应分别控制在 1×10^4 个/mL 和 7.7×10^4 个/mL 左右，且暴露时间都应达到 96 h（如果在较短的时间内可以获得预备实验所需的数据，暴露时间也可以相应地缩短）；③确定污染物对藻类的完全致死浓度和无观察效应浓度。

2）正式实验

正式实验应在预备实验的基础上进行，具体步骤如下：①根据预备实验所得的污染物对藻类的完全致死浓度和无观察效应浓度（在此区间按等比至少设置 5 个或更多的处理组）处理组和对照组都应设 3 次重复；②接入预先培养 5~10d 的藻种，且对照组的藻类在 96h 后应处于对数生长期；③记录 24h、48h、72h 和 96h 时所有处理组和对照组中藻类的生长状况（藻类的细胞个数或重量），与对照组相比，判断实验组中藻类的生长是受到抑制还是诱导，该过程可以采用直接法（如通过显微镜计量细胞个数），也可以采用间接法（如分光光度测定法、电子细胞计量器、称取干重等）；④绘制浓度-效应曲线，计算 LC_{50} 或 EC_{50}。

3.3.2.4　实验数据的筛选

植物值应该建立在能够反映待测物质对实验物种总的严重不利影响的终点之上。在水生植物的实验中，仅可以使用以下几个类型的实验数据。

（1）用藻类所做的毒性实验，实验结果应该用 96h LC_{50} 或 EC_{50} 表示。

（2）用水生维管束植物所做的毒性实验，实验结果应该用长期的 LC_{50} 或 EC_{50} 表示。

3.3.2.5　推导理论与方法

由于指导和解释植物毒性实验结果的过程发展并不完善，目前还没有形成最终植物值的系统的推导方法，仅是以一种重要的水生植物所做实验得出的结果中的最小值作为最终植物值。

3.3.2.6　讨论

目前尚未建立起用于推导最终植物值的系统方法，一方面是由于水生植物对大多数物质的敏感性都小于水生动物对它们的敏感性，对水生动物造成不利影响的浓度可能不会对水生植物造成不利影响，这就造成了研究人员和研究机构对水生植物的忽视；另一方面，植物的生命特征本身就没有动物明显，大多数植物都是不能移动的，这使水生植物的毒性效应终点的确定相对较困难，因为有可能某种物质已经对水生植物造成不利影响，但研究人员却没有发现；再有，水生植物的经济学价值没有水生动物的经济学价值高，因此，人们对它的关注也就相对小一些。

水生植物作为水生态系统的生产者，它们在水生态系统中扮演着极其重要的角色：它们利用光合作用将光能转化为化学能，从而为水生态系统的能量流动提供基本条件；它们作为水生态系统中唯一的生产者，也为水生态系统的物质循环创造了条件。因此，在重视污染物对水生动物毒性效应的同时，也应当对污染物对水生植物造成的毒性效应给予足够的重视。这里，针对建立推导最终植物值的方法学给出几点建议：①选择水生植物时应当充分考虑物种的多样性原则，以科为单位选择实验物种，所选的物种为比较常见种，且具有一定的代表性；②在计算最终植物值时，可以参考计算最终急性值和最终慢性值的方法，首先判断某种物质对水生植物的毒性是否和水质特征有关，然后按照相应的方法进行计算，以属为单位进行计算，这样就可以避免过多地使用极其敏感的水生植物而造成对大多数水生植物的"过保护"。

3.3.3　最终残留值

3.3.3.1　定义

最终残留值：是在考虑了待测物质的最大允许组织浓度的情况下，用待测物质所做的可接受的生物富集实验得出的该物质在水体中的最大允许浓度。

最终残留值：①防止由于水生生物体内残留的污染物浓度超过国家市场监督管理总局规定的限值，而对在商业或者娱乐上有重要用途的水生生物的市场造成影响；②保护其他以水生生物为食的生物（如鱼类和鸟类）不会受到不利的影响。

3.3.3.2　相关概念介绍

为了便于读者对这部分内容的理解，这里对几个比较重要的概念进行一下说明。

（1）最大允许组织浓度：食品药品管理局对鱼油、鱼类、贝类的可食用部分的管理水平，或者是在慢性的野生动物喂养实验或者长期的野生动物野外研究中，通过对这些生物的存活、生长、繁殖情况等进行观察得出的这些动物的每天最大允许摄入量。

（2）生物富集作用：生物体通过对环境中某些元素或难以分解的化合物的积累，使这些物质在生物体内的浓度超过环境中的浓度的现象。

（3）生物富集因子或生物累积因子：用一个水生生物的一个或者多个组织中某种物质的浓度除以该生物栖息的溶液中该物质的平均浓度所得的商。

这里需要特别说明的是，生物富集因子只考虑生物体内直接来自水中的净摄入量，它需要在实验室中进行测量；而生物累积因子考虑了实际情况中生物体内来自水中和食物中的摄入量，它必须在野外进行测量。由于很难获得某种物质对水生生物的生物累积因子，因此后面的讨论是针对可以在实验室进行测量的生物富集因子而言的。然而，如果可以获得某种物质的可接受的生物累积因子，应该用它来代替任何生物富集因子。

3.3.3.3　实验物种的选择

对于那些富集性很强的物质（如甲基汞、持久性有机污染物等），其生物富集因子可以达到几万甚至更大，以美国上岛河口生物对 DDT 的富集为例，研究表明：DDT 在污染区大气中存在的含量为 $3×10^{-6}$mg/kg，其中溶于水的量微乎其微，但水生浮游动物体内的 DDT 为 0.04mg/kg，浮游动物为小鱼所食，小鱼体内 DDT 增加到 0.5mg/kg，其后小鱼为大鱼所食，大鱼体内的 DDT 增加到 2mg/kg，生物富集因子高达 833 万倍（惠秀娟，2003），所以即使水体中该种物质的浓度很低，其在生物体内也会达到相当高的浓度，进而会威胁到以这些生物为食的其他物种和人类。因此，需要选用至少一种淡水（或海水）物种来确定这些物质的生物富集因子或生物累积因子。通常选择以下物种作为实验物种：①浮游动物（可以选择轮虫动物门、节肢动物门、环节动物门、原生动物门等中的物种）；②浮游植物（可以选择蓝藻门、绿藻门、硅藻门等中的物种）；③无脊椎动物（可以选择软体动物门、棘皮动物门、原生动物门、环节动物门、轮虫动物门等中的物种）；④鱼类（可以选择鲤科、鲑科等中的物种）。在这些物种中，通常选择食物链中较为高级的鱼类作为实验物种，来确定某种物质的生物富集因子。

3.3.3.4　生物富集实验的设计

1. 实验条件

生物富集实验需要严格控制以下实验条件：①实验温度。不同的生物所需的实验温度不同，例如，水丝蚓的实验温度应控制在（23±1）℃，黑头呆鱼和浅蓝色食用大太阳鱼的实验温度应控制在（22±2）℃。②光周期。光暗周期比为 16：8。③实验类型。必须采用流水实验。④生物量。受试生物一般选用成年个体，实验容器中不应放入过多的实验生物，以不影响实验结果为宜，对不同的生物有不同的要求，例如，鱼类的生物量应≤0.5g/L。⑤溶解氧。溶解氧浓度应是其饱和浓度的 60%～105%，某些鱼类对溶解氧浓度有特殊要求，如虹鳟鱼，其溶解氧浓度应≥8.2mg/L。

2. 实验步骤

生物富集实验的具体步骤如下：①实验物质的浓度不宜太高，通常和自然水体中的本底值不应相差太大。②暴露实验。采用预先培养和驯养好的受试生物。实验期间，应每天观察受试生物的生长和死亡情况，而且应定期测定更新水的电导率、pH、碱度、硬度等参数，确保这些参数在实验期间没有发生太大的变化。实验一般持续 28d 或当化学物质达到稳态阶段。通常认为生物富集因子在一段时间内（比如两天或者暴露时间的 16%）不发生重大变化时就达到了稳态阶段。③随机取出活跃的生物个体，反复冲洗清除其体表残留的化学物质，吸干其体表水分，称重，并将其解剖，测量其各个组织中化学物质的残留量，并计算出各组织的生物富集因子。

3.3.3.5　实验数据的筛选

为了确保计算出的最终残留值能够达到预期的目标，要严格筛选由实验得出的生物富集因子，所选的数据一般需要满足以下几个条件：①生物富集因子必须以组织湿重为基础，若给出的是以组织干重为基础的生物富集因子，首先应该将其转化。若没有给出相应的转化系数，则采用如下的转化系数，对浮游生物来说，采用 0.1（即以组织干重时的生物富集因子乘以 0.1 就得到组织湿重时的生物富集因子）；对单个的鱼类和无脊椎动物物种来说，采用 0.2。②如果某个物种有一个以上的可以接受的生物富集因子，并且这些生物富集因子是由暴露期相同的实验得出的，那么应该使用它们的几何平均值。③如果某个物种有一个以上的可以接受的生物富集因子，但它们是来自暴露期不同的实验并且生物富集因子随着暴露时间的延长而增加，那么使用最长暴露期下的生物富集因子。

3.3.3.6　推导理论与方法

1. 推导的理论依据

通过 3.3.3.3 节的介绍，可以知道某些物质有很高的生物富集因子或生物累积因子，它们能在生物体内富集到很高的浓度，该浓度远远超过了这些生物栖息的环境中这些物质的浓度，进而给食用该水生生物的野生动物和人类带来了危害。为了保护食用水生生物的野生动物和人类，有关部门规定了某些物质的最大允许组织浓度。已知某种物质的最大允许组织浓度和它的生物富集因子或生物累积因子，就可以反推出该物质在水体中的最大允许浓度，即最终残留值。

2. 推导方法

根据 3.3.3.1～3.3.3.5 节介绍的理论，按照下面的方法推导最终残留值。

（1）确定是否可以获得某种物质的最大允许组织浓度，如果可以获得，就按照下面的步骤继续推导；如果不可以，则无法推导最终残留值。

（2）选择适当的物种进行生物富集实验，进而确定出该物质的生物富集因子（如果可以获得该物质可接受的生物累积因子，则不需要进行生物富集实验）。

（3）按照下面的公式计算最终残留值：

最终残留值=最大允许组织浓度/生物富集因子（或生物累积因子）

3.3.3.7　讨论

对于那些富集能力很强的物质（如甲基汞），最终残留值可能会远远小于最终慢性值和最终植物值（USEPA, 1985），因此这些物质的最终残留值对推导基准连续浓度至关重要。从上面介绍的推导方法中不难看出：能否确定最终残留值在很大程度上取决于能否获得该物质的最大允许组织浓度，而且最大允许组织浓度的大小又决定着最终残留值的大小。然而，在很多情况下，无法获得某种物质的最大允许组织浓度，例如，美国环境保护署因无法获得镉的最大允许组织浓度，而无法推导出镉的最终残留值（USEPA, 2001），然而镉在蜗牛科生物中的生物富集因子高达 6910（Tessier et al.,1994），这就意味着镉可能会对食用蜗牛科的某些生物造成危害，但是美国环境保护署制定的镉的水生生物基准却没有考虑到这些危害。为了防止出现缺乏最大允许组织浓度的数据而造成制定出的水生生物基准对某些生物"欠保护"的情况，可以对不同污染物制定出相应的最大允许组织浓度。另外，生物富集因子是建立在实验室的基础上的，并且它只考虑了生物从水中摄入的污染物的量，然而，在实际情况中，生物不仅从水中摄入污染物，还从食物中摄入大量的污染物，同时在实际情况中，生物并不是单独存在的，许多生物构成了纷繁复杂的食物链和食物网，生物富集因子没有将这些因素考虑在内，所以用生物富集因子估算的最终残留值不够准确，不完全符合实际情况的要求。因此，在推导最终残留值时尽量采用从野外获得的生物累积因子。

3.3.4　基准最大浓度和基准连续浓度

有了前面一系列毒性实验得出的数据和用这些数据推导出的一系列与基准相关的数值，就可以获得水生生物水质基准了，它以基准最大浓度和基准连续浓度来表示。

3.3.4.1　定义

基准最大浓度：在短期暴露的情况下，水体中某种物质对绝大多数水生生物及其使用功能不造成不可接受的影响的最高允许浓度。

基准连续浓度：在长期暴露的情况下，水体中某种物质对绝大多数水生生物及其使用功能不造成不可接受的影响的最高允许浓度。

3.3.4.2　数值的确定

基准最大浓度为最终急性值的一半，基准连续浓度为最终慢性值、最终植物值和最终残留值中的最小者。

这样做的目的是保护绝大多数的水生生物及其使用功能。3.3.1.6 节中曾经提到过：最终急性值和最终慢性值的保护水平都是 95%。这里用最终急性值除以 2 作为基准最大浓度，显然能够保护更多的物种及其使用功能免受急性毒性效应的影响。同样，采用最终慢性值、最终植物值和最终残留值中的最小者作为基准连续浓度也是为了能够保护更多的物种及其使用功能免受慢性毒性效应的影响。

3.3.4.3　采用双值基准的原因

双值基准更准确地反映出毒理学和实际应用的真实性。单值基准若能使动物避免急性、慢性中毒，使植物免受中毒，防止水生生物对污染物的生物富集而给其他水生生物或野生动物造成危害，它就要比双值基准增加许多限制，单值基准仅采用 24 h 平均值，规定无论何时何地均不可超过这一浓度。显然，这样的基准一般不能满足管理部门的要求（夏青和张旭辉, 1990）。

双值基准不仅考虑了污染物的急性毒性和慢性毒性，还考虑了实际情况下监测污染物的监测时间，以及在实际情况中水生态系统能够承受的超标浓度发生的频率。双值基准的前提是承认生物体短时间能比长时间承受更高的污染浓度，即基准最大浓度要高于基准连续浓度。这种假设完全符合毒理学原理和实际情况，这样一来，就可以根据水生生物暴露于污染物中的时间来判断其是否受到了不利影响，避免单值基准制定过于严格而造成对大多数水生生物的"过保护"或者制定不够严格而造成对大多数水生生物的"欠保护"。因此，双值基准更加科学也更能满足保护水生生物及其使用功能的要求。

3.3.5　基准推荐值

3.3.5.1　监测时间的选择

为了确定水体中的某种物质是否会给水生生物及其使用功能造成不可接受的急、慢性影响，需要分别监测这种物质的急性浓度和慢性浓度，通常选择 1h 作为急性浓度的监测时间，选择 96h 作为慢性浓度的监测时间。下面解释监测时间选择的依据。

选择 1h 作为监测急性浓度的时间，主要是因为监测时间应该远远低于它以之为基础的实验时间，即要远远小于 48～96h。1h 可能是比较恰当的监测时间，因为高浓度的某些污染物可以在 1～3h 内将生物致死。即便生物在 1h 左右没有死亡，也不能确定这短时间暴露的延时效应将会导致多少生物死亡。因此，允许高于基准最大浓度的浓度存在长于 1h 是不恰当的。

选择 96h 作为监测慢性浓度的时间，主要有两个原因：首先，和急性浓度一样，监测时间也应该远远小于它以之为基础的实验时间，并且由于慢性浓度的实验时间通常为 30d 甚至更长，这在监测上根本是不可行的；其次，对某些物种来说，慢性效应是由于在实验的某段时期内存在敏感生命阶段，而不是由测试物质在生物体内长期的压力或者长期的积累引起的，因此没有必要选择很长的监测时间。选择 96h 作为慢性浓度的监测时间是比较恰当的。

3.3.5.2　超标浓度频率的确定

允许的超标浓度频率应该以水生生态系统从超标浓度中恢复的能力为基础，这部分取决于超标浓度的幅度和持续时间。这里需要强调：由泄露和类似的重大事故引起的高浓度不是这里所指的"超标浓度"，因为泄露和其他事故并不属于对污水处理设施正常运行的设计的部分。相反，超标浓度是指在环境浓度分配中的极端值，并且这种分配是出水和来水的正常变化以及出水和上流来水中所关注物质的浓度的正常变化的结果。由于超标浓度是正常变化的结果，所以大多数超标浓度是很小的，超标浓度大到正常浓度的 2 倍的情况比较罕见。另外，由于这些超标浓度是由不规则的变化引起的，它们将不会在空间上均匀分布。事实上，由于受纳水体有一年周期和多年周期，而且很多处理设施也有天、周、年周期，所以超标浓度常常成群出现，而不是在空间上平均分布或无规则地分布。

生态系统的恢复能力有很大的差别，取决于污染物的类型、超标浓度的幅度和持续时间以及生态系统的物理学和生物学特征。关于生态系统恢复能力方面的有记载的研究文献很少，有的生态系统从很小的压力中六周就可以恢复，而其他生态系统从严重的压力中需要十年以上才能恢复（USEPA, 1985）。尽管预期的大多数超标浓度都是很小的，大的超标浓度偶然也会发生。大多数水生态系统在大约三年的时间内能够从多数超标浓度中恢复。因此，有意地将由基准最大浓度或基准连续浓度引起的压力设计为平均每三年以上发生一次是不合理的，正如要求这些压力只是平均每五年或十年发生一次也是不合理的。

如果水体除了所关注的超标浓度外不受其他人为压力的影响，并且超标浓度等于 2 倍正常浓度的情况比较罕见，那么认为大多数水体能够承受平均三年一次的超标浓度是合理的。因此，将允许的超标浓度发生频率规定为平均每三年发生一次。

3.3.5.3　基准推荐值

综合上述，将水生生物水质基准表达如下：除了非常敏感的地方物种，不论在淡水或者海水中，如果某种物质的 96h 平均浓度超过基准连续浓度的次数平均每三年不多于一次，并且其 1h 平均浓度超过基准最大浓度的次数平均每三年不多于一次，那么就认为水生生物及其使用功能没有受到不可接受的影响。

3.3.6　展望

以上内容详细介绍了利用毒性百分数排序法推导水生生物水质基准的理论和方法学。可以看出，该方法虽然在许多方面都优于其他方法，但是也存在一些较为明显的缺点。推导水生生物水质基准的方法学应该建立在最新的科学研究进展和毒理学等学科的发展基础上，这就要求它必须与时俱进、能够及时反映最新的科学研究成果。因此，这里针对该方法学提出了一些改进意见，希望能为以后的方法学的建立提供一些参考：①制定水生生物水质基准的目的是保护水生生物及其使用功能，而这些水生生物指的是实际水体中的水生生物，不是人工饲养的。然而，目前方法所用的毒理数据大部分都是在实验室中获得的，实验室的条件和实际水体中的条件有相当大的差别，对实验室中的水生生物无害的浓度不一定对实际水体中的水生生物没有危害。因此，应该尽量使用从实际水体中获得的毒性数据。②目前方法没有解决当水生生物暴露于一个以上污染物时的情况，然而在实际情况下，水体中并不只有单一污染物，往往是同时存在着大量的污染物，而且这些污染物之间又会发生相互作用，如拮抗作用、协同作用、增强作用和相加作用等（史志诚，2005），在这种情况下污染物对水生生物的作用和它们单独存在时对水生生物的作用有很大的差别，因此基于单个污染物的毒理学数据不能真实地反映实际情况。当然，复合污染比较复杂，一一研究污染物之间的相互作用是不可能的，但是应该对实际情况中存在的较为典型的污染物之间的相互关系进行研究，以便使制定出的基准能够更好地反映实际情况。③目前的方法没有考虑水生生物从食物中摄入污染物的量，仅仅考虑了从水中摄入污染物的量，但在实际情况中一些食物会吸附大量的污染物，而水生生物可能因为食用了受污染的食物而出现中毒症状。因此，除了考虑水中的污染物浓度，也应当适当地考虑水生生物主要食物中的污染物浓度。④目前方法建立在传统的环境污染物的毒性评价基础之上，一般是用脊椎动物、哺乳动物或藻类等动植物进行急性和慢性毒性实验，来研究污染物对生物体的致死、致畸、致癌、致突变效应。这些方法一般耗时较长，而且得出的实验结果往往不够精确，不能说明污染物的作用机制和原理。随着对毒性机制认识的不断深入，及现代检测技术和方法的不断更新，如细胞彗星实验、微核试验、基因探针、分子配体、分子免疫实验、分子生物标记物、核磁共振等，可快速检测污染物与生物靶分子 DNA、RNA 及功能蛋白表达以及细胞、器官、个体、种群、生物群落的变异特征指标来研究污染物的致畸、致癌、致突变效应以及内分泌干扰毒性、神经毒性等效应。然而，这些指标或方法都有一定的优点和不足。因此，在制定某一特定污染物的水质基准时，应该根据实际情况，在这些实验指标和方法中进行合理的筛选，从而制定出科学的、合理表达的基准。

3.4　水生生物水质基准推导的案例研究

为了使读者深入理解利用毒性百分数排序法推导水生生物水质基准的理论与方法学，本节以重金属汞和镉为例，详细地介绍了它们各自的推导过程，之所以选择这两种物质，有以下几方面的原因：①这两种物质都属于优先控制污染物，它们对水生生物的毒性都比较大。②这两种物质具有较好的代表性，可以代表两种不同类型污染物水生生物水质基准的推导方法，具体表现在汞的水生生物水质基准值和水质特征无关，可以直接推导；而镉的水生生物水质基准和硬度有关，需要建立镉的毒性和硬度的相关关系，然后再进行推导。③这两种物质可获得的数据相对较为全面。

3.4.1　汞的水生生物水质基准的推导过程

3.4.1.1　概述

长期以来，汞一直被认为是毒性极强的重金属之一。20 世纪 50 年代初，在日本九州岛南部熊本县的一个叫水俣镇的地方，出现了一些患口齿不清、面部发呆、手脚发抖、精神失常的病人，这些病人经久治不愈，就会全身弯曲，悲惨地死去。这个镇有 4 万居民，几年中先后有 1 万人不同程度地患有此种病状，其后附近其他地方也发现此类症状。经数年调查研究，1956 年 8 月由日本熊本大学医学院研究报告证实，这是由于居民长期食用了八代海水俣湾中含有汞的海产品。水俣镇有一个合成醋酸工厂，在生产中采用氯化汞和硫酸汞两种化学物质作催化剂。催化剂在生产过程中仅仅起促进化学反应的作用，最后全部随废水排入临近的水俣湾内，并且大部分沉淀在湾底的泥里。这两种物质本身虽然有毒，但毒性不是很强。然而它们在海底泥里能够通过一种叫甲基钴胺素的细菌作用变成毒性十分强烈的甲基汞。甲基汞每年能以 1% 的速率释放出来，对上层海水形成二次污染，长期生活在这里的鱼虾贝类最易被甲基汞污染。据测定，水俣湾里的海产品含有汞的量已超过可食用量的 50 倍，居民长期食用此种含汞的海产品，自然就成为甲基汞的受害者。

元素汞在室温下是一种比较重的液体，并且通常被认为是一种惰性液体，因为它会很快地沉积到水体的底部并且以一种稳定的状态存在。然而，元素汞在自然条件下可以被氧化为二价汞，二价汞（不论是直接排放的还是由元素汞转化而来的）可以被好氧和厌氧细菌甲基化生成甲基汞。二价汞在鱼类的黏膜、肝脏和肠道内也可以被甲基化（Rudd et al., 1980; Jernelov, 1968），但是在其他组织（Huckabee et al., 1978; Matida et al., 1971）和植物（Czuba and Mortimer, 1980）中没有发现甲基化过程（这里的"甲基汞"一词仅仅是指一甲基汞，不包括二甲基汞或者其他有机汞盐和化合物；这里的"二价汞"是指无机的二价汞）。汞对所有的生命形式都有很多负面效应，不同的效应方式取决于汞的形态、浓度、吸收途径、生物类型及其他影响因素。元素汞主要通过吸入汞蒸气而显现出毒性。在环境毒理学中，通常关注的是甲基汞。汞与其他许多金属不同，其他金属至少自由离子活度在一定时期内是稳定的，而汞主要以有机金属形态存在（特别是一甲基汞），它的性质更像有机污染物而不是无机污染物。一甲基汞很容易通过生物膜，是最普遍并且毒性最强的汞的形态，它的生物半衰期在所有汞形态中是最长的。例如，在人体中，无机汞的半衰期是 6d，而甲基汞半衰期大约是 70d；在食肉鱼中，如梭鱼中甲基汞的半衰期要长达 170d。进食受污染的食物通常会造成甲基汞暴露，高级生物暴露风险大，尤其是人类、家畜和野生生物，对哺乳动物来说，甲基汞是一种精神毒素，它作用于大脑，产生的症状有失语、运动失调、痉挛和死亡。高于引发神经症状的剂量时，甲基汞还可影响肾、心脏血管和消化系统的功能。

因此，鉴于汞的高毒性，及其给水环境、水生生物和人类社会带来的严重危害，制定汞的水生生物水质基准以保护水生生物及其使用功能十分重要。

3.4.1.2 汞的水生生物水质基准的发展历史

早在 1976 年，美国环境保护署就发布了汞的水生生物水质基准值，它是用水生生物的毒性值乘以相应的应用系数得到的，并且以它作为在任何情况下都不能被超过的值。1986 年，美国环境保护署又发布了水生生物水质基准，该基准考虑了淡水水生生物和海水水生生物，以及急性毒性效应和慢性毒性效应的差异性，推荐了以基准最大浓度（用以保护水生生物不受急性毒性的影响）和基准连续浓度（用以保护水生生物不受慢性毒性的影响）来表示水生生物水质基准，并且规定了超标现象发生的频率不多于平均每三年一次，这比之前规定的任何情况都不允许发生超标现象有了很大的进步，因为水生态系统是有一定的恢复能力的，且大多数水生态系统在大约三年的时间内能够从多数超标浓度中恢复。美国环境保护署于 1999 年、2002 年、2004 年、2006 年又分别发布了不断修订的水生生物水质基准，这几年的水生生物水质基准和 1986 年的水生生物水质基准都是基于同样的方法学，汞的水生生物基准值在这几年中未做修订。表 3-1 列出了这些年汞的水生生物基准值。

表 3-1　美国环境保护署不同时期颁布的汞水生生物水质基准值

年份	保护淡水水生生物/（μg/L）		保护海水水生生物/（μg/L）	
	基准最大浓度	基准连续浓度	基准最大浓度	基准连续浓度
1976	0.05*		0.10*	
1986	2.4	0.012	2.1	0.025
1999	1.4	0.77	1.8	0.94
2002	1.4	0.77	1.8	0.94
2004	1.4	0.77	1.8	0.94
2006	1.4	0.77	1.8	0.94

*代表《红皮书》中的基准值不是按基准最大浓度、基准连续浓度来推导的，它只是一个值。

3.4.1.3 用毒性百分数排序法推导汞的淡水水生生物水质基准

根据毒性百分数排序法，汞的淡水水生生物水质基准是以两个值表示的，即淡水基准最大浓度和淡水基准连续浓度。为了获得这两个值，需要获得汞对淡水水生动物的急性毒性和慢性毒性的数据、汞对淡水水生植物的毒性数据及汞的生物富集方面的数据。本节以美国环境保护署 1986 年发布的汞的淡水水生生物水质基准值为例来介绍其推导过程，海水水生生物水质基准的推导也是基于同样的方法学，但在本节中不做具体介绍。

由于在前面 3.3 节中已经详细地介绍了推导过程，以及如何选择实验物种、筛选实验数据，这些原则同样适用于汞的基准推导，这里不再赘述，只专门针对淡水中汞的基准最大浓度和基准连续浓度的推导进行详细的论述。

1. 基准最大浓度的推导过程

为了推导出汞的淡水基准最大浓度，首先要推导出淡水中汞的最终急性值，下面详细介绍如何利用淡水中汞的各种急性毒性数据推导淡水中汞的最终急性值。

虽然汞有许多形态，如元素汞、二价汞、甲基汞及其他的汞的化合物（主要是有机物），但由于元素汞在自然条件下会被氧化成二价汞，而且二价汞只有在长期的接触下才会和水中的有机物结合，或者被生物转化成甲基汞等有机汞化合物，因此汞的急性毒性通常考虑的是二价汞的急性毒性，这里也是如此。

淡水急性毒性值显示出，不同的物种对一种特定汞化合物的敏感性要远远大于一种特定物种对不同汞化合物的敏感性。例如，报道的二价汞的急性值从水蚤的 2.217μg/L（Canton and Adema, 1978）到某些昆虫的 2000μg/L（Warnick and Bell, 1969），敏感性随着物种的不同而变化。另外，很多学者都发现各种不同物种对有机汞的敏感性是对氯化汞敏感性的 4~31 倍（Lock and van Overbeeke, 1981; Joshi and Rege, 1980）。

许多因素会影响各种形态汞的急性毒性，如碱度、抗坏血酸、氯化物、溶解氧、硬度、有机化合物、pH、沉积物和温度等。一些研究报道了汞和硒之间的相互作用，硒可以阻止生物吸收汞，保护它们不中毒（Birge et al., 1981; Bower et al., 1980）。Macleod 和 Pessah（1973）研究了不同温度下氯化汞对虹鳟的急性毒性效应，当温度分别为 5℃、10℃、15℃时，其 LC_{50} 分别为 400μg/L、280μg/L 和 220μg/L。Clemens 和 Sneed（1958）发现温度对幼年海峡鲶鱼也存在类似的影响，当温度分别为 10℃、16.5℃和 24℃时，其急性毒性值分别为 1960μg/L、1360μg/L 和 233μg/L。然而，可获得的数据显示这些因素中的任何一个都无法建立起适用于不同水生生物比较一致的定量关系，所以淡水汞的最终急性值一般不考虑水质特征的影响（见 3.3.1 节）。

对于二价汞，共有 28 个属的淡水水生生物的急性值，可通过这些属平均急性值获得物种平均急性值的几何平均值。其中每个属都可以获得至少一个物种的急性值，并且每个属中的物种平均急性值的变化范围均在 1.6 倍以内。另外，在这些物种当中，蚊是最敏感的物种之一，而其他的昆虫却属于最不敏感的物种。下面按照 3.3.1 节中的方法推导二价汞的最终急性值，具体步骤如下。

（1）计算每个属的属平均急性值，属平均急性值等于属中的每个物种的物种平均急性值的几何平均值（由于数据颇多，这里没有将数据一一列出）。

（2）将属平均急性值从低到高排列，其排列图见图 3-2。

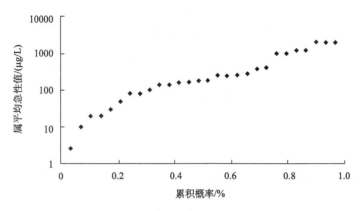

图 3-2　属平均急性值排列图（USEPA, 1984）

（3）给每个属平均急性值分配等级 R，最小值的等级为 1，最大值的等级为 N（这里 N=28，即 N 为属的个数），如果有两个或者更多的属平均急性值是相等的，那么任意将其排列成连续的等级。

（4）计算每个属平均急性值的累积概率 P，使用的公式为 $P=R/(N+1)$。

（5）选择 4 个累积概率接近 0.05 的属平均急性值，如果属的数量小于 59 个，那么这 4 个值通常就是最小的那 4 个属平均急性值。由于这里有 28 个属，所以只需选择最小的 4 个属平均急性值即可，选择的 4 个属为水蚤属、片脚属、龙虾属和蚊属。这 4 个属的属平均急性值列于表 3-2 中。

表 3-2　所选 4 个属的物种平均急性值和属平均急性值表　　　　　　（单位：µg/L）

排列	物种	物种平均急性值	属平均急性值	参考文献
4	小龙虾	20	20	Heit,1981; Heit and Fingerman,1977
3	摇蚊	20	20	Rehwoldt et al.,1973
2	片脚类动物	10	10	Rehwoldt et al.,1973
1	水蚤类动物 水蚤类动物	3.157 2.217	2.646	Barera and Adams, 1983 Canton and Adema, 1978

（6）用选择的 4 个属平均急性值和它们的累积概率计算最终急性值，计算结果见表 3-3，计算公式见式（3.4）～式（3.7）。

表 3-3　属平均急性值、累积概率及其他相关值计算表　　　　　　（单位：µg/L）

排列	GMAV	ln GMAV	(ln GMAV)^2	$P=R/(N+1)$	$\sqrt{P}$
4	20	2.996	8.976	0.138	0.371
3	20	2.996	8.976	0.103	0.321
2	10	2.302	5.299	0.069	0.263
1	2.646	0.973	0.947	0.034	0.186
求和		9.267	24.198	0.344	1.141

然后将表 3-3 中的数值代入式（3-4）～式（3-7）中，得出相应的值：

$$S=11.985$$

$$L=-1.102$$

$$A=1.583$$

$$FAV=4.870\mu g/L$$

所以，二价汞的最终急性值为 4.870μg/L。由于基准最大浓度等于最终急性值的一半，所以二价汞的保护淡水水生生物的基准最大浓度为 2.435μg/L。由于汞的急性毒性通常仅考虑二价汞的急性毒性，所以二价汞的基准最大浓度即汞的基准最大浓度。

2. 基准连续浓度

为了计算汞的基准连续浓度，需要计算出各种形态的汞的最终慢性值、最终植物值和最终残留值，然后取这几个值中的最小者作为汞的基准连续浓度。下面介绍一下这几个值的推导过程。

1）最终慢性值的推导

关于各种形态汞化合物对水生生物慢性毒性方面的研究较少，搜集到以下符合数据要求的实验。①关于二价汞的慢性毒性实验有：Biesinger 等（1982）以大型溞作为受试物种的生命周期实验（流水实验），得到的慢性值为 0.96μg/L；Biesinger 等（1982）以大型溞作为受试物种的生命周期实验（半静态实验），得到的慢性值为 1.287μg/L；Snarski 和 Olson（1982）以黑头呆鱼作为受试物种的生命周期实验，得到的慢性值<0.26μg/L；Call 等（1983）以黑头呆鱼作为实验物种的早期生命阶段实验，得到的慢性值<0.23μg/L。②关于甲基汞的毒性实验有：Biesinger 等（1982）以大型溞作为受试物种的生命周期实验（流水实验），得到的慢性值<0.04μg/L；Biesinger 等（1982）以大型溞作为受试物种的生命周期实验（半静态实验），得到的慢性值为 0.6726μg/L；Mckim 等（1976）以溪红点鲑作为受试物种的生命周期实验，得到的慢性值为 0.5193μg/L。③关于其他汞化合物毒性实验有：Biesinger 等（1982）以大型溞作为受试物种的生命周期实验（半静态实验），得到的慢性值为 1.459μg/L。

二价汞、甲基汞和其他汞化合物三种物质对大型溞的慢性毒性实验表明：对于二价汞来说，半静态实验与流水实验的结果比较相近；但是对甲基汞来说，半静态实验的结果要大一些，很可能是由于甲基汞有较强的挥发性。

由于二价汞的慢性实验数据不够全面，因此不能用与最终急性值相同的方法来推导最终慢性值，而只能采取 3.3.1 节中提到的用最终急性值和最终急性-慢性比率的方法来计算最终慢性值，即最终慢性值=最终急性值/最终急性-慢性比率。根据前面的推导，可以知道二价汞的最终急性值为 4.857μg/L，因此，只需要求出最终急性-慢性比率（最终急性-慢性比率就是物种平均急性-慢性比率的几何平均值，而物种平均急性-慢性比率就等于物种急性-慢性比率的几何平均值），就可以计算出最终慢性值。下面详细介绍最终急性-慢性比率的计算。

在计算最终急性-慢性比率时，采用的数据有以下两种。

（1）急性毒性值：①Biesinger 和 Christensen（1972）以大型溞作为受试物种的急性毒性实验，得出的急性值为 5μg/L；②Gentile 等（1982）以蚊作为受试物种的急性毒性实验，得出的急性值为 3.5μg/L（由于蚊是对二价汞极为敏感的水生生物之一，有比较好的代表性）。

（2）慢性毒性值：①Biesinger 等（1982）以大型溞所为受试物种的生命周期实验，得到的慢性值为 0.960μg/L；②Biesinger 等（1982）以大型溞作为受试物种的生命周期实验，得到的慢性值为 1.287μg/L；③Gentile 等（1982）和 Lussier 等（1985）以蚊作为受试物种的慢性毒性实验，得出的慢性值为 1.131μg/L。最终急性-慢性比率的计算见表 3-4。

表 3-4　最终急性-慢性比率计算表

物种	急性值/（μg/L）	慢性值/（μg/L）	急性-慢性比率	物种平均急性-慢性比率	最终急性-慢性比率
大型溞	5.0	0.960	5.208	4.498	3.731
大型溞	5.0	1.287	3.885		
蚊	3.5	1.131	3.095	3.095	

由表 3-4 可知，二价汞的最终急性-慢性比率为 3.731，由于最终急性值为 4.870μg/L。因此，二价汞的最终慢性值=4.870 / 3.731=1.305μg/L。

由于无法得出甲基汞和其他形式化合物的最终急性值，所以这里无法推导出它们的最终慢性值。

2）最终植物值的推导

关于各种形态的汞化合物对水生植物的毒性实验较少，表 3-5 列出了满足数据要求的实验结果。

表 3-5　汞及其化合物对水生植物的毒性值　　　　　　　（单位：μg/L）

受试生物	实验物质	毒性值	参考文献
藻类	二价汞	1030	Rosko and Rachlin, 1977
藻类	二价汞	100～1000	Gipps and Biro, 1978
藻类	二价汞	148～296	Rai, 1979
藻类	二价汞	443～592	Rai et al., 1981
藻类	二价汞	53	Tomas and Montes, 1978
蓝藻	二价汞	5	Bringmann and Kuhn, 1976
绿藻	二价汞	70	Bringmann and Kuhn, 1978
藻类	二价汞	59	Slooff et al., 1983
穗状狐尾藻	二价汞	3400	Stanley, 1974
藻类	甲基汞	6.0	Tomas and Montes, 1978
藻类	甲基汞	0.8～4.0	Rai et al., 1981
藻类	其他汞化合物	2.8	Tomas and Montes, 1978

　　由于汞的最终植物值就是各种形态汞化合物植物毒性值中的最小值，根据上面获得的实验数据可以得出汞的最终植物值为 0.8μg/L。

3）最终残留值的推导

　　生物富集因子是吸收和净化的相对速率的函数，鱼类中汞的生物富集因子较高是因为吸收速率相对较快且净化速率相对较慢。因此，汞在鱼类中的半衰期为 2～3 年（de Freitas et al., 1974; Jarvenpaa et al., 1970）。通常在无脊椎动物体内有 60%的汞甲基化，但是在鱼类中（尤其是幼鱼），有多于 70%的汞甲基化（Busch, 1983; Bache et al., 1971）。汞在鱼类体内的分配是由汞从吸收位点（鳃、皮肤和肠胃）迁移到血液中，然后到达内部器官，最终到达肾或者胆进行再循环或者排泄，或者到达肌肉组织而长期储存下来。

　　有很多因素会影响汞的生物富集因子，如温度、溶解氧和 pH 等。下面介绍这三个因素对生物富集因子的影响：①温度。由于发生在鳃表面的吸附作用是汞进入水生生物体内的主要方式（Fromm, 1977），所以温度和活性的增加会导致新陈代谢速率和流通速率的增加，进而增加吸收速率（de Freitas and Hart, 1975; Rodgers and Beamish, 1981）。温度和组织残留之间的相互关系似乎在稳定阶段之前就已经形成了（Reinert et al., 1974）。很显然，温度不仅会加快吸收和净化速率（Ruohcula and Hieccinen, 1975），而且在高的温度下还会出现高的组织残留现象，这很可能是因为随着温度的升高，吸收速率的增加速度要大于净化速率的加快。②溶解氧。研究发现低溶解氧浓度会加快呼吸速率和吸收速率。Larson（1976）发现在一个富营养湖泊中低溶解氧浓度会强迫鱼类进入温度相对较高的表层水体来寻求充足的氧气。温度相对较高的表层水体很显然会刺激新陈代谢速率和增加汞的吸收。③pH。低 pH 会增加流通速率和膜的渗透性，加速甲基化速率和吸收速率，影响沉积物和水的分离，或者抑制鱼类的生长和繁殖，从而增加鱼体中残留的汞（Akielaszek and Haines, 1981；Ribeyre and Soudou, 1982）。

　　关于各种形态汞化合物生物富集因子的资料比较多：①关于二价汞的实验有 Boudou 和 Ribeyre（1984）以虹鳟鱼作为受试生物，对虹鳟的整体而言，生物富集因子为 1800；Snarski 和 Olson（1982）以黑头呆鱼作为受试生物，对黑头呆鱼的整体而言，其生物富集因子为 4994。②关于甲基汞的实验有 Boudou 和 Ribeyre（1984）以虹鳟作为受试生物，对虹鳟的整体而言，其生物富集因子为 11000；Niimi 和 Lowe-Jinde（1984）以虹鳟作为受试生物，对其整体而言，生物富集因子为 85700；Mckim 等（1976）以溪红点鲑作为受试生物，得到其肌肉组织的生物富集因子为 11000～33000，整体的生物富集因子为 10000～23000，其肌肉组织和整体的生物富集因子为 12000；Olson 等（1975）以黑头呆鱼作为受试生物，得到其整个身体的生物富集因子为 44130～81670。

　　美国食品药品监督管理局对于鱼类和贝类中汞的管理水平是 1.0mg/kg，并且这一值同样适用于食用组织中残留的甲基汞（USFDA, 1984）。根据前面提到的实验可以得出各种形态汞的生物富集因子，即二价汞的生物富集因子为 4994（取了两个实验中生物富集因子较大的一个）；甲基汞的生物富集因子为 81670（采用 Olson 等的实验结果中的最大值，没有采用 Niimi 和 Lowe-Jinde 实验中得出的 85700，是因为该实验持续时间短）。有了这些数据，就可以计算出二价汞和甲基汞的最终残留值：①二价汞的最终残留值

=1.0（mg/kg）/4994=0.00020（mg/kg）=0.20（μg/L）；②甲基汞的最终残留值=1.0（mg/kg）/81670=0.000012（mg/kg）=0.012（μg/L）。由于在自然条件下二价汞和甲基汞可以相互转化，而且在鱼类体内二价汞也会转化为甲基汞，因此很难分清楚鱼类体内有多少百分数的甲基汞是由二价汞转化而来的，有多少百分数的甲基汞是直接从水体中摄入的，所以严格区分二价汞和甲基汞的最终残留值意义不大。在推导基准时，汞的最终残留值采用各种形态汞化合物的最终残留值中的最小值，因此最终残留值为 0.012μg/L。

由于基准连续浓度是取最终慢性值、最终植物值、最终残留值中的最小值，通过上面的计算，可以发现在各种汞形态中，甲基汞的最终残留值 0.012μg/L 是所有值中最小的，它远远小于二价汞的最终慢性值和最终残留值。因此，这里为了保护鱼类等水生生物的使用功能，采用 0.012μg/L 作为汞的基准连续浓度。

3.4.1.4　汞的淡水水生生物水质基准

由于水生态系统能够承受一定的压力和偶然的不利影响，因此将基准表述成在任何时间和地点都不能超过的数值是不合理的。经过大量的调研和科学研究发现，大多数水生态系统在大约三年的时间内能够从多数超标浓度中恢复。因此，可以将允许的超标频率规定为平均每三年发生一次。

综上所述，汞的淡水水生生物水质基准可以这样表述：除了可能存在的十分敏感的当地重要物种，如果汞的 96h 平均浓度超过 0.012μg/L 的次数不多于平均每三年一次，并且其 1h 平均浓度超过 2.4μg/L 的次数不多于平均每三年一次，那么就认为淡水水生生物及其使用功能没有受到不可接受的影响。

3.4.2　镉的水生生物水质基准的推导过程

3.4.2.1　概述

镉是一种稀有金属，最近 70 年才被认为是一种严重的环境污染物。镉不是人体必需元素，而且其毒性比较大，在工作场所，吸入含镉的烟气能引发肺气肿和肺炎，通过呼吸进入人体的镉会增加肺癌和前列腺癌的发生概率，镉被国际癌症研究署列为第一类致癌物质。20 世纪 50 年代日本爆发了由镉引起的"骨痛病"事件，此后，诸如此类的事件时有发生，并引起世界各国的共同关注，镉中毒后表现出的多种症状包括严重肾功能下降、骨软化、骨痛等。另外，镉在人体内有较长的半衰期（6.2~18 年），在动物体内的半衰期长达 10~35 年（张翠等，2007），镉是最易在人体和水生生物体内蓄积的毒性物质之一，其中 20% 的镉出现在肝，30% 的镉出现在肾，肾是最易于中毒的重要部位。此外，镉对甲壳类动物的毒性较大，在甲壳类动物中，镉主要存在于肝胰腺中，该器官具有消化和代谢的功能，若长期暴露于镉，这些功能就会遭到破坏。de Nicola 等（1993）描述了海洋等足目动物暴露于镉时肝、胰腺内的病理效应，包括肿胀的线粒体和微核等。他们也记录了粒状物的增殖，认为粒状物是镉的一个储存点，也有解毒功能。另外，亚致死浓度的镉作用于胚胎和幼体会降低其长期存活和生长的可能性，并且雄性比雌性更敏感。研究不同遗传型的淡水腹足纲软体动物 *Lymnaea baltica* 在镉中的存活率表明，长期暴露于亚致死镉水平可能会诱导种群结构的长期变化（朱琳, 2006）。

随着工业技术的发展，镉在工业中的用途日益广泛，镉可以用来电镀钢铁、作为合金材料、用于塑料生产，还可以制造镍-镉电池。1935 年世界上年产 1000t 镉，而现在年产大约 22200t，每年约有 7000t 镉由于有色金属矿开采而产生并排入大气，同时火山活动每年产生 840t 镉，直接排入水中的镉每年约有 7000t。综上所述，镉的排放量日益增加，它给水生生物和人类带来了巨大危害，制定镉的水生生物基准以保护水生生物及其使用功能就成为环保工作的当务之急。

3.4.2.2 镉的水生生物水质基准发展历史

在 1976 年美国环境保护署发布的《红皮书》中就提出了镉的水生生物水质基准值，它是以镉对水生生物的毒性值乘以相应的应用系数得出的，由于大量的实验证实镉对水生生物的毒性会受到水体硬度的影响，因此《红皮书》分别考虑了硬水和软水中镉的毒性，与此同时还将水生生物划分为敏感水生生物和非敏感水生生物，并且分别计算了镉对它们的毒性值。此后，美国环境保护署于 1986 年、1999 年、2002 年、2004 年、2006 年和 2016 年又颁布了不断修订的水生生物水质基准。近几年的水生生物水质基准均是采用毒性百分数排序法推导的，该方法考虑了淡水水生生物和海水水生生物，以及急性毒性效应和慢性毒性效应的差异性，以 4 个数值来表示，即淡水基准最大浓度、淡水基准连续浓度、海水基准最大浓度和海水基准连续浓度，并且规定了超标现象发生的频率为不多于平均每三年一次，由于镉的基准值受到硬度的影响，所以为了统一起见，这几年镉的基准值均为硬度为 100mg/L 时的基准值。镉的各年度水生生物水质基准值见表 3-6。

表 3-6　美国环境保护署不同年份给出的镉水生生物水质基准值一览表

年份	保护淡水水生生物/（μg/L）		保护海水水生生物/（μg/L）	
	基准最大浓度	基准连续浓度	基准最大浓度	基准连续浓度
1976	0.4[*,r,z]	1.2[*,y,z]	5.0[*]	
	4.0[*,r,q]	12[*,r,q]		
1986	3.9	1.1	43	9.3
1999	4.3	2.2	42	9.3
2002	2	0.25	40	8.8
2004	2	0.25	40	8.8
2006	2	0.25	40	8.8
2016	1.8	0.72	33	7.9

*表示《红皮书》（1976）的基准值不是按照基准最大浓度和基准连续浓度来推导的，这里将表格做成统一格式是为了方便起见；r 表示该基准值是针对软水而言的；y 表示该基准值是针对硬水而言的；z 表示该基准值是枝角类和鲑鱼等较为敏感的水生生物的基准值；q 表示该基准值是其他不太敏感的水生生物的基准值。

3.4.2.3 用毒性百分数排序法推导镉的淡水水生生物水质基准

在 3.3 节中，详细介绍了利用毒性百分数排序法推导某种物质的水生生物水质基准需要获得哪些数据、如何审核数据、如何设计毒性实验、如何筛选数据及推导每个值的理论与方法，这些原则同样适用于镉的基准值的推导，因此这里不再赘述。本部分将以镉的淡水基准最大浓度和淡水基准连续浓度为例，详细介绍如何推导毒性受水质特征影响的物质的基准值。

1. 淡水基准最大浓度的推导过程

为了推导镉的淡水基准最大浓度，首先要推导出镉在淡水中的最终急性值，下面详细介绍最终急性值的推导过程。

从文献中可以获得镉对淡水中 39 种无脊椎动物、24 种鱼类、1 种火蜥蜴类和 1 种青蛙类的可接受急性毒性的数据，这些数据满足了方法中对 8 个以上不同科的要求。以上的 65 个物种属于 55 个属。在这些淡水动物的急性毒性实验中，某些实验呈现出随着动物大小和龄期的增长对毒性的耐受力增强的趋势，如蜗牛（Wier and Walter, 1976）、银大马哈鱼（Chapman, 1975）和普通鲤鱼（Suresh et al., 1993），而在某些实验中没有观察到类似的效应，如水藻类（Stuhlbacher et al., 1993）、虹鳟（Chapman, 1975，1978）和条纹石鮨（Hughes, 1973; Palawski et al., 1985）。由于无法获得镉对足够多物种的急性毒性和生命阶段相关关系的数据，所以这里不详细讨论。

尽管许多水质特征会影响镉对水生生物的毒性，但是水生生物水质基准只能定量考虑某些水质特征，从这些特征中可获得足够的数据来显示该因素会类似地影响大量物种的毒性实验的结果。通常认为，硬度对镉的毒性有重要影响。Chapman 等（1980）在三个不同硬度水平下测试镉对大型溞的急性毒性，结果显示大型溞在软水中对镉的敏感性是硬水中的 5 倍多。其他研究也表明软水中的镉对颤蚓科的霍甫水丝蚓和水丝蚓、蚌类中的 *villosa vibex* 和淡水枝角水蚤、切努克鲑鱼、金鱼、黑头呆鱼、古比鱼、条纹鲈、蓝绿鳞鳃太阳鱼和浅蓝色食用大太阳鱼的毒性大于硬水中镉对它们的毒性。其他水质特征也会影响镉对水生生物的毒性。Giesy 等（1977）发现溶解性有机物会降低镉对大型溞的毒性，但对镉对鱼类的毒性几乎没有影响，没有观察到镉的毒性和有机颗粒物大小之间比较一致的关系。

从上面提到的实验和其他研究中，可以看出硬度和镉对水生生物的急性毒性之间有着密切的联系，而且在对各种不同的水生动物种群急性毒性实验中，都显示出类似的趋势，即随着硬度的增加，镉对水生动物的急性毒性会降低。因此，在推导淡水中镉的最终急性值时，需要将硬度考虑在内。按照 3.3 节中提到的最终急性值和水质特征有关时的方法进行推导，以下进行详细说明。

（1）分别计算每个物种可获得急性值的几何平均值 W，然后用每个急性值除以 W，进而得出了物种标准化急性值。由于物种数量颇多，下面仅以一个物种为例进行说明（表 3-7）。

由表 3-7 中的数据计算可得

急性值的几何平均值：$W = \sqrt{4 \times 10} = 6.324$

物种标准化急性值：$4 / 6.324 \approx 0.632$

$10 / 6.324 \approx 1.581$

表 3-7　不同硬度下镉对条纹鲈急性毒性的影响

物种	硬度（以 $CaCO_2$ 计）/（mg/L）	LC_{50} 或 EC_{50}/（μg/L）	参考文献
条纹鲈	40	4	Palawski et al., 1985
条纹鲈	285	10	Palawski et al., 1985

（2）同样地，分别对每个物种相应的硬度值进行标准化。以上面那个物种相应的硬度值为例进行说明。

由上表中的数据计算可得

$$硬度的几何平均值：X=\sqrt{40\times285}=106.771$$

$$硬度标准化值：40/106.771\approx0.375$$

$$285/106.771\approx2.669$$

（3）把所有的物种标准化急性值看成同一物种的数据，然后以所有的物种标准化急性值的自然对数值为因变量，以相应的硬度标准化值为自变量，对这些数据进行最小二乘回归分析，进而得到所有物种急性值的斜率 V 和 95% 的置信区间。得到的斜率 V 为 1.0166，它的 95% 的置信区间为（0.9745，1.0588）。绘制出图 3-3。

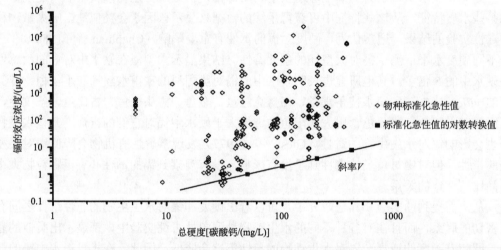

图 3-3　镉对淡水中各个物种的急性毒性值和斜率 V（USEPA, 2001）

（4）将硬度值选定为 50mg/L（即 $Z=50$mg/L），然后计算对应于该硬度的每个物种的物种平均急性值（SMAV），使用的等式为 $Y=\ln W-V(\ln X-\ln Z)$，$SMAV=e^Y$。以上面步骤（1）中的例子为例，进行说明：

$$W=6.324,\quad X=106.771,\quad Z=50,\quad V=1.0166$$

所以：$Y=\ln 6.324-1.0166\times(\ln 106.771-\ln 50)=1.072$

$$SMAV=e^{1.072}=2.921$$

由于数据颇多，这里没有将其一一列出。共有 55 个属的物种的物种平均急性值，需要分别将其调整到对应于硬度值为 50mg/L 的值，调整后的物种平均急性值从褐鳟的 1.613μg/L（Spehar and Carlson, 1984a，1984b）到蚊的 96880μg/L（Williams et al., 1985），其中 39 种淡水无脊椎动物的物种平均急性值从大型溞的 13.41µg/L（Attar and Maly, 1982）到蚊的 96880µg/L；24 种鱼类的物种平均急性值从褐鳟的 1.613µg/L 到罗非鱼的 10663µg/L（Gaikwad, 1989）。

（5）计算在选定的硬度值（Z=50mg/L）时的最终急性值。

①首先利用步骤（4）中得出的物种平均急性值计算每个属的属平均急性（属平均急性值等于同一个属内物种的物种平均急性值的几何平均值）。

②将属平均急性值从低到高排列，并且给其分配等级 R，最小的属平均急性值的等级为 1，最大的属平均急性值的等级为 N（N 为属的个数，这里 N=55），如果有两个或者更多的属平均急性值是相等的，任意将它们排列成连续的等级。

③计算每个属平均急性值的累积概率 P，计算公式为 P=R/（N+1），图 3-4 为各个属的属平均急性值和它们的累积概率。

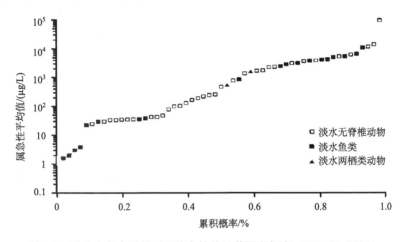

图 3-4　淡水中各个属的属平均急性值及其累积概率（USEPA, 2001）

④选择 4 个累积概率接近 0.05 的属平均急性值，选择的 4 个属中的物种的急性值（该值是调整到硬度为 50mg/L 以后的值）、物种平均急性值和属平均急性值列于表 3-8 中。

表 3-8　所选 4 个属的急性值、物种平均急性值和属平均急性值　　（单位：µg/L）

排列	物种	急性值	物种平均急性值	属平均急性值	参考文献
4	银鲑鱼（coho salmon）	6.2210	6.221		Chapman, 1975
	王鲑（chinook salmon）	3.9640			Chapman ,1975,1978
	王鲑	7.7070			Chapman, 1975,1978
	王鲑	6.3860	4.305		Chapman, 1975,1978
	王鲑	2.8530			Chapman et al., 1982
	王鲑	2.6570		3.836	Finlayson and Verrue, 1982
	虹鳟鱼（rainbow trout）	2.8630			Chapman, 1975,1978
	虹鳟鱼	2.2020			Chapman, 1978
	虹鳟鱼	9.0290	2.108		Chapman, 1975
	虹鳟鱼	>6.3860			Hale, 1977

排列	物种	急性值	物种平均急性值	属平均急性值	参考文献
	虹鳟鱼	2.8450			Davies, 1976
	虹鳟鱼	3.3850			Phipps and Holcombe, 1985
	虹鳟鱼	<2.7950			Cusimano et al., 1986
	虹鳟鱼	1.1660			Stratus Consulting, 1999
4	虹鳟鱼	0.80920	2.108	3.836	Stratus Consulting, 1999
	虹鳟鱼	0.81050			Stratus Consulting, 1999
	虹鳟鱼	0.63440			Stratus Consulting,1999
	虹鳟鱼	2.1680			Stratus Consulting, 1999
	虹鳟鱼	1.5810			Stratus Consulting, 1999
3	条纹鲈（striped bass）	5.0190	2.924	2.924	Palawski et al., 1985
	条纹鲈	1.7040			Palawski et al., 1985
	溪红点鲑（brook trout）	<1.791	<1.791		Carroll et al.,1979
	公牛斑鲑（bull trout）	1.494			Stratus Consulting, 1999
	公牛斑鲑	1.705			Stratus Consulting, 1999
2	公牛斑鲑	1.589	2.152	<1.963	Stratus Consulting, 1999
	公牛斑鲑	1.503			Stratus Consulting, 1999
	公牛斑鲑	4.858			Stratus Consulting, 1999
	公牛斑鲑	3.361			Stratus Consulting, 1999
1	褐鳟（brown trout）	1.613	1.613	1.613	Spehar and Carlson, 1984a, 1984b

⑤然后用所选择的属平均急性值和它们的累积概率计算当硬度为 50mg/L 时的最终急性值，计算见表 3-9，计算公式见式（3-4）～式（3-7）。

表 3-9　属平均急性值及其他相关值计算

排列	GMAV	lnGMAV	(lnGMAV)^2	$P=R/(N+1)$	$\sqrt{P}$
4	3.836	1.344	1.806	0.0714	0.267
3	2.925	1.073	1.151	0.0536	0.232
2	1.963	0.674	0.454	0.0357	0.189
1	1.613	0.478	0.228	0.0178	0.133
求和		3.569	3.639	0.178	0.821

然后将上面表格中的数值代入式（3-4）～式（3-7）中，得出相应的值：

$$S=6.730$$
$$L=-0.489$$
$$A=1.019$$
$$FAV=2.770$$

（6）由步骤（5）得出硬度为 50mg/L 时的最终急性值为 2.770μg/L，将其与各个物种的物种平均急性值进行比较，发现虹鳟、溪红点鲑、褐鳟这几个在商业和娱乐上有重要用途的物种的物种平均急性值要低于计算出的最终急性值。由于溪红点鲑和褐鳟的急性值来自静水实验，故不符合实验要求。因此，为了保护虹鳟，这里采用了虹鳟的物种平均急性值（2.108μg/L）来代替计算出的最终急性值。

（7）根据前面的一系列计算，可以得出任意硬度下的总镉的最终急性值的表达式为

$$FAV= e^{V \ln 硬度值+\ln A-V \ln Z}= e^{1.0166 \ln 硬度值-3.231}$$

式中，V 为绘制的急性斜率值（1.0166）；Z 为选定的硬度值（50mg/L）；A 为 Z 时对应的最终急性值（2.108μg/L）。

（8）由于水生生物水质基准是以可溶性金属来表示的，因此需要在总金属的基准值上乘以相应的转换系数 CF，淡水中急性镉的转换系数表达式为 CF=1.136672–0.041838 ln 硬度值。所以，淡水中可溶性镉的最终急性值的表达式为

$$FAV=CF\times e^{1.0166 \ln 硬度值-3.231}$$

有了上面的关系式，就可以计算出在要求的硬度值下的最终急性值，即当硬度为 100mg/L 时，得出淡水中镉的最终急性值为 4.0μg/L。

由于基准最大浓度等于最终急性值的一半，获得最终急性值就可以计算出要求的硬度值下的基准最大浓度，即当硬度为 100mg/L 时，淡水中镉的基准最大浓度为 2.0μg/L。

2. 基准连续浓度

为了计算淡水中镉的基准连续浓度，需要计算出淡水中镉的最终慢性值、最终植物值和最终残留值，然后取这几个值中的最小者作为基准连续浓度。下面介绍一下这几个值的推导过程。

1）最终慢性值

从文献中可以获得淡水中 21 个物种（包括 7 种无脊椎动物和 14 种鱼类）的可接受慢性毒性的数据，这 21 个物种属于 16 个属。

Chapman 等（1980）研究了不同硬度水平下镉对大型溞的慢性毒性的影响，实验的类型为静态–半静态实验，实验温度为 22℃，水的硬度分别为 53mg/L、103mg/L、209mg/L，大型溞分别被暴露于镉的浓度为 0.15～22.1μg/L 的溶液中，基于协方差分析程序，计算出的慢性值分别为 0.1523μg/L、0.2117μg/L、0.4371μg/L。另外有研究报道硬度存在下镉对褐鳟、黑头呆鱼慢性毒性的影响，发现了和大型溞类似的现象，即随着硬度的增加，镉对它们的毒性降低。

从上面提到的实验和其他研究实验发现，硬度与镉对水生动物的慢性毒性之间有着密切联系，而且在对各种不同的水生动物种群做的慢性毒性实验中，都显示出类似的趋势，即随着硬度的增加，镉对水生动物的慢性毒性会降低。因此，最终慢性值可以按照和最终急性值类似的方法来推导，具体说明如下。

（1）分别计算每个物种的慢性值，慢性值就等于最大无观察效应浓度和最低观察效应浓度的几何平均值，下面以一个物种为例进行说明见表 3-10。

表 3-10　硬度存在下镉对蜗牛慢性毒性的影响

物种	硬度（以 CaCO₃ 计）/(mg/L)	慢性值范围 NOEC～LOEC/（μg/L）	慢性值/ （μg/L）	参考文献
蜗牛	45.3	4.41～7.63	5.801	Holcombe et al.,1984
蜗牛	45.3	2.50～4.79	3.460	Holcombe et al.,1984

（2）分别计算每个物种可获得的慢性值的几何平均值 M，然后用每个慢性值除以 M，进而得出了物种标准化慢性值；以上面的例子中的物种为例，进行说明。

慢性值的几何平均值：$M=\sqrt{5.801\times3.460}=4.480$

物种标准化慢性值：$5.801/4.480\approx1.29$

$$3.460/4.480\approx0.77$$

（3）同样地，分别对每个物种相应的硬度值进行标准化。同样以上面那个物种相应的硬度值为例进行说明。

硬度的几何平均值：$P=\sqrt{45.3\times45.3}=45.3$

硬度标准化值：$45.3/45.3=1$

$$45.3/45.3=1$$

（4）把物种标准化慢性值都看成是同一物种的数据，然后以所有物种的物种标准化慢性值的自然对数值为因变量，以相应的硬度标准化值为自变量，对这些数据进行最小二乘回归分析，进而得到所有物种的慢性值的斜率 L 和 95%的置信区间。得到的斜率 L 为 0.7409，它的 95%的置信区间为（0.3359，1.1459）。镉对淡水中各物种的慢性值和斜率 L 都绘于图 3-5 中。

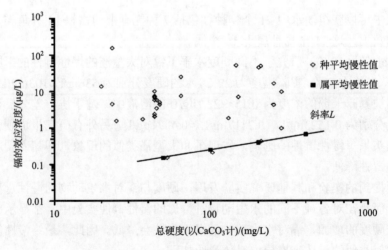

图 3-5　镉对淡水中不同物种的慢性毒性值和斜率 L（USEPA, 2001）

（5）将硬度值选定为 50mg/L（即 $Z=50$mg/L），然后计算对应于该硬度值的每个物种的物种平均慢性值（SMCV），使用的等式为 $Q=\ln M-L\times(\ln P-\ln Z)$，$SMCV=e^{Q}$。以上面步骤（1）中的例子为例，进行说明：

$$M=4.480,\quad P=45.3,\quad Z=50,\quad L=0.7409$$
$$Q=\ln 4.480-0.7409\times(\ln 45.3-\ln 50)=1.573$$
$$SMCV=e^{1.573}=4.821$$

（6）计算在选定的硬度值（$Z=50$mg/L）时的最终慢性值：

① 首先计算每个属的属平均慢性值（GMCV）（属平均慢性值等于同一个属内所有物种的物种平均慢性值的几何平均值）。

② 将属平均慢性值从高到低排列，并且给其分配等级 R，最小的属平均慢性值的等级为 1，最大的属平均慢性值的等级为 N（N 为属的个数，这里 $N=21$），如果有两个或者更多的属平均慢性值是相等的，任意将它们排列成连续的等级。

③ 计算每个属平均慢性值的累积概率 P，计算公式为 $P=R/(N+1)$，图 3-6 为各个属的属平均慢性值和它们的累积概率。

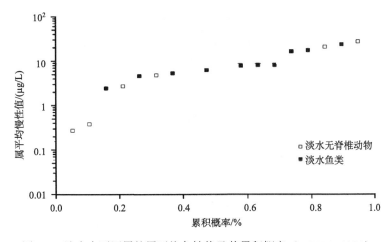

图 3-6 淡水中不同属的属平均急性值及其累积概率（USEPA, 2001）

④ 选择 4 个累积概率接近 0.05 的属平均慢性值，选择的 4 个属的物种的慢性值（该值是调整到硬度为 50mg/L 以后的值）、物种平均慢性值和属平均慢性值列于表 3-11 中。

表 3-11 所选 4 个属的慢性值、物种平均慢性值和属平均慢性值 （单位：µg/L）

排列	物种	慢性值	物种平均慢性值	属平均慢性值	参考文献
4	摇蚊（midge）	2.8040	2.8040	2.804	USEPA, 2001a
3	银鲑鱼	2.3110	4.2650	2.442	Eaton et al., 1978
	银鲑鱼	7.8700			Eaton et al., 1978
	虹鳟鱼	1.3080	1.3080		Brown et al., 1994
	王鲑	2.6120	2.6120		Chapman, 1975
2	水蚤类动物（cladoceran）	0.1459	<0.3794	0.379	Chapman et al., 1980
	水蚤类动物	0.1239			Chapman et al., 1980
	水蚤类动物	0.1515			Chapman et al., 1980

	水蚤类动物	3.1330			Bodar et al., 1988
	水蚤类动物	<0.9163			Borgmann et al., 1989
1	片脚类动物（amphipod）	0.2747	0.2747	0.2747	USEPA, 2001a

⑤ 然后用所选择的属平均慢性值和它们的累积概率计算当硬度为50mg/L时的最终慢性值，计算结果见表3-12，计算公式见式（3-11）～式（3-14）。

表 3-12 属平均慢性值及其他相关值的计算

排列	GMCV	lnGMCV	$(\ln \text{GMCV})^2$	$P=R/(N+1)$	$\sqrt{P}$
4	2.8040	1.0310	1.0630	0.2353	0.4851
3	2.4430	0.8932	0.7979	0.1765	0.4201
2	0.3794	−0.9692	0.9393	0.1176	0.3430
1	0.2747	−1.2920	1.6690	0.0588	0.2425
求和		−0.3370	4.4692	0.5882	1.4907

然后将表 3-12 中的数值代入式（3-11）～式（3.14）中：

$$S^2 = \frac{\sum (\ln \text{GMCV})^2 - (\sum \ln \text{GMCV})^2 / 4}{\sum P - (\sum \sqrt{P})^2 / 4} \tag{3-11}$$

$$L = (\sum \ln \text{GMCV} - S \sum \sqrt{P}) / 4 \tag{3-12}$$

$$A = S(\sqrt{0.05}) + L \tag{3-13}$$

$$\text{FCV} = e^A \tag{3-14}$$

得出相应的值：

$$S = 11.779$$
$$L = -4.475$$
$$A = -1.841$$
$$\text{FCV} = 0.159 \mu\text{g/L}$$

（7）由上面步骤（6）得出硬度值为 50mg/L 时的最终慢性值为 0.159μg/L，将其与在商业或者娱乐上有重要用途的物种的物种平均慢性值进行比较，发现最终急性值最低。

（8）根据前面的一系列计算，可以得出任意硬度下镉的最终慢性值表达式为

$$\text{FCV} = e^{L \ln \text{硬度值} + \ln A - L \ln Z} = e^{0.7409 \ln \text{硬度值} - 4.719}$$

式中，L 为绘制的慢性斜率值（0.7409）；Z 为选定的水质特征值（50mg/L）；A 为 Z 时对应的最终慢性值（0.1618μg/L）。

（9）由于水生生物水质基准是以可溶性金属来表示的，因此需要在总金属的基准值上乘以相应的转换系数 CF，淡水中慢性镉的转换系数表达式为 CF=1.101672−0.041838 ln 硬度值。所以，对应的可溶性镉的最终慢性值表达式为

$$\text{FCV} = \text{CF} \times e^{0.7409 \ln \text{硬度值} - 4.719}$$

所以，可以计算出要求的硬度值下的最终慢性值，即当硬度为 100mg/L 时，淡水中镉的最终慢性值为 0.25μg/L。

2）最终植物值

由于指导和解释植物毒性实验结果的程序还不完善，目前还没有合理的最终植物值的推导方法，只是用一种重要的水生植物物种获得的最小值作为最终植物值。这里可以获得 33 种淡水植物物种可接受的毒性实验，这些植物来自硅藻属、海藻属、绿藻属、蓝藻属、蕨类、耆草属和浮萍属，这些实验持续时间为 4～28d，观察到的主要毒性效应为生长下降，还有诸如细胞数量的减少、形态学上的异常、细胞分裂受阻、叶绿素含量降低、种群数量下降及死亡等现象。镉对植物的毒性从硅藻属 *Asterionella formasa* 的 2μg/L（Conway, 1978）到海藻属 *Euglena gracills arabaena* 的 20000μg/L（Nakano et al., 1980），并且很多值在引起动物慢性毒性的范围之内。将镉对淡水植物的毒性值与对淡水动物的毒性值（最终慢性值和基准最大浓度）比较后发现，镉对植物的毒性值要远远高于动物，说明植物对镉的敏感性要远远小于动物（图 3-7），因此，这里没有计算最终植物值。

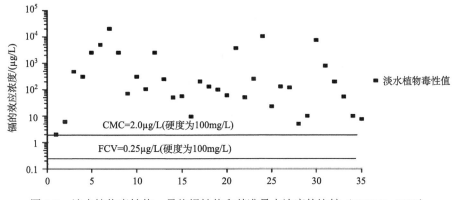

图 3-7　淡水植物毒性值、最终慢性值和基准最大浓度的比较（USEPA, 2001）

3）最终残留值

最终残留值是用最大允许组织浓度除以生物富集因子或生物累积因子得到的，因此只要知道镉的最大允许组织浓度和它在淡水水生生物中的生物富集因子或生物累积因子就可以计算出镉的最终残留值了。

淡水中镉的生物富集因子从溪红点鲑肌肉组织的 3（Benoit et al., 1976）到蜗牛科 *Viviparous georgianus* 软组织的 6910（Tessier et al., 1994）。通常情况下，与其他的器官和组织相比，鱼类的肌肉中仅积累少量的镉，然而也有报道指出，鱼类的皮肤、脾脏、鳃、鳍、耳和骨头的生物富集因子也较低。Sangalang 和 Freeman（1979）发现在暴露时间长于 28d 时，镉在鱼类中的残留才会达到稳定阶段，然而大型溞和其他体积差不多或者更小的无脊椎动物在几天之内就会达到稳定阶段。

由于，没有关于镉的最大允许组织浓度的资料，这里列出的生物富集因子仅用来提供参考，目前还无法计算最终残留值。

基准连续浓度等于最终慢性值、最终植物值和最终残留值中的最小者，由于目前无法计算镉的最终植物值和最终残留值，因此镉的基准连续浓度以镉的最终慢性值定量，即当硬度为 100mg/L 时，淡水中镉的基准连续浓度为 0.25μg/L。

3.4.2.4　镉的淡水水生生物水质基准值表达

前面 3.3.5 节中提到的监测时间的选择和超标浓度频率的确定原则同样适用于镉，这里将淡水中的硬度值假定为 100mg/L，所以镉的淡水水生生物水质基准可以表述为：除了非常敏感的地方物种，如果 96h 平均浓度超过 0.25μg/L 的次数不多于平均每三年一次，而且 1h 平均浓度超过 2.0μg/L 的次数不多于平均每三年一次，那么就认为淡水水生生物及其使用功能没有受到不可接受的影响。

参 考 文 献

洪鸣. 2008. 金属铅与三丁基锡化合物海水水质基准研究[D]. 大连: 大连海事大学.

胡林林, 周扬胜, 陈艳卿. 2008. 借鉴美国经验确立我国基准地位[N]. 中国环境报.

惠秀娟. 2003. 环境毒理学[M]. 北京: 化学工业出版社: 65-157.

金相灿. 1995. 中国湖泊环境[M]. 北京: 海洋出版社.

雷炳莉, 黄圣彪, 王子健. 2009a. 生态风险评价理论和方法[J]. 化学进展, 21: 350-358.

雷炳莉, 金小伟, 黄圣彪, 等. 2009b. 太湖流域三种氯酚类化合物水质基准的探讨[J]. 生态毒理学报, 1(4): 40-49.

刘清, 王子健, 汤鸿霄. 1996. 重金属形态与生物毒性及生物有效性的关系研究进展[J]. 环境科学, 17(1): 89-92.

史志诚. 2005. 生态毒理学概论[M]. 北京: 高等教育出版社.

夏青, 张旭辉. 1990. 水质标准手册[M]. 北京: 中国环境科学出版社.

张翠, 瞿毓秀, 宁劲松, 等. 2007. 镉在水生动物体内的研究概况[J]. 水产科学, 26(8): 465-470.

张彤, 金洪钧. 1996. 美国对水生态基准的研究[J]. 上海环境科学, 15(3): 7-9.

周永欣, 王士达, 夏宜琤. 1983. 水生生物与环境保护[M]. 北京: 科学出版社.

朱琳. 2006. 环境毒理学[M]. 北京: 高等教育出版社.

Akielaszek J J, Haines T A. 1981. Mercury in the muscle tissue of fish from three northern Maine lakes[J]. Bulletin of Environmental Contamination and Toxicology, 27: 201-208.

Attar E N, Maly E J. 1982. Acute toxicity of cadmium, zinc, and cadmium-zinc mixtures to Daphnia magna [J]. Archives of Environmental Contamination and Toxicology, 11: 291-296.

Bache C A, Gutenmann W H, Lisk D J. 1971. Residues of total mercury and methylmercury salts in lake trout as a function of age[J]. Science, 172: 951-952.

Barera Y, Adams W J. 1983. Resolving some practical questions about Daphnia acute toxicity tests[M]//Bisnop W E. Aquatic Toxicology and Hazard Assessment: Sixth Symposium. ASTM STP 802. Philadelphnia, Pennsylvania: American Society for Testing and Materials: 509.

Benoit D A, Leonard E N, Christensen G M, et al. 1976. Toxic effects of cadmium on three generations of brook trout(Salvelinus fontinalis)[J]. Transactions of the American Fisheries Society, 105: 550-560.

Biesinger K E, Christensen G M. 1972. Effects of various metals on survival, growth, reproduction, and metabolism of Daphnia magna[J]. Journal of the Fisheries Research Board of Canada, 29: 1691-1700.

Biesinger K E, Anderson L E, Eaton J G. 1982. Chronic effects of inorganic and organic mercury on Daphnia magna: Toxicity, accumulation, and loss[J]. Archives of Environmental Contamination and Toxicology, 11: 769-774.

Birge W J, Black J A, RameyB A, et al. 1981. The Reproductive Toxicology of Aquatic Contaminants[M] //Saxena J, Fish F. Hazard Assessment of Chemicals: Current Developments. New York: Academic Press: 211.

Bodar C W M, Van Leeuwen C J, Voogt P A, et al. 1988b. Effect of cadmium on the reproduction strategy of Daphnia magna[J]. Aquatic Toxicology, 12: 301-310.

Borgmann U, Ralph K M, Norwood W P. 1989. Toxicity test procedures for Hyalella azteca, and chronic toxicity of cadmium and pentachlorophenol to H. azteca, Gammarus fasciatus, and Daphnia magna [J]. Archives of Environmental Contamination and Toxicology, 18: 756-764.

Boudou A, Ribeyre F. 1984. Influence of exposure length on the direct bioaccumulation of two mercury compounds by Salmo gairdneri(fry)and the relationship between organism weight and mercury concentrations[J]. Water Research, 18: 81-86.

Bower M A, Dostal D, Heisinger J F. 1980. Failure of selenite to protect against mercuric chloride in early developmental stages of the Japanese ricefish(Oriyzias latipes)[J]. Comparative Biochemistry and Physiology, 66C: 175-178.

Bringmann G. 1975. Determination of the biologically harmful effects of water pollutants by means of the retardation of cell proliferation of the blus algae Microcystis[J]. Gesundheits-Ing, 96: 238.

Bringmann G, Kuhn R. 1976. Comparative results of the damaging effects of water pollutants against bacteria (Pseudomonas putida)and blue algae(Microcystis aeruginosa)[J]. Gas-Wasserfach, Wasser-Abwasser, 117: 410-413.

Bringmann G, Kuhn R. 1978. Limiting values for the noxious effects of water pollutant material to blue algae(Microcystis aeruginosa)and green algae(Scenedesmus quadricauda)in cell propagation inhibition tests[J]. Vom Wasser, 50: 45-60.

Brown V, Shurben D, Miller W, et al. 1994. Cadmium toxicity to rainbow trout Oncorhynchus mykiss Walbaum and brown trout Salmo trutta L over extended exposure periods[J]. Ecotoxicology and Environmental Safety, 29: 38-46.

Busch W N. 1983. Decline of mercury in young fishes from western Lake Erie between 1970-71 and 1974[J]. Prog Fish-Cult, 45: 202-206.

Call D J, Brooke L T, Ahmad N, et al. 1983. Toxicity and metabolism studies with EPA priority pollutants and related chemicals in freshwater organisms[R]. PB83-263665, National Technical Information Service, Springfield Virginia.

Canadian Council of Ministers of the Environment. 1999. Protocol for the derivation of water quality guidelines for the projection of aquatic life[R].

Canton H, Adema D M H. 1978. Reproducibility of short-term and reproduction toxicity experiments with Daphnia magna and comparison of the sensitivity of Daphnia magna with Daphnia pulex and Daphnia cucullata in short-term experiments[J]. Hydrobiologia, 59: 135-140.

Carroll J J, Ellis S J, Oliver W S. 1979. Influences of hardness constituents on the acute toxicity of cadmium to brook trout(Salvelinus fontinalis)[J]. Bulletin of Environmental Contamination and Toxicology, 22:

575-581.

Chapman G A. 1975. Toxicity of copper, cadmium and zinc to Pacific Northwest salmonids[R]. Corvallis: USEPA.

Chapman G A. 1978. Toxicities of cadmium, copper, and zinc to four juvenile stages of chinook salmon and steelhead[J]. Transactions of the American Fisheries Society, 107: 841-847.

Chapman G A, Ota S, Recht F. 1980. Effects of water hardness on the toxicity of metals to Daphnia magna[R]. Corvallis: USEPA.

Chapman P M, Farrell M A, Brinkhurst R O. 1982. Relative tolerances of selected aquatic oligochaetes to individual pollutants and environmental factors[J]. Aquatic Toxicology, 2: 47-67.

Clemens H P, Sneed K E. 1958. Effect of temperature and physiological condition on tolerance of channel catfish to pyridylmercuric acetate(PMA)[J]. Prog Fish-Cult, 20: 147-150.

Conway H L. 1978. Sorption of arsenic and cadmium and their effects on growth, micronutrienc utilization, and photosynthetic pigment composition of Asrerionella formosa[J]. Journal of the Fisheries Research Board of Canada, 35: 286-294.

Cusimano R F, Brakke D F, Chapman G A. 1986. Effects of pH on the toxicities of cadmium, copper and zinc to steelhead trout(Salmo gairdneri)[J]. Canada Journal of Fisheries and Aquatic Science, 43: 1497-1503.

Czuba M, Mortimer D C. 1980. Stability of methylmecury and inorganic mercury in aquatic plants(Elodea densa)[J]. Canada Journal of Biochemistry, 58: 316-320.

Davies P H. 1976. Use of dialysis tubing in defining the toxic fractions of heavy metals in natural water[M]. In: Andrew R W. Toxicity to Biota of Metal Forms in Natural Water. Windsor, Ontario: International Joint Commission: 110.

de Bruijin J H M, Jager D T, Kalf D F, et al. 2001. Guidance document on deriving environmental risk limits. National Institute of Public Health and Environment(RIVM)[R]. .

de Freitas A S W, et al. 1974. Origins and fate of mercury compounds in fish[M]. In: Proceedings of the International Conference on Transport of Persistent Chemicals in Aquatic Ecosystem. Ottawa: Part III. National Research Council of Canada: 31.

de Freitas A S W, Hart J S. 1975. Effect of body weight on uptake of methylmercury by fish[M]// Barabas S. Water Quality Parameters. ASTMSTP 573. Philiadelphia, Pennaylvania: American Society for Testing and Materials: 356.

de Nicola M, Cardellieehio N, Gambardella C, et al. 1993. Effects of cadmium on survival, bioaccumulation, histopathlogy, and PGM polymorphism in the marine isopod Idotea baltica[M]. //Dallinger R, Rainbow P S. Ecotoxicology of Metals in Invertebrates, Special SETAC Publication. Boca Raton, FL: CRC Press.

Dillon F S, Mebane C A. 1995. Application of site-specific water quality criteria developed in headwater reaches to downstream waters ［Z］. Idaho Department of Environmental Quality N, Hilton, Boise, ID.

Eaton J G, McKim J M, Holcombe G W. 1978. Metal toxicity to embryos and larvae of seven freshwater fish species-I. cadmium[J]. Bulletin of Environmental Contamination and Toxicology, 19: 95-103.

Finlayson B J, Verrue K M. 1982. Toxicities of copper, zinc, and cadmium mixtures to juvenile chinook salmon[J]. Transactions of the American Fisheries Society, 111: 645-650.

Fromm P O. 1977. Toxic effect of water soluble pollutants on freshwater fish[R]. Springfield: National Technical Information Service.

Gaikwad S A. 1989. Effects of mixture and three individual heavy metals on susceptibility of three freshwater fishes[J]. Pollution Research, 8(1): 33-35.

Gentile J H, Gentile S M, Hairston N G, et al. 1982. The use of life-tables for evaluating the chronic toxicity of pollutants to Mysidopsis bahia[J]. Hydrobiologia, 93: 179-187.

Giesy J P, Leversee G J, Williams D R. 1977. Effects of naturally occurring aquatic organic fractions on cadmium toxicity to Simocephalus serrulatus(Daphnidae)and Gambusia affinis(Poeciliidae)[J]. Water Research, 11: 1013-1020.

Gipps J F, Biro P. 1978. The use of Chlorella vulgaris in a simple demonstration of heavy mecal toxicity[J]. Journal of Biological Education, 12: 207-214.

Haines T A. 1981. Acidic precipitation and its consequences for aquatic ecosystems[J]. Transactions of the American Fisheries Society, 110: 669-707.

Hale J G. 1977. Toxicity of metal mining wastes[J]. Bulletin of Environmental Contamination and Toxicology, 17: 66-73.

Heit M, Fingerman M. 1977. The influences of size, sex and temperature on the toxicity of mercury to two species of crayfishes[J]. Bulletin of Environmental Contamination and Toxicology, 18: 572-580.

Heit M. 1981. Letter to Mccormick J H [R]. Duluth: USEPA.

Hirota R, Asada J, Tajima S, et al. 1983. Accumulation of mercury by the marine copepod Acartia clausi[J]. Bulletin of the Japanese Society of Fisheries Oceanography, 49: 1249-1251.

Holcombe G W, Phipps G L, Marier J W. 1984. Methods for conducting snail(Aplexa hypnorum)embryo through adult exposures: Effects of cadmium and reduced pH levels[J]. Archives of Environmental Contamination and Toxicology, 13: 627-634.

Huckabee J W, Janzen S A, Blaylock B G, et al. 1978. Methylated mercury in brook trout(Salvelinus fontinalis): Absence of an in vitro methylating process[J]. Transactions of the American Fisheries Society, 107: 848-852.

Hughes J S. 1973. Acute toxicity of thirty chemicals to striped bass(Morone saxatilis)[R]. Salt Lake City: Western Assoc State Game Fish Comm.

Ingersoll C G, Kemble N. 2000. Unpublished. Methods development for long-term sediment toxicity tests with the amphipod Hyalella azteca and the midge Chironomus tentans.

Jarvenpaa T, Tillander M, Miettinen J K. 1970. Methymercury: Half-time of elimination in flounder, pike and eel[J]. Suom Kemistil, B43: 439-442.

Jernelov A. 1968. Laboratory experiments on the change of mercury compounds from one into another[J]. Vatten, 24: 360-362.

Joshi A G, Rege M S. 1980. Acute toxicity of some pesticides and a few inorganic salts to the mosquito fish: Gambusia affinis(Baird and Girard)[J]. Indian Journal of Experiment Biology, 18: 435-437.

Larson D W. 1976. Enhancement of methylmercury uptake in fish by lake temperature, pH, and dissolved oxygen gradients: Hypothesis[J]. Northwest Science, 51: 131-137.

Lei B L, Huang S B, Qiao M, et al. 2008. Prediction of the environmental fate and aquatic ecological impact of nitrobenzene in the Songhua River using the modified AQUATOX model[J]. Journal of Environmental Sciences, 20: 769-777.

Lepper P. 2004. Manual of the methodological framework used to derive quality standards for priority substances of the water framework directive[R]. Fraunhofer Institute Molecular Biology and Applied Ecology.

Lock R A C, van Overbeeke A P. 1981. Effects of mercuric chloride and methylmercuric chloride on mucus secretion in rainbow trout, Salmo gairdneri Richardson[J]. Comparative Biochemistry and Physiology, 69C: 67-73.

Lussier S M, Gentile J H, Walker J. 1985. Acute and chronic effects of heavy metals and cyanide on Mysidopsis bahia(Crustacea: Mysidacea)[R]. Narragansett: USEPA.

Macleod J C, Pessah E. 1973. Temperature effects on mercury stress in the plankton community of lake 382, Experimental Lakes Area, northwestern Ontario[J]. Canadian Journal of Fisheries and Aquatic Science, 53: 395-407.

Matida Y, Kumada H, Kimura S, et al. 1971. Toxicity of mercury compounds to aquatic organisms and accumulation of the compounds by the organisms[J]. Bulletin of the Freshwater Fish Reserach Laboratory, 21: 197-227.

Mckim J X, Olson G F, Holcombe G W, et al. 1976. Long-term effects of methylmercuric chloride on three generations of brook trout(Salvelinus fontinalis): Toxicity, accumulation, distribution and elimination[J]. Journal of the Fisheries Research Board of Canada, 33: 2726-2239.

Nakano Y, Abe K, Toda S. 1980. Morphological observation on Euglena gracilis grown in zinc-sufficient media containing cadmium ions[J]. Agriculture Biology and Chemistry, 44: 2305.

Natio W, Miyamoto K I, Nakanishi J, et al. 2003. Evaluation of an ecosystem model in ecological risk assessment of chemical[J]. Chemosphere, 53: 363-375.

Niimi A J, Lowe-Jinde L. 1984. Differential blood cell ratios of rainbow trout(Salmo gairdneri)exposed to methylmercury and chlorobenzenes[J]. Archives of Environmental Contamination and Toxicology, 13: 303-311.

Olson G F, Mount D A, Snarski V M. 1975. Mercury residues in fathead minnows, Pimephales promelas Rafinesque, chronically exposed to methylmercury in water[J]. Bulletin of Environmental Contamination and Toxicology, 14: 129-134.

Palawski D, Hunn J B, Dwyer F J. 1985. Sensitivity of young striped bass to organic and inorganic contaminants in fresh and saline water[J]. Transactions of the American Fisheries Society, 114: 748-753.

Phipps G L, Holcombe G W. 1985. A method for aquatic multiple species toxicant testing: Acute toxicity of 10 chemicals to 5 vertebrates and 2 invertebrates[J]. Environmental Pollution(Series A), 38: 141-157.

Rai L C. 1979. Mercuric chloride effect on Chlorella[J]. Phykos, 18: 105-109.

Rai L C, Gaur J P, Kumar H P. 1981. Protective effects of certain environmental factors on the toxicity of zinc, mercury, and methylmercury to Chlorella vulgaris[J]. Environmental Research, 25: 250-259.

Rehwoldt R, Lasko L, Shaw C, et al. 1973. The acute toxicity of some heavy metal ions toward benthic organisms[J]. Bulletin of Environmental Contamination and Toxicology, 10: 291-294.

Reinert R E, Stone L J, Willford W A. 1974. Effect of temperature on accumulation of methyl-mercuric chloride and p, p'DDT by rainbow trout(Salmo gairdneri)[J]. Journal of the Fisheries Research Board of Canada, 31: 1649-1652.

Ribeyre F, Soudou A. 1982. Study of the dynamics of the accumulation of two mercury compounds -HgCl$_2$ and CH$_3$HgCl- by Chlorella vulgaris: Effect of temperature and pH factor of the environment[J].

International Journal of Environmental Studies, 20: 35-40.

Rodgers D W, Beamish F W H. 1981. Uptake of waterborns methylmercury by rainbow trout(Salmo gairdmeri)in relation to oxygen consumption and methylmercury concentration[J]. Canadian Journal of Fisheries and Aquatic Science, 38: 1309-1315.

Rosko J J, Rachlin J W. 1977. The effect of cadmium, Copper, mercury, zinc and lead on cell division, growth, and chlorophyll a content of the chlorophyte Chlorella vulgaris[J]. Bulletin of the Torrey Botanical Club, 104: 226-233.

Rudd J W M, Furutani A, Turner M A. 1980. Mercury methylation by fish intestinal contents[J]. Applied and Environmetal Microbiology, 40: 777-782.

Ruohcula M, Hieccinen J K. 1975. Retention and excretion of 203Hg labelled methylmercury in rainbow trout[J]. Oikos, 26: 385-390.

Sangalang G B, Freeman H C. 1979. Tissue uptake of cadmium in brook trout during chronic sublethal exposure[J]. Archives of Environmental Contamination and Toxicology, 8: 77-84.

Slooff W, Canton J H, Hermens J L M. 1983. Comparison of the susceptibility of 22 freshwater species to 15 chemical compounds. I. sub-acute toxicity tests[J]. Aquatic Toxicology, 4: 113-128.

Snarski V M, Olson G F. 1982. Chronic toxicity and bioaccumulation of mercuric in the fathead minnow(Pimephale promelas)[J]. Aqiatic Toxicology, 2: 143-156.

Stanley R A. 1974. Toxicity of heavy metals and salts to Eurasian water-milfoil(Myriophyllum spicatum L)[J]. Archives of Environmental Contamination and Toxicology, 2: 331-341.

Spehar R L, Carlson A R. 1984a. Derivation of site-specific water quality criteria for cadmium and the St. Louis River Basin, Duluth, Xinnesoca[R]. Springfield, Virginia: National Technical Information Service.

Spehar R L, Carlson A R. 1984b. Derivation of site-specific water quality criteria for cadmium and the SC. Louis River Basin, Duluth, Xinnesoca [J]. Environmental Toxicology and Chemistry, 3: 651.

Stratus Consulting. 1999. Sensitivity of bull trout(Salvelinus confluentus)to cadmium and zinc in water characteristic of the Coeur D'Alene River Basin: Acute toxicity report[R]. Final Report to U. S. EPA Region X: 55.

Stuhlbacher A, Bradley M C, Naylor C, et al. 1993. Variation in the development of cadmium resistance in Daphnia magna Straus; effect of temperature, nutrition, age and genotype [J]. Environmental Pollution, 80(2): 153-158.

Suresh A, Sivaramakrishna B, Radhakrishnaiah K. 1993. Effect of lethal and sublethal concentrations of cadmium on energetics in the gills of fry and fingerlings of Cyprinus carpio[J]. Bulletin of Environmental Contamination and Toxicology, 51: 920-926.

Tessier L, Vaillancourt G, Pazdernik L. 1994. Temperature effects on cadmium and mercury kinetics in freshwater molluscs under laboratory conditions[J]. Archives of Environmental Contamination and Toxicology, 26: 179-184.

Tomas D L, Montes J G. 1978. Spectrophotometrically assayed inhibitory effects of mercuric compounds on Anabaena flos-aquae and Anacystis nidulans(Cyanophyceae)[J]. Journal of Phycology, 14: 494-499.

USEPA. 1980. Ambient water quality criteria(series)[R]. Washington DC: Office of Water Regulations and standards.

USEPA. 1983. Guideline for deriving numerical national water quality criteria for the protection of aquatic organism and their uses [R]. Washington DC: Office of Research and Development.

USEPA. 1984. Ambient water quality criteria for mercury[R]. Washington DC: Office of Water and Standards, Criteria and Standards Division.

USEPA. 1985. Guidelines for deriving numerical national water quality criteria for the protection of aquatic organisms and their uses[R]. Washington DC: Office of Research and Development.

USEPA. 1986. Qaulity criteria for water [R]. Washington DC: Office of Water and Hazardous Materials.

USEPA. 1997. Guiding principles for monte carlo analysis[R]. Washington DC: US Environmental Protection Agency.

USEPA. 2001. Ambient water quality criteria for cadmium[R]. Washington DC: Office of Water and Standards, Criteria and Standards Division.

US Food and Drug Administration. 1984. Action level for methyl-mercury in fish[R]. Federal Register 49: 45663, November 19.

van Straalen N M, Denneman C A J. 1989. Ecotoxicological evaluation of soil quality criteria[J]. Ecotoxicology and Environmental Safety, 18: 269-276.

Warnick S L, Bell H L. 1969. The acute toxicity of some heavy metals to different species of aquatic insects[J]. Journal of the Water Pollution Control Federation, 41: 280-284.

Wier C F, Walter W H. 1976. Toxicity of cadmium in the freshwater snail, Physa gyrina[J]. Journal of Environmental Quality, 5: 359-362.

Williams K A, Green D W J, Pascoe D. 1985. Studies on the acute toxicity of pollutants to freshwater macroinvertebrates: Cadmium[J]. Archiv Fur Hydrobiologie, 102(4): 461-471.

Yin D Q, Hu S Q, Jin H J, et al. 2003a. Deriving freshwater quality criteria for 2, 4, 6-trichlorophenol for protection of aquatic life in china[J]. Chemoshphere, 52: 67-73.

Yin D Q, Jin H J, Yu L W, et al. 2003b. Deriving freshwater quality criteria for 2, 4, -Dichlorophenol for protection of aquatic life in china[J]. Chemoshphere, 122: 217-222.

第4章 人体健康水质基准推导的理论与方法

美国对水质基准的研究开展较早，目前已经发布了包括保护人体健康、保护水生生物及其使用功能的水质基准、防止水体富营养化的营养物基准以及其他的相关基准等。从其研究历史看出，美国水质基准的研究比较详尽，美国环境保护署已发布了保护人体健康水质基准推导的方法指南，与此同时美国水质基准也表现了较强的科学时效性，基准各项参数都与各学科的发展基本同步，而且不断更新。相比之下，我国对水质基准的研究还较少，更没有保护人体健康水质基准推导的原理和方法导则。本章在整理发达国家技术导则基础上，结合近十年该领域的最近进展及存在的问题，讨论目前我国保护人体健康基准推导的新理论与方法，并结合案例分析介绍人体健康基准的推导过程。

4.1 引　　言

人体健康水质基准是描述环境水体浓度的若干数值，而这些水体浓度可以保护人体健康防止其受到环境水体中污染物造成的有害影响（USEPA，2003）。由定义可看出水质基准只是说明当某一物质或因素不超过一定的浓度或水平时，可以保护生物群落或某种特定用途。水质基准是自然科学的研究范畴，是完全基于科学实验的客观记录和科学推论而获得的，与任何社会、经济和政治因素无关，不具有法律效力，但它能为环境保护部门制定水质标准、评价水质和进行水质管理提供重要的科学依据。

基准污染物包括水质参数、营养物质，以及人为和自然化学物质（金属和有毒有害有机物）等，可分为优控污染物、非优控污染物及感官效应基准。水质基准值是在考虑多个参数的基础上获得的。以保护人体健康为目的水质基准针对不同污染物选择不同的基准推导方法。根据污染物的毒理效应，如急性毒性、慢性毒性、生物累积和持久性等，可将污染物分为致癌物质、非致癌物质与感官质量物质。

致癌和非致癌效应的基准是在设定基本人体暴露假设值的基础上，通过采用风险评估程序进行估算的，包括动物毒性外推或人体流行病学研究。由于致癌和非致癌毒性终点不同，用于推导保护人体健康基准的理论和过程也有所差异。当使用致癌效应作为临界终点时（假设终点无极限），水质基准是以一组与特定增量生命期风险水平相关的浓度表示的。当以有极限的非致癌效应作为临界终点时，水质基准反映的是"非效应"水平评价。

美国水质基准推导于 2000 年形成了基本的理论与方法。经过多年的发展，最新保护人体健康的水质基准推导方法考虑了三个基本内容：风险评价、暴露评价和生物富集评价。最终的水质基准值是在考虑了多种参数之后推导得出的数值。基准表达形式分为数值型和叙述型两类。数值型基准大部分以水体中污染物浓度表示，个别以生物组织浓度表示（如甲基汞）；而对于某些无法给出具体数值的污染物，就只能采用叙述型基准（如水体的硬度和浊度等）。

保护人体健康基准的主要目的是将通过饮用水摄取和食用水生鱼类造成的污染物长期（终身）暴露对人体产生的有害作用最小化。根据动物和人体毒理学数据，研究和推导化学品的水质基准，对于控制进入水环境化学品的质、量和时空分布，维持良好的生态环境，保护生物多样性及整个生态系统的结构和功能具有重要意义。而且只有在水质基准研究基础上，才能有效地评价不同化学物质对环境和人类健康的危险性和管理化学物质的生产、使用和排放，并最终为污染物的控制排放提供依据。

4.2　人体健康水质基准推导的理论与方法概述

人体健康基准值的推导，主要从毒理学、暴露评价及生物累积评价三方面进行综合评价。对于可疑的或已证实的致癌物，水质基准是指暴露于特定污染物时可能增加 10^{-6} 个体终身致癌风险的水体浓度，而不考虑其他特定来源暴露引起的额外终身致癌风险。对于非致癌物，估算不对人体健康产生有害影响的水体浓度。

水质基准须总结分析有关暴露途径的资料，暴露途径包括：直接从水中摄取；通过消费水生生物间接摄食；其他来源，如吸入和皮肤接触等。大多数人体健康基准仅依据以下假设值推导：暴露仅来自饮用水和水体中鱼贝类的摄入。对于绝大多数污染物，由于缺乏数据，其他多种暴露途径如经空气、皮肤的暴露未在基准推导时考虑。那些基于非线性低剂量外推法制定致癌和非致癌物的水质基准时，通常要考虑全部的非职业暴露源和途径，此时要运用相对源贡献法来确保个体总暴露不超过该污染物的阈值水平。两种暴露途径的相对贡献随污染物生物富集的潜能而变化。当化学物具有生物放大作用时，食用水生生物的暴露途径则成为主要暴露源。

人体健康水质基准强调不同致癌物质引发毒性效应的作用模式，人体健康水质基准成为危害评价的基础，为剂量-效应评价提供了基本原理。开展毒性效应分析首先要开展有关污染物的急性、亚急性和慢性毒性、发育、生殖及神经方面等的毒性实验，以及收集致癌、致畸、致突变性的资料。考虑实验的质量、数量和权重确定需重点考虑的毒性效应。只有在大量毒理实验表明存在毒性效应，并且存在剂量-效应关系时才能获得人体健康基准。

确定人体健康水质基准还需设定以下基本参数：接受暴露受体的默认体重值；淡水和近海鱼、贝类的平均日消费量；平均每天饮水量。根据这些设定值推导的基准能保护大多数经受平均暴露条件的成年人。如果证实相关信息的条件改变（如暴露途径、持续期、作用模式和暴露水平），可以确定特定区域水质基准。

基准推导过程需审查上述所有资料，制定基准的原则及计算基准值的推导方法。基于不同的污染物性质确定基准的方法不同，推导出的基准值的意义和用途也不同。对于致癌物和非致癌物采用不同的计算方法。以下对不同类型污染物基准值的推导方法与过程分别予以论述。

4.2.1　致癌物

致癌物的致癌反应不存在阈值，也就是说，无法确定致癌物质的某一个"安全值"

或"阈值"。因为即使是极少量的化学物质也会产生一定的毒性反应。因此，确定致癌物基准必须先确定一个可接受的致癌风险（如 10^{-6}），该风险水平可以反映普通人群的适当风险。致癌物根据致癌增量和选定的致癌风险水平，并在设定默认的人体重值（70kg）、每日消费鱼量（17.5g/d）及人均每天饮水量（2L）等基本参数条件下，再根据各污染物的相对源贡献及生物累积因子推导人体健康水质基准。

4.2.1.1　致癌物推导公式的选择

对于致癌物推导公式的选择，须研究其致癌过程（即作用模式），再确定选用什么模式。在致癌过程中，若无阈值剂量与癌症反应呈线性关系，且这个关系式具有充足的科学依据时，应选用致癌物的线性法来推导该物质的水质基准值。若致癌物在低剂量时的作用模式表现为非线性，应综合考虑致癌和非致癌效应。如果没有一种效应占主导地位，水质基准应由致癌和非致癌两个毒性终点来确定，把它们中的较低值作为基准值。

1. 线性法

若致癌物的作用模式呈线性剂量-效应关系，则由有效的动物数据推导低剂量致癌潜力因子。而转换系数作为污染物摄入率的函数来表示增量生命期风险，并结合暴露假设值以水环境浓度的形式来表达风险。一般提出 $10^{-6} \sim 10^{-4}$ 增量致癌风险（即一百万人中出现一例癌症病例至一万人中出现一例癌症病例的风险）的一系列污染物浓度。

致癌物的线性法水质基准计算式中包含了风险评价参数，如下所示：

$$\text{AWQC=RSD} \times \left[\frac{\text{BW}}{\text{DI} + \sum_{i=2}^{4} \left(\text{FI}_i \times \text{BAF}_i \right)} \right] \tag{4-1}$$

式中，AWQC 为水质基准（mg/L）；RSD 为特定风险剂量[mg/(kg·d)]；BW 为人体体重（kg）；DI 为饮用水摄入量（L/d）；FI_i 为营养级 i（i=2，3，4）上的鱼类摄入量（kg/d）；BAF_i 为营养级 i（i=2，3 和 4）的生物累积因子（L/kg）。

2. 非线性法

若没有致癌物的致癌线性证据但有足够证据支持非线性假设时，适宜采用默认非线性法并由非线性默认值来推导该物质的水质基准，以 LED_{10} 作为起始点，应用不确定因子得出合理的作用模式。致癌物的非线性法水质基准计算式中包含了毒理学、暴露评价与风险评价参数，如下所示：

$$\text{AWQC} = \frac{\text{POD}}{\text{UF}} \times \text{RSC} \times \left[\frac{\text{BW}}{\text{DI} + \sum_{i=2}^{4} \left(\text{FI}_i \times \text{BAF}_i \right)} \right] \tag{4-2}$$

式中，变量和式（4-1）中的相同，且 POD 为起始点[mg/（kg·d）]；UF 为不确定因子（无量纲）；RSC 为相对源贡献（百分数或扣除法）。

应注意由线性法和非线性法所得水质基准值的差异。首先，使用默认线性法所得基准值符合 $10^{-6} \sim 10^{-4}$ 范围估算出的增量生命期致癌风险水平。相反，使用非线性法所得基准不包括对特定致癌风险的描述。上面所提到的基准计算方法仅适用于饮用水源的水体。

以下对致癌物水质基准推导所涉及的相关参数进行详细论述。

4.2.1.2　起始点的确定

1. 相关概念

起始点为剂量-效应（D-R）曲线上标记低剂量外差的起点，即从观察数据中得到一值来表示决定暴露的最低浓度。可以是某一标记反应[基准反应值（BMR），5%～10%]与效应分布上限曲线的交点，或 NOAEL/LOAEL 的对应点。

有10%影响的剂量下限（LED_{10}）：与对照组相比，在 10%的被暴露者中产生有害影响所需要的某种化学物质剂量的 95%置信下限。

2. 基准剂量法起始点的确定

评价致癌物与非致癌物毒理学效应的第一步是确定起始点，目前一般推荐使用基准剂量法的曲线拟合来确定起始点。致癌线性默认值是指从 LED_{10} 一直到原点（零剂量、零附加风险）的直线外推法（图 4-1）。标准起始点为 LED_{10}。其详细步骤如下。

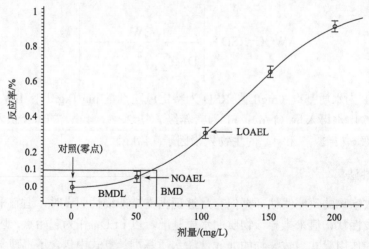

图 4-1　剂量-效应关系分析——基准剂量法（夏世钧等，2005）

（1）评估数据形态（点数据 vs. 连续数据）。

（2）计算各实验组的 NOAEL 与 LOAEL 的平均值与单尾 95%置信限效应分布的上限值。

（3）对各平均值及 95%置信上限点进行曲线拟合。

（4）设定基准反应值（一般为 10%，即 ED_{10}），其水平线与 95%置信上限曲线的交点，即起始点。

（5）起始点对应的剂量为 BMDL。

（6）考察所有实验条件与数据质量，决定不确定因子（UF）。

（7）若评估非致癌效应：RfD 或 RfC= BMDL/UF。

（8）若评估致癌效应：斜率系数 SF，即致癌潜力因子= BMR/BMDL。

3. NOAEL/LOAEL 法起始点的确定

致癌物非线性默认值起始点的确定，首先应确定起始点与水质基准有关暴露水平间的边缘模式。当暴露分析边缘符合非线性剂量-效应法时，不可见有害作用水平可以作为起始点。若从所有研究中都不能确定出适宜的不可见有害作用水平，那就使用临界效应终点的最低可见有害作用水平，同时使用一个从无可见到最低可见有害作用水平外推法中的不确定因子（图 4-2）。

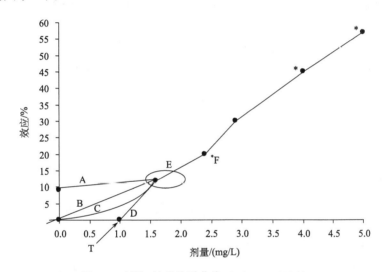

图 4-2 剂量-效应关系曲线（Klassen, 2001）

*F 代表 LOAEL；E 代表 NOAEL；T 代表阈值；曲线 A～D 代表不同低剂量下的外推剂量

4. 其他应遵循的原则

（1）在应用动物测定的数据时，有必要调整作用剂量值以诠释动物和人体间毒物代谢动力学的差异，这些差异将影响作用于靶器官的作用剂量和生物有效剂量之间的关系。

由动物数据估算出的 LED$_{10}$ 作为起始点时，通过种间剂量调整或毒物代谢运动学分析将其调整为人体等效剂量。人体等效剂量计算公式：

$$人体等效剂量=动物剂量×（动物体重/人体体重）^{1/4}$$

（2）如果观测到的反应低于 LED$_{10}$，那么应选择较低点会更好（如 5%置信限）。多数情况下人体研究会比动物研究更支持较低起始点，因其具有较大的样本容量。

4.2.1.3　特定风险剂量的确定

1. 相关概念

环境暴露关注污染物大于固有背景风险的剂量，用特定风险剂量（RSD）表示。

致癌潜力因子 m 或 q^{1*}，或称斜率系数，是剂量-效应关系评价中的重要参数。致癌潜力因子是指实验动物或人终生接触剂量为 1mg/（kg·d）致癌物时的终生超额危险度。

2. 推导过程

以致癌潜力因子函数表示的特定风险剂量的计算公式如下：

$$RSD = \frac{目标增量致癌风险}{m} \qquad\qquad (4\text{-}3)$$

式中，RSD 为特定风险剂量[mg/（kg·d）]；目标增量致癌风险为 $10^{-6} \sim 10^{-4}$ 范围内的值；m 为致癌潜力因子[mg/（kg·d）]$^{-1}$。

当致癌潜力因子以动物实验资料为依据时，其值为剂量-效应关系曲线斜率的 95% 置信限上限；根据人群流行病学调查资料为斜率的最大似然估计值，其计算公式如下：

$$致癌潜力因子\ m = \frac{0.10}{LED_{10}} \qquad\qquad (4\text{-}4)$$

4.2.1.4　相对源贡献的确定

1. 相关概念

饮用水途径占人体总摄入污染物的百分数称为相对源贡献（RSC）。

2. 相对源贡献的确定依据

水质基准的推导是为了保护大多数普通人群免受慢性有害健康效应的危害。而相对源贡献的目的是确保一个或多个基准所允许的化合物水平在与其他所关注人群共同的暴露源结合时，不会导致超过参考剂量（或起始点/不确定因子）的暴露，继而给予所关注人群足够的保护。

对于那些基于线性低剂量外推法并有适当毒性终点的致癌物质，在基准推导中只考虑了饮用水和鱼类摄入这两种水源暴露，没有明确地考虑非水源暴露。以线性低剂量外推法为基础的致癌物，水质基准是由水中物质导致的增量终身风险决定的，而不是由来自个体所有暴露的总风险确定的。

3. 致癌物与非致癌物相对源贡献的确定

当基于非线性低剂量外推法推导致癌物和非致癌的水质基准时，通常要考虑全部的非职业暴露源和途径。当使用相对源贡献方法推导基准时要考虑非水源暴露和途径。此时单纯使用参考剂量不能确保足够的保护，而相对源贡献政策能确保这一目标的实现。

不管使用什么分配途径，建议使用有关水、空气、土壤和不同食物间的生物有效性的差异来估算现有数据的总暴露，并用其来进行参考剂量或起始点/不确定因子的分配。这个方法的基本原理是确保个体总暴露不超过该污染物的阈值水平。在毒理学终点人体健康水质基准推导的过程中，可通过采用不同的方法表示非水源暴露途径。

1）扣除法

当某种特定化合物只有一种相关基准时，就可以考虑扣除法。在扣除法中，将其他暴露源（即除饮用水和鱼类暴露之外）从参考剂量（或起始点/不确定因子）中扣除。

扣除法所得基准值是扣除其他暴露源后水体中允许的最大化学物浓度。同样，它扣除了前基准水平（实际的"当前"水平）和参考剂量之间的缓冲成分。虽然它没有超过参考剂量的最高水平设置基准，但扣除法得出的特定媒介的污染物基准水平会处在一个相当高的水平，从而在某种程度上有悖于维护和恢复国家水质的目标。

2）百分数法

当化合物面临多介质基准问题时，推荐使用百分数法。通常由决定基准的暴露源来计算相对源贡献的总暴露百分数，并将其应用于参考剂量来确定"分配"给这个源的最大数值。百分数法不只是简单地取决于预期基准源中的污染物数量，其目的是反映健康方面的考虑事项、其他源的相对比例、多重暴露源中的每个水平不断变化的可能性（由于释放和排放源的不断变化）。

3）暴露决策树法

在非线性低剂量外推法评价致癌或非致癌物基准时推荐使用暴露决策树法，以排除非饮用水/非鱼类摄入暴露、吸入或皮肤暴露。暴露决策树避免了单独使用百分数法或扣除法的大部分缺点，且可灵活地对各种暴露源的参考剂量（或起始点/不确定因子）进行分配，当可获得足够数据时，可用它计算所关注人群的保护性暴露估算值。当其他暴露源或途径存在但数据不充分时，就更有必要确保达到公众健康保护，对此可以使用一系列的定性替代值（与不足数据或默认假设）来弥补数据的不足。尤其是当有效监测数据不充分时，决策树要用到化学物质的信息。其中包括该化合物的化学/物理性质、用途和环境行为与转化以及在各种介质中出现的可能性。

为充分保护关注人群，所有提议的限值均为参考剂量（或起始点/不确定因子）的20%～80%。执行 80%的上限是为了确保以健康为终点，充分保护那些由于某种暴露源造成总暴露比现有数据要高的个体。同时也可扩大未知暴露源的安全界定范围。20%的下限通常用来合理地防止一些正处于控制中的小部分暴露。也就是说，减少其他暴露源比制定总暴露中最低减量标准更为适用。如果未能预测被关注污染物的其他暴露源和暴露途径（基于其已知/预期用途以及化学/物理信息），建议采用 80%的上限。在信息不充分时通常仍然使用 20%的默认值，但应尽量减少其使用率。暴露决策树法的具体步骤见图 4-3。

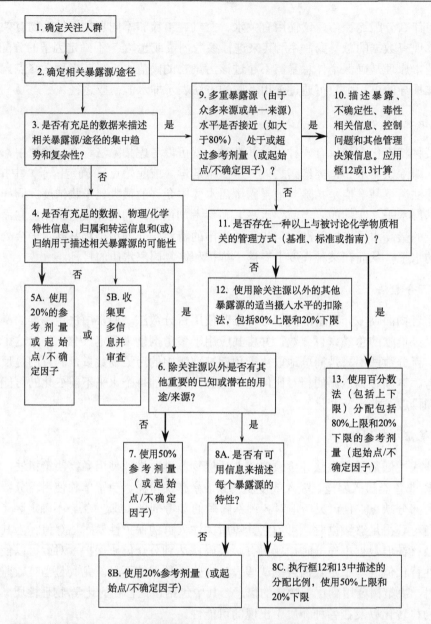

图 4-3　参考剂量（或起始点/不确定因子）分配比例的暴露决策树（USEPA, 2000）

4.2.1.5　生物累积因子的确定

1. 相关概念

生物累积：生物在其整个代谢活跃期内通过吸收、吸附、吞食等各种过程，从周围环境（如水、食物和沉积物）中蓄积某些元素或难分解的化合物，以致随生物的生长发育，浓缩系数不断增大的现象。生物累积程度也用浓缩系数表示。

生物富集：生物体仅通过水源途径从周围环境中蓄积某种元素或难分解的化合物，

从而使该物质浓度超过环境中浓度的现象。富集的程度可以用富集系数来表示。

辛醇-水分配系数（K_{ow}）：在辛醇-水系统中的两相平衡，辛醇相和水相中的物质浓度之比。辛醇-水分配系数的对数是以 10 为底的对数。

生物累积因子（BAF）：组织中化学物质浓度与水环境中化学物质浓度的比值（L/kg 组织），前提是生物体及其食物均处于暴露状态，且此比值在一定时间内不会发生显著变化。

2. 生物累积因子推导方法的选择

化合物的生物累积因子是推导水质基准所需的另一关键参数。式中的生物累积因子称为国家生物累积因子，它表示化合物在国民通常消费的水生生物可食用组织中长期的平均生物富集潜能。推导国家生物累积因子一般有 4 个步骤：首先，选择生物累积因子推导过程；其次，计算各自的基线生物累积因子；再次，选择最终的基线生物累积因子；最后，由最终的基线生物累积因子计算国家生物累积因子。针对化合物的不同类型一般有 6 套推导国家生物累积因子的程序，并依据化学物的类型和性质选择适宜的推导程序，具体如图 4-4 所示。

3. 生物累积因子各方法的优缺点

在生物累积因子的每个推导程序中分别提供了 2～4 种估算基线生物累积因子的方法，特定营养级生物累积因子可使用下面 4 种方法的一种或多种来推导：① 实地测定法（优先级最高）；② 生物相-沉积物累积因子（BSAF）法；③ 室内测定法；④ 化合物的辛醇-水分配系数（K_{ow}）法。不同方法的优缺点如表 4-1 所示。

表 4-1　不同生物累积因子推导方法的优缺点

生物累积因子推导方法	优点	缺点
实测生物累积因子	适用于所有类型化合物； 能够反映化合物的生物放大作用和生物代谢； 可反映化合物的生物有效性和饮食暴露	特定位点或化合物的高质量数据缺乏； 难以对水体中有代表性的化合物定量
实测 BSAF 推导生物累积因子	适用于难于在水体中分析的化合物； 适用于中、高疏水性化合物； 能够反映化合物的生物放大作用和生物代谢	只限于 $\log K_{ow} \geqslant 4$ 的非离子有机化合物； 特定位点或化合物的高质量数据缺乏
由室内测定的 BCF×FCM 推导生物累积因子	适用于所有类型化合物； BCF 可以反映受试生物体内的代谢过程； 大量的 BCF 数据库可用； 标准的测定方法	BCF 不能反映化合物在食物网中的生物放大作用，除非用食物链增殖因子（FCM）校正； 体现生物放大作用的辅助数据的高疏水性化合物（$\log K_{ow}>6$）数据缺乏
由 K_{ow}×FCM 推导生物累积因子	只需少量的输入数据	仅限于非离子有机化合物； 不能反映化合物的代谢过程； 精确性依赖于 K_{ow}

根据化合物的类型，化合物分为非离子有机化合物、离子有机化合物、无机物和有机金属化合物三大类型，并可以分别采用独立方法来推导生物累积因子。

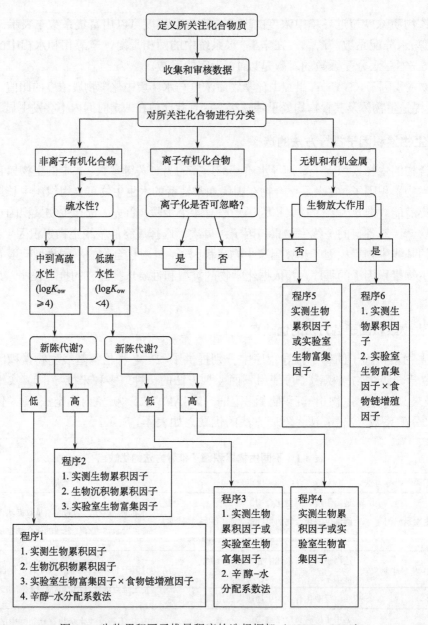

图 4-4 生物累积因子推导程序的选择框架（USEPA, 2000）

4.2.1.6 非离子有机化合物

非离子有机化合物是指在水体中不存在电离的有机化合物。文献中称这些化学物质为中性或非极性有机化合物。

1. 基线生物累积因子的计算

非离子有机化合物生物累积因子的推导比较复杂，首先，应选择最合适的推导程序。

对于非离子有机化合物，应根据其疏水性和新陈代谢的程度采用不同的程序推导生物累积因子。在选择生物累积因子推导程序时首先要依据辛醇-水分配系数初步确定该化学物质的生物放大作用以及正确评价非水源暴露的重要性。其次，确定目标生物体内化学物质的代谢率，因其影响化学物质在水生食物网中的生物累积程度。通过以上两个决策点的确定来选定生物累积因子的推导程序。每一程序中又根据数据的获取来选择不同的方法。

（1）当 $\log K_{ow} \geqslant 4$，目标化合物代谢率极低或代谢率没有确定时，采用程序 1 来推导生物累积因子。以下对程序 1 中的 4 种推导方法分别予以具体介绍

方法 1　由实测生物累积因子推导单独基线生物累积因子（优先级最高）

由现场采集的样品数据推导生物累积因子，是推导单个基线生物累积因子的最高优先级选择，适用于任何化合物基线 BAF 的推导。其具体计算公式如下：

$$基线 BAF = \left(\frac{实测 BAF_T^t}{f_{fd}} - 1 \right) \times \frac{1}{f_l} \tag{4-5}$$

式中，基线 BAF 为基于自由溶解和标准化脂质的生物累积因子；实测 BAF_T^t 为基于实测组织和水中的总浓度的生物累积因子；f_l 为脂质组织分数；f_{fd} 为自由溶解态分数。

其中，

① 实测生物累积因子的计算公式：

$$实测 BAF_T^t = \frac{C_t}{C_w} \tag{4-6}$$

式中，C_t 为特定湿组织中的化学物质浓度；C_w 为水体中化学物质浓度。

② 自由溶解态分数的计算公式为

$$f_{fd} = \frac{1}{1 + POC \times K_{ow} + DOC \times 0.08 \times K_{ow}} \tag{4-7}$$

式中，POC 为颗粒态有机碳浓度（kg/L）；DOC 为溶解态有机碳浓度（kg/L）；K_{ow} 为该物质的辛醇-水分配系数。

③ 脂质分数的计算公式为

$$f_l = \frac{M_l}{M_t} \tag{4-8}$$

式中，M_l 为特定组织中的脂质的量；M_t 为特定组织的质量（湿重）。

方法 2　由生物相-沉积物累积因子推导基线生物累积因子

此方法适用于可在鱼组织和沉积物中检测到，但在水体中难以精确测定的化合物（在生物体内新陈代谢的速率快）。符合条件的重要化学物质有多氯代二苯并二噁英、多氯二苯并呋喃和非邻位氯联苯等。

基线生物累积因子的计算：

$$(基线 BAF)_i = (BSAF)_i \frac{(D_{i/r})(\varPi_{scow})_r (K_{ow})_i}{(K_{ow})_r} \tag{4-9}$$

式中，$(基线 BAF)_i$ 为在自由溶解和标准化脂质基础上表达的化学物质 i 的生物累积因子；

$(\mathrm{BSAF})_i$ 为关注化学物质 i 的生物相-沉积物累积因子；$(\Pi_{\mathrm{socw}})_r$ 为参比化学物质 r 在沉积物中和水中自由溶解量之比；$(K_{\mathrm{ow}})_i$ 为关注化学物质 i 的辛醇-水分配系数；$(K_{\mathrm{ow}})_r$ 为参比化学物质 r 的辛醇-水分配系数；$D_{i/r}$ 为化学物质 i 和 r 间的 $\Pi_{\mathrm{socw}}/K_{\mathrm{ow}}$ 比率（通常选择 $D_{i/r}=1$）。

①实测生物沉积物累积因子的计算：

$$\mathrm{BSAF} = \frac{C_1}{C_{\mathrm{soc}}} \tag{4-10}$$

式中，C_1 为标准化脂质浓度；C_{soc} 为有机碳标准化浓度。

生物体内化学物质的标准化脂质浓度由式（4-11）确定：

$$C_1 = \frac{C_t}{f_1} \tag{4-11}$$

式中，C_t 为特定湿组织中的化学物质浓度（或完整生物体）（μg/g）；f_1 为组织中脂质分数。

沉积物中的标准化有机碳浓度的确定：

$$C_{\mathrm{soc}} = \frac{C_s}{f_{\mathrm{oc}}} \tag{4-12}$$

式中，C_s 为沉积物中的化学物质浓度（μg/g 沉淀物）；f_{oc} 为沉积物中的有机碳量。

② 参比化学物质 r 在沉积物和水中的分配系数 $(\Pi_{\mathrm{scow}})_r$ 的计算：

$$(\Pi_{\mathrm{scow}})_r = \frac{(C_{\mathrm{soc}})_r}{(C_{\mathrm{w}}^{\mathrm{fd}})_r} \tag{4-13}$$

式中，$(C_{\mathrm{soc}})_r$ 为经有机碳标准化的沉积物中参比化学物质的浓度；$(C_{\mathrm{w}}^{\mathrm{fd}})_r$ 为自由溶解在水中参比化学物质的浓度。

方法3　由测定生物富集因子和食物链增殖因子计算基线生物累积因子

此方法适用于生物新陈代谢能力低的高疏水性非离子有机化合物。室内测定的 BCF_T^t 必须和 FCM 共同使用，因考虑到该类化学物质的非水暴露途径和生物放大作用，须对所获得的 BCF_T^t 数据进行专业评价。其具体计算公式如下：

$$\text{基线 BAF} = \mathrm{FCM} \times \left(\frac{\text{实测 } \mathrm{BAF}_T^t}{f_{\mathrm{fd}}} - 1\right) \times \frac{1}{f_1} \tag{4-14}$$

式中，基线 BAF 为基于自由溶解和标准化脂质的生物累积因子；实测 BAF_T^t 为基于实测组织和水中总浓度的生物累积因子；f_1 为脂质分数；f_{fd} 为自由溶解态分数；FCM 为由相应营养级的线性外推法得出或由相应实测数据得出的食物链增殖因子。

①实验室测定生物富集因子的确定：

$$\text{实测 } \mathrm{BCF}_T^t = \frac{C_t}{C_{\mathrm{w}}} \tag{4-15}$$

式中，C_t 为特定湿组织中的化合物浓度；C_{w} 为实验室被测水体中的化学物质浓度。

②食物链增殖因子（FCM）的推导：

第一，非离子有机化合物可通过 Gobos 模型计算，该模型需要食物链结构（水生生物的脂质值参数）和目标水体的水质特征数据（如水温和沉积物有机碳含量）。

第二，无机离子化合物与有机金属化合物因没有适宜的模型，由实测数据推导。使用相应捕食者和被捕食生物体内非离子有机化学物质的标准化脂质浓度计算实地推导的FCM。具体计算公式为

$$FCM_{TL2} = BMF_{TL2} \tag{4-16}$$

$$FCM_{TL3} = （BMF_{TL3}）\times（BMF_{TL2}） \tag{4-17}$$

$$FCM_{TL4} = （BMF_{TL4}）\times（BMF_{TL3}）\times（BMF_{TL2}） \tag{4-18}$$

式中，FCM 为选定营养级（2、3 和 4）的食物链增殖因子；BMF 为选定营养级（2、3 和 4）的生物放大因子。生物放大因子（BMF）可依据下列公式由特定生物体中确定的组织残留浓度进行计算：

$$BMF_{TL2} = （C_{1,TL2}）/（C_{1,TL1}） \tag{4-19}$$

$$BMF_{TL3} = （C_{1,TL3}）/（C_{1,TL2}） \tag{4-20}$$

$$BMF_{TL4} = （C_{1,TL4}）/（C_{1,TL3}） \tag{4-21}$$

式中，C_1 为选定营养级（2、3 和 4）中的相应生物组织中的标准化脂质浓度。

方法 4　由辛醇-水分配系数和食物链增殖因子得出基线生物累积因子

该方法仅适用于新陈代谢可被忽略或代谢未知的高疏水性化学物质。该方法假定 K_{ow} 与基线 BCF 相等，因此不需要有机碳和油脂标准化程序。利用 K_{ow} 与食物链增殖因子（FCM）计算基线 BAF，每一营养级的基线 BAF 由式（4-22）决定：

$$基线 BAF = FCM \times K_{ow} \tag{4-22}$$

式中，基线 BAF 为在自由溶解和标准化脂质基础上表达的给定营养级的生物累积因了；FCM 为由线性外推法获得或来自现场数据的相应营养级食物链增殖因子（仅程序 1 适用）；K_{ow} 为辛醇-水分配系数。

人类所消费的水生生物（鱼类、贝类）属于不同营养级，因此通常要分别计算第 2、第 3 和第 4 营养级的基线 BAF。第 2～4 营养级的 FCM 值可利用 2000 年人体健康水质基准指南中提供的食物链乘数表，通过线性插值法分别求得，或通过程序 1 方法 3 中提供的公式求得。每一营养级的 FCM 分别与 K_{ow} 相乘，即得到各营养级的基线 BAF。

（2）当 $\log K_{ow} \geqslant 4$，目标化合物代谢率极高时，采用程序 2 来推导生物累积因子。

程序 2 没有用到食物链增殖因子及 K_{ow} 的生物富集假设值，其具体的计算步骤可参阅程序 1 的方法 1、方法 2 和方法 3 计算基线生物累积因子。

（3）当 $\log K_{ow} < 4$，目标化学物代谢率极低或代谢率没有确定时，采用程序 3 来推导生物累积因子。

程序 3 不使用食物链增殖因子，其具体的计算步骤可参阅程序 1 的方法 1、方法 2 和方法 4 计算基线生物累积因子。

（4）当 $\log K_{ow} < 4$，目标化合物代谢率极高时，采用程序 4 来推导生物累积因子。

程序 4 没有用到食物链增殖因子及 K_{ow} 的生物富集假设值，其具体的计算步骤可参阅程序 1 的方法 1 和方法 3 计算基线生物累积因子。

2. 国家生物累积因子的推导

基线生物累积因子不能直接用来确定人体健康水质基准，因为它们未能反映出国家水质基准特定保护区域目标水生生物的油脂含量和化学物质在水中的自由溶解度。由基线生物累积因子计算国家生物累积因子，还需考虑另外两个步骤。首先，考虑到化合物在食物链中生物累积潜能以及营养级间生理差异的影响，还应推导出每个独立营养级的生物累积因子。下一步就是为各营养级选择最终基线生物累积因子，使用特定保护区域被消费水生生物的油脂百分数和水中化学物质的自由溶解度信息计算各营养级的国家生物累积因子。其旨在描述污染物在特定营养级（即第 2、第 3 和第 4 营养级）被普遍食用的水生生物体内的生物累积能力。用尽可能多的推导方法计算各自的基线生物累积因子，并权衡不同计算方法的不确定性和数据优先等级得到各自的生物累积因子，选择最终基线生物累积因子，进而利用式（4-23）推导出不同营养级的国家生物累积因子：

$$国家 BAF_{TL,n} = [(最终基线BAF)_{TL,n} \times (f_l)_{TL,n} + 1] \times f_{fd} \quad (4\text{-}23)$$

式中，$(最终基线 BAF)_{TL,n}$ 为在自由溶解和标准化脂质的基础上表达的第 n 营养级的最终营养级–平均值基线生物累积因子；$(f_l)_{TL,n}$ 为第 n 营养级中被消耗水生生物的脂质分数；f_{fd} 为自由溶解在水中的总化学物质分数。

从式（4-23）中可以看出，除要获得各营养级最终的基线生物累积因子外，还要考虑水域中各营养级食用水生物种的脂质分数 $(f_l)_{TL,n}$（$n=2,3,4$），即特定组织中的脂质质量所占的百分比例，其值通过实验获得。

式（4-23）中化合物的自由溶解态分数 f_{fd}，其值按式（4-24）计算：

$$f_{fd} = \frac{1}{1 + POC \times K_{ow} + DOC \times 0.08 \times K_{ow}} \quad (4\text{-}24)$$

式中，POC 为颗粒态有机碳浓度（kg/L）；DOC 为溶解态有机碳浓度（kg/L）；K_{ow} 为辛醇–水分配系数。

4.2.1.7 离子有机化合物

离子有机化合物：含有可交换阳离子官能团的化合物，如羟基、羧基、磺酸基以及容易结合像氨基和芳香杂环氮（嘧啶）基阳离子的官能团。离子有机化合物可以在水体中电离，且电离的程度取决于水体 pH 和该化合物的等电点。

对于离子有机化学物质，主要评价步骤是估算相对电离程度及评估它们对油脂和有机碳的分配行为。如果在表面水体典型的 pH 范围内发生的相对电离程度可以忽略，且该离子化学物质非电离形式的行为像非离子有机物，即油脂和有机碳分配控制着其行为，那么推导国家生物累积因子时该化学物质可以主要按非离子化学物质处理。如果化学物质的电离能力很大，或者非油脂和非有机碳机制控制着其行为，那么推导国家生物累积因子时按照与无机物和有机金属化学物质相同的方式处理该化学物质，具体如下。

（1）当酸碱度（pH）比电离常数低 2 个以上单位时，有机酸基本上以非离子形式存在。而对于有机碱，在酸碱度比电离常数高 2 个以上单位时，基本以非离子形式存在。

此时，化合物的水溶特性会与非离子有机化合物类似。因此，应采用程序 1～程序 4 推导生物累积因子。

（2）如果有机酸的酸碱度大于电离常数减 2（或有机碱小于电离常数加 2）时，总化学物质以离子形式存在的比例会相当大（离子态≥1%）。此时，应采用程序 5 和 6 推导生物累积因子。

4.2.1.8　无机和有机金属化合物

无机和有机金属化学物：这类物质包括无机矿物、其他无机化合物以及元素、金属（如铜、镉、铬和锌）、非金属（硒和砷）和有机金属化合物（如甲基汞、三丁基锡和四烷基铅）。

对于无机和有机金属化合物，评价的主要因素在于该类化合物在食物网中产生的生物放大潜能。通过测定其在水生生物体内的浓度，分析评价该类化合物的生物放大潜能在食物网暴露中的重要性和生物放大的经验数据，具体选择原则如下。

（1）如果确定无机和有机金属化学物不呈现或不太可能出现生物放大作用，且生物富集因子等于生物累积因子，那么实测生物累积因子和实验室测定的生物富集因子具有等效性。这类化合物（如铜、锌和铅等）应采用程序 5 来推导，其具体的计算步骤可参阅程序 1 的方法 1 和方法 3 计算。

（2）对于那些呈现生物放大作用或认为很可能发生生物放大作用的无机和有机金属化学物，应采用程序 6 来推导。此类化学物质在食物链中的生物放大作用通常不可忽略。例如，可获得的数据表明甲基汞在食物网中产生生物放大作用，是符合程序 6 的一个很好例子了。其具体的计算步骤可参阅程序 1 的方法 1 和方法 3。实测法是较优先选择的方法，其次是采用食物链增殖因子校正的实验室测定法。

4.2.2　非致癌物

非致癌物的毒性效应有阈值，即不超过阈值的污染物不会产生危害；非致癌物依据参考剂量，并在设定人体重值（70kg）、鱼摄入量（17.5g/d）、人均每天饮水量（2L/d）等基本参数值的条件下，再根据各个污染物的相对源贡献（饮水途径占人体总摄入污染物的比例）及生物累积因子推导出保护人体健康的基准。

非致癌有害效应利用一个极限浓度推导基准。推导的非致癌效应基准以参考剂量为基础。应尽可能使用人体数据，但参考剂量的值一般还是根据由动物研究得出的无明显不良影响剂量推导的。参考剂量由无明显不良影响剂量除以不确定因子计算得出，这个不确定因子是用来解释由有限的毒性数据外推到人体时所固有的不确定性。

非致癌物的环境水质基准计算公式中包含了毒理学和暴露评价参数，如式（4-25）所示：

$$AWQC = RfD \times RSC \times \left[\frac{BW}{DI + \sum_{i=2}^{4} (FI_i \times BAF_i)} \right] \tag{4-25}$$

式中，AWQC 为环境水质基准（mg/L）；RfD 为非致癌效应参考剂量[mg/（kg·d）]；RSC 为相对源贡献（%），即饮水暴露占总暴露之比；BW 为人体体重（kg）；DI 为饮用水摄入量（L/d）；FI_i 为营养级 i（$i=2, 3, 4$）上的鱼类摄入量（kg/d）；BAF_i 为营养级 i（$i=2, 3, 4$）的生物累积因子（L/kg）。

下面重点介绍获得参考剂量、相对源贡献和生物累积因子各相关参数的一般方法。

4.2.2.1　参考剂量的确定

1. 相关概念

参考剂量由美国环境保护署首先提出，用于非致癌物的风险评价。参考剂量在概念上类似于每日可接受摄入量，人群（包括敏感亚群）在终生接触该剂量水平化学物的条件下，一生中发生有害效应的危险度可低至不能检出的程度（10^{-6}）。

基准剂量（BMD）法：相对于对照组的反应（基准反应值 BMR）可引起预知变化水平的估计剂量。

BMD 的 95%置信限下限（BMDL）：BMD 统计学的置信下限。

不确定因子（UF）：应把由动物实验获得的 NOAEL 或 LOAEL 缩小一定倍数来校正误差，以确保安全。这一缩小的倍数为不确定系数，即安全系数（SF）。UF 又可分为标准化不确定因子和修正因子（MF）两部分。

2. 参考剂量的表示方式

在评价化学物质非致癌毒性风险性时最常用的指标是安全剂量。安全剂量有许多不同的名称，例如，目前国际上比较通用的参考剂量或参考浓度（Stara et al., 1983）、每日容许摄入量/浓度（Penninks, 1993）、容许摄入量（TI）（Stara et al., 1983）、每日可接受摄入量（ADI）（Lu and Sielken, 1991）和最小风险水平（MRL）（Pohl and Abadin, 1995）等。

其定义中含有"……一个估值（不确定性可能跨越一个数量级）……"这样的惯用语（USEPA, 1993）。传统上参考剂量用一个估计值表示，然而人群响应具有可变性以及很少能有足够的数据来确定人体的终身阈值，因此将参考剂量表示成一个范围可能更合适。大多数的参考剂量都采用跨越 1 个数量级范围表示方法，如范围为 $0.3x \sim 3x$（x 为参考剂量的点估计值），或范围为 $x \sim 10x$ 等（周忻等, 2005）。

3. 所需的毒性实验

非致癌物水质基准推导的关键是确定参考剂量，通常认为获得一个置信度较高的参考剂量所需的毒性数据资料要包括：① 2 项经充分研究的哺乳类动物慢性毒性实验（其中之一必须是啮齿类动物）；② 1 项经充分研究的有合适给药途径的哺乳类动物多代繁殖毒性实验；③ 2 项经充分研究的哺乳类动物发育毒性实验（不同物种用同一合适途径给药）（周忻等, 2005）。有了这样完整的毒理学实验，其他毒性实验数据改变参考剂量值的可能性很小。确定参考剂量的传统方法是 NOAEL/LOAEL 法。

4. 运用 NOAEL/LOAEL 法确定参考剂量

用从临界效应获得最合适的 NOAEL 来推导参考剂量。如果没有合理的 NOAEL 值,可用 LOAEL 值估计参考剂量。推导公式为

$$RfD = \frac{NOAEL(或 LOAEL)}{UF \times MF} \tag{4-26}$$

式中, RfD 为参考剂量[mg/（kg·d）]; NOAEL 为不可见有害作用水平[mg/（kg·d）]; LOAEL 为最低可见有害作用水平[mg/（kg·d）]; UF 和 MF 分别为不确定因子和修正因子, 均为无量纲。

（1）不确定因子的选择。用不确定因子降低剂量是因为在大多数毒性数据中存在固有的科学不确定性, 如个体间敏感性（种内差异）、实验动物外推到人（种间差异）、亚慢性毒性外推慢性毒性（非终身暴露差异）、最低可见有害作用水平外推不可见有害作用水平（非不可见有害作用水平差异）, 以及数据库资料的不完整性等。每项不确定因子可取 1、3 或 10, 默认值为 10。

（2）修正因子的选择。修正因子表示没有明确包括在不确定因子中的其他不确定性, 如被试物种的数目等。修正因子的取值大于 0, 且小于或等于 10, 默认值为 1。每个不确定因子和修正因子的确定都要经过专业的判断, 且不确定因子和修正因子的总乘积不超过 3000。

（3）方法的局限性。根据 NOAEL/LOAEL 计算参考剂量这种方法本身存在着一些不可克服的缺陷, 例如, 它们本身就是实验中的剂量或浓度之一, 结果受限于实验剂量的选择; 过多依赖于实验剂量的数量、间距及样本量的大小; 数据特征仅代表一个点, 经常需要外推获得数值; 不同实验结果之间进行比较时需增加考虑可比性的问题; 从研究剂量中确定出 NOAEL 或 LOAEL, 但却不能从这些结果中确定出"真正的"效应阈值; 研究规模和剂量间距的局限性也会限制描述可观测的不可见有害作用水平和最低可见有害水平值之间的暴露预期反应本质的可能性等（杨永滨等, 2006; Swartout et al., 1998; Renwick and Lazarus, 1998; Barnes et al., 1995; Renwick, 1993; Hertzberg, 1989; Kimmel and Gaylor, 1988; Dourson et al., 1985; Crump, 1984）。

5. 运用统计方法推导参考剂量

基于 NOAEL/LOAEL 法推导的参考剂量存在局限性,参考剂量还可用统计方法如基准剂量法、分类回归法来推导。与本底相比, 基准剂量是指相对于对照组的反应（基准反应值 BMR）可引起预知变化水平的估计剂量, 可根据实验数据利用 BMDS 软件计算。基准剂量的 95%置信下限可以用来替代无可见作用有害水平推导低剂量外推的起始点。基准剂量法主要应用于毒理学剂量–效应数据的数学模型, 可以供模拟定量、定性及巢式（如发育毒理学研究结果）等多种实验资料使用, 同时克服了 NOAEL/LOAEL 方法的许多缺陷。例如, ①基准剂量是依据剂量–效应关系曲线的所有数据计算获得的, 非仅仅依据一个点值, 因此可靠性与准确性大为提高; ②使用剂量的下限值作为起始点值, 受样本量的影响较小; ③在计算安全剂量的起始点值时不局限于实验剂量, 且基准剂量的计

算过程允许在只有最低有害作用水平存在的情况下进行等（Seed et al., 2005; Guth et al., 1997; Barnes et al., 1995; Kimmel and Gaylor, 1988; Crump, 1984）。

分类回归法与基准剂量法不同的是可将不同健康终点的信息融入单一的剂量-效应分析中。该法将健康效应有序划分为无影响、无不良影响、轻中度不良影响和显著影响。以位于显著影响范畴的累积概率为因变量，以暴露浓度、暴露周期和其他参数为自变量进行逻辑分析，所产生的数学方程可用来获得一个剂量，在该剂量下经历不利效应的概率不超过设定的水平（如 10%）。与无可见有害作用水平和基准剂量法一样，为了计算参考剂量，该剂量要用适当的不确定因子加以修正。

4.2.2.2　相对源贡献的确定

具体参照致癌物的相对源贡献的确定方法。

4.2.2.3　生物累积因子的确定

具体参照致癌物的生物累积因子的确定方法。

4.2.3　感官基准

感官特征用于某些污染物的基准推导，目的是控制其带给周围水体的不良气和（或）味。在某些情况下，基于感官影响的水质基准比基于毒理学终点的基准更为严格。2000 年人体健康水质基准指南（USEPA，2000）强调以感官终点推导的基准不以毒理学为基础，且与有害的人体健康效应没有直接关系。所以没有必要提出人体允许风险水平近似值。

在少数情况下，感官性质也可构成基准的数据基础。这种类型的基准不是一个直接影响人体健康的阈值，而是防止由于饮水或食用水生生物而产生不愉快的气或味的阈值浓度。感官基准与其他类型的基准在保护水体指定功能方面同样有效。在数据充分时，对确定了感官基准的污染物也可确定基于致癌性或毒性的基准。

在制定水质标准时，选择哪一项基准作为标准的科学依据取决于要保护的水体功能，例如，是作为饮用水源，还是渔业用水。在指定为多功能水体的情况下，应采用保护最敏感功能的基准。

4.3　讨　　论

本章前几节所涉及的是一些理论和方法，但可能也存在问题有待完善，需进一步研究。

4.3.1　不确定性的讨论

（1）毒性观测范围与环境暴露范围的比较。当描述风险评价时，重要的一点就是区分有害效应观测范围（由流行病学或动物研究得出）和污染物暴露（或预期人体暴露）的环境可观测范围。在很多情况下，应采用默认因子来解释用线性低剂量外推法制定参考剂量或致癌风险评价中的不确定性或不完整性，为其提供一定程度的保护。事实上，实际效应水平和环境暴露水平可能有数量级的差别，尤其是将基准限值和污染物环境水平对比时，应描述这种引发某种可观测反应的剂量和预期人体暴露之间的差异。

（2）首选数据连续体/默认值的使用。在毒理学和暴露评价中，应使用毒理学评估的首选数据连续体，即惯用的人体数据[例如，研究人体的化合物长期暴露，通常是职业和（或）居住暴露]以及许多暴露参数值的实测资料（例如，地方推导出来的鱼类消耗率和特定水体的生物累积率），延伸到惯用连续体的较低默认值。在该方法学中，国家应为所有风险评价参数提供默认值；但是重要的是当使用默认值时，最终的风险评价会比由人体/实测数据推导出来的风险评价不确定性要高，结果基准也可能不符合当地条件。使用默认值是假定一般条件，并不能满足实际群体中存在的特殊群体（如敏感亚群和高端消耗者）。如果选择默认值作为基准依据，那么其固有不确定性应公诸于风险管理者和公众。

4.3.2　相对源贡献的讨论

在水质基准的推导过程中运用相对源贡献参数以确保所关注人群的共同暴露源不会超过参考剂量（或起始点/不确定因子）。而目前美国环境保护署推荐的方法学（USEPA，2000）中有关相对源贡献的确定还存在一些问题，例如，对各暴露源的分配比例评估不是十分明确；对高质量及可用暴露数据的使用还很少；过度使用默认值 0.2 可能会造成对人体健康的过保护等。目前，美国环境保护署、世界卫生组织和加利福尼亚州对同一种化合物的相对源贡献分配比例也不相同（Howd et al., 2004），所以应加强相对源贡献基础原理的研究。随着不同学科的发展，相对源贡献在推导方法和数据补足等方面都会进一步完善，将更有助于环境风险评价工作的开展。

4.3.3　基准所需参数的讨论

在推导符合国情的水质基准时，所需的毒理学参数部分可采用与国外同样的数据，但是所需的暴露参数值应根据特定区域的特征进行调整。这些参数具体包括：人均每日消费鱼贝类的总量；不同营养级鱼贝类的消费量；不同营养级的代表性鱼种；鱼贝类的脂质分数；不同营养级代表性鱼种的生物累积因子；不同营养级的生物累积因子；食物链增殖因子；天然水体中颗粒有机碳（POC）的浓度；天然水体中溶解有机碳（DOC）的浓度；目标化合物在水体中自由溶解部分占其总量的分数；相关源贡献率；淡水水域典型 pH 的范围；成人平均体重及日饮水量等。

美国环境保护署在推导其本土水质基准时假定人体重为 70kg，鱼摄入量是 17.5g/d，每天饮水 2L。其默认的饮用水消耗率保护大部分消费者免受饮用水中污染物的危害，能够代表普通人群中大多数水消耗者。鱼摄入量推荐使用未经烹调的淡水/河口物种的重量摄入值。推荐使用的人体体重默认值可代表成年男女的平均体重。

4.3.4　推导生物累积因子时应考虑的因素

4.3.4.1　正确评估水生生物的生物放大作用

很多因素，如水生生物的生理差异，不同类型化合物在生物体内的吸收、分布、解毒代谢、存储和清除机制的不同，明显影响化合物的生物累积。由于金属在环境中归宿和转化的复杂性，考虑制定金属的评估方法，包括水生生物的金属生物放大作用。例如，汞在生物体内可转化成毒性更强的甲基汞，而甲基汞在体内代谢缓慢，可引起中毒。

4.3.4.2　水体中的溶解有机碳和颗粒有机碳

国家生物累积因子的计算需要全国水体中溶解有机碳和颗粒有机碳的平均值。颗粒有机碳和溶解有机碳的大小为 $0.1 \sim 1 \mu m$。溶解有机碳主要由碳水化合物、羧酸、氨基酸、碳氢化合物、亲水性酸、腐殖酸和富里酸组成。颗粒有机碳主要由一些大的腐殖酸、微生物、小的浮游生物、植物残留物和木质材料等组成（Suffet et al., 1994; Thurman, 1985）。溶解有机质和颗粒有机质存在下水生生物对非离子有机化合物摄入量的研究表明，这两种有机质的存在降低了它们的生物有效性，即在溶解有机质存在的条件下，水生生物摄入化学物质的数量明显减少（Kozlova et al., 2009; Luider et al., 2004; Kukkonen et al., 1989; Servos and Muir, 1989; Black and Mccarthy, 1988; Carlberg et al., 1986; Mccarthy et al., 1985; Mccarthy and Jimenez, 1985; Landrum et al., 1985; Leversee et al., 1983）。各国家应使用适合当地或区域的溶解有机质和颗粒有机质值，因为影响它们浓度的当地或区域条件与推导国家值的条件有明显差异。

4.3.4.3　被消费水生生物的脂质百分数

国家生物累积因子的计算需要全国国民普遍食用的鱼类和贝类的脂质含量平均值。很多因素可导致水生生物脂质含量的改变。这些因素中很多基本上与生物生理学、代谢率、健康状况及种内或种间捕食有关。这些因素及特定组织中脂质含量会由于季节、温度、生殖状况、迁移方式、采样地点、年龄、大小、生命阶段、猎物可获得性及其他因素的作用而发生变化。另外，特定水生生物中的脂质在各组织中分布的差异性，导致脂质百分数依赖于采样组织（如周身和肌肉）。同时，用于提取和测定脂质的分析方法差异也会引起脂质百分数的变化。

在推导脂质百分数时，可采用以下几种方法处理脂质含量的问题：①仅考虑本国普遍消费的水生生物物种；②数据限于普遍消费的物种组织；③当可获得物种大小信息时，数据进一步限于本国消费者主要消费水生物种的大小；④通过权衡各物种（或种群）脂质百分数的个体平均值确定脂质百分数。

4.3.4.4　食物链增殖因子的采样和数据要求

通过室内法推导国家生物累积因子需要不同营养级的平均食物链增殖因子，它可用来估计化学物质沿食物网的饮食转移，测定化合物在食物网中的生物放大趋势。但食物链增殖因子的确定受多种因素的影响，如水质参数特征、所选食物网的生物结构组成（水生生物的脂质参数）等，因而对合理确定食物链增殖因子的采样和数据做以下相关要求：

（1）在确定食物链增殖因子的采用地点时，要有可用信息来鉴定水生生物适当的营养级和捕食-被捕食关系。

（2）从各营养级采集的水生生物应基本反映通过食用水生生物导致人体暴露的最重要暴露途径。用来计算食物链增殖因子较高营养级（如第3和第4营养级）的水生物种应是人类普遍食用的。同时采集的样品也应在人类食用的大小和龄期范围内。

（3）推导食物链增殖因子时应包含足够的支持信息以确保组织样本遵循适宜的精确的方法进行采集和分析。

（4）用来确定食物链增殖因子的组织脂质百分数可通过测定或可靠估计获得。

（5）用来计算食物链增殖因子的组织或生物体内化合物的浓度应该反映目标物种对所关注化学物质的长期平均暴露；对于高疏水性的化学物质通常需要更长的平均周期。

4.4　人体健康水质基准推导主要参数的案例分析

六氯丁二烯（HCBD）是一种废弃物的副产品，常见于天然橡胶与合成橡胶、陀螺仪、热转换器的溶剂以及氯碳氟化合物与润滑剂的中间产物，会刺激人的眼睛、鼻子、喉咙和呼吸道等，美国国家职业安全卫生研究所将其列为疑似致癌物，不慎接触可能会损害肾、脾与神经系统，导致罹患肾、肺癌的概率增大。六氯丁二烯已在环境废水中检出，属优控污染物。

4.4.1　推导方法的选择

虽然没有人类致癌的证据，但鼠生命周期经口暴露毒性研究证据表明六氯丁二烯是可能的人类致癌物，但作用模式尚不明确。由此决定，采用非致癌物和致癌物的线性和非线性两种模式推导致癌物六氯丁二烯的水质基准。

4.4.2　六氯丁二烯的参考剂量的确定

4.4.2.1　致癌物的非线性外推法

Kociba 等（1977）研究表明六氯丁二烯肿瘤诱导是明显的非线性剂量-效应关系，且致癌机制不是 DNA 的直接损伤。六氯丁二烯的作用模式显示其致癌效应属于肾中毒，且有阈值。

因没有关于六氯丁二烯可信的人体剂量-效应实验研究，在众多的毒性实验中，Kociba 等（1977）和 Schwetz 等（1977）的鼠亚慢性毒性实验提供了毒性终点，且暴露持续期适当，其结果得到公众认可。从该研究所获得的经口暴露 24 个月大鼠肾脏组织病理学数据（NTP, 1991）由基准剂量法所得 BMDL 剂量为 $0.1 mg/(kg \cdot d)$，其作为外推剂量的起算点。由基准剂量法及无可见有害作用水平法推导参考剂量时，总不确定因子取 300，其中包括了 3 项不确定因子的乘积，即由实验室的动物研究外推至人体（10）、人体敏感差异（10）及缺少 2 代生育毒性研究，以及仅有一个物种的发育毒性研究（3）。修正因子值取 1。将 BMDL、不确定因子和修正因子的值代入如下公式计算得到六氯丁二烯的非致癌效应的参考剂量为

$$RfD = \frac{BMDL}{(UF \times MF)}$$
$$= 0.1 / 300$$
$$= 3 \times 10^{-4} mg/(kg \cdot d)$$

4.4.2.2　致癌物的线性外推法

有限的毒性实验表明六氯丁二烯具有遗传和诱变毒性,考虑运用剂量-效应低剂量外推法来推导致癌物的起始点。推导起始点应分两个步骤,第一步是获得可观测范围内的剂量-效应关系,且起始点的剂量表达为人体等效剂量。引起 10%增量风险的剂量是 ED_{10}。标准的起始点是 LED_{10}。第二步拟合从起算点到原点的曲线并确定该斜线的斜率。

六氯丁二烯的 LED_{10} 依据 Kociba 等(1977)的毒性实验数据,通过量子多项式模型推导,人体等效剂量通过动物体重的 3/4 权重转化而来。结果如图 4-5 所示,ED_{10} 为 4.9 mg/(kg·d),LED_{10} 为 2.5 mg/(kg·d),外延曲线的斜率,即致癌效力因子为 4×10^{-2} [mg/(kg·d)]$^{-1}$。

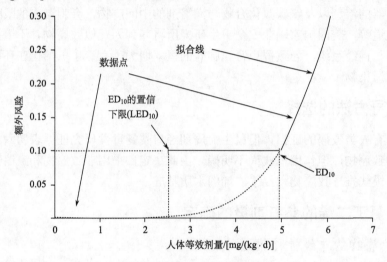

图 4-5　六氯丁二烯的肾肿瘤剂量-效应关系曲线(USEPA, 2003)

总的不确定因子取 300,其中包括了 3 项不确定因子的乘积,即由实验室的动物研究外推至人体(10)、人体的敏感差异(10)及缺少 2 代生育毒性研究,以及仅有一个物种的发育毒性研究(3)。修正因子值取 1。将 LED_{10}、不确定因子和修正因子的值代入如下公式计算得到六氯丁二烯的致癌效应的参考剂量为

$$RfD = \frac{POD}{(UF \times MF)} = \frac{4 \times 10^{-2}}{300} = 1.3 \times 10^{-4} mg/(kg \cdot d)$$

4.4.3　特定风险剂量的确定

致癌效力因子 m:

$$m = \frac{0.10}{LED_{10}} = \frac{0.10}{2.5} = 4 \times 10^{-2} [mg/(kg \cdot d)]$$

特定风险剂量的计算:

$$RSD = \frac{目标增量致癌风险}{m}$$

目标增量致癌风险在 $10^{-6} \sim 10^{-4}$ 范围内，一般默认值为 10^{-6}。

$$RSD = \frac{1 \times 10^{-6}}{4 \times 10^{-2}} = 2.5 \times 10^{-4} \text{ mg/(kg} \cdot \text{d)}$$

4.4.4　多氯联苯生物累积因子的推导过程

根据化合物的特性选定推导程序（步骤 1），然后对特定营养级中生物累积因子进一步推导：计算单独的基线生物累积因子（步骤 2），选择最终基线生物累积因子（步骤 3），由基线生物累积因子计算国家生物累积因子（步骤 4）。

多氯联苯是一类人工合成的有机物，工业用多氯联苯包括 209 个同系物，它是两百多种物质的总称，在工业上广泛应用，且在环境中不易降解，目前已造成全球性工业污染。多氯联苯属优控污染物。

4.4.4.1　生物累积因子推导方法的选择

多氯联苯属非离子型有机化合物，在选择生物累积因子推导程序时首先应依据辛醇-水分配系数（K_{ow}）初步确定生物放大作用。在美国环境保护署 1996 年的指南中，多氯联苯的复合平均 K_{ow} 为 2 189 000（USEPA，1996），其复合 $\log K_{ow}$ 为 6.340 ≥ 4，说明其代谢物极低，所以应选择程序 1 来推导生物累积因子。

4.4.4.2　复合基线生物累积因子的确定

因多氯联苯由 209 种同系物组成，其不同的同系物都有其各自的 K_{ow}，在推导生物累积因子时应采用同系物的 K_{ow} 的几何平均值来推导基线生物累积因子。此时推导的基线生物累积因子就称为复合基线生物累积因子。

多氯联苯生物累积因子的推导应采用程序 1 的方法 1，即实测生物累积因子来计算复合基线生物累积因子[式（4-5）]。式中涉及人类所消耗水生生物的脂质含量（f_l），自由溶解态分数（f_{fd}），以及基于组织和水中总浓度的实测生物累积因子（BAF_T^t）。以下对这几个参数分别进行论述。

1. 实测生物累积因子的推导

根据 Oliver 和 Niimi（1988）所测五大湖的实测实验，人类所消耗的第 4 和第 3 营养级的水生生物分别选定为鲑鱼、杜父鱼和鲱类鱼，其第 4 和第 3 营养级的脂质分数分别为 0.11 和 0.075。第 3 营养级的脂质分数取杜父鱼（0.08）和鲱类鱼（0.07）的平均值。

Oliver 和 Niimi（1988）测出鲑鱼组织中的多氢联苯总量为 4057.3ng/g，杜父鱼和鲱类鱼组织中的多氯联苯总量为 1393.15ng/g，水体中的总含量为 1006.1pg/L。依据式（4-6）分别测定不同营养级的实测生物累积因子。

第 4 营养级的实测 $BAF_T^t = \dfrac{C_t}{C_w}$

$$= \frac{4057.3}{1006.1} \times 10^6$$

$$= 4033000 \text{ L/kg 组织}$$

第 3 营养级的实测 $\text{BAF}_T^t = \dfrac{1393.15}{1006.1} \times 10^6$

$$= 1385000 \text{ L/kg 组织}$$

2. 自由溶解态分数（f_{fd}）的确定

除上述已获得的复合基线生物累积因子外，根据式（4-7）计算化合物的自由溶解态分数（f_{fd}）。Oliver 和 Niimi（1988）所测得的水环境中颗粒有机碳的浓度和溶解有机碳的浓度分别为 4.0×10^{-8}kg/L 和 2.0×10^{-6}kg/L，K_{ow} 值为 2189000（USEPA，1996），代入公式推导 f_{fd}：

$$f_{\text{fd}} = \frac{1}{1 + \text{POC} \times K_{\text{ow}} + \text{DOC} \times 0.08 \times K_{\text{ow}}}$$

$$= \frac{1}{1 + 4.0 \times 10^{-8} \times 2.189 \times 10^6 + 2.0 \times 10^{-6} \times 0.08 \times 2.189 \times 10^6}$$

$$= 0.6955$$

3. 不同营养级的复合最初总生物累积因子的推导

$$\text{基线 BAF} = \left(\frac{\text{实测BAF}_T^t}{f_{\text{fd}}} - 1 \right) \times \frac{1}{f_l}$$

第 4 营养级的复合基线生物累积因子 $= \left(\dfrac{4033000}{0.6955} - 1 \right) \times \dfrac{1}{0.11}$

$$= 52715500 \text{ L/kg 组织}$$

第 3 营养级的复合基线生物累积因子 $= \left(\dfrac{1385000}{0.6955} - 1 \right) \times \dfrac{1}{0.075}$

$$= 26551628 \text{ L/kg 组织}$$

4.4.4.3 国家复合生物累积因子的推导

将 f_{fd} 与人类消耗五大湖中的第 3 和第 4 营养级的水生生物脂质分数 $f_{(\text{TL},3)}$，$f_{(\text{TL},4)}$ 的所得值 1.82%和 3.10%（USEPA，1997），及对应营养级的基线生物累积因子代入式（4-23），计算得到第 3 和第 4 营养级的国家生物累积因子值分别为

$$\text{国家 BAF}_{(\text{TL},n)} = \left[(\text{最终基线BAF})_{\text{TL},n} \times (f_l)_{\text{TL},n} + 1 \right] \times f_{\text{fd}}$$

$$\text{国家 BAF}_{(\text{TL},4)} = \left[(\text{最终基线BAF})_{\text{TL},4} \times (f_l)_{\text{TL},4} + 1 \right] \times f_{\text{fd}}$$

$$= （52715500 \times 0.0310 + 1）\times 0.6955$$

$$= 1136573 \text{ L/kg 组织}$$

$$\text{国家 BAF}_{(\text{TL},3)} = \left[(\text{最终基线BAF})_{\text{TL},3} \times (f_l)_{\text{TL},3} + 1 \right] \times f_{\text{fd}}$$

$$= （26551628 \times 0.0182 + 1）\times 0.6955$$

$$= 336094 \text{ L/kg 组织}$$

4.5　甲基汞人体健康基准的推导案例分析

甲基汞是生物体内汞的主要存在形式，是汞毒性最大的一种形态，能引起中枢神经系统不可修复的伤害，对人体的毒害非常严重。尽管甲基汞在起始水体中浓度很低，但由于它在水生食物链中具有高富集性、强脂溶性的特点，甲基汞富集量会随着鱼龄的增加而增大，且最高营养级生物体内甲基汞的富集量最大。许多环境因素可影响甲基汞在水生物系中的生物富集，如水体 pH、食物链的长短、温度及溶解有机质的含量。

4.5.1　汞人体健康基准的发展历史

早在 1976 年美国环境保护署发布正式水质基准指南时就已有了汞的人体健康基准值，当时《红皮书》以水体中总汞浓度值作为推导基准的依据，而不是某种形态的汞。最早人体安全摄汞浓度是依据鱼体内甲基汞的数据（1971 年）估算得出的。1986 年，美国环境保护署又发布了修订的人体健康水质基准——《金皮书》，该基准和以前的基准有很大的不同，主要表现在该基准将不同的暴露途径分开来考虑，即产生了饮用水最大污染物浓度、消费水和生物及只消费生物这三种基准值，并且运用了 1980 年首次发布的推导人体健康基准的统一方法学，这比之前单纯运用饮用水最大污染物浓度估算的基准值有了很大进步。1999 年发布的基准是变化较大的一次，最新的方法学对其中许多物质的基准值都进行了重新估算，其中包括对汞基准的修订，其基准值更加严格。2001 年环境保护署撤销了汞的基准，推荐了甲基汞基准，2002 年基准表中收录了该基准。该基准描述了淡水和河口水体鱼贝类组织中甲基汞的浓度，该值是保护鱼贝类消费者的最大浓度，该基准是首次以组织中有毒污染物浓度（非水体中浓度）表达的基准。随着对人体健康基准制定方法的深入研究，以及新的科研成果不断地更新和完善，美国环境保护署相继于 2004 年、2006 年和 2015 年发布了新的人体健康基准。自 2002 年以来的人体健康基准都采用相同的推导方法，只有个别物质的基准值发生了变化，大多数物质的基准值都没发生变动，其中甲基汞的水质基准值未发生变化。表 4-2 列出了不同年度汞人体健康水质基准的变化。

表 4-2　不同年度汞人体健康基准值　　　　　　（单位：mg/L）

年份	饮用水最大污染物浓度	消费水和生物	只消费生物
1976	0.002	—	—
1986	0.002	1.44×10^{-4}	1.46×10^{-4}
1999	—	5×10^{-5}	5×10^{-5}
2002	—	—	0.3mg/kg[*]
2004	—	—	0.3mg/kg[*]
2006	—	—	0.3mg/kg[*]
2015	—	—	0.3mg/kg[*]

注：*表示甲基汞的基准值；—表示没有给出基准值。

4.5.2 推导方法的选择

甲基汞对哺乳动物高毒,并可对其产生显著的有害作用,但目前没有实验显示其对人类具有致癌活性,且只有在高剂量下才可诱导动物产生肿瘤。由此依据非致癌物来推导水质基准。

4.5.3 甲基汞参考剂量的推导过程

众多的毒性实验表明,甲基汞主要作用于多神经系统,包括共济失调、感官异常等。甲基汞的大部分毒性表现为神经毒性,尤其是发育毒性。现有足够的关于其对人体发育的毒性实验。毒性实验表明脑是甲基汞的最敏感靶标,其毒性数据适宜用来推导参考剂量。

考虑到无可见有害作用实验和数据的局限性,甲基汞参考剂量的推导采用基准剂量法。因甲基汞的毒性终点数据基于人体数据,因而基准剂量反应选定在 5%水平,P_0 设定为 0.05。通过数据的平方根和对数转换运用 K-power 模型确定 BMDL。模型计算公式为(Budtz-Jørgensen et al., 2000)

$$\mu(d) = \beta \times d^K$$

式中,d 为儿童汞剂量;K 与 β 为设定值。此模型中 $K \geqslant 1$,当 $K=1$ 时,此模型为线性。如表 4-3 所示,美国基准采用了国家研究委员会(NRC, 2000)推荐的基准剂量 85μg/L,58μg/L BMDL 值是采用在法罗群岛 Boston 命名测验(BNT)识别认知损伤研究所得脐血中汞的剂量(Budtz-Jørgensen et al., 1999)。因测试样本少而未采用持续性操作测试(continuous porformance test, CPT)反应时间的毒性研究结果。

表 4-3　由法罗群岛研究基准剂量计算的不同毒性终点(脐血中的甲基汞含量)

(单位:μg/L)

毒性终点	BMD	BMDL
扣指实验	140	79
CPT 反应时间	72	46
Bender 仿行误差	242	104
Boston 命名测验(BNT)	85	58
CVLT:延迟回忆	246	103

随后运用一元模型采用以下公式将 BMDL 转换为人体每日摄入量:

$$d = \frac{c \times b \times V}{A \times f \times \mathrm{BW}}$$

式中,d 为每日摄入量(μg);c 为血中甲基汞浓度(μg/L);b 为排泄量(d^{-1});V 为体内血液量(L);A 为吸收因子(无量纲的百分数);f 为血液每日吸收量(无量纲);BW 为体重(67 kg)。

$$d = \frac{c \times b \times V}{A \times f \times \mathrm{BW}} = \frac{58\mu\mathrm{g/L} \times 0.014\ \mathrm{d}^{-1} \times 5\ \mathrm{L}}{0.95 \times 0.059 \times 67\ \mathrm{kg}} = 1.081\mu\mathrm{g/(kg \cdot d)}$$

总不确定因子取 10，其中包括了个体间甲基汞药物动力学差异（体内半衰期的明显差异、汞在头发和脐血中含量的差异）、缺少 2 代生育毒性研究，药效的差异及不确定性以及缺乏可能的成人慢性暴露的毒性研究数据。修正因子值取 1。将 BMDL、不确定因子和修正因子的值代入如下公式计算得到甲基汞的非致癌效应的参考剂量为

$$RfD = \frac{BMDL}{(UF \times MF)} = 0.1\mu g / (kg \cdot d)$$

4.5.4　甲基汞相对源贡献的推导过程

相对源贡献的确定因影响因素而不同，这些因素包括：①与参考剂量相比其总暴露的大小；②可用实验和数据的充足性；③甲基汞的基准值是否多于一个；④对于化合物和关注人群是否有多个重要暴露源。评估暴露于甲基汞的人体健康水质基准应考虑来自多介质的暴露源。已有试验显示，甲基汞的人体暴露与参考剂量的鱼体暴露相比，淡水/河口海岸与海水源暴露可忽略不计。海水鱼的摄入是甲基汞的主要暴露源，其主要来自美国海水渔业的调查数据。设定海水鱼中的汞都以甲基汞的形式存在，则鱼组织中的甲基汞为 0.157mg/kg，估算的海水鱼平均暴露于 2.7×10^{-5} mg/（kg·d）含量的甲基汞，此暴露相当于参考剂量的 27%，相对源贡献采用扣除法从参考剂量中扣除。

4.5.5　甲基汞水质基准的推导过程

如上所述，来自海水鱼的相对源贡献通过个体食物摄入连续调查 CSF Ⅱ 的数据估算出人体消费海鱼为 12.46g/d，美国环境保护署推荐使用 17.5 g/d 的海水鱼默认摄入量作为一般人体消耗，人体体重采用 70kg 来计算甲基汞的鱼组织残留值作为水质基准。甲基汞的水质基准为鱼组织残留基准而非水体基准，因而基准中不包含生物累积因子与人体每日饮水量这两个参数。甲基汞基准值的推导公式如下：

$$TRC = \frac{BW \times (RfD - RSC)}{\sum_{i=2}^{4} FI_i} = \frac{70 \times (1 \times 10^{-4} - 2.7 \times 10^{-6})}{(0.0038 + 0.0080 + 0.0057)} = 0.3 \text{ mg/kg}$$

式中，TRC 为淡水/河口鱼贝类中的鱼组织残留基准（mg/kg）；RfD 为参考剂量[0.1μg/（kg·d）]；RSC 为相对源贡献[从参考剂量中扣除海水鱼的消耗量，估计值为 2.7×10^{-5} mg/（kg·d）]；BW 为人体体重（70kg）；FI_i 为每个营养级的鱼摄入量（$i=1,2,3,\cdots$）[第 2、第 3 和第 4 营养级鱼类消耗量 FI 分别为 0.0038kg/d、0.0080kg/d、0.0057kg/d（USEPA，2000）]。

参 考 文 献

夏世钧, 张家放, 王增珍. 2005. 环境化学污染物危险度评价的"基准剂量法"[J]. 环境与职业医学,22(2): 178-180.

杨永滨, 郑明辉, 刘征涛. 2006. 二噁英类毒理学研究新进展[J]. 生态毒理学报, 1(2): 105-115.

周忻, 刘存, 张爱茜, 等. 2005. 非致癌有机物水质基准的推导方法研究[J]. 环境保护科学, 31(127): 20-24.

Barnes D G, Daston G P, Evans S J, et al. 1995. Benchmark Dose Workshop: Criteria for use of a reference dose[J]. Regulatory Toxicology and Pharmacology: RTP, 21(2): 296-306.

Black M C, Mccarthy J F. 1988. Dissolved organic macro molecules reduce the uptake of hydrophobic organic contaminants by the gills of rainbow trout(Salmo gairdneri)[J]. Environmental Toxicology and Chemistry, 7: 593-600.

Budtz-Jørgensen E, Grandjean P, Keiding N, et al. 2000. Benchmark dose calculations of methylmercury-associated neurobehavioural deficits[J]. Toxicology Letters, (112/113): 193-199.

Budtz-Jørgensen E, Keiding N, Grandjean P. 1999. Benchmark modeling of the Faroese methylmercury data[R]. Copenhagen: Department of Biostatistics, University of Copenhagen.

Carlberg G E, Martimsen K, Kringstad A, et al. 1986. Influence of aquatic humus on the bioavailability of chlorinated micropollutants in Atlantic salmon[J]. Archives of Environmental Contamination and Toxicology, 15: 543-548.

Crump K S. 1984. A new method for determining allowable daily intakes[J]. Fundamental and Applied Toxicology, 4(5): 854-871.

Dourson M L, Hertzberg R C, Hartung R, et al. 1985. Novel methods for the estimation of acceptable daily intake[J]. Toxicology and Industrial Health, 1(4): 23-33.

Guth D J, Carrol R J, Simpson D G, et al. 1997. Categorical regression analysis of acute exposure to tetrachlorethylene[J]. Risk Analysis, 17(3): 321-332.

Hertzberg R C. 1989. Fitting a model to categorical response data with application to species extrapolation of toxicity[J]. Health Physics, 57(s 1): 405-409.

Howd R A, Brown J P, Fan A M. 2004. Risk assessment for chemicals in drinking water: Estimation of relative source contribution[R]. Baltimore: Presented as a Poster at the 43rd Annual Meeting of the Society of Toxicology.

Klassen C. 2001. Casarett and Doull's Toxicology[M]. 6 ed. New York: McGraw-Hill.

Kimmel C A, Gaylor D W. 1988. Issues in qualitative and quantitative risk analysis for developmental toxicology[J]. Risk Analysis, 8(1): 15-20.

Kociba R J, Keyes D G, Jersey G C, et al. 1997. Results of a 2-year chronic toxicity study with hexachlorobutadiene in rats [J]. Am. Ind. Hyg. Assoc. J., 38: 589-602.

Kozlova T, Wood C M, Mcgeer J C. 2009. The effect of water chemistry on the acute toxicity of nickel to the cladoceran Daphnia pulex and the development of a biotic ligand model[J]. Aquatic Toxicology, 91(3): 221-228.

Kukkonen J, Oikari A, Johnsen S, et al. 1989. Effects of humus concentrations on benzo[a]pyrene accumulation from water to Daphnia magna: Comparison of natural waters and standard preparations[J]. Science of the Total Environment, 79: 197-207.

Landrum P F, Reinhold M D, Nihart S R, et al. 1985. Predicting the bioavailability of organic xenobiotics to Pontoporeia hoyi in the presence of humic and fulvic materials and natural dissolved organic carbon[J]. Environmental Toxicology and Chemistry, 4: 459-467.

Leversee G J, Landrum P F, Giesy J P, et al. 1983. Humic acids reduce bioaccumulation of some polycyclic aromatic hydrocarbons[J]. Canadian Journal of Fisheries and Aquatic Sciences, 40: 63-69.

Lu F C, Sielken R L Jr. 1991. Assessment of safety/risk of chemicals: Inception and evolution of the ADI and dose-response modeling procedures[J]. Toxicology Letters, 59(1/3): 5-40.

Luider C D, Crusius J, Playle R C, et al. 2004. Influence of natural organic matter source on copper speciation as demonstrated by Cu binding to fish gills, by ion selective electrode, and by DGT gel sampler[J]. Environmental Science and Technology, 38(10): 2865- 2872.

Mccarthy J F, Jimenez B D. 1985. Reduction in bioavailability to bluegills of polycyclic aromatic hydrocarbons bound to dissolved humic material[J]. Environmental Toxicology and Chemistry, 4: 511-521.

Mccarthy J F, Jimenez B D, Barbee T. 1985. Effect of dissolved humic material on accumulation of polycyclic aromatic hydrocarbons: Structure-activity relationships[J]. Aquatic Toxicology, 7: 15-24.

NRC(National Research Council). 2000. Toxicological effects of methylmercury. Committee on the toxicological effects of methylmercury[R]. Washington DC: National Academy Press.

NTP. 1991. Toxicity studies of hexachloro-1, 3-butadiene in B6C3F1 mice(feed studies)[R]. National Toxicology Program U. S. Department of Health and Human Services, Public Health Service, National Institute of Health, Research Triangle Park.

Oliver B G, Niimi A J. 1988. Trophodynamic analysis of polychlorinated biphenyl congeners and other chlorinated hydrocarbons in the lake ontario ecosystem[J]. Environmental Science and Technology, 22(4): 388-397.

Penninks A H. 1993. The evaluation of data-derived safety factors for his(trinbutyhin)oxide[J]. Food Additives and Contaminants, 10(3): 35l-361.

Pohl H R, Abadin H G. 1995. Utilizing uncertainty factors in minimal risk levels derivation[J]. Regulatory Toxicology and Pharmacology, 22(2): 180-188.

Renwiek A G. 1993. Data-derived safety factors for the evaluation of food additives and environmental contaminants[J]. Food Additives and Contaminants, 10(3): 275-305.

Renwick A G, Lazarus N R. 1998. Human variability and noncancer risk assessment- an analysis of the default uncertainty factor[J]. Regulatory Toxicology and Pharmacology, 27(1): 3-20.

Schwetz B A, Smith F A, Humiston C G. 1977. Results of a reproduction study in rats fed diets containing hexachlorobutadiene[J]. Toxicology and Applied Pharmacology, 42: 387-398.

Seed J, Carney E W, Corley R A, et al. 2005. Overview: Using mode of action and life stage information to evaluate the human relevance of animal toxicity data[J]. Critical Reviews in Toxicology, 35(8/9): 664-672.

Servos M R, Muir D C G. 1989. Effect of dissolved organic matter from Canadian shield lakes on the bioavailability of 1, 3, 6, 8-tetrachlorodibenzo-p-dioxin to the amphipod Cranconyx laurentianus[J]. Environmental Toxicology and Chemistry, 8: 141-150.

Stara J F, Mukeqe D, Mcgaughy R, et al. 1983. The current use of studies on promoters and cocareinogens in quantitative risk assessment[J]. Environmental Health Perspect, 50: 359-368.

Suffet I H, Jafvert C T, Kukkonen J, et al. 1994. Chapter 3: Synopsis of discussion session: Influences of particulate and dissolved material on the bioavailability of organic compounds[M]. //Hamelink J L, Landrum P F, Bergman H L, et al. Bioavailability: Physical, Chemical and Biological Interactions. Boca Raton, FL: Lewis Publishers: 155-170.

Swartout J C, Price P S, Dourson M L, et al. 1998. A probabilistic framework for the reference dose(probabilistic RfD)[J]. Risk Analysis, 18(3): 271-282.

Thurman E M. 1985. Organic geochemistry of natural waters[R]. Dordrecht, The Netherlands: Kluwer Academic Publishers: 497.

USEPA. 1993. Reference dose(RfD): Description and use in health risk assessments[EB/OL]. Integrated Risk Information System(IRIS). Online. Intra-Agency Reference Dose(RfD)Work Group, Office of Health and Environmental Assessment, Environmental Criteria and Assessment Office. Cincinnati, OH. March 15.

USEPA. 1996. Proposed revisions to the polychlorinated biphenyl criteria for human health and wildlife for the water quality guidance for the great lakes system[R]. Proposed Rule, 61(205): 54748-54756.

USEPA. 1997. Revisions to the polychlorinated biphenyl criteria for human health and wildlife for the water quality guidance for the great lakes system[R]. Final Rule. Vol. 62. March 12, 11723-11731.

USEPA. 2000. Methology for deriving ambient water quality criteria for the protection of human health[R]. Washington DC: USEPA.

USEPA. 2003. Health effects support document for hexachlorobutadiene[R]. Washington DC: USEPA.

第 5 章　水质基准推导中健康风险评估的理论与方法

水质基准有一个系统的框架，以保护水生生物和保护人体健康为主，辅以感官基准。近些年逐渐建立和发展了营养物基准、沉积物基准和细菌基准等。健康风险评估是对有毒有害物质危害人体健康的程度进行概率估计，并提出减小风险的方案和对策。健康风险评估一般包括危害鉴别、剂量-效应评估、暴露评估和风险表征四个阶段，是确定人体健康水质基准的理论基础。它主要针对水体中有害人体健康的物质，即基因毒物质和躯体毒物质，前者包括放射性污染物和化学致癌物，后者则指非致癌物。近些年，关于致癌和非致癌风险评估、暴露评价和生物累积评价，已取得了许多重要进展。本章结合本领域的最新进展，总结国际健康风险评估的基础理论体系和发展趋势，并结合具体污染物案例分析，介绍获取我国人体健康水质基准具体参数的方法和程序。

5.1　概　　述

通俗地说，健康风险评估是收集、整理和解释各种健康相关资料的过程。这些资料包括毒理学实验及数据、人群流行病学资料、环境和暴露因素等（胡二邦，2000）。1976年，美国环境保护署首先公布了可疑致癌物的风险评估准则，提出了有毒化学品的致癌风险评估方法，引起了学术界广泛深入的研究和讨论。但由于没有规范化程序，不同研究者常采用不同的评价方法。基于这种情况，美国国家科学院于1983年编制了有关风险评估的研究报告，明确了其程序，将健康风险评估分为危害鉴别、剂量-效应评估、暴露评估和风险表征四个阶段（NAS，1983）。在此基础上，美国环境保护制定和颁布了有关风险评估的一系列技术性文件、准则或指南，包括1986年发布的《致癌风险评估指南》《致畸风险评估指南》《化学混合物健康风险评估指南》《发育毒物健康风险评估指南》《暴露风险评估指南》和《超级基金场地健康评价手册》，1988年发布的《内吸毒物健康评价指南》《男女生殖毒物风险评估指南》等（USEPA，1991a，1986a，1986b，1986c）。1989年，美国环境保护署又对1986年发布的一系列指南进行了系统的修改，并于同年出台了《神经毒物风险评估指南》（USEPA，1998），2005年出版了《致癌物风险评估指南》等（USEPA，2005）。

5.1.1　健康风险评估的基本理论

人体摄取污染物的主要途径包括口、呼吸和皮肤暴露。通常采用不同剂量类型来表示各个阶段污染物进入人体的数量（USEPA，1992b）。潜在剂量指可能被人体吸收的污染物数量，包括呼吸、皮肤、饮食途径暴露的污染物数量。实用剂量指实际达到人体皮肤表面、肺和胃肠的交换边界可吸收或利用的污染物数量。与潜在剂量相比，实用剂量扣除了污染物到达皮肤表面或肺泡和胃肠过程中的损失量（陈鸿汉等，2006）。内部剂量指进入人体血液可与人体细胞等发生作用的污染物数量，在皮肤暴露评价时，常称为吸收剂量。有效剂量指污染物进入人体血液后，通过血液输运，部分可能进入人体细胞和器官并最终引起负面效应的污染物数量（陈鸿汉等，2006）。无论通过何种途径，污染物只有最终进入人体血液中才会对人体健康产生影响。因此，估计污染物人体摄取量原则上应以内部剂量为依据，即以透过肺泡呼吸膜、胃肠壁黏膜和皮肤进入血液的污染物数量为依据。

一般以剂量-效应评估来表示污染物对人体的不良效应。对于非致癌物，例如，具有神经、免疫和发育等毒性的物质，通常认为存在阈值现象，即低于该值就不会观察到不良效应。对于致癌和致突变物，至今尚未统一定论。一般认为致癌物无阈值；但也有学者持不同的观点；也有学者认为非遗传毒性致癌物存在阈值（王进军等，2009）。非致癌效应阈值的表征方法有 3 种，即 NOAEL、LOAEL 和基线剂量（BMD）（夏世钧等，2005；IPCS，1999）。传统上主要以实验得到的 NOAEL 和 LOAEL 表示，但由于它们均为实验观察值，且没有考虑剂量-效应曲线的特征和斜率，所以不能真实地表达受试物质的毒性与效应。基线剂量是根据污染物在某种暴露剂量下，可引发一定反应率的某种不良效应推算出的一种剂量。与 NOAEL 和 LOAEL 相比，基线剂量法可全面评价整个剂量-效应曲线，并应用置信限来衡量变异因素（陈鸿汉等，2006）。非致癌风险的标准建议值是根据参考剂量/参考浓度（RfD/RfC）、每日允许摄取量和可接受日摄取量等确定的，它们均指一定时间内，单位时间、单位体重可摄取的不引起人体不良反应的最大污染物量，通常以 NOAEL、LOAEL 或基线剂量为依据，经安全系数和不确定因子校正后而得到（陈鸿汉等，2006）。美国环境保护署考虑到个体差异、种间差异、短期实验数据用于长期暴露、由 LOAEL 代替 NOAEL 等所带来的不确定性，采用不确定因子来反映其他不可知或不确定性（USEPA，2000b）。

致癌效应剂量-效应关系是基于定量的各种剂量和效应研究而建立的，如动物实验数据、临床和流行病学统计资料等。由于实际环境中人体暴露水平通常较低，而实验或流行病学研究中的剂量相对较高，因此，估计人体实际暴露的剂量-效应关系时，常利用实验获取的剂量-效应关系外推低剂量条件下的剂量-效应关系，称为低剂量外推法（USEPA，2005，1999b）。建立实验数据的剂量-效应关系，常采用毒性动力学方法或经验模型。如果有充分的证据确定受试物的作用模式，且可较准确地描述肿瘤出现前各症候发生的速率和顺序时，可采用毒性动力学方法。经验模型是对各种剂量下肿瘤发生率或主要症候出现率进行曲线拟合，实质是一种统计学方法。当建立实验数据的剂量-效应关系曲线后，即可确定起始点，采用低剂量外推法推测低剂量条件下的剂量-效应关系。

5.1.2　健康风险评估的基本方法

1983 年美国科学院首次确立了健康风险评估的四阶段法。目前许多国家都采用这一方法，其基本程序为危害鉴别、剂量-效应评估、暴露评估和风险表征四个阶段（NAS，1983）。

对于健康风险评估，首先是从危害鉴别开始。对现存化学物质，主要是审核该物质的现有毒理学和流行病学资料，确定其是否对生态环境和人体健康造成损害。通常，采用病例收集、结构毒理学、短期简易测试系统（如 Ames 实验、微核等）、长期动物实验及流行病学调查等方法。程序上先进行筛选性研究，继而做预测性测试，包括慢性实验、"三致"实验和致敏测试等，然后进行确定性测试，包括现场研究或微观研究及最后监测性研究，以确保实际条件下的安全性（胡雨前，2005）。

剂量-效应评估是健康风险评估的核心部分，也是定量评价阶段。其目的是确定某污染物剂量（浓度）与特定健康效应间的定量关系，以寻求暴露水平与不良健康效应发生的概率规律，提出剂量-效应模式（王进军等，2009）。直接从流行病学调查中得到的污染物剂量-效应关系，是最有说服力的资料，然而多数情况下很难得到完整的人群暴露资料，特别是一些低剂量、长期暴露、范围广、暴露人群复杂的污染物，因此动物实验是剂量-效应关系评估的主要手段。从动物实验得到剂量-效应关系后，利用一定的模式外推到人群，得出近似的人群剂量-效应关系。其主要内容包括确定剂量-效应关系、反应强度、种族差异、作用机理、暴露方式、生活类型及与其他污染物的混合作用等。在全面分析资料的基础上，判断这些资料的真实性和可靠性，确认能否用于数学模型，找出供模型使用的剂量-效应参数和数据等（USEPA，1999a）。

暴露评估是对环境介质中人群暴露有害因子的强度、频率和时间进行测定、估算或预测的过程，是风险评估的定量依据。暴露人群的特征鉴定与环境介质中有害物质的浓度与分布，是暴露评估中两个不可分割的组成部分（谌宏伟，2006）。暴露评估实质上就是估测整个人群暴露于某种污染物的程度或可能程度。暴露评估时，应对暴露人群的数量、性别、年龄、居住地、活动状况、暴露方式、暴露量、暴露时间、暴露频度及不确定因素等进行分析。

风险表征就是在前三个阶段的基础上，估算不同暴露条件下健康危害（或某种不利健康效应）发生概率的过程，通常以风险度表示。风险度评定主要包括两方面的内容，一是对有害因子的风险大小做出定量估算与表达；二是评定结果的解释及评价过程的讨论，这对整个风险评估过程至关重要，尤其是评价过程中各个环节的不确定性分析（胡雨前，2005）。风险度通常是以个人终生为单位，即可接受的终生工作时间风险度，通常以一年内出现某种不良效应的概率来表示。根据剂量-效应评估及暴露评估的结果，可估算出某种有害因子的风险（刘超等，2008）。

从风险评估的整个过程不难看出，评价中虽然进行一些现场监测、流行病学调查和动物实验，但大部分数据还是从广泛认可的数据库中获取。并且在风险估算中，不管是利用现场资料还是收集的资料，都需要采用大量假设及数学模型。这些因素都会不同程度地影响评价结果对实际风险的真实反映程度，即造成了评价结果的不确定性。在风险评估中,造成评价结果不确定性因素的本身也不确定（黄圣彪等，2007；张应华等，2007）。风险评估还包括模型的不确定性信息。风险分析者通过进一步测定和研究来减少其不确定性。在毒物风险分析方面，常用的不确定性分析方法有多阶段、威布尔分析、对数正态分布和蒙特卡罗分析等（张应华等,2007; 胡雨前,2005）。

5.2　致癌效应评估

5.2.1　致癌风险评估准则

1986 年，美国环境保护署公布了《致癌风险评估指南》（以下简称"1986 癌症指南"）（USEPA, 1986a）。这些准则总结了致癌作用领域的知识现状和致癌物风险评估方面广泛的科学原则。在定量评估致癌风险方面，"1986 年癌症指南"中建议使用线性多级模型作为默认的方法，假设某种化学致癌物会造成 DNA 的突变。基于生物信息显示反应机制而不是突变，"1986 年癌症指南"还指出，低剂量外推模型比线性多级模型更适用。基于剂量是体表面积函数的观点，"1986 年癌症指南"建议将体重的 2/3 次幂（$BW^{2/3}$）作为不同物种间剂量比例因子（USEPA, 1986b）。

致癌物风险评估一般包括以下主要原则：①危害评估是基于所有生物信息的分析，而不仅是肿瘤的调查结果；②某些化学物质导致肿瘤的反应模式，可减少描述伤害可能性和剂量反应方法的不确定性；③危害条件，如途径、方式、暴露时间和暴露量等需表述清楚；④使用证据力描述取代当前正在使用的字母-数字分类系统。基于生物学的外推模型是风险量化的首选方法。

如果不使用基于生物学的模型，剂量—效应评估一般分为两步。第一步，评估所观测数据得出起始点；第二步，观察范围外的外推。外推方法一般有线性法、非线性法或两种方法兼有。线性法默认为从起始点到原始点（零剂量）的直线外推。非线性法默认始于起始点，并提供暴露界限（MOE）分析，而不是估计低剂量影响概率。暴露界限需考虑的因素包括反应特性、剂量-效应曲线斜率、人体与动物敏感度差异及个体间敏感度差异。当不同癌症或主要反应模式不同时，这两种方法一般均可使用。对于动物研究，标准起始点是 95%置信限下存在 10%额外风险的有效剂量。较低的起始点可用于大量人群的研究。

如果评估是以生物测定为基础的，并且测定已得到改进，默认的种间剂量比例进行了校正，则该方法可用于人体口服等效剂量的计算。美国环境保护署 1999 年出版的《癌症指南修订草案》中，将体重因子改为体重的 3/4 次幂（$BW^{3/4}$）（USEPA, 1999b）。

5.2.2　基于致癌风险评估确定水质基准的方法

对于可疑或已证实的致癌物，通常是估算各种浓度下人群致癌的风险性。保护人体健康水质基准的推导一般分为四个步骤：暴露分析、污染物动态分析、毒性效应分析和基准确定。确定致癌物水质基准同样遵循上述风险评估准则。

5.2.2.1　证据力描述

危害评估强调分析所有相关信息，而不仅是肿瘤的调查结果。证据力描述显示了关键证据、反应模式信息、肿瘤数据的讨论、人体潜在危害、剂量反应评估等。证据力描述强调暴露途径、暴露剂量与人体的关联性（Cormier et al., 2008）。证据力描述通常使用非技术性语言，提供得出结论的关键数据及危害表述条件。证据力描述还提供生物学证据，用来明确解释和论述如何得出致癌性来预测结论。新的证据力还提出了化学药剂如何诱导肿瘤和人体反应模式（包括敏感亚群）的相关性。

反应模式是指从化学物质与细胞相互作用开始，通过一系列活动和组织变化，最终导致癌症形成的关键事件和过程。反应模式的结论，可用来处理动物肿瘤反应与人体的关联性，儿童与成人、男性和女性预期反应的差异性等问题，是预测剂量-效应关系类型的基础。

致癌反应有许多可能模式，如诱变性、有丝分裂、细胞死亡抑制、细胞毒素的修复、细胞增殖和免疫抑制。反应模式分析所有相关的研究，全面权衡证据，阐述致癌可能性、致癌潜在部位及致癌机理的不确定性，并指出尚缺的研究数据。判断已有数据是否支持假设的致癌反应模式，一般包含假定反应模式概述、关键事件确定、关联强度、一致性及特异性、剂量-效应关系、时间关系、生物合理性和连贯性、其他反应模式、结论、人体相关性（包括亚群）等。

5.2.2.2　口服剂量估算

剂量-效应评价的一个重要目的，就是在有足够数据的情况下，确定目标位点的内在剂量，这对于将动物致癌反应信息外推到人体尤为重要。使用动物测定获得数据时，需考虑动物和人体毒物代谢动力学的差异，校正口服剂量值。这种差异影响目标器官使用剂量与给出剂量的关系以及人体等效剂量的估算（USEPA, 2000a）。

估算人体等效剂量时，如果有毒物代谢动力学数据，通常是将研究的动物剂量转换成人体等效剂量。但是，通常没有足够的数据用来比较物种间的差异。因此，人体等效剂量估计一般依据默认假设。以前，使用标准体表面积的转换，即用体重的 2/3 次幂（$BW^{2/3}$）来代替体表面积。新的默认程序按 $BW^{3/4}$ 来计算人体生命周期中每日口服剂量（USEPA, 1999b, 1992a）。这是因为许多实验均观察到生理过程中多种比率与 $BW^{3/4}$ 成一定的比例关系。通常，人体等效剂量可根据动物口服剂量并按式（5-1）计算出。

$$人体等效剂量=动物剂量\times\frac{动物BW}{动物BW^{3/4}}\times\frac{人体BW}{人体BW^{3/4}} \tag{5-1}$$

该公式可简化为

$$人体等效剂量=动物剂量\times\left(\frac{动物BW}{人体BW}\right)^{1/4} \tag{5-2}$$

5.2.2.3　剂量-效应分析

剂量-效应分析强调的是所见动物或人体反应程度与化学物质剂量的关系。如果该剂量在观察范围以外，则需要外推。以往的观察大多只针对肿瘤的观察。其实，反应也包括肿瘤前体或其他与致癌有关的效应。这些效应可能包括 DNA、染色体或其他主要大分子变化、影响生长信号转导、诱导生理变化或激素变化、细胞增生或其他效应。非肿瘤性影响是指以下讨论中的"肿瘤前体数据"。

1. 观察范围内剂量-效应关系特征

推导致癌物水质基准，首先是评估观察范围内的剂量-效应，其目的是确认低剂量外推的起始点。观察范围内的评估一般包括生物基础模型的开发或肿瘤（前体）数据的曲线拟合。如果数据充分，并且足以定量描述肿瘤形成进程中特定的关键事件，则生物学基础模型可用来描述观察到的肿瘤、相关的响应数据、动物或人体研究中观察范围的外推。这种模型的建立、化学物质与肿瘤形成的一致性评估，均需大量的数据。对大多数化合物而言，目前尚无充分的数据来利用这类模型。

如果没有足够数据建立生物基础模型，观察范围内的剂量-效应关系可通过肿瘤或其前体数据的曲线拟合来进行描述。这种拟合不仅要依据观察范围内的肿瘤数据，而且还要依据肿瘤发展前认为重要的其他反应（如 DNA 加合物、细胞增生、受体结合和激素变化）（USEPA, 1999b）。这些数据的建模，是为了能深入了解观测范围下肿瘤反应的暴露（或剂量）关系，为剂量-效应评估提供更多的信息。

计算引起 10%肿瘤或相关非肿瘤反应有关剂量的 95%置信下限（LED_{10}），一般是通过观察范围内剂量-效应关系的定量模拟来实现的。LED_{10} 通常作为起始点进行低剂量外推。在多数啮齿动物的长期研究或其他毒性研究中，10%的反应正处于或稍低于观察范围内肿瘤反应敏感度的显著性界限。下限的使用要考虑实验差异性，还应考虑样品大小。与 10%额外风险关联的剂量（ED_{10}）也可用作比较的参考，尤其是化学物质相对危害/潜在危害的分类（USEPA, 2000b）。

对于某些数据库，选择起始点可能比 LED_{10} 更适合。因为该起始点能为下一步的剂量-效应评估确定外推范围。因此，如果观察到的反应低于 LED_{10}，则较低点可能是一个更好的选择（如 LED_5）。由于人体的个体较大，因此人体研究中往往支持较低的起始点。当使用非线性剂量-效应方法时，起始点可能为未见有害效应剂量。如果有某化学物质的主要作用以及肿瘤反应的几个数据集，并且它们又是连续的关联数据混合，则未见有害作用剂量/最低可见有害作用剂量方法是最切实可行的。

2. 低剂量外推

许多情况下，水质基准推导中需要评估的实际环境暴露水平低于实验研究暴露。因此，需要实验数据范围以外的风险进行推断。推断的方法通常有多种，如低剂量线性、非线性或者两者兼而有之的方法，其选择主要取决于反应模式（USEPA, 2000b，1999a）。一些研究机构和研究者通常以线性法取代线性多级模型评估致癌风险。在以下情况一般选择线性方法进行剂量-效应评估：①当污染物直接诱变 DNA，或者 DNA 效应的其他指示；②反应模式分析不支持直接的 DNA 效应，但剂量-效应关系可能为线性；③人体暴露或体内负荷较高，剂量接近于致癌过程中关键事件发生的剂量；④缺乏足够的肿瘤反应信息。

线性方法是从起始点开始的。起始点和 LED_{10} 反映了种间转换到人体等效剂量以及其他寿命低于实验持续时段的调节量。多数情况下，低暴露水平的外推是通过起始点与原点之间的直线来完成（USEPA, 1992a），其计算公式为

$$y = mx + b \tag{5-3}$$

式中，y 为反应或发生率；m 为线性斜率（致癌潜力因子）；x 为剂量；b 为截距。

m（y/x，估计的低剂量致癌潜力因子），可按式（5-4）计算：

$$m = \frac{0.10}{LED_{10}} \tag{5-4}$$

如果未使用 LED_{10}，m 的标准公式为

$$m = \frac{y_2 - y_1}{x_2 - x_1} \tag{5-5}$$

式中，y_2 为起始点反应；y_1 为原点的反应（零）；x_2 为起始点的剂量，x_1 为原点的剂量（零）。

由于 y_1 和 x_1 原点的利用，式（5-5）简化为

$$m = \frac{y_2}{x_2} \tag{5-6}$$

特定风险剂量（RSD），可用来计算出特定目标增量致癌风险（范围为 $10^{-6} \sim 10^{-4}$）：

$$RSD = \frac{目标增量致癌风险}{m} \tag{5-7}$$

式中，RSD 为特定风险剂量[mg/（kg·d）]；目标增量致癌风险范围为 $10^{-6} \sim 10^{-4}$；m 为致癌潜力因子[mg/（kg·d）$]^{-1}$。

关于使用 RSD 来计算水质基准将在 5.2.2.4 节中另行介绍。

在以下情况中通常选择非线性方法进行剂量-效应评估：①支持非线性肿瘤暴露界限应用，化学物质不符合线性的诱变效应；②支持非线性暴露界限，化学物质具有某些致突变活性指征，但在引起肿瘤方面可能并未起主要作用。当有足够科学证据支持非线性和无线性假设时，则非线性假设是适当的。暴露界限可导致非线性的剂量-效应关系，其理论上是一阈值（如致癌性本身可能就是一个毒性次效应或引起生理变化的阈值现象）（USEPA，1999b）。

暴露界限为目标环境暴露区分的起始点。如果数据足以推测包含斜率显著变化的非线性剂量反应函数，则可应用暴露界限分析。基于致癌过程中关键的前体活动，可估计或提出参考剂量或参考浓度。为支持暴露界限的风险管理，一般需描述所有相关的危害、剂量-效应、人体暴露信息，以解释低于观测的暴露水平下种群可能出现的若干现象。

暴露界限的实施一般有两个主要步骤：①选择"最低效应水平"起始点。起始点是人群不发生肿瘤关键活动最理想的剂量，因此代表了最真实的"非反应剂量"。正如以上所述，起始点可能是发生肿瘤或前体物的 LED_{10}。有些情况下，使用肿瘤前体 NOAEL 或 LOAEL 比较适合。如果使用动物数据，起始点则是校正的种间剂量，或者是毒物代谢动力学分析得出的人体等效剂量或等效浓度。②选择用于起始点的适当界限或不确定因子。

暴露界限分析一般需考虑以下原则：①剂量-效应评估的反应特性。例如，是肿瘤前体效应还是肿瘤效应，肿瘤效应可支持更多的暴露界限。②起始点剂量-效应关系的斜率及其随暴露减少而风险降低的不确定性。③人体与实验动物的敏感性比较。为了进行比

较,所有剂量均应用毒物代谢动力学模型或默认的种间缩放因子来转换为人体等效剂量。④个体间敏感性的特性和程度。由于动物研究不能提供个体差异信息,所以有关信息将来自于人体的研究。⑤人体暴露。暴露界限评估还需考虑暴露程度、频率和持续时间。

下列情况下一般选择两种方法进行剂量-效应评估:单一肿瘤类型的反应模式,剂量-效应曲线中不同部分的线性和非线性剂量-效应均得到支持;肿瘤反应模式支持高剂量和低剂量的不同方法(如高剂量时为非线性,而低剂量时为线性);化学物质不是 DNA 反应,关键活动尚未完全确定;不同肿瘤类型的反应模式支持不同的方法。例如,由于缺乏反应模式信息,一种肿瘤类型为非线性而另一种为线性。

5.2.2.4　水质基准的计算

1. 线性法

若由线性方法获得特定风险剂量,则式(5-8)可用来计算致癌物的水质基准:

$$AWQC = RSD \times \frac{BW}{DI + FI \times BAF} \tag{5-8}$$

式中,AWQC 为环境水质基准(mg/L);RSD 为特定风险剂量[mg/(kg·d)],BW 为人体重量(kg);DI 为饮用水摄入量(L/d);FI 为鱼类摄入量(kg/d);BAF 为生物累积因子(L/kg)。

式(5-8)所示水质基准的计算用于饮用水以及其他用途的水体。

2. 非线性法

若使用非线性法和暴露界限法,则可用相似的式(5-9)进行水质基准计算:

$$AWQC = \frac{POD}{UF} \times RSC \times \frac{BW}{DI + FI \times BAF} \tag{5-9}$$

式中,POD 为起始点[mg/(kg·d)];UF 为不确定因子;RSC 为相对源贡献。

与线性法相似,式(5-9)所示的水质基准计算对于饮用水以及其他用途的水体都适用。利用线性和非线性法得到的水质基准值存在一定的差异,默认线性方法得出的水质基准值对应的额外终生致癌风险水平为 $10^{-6} \sim 10^{-4}$。相反,非线性法获得的水质基准意味特定的致癌风险。实际水质基准的选择是依据所有相关信息的判断,包括致癌、非致癌、生态和其他临界数据。若致癌分析比非致癌终点得出的数值具有更少的保护,则水质基准不能利用致癌分析得出的数据。

5.2.2.5　风险表征

水质基准值、致癌因果过程的理解及数据的有效性均是风险表征信息。如果有一种以上的致癌证据力解释剂量-效应表征,或者较难选择证据力时,一般需讨论所选解释的合理性。另外,还应分析定量数据的不确定性。风险表征包括对重要科学问题和现有数据的解释、数据约束条件及知识现状的讨论,以及对危害、剂量-效应及暴露评估的总结等。

5.2.2.6 毒性当量因子及相对毒效估计的运用

毒性当量因子是指对一种或一类化学物质的剂量-效应的定量估计。如果致癌生物测定数据不充分，毒性当量因子是基于某一族化学物质致癌潜力分级或排序的共同特征而确定的。这种排序一般是参照已充分研究的化学物质，或者一类中某种化学物质的毒性特征和潜力进行。同类中其他化学物质的毒性当量因子，一般是参照一种或一种以上化学物质的共同特征进行指数化得出（USEPA, 1999b）。如果没有较好的数据，对环境介质中某种化学物质或混合物进行评价，则通常使用毒性当量因子。迄今，仅有二噁英和多氯联苯两类化合物有充分的支持数据使用毒性当量因子（USEPA, 1999b, 1989a）。

如果使用该方法，需要讨论毒性当量因子的不确定性。若较难获得混合物的个体肿瘤数据，毒性当量因子是默认的方法。类似地，相对毒效因子也可用于致癌性和其他支持数据。虽然这两者概念类似，但无同等水平的数据支持。只有当无更好选择时，才使用毒性当量因子和相对毒效因子（USEPA, 1999b）。目前，美国环境保护署仅测试过二噁英、多氯联苯和多环芳烃的相对毒效因子。它们都具有一定的局限性，使用时需特别注意。

5.2.3 案例分析

本节以化合物 Z（一种啮齿动物膀胱致癌物）为例，说明水质基准推导的方法。

5.2.3.1 背景及其评价

化合物 Z 是一种有机磷金属盐，已在多个物种中进行过急性、慢性、亚慢性、生殖系统、诱变性及致癌性鉴定。仅在大鼠研究中观察到肿瘤，尚无有关人体的数据。根据该化合物有关毒性、机理、代谢及其他数据，非线性方法可能是确定其水质基准的最适方法。

化合物 Z 的终身致癌实验表明，当食物中其剂量大于等于 1500mg/（kg·d）时，雄性大鼠会产生膀胱肿瘤和增生。当剂量为 100mg/（kg·d）和 400mg/（kg·d）时，并未观察到这些影响。90 天的暴露研究表明，大鼠膀胱肿瘤形成的关键顺序：①大剂量化合物 Z 产生尿钙/钾失衡；②多尿、尿液 pH 急剧下降、尿路结石的形成；③肾盂、输尿管和膀胱过渡期细胞增生。这些影响在暴露起始的两周内发生，持续到最终暴露，90d 暴露停止后影响可逆。

化合物 Z 引起的病理学变化是由于暴露反应而增长的结石长期机械性地刺激了膀胱。

当雄鼠体内化合物 Z 较高且不低于亚慢性剂量时，血磷含量升高，释放过量的钙进入尿液，尿液中钙和磷结合并沉淀成多个膀胱结石。结石强烈刺激膀胱，膀胱内衬受到侵蚀，并出现细胞增生以补偿内层的损失。这将导致增生的发展，随后形成肿瘤。泌尿膀胱细胞增殖率增加是诱导膀胱肿瘤的重要原因（Cohen and Ellwein, 1991, 1990）。因此，化合物 Z 的暴露，导致了尿结石的形成，从而导致了细胞增殖、增生，随后诱发癌症。审查所有相关数据后，这些反应模式应使用非线性法（如暴露界限法）加以校正。

该化合物中单独组分（金属和有机磷组成部分）影响的研究，没有观察到膀胱致癌的证据。动物代谢研究表明，从母体化合物上分离的金属组分在很大程度上未被消化道吸收。化合物 Z 的一系列诱变实验表明，其产生了负面效应，但化学结构检验表明其并无潜在的遗传毒性。化合物 Z 的代谢产物诱变性实验表明，其产生负面效应但无致癌证据。化合物 Z 及其组分的负面遗传毒性结果，进一步支持了使用非线性方法（如暴露界限法）确定水质基准的合理性。

5.2.3.2　暴露界限法的使用及其结论

化合物 Z 只有在高剂量的经口及呼吸摄入形成膀胱结石时，才对人体有致癌性，低暴露水平下不可能有致癌性。这种化合物不会通过皮肤暴露对人体产生致癌性。其证据力：膀胱肿瘤只发生在高暴露水平下的雄鼠，大鼠或小鼠的其他任何部位均无肿瘤出现；只有雄性大鼠在高剂量暴露下才形成含钙磷膀胱结石；膀胱结石侵蚀了膀胱上皮细胞，并导致大量细胞增生和恶性肿瘤的增加。

化合物 Z 的高剂量暴露存在一种强烈的反应模式，尿液中出现多余的钙和酸度增加，导致了膀胱结石沉淀以及随后的细胞增生和恶性肿瘤潜在危害的增加。低剂量一般不会干扰尿液组分，也不会导致结石、毒性或引起肿瘤。因此，剂量-效应模式是非线性的。

其不确定性主要在于化合物 Z 是否仅对大鼠产生明显的影响。即使化合物 Z 使人体体内产生结石，也仅有有限的证据表明人体膀胱结石会发展成癌症。肿瘤病理学研究表明，增生是其癌症早期较关键的一步，因此认为增生是前体影响的标志。基于该影响可使用反应模式来计算水质基准。大鼠生命期研究提供了化合物 Z 导致增生发病率的数据。这里，基于相同生命期大鼠肿瘤的研究数据，可使用默认的线性方法和线性多级模型方法（为了比较）计算水质基准值。

1. 确定起始点

计算暴露界限而选择的起始点为 400mg/（kg·d），这是未观察到增生的最大动物剂量（未见有害效应剂量见表 5-1）（USEPA, 2000b）。研究发现，雄性大鼠比雌性更敏感。因此，通常将雄性大鼠的增生结果用于水质基准的计算。运用新的比例因子（体重的 3/4 次幂，$BW^{3/4}$），计算人体等效剂量为 106.4 mg/（kg·d）。

表 5-1　雄性大鼠终生暴露于化合物 Z 的研究结果（USEPA, 2000b）

动物剂量/[mg/（kg·d）]（缩放的人体等效剂量）	组数	反应的数量	
		肿瘤（乳头状瘤和癌）	增生
0	73	3	5
400　（$BW^{3/4}$ = 106.4）[a]　（$BW^{2/3}$ = 68.4）[b]	78	2	5
1500　（$BW^{3/4}$ = 398.9）[a]　（$BW^{2/3}$ = 256.5）[b]	78	21[*]	29[*]

a. 体重 $^{3/4}$（$BW^{3/4}$）比例因子是根据 1999 年《癌症指南修订草案》；

b. 体重 $^{2/3}$（$BW^{2/3}$）比例因子是根据 1986 年《癌症指南》为了比较并使用于本节中下文的线性多级模型（LMS）方法；

[*]处理组与对照组中肿瘤发病率和增生均显著性（$p<0.05$）增加。

2. 不确定因子

反应的性质：用于剂量–效应评估中的反应是增生，这是前体影响。因此，仅需要一个较小的不确定因子。

剂量–效应关系的斜率：现有的数据表明起始点[动物剂量为 400 mg/（kg·d）]的斜率较大。这意味着较低的剂量或较小的不确定因子，其风险迅速减小。

种内差异：由于健康状况、饮食、年龄和遗传组成等各种因素的差异，不同人群对毒物的反应存在差异。化合物 Z 的研究不能确定一个亚群的健康或遗传状况，尤其是对化合物 Z 致癌作用敏感的人群，也不能表明过高或过低的种内差异。

种间差异：由于不同的生理和代谢作用，动物和人体对化学物质的反应可能大不相同。人体研究和流行病学研究表明，在易受膀胱刺激、结石形成以及随后的肿瘤形成等方面，人体可能会大大低于雄性啮齿动物。

人体暴露：该暴露是慢性的，因此无须使用额外的不确定因子。

通常用不确定因子 30 来计算暴露界限。选择不确定因子需考虑所有以上讨论的因子，如种内差异（10）、种间差异（这里使用的不确定因子为 3，用 $BW^{3/4}$ 作为比例因子校正毒物代谢动力学差异）。此外，化学物质的数据库非常广泛。还有，用于定量研究的持续时间较长。因此，可认为这一因子 30 足以保护人体健康。随着起始点的降低，该风险将大大减小。此研究中，雄性大鼠是一个非常敏感的模型，其生理现象很可能会随着剂量–效应曲线中剂量的下降而急剧下降。还有，化合物 Z 诱发的人体中膀胱结石和随后的肿瘤并不常见。

3. 水质基准的计算

可用式（5-9）来计算化合物 Z 的水质基准值。起始点为 106.4mg/（kg·d），UF = 30，BW =70 kg，DI = 2 L/d，FI =0.0175 kg/d，BAF = 300 L/kg，RSC 假定为 20%。

计算得出水质基准为 6.7 mg/L。计算中的成人体重、饮用水摄入量、鱼的摄入量及假设的生物富集因子，都是当前默认的成人值。这里的生物累积因子，是假设化合物 Z 通过食物链进入鱼组织的。

5.2.3.3 线性法的使用

本节讨论如何使用线性法得出水质基准值，并和 5.2.3.2 节使用反应模式得出的水质基准值进行比较。基于化合物 Z 的毒性特征，实践中线性方法很可能不是得出水质基准值的默认方法。

1. 人体等效剂量计算

校正本研究中的剂量以获得人体等效剂量。由于缺乏毒物代谢动力学数据，使用比例因子 $BW^{3/4}$ 进行计算（雄性大鼠体重为 0.35kg，人体体重为 70kg）。

2. 水质基准的计算

为描述观测范围内肿瘤数据的剂量-效应关系，多级模型以及适合于这些数据的其他曲线拟合方法均可使用。本案例中，多级模型中使用了三个数据点[0mg/（kg·d）、400mg/（kg·d）、1500mg/（kg·d）]来计算 LED_{10}，得出 LED_{10} 值为 204 mg/（kg·d）（USEPA，2000b）。

用 0.1 除以 LED_{10} 的数值[式（5-4）]，得出致癌斜率因子（m）为 $4.9×10^{-4}$ mg/（kg·d）。然后将致癌斜率因子用于式（5-7）中，使用指定的风险等级（10^{-6}），计算出特定风险剂量为 $2.0×10^{-3}$ mg/（kg·d）。然后，将该 RSD 值用于式（5-8）中，其他参数与暴露界限方法中的一致，基于 10^{-6} 目标风险值，得出水质基准值为 0.019mg/L。

5.2.3.4　线性多级模型法的使用

本节比较了暴露界限法和传统的线性多级模型法得出水质基准值。

首先，线性多级模型法使用计算机程序对表 5-1 所示的雄鼠肿瘤数据进行拟合。计算出低剂量范围内 95%置信上限的线性斜率（即 q_1^*），用 $BW^{2/3}$ 种间剂量校正因子计算人体等效剂量，得出 q_1^* 值为 $6×10^{-4}$[mg/（kg·d）]$^{-1}$。式（5-7）中用参考风险 10^{-6} 来计算 RSD，RSD 为 $1.7×10^{-3}$。然后用式（5-8）计算水质基准值，其参数与暴露界限方法中的相同，计算出水质基准值为 0.016 mg/L。

5.2.3.5　不同方法及其结果的比较

表 5-2 给出了三种不同方法推导的水质基准值。暴露界限法计算结果大大高于默认线性法和线性多级模型法。如果在反应模式计算中使用较大或较小的不确定因子，则反应模式法计算出的水质基准就会相应地减少或增加。不同方法得出的水质基准取决于数据集性质以及反应模式所使用的不确定因子和起始点。

表 5-2　暴露界限法、线性法及线性多级模型法获得的水质基准值（USEPA，2000b）

方法	水质基准/（mg/L）
暴露界限法：用增生作为前兆来决定起始点和不确定因子 30	6.7
线性法：基于目标风险值为 10^{-6} 和基于 $BW^{3/4}$ 种间校正因子，由原点到 LED_{10} 画一条直线	0.019
线性多级模型法：基于目标风险值为 10^{-6} 和基于 $BW^{3/4}$ 种间校正因子的线性多级法	0.016

5.3　非致癌效应评估

非致癌物的风险评估，假设非致癌物具有某一剂量或阈值，低于该值则不会导致副作用。美国环境保护署提出可将参考剂量作为非致癌物风险的估计。参考剂量是人群（包括敏感亚群）可能无明显有害效应的每日暴露值的估值。但是，对于差异性较大的总体，参考剂量并不能完全保护每个个体；另外，高于参考剂量的暴露也并不一定是不安全的。

有些个体可能具有较强的适应性，或比其他个体有更好的自我保护性，且药物反应会随年龄和健康状况的不同而不同（Barnes and Dourson, 1988）。

确定人体健康免受非致癌效应影响的关键步骤是确定参考剂量。通常，参考剂量与暴露水平及生物体累积信息等一起用来获得非致癌效应水质基准（USEPA, 1988）。参考剂量的推导，首先是通过实验方法得出 NOAEL/LOAEL。一些机构正在继续研究参考剂量的评价方法（Crump, 1995; USEPA, 1988; Hertzberg and Miller, 1985）。

5.3.1 危害鉴别

风险评估的第一步是基于化学物质影响健康的资料进行危害鉴别。一般需要讨论暴露状态、影响类型和严重程度、危害性质与人体的相关性等（USEPA, 1994, 1991a）。全面研究人体危害建立化学物质暴露与不利效应的相关性。但是，由于缺乏足够的人体资料，通常依靠动物研究数据。大多数情况下，选择老鼠、兔子、豚鼠、狗、猴子或仓鼠等哺乳动物进行研究。周密设计的动物研究有利于控制化学物质暴露及明确毒物学分析。支持性证据可提供剂量-效应评价的附加信息，其来源广泛，如新陈代谢和药物动力学研究等。离体研究很少能提供明确的危害鉴别数据，但这些研究有助于深入了解化学物质对人体的潜在毒性。

一般来说，健康副作用是指干扰有机体的正常功能或产生有害的不利效应，包括对生殖和发育的影响。副作用不包括诸如无细胞组织学或生物化学影响的组织变色作用，或者新陈代谢中的酶感应。Hartung 和 Durkin（1986）提出了副作用严重程度的界定准则，美国环境保护署对这些副作用如何界定提供指南（USEPA, 1995）。区别一些轻微影响，如可逆性酶感应及严重反应的可逆性亚细胞变化，对于区分 NOAEL 和 LOAEL 非常重要。评价某种效应的可逆性也不容忽视。这里，可逆性是指某一变化在化学物质暴露期间或暴露停止后一段时间内，能否恢复至正常或正常范围内。即使是可逆性的影响对有机体也是不利的。在危害鉴别时，应区分不可逆效应与虽不太严重但仍有副作用的可逆性变化。

危害鉴别时还需讨论毒性测试的暴露条件，包括路径（如吸入、摄食）、来源（如水、食物）及持续时间。危害鉴别还应对研究质量进行评价。研究质量的影响因素包括研究程序的完整性、数据分析的合理性、化合物特性、实验生物种类、样本容量、分组数、剂量间隔、观察值类型、动物性别和年龄及暴露途径和持续时间等（USEPA, 1988）。危害鉴别需要讨论证据力。通常，应讨论评价不同研究的结果，并全面讨论化学物质的毒性。

5.3.2 剂量-效应评价

剂量-效应评价需要对毒性数据进行评估，这涉及统计学和（或）生物学意义上显著性影响以及 NOAEL 和（或）LOAEL 值的确定。此外，为了明确剂量与效应是否存在相关关系，还需评估影响数据。剂量-效应关系可以是线性，也可以是曲线或 U 形。传统上，通过确定临界效应的最适 NOAEL 值可估计参考剂量。如果无法确定 NOAEL 的合适值，一般会采用 LOAEL 来估算参考剂量。

5.3.3　临界数据的选择

5.3.3.1　临界研究

关于非致癌效应的理想数据，应含有足够的信息，以定量描述增加剂量时反应发生率和严重程度。然而，常常缺乏这些完整的数据。因此，通常用临界研究或 NOAEL/LOAEL 来推导参考剂量。如何选择临界研究或选择参考剂量推导的研究，需对研究质量、副作用及浓度进行专业的判断。

推导参考剂量的最合适研究是防疫学研究，它证实了化学物质定量暴露与人体疾病间的正相关。并且，直接的人体研究避免了物种间推断所产生的误差。但是，目前仅有个别化学物质的人体风险定量评估有充足的数据。因此，一般从动物实验来获得人体有害效应的毒性信息。这种情况下，人体效应数据应从成熟的动物学研究中获得，并且这些动物的生物学基本原理应与人体的相对应。如果不能从密切"相关"物种中获得数据，那么临界研究的数据一般从最为敏感的测试动物物种中获取，即暴露途径证实最低剂量下具有不利影响的物种。

从毒性实验中选择临界研究时必须考虑给药途径（USEPA，2000a）。另外，与药物控制载体也有关。通常，毒性数据库不能提供所有可能的途径、载体及持续时间等数据。一般来说，首选的暴露途径应考虑最相关的环境暴露。例如，在确定饮用水基准时，应极其关注实验动物经口摄入的研究，特别是那些污染物随水一起进入体内的研究。然而，如果缺乏相关暴露途径和（或）暴露源数据，可从其他暴露途径和（或）暴露源进行外推。有关路径间外推的一些特定问题，包括最先暴露部位效应、所关心路径的毒物代谢动力学数据、重要路径的吸收效率、重要路径相关的排泄物数据等（USEPA，1989a）。

5.3.3.2　临界数据和终点

代表测试的最高剂量，且证实该剂量对任何受试物种均无不利效应的实验暴露量用于水质基准的确定。如果缺乏此类数据，可用 LOAEL 来确定基准。另外，可应用附加不确定因子由 LOAEL 外推 NOAEL。当有两项或两项以上相同或关联的研究时，可采用 NOAEL 或 LOAEL 的几何平均值。一种化学物质通常可产生多重效应，每种效应又有不同的 NOAEL 和 LOAEL 值。这些效应中，应选择一个临界终点（USEPA，1988）。

5.3.4　采用 NOAEL/LOAEL 方法推导参考剂量

通常，选择临界 NOAEL 或 LOAEL 得出基准。然后选择适当的不确定因子和修正因子以推导出参考剂量（USEPA，1988）。其公式为

$$RSD[mg/（kg·d）] = \frac{NOAEL}{UF \times MF} \ 或 \ \frac{LOAEL}{UF \times MF} \qquad (5\text{-}10)$$

式中，NOAEL 为特定暴露水平下，暴露人群和对照中不利效应的频率或严重程度均无显著增加；该水平下出现的某些作用不认为是不利效应，也不是特定不利效应的先兆。LOAEL 为最低实验暴露水平，即暴露人群和对照中不利效应的频率或严重程度均显著增加；如

果无法测定 NOAEL，可采用 LOAEL。UF 为不确定因子。标准 UF 用来说明从动物研究外推到人体研究、从低于慢性 NOAEL 外推到慢性 NOAEL 时不同人群敏感性的变异。如果用 LOAEL 来界定参考剂量，则可以采用附加的 UF。MF 为修正因子，通过专业判断来确定。MF 规定了 UF 中没有明确包括的附加不确定性，如数据库的完整性和受试物种的数量（MF 的值必须大于 0，小于或等于 10；MF 的默认值为 1）。

5.3.4.1　不确定因子和修正因子的选择

选择适当的不确定因子和修正因子，一般需由专家对病例进行逐个判断，对不确定性的应用范围、可利用数据的细微差别进行研究。一些研究讨论了不确定因子的基本原理（Dourson and Stara, 1983; Zielhuis and van der Kreek, 1979）及这一领域的研究情况（Dourson et al., 1992; Lewis et al., 1990; Hattis et al., 1987; Calabrese, 1985）。

表 5-3 中总结的不确定因子，阐述了大多数毒性数据库所固有的科学不确定性，其包括五个方面：个体间差异（UF_H）、实验性动物外推到人体（UF_A）、亚慢性外推到慢性（UF_S）、LOAEL 外推到 NOAEL（UF_L）和数据库完整性（UF_D）。每个因子都有一个系数，即 1、3 或 10，默认值为 10。

表 5-3　不确定因子和修正因子（USEPA, 2000b）

		定义
不确定因子	UF_H	对人群平均健康水平长期暴露研究所得到的有效数据进行外推时，采用 1、3 或 10 倍因子。该因子旨在说明人群个体间敏感性差异（种内差异）
	UF_A	若没有人体暴露的研究结果或结果不够充分时，从动物长期有效的研究结果外推时，采用附加的 1、3 或 10 倍因子。该因子意在说明从动物研究外推人体研究时的不确定性（种间差异）
	UF_S	若没有可用的长期人体研究数据，从动物的亚慢性研究结果外推时，采用附加的 1、3 或 10 倍因子。该因子意在说明从亚慢性向慢性 NOAEL 外推时的不确定性
	UF_L	当从 LOAEL 而不是从 NOAEL 导出参考剂量时，采用附加 3 或 10 倍因子。该因子意在说明从 LOAEL 向 NOAEL 外推时的不确定性
	UF_D	从某个"不完整"数据库导出参考剂量时，采用附加 1、3 或 10 倍因子。该因子意在说明任何研究不可能考虑到所有的毒性临界终点。当慢性数据之外还缺少单一数据时,常常采用 3 倍中间因子(1/2 对数单位）。该因子常指定为 UF_D
修正因子		通过专业判断来确定 MF，这是大于 0 而小于或等于 10 的附加不确定性因子。MF 的默认值为 1

另外，修正因子可用来说明不确定性的一些方面，这些不确定性在使用标准不确定因子时没有明确考虑。该修正因子的值大于 0 而小于或等于 10，但一般以 10 为底的对数（即 0.3、1、3 和 10）作为标准不确定因子，该因子的默认值为 1。

实践中，总不确定因子大小通常取决于各方面总不确定性的专业判断。当存在一个、两个或三个方面不确定因素时，通常分别取用 10、100 和 1000 倍不确定因子。当存在四个方面不确定性时，其不确定因子不大于 3000。美国环境保护署的观点是，不确定因子超过 3000 的毒性数据库不可靠。此时通常不再评估参考剂量，而是另寻或等待毒性数据。

如果现有的数据减少了或没有必要说明不确定性的特定方面，偶尔也采用小于 10 或为 1 的因子。例如，用 1 龄鼠的研究数据来推导参考剂量时，建议采用 3 倍而不是 10

倍的因子来解释亚慢性到慢性的外推，因为经验表明，1 龄鼠的 NOAEL 值较 3 个月龄鼠的 NOAEL 更接近慢性值（Swartout, 1990）。Lewis 等（1990）通过对期望值的分析，更全面地研究了可变不确定性因子的概念。

表 5-4 给出了 IRIS 使用一些化学物质不确定因子的实例。由于在选取不确定因子和修正因子时，需要有较高的判断水平。风险评估的合理性，一般还应包括选择这些因子的详细讨论以及它们所采用的数据。

表 5-4　IRIS 风险评估中不确定因子和修正因子应用实例（USEPA, 2000b）

化学物质	总不确定因子	修正因子	基本原理
钡	3	1	参考剂量是两个人体研究中得出的 NOAEL，其中包括使用动物研究所得的 NOAEL 和 LOAEL。应用不确定因子 3，这是因为成人与儿童临界效应的差异和发育影响方面数据的不完善性
铍	300	1	参考剂量是狗的饮食研究中得到的 BMD_{10}。不确定因子包括为种内和种间差异而设的 10 倍值及不确定因子 3，这是因为有关口服途径的人体效应、生殖/发育及免疫学效应等数据库不足
四价铬	300	3	参考剂量以动物研究得到的 NOAEL 为基础。不确定因子包括为种内和种间差异而设的 10 倍值及不确定因子 3，这是为了解释部分生命周期实验的不完整性。修正因子 3，是因为有研究显示 20mg/L 饮用水的暴露会引起人体急性胃肠反应
萘	3000	1	参考剂量以亚慢性动物研究经校正的 NOAEL 获得。不确定因子包括为种内和种间差异以及为研究的亚慢性持续时间而设的 10 倍值。附加的 3 倍因子，是因为缺少两代生殖研究

5.3.4.2　基于 NOAEL/LOAEL 的参考剂量置信限

如前所述，人体研究中所获得的高质量数据应作为推导参考剂量的基础。深入的流行病学研究常常会得出置信度最高的参考剂量。如缺乏此类数据，参考剂量可从实验性动物的研究中进行估计。

非致癌效应慢性"完整"数据库计算参考剂量需满足以下几个方面：①两次充分的哺乳动物慢性毒性研究。不同物种合适的暴露途径的研究，其中一种物种必须是啮齿动物。②一次充分的哺乳动物多代生殖毒性研究。③两次充分的哺乳动物发育毒性研究。基于合适的暴露途径，哺乳动物亚慢性研究（90d）得到的 NOAEL 可作为参考剂量估计的基本数据。不过，对于这样的基本数据，附加毒性数据会改变参考剂量。

对于某些化学物质，急性健康效应是所关心的临界效应，包括污染物急性暴露导致的神经毒害反应、经口效应或免疫病毒反应。此时，典型的长期研究（亚慢性或慢性）难以获得临界终点。该情况下，可重点考虑急性阈值，而不是潜在的慢性反应。

5.3.4.3　将参考剂量表示为单点或一个范围

参考剂量通常表示为单点估计量（USEPA, 1988）。但是，将参考剂量表示为一个范围可能比单点估计量更适合，因为很难精确确定人体寿命阈值。即使有充分可靠的数据，人体反应的差异性也强烈支持将参考剂量表示为一个范围。

尽管参考剂量表示可跨越一个数量级范围，但"数量级"仍有许多可能的解释，这些解释如下：①范围=x～$10x$（点估计量参考剂量=x）。持此观点的研究者认为，风险评估程序保守，参考剂量应为最低的估计值，在该点估计量之上都是不精确的范围。②范围=$0.3x$～$3x$。许多确定出参考剂量的研究者持有此观点。参考剂量点估计量 x 是跨越某一数量级范围的中点。③范围=$0.1x$～x。许多风险管理人员持有此观点。④范围=$0.1x$～$10x$。此假设大小范围可在点估计量 x 的任一端。

随着外推范围的扩大，剂量-效应的不确定性也随之增加，因此使用参考剂量范围内的某点，可能比计算的点估计值更适于表征风险特性。因此，作为一种风险管理策略，如果不确定因子和修正因子为 100 或小于 100，就不必考虑范围值。如大于 100 而小于 1000，则用 $1/2\log_{10}$（$3x$）或点估计量除以 1.5，至点估计值乘以 1.5 来确立一个范围。如不确定因子为 1000 或 1000 以上，则该范围为点估计值除以 3 至乘以 3。然后，风险评估者可在此范围内选择一个单点，作为计算出参考剂量的替换值。

确定水质基准时，需要考虑的暴露包括鱼（食物）和水。当用 NOAEL 计算参考剂量时，校正参考剂量估算的替换值要稍微高于参考剂量估值；而食物研究中的 NOAEL，要稍微低于参考剂量估值。选择该范围内的较低终点应明确定义敏感人群，如孕期前三个月的妇女。这种情况下，水中和鱼中污染物含量低于默认值 70kg 的育龄妇女的平均体重，应从参考剂量估值范围低端选择替换值进行校正。表 5-5 给出了使用参考剂量点估计或高于、低于点估计时应考虑的一些因素。美国环境保护署提倡使用参考剂量的点估计作为默认值来推导水质基准。

表 5-5　使用参考剂量范围时需考虑的一些因素（USEPA, 2000b）

使用点估计量参考剂量	✓ 默认位置 ✓ 总 UF/MF 为 100 或 1000 以下 ✓ 基本养分
使用参考剂量低端范围的点	✓ 暴露载体所增加的生物有效性与参考剂量研究中所采用的实验条件 ✓ 效应的严重程度与是否可逆 ✓ 观察范围内低斜率的剂量-效应曲线 ✓ 有敏感性人群（如儿童或胎儿）的暴露组
使用参考剂量高端范围的点	✓ 与实验性动物比较，人体有效性的减少 ✓ 基于最小 LOAEL 以及 UF/MF 为 1000 或更大时的参考剂量 ✓ 观察范围内高斜率的剂量-效应曲线 ✓ 没有鉴别出的敏感人群

许多因素影响参考剂量的不确定性，进而影响某一范围内替换值的选择，其中数据库的完整性起主要作用。观察包括人体在内一些物种的类似效应，可增加参考剂量点估计的置信区间，从而缩小不确定性范围。影响不确定性的其他因素，主要包括剂量-效应曲线的斜率、可见效应的严重程度、剂量间隔及暴露途径等。例如，斜率大的剂量-效应曲线，表明剂量的较小变化会导致效应差异相对较大。由严重反应的 LOAEL 计算参考

剂量，在参考剂量推导中常采用附加的不确定性因子，以防止低剂量时出现的不太严重反应，从而降低评价值。实验中的剂量间隔和样本大小也会影响参考剂量的置信区间。剂量间隔越大，样本数越少，"真的" NOAEL 落入不确定性区域的边际就越大。对于某些参考剂量，实验暴露途径可能与人体暴露途径不一致，途径间的外推或毒物代谢动力学模拟可假设两途径间吸收率存在差异。有时不应使用替换值。例如，锌的参考剂量是综合考虑营养学数据、最小 LOAEL 值以及不确定因子（3）获得的（USEPA, 1992）。如果用因子 3 来限定锌的参考剂量，那么上限会接近于最小 LOAEL 值。这种情况必须避免，因为引起副效应剂量的标准是不可接受的。

5.3.5　采用基线剂量法推导参考剂量

5.3.5.1　基线剂量法概述

基线剂量或基线浓度是指在背景值的基础上，引起预定频率的不良健康效应剂量的统计学下限值（USEPA, 2000b）。基线剂量通常用来替换 NOAEL，进行起始点的外推。它是一种剂量，其对应于背景反应水平的变化，而不取决于研究所用的剂量。基线反应是基于生物学显著的反应水平或者某特定终点观察范围内低端的反应水平。该方法同样不能减少由动物外推到人体时的不确定性。

剂量-效应模拟是基线浓度法的核心。模拟过程限于实验范围内的剂量外推。通常，该模型使用统计学模拟而不是生物学模型。由于其没有毒物引起特定效应机制的详细信息，因此低剂量外推不可靠。

基线剂量法具有许多优点，其考虑了剂量-效应曲线（包括形状）、更好地估算数据的统计学差异、对剂量间隔不过度敏感等。不过，使用基线剂量法的数据要求比 NOAEL/LOAEL 法更为宽泛。

5.3.5.2　采用基线剂量法计算参考剂量

采用基线剂量法确定参考剂量分四个步骤：①基线剂量模拟实验和反应的选择；②计算所有基线剂量潜在临界终点的基线剂量值；③从计算结果中选择单一的基线剂量；④用合适的不确定因子校正基线剂量，计算参考剂量。

1. 模型反应数据的选择

如何选择适合于基线剂量的实验和反应，与确定 NOAEL 选择适当的研究类似。对于某化学物质，对其进行研究并建立相关的健康效应模型，通常整套相关效应的基线剂量是最理想的。利用所有相关反应的基线剂量则是最佳的。然而，这通常很难解释大量的剂量-效应分析结果。从统计学上看，随着剂量的增加，反应会有一个显著的变化趋势。另外，还要保证生物学显著性。另一种方法主要是寻找模型所需的 LOAEL 的最关键效应。然而，要注意模拟反应数量的有限性对最小基线剂量产生的误差。

2. 分类连续数据的使用

数据选择的核心问题是选用数据的形式。通常，数据是以某一上限反应剂量对应的数字（或百分数）表示，特别是量化的数据，无数据条件。数据也可以是连续的形式，其结果表示为连续生物学终点的测定。连续性数据通常表示为平均数和标准偏差。为了对这类数据进行剂量-效应模拟，必须确定与不良反应相对应的正常反应界限。利用连续数据来模拟，可将每个剂量组的平均反应看成对照组平均反应的组分，或作为每个剂量组不良反应的百分比（Crump, 1995; Gaylor and Slikker, 1990）。Crump（1995）提出了处理连续数据的可选方案，这些数据可用于量化终点分析的模型，从而增加特定化学物质不同终点所获结果的一致性。

3. 数学模型的选择

目前，研究者已提出了多种确定基线剂量的数学方法。表 5-6 给出了可与量化或连续数据一起用来估计基线剂量的剂量-效应模型。

表 5-6　基线剂量预测的推荐模型（USEPA, 2000b）

数据类型	模型	方程
量化数据	量化线性回归（QLR）	$P(d) = c + (1-c)\{1-\exp[-q_1(d-d_0)]\}$
	量化二次回归（QQR）	$P(d) = c + (1-c)\{1-\exp[-q_1(d-d_0)^2]\}$
	量化多项回归（QPR）	$P(d) = c + (1-c)[1-\exp(-q_1d_1-\cdots q_kd^k)]$
	量化威布尔（QW）	$P(d) = c + (1-c)[1-\exp(-q_1d^k)]$
	对数正态（LN）	$P(d) = c + (1-c)N(a+b\log^{①}d)$
连续数据	连续线性回归（CLR）	$m(d) = c + q_1(d-d_0)$
	连续二次回归（CQR）	$m(d) = c + q_1(d-d_0)^2$
	连续线性二次回归（CLQR）	$m(d) = c + q_1d+q_2d^2$
	连续多项回归（CPR）	$m(d) = c + q_1d+\cdots+q_kd^k$
	连续乘方（CP）	$m(d) = c + q_1d^k$

注：$P(d)$ 为剂量 d 上某一反应的概率，$m(d)$ 为剂量 d 上的平均反应。所有模型中，$c, q_1, \cdots, q_k$ 和 d_0 为数据估计的参数。$N(x)$ 代表正态累积分布函数。Gaylor 和 Slikker（1990）讨论的模型中，不强制 q_1 和 q_2 有同样的符号（Crump, 1995; Gaylor and Slikker, 1990）。

4. 模型适宜度的处理

模型参数估计有助于确定模型的最适拟合。这种拟合通过最大似然法，预测每一剂量水平的反应概率（量化数据）或平均反应（连续数据）来完成。适宜度测试可用来确定某一模型是否能充分描述剂量-效应数据。

许多情况下，可能会出现几个模型均适合数据。此时，可考虑利用其他因素来选择模型。例如，模型的统计学假设对于数据比较合理。当生物学因素很重要时，可用其来

---

① 本书出现的 log 均以 10 为底数。

选择合适的模型。另一个生物学考虑是，是否设定有阈值存在。如果已知效应有一个期望阈值，那么模型允许选择一个临界剂量来模拟。选择模型时需考虑剂量-效应曲线生物学似然性。当考虑了以上这些因素，不同的模型可充分地描述数据时，基线反应拟合就变得十分重要。对全部数据集有相似拟合适宜度的模型，通常在基线反应附近的预测会不同。

对于特定数据集，数据拟合一般无统一的标准模型。适宜度较差的模型通常降低了较高剂量时的反应，可采用一些程序来校正模拟过程。例如，可去除最高剂量下的反应，因为这些剂量通常对低剂量区只提供极少的有用信息。当代谢途径饱和时，可用毒物代谢动力学数据评估进入目标器官的剂量，然后用基线剂量对有效剂量进行模拟（Andersen et al., 1993, 1987）。

5. 改变反应的测定

Crump（1984）对量化数据提出了两种附加反应的测定：附加风险和额外风险。附加风险是指剂量 d 时反应的概率$[P(d)]$减去在剂量 0（对照剂量）时的反应概率$[P(0)]$。它描述了某一剂量时动物反应的附加比例。附加风险除以$[1-P(0)]$即额外风险。

这些测定在计算对照反应方面是非常重要的。例如，如果某一剂量反应从 0 增加到 1%，则附加风险和额外风险均为 1%。然而，如果某一剂量将风险从 90% 增加到 91%，则附加风险仍为 1%，但额外风险则为 10%。由于额外风险更保守些，因此成为默认值。

对于连续性数据，研究者也提出了类似的风险测定（Crump, 1984）。首先，反应变化可表示为剂量 d 的平均反应与平均对照反应的差。二次测定是剂量与对照组平均反应的差除以（即标准化）对照组平均值。二次测定为对照组的反应变化，而不是绝对变化。

关于连续终点基线剂量，最新研究提出了其他可选择的方法。Allen 等（1994a, 1994b）和 Kavlock 等（1995）指出，可用背景标准偏差的单倍数对平均反应变化进行标准化，从而得到可比较的、作为 NOAEL 平均数的基线剂量。

6. 基准反应的选择

基线反应的选择是导出基线剂量的关键一步。由于基线剂量的作用与推导参考剂量中的 NOAEL 相似，因此需在效应检测范围的低端附近来选择基线反应。通常选择使实验人群反应增加 10% 的预测剂量（ED_{10}）作为基线反应。对于某些数据，充分估计 ED_{05} 或 ED_{01} 是可能的，这更接近真实的非效应剂量。不过，许多情况下，ED_{10} 是从标准毒性研究中估计出的最低风险水平（Crump, 1984）。

Allen 等（1994a, 1994b）和 Faustman 等（1994）的研究表明，按反应概率平均增长 10% 来定义基线剂量，类似于定量发育毒性研究中的 NOAEL。为确定水质基准，美国环境保护署建议在推导基线剂量时采用 ED_{05} 或 ED_{10}。

7. 置信区间的计算

基线剂量为所选基线反应剂量的置信下限。这里，采用统计学置信下限而非采用最大可能性估计有几种原因。采用置信限是为了说明种群间差异，大多数生物学反应通常分布在某种群内。因此，若从总体中随机选择两组动物进行研究，则两个研究组中最低剂量水平的反应则可能不同。较低的置信限可增加由小容量样本研究外推的总体置信度。为了计算反应的置信上限和有效剂量的下限，需选择计算置信限的程序和置信限大小。计算曲线置信限的推荐方法取决于最大可能性理论。一般情况下，统计学上置信限范围为 90%～99%。

8. 基准剂量的选择

当计算多重基线剂量时，选择合适的基线剂量对于参考剂量非常重要。当不同的模型适合于单一研究的反应数据、模拟单一研究中一种以上的反应、不同研究中的基线剂量不同时，可计算多重基线剂量。当几个模型均适合于单一的数据集计算多重基线剂量时，分析者可选取最小基线剂量或基线剂量几何平均值。当根据终点相同的不同反应或不同研究来计算多重基线剂量时，各基线剂量的选取也会涉及选择"临界效应"和最适物种、性别或实验设计的其他有关特性。模型输出、实验数据的图形表示以及生物反应模式的理解，均有助于基线剂量的选取。

9. 基线剂量法不确定因了的使用

一旦选取了单一或平均基线剂量，就可用基线剂量除以一个或多个不确定因子来计算参考剂量。除了 LOAEL-NOAEL 外推因子，应考虑基于 NOAEL 计算参考剂量中所有不确定因子。其他一些因素，如基准反应值大小、置信限、生物学因素、模拟效应的严格条件及剂量-效应曲线的斜率，均会影响不确定因子的大小和选择（Crump, 1995）。

5.3.5.3　基线剂量法的局限性

在某些或所有效应的基于生物学方法出现前，基线剂量法可作为一种可选程序。与NOAEL 的方法相比，基线剂量法有了很多改进，但也并不能解决非致癌风险评估的所有问题。基线剂量法允许非致癌风险评估中由动物反应数据到人体的外推。关于基线剂量法的具体应用实例可参考 USEPA（2000b）的论述。

5.3.6　采用分类回归法推导参考剂量

5.3.6.1　方法概述

分类回归法是另一种正在研究的方法，其用以估算与系统毒性有关的风险（Dourson et al., 1997; Guth et al., 1997）。根据该方法，健康效应可按严重程度分类（从无效应到严重效应）。这种简化可很好地利用量化和连续数据，而这些数据是定量数据。此外，许多有关健康效应的信息均可一起考虑。然后，可用逻辑斯谛回归分析处理这些数据：严重程度的累积对数是因变量，而暴露水平、暴露时间和其他参数是自变量。利用回归结果，当一定置信限下不利效应的发生概率足够时可确定参考剂量值，也可如同 NOAEL 和基线剂量法一样，利用适当的不确定因子校正参考剂量。例如，目标剂量可定义为，95% 置信限下不利效应发生概率小于 0.01 的剂量。然后剂量值可通过不确定因子的校正后得出参考剂量。

5.3.6.2　分类回归法应用步骤

应用分类回归法首先要分析化学物质的毒性数据库。对每一个有效研究，需根据生物学和统计学对所见反应按严重程度进行分类。例如，这些响应可分为无效应、无不利效应、中等不利效应、严重或致命效应。这些对应于参考剂量确定中的剂量分类，即 NOEL、NOAEL、LOAEL 和 FEL。

由于分类回归分析使用所有的效应数据，所以没有必要规定显示"中等不利效应"的最低剂量。因此，一个更为通用的术语——不利效应水平通常用于分类回归中，以取代 LOAEL 这一术语来描述中等效应。

某一剂量水平下观察到某类效应的概率，可通过观察到该类别效应数除以这一剂量下观察总次数来求得。计算出每一剂量和严重程度的对数值，然后根据剂量做回归处理。所得到的回归公式可用来计算任一剂量下效应严重程度的概率。

逻辑斯谛回归、威布尔及其他一些模型可用来进行分类回归。分类的逻辑斯谛回归（Hertzberg, 1989; Harrell, 1986）允许因变量（如严重性参数）为无条件的，而自变量既可为无条件的也可为连续的。数据的模型拟合优度可通过几种统计方法来判断（Hertzberg and Wymer, 1991）。

使用分类回归来计算参考剂量值的优点是，可纳入更多的健康效应数据，而且可评估高于参考剂量暴露水平的可能效应。预测高于参考剂量的效应能综合各种效应而不是临界效应，而这正是 NOAEL/UF 和基线剂量法的局限性。

5.3.7　慢性的非阈值效应

非致癌效应通常存在阈值，阈值以下不利效应不可能发生。然而这一原则也有例外。特别令人关注的是，致畸和生殖毒物可能通过遗传机制发生作用。环境保护署发现了基因毒性的致畸剂和幼体诱变剂的潜在影响，并在 1991 年发布的《可疑发育毒物健康评价环保局指南修正》（USEPA, 1991a）和 1986 年发布的《诱变剂风险评估导则》（USEPA, 1986b）中进行了讨论。这些指南使人们关注到后代的化学物质诱发胚胎突变或遭受子宫内突变的潜在危害。此时的遗传致畸剂和幼体诱变剂应视为阈值假设的一个例外。若缺少足够的数据支持发育和生殖效应中遗传和突变基础，则默认使用阈值法。对于这些化学物质，该指南推荐了以上假设存在一个阈值的非致癌物质评价程序。非阈值法只有在有足够的科学数据支持毒性非阈值机制时才使用，如铅的神经发育效应等。

当存在遗传或突变基础剂量时，应假设遗传致畸剂和幼体诱变剂存在非阈值效应机制。由于没有完全弄清保护人体健康不受这些化学物质影响的机制，因此需要逐项确定这些化学物质的基准。

5.3.8　急性短期效应

某些情况下可选择计算相应的急性或短期暴露基准。这些基准应对于"某一较短的暴露时间内无明显有害效应水平"（USEPA, 1991b）。这些基准值的推导同样遵循以上关于慢性基准的估算方法。其主要差别在于毒性资料的类型。一般情况下，模拟暴露模式和持续时间的研究与急性或短期基准的建立密切相关。这里，急性或短期效应较慢性效应本质差异显得特别重要。

通常，健康警告是根据暴露时间相似的研究中，获得的 NOAEL 或 LOAEL 的资料建立起来的，不过这方面也有一些弹性。有关健康警告的研究一般需要提供有关临界终点的信息。仅鉴定单纯毒性响应的研究则无须使用，因为此水平已高出健康警告所涉及的健康保护水平。

当建立长期或生命周期的健康警告时，不应使用短期研究获得的数据。当数据库不足以支持长期或生命周期的健康警告时，无法获得任何值。在判别数据与建立健康警告的关系时，应考虑如毒物代谢动力学、潜在恢复期和生物累积潜力等因素。

5.3.9　复合污染物

水环境中多种污染物暴露可能同时发生。化学物质间可能发生的相互作用包括拮抗类、协同类与加和类。

只在少数情况下，才会特别关注这些复合污染物的交互作用。若有复合污染物效应数据，应利用它们来描述风险特征。当混合物间出现协同作用时，这些数据显得尤其重要。某些污染物，特别是具有相似反应模式的持久性有机污染物共同出现在鱼和饮用水中时，应给予高度重视。

当无法获得这些特殊的或相似复合污染物的交互作用数据时，可使用累计方法评估复合污染物中化学物质的风险特征。当累计多种化学物质的风险时，应明确阐述支持剂量添加假说的实验证据的质量（USEPA，1999a），并且只当无相同或相似混合物的数据时，才能使用该方法。

当复合污染中化学物质的反应模式相似时，可设定污染物对风险的贡献是相加的（USEPA，1999a），有特定数据另外说明时除外。为描述多种非致癌物的多重暴露，具有相似效应的每一化学物质的剂量应表示为参考剂量的一部分，可用所有化学物质的比值相加以获得复合污染物的危害指数，如式（5-11）所示。

$$HI_{mix} = \sum_{m=1}^{n} \frac{E_m}{RfD_m} \qquad (5\text{-}11)$$

式中，HI_{mix} 为复合污染物危害指数（无单位）；E_m 为化学物质 m 的暴露；RfD_m 为化学物质 m 的参考剂量；n 为复合污染物数量。

危害指数大于 1，则意味着复合污染物非致癌效应风险增加。然而，危害指数并不表示风险大小和严重性（USEPA，1999a）。具有相同作用目标但反应模式完全不同的两种化学物质，是否增加目标的风险性并不确定。

5.4　小　　结

健康风险评估的结果直接影响着水质基准的确定。本章详细阐述了致癌效应和非致癌效应评估的理论基础、评估方法和步骤。致癌物和非致癌物的健康风险评估不但有一套较为完整与严格的方法与步骤，而且易采纳和实施，评定有一定的客观性。关于致癌和非致癌风险评估、暴露评估和生物累积评估，已取得了许多重要进展。在致癌风险评估方面，反应模式信息以支持鉴别致癌物和选择程序来评价污染物在较低环境暴露水平下的风险，开发新的程序以定量评价低剂量下的致癌风险，以取代目前默认的线性多级模型。在非致癌风险评估方面，正在趋于使用统计模型（如基线剂量法和分类回归法等）推导参考剂量，以取代传统的以无可见有害效应剂量为基础的方法。在暴露分析方面，一些新的研究讨论了水和鱼类消费。这些暴露研究提供了更新的和更全面的人群消费模式的描述。此外，有更加公式化的程序可以用来计算人体多源暴露以取代唯一暴露源时设定的人体健康目标。关于生物累积，已转向使用生物累积因子来反映鱼体污染物摄入的多源性，而不是以前所使用的仅反映来源于水体的生物富集因子。

由于致癌物和非致癌物的健康风险评估是近年来才发展起来的新理论，其基础理论和评估方法还有待于进一步发展完善。目前，仍有很多污染物的毒性及其毒理机制尚不清楚。风险评估主要依据活体毒性测试结果，而水体中污染物及其代谢物的生物有效性和暴露途径各异，存在低剂量、慢性暴露的特点，其有害效应需要较长时间才能显现出来。许多有毒污染物的浓度远低于室内活体实验的处理剂量，外推方法预测环境暴露下的效应阈值还存在较大的不确定性。此外，风险评估要求的多种化学物质毒性测试方法还有待于进一步发展，应大力发展针对细胞和生物化学等评价终点的测试技术。再者，水体中可能含有某些引起不同健康效应的复合污染物，应综合健康效应以描述混合物对健康效应的影响。目前水体中污染物的暴露评价模型有多种，然而这些模型大多存在不同程度的缺陷，应进一步研究包含非生境、生境和食物链过程在内的多介质归趋过程，提供更可靠的模型参数，以减少暴露模型预测的不确定性。

参 考 文 献

谌宏伟. 2006. 污染场地健康风险评价——以北方某工厂为例[D]. 北京: 中国地质大学.

陈鸿汉, 谌宏伟, 何江涛, 等. 2006. 污染场地健康风险评价的理论和方法[J]. 地学前缘, 13(1): 216-223.

洪鸣. 2008. 金属铅与三丁基锡化合物海水水质基准研究[D]. 大连: 大连海事大学.

胡二邦. 2000. 环境风险评价实用技术和方法[M]. 北京: 中国环境科学出版社: 1-482.

胡雨前. 2005. 杭州市饮用水中三卤甲烷的健康风险评价研究[D]. 杭州: 浙江大学.

黄圣彪, 王子健, 乔敏. 2007. 区域环境风险评价及其关键科学问题[J]. 环境科学学报, 27(5): 705-713.

刘超, 胡建信, 刘建国, 等. 2008. 镀铬企业周边全氟辛烷磺酰基化合物环境风险评价[J]. 中国环境科学, 28(10): 950-954.

陆雍森. 1999. 环境评价[M]. 2版. 上海: 同济大学出版社.

王进军, 刘占旗, 古晓娜. 2009. 环境致癌物的健康风险评价方法[J]. 国外医学卫生学分册, 36(1): 50-58.

夏世钧, 张家放, 王增珍. 2005. 环境化学污染物危害度评价的"基线剂量法"[J]. 环境与职业医学, 22(2): 178-180.

张彤, 金洪钧. 1995. 美国对水生态基准的研究[J]. 上海环境科学, 15(3): 7-9.

张应华, 刘志全, 李广贺, 等. 2007. 基于不确定性分析的健康环境风险评价[J]. 环境科学, 28(7): 1409-1415.

Allen B C, Kavlock R J, Kimmel C A, et al. 1994a. Dose-response assessment for developmental toxicity. II. Comparison of generic benchmark dose estimates with no observed adverse effect levels[J]. Fundamental and Applied Toxicology, 23: 487-495.

Allen B C, Kavlock R J, Kimmel C A, et al. 1994b. Dose response assessments for developmental toxicity: III Statistical models[J]. Fundamental and Applied Toxicology, 23: 496-509.

Andersen M, Clewell M, Gargas F A, et al. 1987. Physiologically based pharmacokinetics and risk assessment process for methylene chloride[J]. Toxicology and Applied Pharmacology, 87: 185-205.

Andersen M E, Mills J J, Gargas M L, et al. 1993. Risk analysis: An official publication of the society for risk analysis[J]. 13(1): 25-26.

Barnes D G, Dourson M. 1988. Reference Dose(RfD): Description and use in health risk assessments[J]. Regulatory Toxicology and Pharmacology, 8: 471-486.

Calabrese E. 1985. Uncertainty factors and interindividual variation[J]. Regulatory Toxicology and Pharmacology, 5: 190-196.

Cohen S W, Ellwein L B. 1990. Cell proliferation in carcinogenesis[J]. Science, 249: 1007-1011.

Cohen S W, Ellwein L B. 1991. Genetic errors, cell proliferation and carcinogenesis[J]. Cancer Research, 51: 6493-6505.

Cormier S M, Paul J F, Spehar R L, et al. 2008. Using field data and weight of evidence to develop water quality criteria[J]. Integrated Environmental Assessment and Management, 4(4): 490-504.

Crump K S. 1984. A new method for determining allowable daily intakes[J]. Fundamental and Applied Toxicology, 4: 854-871.

Crump K S. 1995. Calculation of benchmark doses from continuous data[J]. Risk Analysis, 15: 79-89.

Dourson M L, Knauf L A, Swartout J C. 1992. On reference dose(RfD)and its underlying toxicity database[J]. Toxicology and Industrial Health, 8(3): 171-189.

Dourson M L, Stara J. 1983. Regulatory history and experimental support of uncertainty(safety)factors[J]. Regulatory Toxicology and Pharmacology, 3: 224-239.

Dourson M L, Teuschler L K, Durkin P R, et al. 1997. Categorical regression of toxicity data, a case study using Aldicarb[J]. Regulatory Toxicology and Pharmacology, 25: 121-129.

Edwards S W, Preston R J. 2008. Systems biology and mode of action based risk assessment[J]. Toxicological Sciences, 106(2): 312-318.

Faustman E M, Allen B C, Kavlock R J, et al. 1994. Dose response assessment for developmental toxicity: I characterization of database and determination of NOAELs[J]. Fundamental and Applied Toxicology, 23: 478-486.

Gaylor D W, Slikker W J. 1990. Risk assessment for neurotoxic effects [J]. Neurotoxicology, 11: 211-218.

Guth D J, Carroll R J, Simpson D G, et al. 1997. Categorical regression analysis of acute exposure to tetrachloroethylene[J]. Risk Analysis, 17(3): 321-332.

Harrell F. 1986. The Logist Procedure SUGI Supplemental Library Users Guide[M]. 5ed. Cary, NC: SAS Institute.

Hartung R, Durkin P R. 1986. Ranking the severity of toxic effects: Potential applications to risk assessment[J]. Comments on Toxicology, 1: 3-35, 49-63.

Hattis D, Erdreich L, Ballew M. 1987. Human variability in susceptibility to toxic chemicals-A preliminary analysis of pharmacokinetics data from normal volunteers[J]. Risk Analysis, 7(4): 415-426.

Hertzberg R C, Miller M E. 1985. A statistical model for species extrapolation using categorical response data[J]. Toxicology and Industrial Health, 1(4): 43-63.

Hertzberg R C, Wymer L. 1991. Modeling the severity of toxic effects[J]. Presentation at the 84th Annual Meeting of the Air and Waste Management Association. June 16-21.

Hertzberg R C. 1989. Fitting a model to categorical response data with applications to species extrapolation of toxicity[J]. Health Physics, 57: 405-409.

IPCS(International Program on Chemical Safety). 1999. Principle for the assessment of risk to human health from exposure to chemicals[R]. http: //www. who. int/ipcs.

Kavlock R J, Allen B C, Faustman E M, et al. 1995. Dose response assessment for developmental toxicity: IV benchmark doses for fetal weight changes[J]. Fundamental and Applied Toxicology, 26: 211-222.

Lewis S C, Lynch J R, Nikiforov A I. 1990. A new approach for deriving community exposure guidelines from no-observed-adverse-effect levels[J]. Regulatory Toxicology and Pharmacology, 11: 314-330.

NAS(National Academy of Sciences). 1983. Risk assessment in the federal government: Managing the process[R]. Washington D C: National Academy Press.

OSTP(Office of Science and Technology Policy). 1985. Chemical carcinogens: Review of the science and its associated principles[J]. Federal Register, 50: 10372-10442.

Swartout. 1990. Personal communication to M. L. Dourson of the Office of Technology Transfer and Regulatory Support on January 12[R]. Washington DC.

USEPA. 1986a. Guidelines for carcinogen risk assessment[R]. Federal Register,: 33992-34003.

USEPA. 1986b. Guidelines for mutagenicity risk assessment[R]. Federal Register,: 34006-34012.

USEPA. 1986c. Guidelines for the health risk assessment of chemical mixtures[R]. Federal Register: 33992-34003.

USEPA. 1988. Reference dose(RfD): Description and use in health risk assessments[R]. Cincinnati: Office of Health and Environmental Assessment, Environmental Criteria and Assessment Office.

USEPA. 1989a. Interim methods for development of inhalation reference doses office of health and environmental assessment[R]. Washington DC. EPA/600/8-88-066F.

USEPA. 1989b. Interim procedures for estimating risks associated with exposures to mixtures of chlorinated dibenzo-p-dioxins and dibenzofurans(CDDs and CDFs)and 1989 update. Risk assessment forum[R]. Washington DC. EPA/625/3-89/016.

USEPA. 1991a. Amendments to agency guidelines for health assessments of suspect developmental toxicants[R]. Federal Register,: 63798-63826.

USEPA. 1991b.General quantitative risk assessment guidelines for noncancer health effects [R]. Sealord External Review Draft. Technical Panel for Development of Risk Assessment Guidelines for Noncancer Health Effects. Cincinnati,OH. ECAO CIN-538.

USEPA. 1992a. Guidelines for exposure Assessment[R]. Federal Register,: 22888-22938.

USEPA. 1992b. Report of the national workshop on revision of the methods for deriving national ambient water quality criteria for the protection of human health[R]. Washington, DC: Office of Water.

USEPA. 1994. Guidelines for reproductive toxicity risk assessment. External review draft. Risk assessment forum[R]. Washington DC. EPA/600/AP-94/001.

USEPA. 1995. RQ document for solid waste. Report on the benchmark sose peer consultation workshop: Risk assessment forum[R]. Washington, DC: Office of Research and Development.

USEPA. 1996a. Proposed guidelines for carcinogen risk assessment[R]. Washington DC: Office of Research and Development.

USEPA. 1999b. Proposed guidelines for carcinogen risk assessment[R]. Washington DC: Federal Register, 61(79): 17960-18011. http: //www. epa. gov.

USEPA. 1998. Guidelines for neurotoxicity risk assessment[R]. Federal Register: 26926.

USEPA. 1999a. Draft guidance for conducting health risk assessment of chemical mixtures[R]. Federal Register: 23833-23834.

USEPA. 2000a. Methodology for deriving ambient water quality criteria for the protection of human health(2000)[R]. Washington DC: Office of Science and Technology, Office of Water.

USEPA. 2000b. Methodology for Deriving Ambient Water Quality Criteria for the Protection of Human Health(2000). Technical Support Document(Volume 1): Risk Assessment. Office of Science and Technology[R]. Office of Water Washington, DC. EPA-822-B-00-005.

USEPA. 2005. Guidelines for carcinogen risk assessment[R]. EPA/630/P203/001F. http: // www. epa. gov.

Zielhuis R L, van der Kreek F W. 1979. The use of a safety factor in setting health based permissible levels for occupational exposure[J]. International Archives of Occupational and Environmental Health, 42: 191-201.

第 6 章　生物累积因子推导的理论和方法

6.1　引　　言

生物累积因子是推导保护人体健康水质基准的重要部分。对于某些特定的化学物质，通过水生食物链的暴露比通过摄取水暴露更重要。这些化学物质的疏水性较大，容易在鱼类和贝类体内产生累积。长期以来，主要用生物富集因子来估算水生生物对水中化学物质的累积，但它仅反映了鱼类和贝类对水相中污染物的暴露和累积。近 40 多年来最新的研究表明，鱼类和贝类对高生物积累性的化学物质的所有途径（如食物、沉积物和水）对生物体化学积累都很重要，并且当人类食用污染的鱼类和贝类时，这些化学物质会转移到人体。因此，通过水生食物链途径评估人体的化学暴露更加合适。目前，评估鱼类和贝类摄入的方法更注重使用生物累积因子，以考虑所有暴露途径的生物累积（USEPA，2000a）。

本章在研究目前生物累积因子国内外研究进展的基础上，总结和整理了国家生物累积因子推导的基本理论和方法，以期为水质基准推导提供基础数据。

6.1.1　生物累积因子的定义

生物累积是指水生生物通过所有摄入暴露源对某种化学物质产生的净累积。生物累积因子是指在生物体及其食物暴露比值随时间变化不大的情况下，某种化学物质在水生生物组织中的浓度与水环境中浓度的比值（用 L/kg 组织表示）。化学物质在组织和水中的浓度可以用不同生物相和化学相（如组织和水中的总浓度、油脂中的浓度及自由溶解态浓度）的化学分配定义。生物累积因子的计算公式为

$$BAF = \frac{C_t}{C_w} \tag{6-1}$$

式中，C_t 为特定湿组织中化学物质的浓度；C_w 为水体中化学物质的浓度。

生物累积作用有几个重要的特征。首先，生物累积是水生生物通过所有途径（如水、食物和沉积物）对某种化学物质的摄入和保留，而生物富集指的是水生生物仅通过水对某种化学物质的摄入和保留。某些化学物质（尤其是高持久性和疏水性的物质），其生物累积的量级比生物富集的量级高很多，仅估算生物富集会低估其在水生生物体内的累积程度。

其另一个重要特点是稳态条件。一般来说，生物累积可以简单地看成化学物质被某种水生生物摄入和净化速率竞争的结果。摄入和净化的速率受各种因素影响，包括化学物质的特征、生物生理学、水质和其他条件、水生态特征（如食物网结构）等。当摄入和净化速率相等时，该化学物质在组织中的浓度随时间保持恒定，且在生物体和来源中的分配达到稳态。在恒定的化学物质暴露与其他条件下，生物体的稳态浓度代表了此条

件下该化学物质在生物体中的最大累积能力。化学物质在生物体中达到稳态所需要的时间随着化学物质的性质、环境条件和其他因素的不同而变化。

确定生物累积因子的目的是推导水质基准，特定营养级的生物累积因子与各营养级鱼类的日消费信息一起估算人类通过水生食物网对污染物的暴露。

6.1.2　几个重要概念

6.1.2.1　总生物累积因子（$\mathrm{BAF_T^t}$）

总生物累积因子（$\mathrm{BAF_T^t}$）是指依据生物体和水中化学物质总浓度的生物累积因子。化学物质在组织中的总浓度是指某特定组织或整个生物体中的浓度。水中化学物质的总浓度包括与颗粒有机碳、溶解有机碳结合的及自由溶解态的化学物质的总和。通常认为总生物累积因子是实测生物累积因子。总生物累积因子用 L/kg 脂质表示，计算公式为

$$\mathrm{BAF_T^t} = \frac{C_t}{C_w} \tag{6-2}$$

式中，C_t 为组织中化学物质的总浓度；C_w 为水中化学物质的总浓度。

6.1.2.2　基线生物累积因子（基线 BAF 或 $\mathrm{BAF_L^{fd}}$）

对于非离子有机化合物（以及具有相似脂质和有机碳分配行为的特定离子有机化合物），通过化学物质的自由溶解态和组织脂质中浓度计算的生物累积因子为基线生物累积因子（用 L/kg 脂质表示），计算公式为

$$\text{基线BAF} = \mathrm{BAF_L^{fd}} = \left(\frac{\mathrm{BAF_T^t}}{f_{fd}} - 1 \right) \times \frac{1}{f_l} \tag{6-3}$$

式中，$\mathrm{BAF_T^t}$ 为总生物累积因子；f_{fd} 为水中化学物质的自由溶解态分数；f_l 为组织中的脂质分数。基线生物累积因子也可以定义为

$$\text{基线BAF} = \mathrm{BAF_l^{fd}} - \frac{1}{f_l} \tag{6-4}$$

式中，$\mathrm{BAF_l^{fd}}$ 为基于脂质标准化和自由溶解的生物累积因子；f_l 为组织中的脂质分数。

6.1.2.3　脂质标准化和自由溶解的生物累积因子（$\mathrm{BAF_l^{fd}}$）

脂质标准化和自由溶解的生物累积因子（$\mathrm{BAF_l^{fd}}$）指在生物体及其食物暴露比值随时间变化不大的情况下，生物体组织中某种化学物质的脂质标准化浓度与自由溶解态浓度的比值（用 L/kg 脂质表示），定义为

$$\mathrm{BAF_l^{fd}} = \frac{C_l}{C_w^{fd}} \tag{6-5}$$

式中，C_l 为组织中化学物质的脂质标准化浓度；C_w^{fd} 为自由溶解态浓度。

6.1.2.4　特定营养级的国家生物累积因子（$BAF_{TL,n}$）

特定营养级的国家生物累积因子（$BAF_{TL,n}$）是指按照特定营养级 n 的国家平均脂质含量和水体中有机碳的国家平均值计算的生物累积因子，用升每千克净油脂表示，计算公式为

$$国家 BAF_{TL,n} = \left[(最终基线 BAF)_{TL,n} \times (f_l)_{TL,n} + 1 \right] \times f_{fd} \tag{6-6}$$

式中，最终基线 $BAF_{TL,n}$ 为营养级 n 的平均基线生物累积因子；$f_{l\,(TL,n)}$ 为位于营养级 n 的水生生物组织的脂质分数；f_{fd} 为化学物质的自由溶解态分数。

6.1.2.5　生物富集因子（BCF）

生物富集因子（BCF）是指生物仅通过水暴露，而且暴露比值随时间不变的情况下，某种水生生物组织中化学物质的浓度与其在水中浓度的比值（用 L/kg 组织表示），计算公式为

$$BCF = \frac{C_t}{C_w} \tag{6-7}$$

式中，C_t 为特定湿组织中化学物质的浓度；C_w 为水体中化学物质的浓度。

6.1.2.6　总生物富集因子（BCF_T^t）

总生物富集因子（BCF_T^t）是指按照化学物质在生物体和水中的总浓度计算的生物富集因子。化学物质在组织中的总浓度指特定组织或整个生物体中的浓度，它包括与颗粒有机碳、自由溶解有机碳结合的及自由溶解态的化学物质的总和。由于总生物富集因子只在实验室测定，通常称为实验室测定的生物富集因子，以 L/kg 脂质表示，计算公式为

$$BCF_T^t = \frac{C_t}{C_w} \tag{6-8}$$

式中，C_t 为特定湿组织中的化学物质浓度；C_w 为水体中化学物质浓度。

6.1.2.7　基线生物富集因子（基线 BCF 或 BCF_L^{fd}）

基线生物富集因子（基线 BCF 或 BCF_L^{fd}）是指对于非离子有机化合物以及具有相似脂质和有机碳分配行为的某些离子有机化合物，按照化学物质的自由溶解态浓度和组织脂质中的浓度计算的生物富集因子，计算公式为

$$基线 BCF = BCF_L^{fd} = \left(\frac{BCF_T^t}{f_{fd}} - 1 \right) \times \frac{1}{f_l} \tag{6-9}$$

式中，BCF_T^t 为总生物富集因子；f_{fd} 为化学物质的自由溶解态分数；f_l 为组织的脂质分数。基线生物富集因子也可以定义为

$$基线 BCF = BCF_l^{fd} - \frac{1}{f_l} \tag{6-10}$$

式中，BCF_l^{fd} 为基于脂质标准化和自由溶解的生物富集因子；f_l 为组织中的脂质分数。

6.1.2.8　脂质标准化和自由溶解的生物富集因子（BCF_l^{fd}）

脂质标准化和自由溶解的生物富集因子（BCF_l^{fd}）是指生物仅通过水暴露，且在暴露比值随时间不变的情况下，组织中某种化学物质的脂质标准化浓度与自由溶解态浓度的比值（用 L/kg 脂质表示），计算公式为

$$BCF_l^{fd} = \frac{C_l}{C_w^{fd}} \tag{6-11}$$

式中，C_l 为组织中化学物质的脂质标准化浓度；C_w^{fd} 为自由溶解态浓度。

6.1.2.9　生物放大因子（BMF）

生物放大因子（BMF）是指对于特定水体和化学暴露，化学物质在特定营养级生物体内的浓度与该物质在低一级营养级被捕食者体内浓度的比值。对于非离子有机化合物，生物放大因子可以用化学物质在两个相邻营养级的生物组织中的脂质标准化浓度计算：

$$BMF_{(TL,n)} = \frac{C_{l(TL,n)}}{C_{l(TL,n-1)}} \tag{6-12}$$

式中，$BMF_{(TL,n)}$ 为营养级 n 的生物放大因子（TL，n）；$C_{l(TL,n)}$ 为特定营养级的捕食者组织中化学物质的脂质标准化浓度（TL，n）；$C_{l(TL,n-1)}$ 为捕食者下一营养级的被捕食者组织中化学物质的脂质标准化浓度（TL，$n–1$）。

对于那些无机物、金属有机化合物和离子有机化合物，脂质和有机碳分配理论不适用，生物放大因子可以用化学物质在两个相邻营养级的生物体组织中的浓度计算：

$$BMF_{(TL,n)} = \frac{C_{t(TL,n)}}{C_{t(TL,n-1)}} \tag{6-13}$$

式中，$BMF_{(TL,n)}$ 为营养级 n 的生物放大因子（TL，n）；$C_{t(TL,n)}$ 为特定营养级的捕食者组织中化学物质的浓度（TL，n）；$C_{t(TL,n-1)}$ 为捕食者下一营养级的被捕食者组织中化学物质的浓度（TL，$n–1$）。

6.1.2.10　生物–沉积物累积因子（BSAF）

对于非离子有机化合物，生物–沉积物累积因子是指在生物体及其食物暴露比值随时间变化不大且表面沉积物能够代表生物附近表面沉积物平均值的情况下，化学物质在水生生物组织中的脂质标准化浓度与其在表面沉积物中有机碳标准化浓度的比值（用千克沉积物有机碳每千克脂质表示），计算公式为

$$BSAF = \frac{C_l}{C_{soc}} \tag{6-14}$$

式中，C_l 为化学物质在组织中的脂质标准化浓度；C_{soc} 为化学物质在干沉积物中的有机碳标准化浓度。

6.1.2.11 食物链增殖因子（FCM）

对于非离子有机化合物，食物链增殖因子（FCM）是指特定营养级生物的基线生物累积因子与基线生物富集因子的比值（通常用第一营养级生物确定）。

6.1.2.12 自由溶解态浓度（C_w^{fd}）

对于非离子有机化合物，自由溶解态浓度（C_w^{fd}）是指溶于水环境中的浓度除去吸附在颗粒物或自由溶解有机碳上的部分，是预测生物累积的最好形式。可用式（6-15）确定：

$$C_w^{fd} = C_w^t \times f_{fd} \tag{6-15}$$

式中，C_w^t 为水中化学物质的总浓度；f_{fd} 为水中化学物质的自由溶解态分数。

6.1.2.13 脂质标准化浓度（C_l）

脂质标准化浓度（C_l）是指化学物质在生物组织或整个生物体内的总浓度除以该组织或整个生物体的脂质分数，计算公式为

$$C_l = \frac{C_t}{f_l} \tag{6-16}$$

式中，C_t 为特定湿组织中化学物质的浓度；f_l 为组织中的脂质分数。

6.1.2.14 沉积物有机碳标准化浓度（C_{soc}）

沉积物有机碳标准化浓度（C_{soc}）是指某种污染物在沉积物中的总浓度除以沉积物中有机碳的百分数，计算公式为

$$C_{soc} = \frac{C_s}{f_{soc}} \tag{6-17}$$

式中，C_s 为干沉积物中化学物质的浓度；f_{soc} 为干沉积物中有机碳的百分数。

6.1.2.15 沉积物-水相浓度商（Π_{socw}）

沉积物-水相浓度商（Π_{socw}）是指化学物质在沉积物中的浓度（以有机碳为基础）与其在水中浓度（以自由溶解态为基础）的比值（用 L/kg 有机碳表示）。对于某一生态系统，当 Π_{socw} 除以化学物质的 K_{ow} 时，反映了该化学物质在沉积物和水相之间的热力学梯度。沉积物-水相浓度商的计算公式为

$$\Pi_{socw} = \frac{C_{soc}}{C_w^{fd}} \tag{6-18}$$

式中，C_{soc} 为干沉积物中化学物质的有机碳标准化浓度；C_w^{fd} 为化学物质的自由溶解态浓度。

6.1.2.16　自由溶解态分数（f_{fd}）

自由溶解态分数（f_{fd}）是指化学物质在水中的自由溶解态浓度与总浓度的比值，可用下面的公式计算：

$$f_{fd} = \frac{C_w^{fd}}{C_w^t} = \frac{1}{1 + POC \times K_{poc} + DOC \times K_{doc}} \tag{6-19}$$

式中，POC 为水中颗粒有机碳的浓度（kg/L）；DOC 为水中溶解有机碳的浓度（kg/L）；K_{poc} 为化学物质在颗粒有机碳相和自由溶解相之间的平衡分配系数（L/kg）；K_{doc} 为化学物质在溶解有机碳相和自由溶解相之间的平衡分配系数（L/kg）。

6.2　生物累积因子的推导

国家生物累积因子是要说明能影响全国范围内水体生物累积的一些主要的化学、生物和生态特征。因此，根据化学物质的类型（如非离子有机物、离子有机物、无机物和有机金属化合物）采用独立的方法推导国家生物累积因子。另外，为解释其他因素如生物放大和各营养级之间生理差异的影响，推导各营养级单独的国家生物累积因子。每种化学物质得到三个特定营养级的国家生物累积因子，即营养级 2、3 和 4 都有一个特定的生物累积因子。推导国家生物累积因子的方法有四种，选择哪种方法依赖于多个因素，包括化学物质的性质、生物累积因子方法相对的优点和局限性及不确定性水平。推导特定营养级的国家生物累积因子，可以根据化学物质的类型和性质，选择其中一种或多种进行分析。四种方法分别为实测生物累积因子法、实测生物-沉积物累积因子法、总生物富集因子法、n-辛醇-水分配系数法。

6.2.1　实测生物累积因子法

实测生物累积因子法，即由现场采集的组织样品和水样得到的数据推导生物累积因子，这是生物累积最直接的测量。因为数据是从天然水生生态系统采集的，所以生物累积因子反映了生物通过所有暴露途径（如水、沉积物和食物）对化学物质的暴露。实测生物累积因子反映了可能出现在水生生物体内或其食物网中化学物质生物有效性和新陈代谢的所有影响因素。因此，该方法适合于所有化学物质。

6.2.2　实测生物-沉积物累积因子法

对于非离子有机化合物，生物累积因子可由生物-沉积物累积因子预测。生物-沉积物累积因子是指化学物质在生物体内和沉积物中的浓度之比，当该物质在水和沉积物中的浓度可以估算时，可以转化为生物累积因子。该方法与实测生物累积因子法都是用现场采集的样品测定的，反映了生物的所有暴露途径，它还解释了可能发生在水生生物体内或其食物网中化学物质的生物有效性和新陈代谢的因素。该方法只用于中高疏水性有机物生物累积因子的预测。

6.2.3　总生物富集因子法

总生物富集因子用化学物质在生物体内和水环境中的测量浓度确定，可以用来估算有机或无机化合物的生物累积因子，根据非水暴露途径的重要性决定采用或不采用食物链因子校正。与前两种方法不一样的是，总生物富集因子法主要反映化学物质仅通过水暴露途径的累积。因此对于从沉积物或食物源的累积重要的化学物质，预测的生物累积因子偏低。这些情况下，可用食物链因子校正以更好地反映通过食物网暴露的累积。总生物富集因子法通常反映测量过程中该化学物质发生在生物体内的新陈代谢，而不是发生在食物网中的新陈代谢。

6.2.4　n-辛醇-水分配系数法

化学物质的 n-辛醇-水分配系数可以用来预测非离子有机化合物的生物累积因子。该方法适合非离子有机化合物，也可用于具有相似的油脂和有机碳分配行为的某些离子化合物。对于非离子有机化合物，尤其在水生生物体内新陈代谢低的化学物质，n-辛醇-水分配系数与生物富集因子密切相关。对于非离子有机化合物，当食物网暴露很重要时，仅使用 n-辛醇-水分配系数估算生物富集因子会使生物累积因子偏低，因为生物富集因子只代表了水的化学暴露。这些情况下，用食物链因子校正 n-辛醇-水分配系数来预测生物累积因子。

6.2.5　各推导方法的对比

每个生物累积因子推导方法都有其各自的优点和局限性，推导国家生物累积因子时要对它们进行权衡。实测生物累积因子法的优点在于它适用于所有类型的化学物质，并能解释影响生物有效性、生物放大和新陈代谢的特定地域因素。然而，可接受的实测生物累积因子数据相对来说非常有限，采样点和用来推导的化学物质的数目也很少。此外，该方法对于很难在水相中准确测量的化学物质来说不适用。实测生物-沉积物累积因子法推导生物累积因子有很多相同的优点，如考虑了生物放大、新陈代谢和影响生物有效性的特定地域因素，仅用于水环境中难以测量的化学物质，如 2,3,7,8-TCDD。总生物富集因子法可用于所有类型的化学物质，且数据一般比较充足。然而，除非用实测或模型食物链因子校正，其本身不能反映化学物质在食物网中的生物放大作用。另外，高疏水性化学物质（$\log K_{ow} > 6$）可接受的生物富集因子非常有限，通常缺少影响生物有效性的（如溶解性有机碳）辅助数据。最后，n-辛醇-水分配系数法有一个显著的优点，就是不需要实验室数据（n-辛醇-水分配系数除外）或实测数据来推导生物累积因子。然而，这种方法局限于非离子有机化合物，且因为缺乏关于化学物质新陈代谢的数据受到限制。

6.2.6　生物累积因子的推导程序

根据化学物质的类型和性质，选择最合适的方法。第一步是准确定义所关注的化学物质，确保用来推导国家生物累积因子和作为健康评估基础的化学物质类型一致。第二步是选择和评论关于生物累积和生物放大的数据。第三步是将该化学物质划分为无机物/

金属有机物、离子有机化合物和非离子有机化合物三个类型的一种，因为某些方法适用于特定类型的化学物质（如实测生物-沉积物累积因子法适用于非离子有机化合物）。将化学物质分类后，还需要其他的评价步骤确定应该用哪种方法。下面对三类化学物质的推导步骤进行总结，重点介绍非离子有机物的生物累积因子推导程序。

（1）无机物/金属有机化合物的生物累积因子推导程序。对于此类化合物，评价的主要因素是该类化学物质在食物网中产生生物放大的可能性。目前，这类化学物质生物放大潜能的评价主要局限于分析食物网暴露的重要性和生物放大的经验数据，根据其在生物体内的浓度测定。例如，可用的数据表明甲基汞在水生食物网中产生生物放大作用，而这类中其他金属（如铜、锌、铅）不产生生物放大。如果发生生物放大作用，那么实测生物累积因子法是较优先的推导方法，其次是用食物链因子校正的总生物富集因子法。如果确定不发生生物放大作用，且其他因素相同，那么这两种方法都适用。由于很多因素包括生理差异以及生物从其组织中吸收、分布、解毒、存储和清除的机制不同，不同的生物对金属的生物累积变化很大。

（2）离子有机化合物的生物累积因子推导程序。对于离子有机物类的化学物质，主要是评估其相对电离程度和它们对脂质和有机碳的分配行为。如果在水体典型的 pH 范围内发生的相对电离程度可以忽略，且其非电离形式的行为类似非离子有机物，即脂质和有机碳分配控制着其行为，那么就按非离子化合物处理。如果化学物质的电离程度很大，或者非脂质和非有机碳机制控制着其行为，那么就按无机物/金属有机化合物相同的方式处理。

（3）非离子有机化合物的生物累积因子推导程序。对非离子有机化合物推导国家生物累积因子较复杂，需要根据化学物质的性质选择最合适的推导方法。为了考虑影响水生生物中生物累积因素（如测试生物的脂质含量和水中有机碳含量）的差异，需额外校正生物累积因子。推导过程按以下几个步骤进行。

第一步是选择生物累积因子推导方法。对于给定的非离子有机化合物，选择哪个方法有两个决策要点。第一个决策要点是需要了解化学物质疏水性的知识（K_{ow}）。对于非离子有机物，n-辛醇-水分配系数是评价非水暴露和生物放大是否值得关注的基础。非水暴露的重要性决定了某些方法（如总生物富集因子法，n-辛醇-水分配系数法）需不需要额外的校正来考虑这种暴露。可用的数据表明对于中高疏水性非离子有机物（$\log K_{ow} \geqslant$ 4.0），通过食物和其他非水途径的暴露在测定水生生物体内化学残留时可能会很重要（Russell et al.,1999; Fisk et al.,1998; Swackhamer and Hites,1988; Oliver and Niimi, 1988, 1983; Niimi,1985）。$\log K_{ow} < 4$ 时，可用的信息表明这些物质的非水暴露不重要。第二个决策要点是评估化学物质的新陈代谢对测定其在水生生物中浓度的重要性，因为它影响化学物质在水生食物网中的生物累积程度。例如，某些多核芳香烃的 n-辛醇-水分配系数值表明生物放大作用值得关注（即 $\log K_{ow} > 4$），但是较高级生物（主要是鱼类）的新陈代谢经常导致其在鱼体中浓度的降低（Burkhard, 2000; Endicott and Cook, 1994）。疏水性和新陈代谢指导选择生物累积因子的推导方法。

第二步是计算个体基线生物累积因子。研究证明生物的脂质含量和化学物质的自由溶解态浓度都是影响非离子有机化合物生物累积的重要因素（Suffet et al.,1994;

Thomann,1989; Connolly and Pedersen, 1988; Mackay,1982）。因此，用组织脂质分数和化学物质的自由溶解态浓度表示的基线生物累积因子用于不同物种和水体时，比基于组织和水中总浓度表达的生物累积因子和生物富集因子更合理。因为生物累积受生物营养级级别的影响很大，所以不应在不同营养级的物种间推导基线生物累积因子。由总生物累积因子计算基线生物累积因子的公式见式（6-4）。

第三步是计算最终的基线生物累积因子。应该用尽可能多的方法计算个体基线生物累积因子，如果使用不同方法计算的两个基线生物累积因子之间不确定性相似，选择最合适的最终生物累积因子。

第四步是计算国家生物累积因子。这一步校正最终生物累积因子以反映普遍食用的鱼类、贝类的脂质分数及该化学物质的生物有效性。推导国家生物累积因子需要普遍食用的水生生物脂质分数和化学物质自由溶解态分数等信息。计算各营养级的国家生物累积因子的公式见式（6-6）。

6.3　非离子有机化合物基线生物累积因子的推导

这里阐述四种适用于非离子有机化合物基线生物累积因子的计算方法，讨论每种方法预测生物累积因子的能力，以及每种方法固有的假设和局限性。

6.3.1　总生物累积因子法

由现场采集样品的总生物累积因子数据推导生物累积因子，是推导个体基线生物累积因子时最优先考虑的选择。一般来说，使用的生物累积数据可以计算出可靠的总生物累积因子，且对用于计算总生物累积因子的数据的质量和总体不确定性进行评估。

（1）用来计算总生物累积因子的水生生物应该能够代表国家普遍食用的水生生物。合理的替代品也可以用来计算总生物累积因子。当评估某种水生生物是否是合理的替代品时，应回顾生态学、生理学和有机体生物学等信息。

（2）所研究生物的营养级确定应在综合考虑它的生命阶段、饮食和食物网结构之后确定。确定生物体的营养级时，首选研究地点（或相似地点）所得到的信息。如果缺乏这些信息，可参见 USEPA（2000b, 2000c, 2000d）。

（3）某些情况下，对所研究生物指定适当的营养级时，可能需要考虑其大小、龄期和繁殖状态。另外，由于生长速率和产卵前后等因素的影响，生物积累也会发生变化。

（4）现场研究测定或可靠评估中，需要知道用来确定总生物累积因子的组织脂质分数。推导基线生物累积因子时，需要对组织中化学物质的浓度进行脂质标准化。

（5）研究应当有充分的证据以确保组织和水样是依据适当的、敏感的和准确的分析方法采集和分析的。

（6）用来推导总生物累积因子的水浓度应该反映所研究生物承受的平均暴露。

（7）应该能够确定或估计采集的水生生物的活动范围。

（8）所研究水体中颗粒有机碳和溶解有机碳的浓度应该是标准的或者可靠估算的，以便可以推导生物累积因子。

（9）不应在化学物质浓度或流量最近经历大的变化或破坏的生态系统中进行现场研究。

利用总生物累积因子推导非离子有机化合物的国家生物累积因子时，有几个假设和局限。①假设推导适当的总生物累积因子可以合理地估计生态系统长期条件下的生物积累。水和组织中化学物质的浓度必须根据适当的时间和空间规模平均，以能够得到合理趋于稳定和长期的生物累积因子。②通过生物体的脂质含量和化学物质的自由溶解态分数校正，可以合理地预测不同物种（同一营养级内）和地点的生物累积。事实上，还有其他影响生物积累的因素，包括化学物质负荷史、食物网结构、生物体健康生理学、水质因素及食物质量等所有这些因素随着生态系统的不同而不同。Burkhard 等（2003a）通过对脂质分数和化学物质的自由溶解态分数校正总生物累积因子增加生物累积因子可靠性进行了评估，比较结果表明校正减少了总生物累积因子的变化。③在适当条件下总生物累积因子与暴露浓度无关。该假设由一系列化学物质暴露浓度推导的总生物累积因子用于另一系列浓度时提出。对于非离子有机化合物，这一假设与化学物质摄取机制一致。然而，如果这些浓度很高而影响了生物的健康并因此影响其对化学物质的摄取、排出或新陈代谢，理论上总生物累积因子可能与暴露浓度有关。

目前，使用总生物累积因子推导国家生物累积因子的最大局限是，高质量的现场数据很少。

6.3.2　生物–沉积物累积因子法

当 $\log K_{ow} \geq 4$ 的非离子有机化合物没有可接受的总生物累积因子时，建议使用生物–沉积物累积因子法预测基线生物累积因子。该方法可以直接从表面沉积物中化学物质的浓度进行测定和预测，可用来估算基线生物累积因子（Cook and Burkhard, 1998; USEPA, 1995）。基于现场数据的生物–沉积物累积因子考虑了新陈代谢、生物放大、生长和其他因素的作用，因此估算的基线生物累积因子也会考虑这些因素。该方法也有利于测量多氯代二苯并二噁英、呋喃、某些联苯同系物和多环芳烃等化学物质通过食物网或物种中新陈代谢作用降低的生物放大作用程度。

此方法需要一个或多个参照化学物质的数据，这些化学物质在水环境及沉积物中的浓度可以测定，用一般的沉积物–水–生物数据组更好。实际上，这种方法是在化学物质的基线生物累积因子不能测定时，将测定的两种化学物质的生物–沉积物累积因子间的相对差转化为基线生物累积因子中的相对差。必须测量关注化学物质的生物–沉积物累积因子以测量其生物累积能力。一般来说，该方法通过测量参照化学物质的沉积物–水相浓度商估算关注化学物质的自由溶解态浓度值。需要各种化学物质的 n-辛醇–水分配系数，因为 $\prod_{socw} / K_{ow}$ 提供了参照化学物质与关注化学物质关联的基础。

6.3.2.1　确定生物–沉积物累积因子的值

如式（6-14）所示，通过化学物质在组织或生物体内的脂质标准化浓度与其在表面沉积物中的有机碳标准化浓度共同来确定生物–沉积物累积因子。用式（6-16）确定化学物质在生物体内的脂质标准化浓度，用式（6-17）确定沉积物有机碳标准化浓度。该方法不需要水和沉积物中的化学物质浓度之间存在稳态。水中化学物质浓度变化迅速时（发生污染或污染突然停止）测定的生物-沉积物累积因子不可靠。

6.3.2.2　基线生物累积因子与生物-沉积物累积因子的关系

当由一般的生物-沉积物-水样品组测量时，特定化学物质生物-沉积物累积因子或基线生物累积因子反映了生物放大作用、新陈代谢作用、生物能量学和生物有效性等因素对各物质生物累积的净效应。该方法是将测定生物-沉积物累积因子中包含的生物累积信息转化为相应的基线生物累积因子值，它们之间的关系主要依赖于该化学物质的沉积物-水相浓度商。在不能测定关注化学物质的沉积物-水相浓度商情况下，该方法使用参考化学物质 r 的测量，确定关注化学物质 i 的沉积物-水相浓度商值，计算公式为

$$(\Pi_{socw})_r = \frac{(C_{soc})_r}{(C_w^{fd})_r} \tag{6-20}$$

式中，$(C_{soc})_r$ 为参照化学物质在干沉积物中的有机碳标准化浓度；$(C_w^{fd})_r$ 为该参考化学物质自由溶解态浓度。

由脂质标准化和自由溶解的生物累积因子[式（6-5）]、生物-沉积物生物累积因子[式（6-14）]和沉积物-水相浓度商[式（6-18）]的定义可以推导出化学物质 i 的各参数之间的关系：

$$(\Pi_{socw})_i = \frac{(C_{soc})_i}{(C_w^{fd})_i} = \frac{(BAF_l^{fd})_i}{(BSAF)_i} \tag{6-21}$$

重新整理式（6-21）可以得到 $(BAF_l^{fd})_i = (BSAF)_i \times (\Pi_{socw})_i$。用 $(BSAF)_i \times (\Pi_{socw})_i$ 替代式（6-4）中的 $(BAF_l^{fd})_i$ 表达化学物质 i 的基线生物累积因子，可以得到：

$$(基线BAF)_i = (BSAF)_i \times (\Pi_{socw})_i - \frac{1}{f_l} \tag{6-22}$$

式（6-22）表明如果可以合理估算该化学物质的沉积物-水相浓度商，基线生物累积因子可以直接由生物-沉积物累积因子估算。由于生态系统不能经常处于稳态的化学物质负荷条件下，所以当 $(\Pi_{socw})_i$ 基于具有相似 n-辛醇-水分配系数的化学物质的测定时，预期的不确定性会小。

6.3.2.3　基线生物累积因子公式的推导

已经证明很多情况下，参照化学物质和关注化学物质在沉积物和水中逸度的比值（Π_{socw}/K_{ow}）都很相似。事实上，这种相似性为参照化学物质的选择提供了有用的标准。在证明存在明显差异的条件下，可通过 $D_{i/r}$ 来表示：

$$D_{i/r} = \frac{(\Pi_{socw})_i / (K_{ow})_i}{(\Pi_{socw})_r / (K_{ow})_r} \tag{6-23}$$

因此，

$$\left(\varPi_{\mathrm{socw}}\right)_i = \frac{\left(D_{i/r}\right)\left(\varPi_{\mathrm{socw}}\right)_r\left(K_{\mathrm{ow}}\right)_i}{\left(K_{\mathrm{ow}}\right)_r} \tag{6-24}$$

将式（6-24）代入式（6-23）可以得到式（6-25）。对于每个关注化学物质 i 的现场测定生物-沉积物累积因子的水生生物，用合适的 $(\varPi_{\mathrm{socw}}/K_{\mathrm{ow}})_r$ 值，可由式（6-25）计算基线生物累积因子：

$$\left(\text{基线BAF}\right)_i = \left(\mathrm{BSAF}\right)_i \times \frac{\left(D_{i/r}\right)\left(\varPi_{\mathrm{socw}}\right)_r\left(K_{\mathrm{ow}}\right)_i}{\left(K_{\mathrm{ow}}\right)_r} - \frac{1}{f_1} \tag{6-25}$$

式中，$(\mathrm{BSAF})_i$ 为关注化学物质 i 的生物-沉积物累积因子；$(\varPi_{\mathrm{socw}})_r$ 为参照化学物质 r 的沉积物-水相浓度商；$(K_{\mathrm{ow}})_i$ 为关注化学物质 i 的 n-辛醇-水分配系数；$(K_{\mathrm{ow}})_r$ 为参照化学物质 r 的 n-辛醇-水分配系数；$D_{i/r}$ 为化学物质 i 和 r 之间 $\varPi_{\mathrm{socw}}/K_{\mathrm{ow}}$ 的比值（一般选择 $D_{i/r}=1$）。

6.3.2.4　采样和数据质量考虑

该方法优先选择 $\varPi_{\mathrm{socw}}/K_{\mathrm{ow}}$ 与关注化学物质相似的参照化学物质，且这些化学物质容易找到。理论上，当没有满足逸度等值条件的可靠参照化学物质时，可以使用两种化学物质 i 和 r 的沉积物-水逸度比值之间的差异（$D_{i/r}$）。水和表面沉积物中浓度接近平衡的非离子有机化合物，与表面沉积物和悬浮固体中有机碳含量相关的 $\varPi_{\mathrm{socw}}/K_{\mathrm{ow}}$ 值相似。当稳态条件不存在时，相关化学物质的 $\varPi_{\mathrm{socw}}/K_{\mathrm{ow}}$ 可能相似。分子结构相似可以表明 $\varPi_{\mathrm{socw}}/K_{\mathrm{ow}}$ 相似，导致了它们在水中的物理化学行为为相似（持久性和挥发性），质量负荷历史相似以及沉积物中浓度分布曲线相似。很多情况下，多氢联苯作为有效的参照化学物质。

当现场测定的生物-沉积物累积因子用于预测生物累积因子时，应该满足以下考虑：参照和关注化学物质在水和沉积物中应该有相似的理化性质及持久性；具有相似 n-辛醇-水分配系数的几种参照化学物质的沉积物-水相浓度商数据应该从相同的水样和沉积物样中得到，以确保预测值比只从一个参照化学物质得到的合理；几种参照和关注化学物质的数据应来自特定位点的一般生物-水-沉积物数据组；从相同的沉积物样品测定得到参照和关注化学物质的沉积物有机碳，因为这排除了引起沉积物有机碳空间不均匀性的不确定性；按照要求适当选择目标和参照化学物质的 n-辛醇-水分配系数；参照和关注化学物质的负荷历史应相似，那样它们的沉积物-水不平衡值的比值（$\varPi_{\mathrm{socw}}/K_{\mathrm{ow}}$）不会差异太大（$D_{i/r}$ 值约等于 1）；表面沉积物的样品（0～1cm 理想）应该在含碳沉积物有规律的沉淀且能代表生物附近的平均表面沉积物的地点采集。

6.2.3.5　假设和局限性

目前这种方法局限于 $\log K_{\mathrm{ow}} \geqslant 4$ 的非离子有机化合物的基线生物累积因子推导。

前面关于总生物累积因子法的假设和局限性也适用于该方法。该方法计算和应用基线生物累积因子的局限在于自由溶解态浓度的可变性。式（6-25）的推导过程中，假设沉积物-水相浓度商是从一个普遍的沉积物数据组中选择的。当沉积物有机碳值不能很好代表空间平均条件时该方法是准确的，因为沉积物有机碳只需要反映沉积物负荷随时间的相对水平。沉积物有机碳的空间变化是生物、水和沉积物之间大多数偏离稳态的原因。

该方法中，使用参照化学物质的 Π_{socw}/K_{ow} 估算关注化学物质的自由溶解态浓度带来的误差对基线生物累积因子的准确性有线性影响。例如，如果 Π_{socw}/K_{ow} 为 10 但所用的估计值是 20，计算的基线生物累积因子比真实值高 2 倍。该方法的优点是它使用了结构相似的化学物质生物累积区别地相对测量。当采样合适时，可以得到水生生态系统中持久性生物累积化学物质浓度的时间稳定测量。目前该方法是估算基线生物累积因子唯一可行的方法，尤其是对于具有下面性质的非离子有机物： $\log K_{ow} \geqslant 4$ ；水中的浓度经常不易测定；生物新陈代谢的速率很大。具有这些性质的重要化学物质是多氯代二苯并二噁英、多氯二苯并呋喃和非邻位氯联苯等。

6.3.3 实测生物富集因子和食物链因子法

该方法适合具有中高疏水性（ $\log K_{ow} \geqslant 4$ ）且在生物体内新陈代谢率低的非离子有机化合物。尽管总生物富集因子考虑了生物体内的新陈代谢作用，但没有考虑可能发生在水生食物网中其他生物体内的新陈代谢作用。用式（6-26）计算基线生物累积因子：

$$\text{基线BAF} = \text{FCM} \times \left(\frac{\text{BCF}_T^t}{f_{fd}} - 1 \right) \times \frac{1}{f_1} \tag{6-26}$$

式中，BCF_T^t 为总生物富集因子（ $\text{BCF}_T^t = C_t/C_w$ ）；f_{fd} 为化学物质在水中的自由溶解态分数；f_1 为组织的脂质分数；FCM 为合适营养级的食物链因子，用线性内插法得到或来自可靠现场数据。

使用生物体组织和实验室测试水中化学物质的总浓度计算总生物富集因子，要评估数据的质量和生物富集因子的总体不确定性。①用于计算总生物富集因子的水生生物应该代表大众普遍消费的水生生物。如果不是，要使用合理的替代品。②受试生物不应该患病或受化学物质的浓度影响，因为这些条件可能会改变化学物质的累积。③受试生物应该在流通或修复条件下暴露于化学物质。④实验室测试水样中化学物质的浓度不能超过该化学物质在水中的溶解度。⑤测定水中化学物质的总浓度，且暴露期间要相对保持恒定。⑥测定或可靠估算研究水样中颗粒有机碳和溶解有机碳的浓度。⑦测定或估算组织或生物体的脂质分数以进行脂质脂标准化。⑧适当地考虑生长稀释，这对净化不好的化学物质尤其重要。

该方法的假设：高质量总生物富集因子较好地反映了化学物质的生物累积潜能；测量的总生物富集因子和该方法预测的基线生物累积因子与水中化学物质的浓度无关；食物链因子考虑了消费污染食物引起的生物放大过程。

此类化学物质的总生物富集因子，考虑了新陈代谢对生物累积的影响。然而，如果需要导入新陈代谢系统或共发生污染物使新陈代谢作用发生，那么总生物富集因子的测定就不用考虑新陈代谢的影响。因此，新陈代谢的影响程度由化学物质特性决定。

该方法中基线生物累积因子是用食物链因子和总生物富集因子计算的。食物链因子是使用带有许多假设和输入参数的 Gobas 食物网模型推导的。该方法推导的基线生物累积因子不包括所有代谢过程的影响，因为推导食物链因子时假设没有新陈代谢。然而，该方法考虑了这些生物富集因子测量中考虑的新陈代谢过程。由测定生物富集因子预测被代谢化学物质的基线生物累积因子，比由具有相同疏水性但不代谢化学物质的生物富集因子预测的基线生物累积因子小。

该方法一个主要局限性是目前缺乏关于高疏水性化学物质的高质量生物富集因子数据，因为这类物质难以测定。另外，一些生物富集因子是多种化学混合物的测定结果（如多氯联苯），并考虑了共发生化学物质对胶态离子形式的影响经常很难处理。如果将来可以获得高疏水性化学物质的生物富集因子数据，那么将会减少这种局限性的影响。

6.3.4　n-辛醇-水分配系数和食物链因子法

这个方法仅用于新陈代谢可忽略或未知的高疏水性化学物质。该方法中，假设 n-辛醇-水分配系数与基线生物富集因子相等，因此不需要有机碳和脂质标准化程序。用式（6-27）计算基线生物累积因子：

$$基线\ BAF = K_{ow} \times FCM \qquad (6-27)$$

其中，FCM 为适当营养级的食物链因子，用线性内插法获得或来自合适的现场数据；K_{ow} 为 n-辛醇-水分配系数。

该方法相关的假设：该类化学物质不被生物代谢，n-辛醇-水分配系数与基线生物富集因子相等；假设食物网中没有该化学物质的新陈代谢；假设混合的海底和浮游食物网及适当的 Gobas 模型。下面讨论这些假设和局限性。

该方法假设 K_{ow} 与化学物质的基线生物富集因子相等。平衡分配理论支持用 n-辛醇-水分配系数代替基线生物富集因子。该理论假设：生物富集过程可以看成化学物质在水生生物脂质和水中的分配，且 n-辛醇-水分配系数是这个分配过程的有效替代；n-辛醇-水分配系数和生物富集因子之间存在线性关系。Mackay（1982）提出生物富集分配过程的热力学原理并证明了 n-辛醇-水分配系数作为这种分配过程替代的有效性。例如，Isnard 和 Lambert（1988）的研究证明了有机化合物的 $\log K_{ow}$ 与暴露于这些化学物质的鱼类和其他水生生物所测定的 $\log$BCF 之间的线性关系。另外，用脂质标准化的生物富集因子构建回归方程时，斜率和截距分别为 1 和 0。例如，de Wolf 等（1992）将 Mackay（1982）报道的关系式调整为 100% 脂质理论（脂质标准化理论）得到了式（6-28）：

$$\log BCF = 1.00 \log K_{ow} + 0.08 \qquad (6-28)$$

对于 $\log K_{ow}$ 大（>6.0）的化学物质，即使不发生新陈代谢，生物富集因子与 n-辛醇-水分配系数通常不相等，因为测量和（或）报道没有在适当的实验条件下进行。当生物富集因子通过脂质标准化校正后，不产生新陈代谢化学物质的生物富集因子与 n-辛醇-水分配系数相等；使用暴露水体中化学物质的自由溶解态分数确定；校正生长稀释；稳态条件下化学物质摄入速率常数（k_1）和排泄速率常数（k_2）的准确测量；以及在暴露实验中没有使用其他溶剂。如果不能证实其是在合适的条件下测定的，可用 n-辛醇-水分配系数作为基线生物富集因子的近似值。

该方法仅适用于 $\log K_{ow}$ 大于或等于 4 且新陈代谢速率低的非离子有机化合物。因为假设 n-辛醇-水分配系数与生物富集因子相等仅对不发生新陈代谢的化学物质有效。若测量期间某种化学物质产生代谢，所测定生物富集因子会比 K_{ow} 小。另外，食物链因子也是假设食物网中该化学物质不发生新陈代谢作用而采用的。反之预测的生物累积因子会比现场测定的生物累积因子大。

6.4　非离子有机化合物的国家生物累积因子的推导

非离子有机化合物国家生物累积因子的推导要建立在所有合适的个体基线生物累积因子确定后。一般来说，基线生物累积因子采用组织的脂质分数和水中化学物质的自由溶解态浓度校正过的生物累积因子。然而，基线生物累积因子不能直接推导国家人体健康水质基准，因为其不能反映基准适用地点目标水生生物的脂质含量和水中化学物质的自由溶解态分数。此外，它需要转化为用组织和水中总浓度表示的生物累积因子，以适合基于水中化学物质总浓度的国家人体健康水质基准。由基线生物累积因子推导国家生物累积因子，需要两个步骤：①计算所有合适的个体基线生物累积因子，确定各营养级的最终基线生物累积因子；②使用水质基准适用地点所消费水生生物的脂质分数和水中化学物质自由溶解态分数的信息，计算各营养级的国家生物累积因子。由基线生物累积因子计算国家生物累积因子的公式见式（6-6）。

推导国家生物累积因子要使用各特定营养级的脂质分数国家缺省值，这些缺省值反映了普遍消费的水生生物脂质分数的消费-权重平均值。这里可使用为推导基线生物累积因子估算自由溶解态分数的公式来估算化学物质的自由溶解态分数。可使用有机碳的国家缺省值估算地表水中有代表性化学物质的自由溶解态分数，这些缺省值要反映国家各地分布水体的有机碳估算值的集中趋势。

在确定了个体基线生物累积因子后，下一步是为各营养级选择最终的基线生物富集因子，这本质上是对系列数据的汇总。首先，采用不同的生物累积因子推导方法和营养级计算各物种相应的个体基线生物累积因子平均值，以产生一组"物种平均基线生物累积因子"。然后，计算相应的物种平均基线生物累积因子，以产生一组"营养级平均基线生物累积因子"。最后，从可获得的营养级平均基线生物累积因子中为每个营养级选择或推导一个最终的基线生物累积因子。

6.4.1　各方法计算物种平均基线生物累积因子

对每个营养级和生物累积因子方法组合，计算可接受基线生物累积因子的几何平均值作为物种平均基线生物累积因子。四种生物累积因子方法都适用于中到高疏水性且新陈代谢速率可忽略或未知的非离子有机化合物。但是实际上，某个生物累积因子方法不能获得可接受的基线生物累积因子，或仅对一个或两个营养级可以得到基线生物累积因子。

计算物种平均基线生物累积因子时，仔细评估个体基线生物累积因子的质量、可变性和总体不确定性，以决定是否去掉某些值。这种评估一般是定性的，因为可用的生物累积数据有限。应特别关注以下几个问题。

（1）化学物质浓度的时间和空间平均。它是评估个体基线生物累积因子总体不确定性的一部分，足够的时间和空间平均对准确确定基线生物累积因子来说很重要。理想的平均程度根据化学物质性质（如疏水性）和生态系统各相（如水、沉积物和组织）中化学物质浓度可变性而变化。生态系统中浓度可变性高的高疏水性化学物质，需要较大的时间和空间平均。化学物质浓度的空间采样应该跨越水生物种毗邻的/当地的居住范围。水中化学物质浓度的可变性不一定与沉积物和生物体内的相同，尤其是对高疏水性化学物质，沉积物和生物体内化学物质浓度的可变性小。因此，准确估算反映稳态条件的基线生物累积因子所需要的化学物质浓度的时间平均程度可能根据环境相而变化。实测生物累积因子法和实验生物-沉积物累积因子法推导的基线生物累积因子考虑了水体中化学物质浓度的测量，因此水中化学物质浓度的可变性尤其重要。

若无法很好表征化学物质浓度的可变性，可以从总体流体动力学和生态系统中化学物质负荷方式得出一些结论。与较稳定和均匀的情况相比，随时间变化很大和（或）空间复杂的化学物质负荷也会引起浓度可变性增大。对于新陈代谢速率低的中高疏水性化学物质，没有经过时间或空间平均研究获得的基线生物累积因子的不确定性较大，除非浓度的总体变异很小。环境中缺乏持久性的中高疏水性化学物质可能需要较少的空间或时间平均程度，因为它们的分布与具有相似疏水性的较高持久性的化学物质相比非常有限。因为迅速的摄入和代谢，低疏水性的（即 $\log K_{ow} \leq 3$）化学物质在水和组织中的浓度变化趋于同步。因此，低疏水性化学物质在水和组织中同期浓度需要较少的时间和空间平均以得到可靠的生物累积因子。

（2）样品的空间和时间关联。评估样品在空间和时间中的关联以评估代表稳态生物累积的基线生物累积因子的可靠性。根据化学物质和生态系统性质，由空间和时间上广泛分离于水样的组织样品推导的总生物累积因子不确定性很高。应特别关注浓度地理梯度已知或可疑的情况，因为这些情况下组织和水样的地理区域不同可能导致总生物累积因子估算的错误或偏差。例如，如果水样是从高浓度暴露梯度的区域采集且鱼类样品是从低梯度区域采集的，则可能低估总生物累积因子。即使水、沉积物和生物样品在空间上位于同一地方，当存在很强的化学物质浓度梯度时，生物（如鱼类）的移动性就会有疑问。对于新陈代谢不重要的高疏水性化学物质，模型结果表明鱼类组织样品应该在水样采集时段的最后采样，以考虑这些化合物慢累积动力学相关的时间滞后。对于低疏水性化学物质，迅速地摄入和代谢动力学表明，组织样品和水样在时间和空间上应结合起来以可靠地估算总生物累积因子。

（3）化学物质负荷历史和稳态。化学物质的负荷史与水和沉积物间化学物质浓度的平衡程度（Π_{socw}/K_{ow}）有关。这反过来会影响非离子有机化合物的总生物累积因子的数量级（Burkhard et al., 2003b）。而且，若没有足够的时间使组织、水和沉积物浓度接近稳态，或浓度没有合适的时间和空间进行平均，化学物质负荷的迅速变化会导致长期总生物累积因子的偏误估计。鱼类体内高疏水性化学物质达到稳态需要的时间一般较长。测定总生物累积因子，使用稳态法评估尤其重要，因为高疏水性化学物质达到或接近稳态所需要的时间比许多生物累积实验典型的实验时间要长很多。因此，当评估给定物种基线生物累积因子的可变性和不确定性时，应该特别关注化学物质负荷史的不同及总生物累积因子（或总生物富集因子）反映稳态条件的可能性。如果已知或怀疑代表稳态生物累积条件的总生物累积因子偏差很大，则不将其应用于计算物种-平均基线生物累积因子。

（4）食物网结构。当比较由总生物累积因子或生物–沉积物累积因子推导的基线生物累积因子时，另一个评估因素是相同物种跨不同区域（或不同季节）的食物网结构的差异。尽管没有可接受性的基线生物累积因子明确的食物网结构，食物网结构的差异有助于解释给定物种不同地域基线生物累积因子的变化。模型预测和现场观察表明食物网结构会影响生物累积的量级，尤其是对高疏水性化学物质。虽然给定物种的营养级级别会由于其年龄、大小和生殖状况而变化，捕食物种可获得性的变化及竞争会直接影响食物暴露。某些情况下，同一物种龄期和大小不同的个体生物由于捕食偏好和食物中大小或龄期的有关差异可分为单独的营养级。最后，对于水和沉积物浓度之间存在明显不平衡的高疏水性化学物质，模型表明基于海底食物的物种比基于浮游食物的物种趋向于累积较高的浓度（Burkhard et al., 2003b）。

（5）有机碳和脂质的测量。评估基线生物累积因子的不确定性时，有机碳（颗粒有机碳、沉积物有机碳）和脂质的准确测定也很重要，因为它们直接用于由现场或实验室数据推导基线生物累积因子的过程中。水体中有机碳的浓度预测由于沉积时间、季节、流体力学和很多其他流域特征的作用而随时间变化。因此，需要随时间和空间采集足够的有机碳浓度样品以能够代表基线生物累积因子的估算值，采集的程度随特殊生态系统的可变性和所研究化学物质的疏水性而变化。分析有机碳的样品应该与所关注化学物质的样品同时采集。对于高疏水性化学物质，计算研究地点相应的基线生物累积因子时，需对有机碳浓度进行相似的平均，因为有机碳对它们的基线生物累积因子计算的影响最大。

估算脂质含量时，应仔细考虑用于给定研究物种的脂质提取方法。从组织中提取脂质的溶剂极性的不同会引起脂质提取量的不同，这会导致脂质标准化浓度的变化，并因此引起基线生物累积因子的变化。要特别关注极瘦组织（如<2%脂质）中脂质和化学物质的溶剂提取效率的差异。极性大（或混合的极性/非极性）的溶剂会比非极性溶剂提取的脂质多，因为瘦组织与胖组织相比，极性脂质的比例较大。当使用不同极性的溶剂定量脂质含量和目标分析物时，会加剧溶剂提取效率的变化（Randall et al., 1998）。因此，要排除那些由提取方法不同引起的基线生物累积因子数据。

6.4.2 各生物累积因子方法计算营养级–平均基线生物累积因子

计算物种–平均基线生物累积因子后，确定最终基线生物累积因子的下一步是用各种方法计算营养级–平均基线生物累积因子。可接受的物种–平均基线生物累积因子的几何平均值作为特定营养级的营养级–平均基线生物累积因子。应该计算营养级 2、3 和 4 的营养级–平均基线生物累积因子，因为鱼类和贝类的消费数据表明这些营养级中消费的生物很多。应特别关注水生生物营养级的划分，因为很多水生生物的划分可能不明确。

6.4.3 选择最终的营养级–平均基线生物累积因子

最终的基线生物累积因子是从各营养级的营养级–平均基线生物累积因子中选择的，选择时要考虑以下几个方面：适用于所关注化学物质的数据优先等级；基线生物累积因子相关的不确定性；不同的生物累积因子推导方法确定的生物累积因子的权重。现场数据一般优先于实验室或模型的生物累积估计，但并不绝对。一般情况下，一个给定的营养级可采用多个生物累积因子方法获得营养级–平均基线生物累积因子时，最终的营养级–平均基线生物累积因子应该从最优先的生物累积因子方法中选择。如果确定基于较优先方法的营养级–平均基线生物累积因子的不确定性更大，并且不同方法的权重表明由较低等级方法得到的生物累积因子值更准确，那么该营养级的最终基线生物累积因子应该从较低等级方法中选择。

考虑不同生物累积因子方法之间的权重时，如果给定营养级中不同方法得到的基线生物累积因子一致，则认为最终的基线生物累积因子具有较大的可信度。如果不一致但可以充分解释，则可信度不一定低。另外，也应该考虑生物累积测量的数量和多样性，因为这与国家生物累积因子所反映的覆盖国家地表水的生物累积估算的中心趋势密切相关。

6.4.4　用最终的基线生物累积因子计算国家生物累积因子

确定最终的基线生物累积因子后，计算国家生物累积因子。将得到的最终基线生物累积因子、生物体组织的脂质分数和化学物质的自由溶解态分数代入式（6-6）进行计算。

6.5　生物累积因子估算的案例分析

本节以设定的污染物 i 为例，详细介绍 4 种不同生物累积因子的推导过程。

6.5.1　现场测定的生物累积因子法

该例子说明如何使用总生物累积因子法推导疏水性非离子化学物质第 4 营养级国家生物累积因子。使用该方法计算国家生物累积因子需要用到总生物累积因子。确定总生物累积因子需要化学物质 i 在鱼类组织和水环境中总浓度的信息。

第一步是计算总生物累积因子。这个例子中，可以获得来自 A 湖（一个假设的湖）的数据，化学物质 i 在湖红点鲑中的浓度（100μg/kg）和在水相中的浓度（1.6×10^{-4} μg/L）。湖红点鲑属于第 4 营养级（USEPA, 2000b, 2000c, 2000d）。从现场研究得到的数据计算化学物质 i 的总生物累积因子如下：

$$\mathrm{BAF_T^t} = \frac{100\mu g / kg}{1.6 \times 10^{-4} \mu g / L} = 6.2 \times 10^{-5} L / kg \text{ 湿组织} \tag{6-29}$$

第二步是计算基线生物累积因子。通过考虑水体中化学物质的自由溶解态分数和特定采样地点生物的组织脂质分数，将总生物累积因子转化为特定营养级的基线生物累积因子，计算公式为

$$\text{基线BAF} = \left(\frac{\mathrm{BAF_T^t}}{f_{\mathrm{fd}}} - 1 \right) \times \frac{1}{f_1} \tag{6-30}$$

确定水体中化学物质的自由溶解态分数需要采样水体中颗粒有机碳和溶解有机碳的

信息以及化学物质 i 的 n-辛醇-水分配系数。例如，A 湖的颗粒有机碳浓度中值是 0.6mg/L（$6.0×10^{-7}$ kg/L），溶解有机碳浓度中值是 8.0mg/L（$8.0×10^{-6}$ kg/L）。化学物质 i 的 K_{ow} 是 $1.0×10^5$，或 logK_{ow} 为 5。根据这些数据计算化学物质 i 的自由溶解态分数如下：

$$f_{fd} = \frac{1}{1 + 6.0×10^{-7}\,kg/L × 1×10^5\,L/kg + 8.0×10^{-6}\,kg/L × 0.08 × 1×10^5\,L/kg} = 0.89 \qquad (6-31)$$

从 A 湖采集的鱼类平均脂质分数为 0.08（8%）。使用这个脂质分数以及上面计算的总生物累积因子和自由溶解态分数，计算湖红点鲑的基线生物累积因子为 $8.7×10^6$ L/kg 脂质，如下所示：

$$基线BAF = \left(\frac{6.2×10^5}{0.89} - 1 \right) × \frac{1}{0.08} = 8.7×10^6 (L/kg脂质) \qquad (6-32)$$

该例中假设第 4 营养级的生物只能获得一个可接受的生物累积因子值。因此，第 4 营养级的基线生物累积因子就是湖红点鲑的基线生物累积因子。如果第 4 营养级其他生物也可获得可接受的总生物累积因子，则计算第 4 营养级各物种的基线生物累积因子，然后用它们的几何平均值作为第 4 营养级的基线生物累积因子。各营养级的计算相似。

第三步是计算国家生物累积因子。推导所有可接受的基线生物累积因子并为第 4 营养级选择最终的基线生物累积因子，下一步是计算该营养级的国家生物累积因子。设定上面计算的基线生物累积因子代表了第 4 营养级的最终基线生物累积因子。对于给定营养级的国家生物累积因子，校正最终基线生物累积因子以反映预期影响水体中化学物质 i 的生物累积的条件。这通过使用基于国家集中趋势估计值的脂质分数和自由溶解态分数国家缺省值完成。对每个营养级，推导国家生物累积因子的公式见式（6-6）。

该例中只计算第 4 营养级水生生物的国家生物累积因子，对化学物质 i，其相应的值为 $8.7×10^6$ L/kg 脂质。使用式（6-19）计算国家所有水体化学物质 i 的自由溶解态分数，颗粒有机碳和溶解有机碳的国家缺省值分别为 $5×10^{-7}$ kg/L 和 $2.9×10^{-6}$ kg/L，化学物质 i 的 K_{ow} 是 $1.0×10^5$（log K_{ow} 为 5）。如下所示，计算的值为 0.93：

$$f_{fd} = \frac{1}{1 + 5×10^{-7}\,kg/L × 1×10^5\,L/kg + 2.9×10^{-6}\,kg/L × 0.08 × 1×10^5\,L/kg} = 0.93$$

假设第 4 营养级脂质分数的国家缺省值为 0.03。则第 4 营养级生物的国家生物累积因子为 $2.4×10^5$ L/kg 组织，如下所示：

第 4 营养级的国家生物累积因子= [（$8.7×10^6$ L/kg 脂质）

　　　　　　　　　× （0.03 kg 脂质/kg 组织）+ 1] × 0.93

　　　　　　　　　= $2.4×10^5$ L/kg 净组织

这个国家生物累积因子与水中和第 4 营养级生物组织中化学物质的总浓度有关。

6.5.2　现场测定的生物-沉积物累积因子法

这个例子说明了如何使用生物-沉积物生物累积因子法计算多氢联苯（PCB）同系物 126 的第 4 营养级的国家生物累积因子。该方法需要参照和所关注化学物质现场测定的生物-沉积物累积因子。

使用来自 B 湖的数据，由 PCB 126 等化学物质的生物-沉积物累积因子推导基线生物累积因子，其在水中不容易直接测定（Cook and Burkhard, 1998; USEPA, 1995）。为简化该例子，只推导第 4 营养级生物的基线生物累积因子，即 5～7 龄的湖红点鲑。以前，用 PCB 同系物 52、105 和 118 作为计算 PCB126 的基线生物累积因子的参考化学物质（Cook and Burkhard, 1998; USEPA, 1995）。选择这些同系物的原因如下：①它们有相似的理化性质；②在沉积物和生物中都易于定量；③它们有与 PCB126 相似的负荷史，因此它们的 $(\varPi_{\text{socw}})_r / (K_{\text{ow}})_r$ 值应相似。这个例子中，仅为参考 PCB 同系物 118 给出了详细的计算。实际上，所有参考同系物都可以按相同的步骤进行计算，该例只给出了 PCB 52 和 105 的最终基线生物累积因子的计算。

第一步是计算现场测量的生物-沉积物累积因子。通过 5～7 龄湖红点鲑中化学物质的脂质标准化浓度和表面沉积物中化学物质的平均有机碳标准化浓度确定 PCB 126 的生物-沉积物累积因子，使用式（6-14）。根据从 B 湖收集的数据，PCB 126 在 5～7 龄湖红点鲑中的 C_l 是 12.3ng/g 脂质，PCB 126 在沉积物中的 C_{soc} 是 3.83ng/g 有机碳。因此：

$$\text{BSAF}_{126} = \frac{12.3\text{ng} / \text{g 油脂}}{3.83\text{ng} / \text{g沉积物有机碳}} = 3.2 \qquad (6\text{-}33)$$

第二步是确定沉积物-水相浓度商。使用式（6-18）确定参考化学物质的沉积物-水相浓度商，这需要参照化学物质的自由溶解态浓度（C_{w}^{fd}）PCB 118。计算需要参照化学物质的自由溶解态分数，使用式（6-19）计算 $(f_{\text{fd}})_r$。测定的溶解有机碳值是 2.0×10^{-6} kg/L；将颗粒有机碳值设为 0（因为使用过滤器除去了所有颗粒物）；以及 PCB118 的 $K_{\text{ow}} = 5.5 \times 10^6$（log K_{ow} 为 6.7）。使用式（6-19），如下计算水中 PCB118 的自由溶解态分数：

$$(f_{\text{fd}})_{\text{PCB118}} = \frac{1}{1 + 0\text{kg} / \text{L} \times 5.5 \times 10^6 \text{L} / \text{kg} + 2.0 \times 10^{-6} \text{kg} / \text{L} \times 0.08 \times 5.5 \times 10^6 \text{L} / \text{kg}} = 0.53$$

例子中，过滤的 B 湖水中参考同系物 PCB 118 的测量浓度是 34pg/L。因此，$(C_{\text{soc}})_{\text{PCB 118}} = 34$ pg/L × 0.53 = 18 pg/L 或 1.8×10^{-5} μg/L。平均（C_{w}^{fd}）PCB 118 = 555 μg/kg 沉积物有机碳。将这些值代入式（6-18）计算参照化学物质 PCB 118 的沉积物-水相浓度商为

$$(\varPi_{\text{socw}})_{118} = \frac{555\mu\text{g} / \text{kg 沉积物有机碳}}{1.8 \times 10^{-5} \mu\text{g} / \text{L}} = 3.1 \times 10^7 \text{L} / \text{kg 沉积物有机碳} \qquad (6\text{-}34)$$

第三步是计算基线生物累积因子。对于每个具有可接受现场测量 $(\text{BSAF})_i$ 的物种，可以用下面的公式和合适的 $(\varPi_{\text{socw}})_r / (K_{\text{ow}})_r$ 计算所关注化学物质的基线生物累积因子：

$$(\text{基线BAF})_i = (\text{BSAF})_i \times \frac{(D_{i/r})(\varPi_{\text{socw}})_r (K_{\text{ow}})_i}{(K_{\text{ow}})_r} - \frac{1}{f_1} \qquad (6\text{-}35)$$

假设 PCB 同系物 118 和 126 的 $D_{i/r}$ 约为 1；将 PCB 126 的 BSAF 值（3.2）、PCB 118 的 $\varPi_{\text{socw}}$ 值（3.1×10^7）、PCB 126 的 K_{ow} 值（7.8×10^6 或 logK_{ow}=6.9）和 PCB 118 的 K_{ow} 值（5.5×10^6 或 logK_{ow}=6.7），以及湖红点鲑的脂质分数 0.20（20%）代入式（6-35），计算 PCB 126 的基线生物累积因子为

$$\text{基线BAF}_{126} = 3.2 \times \frac{1 \times (3.1 \times 10^7) \times (7.8 \times 10^6)}{5.5 \times 10^6} - \frac{1}{0.20} = 1.4 \times 10^8 \text{L/kg} \qquad (6\text{-}36)$$

参考 PCB 同系物推导的基线生物累积因子也同样适于 PCB 118。使用同系物 52 和 105 预测的基线生物累积因子分别为 3.7×10^8 L/kg 组织和 1.6×10^8 L/kg 组织。推导了所有的基线生物累积因子后，通过计算它们的几何平均值推导最终的基线生物累积因子，该例子中的计算结果为 2.0×10^8 L/kg 组织。

第四步是计算国家生物累积因子。本例中，假设上面计算的基线生物累积因子代表第 4 营养级的最终基线生物累积因子。通过使用基于国家集中趋势估计的脂质分数和自由溶解态分数国家缺省值完成。对每个营养级，推导国家生物累积因子的一般公式为

$$\text{国家BAF}_{\text{TL},n} = \left[(\text{最终基线BAF})_{\text{TL},n} \times (f_1)_{\text{TL},n} + 1 \right] \times f_{\text{fd}} \qquad (6\text{-}37)$$

该例子仅计算第 4 营养级水生生物的国家生物累积因子。PCB 126 第 4 营养级的基线生物累积因子为 2.0×10^8 L/kg 脂质。使用式（6-19）计算适用于所有水体的 PCB 126 的自由溶解态分数，假设颗粒有机碳和溶解有机碳的国家缺省值分别为 5×10^{-7} kg/L 和 2.9×10^{-6} kg/L，PCB 126 的 K_{ow} 为 7.8×10^6 或 $\log K_{\text{ow}} = 6.9$。如下所示计算的自由溶解态分数为 0.15：

$$f_{\text{fd}} = \frac{1}{1 + 5.0 \times 10^{-7} \text{kg/L} \times 7.8 \times 10^6 \text{L/kg} + 2.9 \times 10^{-6} \text{kg/L} \times 0.08 \times 7.8 \times 10^6 \text{L/kg}} = 0.15$$

假设第 4 营养级的脂质分数国家缺省值为 0.03。则第 4 营养级生物的国家生物累积因子为 9.0×10^5 L/kg，如下所示：

$$
\begin{aligned}
\text{第 4 营养级的国家生物累积因子} = &\ [(2.0 \times 10^8 \text{ L/kg 脂质}) \\
&\times (0.03 \text{ kg 脂质/kg 组织}) + 1] \times 0.15 \\
= &\ 9.0 \times 10^5 \text{ L/kg 湿组织}
\end{aligned}
$$

计算 PCB 126 国家生物累积因子将水中化学物质的总浓度和第 4 营养级生物组织中化学物质的总浓度联系起来。

6.5.3　总生物富集因子和食物链因子法

这个例子阐明了对于疏水性非离子化学物质 i 用实测生物富集因子和食物链因子法计算第 4 营养级的国家生物累积因子。确定总生物富集因子需要鱼组织和实验室测试水中化学物质 i 总浓度的信息。

第一步是计算实验室测定的生物富集因子。在此例中，C 实验室的数据可用，即鱼组织中化学物质 i 的总浓度（10μg/kg）及实验室测试水中的总浓度（3.0×10^{-3} μg/L）。实验室测量的生物富集因子计算结果是 3.3×10^3 L/kg，如下：

$$\text{BCF}_{\text{T}}^{\text{t}} = \frac{10\mu\text{g/kg}}{3.0 \times 10^{-3} \mu\text{g/L}} = 3.3 \times 10^3 \text{ L/kg 湿组织} \qquad (6\text{-}38)$$

第二步是计算基线生物累积因子。由总生物富集因子计算基线生物累积因子的公式为

$$基线BAF = FCM \times \left(\frac{BCF_T^t}{f_{fd}} - 1 \right) \times \frac{1}{f_l} \tag{6-39}$$

确定测试水中化学物质 i 的自由溶解态分数要有水中颗粒有机碳、溶解有机碳及 K_{ow} 的信息。此例中，颗粒有机碳浓度中值是 0.6mg/L（6.0×10^{-7} kg/L），溶解有机碳浓度中值是 8.0mg/L（8.0×10^{-6} kg/L）。由总生物富集因子推导基线生物累积因子时使用国家缺省值不合适。化学物质 i 的 K_{ow} 是 1×10^4 或 $\log K_{ow}$ 是 4.0。基于这些数据，根据式（6-19）计算化学物质 i 的自由溶解态分数如下：

$$f_{fd} = \frac{1}{1 + 6.0 \times 10^{-7} kg/L \times 1 \times 10^4 L/kg + 8.0 \times 10^{-6} kg/L \times 0.08 \times 1 \times 10^4 L/kg} = 0.99$$

此例中实验室所有鱼类样本的脂质分数是 0.08（8%）。$\log K_{ow}$ 等于 4 的食物链因子是 1.07。利用以上得到的脂质分数和食物链因子及总生物富集因子和自由溶解态分数，计算的基线生物累积因子为 4.5×10^4 L/kg 脂质：

$$基线BAF = 1.07 \times \left(\frac{3.3 \times 10^3}{0.99} - 1 \right) \times \frac{1}{0.08} = 4.5 \times 10^4 \, L/kg脂质 \tag{6-40}$$

该例子假设对于第 4 营养级的生物只有一个可接受的生物富集因子。因而，第 4 营养级的基线生物累积因子值即测试生物体的基线生物累积因子。如果对于第 4 营养级的其他生物有可接受的总生物富集因子数据，计算每一种生物的基线生物累积因子，求其几何平均值即第 4 营养级的基线生物累积因子。各营养级的计算类似。

第三步是计算国家生物累积因子。本例中，假定第 4 营养级基线生物累积因子代表最终基线生物累积因子。对于给定的营养级，计算国家生物累积因子是校正最终基线生物累积因子以反映预期的国家水环境中影响化学物质 i 的生物有效性的条件。这通过国家集中趋势估计的脂质分数和自由溶解态分数国家缺省值完成。对各营养级推导国家生物累积因子的一般公式是

$$国家BAF_{TL,n} = \left[(最终基线BAF)_{TL,n} \times (f_l)_{TL,n} + 1 \right] \times f_{fd} \tag{6-41}$$

此例中仅计算第 4 营养级水生生物的国家生物累积因子。化学物质 i 第 4 营养级的基线生物累积因子为 4.5×10^4 L/kg 脂质。用式（6-19）计算水体中化学物质 i 的自由溶解态分数，假设颗粒有机碳的国家缺省值是 5×10^{-7} kg/L，溶解有机碳值是 2.9×10^{-6} kg/L，化学物质 i 的 K_{ow} 是 1×10^4（$\log K_{ow}$ 是 4.0），计算过程为

$$f_{fd} = \frac{1}{1 + 5.0 \times 10^{-7} kg/L \times 1 \times 10^4 L/kg + 2.9 \times 10^{-6} kg/L \times 0.08 \times 1 \times 10^4 L/kg} = 0.99$$

假设第 4 营养级的脂质分数国家缺省值是 0.03，则第 4 营养级水生生物的国家生物累积因子的计算结果为 1.3×10^3 L/kg：

第 4 营养级的国家 BAF = [（4.5×10^4 L/kg 脂质）×（0.03 kg 脂质/kg 组织）+ 1] × 0.99
$$= 1.3 \times 10^3 \, L/kg \, 湿组织$$

对于第 4 营养级的水生生物，国家生物累积因子将水和组织中化学物质的总浓度联系起来。

6.5.4　n-辛醇-水分配系数和食物链因子法

本例阐明了对于疏水性非离子化学物质 i，利用 n-辛醇-水分配系数和食物链因子法计算第 4 营养级的国家生物累积因子。该方法不需要知道测试水中化学物质的自由溶解态分数或鱼类脂质分数，因为假定 n-辛醇-水分配系数与基线生物富集因子相等。该方法要求选择适当的 n-辛醇-水分配系数乘以适当的食物链因子解释生物放大作用。

第一步是选择 n-辛醇-水分配系数和食物链因子。本例中，化学物质 i 的 K_{ow} 为 $1×10^4$（$\log K_{ow} = 4.0$），以 $\log K_{ow}$ 是 4 的食物链因子是 1.07。

第二步是计算基线生物累积因子。利用选择的 n-辛醇-水分配系数和食物链因子直接计算基线生物累积因子，用式（6-27）进行计算，如下所示：

$$\text{基线 BAF} = K_{ow} × \text{FCM}$$
$$= (1×10^4) × 1.07$$
$$= 1.1×10^4 \text{ L/kg 脂质}$$

本例中只有一个 n-辛醇-水分配系数。

第三步是计算国家生物累积因子。此例中，假定以上计算的基线生物累积因子代表最终生物累积因子。对于给定的营养级，计算国家生物累积因子就是校正最终基线生物累积因子以反映影响国家水体中生物体中化学物质 i 的生物放大作用。通过国家集中趋势估计的脂质分数和自由溶解态分数国家缺省值完成。对于各营养级推导国家生物累积因子的一般公式是

$$\text{国家BAF}_{TL,n} = \left[(\text{最终基线BAF})_{TL,n} × (f_1)_{TL,n} + 1\right] × f_{fd} \tag{6-42}$$

此例中仅计算第 4 营养级的国家生物累积因子。对于化学物质 i，基线生物累积因子计算结果为 $1.1×10^4$ L/kg 脂质。用式（6-19）计算所有水体中化学物质 i 的自由溶解态分数，假设颗粒有机碳的国家缺省值是 $5×10^{-7}$ kg/L，溶解有机碳值是 $2.9×10^{-6}$ kg/L，化学物质 i 的 K_{ow} 是 $1×10^4$（$\log K_{ow}$ 是 4.0）。计算过程如下：

$$f_{fd} = \frac{1}{1 + 5.0×10^{-7}\text{kg}/\text{L}×1×10^4\text{L}/\text{kg} + 2.9×10^{-6}\text{kg}/\text{L}×0.08×1×10^4\text{L}/\text{kg}} = 0.99$$

假设第 4 营养级的脂质分数国家缺省值是 0.03，则第 4 营养级的水生生物的国家生物累积因子为 $3.3×10^2$ L/kg，如下所示：

第 4 营养级的国家 BAF= [（$1.1×10^4$ L/kg 脂质）×（0.03 kg 脂质/kg 组织）+ 1]×0.99
$$= 3.3×10^2 \text{L/kg 净组织}$$

参 考 文 献

Burkhard L P. 2000. Estimating dissolved organic carbon partition coefficients for nonionic organic chemicals[J]. Environmental Science and Technology, 34: 4663-4668.

Burkhard L P, Endicott D D, Cook P M, et al. 2003a. Evaluation of two methods for prediction of bioaccumulation factors[J]. Environmental Science and Technology, 37: 4626-4634.

Burkhard L P, Cook P M, Mount D R. 2003b. The relationship of bioaccumulative chemicals in water and sediment to residues in fish: a visualization approach[J]. Environmental Toxicology and Chemistry, 22: 351-360.

Connolly J, Pedersen C. 1988. A thermodynamic-based evaluation of organic chemical accumulation in aquatic organisms[J]. Environmental Science and Technology, 22: 99-103.

Cook P M, Burkhard L P. 1998. Development of bioaccumulation factors for protection of fish and wildlife in the Great Lakes//U. S. Environmental Protection Agency. National Sediment Bioaccumulation Conference Proceedings[R]. Washington, DC: Office of Water.

de Wolf W, de Bruijn J H M, Seinen W, et al. 1992. Influence of biotransformation on the relationship between bioconcentration factors and octanol-water partition coefficients[J]. Environmental Science and Technology, 26: 1197-1201.

Endicott D D, Cook P M. 1994. Modeling the partitioning and bioaccumulation of TCDD and other hydrophobic organic chemicals in Lake Ontario[J]. Chemosphere, 28: 75-87.

Fisk A T, Norstron R J, Cymbalisty C C, et al. 1998. Dietary accumulation and depuration of hydrophobic organochlorines: Bioaccumulation parameters and their relationship with the octanol/water partition coefficient[J]. Environmental Toxicology and Chemistry, 17: 951-961.

Isnard P, Lambert S. 1988. Estimating bioconcentration factors from octanol-water partition coefficients and aqueous solubility[J]. Chemosphere, 17: 21-34.

Mackay D. 1982. Correlation of bioconcentration factors[J]. Environmental Science and Technology, 16: 274-278.

Niimi A J. 1985. Use of laboratory studies in assessing the behavior of contaminants in fish inhabiting natural ecosystems[J]. Water Pollution Research Journal of Canada, 20: 79-88.

Oliver B G, Niimi A J. 1983. Bioconcentration of chlorobenzenes from water by rainbow trout: Correlations with partition coefficients and environmental residues[J]. Environmental Science and Technology, 17: 287-291.

Oliver B G, Niimi A J. 1988. Trophodynamic analysis of polychlorinated biphenyl congeners and other chlorinated hydrocarbons in the Lake Ontario ecosystem[J]. Environmental Science and Technology, 22: 388-397.

Randall R C, Young D R, Lee H, et al. 1998. Lipid methodology and pollutant normalization relationships for neutral nonpolar organic pollutants[J]. Environmental Toxicology and Chemistry, 17: 788-791.

Russell R W, Gobas F A P C, Haffner G D. 1999. Role of chemical and ecological factors in trophic transfer of organic chemicals in aquatic food webs[J]. Environmental Toxicology and Chemistry, 18: 1250-1257.

Swackhamer D L, Hites R A. 1988. Occurrence and bioaccumulation of organochlorine compounds in fishes from Siskiwit Lake, Isle Royale, Lake Superior[J]. Environmental Science and Technology, 22: 543-548.

Suffet I H, Jafvert C T, Kukkonen J, et al. 1994. Chapter 3: Synopsis of discussion session: Influences of particulate and dissolved material on the bioavailability of organic compounds[M]// Hamelink J L, Landrum P F, Bergman H L, et al. Bioavailability: Physical, Chemical and Biological Interactions. Boca Raton, FL: Lewis Publishers: 155-170.

Thomann R V. 1989. Bioaccumulation model of organic chemical distribution in aquatic food chains[J]. Environmental Science and Technology, 23: 699-707.

USEPA. 1995. Great Lakes water quality initiative technical support document for the procedure to determine bioaccumulation factors[R]. Washington, DC: Office of Water.

USEPA. 2000a. Methodology for deriving ambient water quality criteria for the protection of human health. Technical support document volume 2: Development of national bioaccumulation factors[R]. Washington DC: Office of Water.

USEPA. 2000b. Trophic level and exposure analyses for selected piscivorous birds and mammals. Volume I: Analyses of species for the Great Lakes. Draft[R]. Washington DC: Office of Water.

USEPA. 2000c. Trophic level and exposure analyses for selected piscivorous birds and mammals. Volume II: Analyses of species in the conterminous United States. Draft[R]. Washington DC: Office of Water.

USEPA. 2000d. Trophic level and exposure analyses for selected piscivorous birds and mammals. Volume III: Appendices. Draft[R]. Washington DC: Office of Water.

第7章 中外水质基准与水质标准的比较

水质基准是水环境质量标准的科学依据,水质基准和标准构成环境管理的核心基础。本章分析对比目前美国环境保护署 2015 年最新推荐的人体健康水质基准(USEPA, 2015)和 2018 年最新推荐的保护水生生物水质基准(USEPA, 2018),世界卫生组织《饮用水水质准则》(World Health Organization, 2011),以及我国最新的《地表水环境质量标准》(GB 3838—2002)和《生活饮用水卫生标准》(GB 5749—2006),以期从中发现水质基准与标准之间的内在关系及存在的科学问题,旨在更好地讨论水质基准在各种环境标准体系中的作用。

7.1 美国环境保护署推荐水质基准

美国没有全国统一的水质标准,只是由联邦发布水质基准,各州依据当地的条件制定不同区域的水质标准。按水体功能建立的水质基准旨在使水质保持在特定水体用途需要的水平,即杜绝有害人类及水生生物的物质排入美国境内的一切水体。美国环境保护署自 1968 年发布《绿皮书》后,相继对基准进行多次修订和补充完善,发布了一系列水质基准。目前最新的是 2015 年推荐人体健康水质基准,共涉及 122 个指标,包括优控污染物 103 项和非优控污染物 19 项;2018 年推荐保护水生生物水质基准,共涉及 59 个指标,包括 25 种优控污染物和 34 种非优控污染物(详见表 7-1)。

7.2 《地表水环境质量标准》

我国现行的《地表水环境质量标准》(GB 3838—2002)(详见表 7-1)由国家环境保护总局和国家质量监督检验检疫总局于 2002 年发布并实施。我国地表水环境质量标准自 1983 年颁布实施以来,迄今已修订过 3 次,已经成为我国水环境监督管理的核心。我国的水环境质量标准是根据不同水域及其使用功能分别制定的,根据所控制对象分为地表水环境质量标准、海水水质标准、渔业水质标准、农田灌溉用水水质标准、景观娱乐用水水质标准、地下水质量标准、饮用水标准等。各类功能区有与其相应的水质基准和各种用水水质标准,高功能区高要求,低功能区低要求。本标准项目共计 109 项,在保证水质的情况下保留了适合我国目前水质监测的基本项目 24 项,具体指标如表 7-2 所示,集中式生活饮用水地表水源地补充项目 5 项和特定项目 80 项(夏青等, 2004)。

表 7-1 中外水质基准与标准值对照表

（单位：mg/L）

物质	美国环境保护署 2018 年保护淡水水生生物水质基准				美国环境保护署 2015 年保护人体健康水质基准		中国《地表水环境质量标准》(GB3838—2002) 地表水环境质量标准基本项目标准限值					中国《生活饮用水卫生标准》(GB5749—2006)	世界卫生组织《饮用水水质准则》(第 4 版)
	保护淡水水生生物		保护海水水生生物		保护人体健康								
	CMC	CCC	CMC	CCC	消费水和生物	只消费生物	I 类	II 类	III 类	IV 类	V 类		
水温/°C							人为造成的环境水温变化应限制在：周平均最大温升≤1℃ 周平均最大温降≤2℃						
pH（无量纲） ≥		6.5~9		6.5~8.5	5~9		6~9					≥6.5 ≤8.5	
溶解氧	温水和冷水基质（见文件）		海水（见文件）				饱和率 90% (7.5)	6	5	3	2		
高锰酸盐指数 ≤							2	4	6	10	15		
化学需氧量（COD） ≤							15	15	20	30	40		
五日生化需氧量（BOD$_5$） ≤							3	3	4	6	10		
氨氮（NH$_3$-N） ≤							0.15	0.5	1.0	1.5	2.0		
总磷（以 P 计） ≤							0.02（湖、库 0.01）	0.1（湖、库 0.025）	0.2（湖、库 0.05）	0.3（湖、库 0.1）	0.4（湖、库 0.2）		
总氮（湖、库，以 N 计） ≤							0.2	0.5	1.0	1.5	2.0		
铜 ≤	—		0.0048	0.0031	1.3		0.01	1.0	1.0	1.0	1.0	1.0	2

续表

物质	美国环境保护署 2018 年保护水生生物水质基准				美国环境保护署 2015 年推荐人体健康水质基准		中国《地表水环境质量标准》（GB3838—2002）					中国《生活饮用水卫生标准》（GB5749—2006）	世界卫生组织《饮用水水质准则》（第 4 版）
	保护淡水水生生物		保护海水水生生物		保护人体健康		地表水环境质量标准基本项目标准限值						
	CMC	CCC	CMC	CCC	消费水和生物	只消费生物	I类	II类	III类	IV类	V类		
锌　≤	0.12	0.12	0.09	0.081	7.4	26	0.05	1.0	1.0	2.0	2.0		
氟化物（以 F⁻ 计）　≤	—	—					1.0	1.0	1.0	1.5	1.5	1.0	1.5
硒　≤	—	—	0.29	0.071	0.17	4.2	0.01	0.01	0.01	0.02	0.02	0.01	0.04
砷　≤	0.34	0.15	0.069	0.036	1.8×10^{-5}	1.4×10^{-4}	0.05	0.05	0.05	0.1	0.1	0.01	0.01
汞　≤	0.0014	7.7×10^{-4}	0.0018	0.00094			0.00005	0.00005	0.0001	0.001	0.001	0.001	0.006
镉　≤	1.8×10^{-3}	7.2×10^{-4}	3.3×10^{-2}	7.9×10^{-3}			0.001	0.005	0.005	0.005	0.01	0.005	0.003
铬（六价）　≤	0.016	0.011	1.1	0.05			0.01	0.05	0.05	0.05	0.1	0.05	0.05
铅　≤	0.065	0.0025	0.21	0.0081			0.01	0.01	0.05	0.05	0.1	0.01	0.01
氰化物　≤	0.022	0.0052	0.001	0.001	0.004	0.4	0.005	0.05	0.2	0.2	0.2	0.05	
挥发酚　≤							0.002	0.002	0.005	0.01	0.1		
石油类　≤							0.05	0.05	0.05	0.5	1.0		
阴离子表面活性剂　≤							0.2	0.2	0.2	0.3	0.3		
硫化物　≤							0.05	0.1	0.2	0.5	1.0	0.02	
粪大肠菌群/（个/L）　≤							200	2000	10000	20000	40000		
							集中式生活饮用水地表水源地补充项目标准限值						
硫酸盐（以 SO₄²⁻ 计）　≤	860	230					250					250	
氯化物（以 Cl⁻ 计）　≤							250					250	

续表

物质	美国环境保护署2018年保护水生生物水质基准 保护淡水水生生物 CMC	保护淡水水生生物 CCC	保护海水水生生物 CMC	保护海水水生生物 CCC	美国环境保护署2015年推荐人体健康水质基准 保护人体健康 消费水和生物	保护人体健康 只消费生物	中国《地表水环境质量标准》(GB3838—2002)	中国《生活饮用水卫生标准》(GB5749—2006)	世界卫生组织《饮用水水质准则》(第4版)
硝酸盐（以 N 计）≤					10		10	10 地下水源限制时为20	50
铁 ≤		1			0.3		0.3	0.3	0.3
锰 ≤					0.05	0.1	0.1	0.1	0.004
三氯甲烷 ≤					0.06	2	0.06	0.06	0.3
四氯化碳 ≤					0.0004	0.005	0.002	0.002	0.004
三溴甲烷 ≤					0.007	0.12	0.1	0.1	
二氯甲烷 ≤					0.02	1.0	0.02	0.02	0.02
1,2-二氯乙烷 ≤					9.9×10^{-3}	0.65	0.03	0.03	0.03
四氯乙烯 ≤					0.01	0.029	0.04	0.04	0.04
氯丁二烯 ≤					0.00001		0.002		
六氯丁二烯 ≤			—	—	0.00001	0.00001	0.0006	0.0006	0.0006
苯乙烯 ≤							0.02	0.02	0.02
甲醛 ≤							0.9	0.9	
乙醛 ≤							0.05		
丙烯醛 ≤	3×10^{-3}	3×10^{-3}			0.003	0.4	0.1	0.1	

续表

物质	美国环境保护署2018年保护水生生物水质基准 保护淡水水生生物		美国环境保护署2018年保护水生生物水质基准 保护海水水生生物		美国环境保护署2015年推荐人体健康水质基准 保护人体健康		中国《地表水环境质量标准》(GB3838—2002) 地表水环境质量标准基本项目标准限值					中国《生活饮用水卫生标准》(GB5749—2006)	世界卫生组织《饮用水水质准则》(第4版)
	CMC	CCC	CMC	CCC	消费水和生物	只消费生物	I类	II类	III类	IV类	V类		
三氯乙醛 ≤									0.01			0.01	
苯 ≤					$(0.58\sim2.1)\times10^{-3}$	$0.016\sim0.058$			0.01	0.01		0.01	0.01
丙烯酰胺 ≤					0.000061	0.0007			0.0005	0.0005		0.0005	0.0005
丙烯腈 ≤					0.02	0.03			0.1	0.1		0.1	
邻苯二甲酸二丁酯 ≤									0.003	0.003		0.003	
邻苯二甲酸二(2-乙基己基)酯 ≤					0.00032	0.00037			0.008	0.008		0.008	0.008
水合肼 ≤									0.01	0.01			
四乙基铅 ≤									0.0001	0.0001		0.0001	
吡啶 ≤									0.2	0.2			
松节油 ≤									0.2	0.2			
苦味酸 ≤									0.5	0.5			
丁基黄原酸 ≤									0.005	0.005			
活性氯 ≤									0.01	0.01			
滴滴涕 ≤									0.001	0.001		0.001	0.001
γ-六六六(林丹) ≤	9.5×10^{-4}	3.8×10^{-6}	1.6×10^{-4}		0.0042	0.0044			0.002	0.002		0.002	0.002
环氧七氯 ≤	5.2×10^{-4}	3.8×10^{-6}	5.3×10^{-5}	3.6×10^{-6}	3.2×10^{-8}	3.2×10^{-8}			0.0002	0.0002			

续表

物质	美国环境保护署 2018 年保护水生生物水质基准 — 保护淡水水生生物 CMC	保护淡水水生生物 CCC	保护海水水生生物 CMC	保护海水水生生物 CCC	美国环境保护署 2015 年推荐人体健康水质基准 — 消费水和生物	只消费生物	I类	II类	中国《地表水环境质量标准》(GB3838—2002) 地表水环境质量标准基本项目标准限值 III类	IV类	V类	中国《生活饮用水卫生标准》(GB5749—2006)	世界卫生组织《饮用水水质准则》(第4版)
对硫磷 ≤	6.5×10^{-5}	1.3×10^{-5}							0.003			0.003	
甲基对硫磷 ≤		0.0001							0.002			0.02	
马拉硫磷 ≤				0.0001					0.05			0.25	
乐果 ≤									0.08			0.08	0.006
敌敌畏 ≤									0.05			0.001	
甲苯 ≤					0.057	0.52			0.7			0.7	0.7
乙苯 ≤					0.068	0.13			0.3			0.3	0.3
环氧氯丙烷 ≤					2.2×10^{-5}	0.0016			0.02			0.0004	0.0004
氯乙烯 ≤					0.3	20			0.005			0.005	0.0003
1,1-二氯乙烯 ≤									0.03			0.03	
1,2-二氯乙烯 ≤									0.05			0.05	0.05
三氯乙烯 ≤					0.0006	0.007			0.07			0.07	0.02
二甲苯 ≤									0.5			0.5	0.5
异丙苯 ≤									0.25				
氯苯 ≤					0.1	0.8			0.3			0.3	0.3
1,2-二氯苯 ≤					1	3			1.0			1.0	1.0
1,4-二氯苯 ≤					0.3	0.9			0.3			0.3	0.3
三氯苯 ≤					7.1×10^{-5}	7.6×10^{-5}			0.02			0.02	
四氯苯 ≤					3×10^{-5}	3×10^{-5}			0.02			0.02	

续表

物质	美国环境保护署 2018 年保护水生生物水质基准				美国环境保护署 2015 年推荐人体健康水质基准		中国《地表水环境质量标准》（GB3838—2002）					中国《生活饮用水卫生标准》（GB5749—2006）	世界卫生组织《饮用水水质准则》（第 4 版）
	保护淡水水生生物		保护海水水生生物		保护人体健康		地表水环境质量标准基本项目标准限值						
	CMC	CCC	CMC	CCC	消费水和生物	只消费生物	I 类	II 类	III 类	IV 类	V 类		
六氯苯 ≤					7.9×10^{-8}	7.9×10^{-8}			0.05			0.001	
硝基苯 ≤					0.01	0.6			0.017			0.017	
二硝基苯 ≤									0.5				
2,4-二硝基甲苯 ≤					4.9×10^{-5}	1.7×10^{-3}			0.0003				
2,4,6-三硝基甲苯 ≤									0.5				
硝基氯苯 ≤									0.05				
2,4-二硝基氯苯 ≤									0.5				
2,4-二氯苯酚 ≤					1×10^{-2}	6×10^{-2}			0.093				
2,4,6-三氯苯酚 ≤					1.5×10^{-3}	2.8×10^{-3}			0.2				
五氯酚 ≤									0.009			0.009	0.009
苯胺 ≤									0.1				
联苯胺 ≤					1.4×10^{-7}	1.1×10^{-5}			0.0002				
敌百虫 ≤									0.05				
内吸磷 ≤		0.0001							0.03				
百菌清 ≤									0.01			0.01	
甲萘威 ≤		—							0.05				
溴氰菊酯 ≤									0.02			0.02	
阿特拉津 ≤									0.003				
苯并[a]芘 ≤	2.1×10^{-3}	2.1×10^{-3}	1.6×10^{-3}		3.8×10^{-6}	0.000018			2.8×10^{-6}			0.00001	0.0007

续表

物质	≤	美国环境保护署 2018 年 保护淡水水生生物水质基准 CMC	美国环境保护署 2018 年 保护淡水水生生物水质基准 CCC	美国环境保护署 2015 年推荐人体健康水质基准 保护海水水生生物 CMC	美国环境保护署 2015 年推荐人体健康水质基准 保护海水水生生物 CCC	美国环境保护署 2015 年推荐人体健康水质基准 保护人体健康 消费水和生物	美国环境保护署 2015 年推荐人体健康水质基准 保护人体健康 只消费生物	中国《地表水环境质量标准》(GB3838—2002) 地表水环境质量标准基本项目标准限值 I类	II类	III类	IV类	V类	中国《生活饮用水卫生标准》(GB5749—2006)	世界卫生组织《饮用水水质准则》(第4版)
甲基汞	≤						0.3			1.0×10^{-6}				
多氯联苯 (PCB)	≤		1.4×10^{-5}		0.3×10^{-4}	6.4×10^{-8}	6.4×10^{-8}			2.0×10^{-5}			0.0005	
微囊藻毒素-LR	≤									0.001			0.001	0.001
黄磷	≤									0.003				
钼	≤									0.07			0.07	
钴	≤									1.0				
铍	≤									0.002			0.002	
硼	≤		叙述性条文（见文件）							0.5			0.5	2.4
锑	≤	0.47	0.052	0.074	0.0082	0.0056	0.64			0.005			0.005	0.02
镍	≤					0.61	4.6			0.02			0.02	0.07
钡	≤					1				0.7			0.7	0.7
钒	≤									0.05				
钛	≤									0.1				
铊	≤					0.00024	0.00047			0.0001			0.0001	
总大肠菌群/(MPN/100mL 或 CFU/100mL)													不得检出	
耐热大肠菌群/(MPN/100mL 或 CFU/100mL)													不得检出	

续表

物质	美国环境保护署2018年保护水生生物水质基准				美国环境保护署2015年推荐人体健康水质基准		中国《地表水环境质量标准》(GB3838—2002)					中国《生活饮用水卫生标准》(GB5749—2006)	世界卫生组织《饮用水水质准则》(第4版)
	保护淡水水生生物		保护海水水生生物		保护人体健康		地表水环境质量标准基本项目标准限值						
	CMC	CCC	CMC	CCC	消费水和生物	只消费生物	I类	II类	III类	IV类	V类		
大肠埃希氏菌/(MPN/100mL 或 CFU/100mL)												不得检出	
菌落总数/(CUF/mL)												100	
溴酸盐(使用臭氧时)												0.01	0.01
甲醛(使用臭氧时)												0.9	
亚氯酸盐(使用二氧化氯消毒时)												0.7	0.7
氯酸盐(使用复合二氧化氯消毒时)												0.7	0.7
色度(铂钴色度单位)					叙述性条文(见文件)							15	
浑浊度(NTU-散射浊度单位)												1 水源与净水技术条件限制时为3	
臭和味												无异臭、异味	
肉眼可见物												无	
铝	—	—										0.2	
硫酸盐		—	—									250	
溶解性总固体												1000	

续表

物质	美国环境保护署 2018 年保护水生生物水质基准				美国环境保护署 2015 年推荐人体健康水质基准		中国《地表水环境质量标准》（GB3838—2002） 地表水环境质量标准基本项目标准限值					中国《生活饮用水卫生标准》（GB5749—2006）	世界卫生组织《饮用水水质准则》（第 4 版）
	保护淡水生物		保护海水生物		保护人体健康		I 类	II 类	III 类	IV 类	V 类		
	CMC	CCC	CMC	CCC	消费水和生物	只消费生物							
总硬度（以 CaCO₃ 计）	叙述性条文（见文件）											450	
耗氧量（COD$_{Mn}$法，以 O₂计）												3 水源限制，原水耗氧量>6mg/L 时为 5	
挥发酚类（以苯酚计）												0.002	
阴离子合成洗涤剂												0.3	
贾第鞭毛虫/（个/10L）												<1	
隐孢子虫/（个/10L）												<1	
银	0.0032		0.0019									0.05	
氰化氢（以 CN 计）												0.07	
一氯二溴甲烷					0.0008	0.021						0.1	
二氯一溴甲烷					0.00095	0.027						0.06	
三氯乙酸												0.05	0.05
三卤甲烷（三氯甲烷、一氯二溴甲烷、二氯一溴甲烷、三溴甲烷的总和）												该类化合物中各种化合物的实测浓度与其各自限值的比值之和不应超过 1	每一种物质检出浓度与准则值之和不应超过 1
1,1,1-三氯乙烷					10	200						2	

续表

物质	美国环境保护署2018年保护水生生物水质基准				美国环境保护署2015年推荐人体健康水质基准		中国《地表水环境质量标准》（GB3838—2002）地表水环境质量标准基本项目标准限值					中国《生活饮用水卫生标准》（GB5749—2006）	世界卫生组织《饮用水水质准则》（第4版）
	保护淡水水生生物		保护海水水生生物		保护人体健康								
	CMC	CCC	CMC	CCC	消费水和生物	只消费生物	I类	II类	III类	IV类	V类		
三氯乙酸												0.1	
2,4,6-三氯酚												0.2	0.2
七氯	5.2×10^{-4}	3.8×10^{-6}	5.3×10^{-5}	3.6×10^{-6}	5.9×10^{-9}	5.9×10^{-9}						0.0004	
六六六（总量）					6.6×10^{-6}	1×10^{-5}						0.005	
灭草松												0.3	
呋喃丹												0.007	0.007
毒死蜱	8.3×10^{-5}	4.1×10^{-5}	1.1×10^{-4}	5.6×10^{-6}								0.03	0.03
草甘膦												0.7	
莠去津												0.002	0.1
2,4-滴					1.3	12						0.03	0.03
三氯苯（总量）												0.02	
氨氮（以N计）												0.5	
钠												200	
肠球菌/（CFU/100ml）												0	
产气荚膜梭状芽孢杆菌/（CFU/100ml）												0	
二（2-乙基己基）己二酸酯												0.4	
二溴乙烯												0.00005	

续表

物质	美国环境保护署 2018 年 保护水生生物水质基准				美国环境保护署 2015 年推荐人体健康水质基准 保护人体健康		中国《地表水环境质量标准》(GB3838—2002) 地表水环境质量标准基本项目标准限值					中国《生活饮用水卫生标准》(GB5749—2006)	世界卫生组织《饮用水水质准则》(第 4 版)
	保护淡水水生生物		保护海水水生生物		消费水和生物	只消费生物	I类	II类	III类	IV类	V类		
	CMC	CCC	CMC	CCC									
二噁英 (2,3,7,8-TCDD)												0.00000003	
土臭素 (二甲基萘烷醇)												0.00001	
五氯丙烷												0.03	
双酚 A												0.01	
丙烯酸												0.5	
戊二醛												0.07	
甲基异茨醇-2												0.00001	
石油类 (总量)												0.3	
石棉 (>10μm, 万/L)					7 百万个纤维/L							700	
亚硝酸盐												1	3
多环芳烃 (总量)												0.002	
邻苯二甲酸二乙酯					0.6	0.6						0.3	
环烷酸												1.0	
苯甲醚												0.05	
总有机碳 (TOC)												5	
紫酚-β												0.4	

续表

物质	美国环境保护署 2018 年 保护水生生物水质基准				美国环境保护署 2015 年推荐人体健康水质基准 保护人体健康		中国《地表水环境质量标准》(GB3838—2002) 地表水环境质量标准基本项目标准限值					中国《生活饮用水卫生标准》(GB5749—2006)	世界卫生组织《饮用水水质准则》(第 4 版)
	保护淡水水生生物		保护海水水生生物		消费水和生物	只消费生物	I类	II类	III类	IV类	V类		
	CMC	CCC	CMC	CCC									
黄质酸丁酯													
氯化乙基汞												0.001	
镭 226 和镭 228/(pCi/L)												0.0001	
氡/(pCi/L)												5	
铬(三价)	0.57	0.074										300	0.05
二氯溴甲烷					0.00055	0.017							
2,3,7,8-四氯二苯并二噁英					5.0×10^{-12}	5.1×10^{-12}							
氯乙烷													
2-氯乙基乙烯醚													
1,1-二氯乙烷													
1,2-二氯丙烷					9×10^{-4}	3.1×10^{-2}							0.04
1,3-二氯丙烯					2.7×10^{-4}	1.2×10^{-2}							0.02
甲基溴					0.047	1.5							
氯代甲烷													
1,1,2,2,-四氯乙烷					2×10^{-4}	3×10^{-3}							
四氯乙烷					0.00069	0.0033							
1,2-反式-二氯乙烯					0.1	4							
1,1,2-三氯乙烷					5.5×10^{-4}	8.9×10^{-3}							

续表

物质	美国环境保护署2018年保护水生生物水质基准				美国环境保护署2015年准荐人体健康水质基准		中国《地表水环境质量标准》(GB3838—2002)					中国《生活饮用水卫生标准》(GB5749—2006)	世界卫生组织《饮用水水质准则》(第4版)
	保护淡水水生生物		保护海水水生生物		保护人体健康		地表水环境质量标准基本项目标准限值						
	CMC	CCC	CMC	CCC	消费水和生物	只消费生物	I类	II类	III类	IV类	V类		
2-氯苯酚					3×10^{-2}	0.8							
2,4-二甲基苯酚					0.1	3							
2-甲基-4,6-二硝基苯酚					2×10^{-3}	3×10^{-2}							
2,4-二硝基苯酚					1×10^{-2}	0.3							
2-硝基苯酚													
4-硝基苯酚													
3-甲基-4-氯苯酚					0.5	2							
五氯苯酚	0.019	0.015	0.013	0.0079	0.00003	0.00004							
苯酚					4	300							
二氢苊					0.67	0.99							
芘					0.07	0.09							
蒽					0.3	0.4							
苯并[a]蒽					1.3×10^{-6}	1.3×10^{-6}							
苯并[b]荧蒽					1.2×10^{-6}	1.3×10^{-6}							
苯并[g,h,i]苝													
苯并[k]荧蒽					1.2×10^{-6}	1.3×10^{-6}							
二-2-氯乙氧基甲烷													
二-2-氯乙基醚					0.00003	0.0022							

续表

物质	美国环境保护署 2018 年保护水生生物水质基准				美国环境保护署 2015 年推荐人体健康水质基准		中国《地表水环境质量标准》(GB3838—2002)					中国《生活饮用水卫生标准》(GB5749—2006)	世界卫生组织《饮用水水质准则》(第4版)
	保护淡水水生生物		保护海水水生生物		保护人体健康		地表水环境质量标准基本项目标准限值						
	CMC	CCC	CMC	CCC	消费水和生物	只消费生物	I类	II类	III类	IV类	V类		
二-2-氯异丙基醚					0.2	4							
4-溴苯基苯基醚 w①													
邻苯二甲酸丁苄酯 w①					0.0001	0.0001							
2-氯萘					0.8	1							
4-氯苯基苯基醚													
蒽					0.00012	0.00013							
二苯并[a,h]蒽					1.2×10^{-7}	1.3×10^{-7}							
1,3-二氯苯					7×10^{-3}	1×10^{-2}							
3,3'-二氯联苯胺					4.9×10^{-5}	1.5×10^{-4}							
邻苯二甲酸二甲酯					2	2							
2,6-二硝基甲苯													
邻苯二甲酸二辛酯													
1,2-二苯肼					3×10^{-5}	2×10^{-4}							
荧蒽					0.02	0.02							
芴					0.05	0.07							
六氯环戊二烯					0.004	0.004							
六氯乙烷					0.0001	0.0001							
茚并(1,2,3-cd)芘					1.2×10^{-6}	1.3×10^{-6}							
异佛尔酮					0.034	1.8							

续表

物质	美国环境保护署 2018 年保护水生生物水质基准				美国环境保护署 2015 年推荐人体健康水质基准		中国《地表水环境质量标准》(GB3838—2002)					中国《生活饮用水卫生标准》(GB5749—2006)	世界卫生组织《饮用水水质准则》(第 4 版)
	保护淡水水生生物		保护海水水生生物		保护人体健康		地表水环境质量标准基本项目标准限值						
	CMC	CCC	CMC	CCC	消费水和生物	只消费生物	I类	II类	III类	IV类	V类		
苯													
N-亚硝基二甲胺					6.9×10^{-7}	0.003							
N-亚硝基二丙胺					0.000005	0.00051							
N-亚硝基二苯胺					0.0033	0.006							
菲													
芘					0.02	0.03							
1,2,4-三氯苯					0.035	0.07							
艾氏剂	0.003		0.0013		7.7×10^{-10}	7.7×10^{-10}							0.00003
α-六六六					3.6×10^{-7}	3.9×10^{-7}							
β-六六六					8×10^{-6}	1.4×10^{-5}							
δ-六六六													
氯丹	0.0024	4.3×10^{-6}	0.9×10^{-4}	0.4×10^{-5}	3.1×10^{-7}	3.2×10^{-7}							0.0002
4,4'-滴滴涕	0.0011	0.1×10^{-5}	1.3×10^{-4}	0.1×10^{-5}	3×10^{-8}	3×10^{-8}							
4,4'-滴滴伊					1.8×10^{-8}	1.8×10^{-8}							
4,4'-滴滴滴					1.2×10^{-7}	1.2×10^{-7}							
狄氏剂	2.4×10^{-4}	5.6×10^{-5}	7.1×10^{-4}	1.9×10^{-6}	1.2×10^{-9}	1.2×10^{-9}							
α-硫丹	2.2×10^{-4}	5.6×10^{-5}	3.4×10^{-5}	8.7×10^{-6}	0.02	0.003							
β-硫丹	2.2×10^{-4}	5.6×10^{-5}	3.4×10^{-5}	8.7×10^{-6}	0.02	0.04							
硫丹硫酸盐					0.02	0.04							

续表

物质	美国环境保护署 2018 年 保护水生生物水质基准				美国环境保护署 2015 年推荐人体健康水质基准		中国《地表水环境质量标准》(GB3838—2002)					中国《生活饮用水卫生标准》(GB5749—2006)	世界卫生组织《饮用水水质准则》(第 4 版)
	保护淡水水生生物		保护海水水生生物		保护人体健康		地表水环境质量标准基本项目标准限值						
	CMC	CCC	CMC	CCC	消费水和生物	只消费生物	I类	II类	III类	IV类	V类		
异狄氏剂	8.6×10^{-5}	3.6×10^{-5}	3.7×10^{-5}	2.3×10^{-6}	0.00003	0.00003							0.0006
异狄氏剂醛					0.001	0.001							
毒杀芬	7.3×10^{-4}	0.2×10^{-5}	2.1×10^{-4}	0.2×10^{-5}	7×10^{-7}	7.1×10^{-7}							
碱度		20											
氨	—	—											
感官质量					叙述性条文（见文件）								
细菌					适用于直接接触娱乐和水生贝壳类动物（见文件）								
氯	0.019	0.011	0.013	0.0075									5
2,4,5-涕丙酸 (2,4,5-TP)					0.1	0.4							0.009
2,4-滴 (2,4-D)					0.1								
二（氯甲基）醚					1.5×10^{-7}	1.7×10^{-7}							
总可溶性气体			叙述性条文（见文件）										
谷硫磷		0.1×10^{-4}	0.1×10^{-4}										
工业六六六					1.23×10^{-5}	4.14×10^{-5}							
甲氧氯		0.3×10^{-4}	0.3×10^{-4}		0.00002	0.00002							
灭蚁灵		0.1×10^{-5}	0.1×10^{-5}		0.01								
亚硝胺					0.8×10^{-6}	0.00124							
二硝基苯酚					0.01								
壬基酚	0.028	0.0066	0.007	0.0017	1	1							

续表

物质	美国环境保护署 2018 年保护水生生物水质基准				美国环境保护署 2015 年推荐人体健康水质基准		中国《地表水环境质量标准》（GB3838—2002）					中国《生活饮用水卫生标准》（GB5749—2006）	世界卫生组织《饮用水水质准则》（第 4 版）
	保护淡水生物		保护海水生物		保护人体健康		地表水环境质量标准基本项目标准限值						
	CMC	CCC	CMC	CCC	消费水和生物	只消费生物	I 类	II 类	III 类	IV 类	V 类		
N-亚硝基二丁胺					6.3×10^{-6}	0.00022							
N-亚硝基二乙胺					0.8×10^{-6}	0.00124							
N-亚硝基吡咯烷					0.000016	0.034							
油和脂	叙述性条文（见文件）												
五氯苯					0.0001	0.0001							
元素磷				0.0001									
营养物	见美国环境保护署生态区总磷、总氮、叶绿素 a 和水体透明度（湖泊为塞氏盘深度，河流为浊度）基准（III 级生态区基准）												
可溶性固体和盐度					250								
悬浮性固体和浊度	叙述性条文（见文件）												
硫化物—硫化氢		0.002		0.002									
沾染性物质	叙述性条文（见文件）												
温度	与物种有关的基准（见文件）												
1,2,4,5-四氯苯					0.00097	0.0011							
三丁基锡（TBT）	4.6×10^{-4}	6.3×10^{-5}	3.7×10^{-4}	0.1×10^{-4}									
2,4,5-三氯苯酚					0.3	0.6							
二嗪农	1.7×10^{-4}	1.7×10^{-4}	8.2×10^{-4}	8.2×10^{-4}									

注：①上角 w 表示异构体的一种。其余表同。

表 7-2　我国地表水环境质量标准基本项目

项目		标准限值/（mg/L）				
		I 类	II 类	III 类	IV 类	V 类
水温/℃		人为造成的环境水温变化应限制在： 周平均最大温升≤1；周平均最大温降≤2				
pH 值		6～9				
溶解氧	≥	7.5	6	5	3	2
高锰酸钾指数	≤	2	4	6	10	15
化学需氧量	≤	15	15	20	30	40
五日生化需氧量	≤	3	3	4	6	10
氨氮（NH_3-N）	≤	0.15	0.5	1.0	1.5	2.0
总磷（以 P 计）	≤	0.02	0.1	0.2	0.3	0.4
总氮（湖、库,以 N 计）	≤	0.2	0.5	1.0	1.5	2.0
铜	≤	0.01	1.0	1.0	1.0	1.0
锌	≤	0.05	1.0	1.0	2.0	2.0
氟化物（以 F 计）	≤	1.0	1.0	1.0	1.5	1.5
硒	≤	0.01	0.01	0.01	0.02	0.02
砷	≤	0.05	0.05	0.05	0.1	0.1
汞	≤	0.00005	0.00005	0.0001	0.001	0.001
镉	≤	0.001	0.005	0.005	0.005	0.01
铬（六价）	≤	0.01	0.05	0.05	0.05	0.1
铅	≤	0.01	0.01	0.05	0.05	0.1
氰化物	≤	0.005	0.05	0.2	0.2	0.2
挥发酚	≤	0.002	0.002	0.005	0.01	0.1
石油类	≤	0.05	0.05	0.05	0.5	1.0
硫化物	≤	0.05	0.1	0.2	0.5	1.0
阴离子表面活性剂	≤	0.2	0.2	0.2	0.3	0.3
粪大肠菌群/（个/L）	≤	200	2000	10000	20000	40000

根据地表水水域环境功能和保护目标，将地表水环境质量标准基本项目标准值分为 5 类。I 类：源头水、国家自然保护区；II 类：集中式生活饮用水地表水源地一级保护区，珍稀水生生物栖息地，鱼虾类产卵场，仔稚、幼鱼的索饵场等；III 类：同上的二级保护区、鱼虾类越冬场、洄游通道、水产养殖区等渔业水域及游泳区；IV 类：一般工业用水区及人体非直接接触的娱乐用水区；V 类：农业用水区及一般景观要求水域。

7.3　《生活饮用水卫生标准》

2006 年 12 月 29 日中华人民共和国卫生部和中国国家标准化管理委员会颁布了《生活饮用水卫生标准》（GB 5749—2006）（表 7-1），该标准于 2007 年 7 月 1 日起实施。供水是地表水体，特别是饮用水源地重要的功能。饮水安全是影响人体健康和国计民生的重大问题，而饮用水水质标准是评价饮用水质量优劣程度和供水企业供水水质好坏程度的尺度，也是卫生、水利、城建等部门和相关行业、单位进行水质与卫生管理、监督执法的基础依据。

该标准的水质指标共有 106 项，其中常规检测项目 38 项，消毒剂常规指标 4 项，非常规检测项目 64 项。该标准根据各项指标卫生学意义和各地具体实际环境将水质检验项目分为常规检验项目和非常规检验项目，以供各地区根据当地水质特点自行选择，确保了该标准在全国范围内的可操作性。同时其加强了对水质有机物、微生物和水质消毒等方面的要求，对人体健康危害大的指标限值更加严格，并基本实现了饮用水标准与国际接轨。

7.4　世界卫生组织《饮用水水质准则》

《饮用水水质准则》由世界卫生组织于 1956 年起草先后进行了多次修订补充，现行水质标准为 2011 年发布的第四版（World Health Organization, 2011）（表 7-1）。世界卫生组织制订的《饮用水水质准则》（以下简称《准则》）作为世界权威水质标准，是各国制定水质标准的重要参考，并随着全球经济的迅猛增长和人类对健康的日益重视而不断发展。考虑到全球多个国家地区社会习俗、经济、文化、环境的差异，因而水质指标较完整，但指标值并非严格的限定标准，各国可根据本国实际情况进行适当调整。可以说《准则》是现行国际上最重要的饮用水水质标准之一，并成为许多国家和地区制定本国或地方标准的重要依据。

最新版《准则》中水质指标涉及水源性疾病病原体 28 项（细菌 12 项、病毒 8 项、原虫 6 项、寄生虫 2 项）；具有健康意义的化学指标 165 项（尚未建立准则值的指标 73 项、确立了准则值的指标 92 项），放射性指标 3 项。另有 28 项为饮用水中的能引起用户不满的感官推荐阈值。鉴于近年来在微生物危险性评价及与之有关的风险管理方面所取得的重大进展，此版中大幅增加和修订了确保微生物安全性的方法和指标。

7.5　评论与释解

7.5.1　我国标准现状

在过去相继 20 多年的时间内，我国相继建立了一系列相关的法规和水质标准，并分别进行过多次修订，如《地表水环境质量标准》（GB3838—2002）、《地下水质量标准》（GB/T14848—2017）和《生活饮用水卫生标准》（GB5749—2006）等，目前已经逐步形成了综合和行业两类、国家和地方两级水环境质量标准体系。我国修订后的现行地表水或饮用水环境质量标准更具科学性和实用性。由于各地饮用水水质和水处理工艺存在差异，标准选择的项目尽可能结合我国现状，并力求与国际标准发展趋势保持一致。

7.5.2　中外基准与我国标准内容比较分析

（1）从指标数量来看。我国现行的《地表水环境质量标准》（GB 3838—2002）和《生活饮用水卫生标准》（GB5749—2006）分别涉及 109 种和 106 种污染物项目，为我国水质安全提供了有力保证，符合我国国情，它从整体上克服以前标准存在的污染物项目少的一些问题，缩小了我国水质标准与国际标准的差距。

（2）从限值本身来看。我国水质标准限值参考了美国、世界卫生组织和欧盟等组织现行的水质基准限值，其主要取自世界卫生组织 1996 年发布的《饮水水质准则》第二版，个别值参考了美国环境保护署 2002 年的水质基准推荐值，有关中外水质基准与标准比较分析见表 7-3。通过比较分析可见，我国水质标准中共有 41 种污染物的标准限值与美国环境保护署及世界卫生组织的水质推荐值相同。其中 38 种污染物的标准与世界卫生组织的水质准则限值相同，具体为硒、砷、铬（六价）、铅、二氯甲烷、1,2-二氯乙烷、四氯乙烯、六氯丁二烯、苯、邻苯二甲酸二（乙基己基）酯、甲苯、乙苯、1,2-二氯苯、1,4-二氯苯、铁、铜、钡、毒死蜱、2,4-滴、苯乙烯、丙烯酰胺、汞、γ-六六六（林丹）、1,2-二氯乙烯、二甲苯、五氯酚、微囊藻毒素-LR、钼、1,1-二氯乙烯、锑、镍、铝、二氯乙酸、氯化物、莠去津、2,4,6-三氯酚、环氧氯丙烷和 pH；而硝基苯、硝酸盐和石棉这 3 种污染物限值同美国环境保护署人体健康基准中的消费水和生物基准值一致。总体来看，我国水质标准限值基本与世界基准接轨，表明我国的水质量标准已向前迈出了一大步。

表 7-3　中外水质基准与水质标准的对比　　　　（单位:mg/L）

物质	美国环境保护署 2002 年	美国环境保护署 2015 年	中国《地表水环境质量标准》	中国《生活饮用水卫生标准》	世界卫生组织《饮用水水质准则》（第二版）	世界卫生组织《饮用水水质准则》（第四版）
	保护人体健康	保护人体健康				
	水+生物	水+生物	（GB 3838—2002）	（GB 5749—2006）	1996 年	2011 年
硒	0.17	0.17	0.01	0.01	0.01	0.04
砷	1.8×10^{-5}	1.8×10^{-5}	0.05	0.01	0.01	0.01
铬（六价）	—	—	0.05	0.05	0.05	0.05
铅	—	—	0.01	0.01	0.01	0.01
二氯甲烷	0.0046	0.02	0.02	0.02	0.02	0.02
1,2-二氯乙烷	0.00038	0.0099	0.03	0.03	0.03	0.03
四氯乙烯	0.00069	0.01	0.04	0.04	0.04	0.04
六氯丁二烯	0.00044	1.0×10^{-5}	0.0006	0.0006	0.0006	0.0006
苯	0.0022	0.00058~0.0021	0.01	0.01	0.01	0.01
邻苯二甲酸二（乙基己基）酯	0.0012	3.2×10^{-4}	0.008	0.008	0.008	0.008
甲苯	1.3	0.057	0.7	0.7	0.7	0.7
乙苯	0.53	0.068	0.3	0.3	0.3	0.3
1,2-二氯苯	0.42	1.0	1	1	1	1
1,4-二氯苯	0.063	0.3	0.3	0.3	0.3	0.3
硝基苯	0.017	0.01	0.017	0.017	—	—
石棉(>10um,万/L)	700	700	—	700	—	—
硝酸盐	10	10	10	10	50	50

续表

物质	美国环境保护署 2002 年 保护人体健康 水+生物	美国环境保护署 2015 年 保护人体健康 水+生物	中国《地表水环境质量标准》 （GB 3838—2002）	中国《生活饮用水卫生标准》 （GB 5749—2006）	世界卫生组织《饮用水水质准则》（第二版）1996 年	世界卫生组织《饮用水水质准则》（第四版）2011 年
铁	—	—	0.3	0.3	0.3	—
铜	1.3	1.3	1（III类）	1	1	2
钡	1.0	1.0	0.7	0.7	0.7	0.7
毒死蜱	—	—	—	0.03	0.03	0.03
2,4-滴	0.1	1.3	—	0.03	0.03	0.03
苯乙烯	—	—	0.02	0.02	0.02	0.02
丙烯酰胺	—	—	0.0005	0.0005	0.0005	0.0005
汞	—	—	0.0001（III类）	0.001	0.001	0.006
γ-六六六（林丹）	0.00098	0.0042	0.002	0.002	0.002	0.002
1,2-二氯乙烯		0.1	0.05	0.05	0.05	0.05
二甲苯			0.5	0.5	0.5	0.5
五氯酚	0.00027	3×10^{-5}	0.009	0.009	0.009	0.009
微囊藻霉素-LR			0.001	0.001	0.001	0.001
钼	—	—	0.07	0.07	0.07	—
1,1-二氯乙烯	0.33	0.3	0.03	0.03	0.03	—
锑	0.0056	0.0056	0.005	0.005	0.005	0.02
镍	0.61	0.61	0.02	0.02	0.02	0.07
铝	—	—	—	0.2	0.2	—
二氯乙酸	—	—	—	0.05	0.05	0.05
氯化物	—	—	250	250	250	—
莠去津	—	—	—	0.002	0.002	0.01
2,4,6-三氯酚	0.0014	0.0015	—	0.2	0.2	0.2
环氧氯丙烷	—	—	0.02	0.0004	0.0004	0.0004
pH	5～9	5～9	6～9	6.5～8.5	6.5～8.5	—

注："—"表示没有限值给出或省略限值。

（3）从污染物项目上看。我国现行水质标准增加了大量国际上目前关注的有机污染物的指标值，这与国际上水质标准的总体发展趋势一致。我国的水环境质量标准总体上基本克服了以前标准中有毒有害项目偏少、指标值不严、感官项目重视不够、微生物项目尤其是致病原生动物检测指标过于简单的缺点。

7.5.3 中外基准与我国标准限值差异分析

总体来说，我国水质标准以水化学和物理标准为主，体系尚需完善，对水环境质量进行全面评价方面尚需努力。现行的水质标准是根据不同水域及其使用功能分别制定的，某些水质标准与世界卫生组织水质准则和美国基准限值不仅在指标项目方面有所区别，而且在指标限值方面也有差异（表 7-4）。

表 7-4　中外水质基准与标准的对照　　　　　　（单位：mg/L）

物质	美国环境保护署 2002 年水质基准 保护人体健康 水+生物	美国环境保护署 2015 年水质基准 保护人体健康 水+生物	中国《地表水环境质量标准》（GB 3838—2002）	中国《生活饮用水卫生标准》（GB 5749—2006）	世界卫生组织《饮用水水质准则》（第二版）	世界卫生组织《饮用水水质准则》（第四版）
锌	7.4	7.4	1（III类）	1	3	—
硼	—	—	0.5	0.5	0.3	—
丙烯醛	0.006	0.003	0.1	0.1	—	—
邻苯二甲酸二丁酯	2	0.02	0.003	0.003	—	—
铊	0.00024	0.00024	0.0001	0.0001	—	—
银	—	—	—	0.05	—	—
邻苯二甲酸二乙酯	17	0.6	—	0.3	—	—
滴滴涕	2.2×10^{-7}	3×10^{-8}	0.001	0.001	0.002	0.001
对硫磷	—	—	0.003	0.003	—	—
马拉硫磷	—	—	0.05	025	—	—
内吸磷	—	—	0.03	—	—	—
呋喃丹	—	—	—	0.007	—	0.007
溴酸盐	—	—	—	0.01	0.025	0.01
亚氯酸盐	—	—	—	0.7	0.2	0.7
氯酸盐	—	—	—	0.7	—	0.7
氯化氰	—	—	—	0.07	—	—
甲基汞	0.3mg/kg[*]	0.3mg/kg[*]	1.0×10^{-6}	—	—	—

注：“—”表示没有限值给出。

　　“*”表示为仅消费生物的值，消费水和生物的值没有给出。

（1）对于不少优控污染物，我国的水质标准值比世界卫生组织（第二版）或美国环境保护署（2002 年）给出的基准限值更为严格。例如，国际上十分关注的 5 种优控污染物，包括 2 种有机污染物、2 种金属和 1 种非金属。有机污染物具体有邻苯二甲酸二丁酯和邻苯二甲酸二乙酯。世界卫生组织水质准则中都没有给出它们的限值，在此只与美国环境保护署给出的推荐值进行对比分析。由表 7-4 可以看出，我国邻苯二甲酸二丁酯 0.003mg/L 的标准值明显严于美国环境保护署的保护人体健康水质基准值，即消费水和生物 2 mg/L；邻苯二甲酸二乙酯 0.3 mg/L 的标准值也明显严于美国环境保护署的保护人体健康水质基准值，即消费水和生物 17 mg/L。另外 2 种金属污染物具体为锌和铊。此表中锌和铊都采用了我国标准分类中的适于生活饮用水地表水源地的III类标准值。由表 7-4 可看出，锌和铊的标准限值明显严于美国环境保护署和世界卫生组织水质基准值。另外，我国标准中的非优控污染物溴酸盐的饮用水标准（0.01 mg/L）也严于世界卫生组织的水质限值 0.025 mg/L。我国滴滴涕的标准高于美国环境保护署的保护人体健康基准值，低于世界卫生组织的水质准则值，介于两者之间，不过更接近于世界卫生组织的水质准则值。而对于硼、丙烯醛和亚氯酸盐三个指标，我国的水质标准值高于美国环境保护署或世界卫生组织的水质限值。

（2）我国现行标准增加了较多国外基准表中没有给出推荐值的污染物项目。通过比较分析也注意到，我国现行标准中报道的某些污染物项目在美国环境保护署（USEPA，2002）和世界卫生组织（第二版）水质基准表都没有给出推荐值（表7-4）。这几个指标分别是银、对硫磷、马拉硫磷、内吸磷、呋喃丹、氯酸盐和氯化氰。世界卫生组织未给出它们推荐值的原因分别为没有获得足够有关银的人体健康毒性资料；对于这几种农药类污染物，世界卫生组织认为饮水中可能存在的浓度远低于对人体产生毒害作用的浓度。因此，我国标准中这些污染物限值制定需要进一步讨论和研究。

（3）对于甲基汞的水质限值，我国以水体中甲基汞总浓度作为标准执行的最大限值，其原因在于美国环境保护署只考虑了可摄入生物体内甲基汞的最高含量。美国环境保护署考虑到汞在生物和非生物体内可转化成甲基汞，且甲基汞是生物体内汞的主要存在形式，是汞毒性最大的一种形态。人体暴露汞污染的主要暴露途径为食用甲基汞污染的鱼贝类而非无机汞，因而用甲基汞基准推荐值取代了无机汞的基准值。

7.5.4　对构建我国水质基准体系的思考

通过以上对中外水质基准与水质标准值的分析和对比，有如下认识。

（1）加强水质基准研究的必要性。借鉴国外发达国家及世界卫生组织的水质准则十分重要，特别对缺乏早期研究的发展中国家。国外水质基准的普遍适用性有一定的局限性，有的基准限值可以适合于其他国家的区域特征，有的可能不适合。我国地域广阔，污染特征与国外明显不同，生物区系也有别于其他国家，结合我国地域特点和污染控制的需要，开展相应原创性的水生态毒理学基础研究，开展水质基准方面的基础科研工作，除借鉴国外发达国家水质基准限值外，更重要的是借鉴它们水质基准制定的理论、技术和方法，提出适合我国区域特点的新理论下构建基准体系，为制定科学、合理、可操作且符合我国国情的水质标准提供依据。随着保护生物多样性和环境管理的强化，建立符合我国国情的水质基准体系已势在必行。

（2）开展水质基准与标准转化关系研究。我国水质基准研究相对滞后，目前尚未建立适宜保护我国水生态系统和人体健康的水质基准体系，对基准在标准体系中的作用也缺乏足够重视。由于水生生物区系具有地域性，代表性物种也不同，其他国家的水质基准不能够完全反映我国水生生物保护的要求，所以如果直接参考其他国家的水质基准来制定我国的水质标准，势必会降低我国水质标准的科学性，导致保护不够或过保护的可能性。因此，在目前我国还没有充分开展水质基准研究，标准值主要参考国外发达国家水质基准数据的现有形势下，应积极地开展现有水质基准和标准之间的转化关系，这势必会增加水质标准的适应和适用性，为各地制定更加严格的水质管理提供科学依据。

（3）开展我国水体质量的风险评价研究与分析。制定水质基准和标准要考虑多种因素，如生态和健康影响的强度及暴露时间、监测和处理的经济及技术条件、实际发生超标的资料统计、社会生活习俗及认知等。当前世界各国及世界卫生组织的饮用水水质标准中，除常规污染物指标外，随着健康医学、仪器鉴定及生物检测技术的进步，还包括了水中病原微生物、潜在致癌作用的有机和无机污染物、内分泌干扰物等多种含量限定指标。水质调查资料显示，若干饮用水样品中能够鉴定出数百种对人体健康有害的化学物质。它们具有持久难降解性、潜在累积致病性，在人体内对细胞、DNA 等生命要素诱发变异，产生致病、致癌、致畸等效应。这些污染物就浓度而言，在常用综合指标如 BOD、COD、TOC 中贡献极小，但潜在的危害却极大，而且绝大部分不在水质日常监控指标范围之内。面对饮用水水质安全问题的发展趋势，世界各发达国家和一些国际组织历年不断修改和补充新的水质指标和标准，并且逐步建立起基于风险评价的管理体系。我国目前仍缺乏完全自主的环境基准和标准的体系，有关检测指标和水质标准大多参考国外现有数据，不能完全体现我国的区域自然环境、社会生活和人体特征，特别是当前水体污染物种类不断趋于复杂化的形势。因此，我国在制定水质基准和标准时除需要对现行水体质量的风险分析综合评估外，更应对标准中拟增减或修改的项目做详细的风险评估，并提供改善指标的可行净水措施并进行效益和投入的分析，这样制定的标准才更合理，更具适用性、可行性和科学性。

（4）水质基准对完善我国水质标准制定体系的思考。通过上述比较可见，美国及世界卫生组织制定水质基准的目的侧重保护人体健康和水生态系统安全。而我国水质标准以水化学和物理标准为主，更偏重于对水体资源用途的保护，这应当认定为是侧重促进经济发展的"实施可持续发展战略"。比较可见，中外在水体质量评价方面同中有异，这与各国的经济发展水平、环保意识等是密切相关的。美国由于经济高度发达，民众的环保意识和要求相对较高，因此其更重视"增进人类的健康和生态系统安全"；而我国相对于发达国家仍有较大差距，因此随着我国环保意识的不断增强，准确地划定水体功能，制定合理的水质保护目标，科学识别重点污染物，实行侧重于保护人体健康和生态系统安全的水质标准体系，同时这也符合世界各国环境保护的发展规律。

（5）水质基准对完善我国水质评价体系的思考。美国现行的水质基准在各污染物项目的量值制定方面与我国的水质标准明显不同，美国的水质指标都分别有两个推荐限值，而我国的量值只有一个。例如，保护人体健康的基准通过毒理学、暴露及生物累积等几个方面综合评估为基础的污染物浓度表示，分别根据单独摄入水生生物，以及同时摄入水和水生生物两种情形推导出来的。保护水生生物的基准包括暴露的浓度、时间和频次等，是针对淡水水生生物和海水水生生物两种情形计算出来的。淡水（或海水）水生生物基准对于每个污染物都制定了两个限值，即基准连续浓度和基准最大浓度。其中基准最大浓度考虑的是急性毒性效应，基准连续浓度考虑的是慢性毒性效应。虽然目前我国水质标准在与世界接轨方面有了很大的进步，但同时还存在一定的差距。另外，随着科学技术的不断进步，水质基准研究也是一个动态发展的过程。美国的国家推荐水质基准不断更新，其中 2015 年更新的人体健康水质基准几乎对所有的指标进行了更新；世界卫生组织 2011 年发布的《饮用水水质准则》（第四版）也对部分指标进行了修订，包括增加和去除一些指标。由前面的分析可知，我国现行的标准多借鉴美国水质基准和世界卫生组织水质准则，在世界水质基准不断更新和进步的形势下，我国的标准也亟待进行修订，以反映最新的科学知识，更好地为我国环境管理服务。随着各学科的发展与环境管理的深化，水质标准也应根据保护对象和水体的不同用途，建立更加适合我国国情的水质标准结构框架，进一步完善水体质量评价体系。

参 考 文 献

夏青, 陈艳卿, 刘宪兵. 2004. 水质基准与水质标准[M]. 北京: 中国标准出版社: 13-20.

国家环境保护总局, 国家质量监督检验检疫总局. 2002. 地表水环境质量标准: GB 3838—2002[S]. 北京: 中国环境科学出版社.

USEPA. 2002. National recommended water quality criteria[R]. Washington DC: Office of Water, Office of Science and Technology.

USEPA. 2015. National recommended water quality criteria[R]. Washington DC: Office of Water, Office of Science and Technology.

USEPA. 2018. National recommended water quality criteria[R]. Washington DC: Office of Water, Office of Science and Technology.

World Health Organization. 1996. Guidelines for drinking-water quality[S]. 2rd ed.

World Health Organization. 2011. Guidelines for drinking-water quality[S]. 4th ed.

第8章 水质基准的应用与实践

一个完整的水质管理体系至少包括水质基准和水质标准两个部分。基准不同于标准，基准是制定标准的科学基础，决定了水质标准本身的科学性、合理性、适用性和可操作性。而标准是以水质基准为依据，并考虑技术上的可行性和经济上的合理性，是进行水体环境监测、环境质量评价、环境突发事件应对、环境影响评估、污染控制、生态修复和环境风险管理等环境决策与环境管理的重要依据，是整个环境保护工作的基石。

8.1 水质基准是水质标准的科学依据

水质基准是指"以保护人类健康和生态系统平衡为目的，用可信的科学数据表示水中或生物体内各种污染物质的最大允许浓度"。它只是说明当某一物质或因素不超过一定的浓度或水平时，将会保护生物群落或某种特定用途；水质基准是自然科学的研究范畴，是完全基于科学实验的客观记录和科学推论而获得的，不具有法律效力，但它能为环境保护部门制定水质标准、评价水质和进行水质管理提供有用的科学依据。

以保护人体健康和水生生物环境水质基准为例，其具体含义包含 3 个显著特点：科学性、基础性和区域性（吴丰昌等, 2008）。①科学性：水质基准"以人（生物）为本"，是在研究污染物在环境中的行为和生态毒理效应等基础上确定的，涉及环境化学、毒理学、生态学和生物学等前沿学科领域；水质基准研究实际上体现了国际环境科学领域的最新进展。②基础性：水质基准是制定水环境标准体系和环境管理的科学基础，是整个环境保护工作的基石，也是连接环境科学基础研究成果与环境管理决策之间的重要纽带。③区域性：世界各国的水质基准研究是在各自国家或区域水环境质量演变和自然背景基础上建立的，其结果不一定全部适合其他国家；不同区域和不同国家的生物区系、结构和功能特征、关注特征污染物及经济条件和生活习惯（风险水平和暴露途径）具有一定的差异性；同一污染物在不同区域差异环境条件下环境行为和毒理学效应也不完全相同，基准具有明显的区域性。

水质标准是指为了保护人民健康、社会物质财富和维持生态安全而制定的、规定其环境要素中所含有害物质的最高限额的标准；在考虑自然条件和国家社会、经济、技术等因素的基础上，以及这种物质的环境和化学特征，从实验数据到野外情况的外推，可以获得数据的物种和水体中所关注物种之间的关系等，它是在经过一定的综合分析之后，由国家有关管理部门颁布的具有法律效力的限值。水质标准至少由三部分内容组成：①保护水体或某段水体的特定有益用途或用途。特定有益用途的典型水体，包括公共供水、鱼类和野生生物的繁殖、娱乐、农业用水、工业用水和航运。②水质基准必须保护特定水体的用途。③反退化政策（USEPA, 1998）。从水质标准内容可看出，它的制定有助于：①恢复和维持全国范围内水体的化学、物理和生物的完整性；②达到水质标准的水体可加强对鱼类、贝类及野生动物的保护和繁殖，并可使水质再生；③控制有毒有害污染物的排放数量；④减少通航水域的污染物排放（USEPA, 1998）。

就内容和含义来看水质基准和水质标准的目标是一致的，其目的是保护特定背景下人与自然的和谐。水质基准的制定是为了将有毒有害污染物暴露对特定受体及水体功能产生的有害作用最小化。而水质标准是在水质基准的基础上涉及社会、经济及技术等因素的水体污染物最高限值。水质基准和水质标准有密切的关系，水质标准限定的污染物容许剂量或浓度原则上应大于或等于相应的基准值。

对于缺乏水质基准早期研究的发展中国家，许多污染物监测的标准限值直接借鉴美国的水质基准及世界卫生组织水质准则中的推荐值。近年来，在应对一些重大环境污染事件时，已显现出水质基准在我国环境管理中的实际指导作用。例如，2005 年中石油吉林石化公司双苯厂发生爆炸事故引起的松花江水环境污染事故。超标的污染物主要是硝基苯和苯，且硝基苯浓度最大超标 40 倍。当时采用国家地表水质量标准中硝基苯 0.017mg/L 的标准限值作为监测指标，而此标准限值是直接取自 2004 年美国环境保护署的保护人体健康水质基准推荐值。因当时还没有制定出硝基苯的保护水生生物及其用途的水生态基准。从理论上看，我国直接采用此基准值进行环境决策管理，无法准确评价出硝基苯对水体生态系统的影响。然而，我国松花江重大环境污染事件应急管理获得公众认可，成为国家地表水质量标准成功管理的一个案例。在此无可否认，水质基准发挥了直接作用。

因此，可以看出水质标准体系中水质基准是基础，是制定水质标准不可或缺的重要环节，是构建水质标准体系大厦的基石。水质基准的研究可望为水质标准的修订提供更为符合环境实际的基础数据，可为生态安全管理提供保障。

8.2　水质基准、排放基准与污染排放控制

随着进入环境系统的不同种类污染物日益增多，某一特定环境系统中污染物种类的不断增加，其对生态系统和人类健康的危害性也与日俱增。为了达到保护水生态系统和人体健康的目的，国家应依据化学物质的特性制定相应的排放控制管理标准。这些污染物排放标准的制定与实施，可对污染控制起到重要作用。

总量控制是管理污染物排放的一项重要管理制度，它最早由美国环境保护署提出，在近 20 多年来将水质标准与水污染物总量控制真正地紧密关联起来。总量控制是根据水体的自净能力，依据水环境质量标准，控制污染源的排放总量，把污染物排放负荷总量控制在水体的环境承载能力范围内的管理方法。总量控制包括目标总量控制和容量总量控制两种形式。容量总量控制将成为水污染控制的发展趋势，其最大特点是将污染源控制管理目标与水质标准相联系，即根据水质标准计算水环境容量，并通过水环境容量直接推算受纳水体的允许纳污总量，并将其分配到陆面上的污染控制区及污染源。因此，在容量总量控制方法中，水质标准是计算水环境容量、确定允许排放"总量"的基本要素之一，也是总量控制实施的主要依据。

水质标准以水质基准为主要理论依据，而水质基准从废物排放角度来看，它可作为

废物排放基准。也就是说，在确定排放基准时，水质基准可作为依据。水质基准值是保护水生生物及人体健康免受水体中有毒有害污染物有害作用的一个限定阈值。而此限定阈值综合评价了化合物的急性毒性、慢性毒性、生物累积和持久性特性，并在此基础上可将化合物进行分类。根据该污染物的分类，对于确定有致癌或致癌潜能的化合物应限制排放。显然对于一般污染物或有毒有害污染物应限制性排放。同时还应仔细考虑化合物的累积潜能和持久性以及接纳水体水质的地区性条件，依此制定相应的排放形式，如一次排放还是连续排放，因为这与当地的实际污染状况、经济实力和治理技术等原因直接挂钩。

美国从 1983 年就转变了污染物控制战略，实施以水质基准为依据所制定的水污染物排放标准和具有特征化学污染物浓度及负荷排放许可限的排污许可证制度，即实行最大总日负荷（TMDL）来控制污染。确立水体 TMDL 后，发放排放许可证的机构可依此推算以水质基准为基础的排放标准，该排放标准将被分配到污染源。从美国的经验来看，依据 TMDL 不能控制所有的污染物指标，但可对污染源实行有效地排放浓度控制（尚惠华等，2002）。

总的来说，只有在水质基准研究基础上，才能有效地评价不同化学物质对环境和人类健康的危险性和管理化学物质的生产、使用和排放，才能为水质标准提供科学理论基础，并最终为污染物的控制排放提供依据。

8.3　水质基准与环境影响评价和损害鉴定评估

环境影响评价是根据一个项目对环境产生的影响而进行的识别、预测和评价的过程。环境影响评价的实施目的，即保护水环境生态系统的平衡和功能，并将经济、社会和环境看成一个相互联系、相互影响的复合系统，寻求相互间的协调，不断改善生态环境以建立新的协调关系的途径，要特别注重自然资源尤其是不可再生资源的可持续利用；将生物多样性保护放在首要和优先的位置，评价人类活动对其产生的影响和寻求有效的保护途径。

水环境影响评价主要包括两个方面：一方面是针对不同水域的水质及污染源的评价等，如湖泊、水库和河段等；另一方面是针对水体不同用途进行，如饮水、灌溉养殖、工业用水及娱乐等的水环境质量评价（金栋梁和刘予伟，2006）。而水质基准正是在综合评价不同的化学物质对生物和人体急性、亚急性、慢性毒性数据的基础上对水体中污染物毒性进行分类，进而提出该污染物的效应阈值。例如，美国环境保护署保护人体健康水质基准的推导是在风险评价、环境暴露评价和生物富集评价这三方面综合评估的基础上所获得的污染物浓度限值，分别根据单独摄入水生生物与同时摄入水和水生生物两种情形，即根据水体不同用途推导出来的，如饮用水源、直接接触和渔业用水。水生生物基准的推导是建立在传统的环境污染物毒性评价基础之上，包括对污染物暴露浓度、时间和频次等的评估，一般是用脊椎动物、哺乳动物或藻类等动植物进行急性和慢性毒性实验，来研究污染物对生物体的致死、致畸、致癌、致突变效应。淡水（或海水）水生生物的基准都分别采用基准最大浓度和基准连续浓度这两个限值来表述。其中基准最大浓度是对污染物急性毒性效应的评价，基准连续浓度则是对污染物慢性毒性效应的评价结果。其目的是为了获得水环境中的污染物对水生生物及其用途不产生长期和短期的不利影响的最大浓度。

环境污染损害直接关系到责任人与受害人的切身利益，也直接影响到国家资源的开发利用、生态环境的保护与经济社会的可持续发展。环境损害鉴定评估近年来受到的关注越来越多，成为我国环境司法领域的重点和热点。作为环境损害评估中的基本要素之一，环境基准可以作为评判损害的参照，用偏离基准（标准）的大小度量损害的大小。所以说，科学合理的环境基准是损害鉴定评估的重要依据，关系着损害鉴定评估和赔偿的准确性和公平性。

总之，水质基准可获得一系列的阈值浓度，且基准与标准可为环境影响评价和损害鉴定评估提供直接可供利用的指标或参数，是水环境评价和损害评估的准绳。由此可看出，水质基准研究可作为环境影响评价和损害鉴定评估的主要理论依据之一。

8.4　水质基准与污染治理和生态修复

生态修复是利用生态系统的自我调节能力与自净作用，采取各种手段修复受损伤生态系统的生物群体及结构，重建健康生态系统，修复和强化生态系统的主要功能，并能使生态系统实现整体协调，自我维持、自我演替的良性循环。水体污染治理中控制污染物排放是第一位，生态系统修复是第二位。切实控制外源性有毒有害污染物向水体的排放，是水体污染治理和生态修复的重要前提之一。而污染物的排放标准必须以环境质量标准为依据，国家排放标准应尽可能与水环境质量标准一致，以有效控制污染物排放为目标，结合水生态系统及人体健康、水体功能、国家和地区的技术和经济条件及环境管理目标，建立有毒有害污染物的评价指标体系。

水环境质量标准在污染源监督管理中的应用，主要是浓度控制与总量控制的应用，其重点是对确定区域内各污染源排放污染物的种类、浓度及数量进行汇总，并对区域环境目标及污染控制目标进行评价，若污染控制指标对区域环境质量影响较少，说明所做的污染控制规划考虑了环境容量，若对环境质量产生了较大影响，说明污染物排放量超出了环境容量。此时作为环境管理工作者，应运用环境质量标准和污染物排放标准，对环境功能区污染控制总量及浓度限值进行分析，对污染物控制标准的技术可行性、经济合理性和社会互适性及标准实施后的潜在风险进行评估，为后续污染物的总量控制、削减体系及生态修复提供支撑。

生态系统修复涉及面广，在开展研究和实践的过程中，应结合生态、环境、土木和水利工程等共同开展工作。需要对水体中污染物进行全面科学调查，明确污染源、受污染的区域及生态系统现状等，科学地制定修复目标和修复技术。水体修复通过生态修复维持健康的水生态系统，成为重要管理目标（Norris and Thomas, 1999）。水生态系统健康评价体系是水体修复的主要研究内容之一（王备新等, 2006; 张凤玲等, 2005）。水生态系统评价与水质标准是密切相关的，水质标准的内容和要求直接影响评价结果的可靠性、公正性和严肃性。Fernández 等（2006）把环境标准大体上分成三个等级：①屏蔽值，表示能引起潜在生态功能失调时污染物的浓度水平；②清洁目标，即表示生态修复过程中有待达成的目标，一般是在修复所需的费用和生态效益之间进行平衡后所做出的决策，有时相当于屏蔽值；③应急值，表示立即需要采取清洁和控制措施的严重污染指示浓度。其中，屏蔽值相当于环境基准值，清洁目标相当于环境质量标准，而应急值则相当于修复标准。可以说，水环境质量标准在一定程度上可以间接作为我国不同水体污染的水生态修复标准；或者说，水环境中污染物的最高允许浓度指标值可以作为我国污染水体修复的参照标准（周启星，2004）。水质标准以水质基准为科学基础，依据国家和地区的水生态系统的区域性特征制定的水质基准和标准对于控制进入水环境的污染物的质、量和时空分布，维持或恢复良好的水生态环境，对于保护生物多样性及整个生态系统的结构、功能和生态修复具有重要意义。

总之，科学应用水质基准和标准，将会有效地保护和改善区域环境质量，控制区域环境污染和生态修复。由此可看出，水质基准和标准是污染治理和生态修复的起点和终点。

8.5　水质基准与环境风险管理

20 世纪 70 年代后，随着环境保护由先污染后治理转变为污染物进入环境之前的风险管理（这是实行有效管理的重要战略转折），环境风险评价应运而生。环境风险管理是根据环境风险评价结果，按照恰当的法规条例，选用有效的控制技术，进行削减风险的费用和效益分析，综合考虑社会、经济和政治等因素，决定适当的管理措施并付诸实施，以降低或消除事故风险度，保护人体健康与生态系统的安全。环境风险管理是基于科学决策的管理模式，体现了"防患于未然"的管理理念。环境风险管理和环境决策的科学基础和重要依据之一是环境风险评价（毛小苓和刘阳生，2003）。环境风险评价常指对有毒有害物质（包括化学品和放射性物质）危害人体健康和生态系统的影响程度进行概率估计，是人类对可能面临的环境风险的客观认识，并提出减小环境风险的方案和对策（陆雍森，1999）。环境风险评价的目的在于风险决策管理，也就是说环境风险管理是整个环境风险评价的最后一个环节（钟政林等，1998）。从根本上讲，环境风险的管理过程是决策者权衡经济、社会发展与环境保护之间的相互关系，根据现有经济、社会、技术发展水平和环境状况做出的综合决策过程。而只有对潜在的环境风险有科学和客观的认识，对其环境风险发生的可能性、产生危害的程度等有清醒的认识，才能有效地预测和控制其环境风险。

基准推导的全过程实际就是一个风险评价过程，风险评价是水质基准的重要内容。水质基准有一个系统的框架，以保护水生生物和保护人体健康的水质基准为主，并在近些年逐渐建立和发展了一些其他基准。健康风险评价主要是对有毒有害物质危害人体健康的程度进行概率估计，主要是针对水体中对人体有害的物质，即基因毒物质和躯体毒物质，前者包括放射性污染物和化学物质等致癌物，后者则指非致癌物。健康风险评价是收集、整理和解释各种健康相关资料的过程。这些资料包括毒理学资料、人群流行病学资料、环境和暴露的因素等（胡二邦，2000）。健康风险评价一般分为危害鉴别、剂量-效应评估、暴露评估和风险表征四个步骤（NAS，1983）。人体健康基准值的推导，主要是从风险评估、暴露评估及生物累积评估三方面进行综合评估的，且主要从可疑或已证实的致癌物与非致癌物两类剂量-效应评估方法来考虑。①无阈效应（致癌）情况下，利用低剂量外推模式评价人群暴露水平上所致危险概率。人体健康基准强调不同致癌物质引发毒性效应的作用模式，其成为危害评价的基础，并为剂量-效应评价提供了基本原理。开展毒性效应分析首先应审查有关污染物的急性、亚急性和慢性毒性、发育、生殖及神经方面等的毒性数据，以及致癌、致畸、致突变性的资料。通过审核数据，考虑数据的质量、数量和权重确定需重点考虑的毒性效应。只有在大量数据表明存在毒性效应，并且存在剂量-效应关系时才能进行风险度分析。暴露评价是危险度定量评价的关键部分。暴露评价的目的是估测整个社会人群接触某种化学物质的程度或可能程度。水质基准的推导是为了保护大多数普通人群免受慢性有害健康效应的危害。②有阈效应（如非致癌）情况下，为确保不超过参考剂量（或起始点/不确定因子）的个体污染物暴露，采用相对源贡献继而给予所关注人群以足够的保护。风险表征就是利用前面三个阶段所获取的数据，估算不同接触条件下，可能产生的健康危害的强度或某种健康效应的发生概率的过程。人体健康基准根据致癌增量和选定的致癌风险水平（如 10^{-6}），在总结前三个阶段所获得的数据的基础上进行综合风险评价，进而获得健康基准值。

随着环境化学、环境医学、生态毒理学等学科的发展，研究有毒有害化学物质对人体健康和生态环境的危害逐渐为人们所重视，最关键的是要落实新时代生态文明思想，加强对环境风险评价内容的深入研究，建立健全环境风险监督管理体制。加强环境风险管理，构建有效的国家环境风险管理的政策体系是实现建设环境友好型社会的有力保证。由此可看出，水质基准研究可作为环境风险管理的科学基础和重要依据。

综上所述，水质基准可运用新时代生态文明思想将其概况为"坚持生态优先、绿色发展，以改善生态环境质量为核心，最终达到人与自然和谐共生"。而水质标准的含义是在水质基准的基础上统筹经济社会发展。而环境影响评价、污染物排放控制、污染治理和生态修复及环境风险管理都是为了实现水质基准、人与自然和谐的技术途径，目的和目标都是为了实现生态系统和人体的健康（图 8-1）。

近年来我国在经济发展和社会进步方面取得举世瞩目成就的同时，环境污染的加剧以及由此导致的生态破坏和人体健康危害已引起全社会日益普遍的关注。大量有毒有害化学物质进入水体，成为危害水环境和人体健康的潜在威胁。面对科学研究明显滞后于环境污染这一现实而棘手的问题，亟须从国家层面上尽快开展相关我国区域特点的水质基准研究，为我国环境管理与生态文明建设奠定坚实基础。

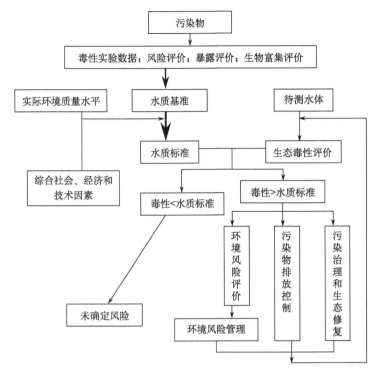

图 8-1　水质基准在环境管理与污染控制中的作用

参 考 文 献

胡二邦. 2000. 环境风险评价实用技术和方法[M]. 北京: 中国环境科学出版社: 1-474.

金栋梁, 刘予伟. 2006. 水环境评价概述[J]. 水资源研究, 27(4): 33-36.

陆雍森, 1999. 环境评价[M]. 2 版. 上海: 同济大学出版社: 531-558.

毛小苓, 刘阳生. 2003. 国内外环境风险评价研究进展[J]. 应用基础与工程科学学报, 11(3): 266-273.

尚惠华, 金洪钧, 崔玉霞. 2002. 水环境毒物污染点源的生态风险管理现状与展望[J]. 应用生态学报, 13(5): 620-624.

王备新, 杨莲芳, 刘正文. 2006. 生物完整性指数与水生态系统健康评价[J]. 生态学杂志, 25(6): 707-710.

吴丰昌, 宋永会, 刘征涛, 等. 2008. 中国湖泊水环境基准的研究进展[J]. 环境科学学报, 28(12): 2385-2363.

张凤玲, 刘静玲, 杨志峰. 2005. 城市河湖生态系统健康评价——以北京市"六海"为例[J]. 生态学报, 12(11): 3019-3027.

张锦高, 苏新莉. 2003. 试论我国环境影响评价的现状和新发展[J]. 湖北社会科学, 1: 29-30.

钟政林, 曾光明, 杨春平. 1998. 环境风险评价研究综述[J]. 环境与开发, 13(1): 39-42.

周启星. 2004. 污染土壤修复标准建立的方法体系研究[J]. 应用生态学, 15(2): 316-320.

周启星, 罗义, 祝凌燕. 2007. 环境基准值的科学研究与我国环境标准的修订[J]. 农业环境科学学报, 26(1): 1-5.

Fernández M D, Vega M M, Tarazona J V. 2006. Risk-based ecological soil quality criteria for the characterization of contaminated soils: Combination of chemical and biological Tools [J]. Science of the total Environment, 366: 466- 484.

NAS. 1983. Risk Assessment in the Federal Government: Managing the Process[R]. Washington D C: National Academy Press.

Norris R H, Thomas M C. 1999. What is river health[J]. Freshwater Biology, 41: 197-209.

USEPA. 1998. Water quality criteria and standards plan—Priorities for the future[R]. EPA

附　录

附录 1　美国 1976 年水质基准《红皮书》

（单位：μg/L）

类别和物质名称	基准值	保护对象	基准确定过程和依据
金属（12 种）			
钡（barium）	1000	当地饮用水供应	美国某些中西部州当地饮用水中钡的浓度一般为 0.6～10μg/L，西部的某些州是 100～3000μg/L（USPHS, 1962/1963; Katz et al,1970; Little,1971）。有报道称钡对人的致死剂量是 550～600mg。Stokinger 和 Woodward（1958）根据工业空气的限值，吸入血液剂量的估计和每日摄入 2L 水的假设得出饮用水中钡的安全浓度为 2mg/L。传统的水处理工艺不能去除水体中的钡，考虑到钡对心脏和血管的毒性效应，推荐当地饮用水的钡基准为 1mg/L
	11	软的淡水	根据相关报道，软水中铍对鱼的急性毒性大约是硬水中的 100 倍，所以取硬水基准的 1/100 作为软水的基准值来保护水中水生生物
铍（beryllium）	1100	硬的淡水	根据一系列铍毒性与硬度关系的研究，最后选定（最小值原则）。Tarzwell 和 Henderson（1960）研究显示黑头呆鱼在硬水（400mg/L CaCO₃，总碱度 360mg/L，pH8.2）中 96h LC₅₀ 乘以一个应用系数 0.1 作为保护硬水中水生生物的基准
	100	除中性到碱性细壤的所有土壤灌溉	在酸性土壤中，营养液中的铍可抑制作物的生长或对其产生毒性的浓度范围为 0.5～5mg/L。取 0.1mg/L 作为保护所有土壤灌溉的水质基准
	500	中性到碱性细壤的灌溉	研究表明铍的碳酸盐和氧化物在含具有相同水平时没有降低产量，由此提出铍在右灰质土壤中活性较低。所以取 0.5mg/L 作为保护中性到碱性细壤灌溉的水质基准

续表

类别和物质名称	基准值	保护对象	基准确定过程和依据
镉（cadmium）	10	当地饮用水供应	研究表明，镉进入人体内主要储存于肾脏和肝脏中，且代谢缓慢。当肾脏中镉的富集达到一个临界浓度时，人就会发生慢性肾脏疾病。该临界浓度随个体差异而不同，观察到的效应界限是当肾脏皮质中镉的富集量达200mg/L时（Friberg et al., 1974）。有报道称当儿童吃了含有13~15mg/L镉的冰激凌后出现呕吐，此水平相当于摄入1.3~3.0mg的镉，其通常被作为毒性效应，但是肾脏和肝脏中的镉含量在所有暴露水平都增加了与剂量相应的比例。推荐10μg/L作为饮用水基准。假设每天你的饮水量为2L，美国人其他来源的每日摄入量是20μg/L，每日镉的最大摄入量上限为60μg
	0.4	淡水、软水中的水蚤类、鲑鱼科	Eaton（1974）研究了镉对7种鱼的胚胎、仔鱼的毒性效应，将其暴露在0.4~100μg/L镉的软水中。研究显示当镉浓度为12μg/L时所有试验物种的存活率都有所降低。在镉浓度为4μg/L时有4个物种的现存量的存活时间和重量是相同的；暴露30~120d后其他三类鱼中没有引起存活率降低的最高浓度是1.2μg/L。同时在硬度为23mg/L、碱度为18mg/L及pH7.3的流动水系统中的实验显示，大鳞大马哈鱼的早期喂食阶段的96h LC$_{50}$是2.0μg/L，五月龄的虹鳟的值是0.92μg/L。所以其他软水中0.4μg/L镉的水质基准可以为水蚤类和鲑鱼科鱼类提供保护
	4.0	淡水、软水中的其他非敏感水生物	Spehar（1976）报道了镉对佛罗里达里达本地食蚊鱼的慢性毒性试验，水的硬度为41~45mg/L CaCO$_3$，碱度38~43mg/L，pH7.4。结果显示镉浓度为8.1μg/L时雌鱼产卵数显著降低，而在4.1μg/L时鱼产的卵量不受影响。所以保护软水中温水鱼类选择4.0μg/L为水基准值
	1.2	淡水、硬水中的水蚤类、鲑鱼科	无硬水中脊椎或无脊椎淡水生物的数据，所以取对非敏感水生生物的0.1倍作为基准
	12.0	淡水、硬水中的其他非敏感水生物	在硬水中孵化60d，鲶鱼鱼苗的生长和存活率在镉浓度为17μg/L时显著降低，而在12μg/L时没有影响（Eaton, 1974）。因此在硬水中12μg/L镉的基准对鲶鱼非敏感的淡水鱼类
	5.0	海水中牡蛎的消费者	Eisler（1974）报道成年牡蛎暴露在10μg/L的镉中，暴露4个月其肉质中富集镉的量为18000μg/kg，超出了人类呕吐的临界界限值（13000~15000μg/kg）。组织病理学显示牡蛎体内滞留保存所富集的镉至少几个月。推荐该浓度的一半作为保护牡蛎消费者的水质基准

续表

类别和物质名称	基准值	保护对象	基准确定过程和依据
铬（chromium）	50	当地饮用水供应	三价铬是人体的必需元素，六价铬具有毒性。三价铬离子在 pH 为 4 或低于这个值时可形成稳定的化合物，且在正常的人体血液 pH 下，大部分以三价铬存在。由于对食物中铬的形态和有效性缺乏足够的认识，所以不可能将人体饮食要求定量化。据了解尿液中铬的损失是 5～10μg/d，这是人体每天铬流失的主要组成部分，所以每天至少要补充这么多量来维持平衡。基于大鼠的研究显示各种三价铬化合物的吸收范围从小于 1%到 25%的给定剂量。假设人体的日摄入量在 5～100μg（WHO, 1973）。美国公众健康服务饮用水标准（USPHS, 1962）认为五价铬浓度超过 0.05mg/L 就会停止供应，而在该水平没有报道过有害的人体健康效应（National Academy of Sciences and National Academy of Engineering, 1974）公众饮用水源三价铬含有不超过 0.05mg/L 的总铬，50μg/L 的浓度接受水平，所以一适当的安全系数可以避免对人体健康的危害，另外也考虑了该浓度时可能导致致的皮肤效应
	100	淡水无脊椎动物和鱼类	大鳞大马哈鱼的研究结果显示六价铬的毒性比三价铬的毒性更大，并且观察到 200μg/L 六价铬可对鱼产生亚急毒害效应，所以取其 1/2 作为基准。根据铬在海水中的毒性，在所有营养水平中，认为淡水基准可以保护海水生物群
铜（copper）	1000	当地饮用水供应	儿童和成人正常每日摄入铜的量分别为 0.1 mg 和 2mg（Sollman, 1957），饮用水中铜浓度高于 1.0mg/L 时可能会产生令人讨厌的气味。没有证据表明天然水体中测得的铜含量对人体有不利影响。长期服用过量的铜可能会损害肝脏，供水中很少有那么多的铜对人体造成损害。所以推荐 1.0mg/L 作为基准
	当地敏感水生生物种的无氧生物检测得到的 96h LC$_{50}$ 的 0.1 倍	淡水和海水水生生物	硫酸铜广泛用于控制水库和湖泊中有害藻类的生长。铜离子的毒性受碱度、pH 和有机物的影响。经大量试验测定表明，对数种水生生物不产生有害效应的铜浓度为 5～15μg/L，这与目前可检出该水中的平均含铜量十分接近。而在碱度高或含有机物质高或两者均高的水体中，许多物种能耐受更高的铜浓度。这种情况下，其基准应是当地敏感水生生物种的无氧生物检测得到的 96h LC$_{50}$ 的 0.1 倍
铁（iron）	300	当地饮用水供应	美国公共卫生局（USPHS）的研究表明当泉水中含铁 1.8mg/L，蒸馏水含铁 3.4mg/L 时容易产生出味。基准的设置是为防止产生令人讨厌的气味或改善或水铁污染。人体每天需求的营养需铁量为 1～2mg（Cohen et al, 1960）。

续表

类别和物质名称	基准值	保护对象	基准确定过程和依据
铁（iron）	1000	淡水水生生物	在有溶解氧存在的水体中，三价铁以氢氧化铁或氧化铁沉淀形式存在。上述两种种沉淀物形成凝胶体或凝聚体，当其悬浮于水体中时会有害于鱼类和其他水生生物，底或湖底而致底栖无脊椎动物、植物或者正在孵化的鱼卵毁灭。安验室测得铁的毒性大于在天然条件下测得的毒性，原因是天然水中的碱度、pH、硬度及配位基的变位改变了金属的价态和溶解性，从而改变了金属的毒性。根据实地观察及欧洲渔业顾问委员会的推荐值确定了 1.0mg/L 的淡水水生生物水质基准
铅（lead）	50	当地饮用水供应	铅的主要毒性效应有贫血症、神经机能失调及肾损伤。铅的脱水酶活性、提高尿中 δ-氨基乙酰丙酸的排泄量及提高血浆中的铅浓度。美国公共卫生局（USPHS，1962）给出的标准是 50µg/L。对美国饮用水样研究表明大部分水样的铅浓度低于这个值，该值可以提供安全保障
	96hLC₅₀ 的 0.01 倍	敏感性淡水土著种	水体中铅对水生生物的毒性受到测试鱼类、pH、碱度等参数的影响，铅对不同水体中若干鱼类的急性毒性 TL₅₀（半数耐受限度）（24h、48h 和 96h）范围是 0.1～482mg/L，变化范围比较大。并且可供使用的某一指定鱼类噬水安全浓度与较水系浓度相互关系的数据较少。推荐以溶解铅的 96hLC₅₀ 的 0.01 倍作为基准。从现有数据以及各种鱼对其他金属的敏感性来看，鲑鱼、鳟鱼及鲤鱼对铅可能尤为敏感
	50	当地饮用水供应	锰是人体重要的微量营养元素。人的平均摄锰量大约是 10mg/d（Sollman, 1957）。大量的锰摄入会造成某些疾病及肝损伤。常规的生活用水的处理工艺不能去除锰。供水含锰浓度超过 150µg/L 时由于玷污洗涤的衣物以及给饮料增加讨厌的味道而遭到用户的抱怨。以 50µg/L 作为生活供水的基准
锰（manganese）	100	海洋软体动物消费者	McKee 和 Wolf（1963）研究锰对淡水水生物的毒性数据显示，淡水生物对锰的耐受浓度为 1.5～1000mg/L，而水生生物对锰的毒性数据较少，淡水中的锰离子浓度很少超过 1mg/L，所以锰不足以成为淡水水体的一个问题。海水中锰较少，海水中锰的主要问题是它可在软体动物可食用部分富集，有报告称海洋物富集因子高达 12000（National Academy of Sciences and National Academy of Engineering, 1974）。为防止锰在贝类体内的累积，以致中毒可能危害人体健康。推荐用 100µg/L 作为海水基准

续表

类别和物质名称	基准值	保护对象	基准确定过程和依据
汞（mercury）	2.0	当地饮用水供应	Bisongi 和 Lawrence（1973）研究表明在天然水体中自然状态的 pH 和温度条件下，无机汞很能快转化为甲基汞。Wood（1974）认为不论什么形态的汞进入水环境，在生物催化反应和化学平衡反应均共同作用下都会产生浓度恒定的甲基汞。甲基汞离子、金属汞、二价汞离子和一价汞离子。因此应以总汞浓度作为制定基准的依据，而不是用采样中可能测出的某种形态的汞。McKim（1974）报告称鱼对水的浓缩因子可高达 10000 倍；McKim 等（1976）研究表明鱼对周围水体中的甲基汞的浓缩因子为 27800～16600。人的安全基表浓度是从"鱼体内甲基汞"（1971）提供的数据估算出的。流行病学研究得出有中毒症状的最低全血甲基汞浓度为 0.2µg/g，该汞浓度与头发中含汞量 60µg/g 相对应，相当于一个 70kg 体重的人长期每天摄入大约 0.3mg 的汞。采用安全因子 10，包括各种来源的最大摄入量每人每天摄入汞全部来自食用鱼，那么该限值允许每天食用 60 克含汞 0.5mg/kg 的鱼。假定每天饮水 2L，每天将允许摄入 4µg 的汞。如果这些汞完全是烷基汞，其安全限值会更大
	0.05	淡水水生生物和野生动物	氯化甲基汞的慢性中毒研究表明，三代美洲红点鲑的一龄鱼暴露于 2.9µg/L 的汞 6 个月后，有明显的中毒症状（McKim et al., 1976）。当汞浓度在 0.29µg/L 和低于该浓度时未观察到美洲红点鲑有不良影响。美国食品和药品监督管理局（FDA）规定食用鱼的含汞量为 0.5µg/kg，而在水体中汞浓度远远未达到对鱼产生毒性影响，由于鱼组织对汞的高富集性，此时鱼组织内的甲基汞含量就已经超过了该值。用 0.05mg/L 的暂行允许值除以富集因子 10000，得到淡水中总汞含量为 0.05µg/L 的基准值
	0.10	海水水生生物	海水中汞的浓度为 0.10µg/L，并且该水平汞对适宜的海洋水生生物现呈威胁水平的 1/10，因此推荐该值作为保障海洋生物的基准
镍（nickel）	0.01 倍的 96h LC$_{50}$	淡水和海水水生生物	镍对水生生物的毒性研究表明，其汞浓度变化很大，且受物种、pH、叠加作用及其他因子的影响。建议使用 0.01 倍的 96h LC$_{50}$
	50	当地饮用水供应	根据 1962 年 USPHS 饮用水标准的值 0.05mg/L，进入组织的银很难被消除或移到身体其他部位而减少，含镍汞可与食物中的硫结合会被人体大量吸收
银（silver）	敏感土著种的 96h LC$_{50}$ 的 0.01 倍	海水和淡水水生生物	含银化合物对水生生物的毒性变化很大，随实验物种、化合物的不同变化较大，因此银基准的确定应该应用水体中常栖敏感生物进行流水生物测试时所获得的 96h LC$_{50}$ 值的 0.01 倍表示。0.01 倍一应用因子是为残留性毒性因子而确定（National Academy of Sciences and National of Engineering, 1974）

续表

类别和物质名称	基准值	保护对象	基准确定过程和依据
锌（zinc）	5000	当地饮用水供应	锌是人体新陈代谢的一种有益元素。学龄前儿童的日需要量为 0.3mg 锌/kg 体重，成年人每天的摄取量平均为 0～15mg 锌/kg 体重。味觉测试者能够将 4mg/L 的硫酸锌水与不含锌盐的水区分开，含锌水具有苦味或涩口的味道（Cohen et al., 1960）。生活供水中的锌浓度应低于 5mg/L
	敏感常柄物种 0.01 倍的 96h LC$_{50}$	淡水水生生物	锌化合物对水生生物的毒性受到多种环境因素的影响，尤其是硬度、溶解氧和温度。推荐用栖息地敏感生物进行生物测试，取 0.01 倍的 96h LC$_{50}$ 作为基准
非金属（8 种）			
氨（ammonia）	20（非离子态）	淡水水生生物	未离解的氨是对金鱼、片脚类动物和水蚤类动物产生毒性的主要氨形态，且其毒性与 pH 以及与非离解氨浓度有直接关系（Chipman, 1934）。大多数研究表明 NH$_3$ 对许多鱼类的致死浓度范围是 0.2～2.0mg/L，鲑鱼和鲤鱼分别是最敏感和耐受性最大的鱼类。有报道称对鲑鱼产生毒性效应浓度范围最低致死浓度是 0.2mg/L（Liebmann, 1960）。基准值取其产生毒性效应浓度数据最低值的 1/10。氨毒性与温度的关系还不清楚，并且氨对海洋生物的毒性效应数据也非常有限
砷（arsenic）	50	当地饮用水供应	美国大部分社区饮用水中砷的浓度从微量到大约 0.1mg/L（Mccabe et al., 1970），病理学研究显示产生角化过度症和皮肤瘤的饮用水砷浓度是 0.3mg/L（Chen and Wu, 1962）。加利福尼亚的研究显示水体中砷浓度高于 0.12mg/L 时，可增加大部分人头发中砷浓度（Goldsmith et al., 1972）。据估计从食物中摄入的总砷平均量为 900μg/L（Schroeder and Balassa, 1966），所以推荐饮用水砷浓度为 50μg/L，平均每日摄入量是 2L
	100	作物灌溉	Rasmussen 和 Henry（1965）发现营养液中 0.5mg/L 的砷浓度对波萝和桔子秧苗产生有害症状，低于该浓度则没有症状。Clements 和 Heggeness（1940）报道营养液中 0.5mg/L 的砷浓度可使马铃薯减产 80%。美国国家科学院（National Academy of Sciences and National Academy of Engineering, 1974）提出 100μg/L 的浓度可以在沙质土壤中使用 100 年，2mg/L 可以使用 20 年，而 0.5mg/L 可以在黏土中使用 100 年。所以推荐作物灌溉的砷基准为 100μg/L
硼（boron）	750	敏感作物长期灌溉	硼是植物生长的必需元素，但有证据表明是动物的必需元素。美国一些地区的 1546 个河流和湖泊样品中硼的最大浓度是 5.0mg/L（Kopp and Kroner, 1967），在某些地区的地下水硼浓度可能更高。有报道称海水中硼酸盐的浓度是 4.5mg/L（National Academy of Sciences and National Academy of Engineering, 1974）。自然存在的硼不会对水生生物产生影响。Bradford（1966）称灌溉水中硼浓度超过 0.75mg/L 时，一些敏感性植物开始显现出有害症状。所以选 750μg/L 作为长期灌溉期间保护敏感作物的水质基准

续表

类别和物质名称	基准值	保护对象	基准确定过程和依据
氯 (chlorine)	2 (总残留氯)	鲑鱼科	自由态氯很容易与水体中含有机物的化合物形成氯胺，这些物质对鱼都具有毒性。向含氯化合物的水体中投入氯气或氢氧化物时，会很快生成氯胺，所以大部分水体中毒性与氯胺的浓度相关。氯对水生生物的毒性可由总残留氯决定，总残留氯是氯残留在几天期间可使成年鲑鱼科鱼类致死，6μg/L 的氯残留可使这些鱼苗致死。所以推荐 2μg/L 作为氯的基准保护这些鱼类（敏感鱼类）
	10.0 (总残留氯)	其他淡水和海水生物	对于保护非敏感鱼类，推荐水质基准 10μg/L
硝酸盐/亚硝酸盐 (nitrates/nitrites)	10 000 硝态氮	当地饮用水供应	研究表明，含有高于 10mg/L 硝态氮的水对哺乳期婴儿具有高铁血红蛋白症的潜在风险，以及低于该浓度时，未见到可证实的生理学效应，推荐该水平作为当地饮用水基准（National Academy of Sciences and National Academy of Engineering, 1974）。超过 1mg/L 浓度亚硝态氮的水不能用于婴儿喂养。另外在天然水体中很少出现能对冷水性或温水性鱼类表现出毒性影响的硝酸盐或亚硝酸盐浓度，因此没有推荐更严格的保护水生生物的基准
磷 (phosphorus)	0.01 单质磷	海水河口水体	该浓度是使重要海洋生物致死浓度的 1/10，也是造成明显生物积累浓度的 1/10。目前还没有提出关于对水生生物生长产生有害影响的总磷基准，但有证据表明当总磷浓度超过 25μg/L 有时会刺激藻类和其他水生植物的过剩生长，所以为防止生物的有害生长，控制富营养化，流入湖泊和水库的任何河流，在其进水口以磷计算的总磷酸盐浓度不得超过 50μg/L，或者在湖泊和水库中不得超过 25μg/L
硒 (selenium)	10	当地饮用水供应	硒是生物生长的必需元素，人体每日食硒需要量为 0.04~0.10mg/kg。每日食硒量达 0.07mg 时就会出现硒中毒症状。USPHS 饮用水标准推荐饮用水中硒浓度不超过 10μg/L
	敏感土著生物 96 hLC$_{50}$ 的 0.01 倍	海水和淡水水生生物	水体中的含硒量在 2.5mg/L 左右时对所测试生物有毒性效应，而食物中的含硒量为 0.01~0.10mg/kg 时，动物能有效地从食物中摄取硒。所以淡水鱼类不应暴露于下述的水体：水体含硒量超过了水体中生存的敏感常栖种在流水中测得的 96h LC$_{50}$ 的 0.01 倍
硫化物和硫化氢 (sulfides and hydrogen sulfide)	2 (未离解的 H$_2$S)	淡水和海水、鱼和其他水生生物	硫化物对水生生物的危害程度受温度、pH 和溶解氧的影响，在较低的 pH 下，大部分是以有害的未离解的硫化氢的形式存在。研究认为，未离解的硫化氢含量为 2.0μg/L 时，对大多数鱼贝类以有毒的未野生水生生物无害，但超过该浓度时会产生慢性毒性危害

续表

类别和物质名称	基准值	保护对象	基准确定过程和依据
农药（15 种）			
艾氏剂-狄氏剂（Aldrin-Dieldrin）	0.003	淡水水生生物	狄氏剂在人类食物中具有较高的生物积累性，而且是一种具有致癌特能的高残留农药，所以应保证人的接触量达到最小。艾氏剂在水环境中很容易被水生生物代谢转化为狄氏剂。研究证明密执安湖鱼组织中狄氏剂的含量是水体的含量是水体的100000 倍（Reinert，1970）。美国食品和药品监督管理局将 0.3mg/L 的组织残留量定为人类食物中的最大量，水中最大值为 0.003μg/L
氯丹（chlordane）	0.01	淡水水生生物	氯丹具有生物积累作用，是具有致癌性的高残留农药，所以应保证人的接触量最小。有资料表明氯丹对各种浓鱼急性中毒浓度范围极广。记录显示在 24～96h 的暴露时间里，急性中毒值为 5～3000μg/L。Cardwell 等（1977）用急性和亚慢性中毒浓度推导了应用因子数据：鱼，0.009 和小子 0.009×5.0μg/L=0.045μg/L。Cardwell 0.008；无脊椎动物，0.381 和 0.055。使用以上数据计算得到：0.009×5.0μg/L=0.045μg/L。Cardwell 等（1977）发现，在实验中即使更换实验水体也不能保证高于标定浓度的一半。所以，在制定水质基准时要低于实验数据计算得到的数值。推荐 0.01μg/L 水质基准保护淡水水生生物
氯丹（chlordane）	0.004	海水水生生物	采用最敏感海洋生物粉红对虾的 96h LC$_{50}$ 的值 0.4μg/L（Parrish et al.，1976）以及使用 0.01 作为应用因子，得到海洋水生的基准水的 0.004μg/L
氯代苯氧型除草剂（chlorophenoxy herbicides）	100 2,4-D（2,4-二氯苯氧乙酸）	当地饮用水供应	0.5mg/kg（Lehman，1965）（最低或无影响的长期剂量）×1/500（安全因子）×70kg（人体重）×20%（分配给水的安全暴露量）
氯代苯氧型除草剂（chlorophenoxy herbicides）	10 2,4,5-TP（2,4,5-三氯苯氧丙酸）	当地饮用水供应	0.9mg/kg（Lehman，1965）（最低或无影响的长期剂量）×1/500（安全因子）×70kg（人体重）×20%（分配给水的安全暴露量）
滴滴涕（DDT）	0.001	淡水/海水水生生物	DDT 在人体内具有残留性、生物积累性和致癌性，应当保证人的接触量最小。采用 200 万分的残留累积因子，而且水体 DDT 浓度为 0.002μg/L，可以估计鱼体内的 DDT 含量会达到 4mg/kg。但研究（Blus et al.，1972）认为 2.0mgDDE/kg 是蛋中无影响含量的保守估计。所以考虑到 DDT 转化成 DDE 的可能性，以及对鸟类的有害剂量，推荐水中 DDT 浓度不应超过 0.001μg/L
内吸磷（demeton）	0.1	淡水/海水水生生物	目前没有证据说明内吸磷长期作用于水生生物的无毒性浓度。基准的制定主要是根据所有有机磷酸盐类农药均会抑制乙酰胆碱酯酶（AChE）的这一事实。Weiss 和 Gakstatter（1964）报告中指出鱼根据其急性持标定浓度为 1μg/L 时，安验鱼的脑乙酰胆碱酯酶受到明显抑制。内吸磷的毒性虽然小，但是它抑制乙酰胆碱酯酶的持久效能却比其他 10 种常见的有机磷酸盐类农药大。根据对其酶的抑制潜力，估计 0.1μg/L 的内吸磷在在一段较长的时间不会明显抑制乙酰胆碱酯酶，因此推荐将这一浓度作为保护淡水和海洋生物的水质基准

续表

类别和物质名称	基准值	保护对象	基准确定过程和依据
硫丹 (endosulfan)	0.003	淡水水生生物	目前还没有获得硫丹在生物组织中积累的数据。硫丹对鸟类的经口毒性较低，预测鱼体内的残留物不会危害鱼的鸟类 (Heath et al., 1972) 和哺乳动物 (Lindquist and Dahm, 1957)。美国食物和药品监督管理局也没有制定可食用鱼组织中的硫丹允许含量。使用最敏感的常栖淡水生动物硬头鳟鱼的最低 96h LC_{50} (Schoettger, 1970) 的 0.01 倍作为淡水基准
硫丹	0.001	海水水生生物	将实验数据中最敏感的海洋生物条纹石鲈的 96h LC_{50} (Korn and Earnest, 1974) 乘以应用因子 0.01 倍作为海洋水体的水质基准
异狄氏剂 (endrin)	0.2	当地饮用水供应	研究显示，对食物中异狄氏剂最小效应或无长期效应的最高含量是 1.0mg/kg，或单位体重的每日摄入量为 0.02mg/kg (Treon et al., 1955)。由于目前没有足够的人类毒性数据来印证动物实验结果，所以假设总的安全摄入量为最敏感动物实验的无效应或最小效应水平的 1/500。假设异狄氏剂的总摄入量的 20% 来自饮用水，人平均体重 70kg，每人每天平均饮水量为 2L，基准的计算式为：0.02mg/kg×0.2×70×1/500×1/2
异狄氏剂	0.004	淡水/海水水生生物	异狄氏剂在水生生物体内居于较高的残留量，但是研究发现在停止暴露后体内残留量会很降低，生物对异狄氏剂具有快速的排泄能力。海洋生物要求的基准值是由粉红对虾对的 96h LC_{50} (Schimmel et al., 1975) 的 0.1 倍得到的。该值也应该能保护淡水生物
谷硫磷 (guthion)	0.01	淡水/海水水生生物	水生无脊椎动物端足目 (片脚类动物) 的斑块钩虾是最敏感的实验水生生物，其 96h LC_{50} 的值是 0.10μg/L (Sanders, 1972)。将该值乘以应用因子 0.1 得出含硫磷的基准
七氯 (heptachlor)	0.001	淡水/海水水生生物	七氯具有高残留性，生物积累潜能和致癌性，对虾积累 96h LC_{50} (Schimmel et al.,1976) 的 0.01 倍得到的。其海洋水质基准是由粉红对虾对七氯对淡水生物群落的毒性作用和已被证实的生物积累潜能，认为七氯对水质基准也适用于淡水水体
林丹 (lindane)	4.0	当地饮用水供应	研究显示，对食物中的林丹最敏感的动物为狗，食物中有林丹最小效应或无长期效应的林丹最高含量是 15.0mg/kg，或单位体重的每日摄入浓度为 0.3mg/kg (Lehman, 1965)。由于目前没有足够的人类毒性数据来印证动物实验结果，所以假设总的安全摄入量为最敏感动物实验的无效应或最小效应水平的 1/500。假设林丹的总摄入量的 20% 来自饮用水，人的平均体重 70kg，每人每天平均饮水量为 2L，基准的计算式：0.3mg/kg×0.2×70×1/500×1/2
林丹	0.01	淡水水生生物	淡水水体的基准是将石蝇的 TLm (耐受限度) 值 1.0μg/L (Snow, 1958; Cope, 1965) 乘以一个 0.01 得出
林丹	0.004	海水水生生物	海洋水体的基准是以褐虾 96h LC_{50} (Butler, 1963) 的 0.01 倍导出

续表

类别和物质名称	保护对象	基准值	基准确定过程和依据
马拉硫磷 (malathion)	淡水/海水水生生物	0.1	马拉硫磷在水体中的量取决于水体的 pH。其在大多数水体中能够很快降解，因此它只是短期存在而不是持续存在。与其他有机磷杀虫剂一样，马拉硫磷也是通过抑制胆碱酯酶而产生毒性作用。目前尚没有较敏感无脊椎动物的安全暴露浓度。通过对淡水和海洋水生生物的毒性测试，认为湖栉虾为最敏感物种（Sanders, 1969），斑块钩虾（Sanders, 1972）和溞类（Anderson, 1960）的 96h LC$_{50}$ 值大约是 1.0μg/L，将其乘以一个应用因子 0.1，得到基准
	当地饮用水供应	100	研究显示，对人毒性效应最小或无长期效应的最高剂量是 2.0mg 甲氧滴滴涕（kg 体重·d）（Lehman, 1965）。目前已有充足的人类毒性数据可印证动物实验结果，所以假设总的安全摄入量为实验动物体重 70kg，效应或最小效应水平的 1/100。假设甲氧滴滴涕的总摄入量的 20%来自日饮用水，人的平均体重 70kg，每人每天平均饮水量为 2L，基准的讨算公式：2.0mg/kg×0.2×70×1/100×1/2
甲氧氯/甲氧滴滴涕 (methoxychlor)	淡水/海水水生生物	0.03	有关甲氧滴滴涕对淡水鱼类的急性和慢性毒性效应数据相对较少。有研究表明甲氧滴滴涕对鸟类和哺乳体中可在数周或数月左右降解，且在生物体内的积累比其他氯化物的积累相对较低。美国食品和药品监督管理局没有就食品或鱼组织中的允许含量做出规定。甲氧滴滴涕对鸟类和哺乳动物的毒性较低，且在生物积累较低。美国食品和药品监督管理局没有就食品或鱼组织中的允许含量做出规定（Bahner and Nimmo, 1974）乘以应用因子 0.01 得出海水的推荐基准 0.03μg/L。该基准也可以保护淡水生物
灭蚊灵（mirex）	淡水/海水水生生物	0.001	灭蚊灵毒性研究主要集中在捕鱼业中在经济上和捕食经济上和捕食具有重要意义的那些鱼类。数据分析表明，不论是水体中的灭蚊灵或是以饵料颗粒食用的灭蚊灵都影响小龙虾和斑点叉尾鮰的存在。许多生物都会累积灭蚊灵，但是生物累积对水生态系统的毒性影响还不是很清楚。有研究表明灭蚊灵在鸟类组织中滞留期较长。灭蚊灵对大鳌虾产生毒性效应的最低浓度为 0.1μg/L，摄食一个饵料颗粒的灭蚊灵饵料颗粒就会死亡，将最低浓度乘以应用因子 0.01 得出淡水生物基准 0.001μg/L，且尽量不要将灭蚊灵饵料颗粒落入有水生生物的水体中。海洋水质基准制定主要依据若干河口和海洋甲壳动物的数据。根据 Lowe 等（1971）和 Bookhout 等（1972）的研究，取毒性效应的合理平均值 0.1μg/L，乘以 0.01 应用因子，求得海洋水生生物的基准值 0.001μg/L
对硫磷/硝基硫磷脂 (parathion)	淡水/海水水生生物	0.04	大部分无脊椎动物的 96h LC$_{50}$ 的值均大于 0.4μg/L，将该值乘以应用因子 0.1 得出基准，保护淡水和海洋水生生物

续表

类别和物质名称	保护对象	基准值	基准确定过程和依据
毒杀芬/八氯莰烯（toxaphene）	当地饮用水供应	5	研究显示，对食物中的毒杀芬最敏感的动物为狗，食物中有最小效应或无长期效应的最高含量是10.0mg/kg，或单位体重的每日摄入浓度为1.7mg/kg（Lehman, 1965）。由于目前没有充足的人类毒性数据来印证动物实验结果，所以假设总的安全摄入量为最敏感动物的无效应或最小效应水平的1/500。假设毒杀芬总摄入量的20%来自饮用水，人的平均体重为70kg，每人每天平均饮水量为2L，基准的计算式：1.7mg/kg×0.2×70×1/500×1/2
	淡水/海水水生生物	0.005	海洋水体的基准是将体兔牙鲷的96h LC$_{50}$的值（Schimmel et al., 1977）乘以应用因子0.01得到。目前还没有获得淡水水生生物的毒性效应浓度，因此建议淡水水生生物也采用该基准值
非农药类有机物（5种）			
氰化物（cyanide）	淡水/海水水生生物和野生动物	5	氧化物通过与正铁原子（三价铁）形成不可逆络合物来抑制氧代谢实现其毒性作用。人体对氧化物具有一定的解毒机能，通过生化作用将氧化物转化为低毒的硫代氰酸盐。人每天吞食10mg左右氧化物不会中毒，只有含氧浓度超过了人体的解毒机能才会产生致死。长期服用5mg/d剂量未见有害效应（Bodansky and Levy, 1923）。系列研究分析表明游离氰浓度为50~100μg/L时对许多敏感鱼类具有致死作用，在200μg/L以上可能使大多数鱼类产生快速致死。可对鱼类产生影响的最低的氰浓度为10μg/L。该浓度使美洲红点鲑的游泳能力和耐受温度降低（Neil, 1957）。氧化物对海洋生物的影响尚未有调查资料，但是根据氧化物的毒性作用机制，它对海洋生物的毒性可能近似于对淡水生物的毒性。取最低效应的1/2作为环境氰化物浓度的基准应该可以为水生生物提供安全合理的保护
	当地供水	完全不要油和油脂，尤其不要有石油产品散发出的气味	
油和油脂（oil and grease）	水生生物	①水中单项石油化学产品的浓度不应超过数种重要的、对于石油和其他化学产品十分敏感的淡水鱼和海洋鱼类的流水水生物测试最低96h LC$_{50}$值的0.01倍；②不允许沉积物中的油或石油化学产品达到对水生物群有害的浓度；③地表水完全不要有漂浮有害的植物或动物油及石油衍生物	①油对水生生物既有急性毒性也有亚急性致死毒性。油类中包含有多种化合物，油类中的某些化学毒性变化较大，所以很难建立一个适用于各种油的数值基准。因此在一定的排污条件下测定当项石油化学物的上限容许值而应通过测试水体生存的几种重要而目最敏感的水生物流水生物测试96h LC$_{50}$值，再乘以一个0.01的因子来得。②石油会侵入沉积物中，且具有残留性及导致慢性中毒的可能性。所以在沉积物中有的浓度不应当达到对重要物种或整个底栖生物群落产生有害影响的水平。③从化学角度来讲，动物油和植物油一般对人和水生生物是无毒的，但是这些又能形成漂浮层，对环境产生不良影响

续表

类别和物质名称	基准值	保护对象	基准确定过程和依据
苯酚 (phenol)	1	当地饮用水供应/保护鱼肉异味	酚类化合物在水体和鱼肉中超过一定含量会产生感官效应。而酚类化合物直接对鱼类和以鱼类为饲料的生物产生有害作用。McKee 和 Wolf (1963) 总结认为，50μg/L 时不会影响鱼类水生物；200μg/L 时不会影响鱼类水生物；1000μg/L 时不会影响生活饮用水。酚类化合物产生感官效应的最低值是 2μg/L 的 2-氯苯酚 (Burttschell et al., 1959)。取供水中氯酚的气味和鱼肉产生异味限值的一半作为来酚的基准
酞酸酯 (phthalate esters)	3	淡水水生生物	酞酸酯在较低浓度就对水生生物有害。酞酸酯浓度为 3μg/L 抑制大型蚤的繁殖量，而其他所有实验生物都具有很高的耐受性。因此推荐 3μg/L 为淡水基准
多氯联苯 PCB (polychlorinated biphenyls)	0.001	淡水海水水生生物当地消费者	美国食品药品监督管理局制定鱼体组织中的 PCB 作用含量为 5μg/L，以及考虑到 PCB 在鱼体在生物体内的累积效应、基准保护对象（养殖生物和其他有关食肉哺乳动物、牡蛎消费）和水体中的 PCB 浓度，提出一个不超过 0.001μg/L 的基准。基准值为致死剂量 0.1μg/L 的 0.01 倍
其他 (13 种)			
感觉质量 (aesthetic quanlity)			感官质量是为保护我国各种水体水用途提出的一些必要规则，不是定量化的概念。水体中不应含令人讨厌的概念。水体中不应有使水体产生以下效应的物质：①形成令人讨厌的沉淀；②像垃圾、浮渣、油或其他物质漂浮形成令人讨厌的东西；③产生令人讨厌的颜色、气味或混浊；④对人体、动物或植物产生损害或有毒或产生有害生理反应；⑤产生令人入讨厌的水生生物
碱度 (alkalinity)	20000 或更多 $CaCO_3$	淡水水生生物	碱度在自然水体中对酸具有一定的缓冲能力，另外产生碱度的一些组分会使有毒重金属更加复杂化。美国国家技术顾问委员会推荐该最小碱度值 (National Technical Advisory Committee, 1968)

续表

类别和物质名称	基准值	保护对象	基准确定过程和依据
大肠型细菌 ia（fecal coliform bacter）	30天内至少采集5个样品，且每个样品的粪便大肠菌数不超过对数平均值200个/100mL，并且超过400个/100mL的样品不应超过30天内采集总样品的10%	洗澡用水	微生物指示菌可用于检测或指示饮用、游泳和贝类捕获用水的安全性。理想的微生物指示菌要满足以下要求：①能适用于所有类型的水体；②指示菌应与病原菌同时存在，且存活时间应与最顽固的病原菌相当；③指示菌不应在污水中繁殖而导致数值增加（Scarpino, 1974）。但是现在还没有找到最理想的指示菌。大肠菌群是粪便污染物的首选指示物，且通常作为水质指示剂之一。粪便中大肠菌群是总大肠菌群的一部分，因为粪便大肠杆菌局限于温血动物肠道内，已经证实粪便大肠菌群作为指示菌也并非十分理想，主要是由于大肠杆菌鉴定方法的复杂性。现已用于鉴定游泳水质，使用比总大肠菌群的使用更符合卫生标准。大肠菌群也提出了其他一些指示菌，如肠球菌和产气荚膜杆菌等，均由于大肠菌鉴定方法和菌种本身的特性使其不能成为理想的指示菌（Geldreich and Kenner, 1969）。通过对一些海滩游泳者的研究表明，目前还不能证明粪便大肠杆菌数与发病率具有固定关系，也发现游泳有关的疾病与总大肠菌数之间的关系，只是说明在水体中游泳时随着总大肠菌数的增加染病的概率也随之增大。目前，粪便大肠菌与水介质病原体之间得出的唯一关系是沙门氏菌与粪便大肠菌的密度之间的关系。所得数据表明当游泳水中粪便大肠菌的密度超过200个/100mL时，沙门氏菌的检出率急剧增加，可能接近100%
	粪便大肠菌浓度不超过中位值14MPN/100mL，且超过43MPN/100mL的样品不应超过10%	贝类捕捞水体	由于水体病原体的多少，贝类食用者所发生的危急及患病例与粪便大肠菌关系的数据缺乏，所以针对贝类提出特定的要求仅依据受不同程度粪便污染的水体中病原体的增加而造成的健康危害来加以评估。粪便大肠菌群包括粪便大肠杆菌和大肠菌，粪便大肠菌与温血动物粪便污染之间比大肠杆菌相关性更高（Geldreich, 1974）。粪便大肠菌能反映水体的卫生质量，也能反映某些非粪便污染造成的不利影响。国际协议取一个最大可能数的中间值，即每100mL 70个总大肠菌数超过230个大肠菌的样品应超过总样品量的10%。根据美国贝类生存水质卫生管理计划中一系列研究来确定两个指示菌之间的关系与先前给出制定的总大肠菌基准相当
色度（color）	水体没有能产生令人讨厌的颜色的物质	感官目的	"讨厌的色度"是指超过了天然背景限值。色度的自然背景变化较大，制定一个数值型限值没有任何意义
	饮用水水源不超过75个铂-钴色度单位	当地饮用水供应	饮用水标准（USPHS, 1962）推荐的标准是低于15个色度单位，水源地水只要不超过该基准，经过一系列处理即可达到饮用水标准

续表

类别和物质名称	基准值	保护对象	基准确定过程和依据
色度（color）	增加的颜色与浊度应该不减少水生生物光合作用补偿点深度季节平均值的10%	水生生物	水体色度对水生生物的影响主要是减弱水线光穿透，从而降低了浮游植物的光合作用，并限制水生维管植物的生长区域。水生维管植物为平衡耗氧进行光合作用所需要的光强度要达到夏季最大次光照期同他的全部光照的5%（NTAC，1968），浮游植物为平衡耗氧需要的光照强度为入射光的10%（NTAC，1968）。能够达到此补偿点的光照深度称为补偿深度
气体和总溶解气体（gases and total dissolved）	水体中总溶解气体浓度不超过当时的大气压和静水压力下气体饱和值的110%	水生生物和海产水生生物	在溶解气体过高的水体中生存的鱼类，由于鱼体循环系统中的溶解气体会从血液中逸出而形成气泡，从而阻止血液流经毛细血管，使鱼致死。在水生生物中所患这种病为"气泡病"。溶液中所含气体饱和度分析方法是范斯来克法（van Slyke et al，1934）；也可使用气相色谱法测定总溶解气体的过饱和。有几个途径可以导致总溶解气体造成过饱和：①冷溪类的过测光合作用；②水电站大坝的溢水夹带气体饱和水加温，较高水温下气体溶解度降低，于是饱和度提高。Bouck等（1976）研究表明，在气体饱和的水中，当饱和度大于115%时，可使大多数鲑鳟亚目鱼急性致死；当饱和度大于120%时，可使所有试验的鲑鳟亚目鱼快速致死；当饱和度为110%时可使大多数鱼种产生气肿
硬度（hardness）	硬度与人体健康是否有关尚未证实，所以饮用水的最终硬度值多少只是从经济上来衡量。由于水中的硬度可以用石灰-苏打软化、沸石软化、离子交换这类方法处理，所以针对公共供水源提出基准没有实际意义。对于水体中的生物，硬度主要可改变水体中有毒金属离子的生物有效性。虹鳟鱼的40 h半数致死浓度实验中，当以碳酸钙含量表示的硬度从10mg/L增加到100mg/L时，与硬度有关的锌和铜毒性大约降低4倍（National Academy of Sciences and National Academy of Engineering，1974）。各种工业用水的硬度基准见《红皮书》		
混合带（mixing zones）	混合带是指靠近某排放点的地区，该区域水体的水质可能既达不到各项水质评价标准，也达不到额外对受纳水体提出的要求。混合带的大小，部分取决于该受纳水体的位置。水体越大，混合带越大。混合带的位置和大小应当最大限度地保障水生生物和各种用水。一般来说，应当阻止沿岸或水体表层作为废物混合带，而应当优先考虑深水和远离河岸的水体。划定混合带一水道可能稀释的。有适当社会考虑和生态价值的水生生物		
pH	5.0～9.0	当地饮用水供应	用铝盐或铁盐去除胶体色度的混凝工艺，最佳pH为5.0～6.5（Sawyer，1960）。有研究表明pH在接近于8.3时能为配水管网提供一层保护性的碳酸盐膜以防止金属管道的腐蚀（Langelier，1936）。鉴于在水处理前后pH都比较容易调节，pH为5.0～9.0的源水均可用水处理厂的常规工艺流程处理。超出该范围时生物会造成受偏离程度增加的有害生理效应
	6.5～9.0	淡水水生生物	该范围能够充分保护淡水鱼类的生存，保护鱼类所食用的脊椎无脊椎动物的存在。超出该范围时生物会造成受偏离程度增加的有害生理效应，直到到死水平
	6.5～8.5	海水水生生物	有些区域pH的天然变化接近于某些生物种的致死范围，而且pH的变动也会影响某些金属元素的生物有效性

续表

类别和物质名称	基准值	保护对象	基准确定过程和依据
溶解性固体和盐度 [solids(dissolved)and salinity]	250000μg/L 氯化物和硫酸盐	当地饮用水供应	溶解性固体包括无机盐、少量有机物和溶解物质。水体溶解性的主要总无机阴离子包括碳酸盐、氯化物和硝酸盐；主要阳离子是钠、钾、钙和镁。250mg/L 的硫酸盐浓度能适当拓展避免轻度腹泻；250mg/L 的氯化物浓度是合理保障用户饮用水的最大浓度
固体（悬浮的、可沉降的）和浊度 [solids（suspended、settleable）and turbidity]	悬浮和沉淀物不会减少光合作用补偿点深度标准的10%以上	淡水鱼和其他水生生物	悬浮固体和可沉降固体指水体中的有机和无机颗粒物。基于卫生要求，出厂的饮用水进入配水管网时其最大浊度为一个浊度单位。这关系到氯消毒的效果。悬浮固体响鱼和以鱼类为饵料的生物种群，影响其正常的生活和生殖发育等。浮游生物和无机悬浮物妨碍光线向水体透射，减少透光层深度，影响水生生物的光合作用。所以美国科学院工程科学院联合委员会建议，光透射深度不得减少10%（National Academy of Sciences and National Academy of Engineering，1974）
变质引起异味的物质（tainting substances）	一些物质的浓度不应该呈现出在单个或是结合态时产生不愉快的气味，这可通过对水生生物体可食用部分的感官影响实验检测。Thomas（1973）对这些物质的文献做了综述，详细论述了在评价受各种废水污染的俄亥俄鱼类适口性方面所进行的研究以及所采用的方法		
温度（temperature）		感官质量	叙述性基准，详见《红皮书》
溶解氧 （oxygen, dissolved）	水体中应含有充分的溶解氧以维持水体和沉积物的有氧条件，除非受到自然现象的影响		水体的感官质量要求水体要有充分的溶解氧以避免产生腐化条件而导致恶臭散发。在城市供水水源中合适的溶解氧能够防止从来自沉淀中的铁锰化学还原和随后析出铁锰；溶解氧过高会加速配水系统和水处理设备金属表面的腐蚀
	维持鱼群良好生存的最低溶解氧浓度为 5.0mg/L；鲑鳟亚目鱼产卵地砾石缝隙的水体中最低溶解氧含量为 0.5mg/L	淡水水生生物	结合敏感鱼种对溶解氧的需求以及允许鱼群生存和保持良好生长所需的氧浓度制定基准

参 考 文 献

Anderson B G. 1960. The toxicity of organic insecticides to Daphnia[R]. Second Seminar on Biological Problems in Water Pollution. Robert A. Taft Sanitary Engineering Center Technical Report W60-3. Ohio: Cincinnati.

Bahner L H , Nimmo D R. 1974. Methods to assess effects of combinations of toxicants, salinity and temperature on estuarine animals[R]. Columbia Mo: Proceedings of the 9th Am. Confr. On Trace Substances in Env. Health, University of Mississippi.

Bisongi J J , Lawrence A W. 1973. Methylation of mercury in aerobic and anaerobic environments[R]. New York, Ithaca: Technical Report 63, Cornell University Resources and Marine Sciences Center.

Blus L J, Gish C D, Belisle A A, et al. 1972. Further analysis of the logarithmic relationship of DDE residues to nest success[J]. Nature, 240 : 164.

Bodansky M , Levy M D. 1923. I : Some factors influencing the detoxication of cyanides in health and disease[J]. Archives of Internal Medicine, 31: 373.

Bookhout C G, Wilson A J, Duket W, et al. 1972. Effects of mirex on the larval development of two crabs[J]. Water, Air, and Soil Pollution, 1: 165-180.

Bouck G R, Nebeker A V, Stevens D G. 1976. Mortality, saltwater adaptation and reproduction of fish exposed to gas supersaturated water[R]. Oregon: US Environmental Protection Agency. Bradford G R. 1966. Boron in Diagnostic Criteria for Plants and Soils[M]. Chapman H D. Berkeley: University of California, Division of Agricultural Science: 33-61.

Burttschell R H, Rosen A A, Middleton F M, et al. 1959. Chlorine derivatives of phenol causing taste and odor[J]. Journal of the American Water Works Association, 51: 205.

Butler P A. 1963. Commercial fisheries investigation. Pesticide wildlife studies: A review of fish and wildlife service investigations[R]. Washington D C: US Fish Wildlife Service, Circular No. 226, US Government Printing Office: 11-25.

Cardwell R D, Foreman D G, Payne T R , et al. 1977. Acute and chronic toxicity of chlordane to fish and invertebrates[R]. Duluth, Minnesota: Environmental Protection Agency, Office of Research and Development, Environmental Research Laboratory, EPA Ecological Research Series.

Chen K P, Wu H. 1962. Epidemiological studies on blackfoot disease: II : A study of source of drinking water on relation to the disease[J]. Journal of the Formosan Medical Association, 61: 611.

Chipman W A J. 1934. The role of pH in determining the toxicity of ammomium compounds[D]. Columbia: University of Missouri.

Clements H F, Heggeness H G. 1940. Arsenic toxicity to plants[R]. Hawaii: Hawaii Agricultural Experiment Station Research Report : 77.

Cohen J M, Kamphake L J, Harris E K , et al. 1960. Taste threshold concentrations of metals in drinking water[J]. Journal of the American Water Works Association, 52: 660.

Cope O B. 1965. Sport fishery investigations. Effects of pesticides on fish and wildlife-1964 research findings of the fish and wildlife service[R]. Washington D C: US Fish and Wildlife Service, Circular No. 206: 51-63.

Eaton J G. 1974. Testimony in the matter of proposed toxic pollutant effluent standards for Aldrin-Dieldrin et al. [R]. FWPCA(307), Docket No. 1.

Eisler R. 1974. Testimony in the matter of proposed toxic pollutant effluent standards for Aldrin-Dieldrin et al. [R]. FWPCA(307), Docket No. 1.

Frant S, Kleeman I. 1941. Cadmium "food poisoning" [J]. Journal of the American Medical Association, 117: 86-89.

Friberg L, Piscator M , Nornberg G F. 1974. Cadmium in the Environment[M]. 2nd ed. Cleveland: CRC PRESS: 30-31.

Geldreich E E, Kenner B A. 1969. Concepts of fecal streptococci in stream pollution[J]. Journal of the Water Pollution Control Federation, 41: R336.

Goldsmith J R, Deane M, Thom J , et al. 1972. Evaluation of health implications of elevated arsenic in well water[J]. Water Research, 6: 1133.

Heath R G, Spann J W, Hill E F, et al. 1972. Comparative dietary toxicities of pesticides to birds[R]. Washington D C: US Department of the Interior, Bureau of Sport Fisheries and Wildlife: 57.

Katz M, Pederson G L, Yoshinaka M, et al. 1970. Effects of pollution on fish life, heavy metals, annual literature review[J]. Journal of the Water Pollution Control Federation, 42: 987.

Kopp J F, Kroner R C. 1967. Trace metals in waters of the United States[R]. Ohio: U S Department of Interior, Fedral Water Pollution Control Administration, Cincinnati.

Korn S , Eranest R. 1974. Acute toxicity of twenty insecticides to striped bass, Morone saxatilis[J]. California Fish and Game, 60: 128.

Langelier W F. 1936. The analytical control of anti-corrosion water treatment[J]. Journal of the American Water Works Association, 28: 1500.

Lehman A J. 1965. Summaries of pesticide toxicity[R]. Kansas: Association of food and Drug officials of the US, Topeka : 1-40.

Liebmann H, Liebmann C. 1960. Handbuch der Frischwasser- und Abwasserbiologie[M]. München.

Little A D. 1971. Water Quality Data Book, Vol. 2. Inorganic Chemical Pollution of Fresh Water[M]. Washington, D C: Environmental Protection Agency : 24-26.

Lowe J I, Wilson P D , Davison R B. 1971. Effect of mirex on selected estuarine organisms[R]. In: Transactions of the 36th North American, Wildlife Resoures Conference: 171-186.

Lindquist D , Dahm P A. 1957. Some chemical and biological experiments with thiodan[J]. Journal of Economic Entomology, 50: 483.

Mccabe L J, Symons J M, Lee R D , et al. 1970. Survey of community water supply systems[J]. Journal of the American Water works Association, 62: 670.

McKee J E , Wolf H W. 1963. Water quality criteria[R]. California: State Water Quality Control Board, Sacramento: 3-A.

McKim J M. 1974. Testimony in the matter of proposed toxic pollution effluent standards for Aldrin-Dieldrin, et al[R]. FWPCA(307)Docket No. 1.

McKim J M, Olson G F, Holcombe G W , et al. 1976. Long term effects of methylmercuric chloride on three generations of brook trout(Salvelinus fontinalis): Toxicity, accumulation, distribution, and elimination[J]. Journal of the Fisheries Research Board of Canada, 33: 2726-2739.

No authors listed. 1971. Methylmercury in fish. A toxicologic-epidemiologic evaluation risks. Report from an export group[R]. Nord Hyg Tidskr , Suppl 4: 1-364.

National Academy of Sciences, National Academy of Engineering. 1974. Water quality criteria[R]. Washington DC: US Government Printing Office.

National Technical Advisory Committee to the Secretary of the Interior. 1968. Water quality criteria[R]. Washington D C: US Government Printing Office.

Neil J H. 1957. Some effects of potassium cyanide on speckled trour, Salvelinus fontinalus[R]. 4th Ontario Industrial Waste Conference, Water Pollution Advisory Committee, Ontario Water Resources Commission: 74-96.

Parrish P R, Schimmel S C, Hansen D J, et al. 1976. Chlordane: Effects on several estuarine organisms[J]. Journal of Toxicology and Environmental Health, 1(3): 485-494.

Rasmussen G K, Henry W H. 1965. Effects of arsenic on the growth of pineapple and orange seedlings in sand and solution nutrient cultures[J]. Citrus Industry, 46: 22.

Reinert R E. 1970. Pesticide concentrations in Great Lakes fish[J]. Pesticides Monitoring Journal, 3: 233.

Sanders H O. 1969. Toxicity of pesticides to the crustacean, Gammarus lacustris[R]. Washington D C: US Department of the Interior, Bureau of Sport Fisheries and Wildlife Technical.

Sanders H O. 1972. Toxicity of some insecticides to four species of malacostracan crustaceans[R]. Washington D C: US Department of the Interior, Bureau Sport Fisheries and Wildlife Technical.

Sawyer C N. 1960. Chemistry for Sanitary Engineers[M]. New York : McGraw Hill Book Company.

Scarpino D. 1974. Human Enteric Viruses and Bacteriophages as Indicators of Sewage Pollution[M]. Oxford: Pergamon Press.

Schimmel S C, Parrish P R, Hansen D J, et al. 1975. Endrin: Effects on several estuarine organisms[R]. Proceedings 28th Annual Conference of Southeastern Association of Game and Fish Commissioners: 187-194.

Schimmel S C, Parrish J M , Forrester J. 1976. Heptachlor: Toxicity to and uptake by several estuarine organisms[J]. Journal of Toxicology and Environmental Health, 1(6): 955-965.

Schimmel S C, Parrish J M, Forrester J. 1977. Uptake and toxicity of toxaphene in several estuarine organisms[J]. Arch Environ Contam Toxicol, 5(1): 353-367.

Schoettger R A. 1970. Toxicology of thiodan in several fish and aquatic invertebrates[R]. Washington D C: US Government Printing Office.

Schroeder H A, Balassa J J. 1966. Abnormal trace metals in man: Arsenic[J]. Journal of Chronic Diseases, 19: 85-106.

Snow J R. 1958. A preliminary report on the comparative testing of spme of the newer herbicides[R]. Proceedings 11th Annual Conference of Southeastern Association of Game and Fish Commissioners: 125-132.

Sollman T H. 1957. A Manual of Pharmacology[M]. 8th ed. Philadelphia: W. B. Saunders Company.

Spehar R L. 1976. Cadmium and zinc toxicity to Jordanella floridae[D]. Minnesota: University of Minnesota, Duluth.

Stokinger H E, Woodward R L. 1958. Toxicologic methods of establishing drinking water standards[J]. Journal of the American Water Works Association, 50: 515.

Tarzwell C M, Henderson C. 1960. Toxicity of less common metals to fishes[J]. Industry Waste, 5: 12.

Treon J F, Clevelend F P , Cappel J. 1955. Toxicity of endrin for laboratory animals[J]. Journal of Agricultural and Food Chemistry, 3: 842.

US Public Health Service. 1962/1963. Drinking water quality of selected interstate carrier water supplies[R]. Washington D C: US Department of Health, Education and Welfare.

USPHS. 1962. Public Health Service Drinking Water Standards[M]. Washington D C: PHS Publication .

van slyke D D, Dillon R T , Margaria R. 1934. Studies of gas and electrolyte equilibria in blood, ⅩⅧ. Solubility and physical state of atmospheric nitrogen in blood cells and plasma[J]. Journal of Biological Chemistry, 105: 571.

Weiss C M , Gakstter J H. 1964. Detction of pesticides in water by biochemical assay[J]. Journal of the Water Pollution Control Federation, 36: 240.

WHO. 1973. Chromium, In: Trace element in human nutrition[R]. Geneva: World Health Organization Technical Report Series No. 532.

Wood J M. 1974. Biological cycles for toxic elements in the environment[J]. Science, 183: 1049.

附录 2　美国 1986 年水质基准《金皮书》

物质名称	优控污染物	致癌物	保护水生生物/（μg/L）				保护人体健康		饮用水 MCL
			淡水急性基准	淡水慢性基准	海水急性基准	海水慢性基准	消费水和鱼	仅消费鱼	
二氢苊（acenaphthene）	是	否	1700*	520*	970*	710*			
丙烯醛（acrolein）	是	否	68*	21*	55*		320μg/L	780μg/L	
丙烯腈（acrylonitrile）	是	是	7550*	2600*			0.058μg/L**	0.65μg/L**	
感官质量（aesthetic quality）	否	否	叙述性的（见文件）						
艾氏剂（Aldrin）	是	是	3.0^A		1.3^A		0.074ng/L**	0.079ng/L**	
碱度（alkalinity）	否	否		20000					
氨（ammonia）	否	否	基准由 pH 决定（见文件）						
锑（antimony）	是	否	9000*	1600*			146μg/L	45000μg/L	
五价砷（arsenic）	是	是	850*	48*	2319*	13*	2.2ng/L**	17.5ng/L**	0.05mg/L
三价砷（arsenic）	是	是	360	190	69	36			
石棉（asbestos）	是	是					30000f/L**		
细菌（bacteria）	否	否	主要针对水闲用水和贝类消费使用（见文件）						<1/100mL
钡（barium）	否	否					1mg/L		1.0mg/L
苯（benzene）	是	是	5300*	5100*	700*		0.66μg/L**	40μg/L**	
对二氨基联苯（benzidine）	是	是	2500*				0.12μg/L**	0.53ng/L**	
铍（beryllium）	是	是	130*	5.3*			6.8ng/L**A	117ng/L***A	
六氯环己烷，六六六（BHC）	是	否	100*		0.34*		10μg/L		
镉（cadmium）	是	否	3.9+	1.1+	43	9.3	10μg/L		0.010mg/L
四氯化碳（carbon tetrachloride）	是	是	35200*		50000*		0.4μg/L**	6.94μg/L**	

续表

物质名称	优控污染物	致癌物	保护水生生物/（μg/L）				保护人体健康		饮用水 MCL
			淡水急性基准	淡水慢性基准	海水急性基准	海水慢性基准	消费水和鱼	仅消费鱼	
氯丹（chlordane）	是	是	2.4	0.0043	0.09	0.004	0.46ng/L**	0.48ng/L**	
氯苯（chlorinated benzenes）	是	是	250*	50*	160*	129*			
氯化萘（chlorinated naphthalenes）	是	否	1600*		7.5*				
氯（chlorine）	否	否	19	11	13	7.5			
氯烷基醚（chloroalkyl ethers）	是	否	238000						
2-氯乙烷基醚[2-chloroethyl ether（BIS-2）]	是	是					0.03μg/L**	1.36μg/L**	
氯仿（chloroform）	是	是	28900*	1240*			0.19μg/L**	15.7μg/L**	
2-氯异丙基醚[2-chloroisopropyl ether（BIS-2）]	是	否					34.7μg/L	4.36mg/L	
氯甲基醚[chloromethyl ether（BIS）]	否	是					0.0000376μg/L**	0.00184μg/L**	
2-氯酚（2-chlorophenol）	是	否	4380*	2000*					
4-氯酚（4-chlorophenol）	否	否			29700*		10μg/L		
2,4,5-涕丙酸（2,4,5-TP）	否	否					100μg/L		
2,4-滴（2,4-D）	否	否							
毒死蜱（chlorpyrifos）	否	否	0.083	0.041	0.011	0.0056			
4-氯-3-甲基酚（4-chloro-3-methylphenol）	否	否	30*						
铬，六价（chromium）	否	否	16	11	1100	50	50μg/L		0.05mg/L
铬，三价（chromium）	是	否	1700+	210+	10300*		170mg/L	3433mg/L	0.05mg/L
色度（color）	否	否	叙述性的（见文件）						
铜（copper）	是	否	18+	12+	2.9	2.9			
氰化物（cyanide）	是	否	22	5.2	1	1	200μg/L		
DDT 和 DDT 代谢物	是	是	1.1	0.001	0.13	0.001	0.024ng/L**	0.024ng/L**	
DDT metabolite（DDE）	是	是	1050*		14*				
DDT metabolite（TDE）	是	是	0.06*		3.6*				

续表

物质名称	优控污染物	致癌物	保护水生生物/（μg/L）				保护人体健康		饮用水 MCL
			淡水急性基准	淡水慢性基准	海水急性基准	海水慢性基准	消费水和鱼	仅消费鱼	
内吸磷（demeton）	是	否		0.1		0.1			
邻苯二甲酸二丁酯（dibutyl phthalate）	是	否					35mg/L	154mg/L	
二氯苯（dichlorobenzenes）	是	否	1120*	763*	1970*		400μg/L	2.6mg/L	
二氯对二氨基联苯（dichlorobenzidine）	是	是					0.01μg/L**	0.02μg/L**	
1,2-二氯乙烷（1,2-dichloroethane）	是	是	118000*	20000*	113000*		0.94μg/L**	243μg/L**	
二氯乙烯（dichloroethylenes）	是	是	11600*		224000*		0.033μg/L**B	1.85μg/L**B	
2,4-二氯酚（2,4-dichlorophenol）	否	否	2020*	365*		3040*	3090μg/L		
氯丙烷（dichloropropane）	是	否	23000*	5700*	10300*		57μg/L	14100μg/L	
氯丙烯（dichloropropene）	是	是	6060	244	790*				
狄氏剂（dieldrin）	是	是	2.5	0.0019	0.71	0.0019*	0.000071μg/L**	0.000076μg/L**	
邻苯二甲酸二乙酯（diethyl phthalate）	是	否					350000μg/L	1800000μg/L	
2,4-二甲基苯酚（2,4-dimethyl phenol）	是	否	2120*						
邻苯二甲酸二甲酯（dimethyl phthalate）	否	否					313000μg/L	2900000μg/L	
2,4-二硝基甲苯（2,4-dinitrotoluene）	是	是	330*	230*	590*		0.11μg/L**	9.1μg/L**	
二硝基酚（dinitrophenols）	否	否					70μg/L	14.3mg/L	
硝基甲苯（dinitrotoluene）	否	否				370*			
2,4-二硝基甲酚（2,4-dinitro-o-cresol）	是	否					13.4μg/L	765μg/L	
2,3,7,8-四氯二苯并-p-二噁英（2,3,7,8-tetrachlorodibenzo-p-dioxin,2,3,7,8-TCDD）	是	是	0.01*	0.00001*			0.000000013μg/L**	0.000000014μg/L**	
1,2-苯肼二苯基联氨（1,2-diphenylhydrazine）	是	否	270*				0.042μg/L**	0.56μg/L**	
邻苯二甲酸-2-乙基己基酯（di-2-ethylhexyl phthalate）	是	否					15000μg/L	50000μg/L	
硫丹（endosulfan）	是	否	0.22	0.056	0.034	0.0087	74μg/L	159μg/L	

续表

物质名称	优控污染物	致癌物	保护水生生物/（μg/L）				保护人体健康		饮用水 MCL
			淡水急性基准	淡水慢性基准	海水急性基准	海水慢性基准	消费水和鱼	仅消费鱼	
异狄氏剂（endrin）	是	否	0.18	0.0023	0.037	0.0023	1μg/L		0.2μg/L
乙苯（ethylbenzene）	是	否	32000*		430*		1400μg/L	3280μg/L	
荧蒽（fluoranthene）	是	否	3980*		40*	16*	42μg/L	54μg/L	
总溶解气体（gases and total dissolved）	否	否					叙述性的（见文件）		
谷硫磷（guthion）	否	否		0.01		0.01			
硬度（hardness）	是	否	叙述性的（见文件）						
卤代醚（haloethers）	是	否	360*	122*			0.19μg/L**	15.7μg/L**	
卤代甲烷（halomethanes）	是	是	11000*		12000*	6400*	0.00028μg/L**	0.00029μg/L**	
七氯（heptachlor）	否	是	0.52	0.0038	0.053	0.0036			
六氯乙烷（hexachloroethane）	是	是	980*	540*	940*		1.9μg/L	8.74μg/L	
六氯苯（hexachlorobenzene）	是	否					0.00072μg/L**	0.00074μg/L**	
六氯丁二烯（hexachlorobutadiene）	是	是	90*	9.3*	32*		0.0045μg/L**	50μg/L**	
六氯环己烷[hexachlorocyclohexane（lindane）]	是	是	2.0	0.08	0.16				4μg/L
α-六氯环己烷（hexachlorocyclohexane-alpha）	是	是					9.2ng/L**A	0.031μg/L**A	
β-六氯环己烷（hexachlorocyclohexane-beta）	是	是					0.0163μg/L**A	0.0547μg/L**A	
γ-六氯环己烷（hexachlorocyclohexane-gama）	是	是					0.0186μg/L**A	0.0625μg/L**A	
工业六氯环己烷（hexachlorocyclohexane-technical）	是	是					0.0123μg/L**A	0.0411μg/L**A	
六氯环戊二烯（hexachlorocyclopentadiane）	是	否	7.0*	5.2*	7.0*		206μg/L		
铁（iron）	否	否		1000			300μg/L		
异佛尔酮（isophorone）	是	否	117000*		12900*		5200μg/L	520000μg/L	
铅（lead）	是	否	82+	3.2+	140	5.6	50μg/L	50μg/L	50μg/L
马拉硫磷（malathion）	否	否		0.1		0.1			

续表

物质名称	优控污染物	致癌物	保护水生生物（μg/L）				保护人体健康		饮用水 MCL
			淡水急性基准	淡水慢性基准	海水急性基准	海水慢性基准	消费水和鱼	仅消费鱼	
锰 (manganese)	否	否					50μg/L	100μg/L	
汞 (mercury)	是	否	2.4	0.012	2.1	0.025	0.144μg/L	0.146μg/L	2μg/L
甲氧氯/甲氧滴滴涕 (methoxychlor)	否	否		0.03		0.03	100μg/L	100μg/L	100μg/L
灭蚊灵 (mirex)	否	否		0.001		0.001			
氯苯 (monochlorobenzene)	是	否	2300*	620*	2350*		488μg/L		
萘 (naphthalene)	是	否							
镍 (nickel)	是	否	1400+	160+	75	8.3	13.4μg/L	100μg/L	
硝酸盐 (nitrates)	否	否							10000μg/L
硝基苯 (nitrobenzene)	是	否	27000*		6680*		10000μg/L		
硝基酚 (nitrophenols)	是	否	230*	150*	4850*		19800μg/L		
亚硝胺 (nitrosamines)	是	是	5850*		3300000*				
N-亚硝基二丁胺 (N-nitrosodibutylamine)	是	是					0.0064μg/L**	0.587μg/L**	
N-亚硝基二乙胺 (N-nitrosodiethylamine)	是	是					0.0008μg/L**	1.24μg/L**	
N-亚硝基二甲胺 (N-nitrosodimethylamine)	是	是					0.0014μg/L**	16μg/L**	
N-亚硝基二苯胺 (N-nitrosodiphenylamine)	是	是					4.9μg/L**	16.11μg/L**	
N-亚硝基吡咯烷 (N-nitrosopyrrolidine)	是	是					0.016μg/L**	91.9μg/L**	
油和油脂 (oil and grease)	否	否	叙述性的（见文件）						
溶解氧 (oxygen, dissolved)	否	否	温水和冷水基准计算（见文件）						
对硫磷/硝苯硫磷酯 (parathion)	否	否	0.065	0.013					
多氯联苯 (poly chlorinated biphenyls, PCB)	是	是	2	0.014	10	0.03	0.000079μg/L**	0.000079μg/L**	
五氯乙烷 (pentachlorinated ethanes)	否	是	7240*	1100*	390*	281*			
五氯苯 (pentachlorobenzene)	否	否					74μg/L	85μg/L	
五氯酚 (pentachlorophenol)	是	否	20***	13***	13	7.9*	1010μg/L		

续表

物质名称	优控污染物	致癌物	保护水生生物（μg/L）				保护人体健康		饮用水 MCL
			淡水急性基准	淡水慢性基准	海水急性基准	海水慢性基准	消费水和鱼	仅消费鱼	
pH	否	否		6.5~9		6.5~8.5			
苯酚（phenol）	是	否	10200*	2560*	5800*		3500μg/L		
元素磷（phosphorus elemental）	否	否				0.1			
酞酸酯（phthalate esters）	是	否	940*	3*	2944*	3.4*			
多核芳香烃（polynuclear aromatic hydrocarbons）	是	是			300*		0.0028μg/L**	0.0311μg/L**	
硒（selenium）	是	否	260	35	410	54	10μg/L		10μg/L
银（silver）	是	否	4.1 +	0.12	2.3		50μg/L		60μg/L
可溶性固体或盐度 [solids (dissolved) and salinity]	否	否					250000μg/L ᶜ		
悬浮固体和盐度 [solids (suspended, settleable) and turbidity]	否	否		叙述性的（见文件）					
硫化物和硫化氢（sulfides and hydrogen sulfide）	否	否		2ᴰ		2ᴰ			
变质引起异味的物质（tainting substances）	否	否		叙述性的（见文件）					
温度（temperature）	否	否		由物种决定的基准（见文件）					
1,2,4,5-四氯苯（1,2,4,5-tetrochlorobenzene）	是	否					36μg/L	48μg/L	
1,1,2,2-四氯乙烷（1,1,2,2-tetrochloroethane）	是	是		2400*	9020*		0.17μg/L**	10.7μg/L**	
四氯乙烷（tetrochloroethanes）	是	否	9320*						
四氯乙烯（tetrochloroethylene）	是	是	5280*	840*	10200*	450*	0.8μg/L**	8.85μg/L**	
2,3,5,6-四氯苯酚（2,3,5,6-tetrochlorophenol）	否	否				440*			
铊（thallium）	是	否	1400*	40*	2130*		13μg/L	48μg/L	
甲苯（toluene）	是	否	17500*		6300*	5000*	14300μg/L	424000μg/L	
毒杀芬，八氯莰烯（toxaphene）	是	是	0.73ᴬ	0.0002ᴰ	0.21ᴬ	0.0002ᴬ	0.00071μg/L**	0.00073μg/L**	6μg/L

续表

物质名称	优控污染物	致癌物	保护水生生物（µg/L）				保护人体健康		
			淡水急性基准	淡水慢性基准	海水急性基准	海水慢性基准	消费水和鱼	仅消费鱼	饮用水 MCL
1,1,1-三氯乙烷（1,1,1-trichloroethane）	是	否			31200*		18400µg/L	1.03µg/L	
1,1,2-三氯乙烷（1,1,2-trichloroethane）	是	是	46000*	9400*			0.6µg/L**	41.8µg/L**	
三氯乙烯（trichloroethylene）	是	是		21900*	2000*		2.7µg/L**	80.7µg/L**	
2,4,5-三氯苯酚（2,4,5-trichlorophenol）	否	否					2600µg/L		
2,4,6-三氯苯酚（2,4,6-trichlorophenol）	是	是		970*			1.2µg/L**	3.6µg/L**	
氯乙烯（Vinyl chloride）	是	是					2µg/L**	525µg/L**	
锌（zinc）	是	否	120+	110+	95	86			

+ 表示受硬度影响的基准（100mg/L CaCO₃）。

* 表示无足够数据推导基准，该值为最低可见有害效应水平。

** 表示针对已报道的癌症给出的人体健康基准，有三个风险水平，该表中使用的是 10⁻⁶。

*** 为受 pH 影响的基准（pH=7.8）。

**** 表中所列为 1986 年修订后的基准值。

A. 表示受频度影响的基准（100mg/L CaCO₃）。

B. 三氯乙烯有两个异构体，1,1-二氯乙烯和 1,2-二氯乙烯。使用目前的方法仅能推出 1,1-二氯乙烯的人体健康基准，后者还没有充足的数据可供使用。

C. 溶解性固体或盐度是以 250mg/L 氯化物和硫酸盐表示的。

D. 硫化物和硫化氢的基准是未离解的硫化氢表示的。

附录3 1999年美国环境保护署推荐水质基准

优控污染物的水质基准

(单位: μg/L)

序号	优控污染物	CAS编号	保护淡水水生生物		保护海水水生生物		保护人体健康	
			基准最大浓度（CMC）	基准连续浓度（CCC）	基准最大浓度（CMC）	基准连续浓度（CCC）	消费水和生物	只消费生物
1	锑（antimony）	7440360					14 ^{B,Z}	4300 ^{B}
2	砷（arsenic）	7440382	340 ^{A,D,K}	150 ^{A,D,K}	69 ^{A,D,bb}	36 ^{A,D,bb}	0.018 ^{C,M,S}	0.14 ^{C,M,S}
3	铍（beryllium）	7440417					J,Z	J
4	镉（cadmium）	7440439	4.3 ^{D,E,K}	2.2 ^{D,E,K}	42 ^{D,bb}	9.3 ^{D,bb}	J,Z	J
5a	三价铬（chromium（III））	16065831	570 ^{D,E,K}	74 ^{D,E,K}			J,Z Total	J
5b	六价铬（chromium（VI））	18540299	16 ^{D,K}	11 ^{D,K}	1100 ^{D,bb}	50 ^{D,bb}	J,Z Total	J
6	铜（copper）	7440508	13 ^{D,E,K,cc}	9.0 ^{D,E,K,cc}	4.8 ^{D,cc,ff}	3.1 ^{D,cc,ff}	1300 ^{U}	
7	铅（lead）	7439921	65 ^{D,E,bb,gg}	2.5 ^{D,E,bb,gg}	210 ^{D,bb}	8.1 ^{D,bb}		
8	汞（mercury）	7439976	1.4 ^{D,K,hh}	0.77 ^{D,K,hh}	1.8 ^{D,ee,hh}	0.94 ^{D,ee,hh}	0.05 ^{B}	0.050 ^{B}
9	镍（nickel）	7440020	470 ^{D,E,K}	52 ^{D,E,K}	74 ^{D,bb}	8.2 ^{D,bb}	610 ^{B}	4600 ^{B}
10	硒（selenium）	7782492	L,R,T	5.0 ^{T}	290 ^{D,bb,dd}	71 ^{D,bb,dd}	170 ^{Z}	11000
11	银（silver）	7440224	3.4 ^{D,E,G}		1.9 ^{D,G}			
12	铊（thallium）	7440280					1.7 ^{B}	6.3 ^{B}
13	锌（zinc）	7440666	120 ^{D,E,K}	120 ^{D,E,K}	90 ^{D,bb}	81 ^{D,bb}	9100 ^{U}	69000 ^{U}
14	氰化物（cyanide）	57125	2 ^{K,Q}	5.2 ^{K,Q}	1 ^{Q,bb}	1 ^{Q,bb}	700 ^{B,Z}	220000 ^{B,Z}
15	石棉（asbestos）	1332214					7百万个纤维/L ^{I}	
16	2,3,7,8-四氯二苯并二噁英（2,3,7,8-TCDD dioxin）	1746016					1.3×10^{-8} C	1.4×10^{-8} C
17	丙烯醛（acrolein）	107028					320	780

续表

| 序号 | 优控污染物 | CAS 编号 | 保护淡水水生生物 | | 保护海水水生生物 | | 保护人体健康 | |
			基准最大浓度（CMC）	基准连续浓度（CCC）	基准最大浓度（CMC）	基准连续浓度（CCC）	消费水和生物	只消费生物
18	丙烯腈（acrylonitrile）	107131					0.059 B,C	0.66 B,C
19	苯（benzene）	71432					1.2 B,C	71 B,C
20	三溴甲烷（bromoform）	75252					4.3 B,C	360 B,C
21	四氯化碳（carbon tetrachloride）	56235					0.25 B,C	4.4 B,C
22	氯苯（chlorobenzene）	108907					680 B,Z	21000 B,H
23	二氯溴甲烷（chlorodibromomethane）	124481					0.41 B,C	34 B,C
24	氯乙烷（chloroethane）	75003						
25	2-氯乙基乙烯醚（2-chloroethylvinyl ether）	110758						
26	三氯甲烷（chloroform）	67663					5.7 B,C	470 B,C
27	二溴氯甲烷（dichlorobromomethane）	75274					0.56 B,C	46 B,C
28	1,1-二氯乙烷（1,1-dichloroethane）	75343						
29	1,2-二氯乙烷（1,2-dichloroethane）	107062					0.38 B,C	99 B,C
30	1,1-二氯乙烯（1,1-dichloroethylene）	75354					0.057 B,C	3.2 B,C
31	1,2-二氯丙烷（1,2-dichloropropane）	78875					0.52 B,C	39 B,C
32	1,3-二氯丙烯（1,3-dichloropropene）	542756					10 B	1700 B
33	乙苯（ethylbenzene）	100414					3100 B,Z	29000 B

续表

序号	优控污染物	CAS 编号	保护淡水生物		保护海水生物		保护人体健康	
			基准最大浓度（CMC）	基准连续浓度（CCC）	基准最大浓度（CMC）	基准连续浓度（CCC）	消费水和生物	只消费生物
34	甲基溴（methyl bromide）	74839					48 ^{B}	4000 ^{B}
35	烷氯代甲（methyl chloride）	74873					J	J
36	二氯甲烷（methylene Chloride）	75092					4.7 ^{B,C}	1600 ^{B,C}
37	1,1,2,2-四氯乙烷（1,1,2,2-tetrachloroethane）	79345					0.17 ^{B,C}	11 ^{B,C}
38	四氯乙烯（tetrachloroethylene）	127184					0.8 ^{C}	8.85 ^{C}
39	甲苯（toluene）	108883					6800 ^{B,Z}	200000 ^{B}
40	1,2-反式-二氯乙烯（1,2-trans-dichloroethylene）	156605					700 ^{B,Z}	140000 ^{B}
41	1,1,1-三氯乙烷（1,1,1-trichloroethane）	71556					J,Z	J
42	1,1,2-三氯乙烷（1,1,2-trichloroethane）	79005					0.60 ^{B,C}	42 ^{B,C}
43	三氯乙烯（trichloroethylene）	79016					2.7 ^{C}	81 ^{C}
44	氯乙烯（vinyl chloride）	75014					2.0 ^{C}	525 ^{C}
45	2-氯苯酚（2-chlorophenol）	95578					120 ^{B,U}	400 ^{B,U}
46	2,4-二氯苯酚（2,4-dichlorophenol）	120832					93 ^{B,U}	790 ^{B,U}
47	2,4-二甲基苯酚（2,4-dimethylphenol）	105679					540 ^{B,U}	2300 ^{B,U}
48	2-甲基-4,6-二硝基苯酚（2-methyl-4,6-dinitrophenol）	534521					13.4	765

续表

序号	优控污染物	CAS 编号	保护淡水水生生物		保护海水水生生物（CMC）		保护人体健康	
			基准最大浓度（CMC）	基准连续浓度（CCC）	基准最大浓度（CMC）	基准连续浓度（CCC）	消费水和生物	只消费生物
49	2,4-二硝基苯酚 (2,4-dinitrophenol)	51285					70 B	14000 B
50	2-硝基苯酚 (2-nitrophenol)	88755						
51	4-硝基苯酚 (4-nitropheno)	100027						
52	3-甲基-4-氯苯酚 (3-methyl-4-chlorophenol)	59507					U	U
53	五氯苯酚 (pentachlorophenol)	87865	19 F,K	15 F,K	13 bb	7.9 bb	0.28 B,C	8.2 B,C,H
54	苯酚 (phenol)	108952					21000 B,H,U	4600000 B,U
55	2,4,6-三氯苯酚 (2,4,6-trichlorophenol)	88062					2.1 B,C,U	6.5 B,C
56	二氢苊 (acenaphthene)	83329					1200 B,U	2700 B,U
57	苊 (acenaphthylene)	208968						
58	蒽 (anthracene)	120127					9600 B	110000 B
59	联苯胺 (benzidine)	92875					0.00012 B,C	0.00054 B,C
60	苯并[a]蒽 (benzo[a]anthracene)	56553					0.0044 B,C	0.049 B,C
61	苯并[a]芘 (benzo[a]pyrene)	50328					0.0044 B,C	0.049 B,C
62	苯并[b]荧蒽 (benzo[b]fluoranthene)	205992					0.0044 B,C	0.049 B,C
63	苯并[g,h,i]苝 (benzo[g,h,i]pyrene)	191242						
64	苯并[k]荧蒽 (benzo[k]fluoranthene)	207089					0.0044 B,C	0.049 B,C

续表

序号	优控污染物	CAS 编号	保护淡水水生生物		保护海水水生生物（CMC）		保护人体健康	
			基准最大浓度（CMC）	基准连续浓度（CCC）	基准最大浓度（CMC）	基准连续浓度（CCC）	消费水和生物	只消费生物
65	二-2-氯乙氧基甲烷 [bis (2-chloroethoxy) methane]	111911						
66	二-2-氯乙基醚 [bis (2-chloroethyl) ether]	111444					0.031 B,C	1.4 B,C
67	二-2-氯异丙基醚 [bis (2-chloroisopropyl) ether]	39638329					1400 B	170000 B
68	邻苯二甲酸二-2-乙基己基酯 [bis (2-ethylhexyl) phthalate]X	117817					1.8 B,C	5.9 B,C
69	4-溴苯基苯基醚 (4-bromophenyl phenyl ether)	101553						
70	邻苯二甲酸丁苄酯 (butylbenzyl phthalate) W	85687					3000 B	5200 B
71	2-氯萘 (2-chloronaphthalene)	91587					1700 B	4300 B
72	4-氯苯基苯基醚 (4-chlorophenyl phenyl ether)	7005723						
73	蔗 (chrysene)	218019					0.0044 B,C	0.049 B,C
74	二苯并 [a,h]蒽 (dibenzo[a,h]anthracene)	53703					0.0044 B,C	0.049 B,C
75	1,2-二氯苯 (1,2-dichlorobenzene)	95501					2700 B,Z	17000 B
76	1,3-二氯苯 (1,3-dichlorobenzene)	541731					400	2600
77	1,4-二氯苯 (1,4-dichlorobenzene)	106467					400 Z	2600

续表

序号	优控污染物	CAS 编号	保护淡水水生生物（CMC）		保护海水水生生物（CMC）		保护人体健康	
			基准最大浓度	基准连续浓度（CCC）	基准最大浓度	基准连续浓度（CCC）	消费水和生物	只消费生物
78	3,3'-二氯联苯胺（3,3'-dichlorobenzidine）	91941					0.04 [B,C]	0.077 [B,C]
79	邻苯二甲酸二乙酯（diethyl phthalate）[w]	84662					23000 [B]	120000 [B]
80	邻苯二甲酸二甲酯（dimethyl phthalate）[w]	131113					313000	2900000
81	邻苯二甲酸二丁酯（di-n-butyl phthalate）[w]	84742					2700 [B]	12000 [B]
82	2,4-二硝基甲苯（2,4-dinitrotoluene）	121142					0.11 [C]	9.1 [C]
83	2,6-二硝基甲苯（2,6-dinitrotoluene）	606202						
84	邻苯二甲酸二辛酯（di-n-octyl phthalate）	117840						
85	1,2-二苯肼（1,2-diphenylhydrazine）	122667					0.040 [B,C]	0.54 [B,C]
86	荧蒽（fluoranthene）	206440					300 [B]	370 [B]
87	芴（fluorene）	86737					1300 [B]	14000 [B]
88	六氯苯（hexachlorobenzene）	118741					0.00075 [B,C]	0.00077 [B,C]
89	六氯丁二烯（hexachlorobutadiene）	87683					0.44 [B,C]	50 [B,C]
90	六氯环戊二烯（hexachlorocyclopentadiene）	77474					240 [B,UZ]	17000 [B,H,U]
91	六氯乙烷（hexachloroethane）	67721					1.9 [B,C]	8.9 [B,C]

续表

序号	优控污染物	CAS 编号	保护淡水水生生物		保护海水水生生物		保护人体健康	
			基准最大浓度 (CMC)	基准连续浓度 (CCC)	基准最大浓度 (CMC)	基准连续浓度 (CCC)	消费水和生物	只消费生物
92	茚并 (1,2,3-cd) 芘 [indeno (1,2,3-cd) pyrene]	193395					0.0044 B,C	0.049 B,C
93	异佛尔酮 (isophorone)	78591					36 B,C	2600 B,C
94	萘 (naphthalene)	91203						
95	硝基苯 (nitrobenzene)	98953					17 B	1900 B,H,U
96	N-亚硝基二甲胺 (N-nitrosodimethylamine)	62759					0.00069 B,C	8.1 B,C
97	N-亚硝基二丙胺 (N-nitrosodi-n-propylamine)	621647					0.0050 B,C	1.4 B,C
98	N-亚硝基二苯胺 (N-nitrosodiphenylamine)	86306					5.0 B,C	16 B,C
99	菲 (phenanthrene)	85018						
100	芘 (pyrene)	129000					960 B	11000 B
101	1,2,4-三氯苯 (1,2,4-trichlorobenzene)	120821					260 Z	940
102	艾氏剂 (aldrin)	309002	3.0 G		1.3 G		0.00013 B,C	0.00014 B,C
103	α-六六六 (alpha-BHC)	319846					0.0039 B,C	0.013 B,C
104	β-六六六 (beta-BHC)	319857					0.014 B,C	0.046 B,C
105	γ-六六六 (林丹) [gamma-BHC (lindane)]	58899	0.95 K		0.16 G		0.019 C	0.063 C
106	δ-六六六 (delta-BHC)	319868						
107	氯丹 (chlordane)	57749	2.4 G	0.0043 G,aa	0.09 G	0.004 G,aa	0.0021 B,C	0.0022 B,C
108	4,4'-滴滴涕 (4,4'-DDT)	50293	1.1 G	0.001 G,aa	0.13 G	0.001 G,aa	0.00059 B,C	0.00059 B,C
109	4,4'-滴滴伊 (4,4'-DDE)	72559					0.00059 B,C	0.00059 B,C

续表

序号	优控污染物	CAS 编号	保护淡水水生生物		保护海水水生生物		保护人体健康	
			基准最大浓度（CMC）	基准连续浓度（CCC）	基准最大浓度（CMC）	基准连续浓度（CCC）	消费水和生物	只消费生物
110	4,4'-滴滴滴（4,4'-DDD）	72548					0.00083 B,C	0.00084 B,C
111	狄氏剂（dieldrin）	60571	0.24 K	0.056 K,O	0.71 G	0.0019 G,aa	0.00014 B,C	0.00014 B,C
112	α-硫丹（alpha-endosulfan）	959988	0.22 G,Y	0.056 G,Y	0.034 G,Y	0.0087 G,Y	110 B	240 B
113	β-硫丹（beta-endosulfan）	33213659	0.22 G,Y	0.056 G,Y	0.034 G,Y	0.0087 G,Y	110 B	240 B
114	硫丹硫酸盐（endosulfan sulfate）	1031078					110 B	240 B
115	异狄氏剂（endrin）	72208	0.086 K	0.036 K,O	0.037 G	0.0023 G,aa	0.76 B	0.81 B,H
116	异狄氏剂醛（endrin aldehyde）	7421934					0.76 B	0.81 B,H
117	七氯（heptachlor）	76448	0.52 G	0.0038 G,aa	0.053 G	0.0036 G,aa	0.00021 B,C	0.00021 B,C
118	环氧七氯（heptachlor epoxide）	1024573	0.52 G,V	0.0038 G,V,aa	0.053 G,V	0.0036 G,V,aa	0.0010 B,C	0.00011 B,C
119	多氯联苯（polychlorinated biphenyls, PCB）			0.014 N,aa		0.03 N,aa	0.00017 B,C,P	0.00017 B,C,P
120	毒杀芬（toxaphene）	8001352	0.73	0.0002 aa	0.21	0.0002 aa	0.00073 B,C	0.00075 B,C

A. 本水质基准推荐值来自于三价砷的数据，但是此处适用于总砷，这就意味着三价砷和五价砷对水生生物的毒性是相同的，且二者的毒性具有加和性。在砷的基准文件（USEPA 440/5-84-033,1985 年 1 月）中，给出了 5 个物种的物种平均急性值（SMAV），每个物种的三价砷和五价砷的 SMAV 之比的范围为 0.6~1.7；给出了一个物种的慢性值；对溞头鱼来说，五价砷的慢性值是三价砷的慢性值的 0.29 倍。关于五价砷的形态对水生生物的毒性是否具有加和性，据悉尚没有可利用的资料。

B. 本基准已被修订，以反映美国环境保护署最新的 q1* 或者 RfD（慢性参考剂量），与综合风险信息系统（IRIS,2002 年 5 月 17 日）中的相同。在每个案例下，保留了《环境水质基准》（1980 年）中鱼类组织中的生物浓缩系数 BCF。

C. 本基准是基于 10^{-6} 的致癌风险。

D. 金属的淡水和海水基准值以水体中的可溶性金属表示。通过移动小数点可得到改变的风险水平（例如，对风险水平 10^{-5} 来说，将推荐基准值的小数点向右移动一位即可）。利用以前的 304（a）水生生物基准（以总可回收金属表示），计算出推荐的水质基准值。术语 "转换系数"（CF）代表着淡水和海水基准值以水体中总可回收金属转换成以水体中可溶性部分表示的转换系数（目前尚没有海水 CCC 的转换系数。来自海水 CMC 值的转换系数既适用于海水 CMC 值，也适用于海水 CCC 值）。参见《水政策和技术指南办公室对水生生物金属基准的解释和实施》，1993 年 10 月 1 日，Martha G. Prothro 著，可从水资源中心获得，USEPA，401 M st.，SW，邮编 RC4100，华盛顿，DC20460 和 40CFR 131.36（b）（1）。表中采用的转换系数可以在附录 3-A 中的有关可溶性金属的转换系数中找到。

E. 该金属的淡水基准值可表达为水体硬度（mg/L）的函数值。此处给出的基准值相当于水硬度为 100mg/L 时的数值。其他硬度下的基准值可按下式计算：

CMC（可溶性金属）=exp{$m_A$ln（硬度）+b_A}（CF）或CCC（可溶性金属）=exp{$m_c$ln（硬度）+b_c}（CF）计算可溶性金属的淡水基准值的参数在附录3-B中已经具体给出，它们不依赖于硬度。

F. 五氯苯酚的基准值可表达为pH的函数值，可按下式计算：CMC=exp{1.005（pH）-4.869}；CCC=exp{1.005（pH）-5.134}。表格中列出的值对应于pH为7.8时的数值。

G. 本基准是基于1980年发布的304（a）水生生物水质基准，并且该发布在下列文件之一中：艾氏剂/狄氏剂（USEPA 440/5-80-019）、氯丹（USEPA 440/5-80-027）、滴滴涕（USEPA 440/5-80-038）、硫丹（USEPA 440/5-80-046）、异狄氏剂（USEPA 440/5-80-047）、七氯（USEPA 440/5-80-052）、六氯环己烷（USEPA 440/5-80-054）、银（USEPA 440/5-80-071）。与1985年指南相比，1980年指南在最低数据要求和推导程序方面是不同的。例如，用1980年的指南推导的CMC值被用作瞬间最大值。如果采用平均用瞬间最大值，则给出的数值应除以2，以便获得一个比用1985年的指南导得的CMC更匹配的数值。

H. 在1980年的基准文件或1986年的基准中，没有介绍只消费水生生物（不包括水）的保护人（不包括水）的保护人体健康基准。不过，1980年的文件中提供了足够的信息，可以进行基准的计算，即使计算结果没有在文件中显示。

I. 本石棉基准值是根据《安全饮用水法》（SDWA）制定的人体健康基准。美国环境保护署还没有给出该污染物的人体健康基准值。但允许按照美国国家污染物排放削减制度（National Pollutant Discharge Elimination System, NPDES）授权的计划中使用国家现行的陈述性基准论述该污染物。

J. 美国环境保护署现行的陈述性基准值是美国国家一级污染物饮用水标准中的最大污染物浓度（MCL）。

K. 本推荐基准值是基于304（a）水生生物水质基准1995年修订版：保护环境水体中的水生生物的水质基准文件（USEPA-820-B-96-001,1996年9月）。这个值是用大湖系统水质指南（great lakes initiative, GLI）指南（60FR 15393~15399，1995年3月23日；40CFR 132附录A）推导出的；1995年修订版第IV页解释了1985年指南与GLI指南之间的差异。和基准指导有关的因素不受大湖需要特定考虑事项的影响。

L. CMC=1/[（f_1/CMC$_1$）+（f_2/CMC$_2$）]，式中f_1和f_2为总砷的一部分，分别用亚硝酸盐和硝酸盐表示，CMC$_1$和CMC$_2$分别为推导当前基准。

M. 美国环境保护署目前正在重新评价砷的基准。在重新评估完成之后，美国环境保护署将会发布适当的修订基准。

N. 多氯联苯是一组包括1242、1254、1221、1232、1248和1016的多氯联苯混合物的化学物质，CAS编号分别为53469219、11097691、11104282、11141165、12672296、11096825和1126774112。水生生物水质基准适用于这一组多氯联苯。

O. 该污染物的CCC值的推导受没有考虑食物暴露，对于营养级别较高的水生生物来说，食物暴露可能是主要的暴露途径。

P. 该基准适用于这一组多氯联苯。

Q. 本水质基准值用μg游离氰/L（以CN计）表示。

R. 硒的基准值于1996年11月14日发布（61FR58444-58449），作为GLI 303（c）水生生物水质基准建议。美国环境保护署目前正在对此基准进行修正，因此，在不久的将来，该值可能有有效质性的变化。

S. 砷的水质基准推荐值只涉及无机形态。

T. 硒的水质基准推荐值用水体中总可回收金属表示。采用GLI中所用的转换系数（0.996-CMC或0.992-CCC）将此值转换成以可溶性金属表示的基准值，从科学角度讲是可以接受的。

U. 感官影响基准比优先有毒污染物的基准更严格。

V. 该值根据七氯得出，基准没有发布对邻苯二甲酸丁苄酯的相对毒性进行评估。

W. 虽然美国环境保护署在发布邻苯二甲酸丁苄酯时还没有认识到有足够的信息不充分，不能对七氯和环氧七氯的相对毒性进行评估。基准文件没有提供的数据得出，但美国环境保护署认识到有足够的资料可以用作国家基准。美国环境保护署将审查此水生物基准是否可作为国家水质基准。

X. 完整的水生生物毒性资料表明，在其溶解浓度低下其降解度时，邻苯二甲酸二（2-乙基己基）酯（DEHP）对水生生物是无毒的。

Y. 该值根据硫丹的数据得出，非常适用于 α-硫丹和 β-硫丹的总和。

Z. 美国环境保护署已经发布了更加严格的MCL值。可查阅饮用水法规（40CFR 141）或咨询安全饮用水热线（1-800-426-4791）。

aa. 该CCC基于1985年指南中的最终残留推导得出。自从1995年北美五大湖水生生物基准指南发布后（60FR15393-15399,1995年3月23日），美国环境保护署不再使用最终残留值步骤来推导新物质的CCC或者修订304（a）水生生物基准。

bb. 该水质基准是基于304（a）水生生物水质基准，根据1985年指南《推导保护水生生物及其使用用途的国家定量水质基准的指南》得出的，并且发布在下列基准文件之一中：砷（USEPA 440/5-84-033）、镉（USEPA 882-R-01-001）、铬（USEPA 440/5-84-029）、铜（USEPA 440/5-84-031）、氰化物（USEPA 440/5-84-028）、镍（USEPA 440/5-86-004）、五氯苯酚（USEPA 440/5-86-009）、毒杀芬（USEPA 440/5-86-006）、锌（USEPA 440/5-87-003）。

cc. 当可溶性有机碳的浓度升高时，铜的毒性明显下降，使用水-效应比值可能比较适当。

dd. 硒的基准文件（USEPA 440/5-87-006，1987年9月日）规定，如果硒对海水野生鱼类的毒性与对淡水野生鱼类的毒性一样，那么一旦硒在海水中的浓度超过 5.0μg/L，就应该对鱼类的群落状况加进行监测，因为海水CCC值没有考虑经由食物链的吸收。

ee. 该水质基准推荐值来自采基准文件（USEPA 440/5-84-026，1985年1月）中第43页。该基准文件中第23页给出的海水CCC值为0.025μg/L，基于1985年指南中的最终残留值程序。自从1995年发布《大湖水生生物指南》（60 FR 15393-15399,1995年3月23日）以来，美国环境保护署不再采用最终残留值程序来推导CCC作为修订的304（a）水生生物水质基准。

ff. 该水质基准推荐值来自于《环境水质基准海水铜附录》（草案，1995年4月14日），发布于临时性最终国家毒物法（60 FR 22228-222237，1995年5月4日）。

gg. 美国环境保护署目前正在积极地对此基准进行修订，因此，在不久的将来，该推荐水质基准值可能会有实质性的变化。

hh. 该水质基准推荐值是根据海水无机汞（二价）的数据得出的，但此处应用于总汞。如果水体中汞的主要成分是甲基汞，此外，即使无机汞被转换成甲基汞，且甲基汞富集到很高程度，由于在基准推导时没有获得足够的数据，所以该基准没有考虑经由食物链的吸收，本基准可能保护不足。

1999 年非优控污染物的推荐的美国国家水质基准

（单位：μg/L）

序号	非优控污染物	CAS 编号	保护淡水水生生物		保护海水水生生物		保护人体健康	
			基准最大浓度（CMC）	基准连续浓度（CCC）	基准最大浓度（CMC）	基准连续浓度（CCC）	消费水和生物	只消费生物
1	碱度（alkalinity）	—		20000 F				
2	铝 pH 6.5～9.0（aluminum pH 6.5～9.0）	7429905	750 G,I	87 G,I,L				
3	氨（ammonia）	7664417	淡水基准与 pH、温度和生命阶段有关（见文件 D USEPA 822-R-98-008）；海水基准与 pH 有关（USEPA 44015-88-044）					
4	感官质量（aesthetic qualities）	—	叙述性条文（见文件《黄皮书》）					
5	细菌（bacteria）		适用于直接接触娱乐和水生贝壳类动物（见文件《黄皮书》）					
6	钡（barium）	7440393					1000 A	
7	硼（boron）		叙述性条文（见文件《黄皮书》）					
8	氯化物（chloride）	16887006	860000 G	230000 G				
9	氯（chlorine）	7782505	19	11	13	7.5	c	
10	2,4,5-涕丙酸 [chlorophenoxy herbicide (2,4,5-TP)]	93721					10 A	
11	2,4-滴 [chlorophenoxy herbicide (2,4-D)]	94757					100 A,C	
12	毒死蜱（chloropyrifos）	2921882	0.083 G	0.041 G	0.011 G	0.0056 G		
13	色度（color）	—		叙述性条文（见文件 F《黄皮书》）				
14	丙吸磷（demeton）	8065483		0.1 F	叙述性条文（见文件 F《黄皮书》）	0.1 F		
15	二（氯甲基）醚 ether, bis-chloromethyl）	542881					0.00013 E	0.00078 E
16	总可溶性气体（gases, total dissolved）	—			叙述性条文（见文件 F《黄皮书》）			
17	谷硫磷（guthion）	86500		0.01 F		0.01 F		

续表

序号	非优控污染物	CAS 编号	保护淡水水生生物		保护海水水生生物		保护人体健康	
			基准最大浓度（CMC）	基准连续浓度（CCC）	基准最大浓度（CMC）	基准连续浓度（CCC）	消费水和生物	只消费生物
18	硬度（hardness）							
19	工业六六六（hexachlorocyclo-hexane technical）	319868					0.0123	0.0414
20	铁（iron）	7439896		1000 F			300 A	
21	马拉硫磷（malathion）	121755		0.1 F		0.1 F		
22	锰（manganese）	7439965					50 A	100 A
23	甲氧氯（methoxychlor）	72435		0.03 F		0.03 F	100 A,C	
24	灭蚊灵（mirex）	2385855		0.001 F		0.001 F		
25	硝酸盐（nitrates）	14797558					10000 A	1.24
26	亚硝胺（nitrosamines）						0.0008	1.24
27	二硝基苯酚（dinitrophenols）	25550587					70	14000
28	N-亚硝基二丁胺（N-nitrosodibutylamine）	924163					0.0064 A	0.587 A
29	N-亚硝基二乙胺（N-nitrosodiethylamine）	55185					0.0008 A	1.24 A
30	N-亚硝基吡咯烷（N-nitrosopyrrolidine）	930552					0.016	91.9
31	油和脂（oil and grease）	—	叙述性条文（见文件 F《黄皮书》）		叙述性条文（见文件 F《黄皮书》）			
32	溶解氧（oxygen, dissolved）	7782447	温水和冷水基质（见文件 O《黄皮书》）					
33	对硫磷（parathion）	56382	0.065 J	0.013 J				
34	五氯苯（pentachlorobenzene）	608935					3.5 E	4.1 E
35	pH	—		6.5~9 F		6.5~8.5 F,K	5~9	

续表

序号	非优控污染物	CAS 编号	保护淡水水生生物		保护海水水生生物		保护人体健康	
			基准最大浓度（CMC）	基准连续浓度（CCC）	基准最大浓度（CMC）	基准连续浓度（CCC）	消费水和生物	只消费生物
36	元素磷（phosphorus elemental）	7723140				$0.1^{F,K}$		
37	磷酸盐-磷（phosphate-phosphorus）	—			叙述性条文（见文件《黄皮书》）			
38	可溶性固体和盐度（solids dissolved and salinity）	—					250000^{A}	
39	悬浮性固体和浊度（solids suspended andturbidity）	—			叙述性条文^{F}《黄皮书》			
40	硫化物-硫化氢（sulfide-hydrogen sulfide）	7783064		2.0^{F}		2.0^{F}		
41	沾染性物质（tainting substances）	—			叙述性条文（见文件《黄皮书》）			
42	温度（temperature）	—			与物种有关的基准（见文件^{M}《黄皮书》）			
43	1,2,4,5-四氯苯（1,2,4,5-tetrachlorobenzene）	95043					2.3^{E}	2.9^{E}
44	三丁基锡（tributyltin，TBT）	—	0.46^{N}	0.063^{N}	0.37^{N}	0.010^{N}		
45	2,4,5-三氯苯酚（2,4,5-trichlorophenol）	95954					$2600^{B,E}$	$9800^{B,E}$

A. 该人体健康基准与最初发布于《红皮书》中的一样，此书早于1980年的方法学，并且没有使用鱼类摄食BCF法。

B. 感官影响基准值比非优控污染物表中列出的基准值更严格。

C. 根据《安全饮用水法》，美国环境保护署发布了更严格的最大污染物浓度（MCL）。参阅饮用水法规40 CFR 141或咨询安全饮用水热线（1-800-426-4791）。

D. 根据《推导保护水生生物及其用途的国家定量水质基准》中描述的程序，除了在某一地区非常敏感的重要物种，如果附录3-C关于计算淡水氨的基准中指定的2个条件都满足，则淡水生生物应当受到保护。

E. 该基准已被修订，以反映美国国家环境保护署的q1*或者RfD值（慢性参考剂量），与综合风险信息系统（IRIS，2002年5月17日）中的相同。在每个案例下，保留了《环境水质基准》（1980年）中鱼类组织的生物富集系数BCF。

F. 该值的推导在《红皮书》（USEPA 440 / 9-76-023，1976年7月）中有介绍。

G. 该值是基于 304（a）水生生物水质基准，它是根据 1985 年指南《推导保护水生生物及其用途的国家定量水质基准》（PB85-227049，1985 年 1 月）得出的，并发布于下列文件之一：铝（USEPA 440/5-86-008）、氧化物（USEPA 440/5-88-001）、毒死蜱（USEPA 440/5-86-005）。

I. 铝的基准值用水体中总的可回收金属铝来表示。

J. 本推荐基准值是基于 304（a）水生生物基准，发布于 1995 年修订版《保护环境水体中的水生生物的水质基准文件》（USEPA-820-B-96-001,1996 年 9 月）。这个值是用 GLI 指南（60FR 15393～15399，1995 年 3 月 23 日；40CFR 132 附录 A）推导出的；1995 年修订版第Ⅳ页解释了 1985 年指南与 GLI 指南之间的差异。该基准的推导不受北美五大湖需要考虑事项的影响。

K. 根据《红皮书》第 181 页：对于水深大大超过透光层的开阔海洋水体，其 pH 的变化不应超出自然变化范围的 0.2 个单位以上，或者说在任何情况下都不能超出 6.5～8.5 的范围。对于水深较浅且有大量生物繁殖的沿海和河口地区，其 pH 的自然变化应近于一效应比值，应遮免 pH 的变化。在任何情况下不得超过淡水制定的限度，即 pH 6.5～9.0。

L. 有三个原因可以解释为什么采用水体-效应比值适当的。①$87\mu g/L$ 是基于条纹石鮨在 pH=6.5～6.6，硬度小于 $10mg/L$ 的水中进行的毒性实验。《关于弗吉尼亚中西部 3M 厂废水排放中铝的水体-效应比值》中的数据表明，在 pH 和硬度较高的情况下，铝的毒性显著下降，但是当时没有很好地对 pH 和硬度的影响进行定量化。②在低 pH 和硬度的条件下，用美洲红点鲑做的实验中，影响随着总铝浓度的增加而增加，即使可溶性铝的浓度是恒定的，这表明总可回收铝可能更近于测定，至少在颗粒性铝时是这样的。然而，在地表水中，总可回收铝方法测定的是与黏土颗粒粘合的铝，与氢氧化铝中的铝相比，黏土颗粒中铝的毒性可能是低得多的。③美国环境保护署已收集到的现场资料表明，在测定总可回收铝或溶解性铝时，美国许多高质量的水体含有 $87\mu g/L$ 以上的铝。

M. USEPA. 1973.《水质基准 1972》(USEPA-R3-73-033, National Technical Information Service, Springfield, VA.）; U.S.EPA. 1977.《淡水鱼类的温度基准：草案和程序》(USEPA-600/3-77-061, National Technical Information Service,Springfield,VA.）。

N. 该值作为 304（a）水生生物基准的建议值发表于（63FR42554，1997 年 8 月 7 日）。尽管美国环境保护署还没有对公众评论做出回应，但目前正将该值作为 304（a）基准，以作为各个州和部落在采用水质基准时参考的指南。

O. USEPA. 1986.《溶解氧的环境水质基准》(USEPA 440/5-86-003, National Technical Information Service, VA.）。

感官影响的国家水质基准推荐值

序号	污染物	CAS 编号	感官影响基准/（μg/L）
1	二氢苊（acenaphthene）	83329	20
2	一氯苯（monochlorobenzene）	108907	20
3	3-氯苯酚（3-chlorophenol）	—	0.1
4	4-氯苯酚（4-chlorophenol）	106489	0.1
5	2,3-二氯苯酚（2,3-dichlorophenol）	—	0.04
6	2,5-二氯苯酚（2,5-dichlorophenol）	—	0.5
7	2,6-二氯苯酚（2,6-dichlorophenol）	—	0.2
8	3,4-二氯苯酚（3,4-dichlorophenol）	—	0.3
9	2,4,5-三氯苯酚（2,4,5-trichlorophenol）	95954	1
10	2,4,6-三氯苯酚（2,4,6-trichlorophenol）	88062	2
11	2,3,4,6-四氯苯酚（2,3,4,6-tetrachlorophenol）	—	1
12	2-甲基-4-氯苯酚（2-methyl-4-chlorophenol）	—	1800
13	3-甲基-4-氯苯酚（3-methyl-4-chlorophenol）	59507	3000
14	3-甲基-6-氯苯酚（3-methyl-6-chlorophenol）	—	20
15	2-氯苯酚（2-chlorophenol）	95578	0.1
16	铜（copper）	7440508	1000
17	2,4-二氯苯酚（2,4-dichlorophenol）	120832	0.3
18	2,4-二甲基苯酚（2,4-dimethylpehnol）	105679	400
19	六氯环戊二烯（hexachlorocyclopentadiene）	77474	1
20	硝基苯（nitrobenzene）	98953	30
21	五氯苯酚（pentachlorophenol）	87865	30
22	苯酚（phenol）	108952	300
23	锌（zinc）	7440666	5000

注：这些基准基于对感官（嗅和味）的影响。由于化学命名系统的改变，该污染物列表与 40 CFR 423 附录 A 中的列表不完全相同。化学文摘服务处（CAS）登记号也被列出，为每种化学物质提供了唯一识别。

附录说明：

1. 基准最大浓度和基准连续浓度

　　基准最大浓度（criteria maximum concentration, CMC）是对一种物质在地表水中最高浓度的估计，在此浓度下，水生生物群落可以暂时地被暴露而不产生不可接受的影响。基准连续浓度（criterion continuous concentration, CCC）是对一种物质在地表水中最高浓度的估计，在此浓度下，水生生物群落可以无限期地被暴露而不产生不可接受的影响。CMC 和 CCC 仅是水生生物基准中 6 个部分中的 2 个；其他 4 个部分是急性平均周期、慢性平均周期、允许超标现象的急性频率及允许超标现象的慢性频率。由于 304（a）水生生物水质基准是美国国家指南，旨在保护美国境内的绝大多数水生生物群落。

2. 优控污染物、非优控污染物和感官影响基准推荐值

本汇编列出了所有的优控污染物和部分非优控污染物，并且人体健康基准和感官影响基准都是依照 304（a）发布的。空白处表明环境保护署还没有制定出《清洁水法》304（a）基准推荐值。对于那些没有列出的非优控污染物，清洁水法 304（a）"水+生物"人体健康基准是无法获得的，但是美国环境保护署按照《安全饮用水法》（SDWA）发布了可以用来制定水质标准保护水体提供的指定用途的最大污染物浓度（MCL）。由于化学命名系统的改变，本污染物列表与 40 CFR 423 附录 A 中的列表不完全相同。化学文摘服务处（CAS）登记号也被列出，为每种化学物质提供了唯一识别。

3. 人体健康风险

优控污染物和非优控污染物的人体健康基准都是基于 10^{-6} 的致癌风险。通过移动小数点可得到改变的风险水平（例如，对风险水平 10^{-5} 来说，将推荐基准值的小数点向右移动一位即可）。

4. 按照《清洁水法》304（a）或 303（a）发布的水质基准

本汇编中的许多数值都发布在《加利福尼亚毒物法》。尽管这些数值是按照《清洁水法》303（a）发布的，但它们代表了水质基准的最新计算和美国环境保护署的 304（a）基准。当环境保护署采用 CTR 最终的修改时，可以修正推荐的 CTR 中发布的水质基准。

5. 可溶性金属基准的计算

304（a）金属基准，以可溶性金属表示，是用两种方法中的一种计算出来的。淡水金属基准与硬度有关，只以硬度 100mg/L（以 $CaCO_3$ 计）为例，计算出了那些与硬度有关的可溶性金属基准值。和硬度无关的海水和淡水基准值是通过用总可回收基准值乘以适当的转换系数得到的。表中的最终可溶性金属的基准值四舍五入成 2 位有效数字。关于由硬度决定的转换系数的计算信息见表后的注释。

6. 化学文摘服务处编号的更正

二（2-氯异丙基）醚的化学文摘服务处编号（CAS）已在 IRIS 和本表中更正。正确的 CAS 编号是 108-60-1。该污染物以前的 CAS 编号是 39638-32-9。该物质先前版本的 CAS 编号为 108-60-1。

7. 最大污染物浓度

本汇编附有比本汇编中推荐的水质基准更为严格的最大污染物浓度（MCL）的污染物的注释。本汇编中不包括这些污染物的最高污染物浓度，但它们可以在饮用水法规（40 CFR 141.11-16 和 141.60-63）中找到，或者咨询安全饮用水热线（800-426-4791），或者访问互联网（http://www.epa.gov/waterscience/dringking/ standards/dwstandards.pdf）。

8. 感官影响

本汇编包括了污染物的基于毒性和非毒性的 304（a）基准。基于非毒性基准的根据是使水和可食用的水生生物变得不可食用但对人体没有毒性的感官影响（如味觉和嗅觉）。表中包括了 23 种污染物的感官影响基准。污染物的感官影响基准严于基于毒性的基准（例如，包括优控污染物和非优控污染物）。

9. 类别基准

在 1980 年的基准文件中，特定的水质基准是针对污染物的类别发布的，而不是针对同类中的单个污染物。因此，通过一系列单独的行动，美国环境保护署推导出一个类别中特定污染物的基准。因此，在本汇编中环境保护署用单个污染物基准（如1,3-二氯苯、1,4-二氯苯和1,2-二氯苯）取代了该类别的基准。

10. 特殊化学物质的计算

A. 硒

1）人体健康

在1980年硒的文件中，计算出了消费水和生物的人体健康基准，根据6.0L/kg的BCF值和一个与水相关的最大贡献35μg硒/d。之后，美国环境保护署的健康与环境评价办公室发表了错误通告（1982年2月23日），将硒的BCF值修订为4.8L/kg。1988年，美国环境保护署发表（ECAO-CIN-668）硒的人体健康基准修订附录。在最终的国家毒物准则中，环境保护署取消了先前发布的硒的人体健康基准值和对待定的流行病学数据的审查。

该版本包括硒的人体健康基准，使用的BCF值为4.8L/kg，以及IRIS的RfD为0.005mg/（kg·d）。美国环境保护署将这些推荐的水质基准收入该文件中是因为计算一个与1980年人体健康方法学相一致的基准所必需的数据可以得到的。

2）水生生物

本汇编包括了硒的水生生物水质基准，与已提到的加利福尼亚毒物法（California toxic rule, CTR）中发布的基准相同。在CTR中，根据《大湖系统水质指南》（61 FR 58444）中硒的推荐基准值，美国环境保护署推荐了硒的急性基准值。GLI和CTR的建议值考虑的数据表明硒的2个最主要的氧化形态——亚硒酸盐和硒酸盐，提出了不同潜在的水生生物毒性，且新的数据表明不同形态的硒具有加和性。根据亚硒酸盐的相对比例和硒的其他存在形态，新的方法得出了不同的硒急性基准浓度或CMC值。

美国环境保护署目前正在对硒进行再评价，希望根据最终的再评价报告（63 FR 26186），修改硒的304（a）基准。但是，在美国环境保护署颁布修改的硒的水质基准之前，本汇编中推荐的水质基准是现行的304（a）基准。

B. 1,2,4-三氯苯和锌

1,2,4-三氯苯和锌的人体健康基准到目前为止还未发布。现在可以获得足够的资料来计算只消费水生生物和消费水生生物与水的这些物质的人体健康基准。因此，美国环境保护署在本汇编中发表了这些污染物的基准。

C. 三价铬

本文件中三价铬水生生物水质基准是以下面文件中的值为基础：1995年更新版《保护水生生物的水质基准文件》。然而，这个文件包含的基准是以总可回收部分为基础的。本文件中三价铬基准计算采用的转换系数用于1995年更新的大盐湖的最终水质基准指南中。

D. 二-（氯甲基）醚、五氯苯、1,2,4,5-四氯苯和三氯苯酚

这些污染物的人体健康基准值最终发布于美国环境保护署1986年水质基准或《金皮书》中。其中某些基准值采用的是每日允许摄入量（ADI）而不是RfD。目前在IRIS中可获得最新有关二-（氯甲基）醚、五氯苯、1,2,4,5-四氯苯、三氯苯酚的q_1^*和RfD，并

以此来修订这些物质的水质基准值。二-（氯甲基）醚的水质基准已采用最新的 q_1*修订过，而五氯苯、1,2,4,5-四氯苯、三氯苯酚的基准值采用了最新的 RfD 值。

E. 多氯联苯

在本文件中，美国环境保护署制定的多氯联苯水生生物和人体健康基准是基于总的多氯联苯而不是单个的氯化三联苯。这些基准值取代了 7 种单个氯化三联苯先前的基准值。因此，此基准表是 126 个优控污染物中有 102 个物质的总基准。

附录 3-A　可溶性金属的转换系数

金属	淡水 CMC 转换系数	淡水 CCC 转换系数	海水 CMC 转换系数	海水 CCC 转换系数
砷（arsenic）	1.000	1.000	1.000	1.000
镉（cadmium）	1.136672–[（ln 硬度）（0.041838）]	1.101672–[（ln 硬度）（0.041838）]	0.994	0.994
三价铬（chromium III）	0.316	0.860	—	—
六价铬（chromium VI）	0.982	0.962	0.993	0.993
铜（copper）	0.960	0.960	0.830	0.830
铅（lead）	1.46203–[（ln 硬度）（0.145712）]	1.46203–[（ln 硬度）（0.145712）]	0.951	0.951
汞（mercury）	0.850	0.850	0.850	0.850
镍（nickel）	0.998	0.997	0.990	0.990
硒（selenium）	—	—	0.998	0.998
银（silver）	0.850		0.850	
锌（zinc）	0.978	0.986	0.946	0.946

附录 3-B　与硬度有关的淡水可溶性金属基准的计算参数

金属	m_A	b_A	m_C	b_C	淡水转换系数（CF）	
					急性最大浓度	慢性连续浓度
镉（cadmium）	1.128	−3.6867	0.7852	−2.7150	1.136672–[（ln 硬度）（0.041838）]	1.101672–[（ln 硬度）（0.041838）]
三价铬（chromium III）	0.8190	3.7256	0.8190	0.6848	0.316	0.860
铜（copper）	0.9422	−1.7000	0.8545	−1.7020	0.960	0.960
铅（lead）	1.2730	−1.4600	1.2730	−4.7050	1.46203–[（ln 硬度）（0.145712）]	1.46203–[（ln 硬度）（0.145712）]
镍（nickel）	0.8460	2.2550	0.8460	0.0584	0.998	0.997
银（silver）	1.7200	−6.5200	—	—	0.850	—
锌（zinc）	0.8473	0.8840	0.8473	0.884	0.978	0.986

附录 3-C　淡水中氨基准的计算

1. 1h 的总氨氮平均浓度（mg N/L）超过每三年平均最高值不得多于一次，使用下面的公式计算 CMC：

在鲑鱼存在区域

$$CMC=\frac{0.275}{1+10^{7.204-pH}}+\frac{39.0}{1+10^{pH-7.024}}$$

没有鲑鱼的区域

$$CMC=\frac{0.411}{1+10^{7.204-pH}}+\frac{58.4}{1+10^{pH-7.024}}$$

2. 30d 总氨氮的平均浓度（mg N/L）超过每三年平均最高值不得多于一次，使用下面的公式计算 CCC：

$$CCC=\left(\frac{0.0858}{1+10^{7.688-pH}}+\frac{3.7}{1+10^{pH-7.688}}\right)$$

并且，30d 之内最高的 4d 均值不超过 CCC 值的两次。

附录4 2002年美国国环境保护署推荐水质基准

优控污染物的水质基准

（单位：μg/L）

序号	优控污染物	CAS编号	保护淡水水生生物		保护海水水生生物		保护人体健康	
			基准最大浓度（CMC）	基准连续浓度（CCC）	基准最大浓度（CMC）	基准连续浓度（CCC）	消费水和生物	只消费生物
1	锑（antimony）	7440360					5.6 B	640 B
2	砷（arsenic）	7440382	340 A,D,K	150 A,D,K	69 A,D,bb	36 A,D,bb	0.018 C,M,S	0.14 C,M,S
3	铍（beryllium）	7440417					Z	
4	镉（cadmium）	7440439	2.0 D,E,K,bb	0.25 D,E,K,bb	40 D,bb	8.8 D,bb	Z	
5a	三价铬[chromium（Ⅲ）]	16065831	570 D,E,K	74 D,E,K			Z Total	
5b	六价铬[chromium（Ⅵ）]	18540299	16 D,K	11 D,K	1100 D,bb	50 D,bb	Z Total	
6	铜（copper）	7440508	13 D,E,K,cc	9.0 D,E,K,cc	4.8 D,cc,ff	3.1 D,cc,ff	1300 U	
7	铅（lead）	7439921	65 D,E,bb,gg	2.5 D,E,bb,gg	210 D,bb	8.1 D,bb		
8a	汞（mercury）	7439976	1.4 D,K,hh	0.77 D,K,hh	1.8 D,ee,hh	0.94 D,ee,hh		
8b	甲基汞（methylmercury）	22967926						0.3 mg/kg J
9	镍（nickel）	7440020	470 D,E,K	52 D,E,K	74 D,bb	8.2 D,bb	610 B	4600 B
10	硒（selenium）	7782492	L,R,T	5.0 T	290 D,bb,dd	71 D,bb,dd	170 Z	4200
11	银（silver）	7440224	3.2 D,E,G		1.9 D,G			
12	铊（thallium）	7440280					1.7 B	6.3 B
13	锌（zinc）	7440666	120 D,E,K	120 D,E,K	90 D,bb	81 D,bb	7400 U	26000 U
14	氰化物（cyanide）	57125	22 K,Q	5.2 K,Q	1 Q,bb	1 Q,bb	700 B	220000 B,H
15	石棉（asbestos）	1332214					7百万个纤维/L I	
16	2,3,7,8-四氯二苯并二噁英[2,3,7,8-TCDD（dioxin）]	1746016					5.0×10^{-9} C	5.1×10^{-9} C

续表

序号	优控污染物	CAS编号	保护淡水水生生物		保护海水水生生物		保护人体健康	
			基准最大浓度（CMC） 基准最大浓度	基准连续浓度（CCC） 基准连续浓度	基准最大浓度（CMC） 基准最大浓度	基准连续浓度（CCC） 基准连续浓度	消费水和生物	只消费生物
17	丙烯醛（acrolein）	107028					190	290
18	丙烯腈（acrylonitrile）	107131					0.051 B,C	0.25 B,C
19	苯（benzene）	71432					2.2 B,C	51 B,C
20	三溴甲烷（bromoform）	75252					4.3 B,C	140 B,C
21	四氯化碳（carbon tetrachloride）	56235					0.23 B,C	1.6 B,C
22	氯苯（chlorobenzene）	108907					680 B,Z,U	21000 B,H,U
23	二氯溴甲烷（chlorodibromomethane）	124481					0.40 B,C	13 B,C
24	氯乙烷（chloroethane）	75003						
25	2-氯乙基乙烯醚（2-chloroethylvinyl ether）	110758						
26	三氯甲烷（chloroform）	67663					5.7 C,P	470 C,P
27	二氯溴甲烷（dichlorobromomethane）	75274					0.55 B,C	17 B,C
28	1,1-二氯乙烷（1,1-dichloroethane）	75343						
29	1,2-二氯乙烷（1,2-dichloroethane）	107062					0.38 B,C	37 B,C
30	1,1-二氯乙烯（1,1-dichloroethylene）	75354					0.057 C	3.2 C
31	1,2-二氯丙烷（1,2-dichloropropane）	78875					0.50 B,C	15 B,C

续表

序号	优控污染物	CAS 编号	保护淡水水生生物		保护海水水生生物		保护人体健康	
			基准最大浓度（CMC）	基准连续浓度（CCC）	基准最大浓度（CMC）	基准连续浓度（CCC）	消费水和生物	只消费生物
32	1,3-二氯丙烯（1,3-dichloropropene）	542756					10	1700
33	乙苯（ethylbenzene）	100414					3100^{B}	29000^{B}
34	甲基溴（methyl bromide）	74839					47^{B}	1500^{B}
35	氯代甲烷（methyl chloride）	74873						
36	二氯甲烷（methylene chloride）	75092					$4.6^{B,C}$	$590^{B,C}$
37	1,1,2,2-四氯乙烷（1,1,2,2-tetrachloroethane）	79345					$0.17^{B,C}$	$4.0^{B,C}$
38	四氯乙烯（tetrachloroethylene）	127184					0.69^{C}	3.3^{C}
39	甲苯（toluene）	108883					$6800^{B,Z}$	200000^{B}
40	1,2-反式-二氯乙烯（1,2-trans-Dichloroethylene）	156605					$700^{B,Z}$	140000^{B}
41	1,1,1-三氯乙烷（1,1,1-trichloroethane）	71556					Z	
42	1,1,2-三氯乙烷（1,1,2-trichloroethane）	79005					$0.59^{B,C}$	$16^{B,C}$
43	三氯乙烯（trichloroethylene）	79016					2.5^{C}	30^{C}
44	氯乙烯（vinyl chloride）	75014					2.0^{C}	530^{C}
45	2-氯苯酚（2-chlorophenol）	95578					$81^{B,U}$	$150^{B,U}$
46	2,4-二氯苯酚（2,4-dichlorophenol）	120832					$77^{B,U}$	$290^{B,U}$

续表

序号	优控污染物	CAS 编号	保护淡水水生生物		保护海水水生生物		保护人体健康	
			基准最大浓度（CMC）	基准连续浓度（CCC）	基准最大浓度（CMC）	基准连续浓度（CCC）	消费水和生物	只消费生物
47	2,4-二甲基苯酚（2,4-dimethylphenol）	105679					380 B	850 B,U
48	2-甲基-4,6-二硝基苯酚（2-methyl-4,6-dinitrophenol）	534521					13	280
49	2,4-二硝基苯酚（2,4-dinitrophenol）	51285					69 B	5300 B
50	2-硝基苯酚（2-nitrophenol）	88755						
51	4-硝基苯酚（4-nitrophenol）	100027						
52	3-甲基-4-氯苯酚（3-methyl-4-chlorophenol）	59507					U	U
53	五氯苯酚（pentachlorophenol）	87865	19 F,K	15 F,K	13 bb	7.9 bb	0.27 B,C	3.0 B,C,H
54	苯酚（phenol）	108952					21000 B,U	1700000 B,U
55	2,4,6-三氯苯酚（2,4,6-trichlorophenol）	88062					1.4 B,C	2.4 B,C,U
56	二氢苊（acenaphthene）	83329					670 B,U	990 B,U
57	苊（acenaphthylene）	208968						
58	蒽（anthracene）	120127					8300 B	40000 B
59	联苯胺（benzidine）	92875					0.000086 B,C	0.00020 B,C
60	苯并[a]蒽（benzo[a]anthracene）	56553					0.0038 B,C	0.018 B,C
61	苯并[a]芘（benzo[a]pyrene）	50328					0.0038 B,C	0.018 B,C
62	苯并[b]荧蒽（benzo[b]fluoranthene）	205992					0.0038 B,C	0.018 B,C

续表

序号	优控污染物	CAS 编号	保护淡水水生物		保护海水水生物		保护人体健康	
			基准最大浓度（CMC）	基准连续浓度（CCC）	基准最大浓度（CMC）	基准连续浓度（CCC）	消费水和生物	只消费生物
63	苯并[g,h,i]芘 (benzo[g,h,i]perylene)	191242						
64	苯并[k]荧蒽 (benzo[k]fluoranthene)	207089					0.0038 B,C	0.018 B,C
65	二-2-氯乙氧基甲烷 [bis (2-chloroethoxy) methane]	111911						
66	二-2-氯乙基醚 [bis (2-chloroethyl) ether]	111444					0.030 B,C	0.53 B,C
67	二-2-氯异丙基醚 [bis (2-chloroisopropyl) ether]	108601					1400 B	65000 B
68	邻苯二甲酸二-2-乙基己基酯 [bis (2-ethylhexyl) phthalate]^X	117817					1.2 B,C	2.2 B,C
69	4-溴苯基苯基醚 (4-bromophenyl phenyl ether)	101553						
70	邻苯二甲酸丁苄酯 (butylbenzyl phthalate) ^w	85687					1500 B	1900 B
71	2-氯萘 (2-chloronaphthalene)	91587					1000 B	1600 B
72	4-氯苯基苯基醚 (4-chlorophenyl phenylther)	7005723						
73	䓛 (chrysene)	218019					0.0038 B,C	0.018 B,C
74	二苯并[a,h]蒽 (dibenzo[a,h]anthracene)	53703					0.0038 B,C	0.018 B,C
75	1,2-二氯苯 (1,2-dichlorobenzene)	95501					2700 B	17000 B

续表

序号	优控污染物	CAS 编号	保护淡水水生生物		保护海水水生生物		保护人体健康	
			基准最大浓度（CMC）	基准连续浓度（CCC）	基准最大浓度（CMC）	基准连续浓度（CCC）	消费水和生物	只消费生物
76	1,3-二氯苯 (1,3-dichlorobenzene)	541731					320	960
77	1,4-二氯苯 (1,4-dichlorobenzene)	106467					400 [Z]	2600
78	3,3'-二氯联苯胺 (3,3'-dichlorobenzidine)	91941					0.021 [B,C]	0.028 [B,C]
79	邻苯二甲酸二乙酯 (diethyl phthalate) [w]	84662					17000 [B]	44000 [B]
80	邻苯二甲酸二甲酯 (dimethyl phthalate) [w]	131113					270000	1100000
81	邻苯二甲酸二丁酯 (di-n-butyl phthalate) [w]	84742					2000 [B]	4500 [B]
82	2,4-二硝基甲苯 (2,4-dinitrotoluene)	121142					0.11 [C]	3.4 [C]
83	2,6-二硝基甲苯 (2,6-dinitrotoluene)	606202						
84	邻苯二甲酸二辛酯 (di-n-octyl phthalate)	117840						
85	1,2-二苯肼 (1,2-diphenylhydrazine)	122667					0.036 [B,C]	0.20 [B,C]
86	荧蒽 (fluoranthene)	206440					130 [B]	140 [B]
87	芴 (fluorene)	86737					1100 [B]	5300 [B]
88	六氯苯 (hexachlorobenzene)	118741					0.00028 [B,C]	0.00029 [B,C]

续表

序号	优控污染物	CAS 编号	保护淡水水生生物		保护海水水生生物		保护人体健康	
			基准最大浓度（CMC）	基准连续浓度（CCC）	基准最大浓度（CMC）	基准连续浓度（CCC）	消费水和生物	只消费生物
89	六氯丁二烯 （hexachlorobutadiene）	87683					0.44 B,C	18 B,C
90	六氯环戊二烯 （hexachlorocyclopentadiene）	77474					240 U,Z	17000 H,U
91	六氯乙烷（hexachloroethane）	67721					1.4 B,C	3.3 B,C
92	茚苯（1,2,3-cd）芘 [indeno（1,2,3-cd）pyrene]	193395					0.0038 B,C	0.018 B,C
93	异佛尔酮（isophorone）	78591					35 B,C	960 B,C
94	萘（naphthalene）	91203						
95	硝基苯（nitrobenzene）	98953					17 B	690 B,H,U
96	N-亚硝基二甲胺 （N-nitrosodimethylamine）	62759					0.00069 B,C	3.0 B,C
97	N-亚硝基二丙胺 （N-nitrosodi-n-propylamine）	621647					0.0050 B,C	0.51 B,C
98	N-亚硝基二苯胺 （N-nitrosodiphenylamine）	86306					3.3 B,C	6.0 B,C
99	菲（phenanthrene）	85018						
100	芘（pyrene）	129000					830 B	4000 B
101	1,2,4-三氯苯 （1,2,4-trichlorobenzene）	120821					260	940
102	艾氏剂（aldrin）	309002	3.0 G		1.3 G		0.000049 B,C	0.000050 B,C
103	α-六六六（alpha-BHC）	319846					0.0026 B,C	0.0049 B,C
104	β-六六六（beta-BHC）	319857					0.0091 B,C	0.017 B,C

续表

序号	优控污染物	CAS 编号	保护淡水水生生物		保护海水水生生物		保护人体健康	
			基准最大浓度（CMC）	基准连续浓度（CCC）	基准最大浓度（CMC）	基准连续浓度（CCC）	消费水和生物	只消费生物
105	γ-六六六（林丹）[gamma-BHC (lindane)]	58899	0.95 K		0.16 G		0.019 C	0.063 C
106	δ-六六六 (delta-BHC)	319868						
107	氯丹 (chlordane)	57749	2.4 G	0.0043 G,aa	0.09 G	0.004 G,aa	0.00080 B,C	0.00081 B,C
108	4,4'-滴滴涕 (4,4'-DDT)	50293	1.1 G,ii	0.001 G,aa,ii	0.13 G,ii	0.001 G,aa,ii	0.00022 B,C	0.00022 B,C
109	4,4'-滴滴伊 (4,4'-DDE)	72559					0.00022 B,C	0.00022 B,C
110	4,4'-滴滴滴 (4,4'-DDD)	72548					0.00031 B,C	0.00031 B,C
111	狄氏剂 (dieldrin)	60571	0.24 K	0.056 K,O	0.71 G	0.0019 G,aa	0.000052 B,C	0.000054 B,C
112	α-硫丹 (alpha-endosulfan)	959988	0.22 G,Y	0.056 G,Y	0.034 G,Y	0.0087 G,Y	62 B	89 B
113	β-硫丹 (beta-endosulfan)	33213659	0.22 G,Y	0.056 G,Y	0.034 G,Y	0.0087 G,Y	62 B	89 B
114	硫丹硫酸盐 (endosulfan sulfate)	1031078					62 B	89 B
115	异狄氏剂 (endrin)	72208	0.086 K	0.036 K,O	0.037 G	0.0023 G,aa	0.76 B	0.81 B,H
116	异狄氏剂醛 (endrin aldehyde)	7421934					0.29 B	0.30 B,H
117	七氯 (heptachlor)	76448	0.52 G	0.0038 G,aa	0.053 G	0.0036 G,aa	0.000079 B,C	0.000079 B,C
118	环氧七氯 (heptachlor epoxide)	1024573	0.52 G,V	0.0038 G,V,aa	0.053 G,V	0.0036 G,V,aa	0.000039 B,C	0.000039 B,C
119	多氯联苯 (polychlorinated biphenyls)			0.014 N,aa		0.03 N,aa	0.000064 B,C,N	0.000064 B,C,N
120	毒杀芬 (toxaphene)	8001352	0.73	0.0002 aa	0.21	0.0002 aa	0.00028 B,C	0.00028 B,C

A. 水质基准推荐值来自三价砷的数据，但是此处适用于总砷。这就意味着三价砷和五价砷对水生生物的毒性是相同的，且二者的毒性具有加和性。在给出的基准文件（USEPA 440/5-84-033,1985 年 1 月）中，给出了 5 个物种的三价砷和五价砷的物种平均急性值（SMAV），每个物种的三价砷和五价砷之比的范围为 0.6~1.7；给出了一个物种的三价砷和五价砷的慢性值；对照头足鱼来说，五价砷的慢性值是三价砷慢性值的 0.29 倍。关于砷的形态对水生生物的毒性是否具有加和性，据悉尚没有可利用的资料。

B. 本基准已被修订，以反映美国环境保护署对 RfD（慢性参考剂量）q₁*或者 RfD（慢性参考剂量），与综合风险信息系统（IRIS,2002 年 5 月 17 日）中的相同。在每个案例下，保留了《环境水质基准》（1980 年）中鱼类组织的生物浓缩系数 BCF。

C. 本基准是基于 10^{-6} 的致癌风险。通过移动小数点可得到改变的风险。利用以前的 304（a）水生生物基准值（以总可回收金属表示），对风险水平 10^{-5} 来说，将推荐基准值的小数点向右移动一位即可。

D. 金属的淡水和海水基准值以水体中的可溶性金属表示。与转换系数（CF）相乘，计算出推荐的水质基准值。来自海水 CCC 的转换系数（目前尚没有海水 CCC 的转换系数），则给出海水 CMC 值的转换系数既适用水体中总可回收以可溶部分表示的基准值时推荐部分表示的转换系数，可以从水资源中心获得，USEPA,401 M st. SW，邮编 RC4100,华盛顿，DC20460 和 40CFR 131.36（b）（1）。表中采用的转换系数可以在附录 4-A 中的有关可溶性金属的转换系数中找到。

E. 该金属的淡水基准可表达为水体中硬度（mg/L）的函数。此处采用的基准值相当于硬度为 100mg/L 时的数值。其他硬度下的基准值可按下式计算：

CMC（可溶性金属）=exp{m_A ln（硬度）+b_A}（CF）或 CCC（可溶性金属）=exp{m_C[ln（硬度）]+b_C}（CF）

计算可溶性金属的淡水基准值的参数在附录 4-B 中已经具体给出，它们不依换于硬度。

F. 五氯苯酚的基准值表达为 pH 的函数，可按下式计算：CMC=exp{1.005（pH）−4.869};CCC=exp{1.005（pH）−5.134}。表中列出的值对应于 pH 为 7.8 时的数值。

G. 本基准是基于 1980 年发布的 304（a）水生生物基准。被发布在下列文件之一中：艾氏剂／狄氏剂（USEPA 440/5-80-019）、滴滴涕（USEPA 440/5-80-027）、氯丹（USEPA 440/5-80-038）、硫丹（USEPA 440/5-80-046）、异狄氏剂（USEPA 440/5-80-047）、七氯（USEPA 440/5-80-052）、六氯环己烷（USEPA 440/5-80-054）、银（USEPA 440/5-80-071）。与 1985 年指南相比，1980 年的指南在最低数据要求和推导程序方面是不同的。例如，用 1980 年的指南推导的 CMC 值较用瞬时周最大值。如果采用平均用瞬时周最大值，则给出的数值应除以 2，以便获得一个比用 1985 年指南导出的 CMC 更匹配的数值。

H. 在 1980 年的基准文件或 1986 年的水质基准中，没有介绍只消费水生生物（不包括水）的保护人体健康的基准。不过，1980 年的文件中提供了足够的信息，可以逆行基准值的计算，即使计算结果没有在文件中显示。

I. 本石棉基准值是根据《安全饮用水法》（SDWA）制定的最大污染物浓度（MCL）。

J. 甲基汞的基准值是根据鱼类组织残留基准值是根据总的鱼类消费率 0.0175kg/d 计算。

K. 本推荐基准值是基于 304（a）水生生物基准 1995 年修订版《保护环境水体中水生生物的水质基准文件》（USEPA-820-B-96-001,1996 年 9 月）。这个值是用 GLI 指南（60FR 15393~15399, 1995 年 3 月 23 日; 40CFR 132 附录 A）推导出的; 1995 年修订版第Ⅳ页解释了 1985 年指南与 GLI 指南之间的差异。本基准的推导不受大湖有关特殊考虑事项的影响。

L. CMC=1/[（f_1/CMC₁）+（f_2/CMC₂）],式中 f_1 和 f_2 为总砷的一部分，分别用亚硝酸盐和硝酸盐表示，CMC₁ 和 CMC₂ 分别为 185.9μg/L 和 12.82μg/L。

M. 美国环境保护署目前正在重新评价砷的基准。

N. 这一基准适用于总多氯联苯（例如，所有同系物或所有同分异构体或 Aroclor 的分析总和）。

O. 该污染物（异狄氏剂）的 CCC 值的推导没有考虑食物暴露，对于营养级别较高的水生生物来说，食物暴露可能是主要的暴露途径。

P. 尽管新的 RfD 可以从 IRIS 中获得，但是直到《国家一级饮用水基准及其副产物规定》（Stage 2 DBPR）完成后，地表水水质基准才能被修订，因为正在征集公众有关三氯甲烷的相对源贡献（RSC）的意见。

R. 硒的基准值于 1996 年 11 月 14 日发布（61FR58444-58449）（以 CN 计），作为 GLI 303（c）水生生物水质基准建议值。美国环境保护署目前正在对此基准进行修正，因此，在不久的将来，该值的水质基准会有实质性的变化。

S. 砷的水质基准推荐值只涉及无机形态。

T. 硒的水质基准推荐值用水体中总可回收金属来表示。采用 GLI 中所用的转换系数（0.996-CMC 或 0.992-CCC）将此值转换成以可溶性金属来表示的基准，从科学角度讲是可以接受的。

U. 感官影响基准比此优先有毒污染物的基准更严格。

V. 该值根据七氯的数据得出，不能对七氯和环氧七氯的相对毒性进行评估。

W. 虽然美国环境保护署还没有发布邻苯二甲酸丁苄酯的基准文件，但基准文件提供的信息不充分。由于美国环境保护署认识到有足够的资料可以用来计算水生生物水质基准。预期工业界计划在经可等地位人员审议的文献草案中发布按照美国毒性资料制定的水生生物水质基准是否可作为国家水质基准。

X. 完整的水生生物毒性资料表明，在主溶解浓度下或低于共溶解度时，邻苯二甲酸二-(2-乙基己基)酯 (DEHP) 对水生生物是无毒的。

Y. 该值根据硫丹的数据得出，非常适用于 α-硫丹和 β-硫丹的总和。

Z. 美国环境保护署已经发布了更加严格的 MCL 值。可查阅饮用水法规 (40CFR 141) 或咨询安全饮用水热线 (1-800-426-4791)。

aa. 该基准是基于 1980 或 1986 年发布的 304 (a) 水生生物水质基准，发布在下列文件之一中：艾氏剂／狄氏剂 (USEPA 440/5-80-019)、氯丹 (USEPA 440/5-80-027)、滴滴涕 (USEPA 440/5-80-038)、异狄氏剂 (USEPA 440/5-80-047)、七氯 (USEPA 440/5-80-052)、多氯联苯 (USEPA 440/5-80-068)、毒杀芬 (USEPA 440/5-86-006)。该 CCC 值目前是基于最终残留值 (FRV) 程序。由于 1995 年发布了《大湖水生生物指南》(60 FR 15393-15399, 1995 年 3 月 23 日)，美国环境保护署不再采用最终残留值程序来推导 CCC 值作为新的或修订的 304 (a) 水生生物基准。

bb. 该水质基准是基于 304 (a) 水生生物水质基准，根据 1985 年指南《推导保护水生生物及其用途的国家定量水质基准指南》得出，并且发布在下列基准文件之一中：砷 (USEPA 440/5-84-033)、镉 (USEPA 882-R-01-001)、铬 (USEPA 440/5-84-029)、铜 (USEPA 440/5-84-031)、氰化物 (USEPA 440/5-84-028)、铅 (USEPA 440/5-84-027)、镍 (USEPA 440/5-86-004)、五氯苯酚 (USEPA 440/5-86-009)、毒杀芬 (USEPA 440/5-86-006)、锌 (USEPA 440/5-87-003)。

cc. 当可溶性有机碳的浓度升高时，铜的毒性明显下降，使用水-效应比值可能比较适当。

dd. 硒的基准文件 (USEPA 440/5-87-006, 1987 年 9 月) 规定，如果硒对海水野生鱼类的毒性与对淡水野生鱼类的毒性一样，那么一旦硒在海水中的浓度超过 5.0μg/L，就应该对鱼类的群落状况进行监测，因为海水 CCC 值没有考虑由食物链的吸收。

ee. 该水质基准值是来自汞基准文件 (USEPA 440/5-84-026, 1985 年 1 月) 中第 43 页。该基准文件中第 23 页给出的海水 CCC 值为 0.025μg／L，是基于 1985 年指南中的最终残留值程序来推导。自从 1995 年发布的《大湖水生生物指南》(60 FR 15393-15399, 1995 年 3 月 23 日) 以来，美国环境保护署不再采用最终残留值程序来推导 CCC 值作为新的或修订的 304 (a) 水生生物水质基准。

ff. 该水质基准推荐值来自于《环境水质基准海水铜附录》(草案, 1995 年 4 月 14 日)，发布于临时性最终国家毒物物 (60 FR 22228-222237, 1995 年 5 月 4 日)。

gg. 美国环境保护署计算对此基准进行修订。

hh. 该水质基准推荐值根据足够数据无机汞 (二价) 的数据得出，但此处基准适用于总汞。如果水体中汞的主要部分是甲基汞，本基准可能保护不足。此外，即使无机汞被转换成甲基汞，且甲基汞富集到高程度，由于在基准推导中没有获得足够的数据，本基准没有考虑由食物链的吸收。

ii. 该基准适用于 DDT 及其代谢物（即 DDT 及其代谢物的总浓度不应超过该值）。

2002 年非优控污染物的水质基准

（单位：μg/L）

序号	非优控污染物	CAS 编号	保护淡水水生生物		保护海水水生生物		保护人体健康	
			基准最大浓度（CMC）	基准连续浓度（CCC）	基准最大浓度（CMC）	基准连续浓度（CCC）	消费水和生物	只消费生物
1	碱度（alkalinity）	—		20000 [F]				
2	铝 pH 6.5～9.0（aluminum pH 6.5～9.0）	7429905	750 [G,J]	87 [G,I,J]				
3	氨（ammonia）	7664417	淡水基准与 pH、温度和生命阶段有关（见文件 [D] USEPA 822-R-99-014） 海水基准与 pH 和温度有关（USEPA 44015-88-004）					
4	感官质量（aesthetic Qualities）	—	叙述性条文（见文件《黄皮书》）					
5	细菌（bacteria）	—	适用于直接接触娱乐和水生贝壳类动物（见文件《黄皮书》）					
6	钡（barium）	7440393					1000 [A]	
7	硼（boron）	—			叙述性条文（见文件）			
8	氯化物（chloride）	16887006	860000 [G]	230000 [G]				
9	氯（chlorine）	7782505	19	11	13	7.5	C	
10	2,4,5-涕 丙酸 [chlorophenoxy herbicide (2,4,5-TP)]	93721					10 [A]	
11	2,4-滴 [chlorophenoxy herbicide (2,4-D)]	94757					100 [A,C]	
12	毒死蜱（chloropyrifos）	2921882	0.083 [G]	0.041 [G]	0.011 [G]	0.0056 [G]		
13	色度（color）	—			叙述性条文（见文件《黄皮书》）			
14	内吸磷（demeton）	8065483		0.1 [F]		0.1 [F]		
15	二（氯甲基）醚 [ether, bis-chloromethyl]	542881					0.00010 [E,H]	0.00029 [E,H]
16	总可溶性气体（gases, total dissolved）	—			叙述性条文（见文件 [F] 《黄皮书》）			
17	谷硫磷（guthion）	86500		0.01 [F]		0.01 [F]		

续表

序号	非优控污染物	CAS编号	保护淡水水生生物 基准最大浓度（CMC）	保护淡水水生生物 基准连续浓度（CCC）	保护海水水生生物 基准最大浓度（CMC）	保护海水水生生物 基准连续浓度（CCC）	保护人体健康 消费水和生物	保护人体健康 只消费生物
18	硬度（hardness）		叙述性条文（见文件《黄皮书》）					
19	工业六六六（hexachlorocyclohexane technical）	319868					0.0123	0.0414
20	铁（iron）	7439896		1000^F			300^A	
21	马拉硫磷（malathion）	121755		0.1^F		0.1^F		
22	锰（manganese）	7439965					$50^{A,O}$	100^A
23	甲氧氯（methoxychlor）	72435		0.03^F		0.03^F	$100^{A,C}$	
24	灭蚁灵（mirex）	2385855		0.001^F		0.001^F		
25	硝酸盐（nitrates）	14797558					10000^A	
26	亚硝胺（nitrosamines）						0.0008	1.24
27	二硝基苯酚（dinitrophenols）	25550587					69	5300
28	N-亚硝基二丁胺（N-nitrosodibutylamine）	924163					$0.0063^{A,H}$	$0.22^{A,H}$
29	N-亚硝基二乙胺（N-nitrosodiethylamine）	55185					$0.0008^{A,H}$	$1.24^{A,H}$
30	N-亚硝基吡咯烷（N-nitrosopyrrolidine）	930552					0.016^H	34^H
31	油和脂（oil and grease）		叙述性条文（见文件^F《黄皮书》）					
32	淡水溶解氧（oxygen, dissolved freshwater）海水溶解氧（oxygen, Dissolved）	7782447	温水和冷水基质（见文件^N《黄皮书》）海水（见文件 USEPA-822R-00-012）					
33	对硫磷（parathion）	56382	0.065^J	0.013^J				

续表

序号	非优控污染物	CAS编号	保护淡水水生生物		保护海水水生生物		保护人体健康	
			基准最大浓度（CMC）	基准连续浓度（CCC）	基准最大浓度（CMC）	基准连续浓度（CCC）	消费水和生物	只消费生物
34	五氯苯（pentachlorobenzene）	608935					1.4 E	1.5 E
35	pH	—		6.5~9 F		6.5~8.5 F,K	5~9	
36	元素磷（phosphorus elemental）	7723140				0.1 F,K		
37	营养物（nutrients）	—	见美国环境保护署生态区总磷、总氮、叶绿素 a 和水体透明度（湖泊为塞氏盘深度，河流为浊度）基准（III 级生态区基准）P					
38	可溶性固体和盐度（solids dissolved and salinity）	—					250000 A	
39	悬浮性固体和浊度（solids suspended andurbidity）	—	叙述性条文 F 《黄皮书》					
40	硫化物—硫化氢（sulfide-hydrogen sulfide）	7783064		2.0 F		2.0 F		
41	沾染性物质（tainting substances）	—	叙述性条文《黄皮书》					
42	温度（temperature）	—	与物种有关的基准（见文件 M 《黄皮书》）					
43	1,2,4,5-四氯苯（1,2,4,5-tetrachlorobenzene）	95943					0.97 E	1.1 E
44	三丁基锡（tributyltin, TBT）	—	0.46 Q	0.063 Q	0.37	0.010 Q		
45	2,4,5-三氯苯酚（1,2,4,5-trichloropheno）	95954					1800 B,E	3600 B,E

A. 该人体健康基准与最初发布于《红皮书》中的一样，此书早于 1980 年的方法学，并且没有使用鱼类摄食 BCF 法。这个同样的基准值现在发布于《黄皮书》。

B. 感官影响基准值比非优控污染物表中列出的基准值更严格。

C. 根据《安全饮用水法》，美国环境保护署发布了更严格的最大污染物浓度（MCL）。参阅饮用水法规 40 CFR 141 或咨询安全饮用水热线（1-800-426-4791）。

D. 根据《推导保护水生生物及其用途的国家定量水质基准》中描述的程序，除了在某一地区非常敏感的重要物种，如果附录4-C关于计算浓水氨的基准中指定的2个条件都满足，则浓水水生生物应当受到保护。

E. 该基准已被修订，以反映美国环境保护署的q1*或者Rfd（慢性参考剂量），与综合风险信息系统（IRIS,2002年5月17日）中的相同。在每个案例下，保留了《环境水质基准》（1980年）中鱼类组织的生物富集系数BCF。

F. 该值的推导在《红皮书》（USEPA 440／9-76-023，1976年7月）中有介绍。

G. 该值是基于304（a）水生生物水质基准，它是根据1985年指南《推导保护水生生物及其用途的国家定量水质基准》（PB85-227049,1985年1月）得出的，且发布于下列文件之一中：铝（USEPA 440/5-86-008）、氰化物（USEPA 440/5-88-001）、毒死蜱（USEPA 440/5-86-005）。

H. 本基准是基于10^{-6}的致癌风险。通过移动小数点可得到改变的风险水平（例如，对风险水平10^{-5}来说，将推荐基准值的小数点向右移动一位即可）。

I. 铝的推荐值用水体中总可回收金属铝来表示。

J. 本推荐基准值是基于304（a）水生生物的水质基准，发布于1995年修订版《保护环境水体中水生生物的水质基准》（USEPA-820-B-96-001,1996年9月）。这个值是用GLI指南（60FR 15393～15399，1995年3月23日；40CFR 132附录A）推导出的；1995年修订版第IV附录A）推导的。该基准的推导不受大湖有关需要考虑事项的影响。

K. 根据《红皮书》第181页：对于水深大大超过透光层的开阔海洋水体，其pH的变化不应超出自然变化范围的0.2个单位以上，或者说在任何情况下都不能超出6.5～8.5的范围。对于水深较浅且有大量生物繁殖的沿海和河口地区，其pH的自然变化接近于使某些物种致死的限值，在任何情况下不得超过该水制定的限值，即pH6.5～9.0。

L. 有三个原因可以用来解释为什么采用水体-效应比值最适当的：①087μg/L是基于条纹石鮨在pH=6.5～6.6、硬度小于10mg/L的水中进行的毒性实验。《关于弗吉尼亚中西部3M厂排放废水中铝的水-效应比率》中的数据表明，在pH和硬度较高的情况下，铝的毒性显著下降，但是当时没有很好地对pH和硬度的影响进行定量化。②在低pH和硬度的条件下，用美洲红点鲑做的实验的水-效应比率，影响随着总铝浓度的实验更适于测定，至少在颗粒性铝那是这样的情况。然而，在地表水中，总铝的测定方法可能测定的是与黏土颗粒粘合的铝，与氢氧化铝中的铝相比，黏土颗粒中的铝的毒性可能是低毒的。③美国环境保护署注意到现场资料表明，在测定总可回收铝或溶解性铝时，美国许多高质量的水体含有87μg/L以上的铝。

M. USEPA. 1973.《水质基准1972》（USEPA-R3-73-033, National Technical Information Service,Springfield,VA.）；USEPA. 1977.《淡水鱼类的温度基准：草案和程序》（USEPA-600/3-77-061, National Technical Information Service,Springfield,VA.）。

N. USEPA. 1986.《溶解氧的水质基准》（USEPA 440/5-86-003, National Technical Information Service,Springfield,VA.）。

O. 该锰的基准不是基于毒性影响，而是将饮料中令人讨厌的物质如洗衣沾污和异味最小化。

P. 营养生态区中的湖泊和水库：II USEPA 822-B-01-015、III USEPA 822-B-01-008、IV USEPA 822-B-01-009、V USEPA 822-B-01-010、VI USEPA 822-B-00-008、VII USEPA 822-B-00-009、VIII USEPA 822-B-01-015、IX USEPA 822-B-00-011、XI USEPA 22-B-00-012、XIII USEPA 822-B-00-013、XIV USEPA 822-B-01-011；营养生态区中的河流：I USEPA 822-B-00-012、II USEPA 822-B-00-015、III USEPA 822-B-00-016、IV USEPA 822-B-01-013、V USEPA 822-B-00-017、VI USEPA 822-B-00-018、VIII USEPA 822-B-01-015、IX USEPA 822-B-00-019、X USEPA 822-B-01-016、XI USEPA 822-B-00-020、XII USEPA 822-B-00-021、XIV USEPA 822-B-00-022；营养生态区中的湿地：XIII USEPA 822-B-00-023。

Q. 美国环境保护署于1997年8月7日发布了三丁基锡（TBT）修订文件草案（62 FR 42554）。美国环境保护署已重新评估了这一文件，预计不久将针对公众意见发布一份最新文件。

2002 年感官影响的水质基准推荐值

序号	污染物	CAS 编号	感官影响基准/（μg/L）
1	二氢苊（acenaphthene）	83329	20
2	一氯苯（monochlorobenzene）	108907	20
3	3-氯苯酚（3-chlorophenol）	—	0.1
4	4-氯苯酚（4-chlorophenol）	106489	0.1
5	2,3-二氯苯酚（2,3-dichlorophenol）	—	0.04
6	2,5-二氯苯酚（2,5-dichlorophenol）	—	0.5
7	2,6-二氯苯酚（2,6-dichlorophenol）	—	0.2
8	3,4-二氯苯酚（3,4-dichlorophenol）	—	0.3
9	2,4,5-三氯苯酚（2,4,5-trichlorophenol）	95954	1
10	2,4,6-三氯苯酚（2,4,6-trichlorophenol）	88062	2
11	2,3,4,6-四氯苯酚（2,3,4,6-tetrachlorophenol）		1
12	2-甲基-4-氯苯酚（2-methyl-4-chlorophenol）	—	1800
13	3-甲基-4-氯苯酚（3-methyl-4-chlorophenol）	59507	3000
14	3-甲基-6-氯苯酚（3-methyl-6-chlorophenol）	—	20
15	2-氯苯酚（2-chlorophenol）	95578	0.1
16	铜（copper）	7440508	1000
17	2,4-二氯苯酚（2,4-dichlorophenol）	120832	0.3
18	2,4-二甲基苯酚（2,4-dimethylpehnol）	105679	400
19	六氯环戊二烯（hexachlorocyclopentadiene）	77474	1
20	硝基苯（nitrobenzene）	98953	30
21	五氯苯酚（pentachlorophenol）	87865	30
22	苯酚（phenol）	108952	300
23	锌（zinc）	7440666	5000

注：这些基准是基于感官（嗅和味）的影响。由于化学命名系统的改变，本污染物列表与 40 CFR 423 附录 A 中的列表不完全相同。化学文摘服务处（CAS）登记号也被列出，为每种化学物质提供了唯一识别。

附录说明：

1. 基准最大浓度和基准连续浓度

基准最大浓度（CMC）是对一种物质在地表水中的最高浓度的估值，在此浓度下，水生生物群落可以暂时地被暴露而不产生不可接受的影响。基准连续浓度（CCC）是对一种物质在地表水中的最高浓度的估值，在此浓度下，水生生物群落可以无限期地被暴露而不产生不可接受的影响。CMC 和 CCC 仅是水生生物水质基准中 6 个部分中的 2 个；

其他 4 个部分分别是急性平均周期、慢性平均周期、允许超标现象的急性频率及允许超标现象的慢性频率。304（a）水生生物基准是美国国家指南，旨在保护美国境内的绝大多数水生生物群落。

2. 优控污染物、非优控污染物和感官影响基准推荐值

本汇编列出了所有优控污染物和部分非优控污染物，人体健康基准和感官影响基准都是依照 304（a）发布的。空白表明美国环境保护署还没有制定出《清洁水法》304（a）基准推荐值。对于那些没有列出的非优控污染物，《清洁水法》304（a）"水+生物"人体健康基准是无法获得的，但是美国环境保护署按照《安全饮用水法》（SDWA）发布了可以用来制定水质标准保护水体提供的指定用途的最大污染物浓度（MCL）。由于化学命名系统的改变，本污染物列表与 40 CFR 423 附录 A 中的列表不完全相同。化学文摘服务处（CAS）登记号也被列出，为每种化学物质提供了唯一识别。

3. 人体健康风险

优控污染物和非优控污染物的人体健康基准都是基于 10^{-6} 的致癌风险。通过移动小数点可得到改变的风险水平（例如，对风险水平 10^{-5} 来说，将推荐基准值的小数点向右移动一位即可）。

4. 按照《清洁水法》304（a）或 303（a）发布的水质基准

本汇编中的许多数值都发布在《加利福尼亚毒物法》中。尽管这些数值是按照清洁水法 303（a）发布的，但它们代表了水质基准的最新计算和美国环境保护署的 304（a）基准。

5. 可溶性金属基准的计算

304（a）金属基准，以可溶性金属表示，是用两种方法中的一种计算出来的。淡水金属基准与硬度有关，只以硬度 100mg/L（以 $CaCO_3$ 计）为例，计算出了那些与硬度有关的可溶性金属基准值。和硬度无关的海水基准值和淡水基准值是通过用总可回收基准值乘以适当的转换系数得到的。表中的最终可溶性金属的基准值四舍五入成 2 位有效数字。关于由硬度决定的转换系数的计算信息见表后的注释。

6. 最大污染物浓度

本汇编附有比本汇编中推荐的水质基准更为严格的最大污染物浓度（MCL）的污染物的注释。本汇编中不包括这些污染物的最高污染物浓度，但可以在饮用水法规（40 CFR 141，11-16 和 141.60-63）中找到，或者咨询安全饮用水热线（800-426-4791），或者访问互联网（http://www.epa.gov/waterscience/dringking/ standards/dwstandards.pdf）。

7. 感官影响

本汇编包括了污染物的基于毒性和非毒性的 304（a）基准。基于非毒性基准的根据是使水和可食用的水生生物变得不可食用但对人体没有毒性的感官影响（如味觉和嗅觉）。表中包括了 23 种污染物的感官影响基准。污染物的感官影响基准严于基于毒性的基准（例如，包括优控污染物和非优控污染物）。

8. 金皮书

《黄皮书》是指水质基准（1986，USEPA 440/5-86-001）。

9. 化学文摘服务处编号的更正

二（2-氯异丙基）醚的化学文摘服务处编号（CAS）已在 IRIS 和本表中更正。正确的 CAS 编号是 108-60-1。该污染物以前的 CAS 编号是 39638-32-9。

10. 带空白表格的污染物

美国环境保护署还没有为带空白表格的污染物计算出基准。然而，许可证机构应该在 NPDES 许可证工作中运用各州的有毒物质的现有叙述性基准对这些污染物加以解释。

11. 特殊化学物质的计算

本汇编包括了硒的水生生物水质基准，与已提到的 CTR 中发布的基准相同。在 CTR 中，根据《大湖系统水质指南》（61 FR 58444）中硒的推荐基准值，美国环境保护署推荐了硒的急性基准值。GLI 和 CTR 的建议值考虑的数据表明硒的 2 个最主要的氧化形态——亚硒酸盐和硒酸盐，提出了不同潜在的水生生物毒性，且新的数据表明不同形态的硒具有加成性。根据亚硒酸盐的相对比例和硒的其他存在形态，新的方法得出了不同硒的急性基准浓度或 CMC 值。

美国环境保护署目前正在对硒进行再评价，希望根据最终的再评价报告（63 FR 26186），修改硒的 304（a）基准。但是，在美国环境保护署颁布修改的硒的水质基准之前，本汇编中推荐的水质基准是现行的 304（a）基准。

附录 4-A　可溶性金属的转换系数

金 属	淡水 CMC 转换系数	淡水 CCC 转换系数	海水 CMC 转换系数	海水 CCC 转换系数
砷（arsenic）	1.000	1.000	1.000	1.000
镉（Cadmium）	1.136672–[（ln 硬度）(0.041838)]	1.101672–[（ln 硬度）(0.041838)]	0.994	0.994
三价铬（Chromium Ⅲ）	0.316	0.860	—	—
六价铬（Chromium Ⅵ）	0.982	0.962	0.993	0.993
铜（copper）	0.960	0.960	0.830	0.830
铅（lead）	1.46203–[（ln 硬度）(0.145712)]	1.46203–[（ln 硬度）(0.145712)]	0.951	0.951
汞（mercury）	0.850	0.850	0.850	0.850
镍（nickel）	0.998	0.997	0.990	0.990
硒（selenium）	—	—	0.998	0.998
银（silver）	0.850	—	0.850	—
锌（zinc）	0.978	0.986	0.946	0.946

附录 4-B　计算与硬度有关的淡水可溶性金属基准的参数

金　属	m_A	b_A	m_C	b_C	淡水转换系数（CF）	
					CMC	CCC
镉（cadmium）	1.0166	−3.9240	0.7409	−4.7190	1.136672–[（ln 硬度）（0.041838）]	1.101672–[（ln 硬度）（0.041838）]
三价铬（chromium III）	0.8190	3.7256	0.8190	0.6848	0.316	0.860
铜（copper）	0.9422	−1.7000	0.8545	−1.7020	0.960	0.960
铅（lead）	1.2730	−1.4600	1.2730	−4.7050	1.46203–[（ln 硬度）（0.145712）]	1.46203–[（ln 硬度）（0.145712）]
镍（nickel）	0.8460	2.2550	0.8460	0.0584	0.998	0.997
银（silver）	1.7200	−6.5900	—	—	0.850	—
锌（zinc）	0.8473	0.8840	0.8473	0.8840	0.978	0.986

由硬度决定的金属基准可以根据以下公式计算：

$$\text{CMC（可溶性金属）}=\exp\{m_A[\ln（硬度）]+b_A\}（\text{CF}）$$

$$\text{CCC（可溶性金属）}=\exp\{m_C[\ln（硬度）]+b_C\}（\text{CF}）$$

附录 4-C　淡水中氨基准的计算

1. 1h 的总氨氮平均浓度（mg N/L）超过每三年平均最高值不得多于一次，使用下面的公式计算 CMC。

在鲑鱼存在的区域：

$$\text{CMC}=\frac{0.275}{1+10^{7.204-\text{pH}}}+\frac{39.0}{1+10^{\text{pH}-7.024}}$$

在没有鲑鱼的区域：

$$\text{CMC}=\frac{0.411}{1+10^{7.204-\text{pH}}}+\frac{58.4}{1+10^{\text{pH}-7.024}}$$

2A. 30d 总氨氮的平均浓度（mg N/L）超过三年平均最高值不得多于一次，使用下面的公式计算 CCC。

当有鱼的幼苗存在时：

$$\text{CCC}=\left(\frac{0.0577}{1+10^{7.688-\text{pH}}}+\frac{2.487}{1+10^{\text{pH}-7.688}}\right)\times\min\left(2.85,1.45\times10^{0.028\times(52-\text{T})}\right)$$

当不存在鱼的幼苗时：

$$\text{CCC}=\left(\frac{0.0577}{1+10^{7.688-\text{pH}}}+\frac{2.487}{1+10^{\text{pH}-7.688}}\right)\times1.45\times10^{0.028\times(25-\max(\text{T},7))}$$

2B. 另外，30d 内每 4d 平均的最高值不应该超过 CCC 的 2.5 倍。

附录 5　2004 年美国环境保护署推荐水质基准

优先污染物的水质基准

（单位：μg/L）

序号	优控污染物	CAS 编号	保护淡水水生生物		保护海水水生生物		保护人体健康	
			基准最大浓度（CMC）	基准连续浓度（CCC）	基准最大浓度（CMC）	基准连续浓度（CCC）	消费水和生物	只消费生物
1	锑（antimony）	7440360					5.6 B	640 B
2	砷（arsenic）	7440382	340 A,D,K	150 A,D,K	69 A,D,bb	36 A,D,bb	0.018 C,M,S	0.14 C,M,S
3	铍（beryllium）	7440417					Z	
4	镉（cadmium）	7440439	2.0 D,E,K,bb	0.25 D,E,K,bb	40 D,bb	8.8 D,bb	Z	
5a	三价铬（chromium（Ⅲ））	16065831	570 D,E,K	74 D,E,K			Z Total	Z Total
5b	六价铬（chromium（Ⅵ））	18540299	16 D,K	11 D,K	1100 D,bb	50 D,bb	Z Total	Z Total
6	铜（copper）	7440508	13 D,E,K,cc	9.0 D,E,K,cc	4.8 D,cc,ff	3.1 D,cc,ff	1300 U	
7	铅（lead）	7439921	65 D,E,K,bb,gg	2.5 D,E,K,bb,gg	210 D,bb	8.1 D,bb		
8a	汞（mercury）	7439976						
8b	甲基汞（methylmercury）	22967926	1.4 D,K,hh	0.77 D,K,hh	1.8 D,ee,hh	0.94 D,ee,hh		0.3 mg/kg J
9	镍（nickel）	7440020	470 D,E,K	52 D,E,K	74 D,bb	8.2 D,bb	610 B	4,600 B
10	硒（selenium）	7782492	L,R,T	5.0 T	290 D,bb,dd	71 D,bb,dd	170 Z	4200
11	银（silver）	7440224	3.2 D,E,G		1.9 D,G			
12	铊（thallium）	7440280					0.24	0.47
13	锌（zinc）	7440666	120 D,E,K	120 D,E,K	90 D,bb	81 D,bb	7400 U	26000 U
14	氰化物（cyanide）	57125	22 K,Q	5.2 K,Q	1 Q,bb	1 Q,bb	140 JJ	140 JJ
15	石棉（asbestos）	1332214					7 百万个纤维/L I	
16	2,3,7,8-四氯二苯并二噁英[2,3,7,8-TCDD（dioxin）]	1746016					5.0×10^{-9} C	5.1×10^{-9} C

续表

序号	优控污染物	CAS 编号	保护淡水水生生物（CMC）基准最大浓度	保护淡水水生生物（CCC）基准连续浓度	保护海水水生生物（CMC）基准最大浓度	保护海水水生生物（CCC）基准连续浓度	保护人体健康 消费水和生物	保护人体健康 只消费生物
17	丙烯醛（acrolein）	107028					190	290
18	丙烯腈（acrylonitrile）	107131					0.051 B,C	0.25 B,C
19	苯（benzene）	71432					2.2 B,C	51 B,C
20	三溴甲烷（bromoform）	75252					4.3 B,C	140 B,C
21	四氯化碳（carbon tetrachloride）	56235					0.23 B,C	1.6 B,C
22	氯苯（chlorobenzene）	108907					130 Z,U	1600 U
23	氯二溴甲烷（chlorodibromomethane）	124481					0.40 B,C	13 B,C
24	氯乙烷（chloroethane）	75003						
25	2-氯乙基乙烯醚（2-chloroethylvinyl ether）	110758						
26	三氯甲烷（chloroform）	67663					5.7 C,P	470 C,P
27	二氯溴甲烷（dichlorobromomethane）	75274					0.55 B,C	17 B,C
28	1,1-二氯乙烷（1,1-dichloroethane）	75343						
29	1,2-二氯乙烷（1,2-dichloroethane）	107062					0.38 B,C	37 B,C
30	1,1-二氯乙烯（1,1-dichloroethylene）	75354					330	7100
31	1,2-二氯丙烷（1,2-dichloropropane）	78875					0.50 B,C	15 B,C

续表

序号	优控污染物	CAS 编号	保护淡水水生生物		保护海水水生生物		保护人体健康	
			基准最大浓度 (CMC)	基准连续浓度 (CCC)	基准最大浓度 (CMC)	基准连续浓度 (CCC)	消费水和生物	只消费生物
32	1,3-二氯丙烯 (1,3-dichloropropene)	542756					0.34 [C]	21 [C]
33	乙苯 (ethylbenzene)	100414					530	2100
34	甲基溴 (methyl bromide)	74839					47 [B]	1500 [B]
35	氯代甲烷 (methyl chloride)	74873						
36	二氯甲烷 (methylene chloride)	75092					4.6 [B,C]	590 [B,C]
37	1,1,2,2-四氯乙烷 (1,1,2,2-tetrachloroethane)	79345					0.17 [B,C]	4.0 [B,C]
38	四氯乙烯 (tetrachloroethylene)	127184					0.69 [C]	3.3 [C]
39	甲苯 (toluene)	108883					1300 [Z]	15000
40	1,2-反式-二氯乙烯 (1,2-trans-dichloroethylene)	156605					140 [Z]	10000
41	1,1,1-三氯乙烷 (1,1,1-trichloroethane)	71556					Z	
42	1,1,2-三氯乙烷 (1,1,2-trichloroethane)	79005					0.59 [B,C]	16 [B,C]
43	三氯乙烯 (trichloroethylene)	79016					2.5 [C]	30 [C]
44	氯乙烯 (vinyl chloride)	75014					0.025 [C,kk]	2.4 [C,kk]
45	2-氯苯酚 (2-chlorophenol)	95578					81 [B,U]	150 [B,U]
46	2,4-二氯苯酚 (2,4-dichlorophenol)	120832					77 [B,U]	290 [B,U]

续表

序号	优控污染物	CAS 编号	保护淡水水生物		保护海水水生物		保护人体健康	
			基准最大浓度 (CMC)	基准连续浓度 (CCC)	基准最大浓度 (CMC)	基准连续浓度 (CCC)	消费水和生物	只消费生物
47	2,4-二甲基苯酚 (2,4-dimethylphenol)	105679					380 B	850 B,U
48	2-甲基-4,6-二硝基苯酚 (2-methyl-4,6-dinitrophenol)	534521					13	280
49	2,4-二硝基酚 (2,4-dinitrophenol)	51285					69 B	5300 B
50	2-硝基苯酚 (2-nitrophenol)	88755						
51	4-硝基苯酚 (4-nitrophenol)	100027						
52	3-甲基-4-氯苯酚 (3-methyl-4-chlorophenol)	59507					U	U
53	五氯苯酚 (pentachlorophenol)	87865	19 F,K	15 F,K	13 bb	7.9 bb	0.27 B,C	3.0 B,H
54	苯酚 (phenol)	108952					21000 B,U	1700000 B,U
55	2,4,6-三氯苯酚 (2,4,6-trichlorophenol)	88062					1.4 B,C	2.4 B,C,U
56	二氢苊 (acenaphthene)	83329					670 B,U	990 B,U
57	苊 (acenaphthylene)	208968						
58	蒽 (anthracene)	120127					8300 B	40000 B
59	联苯胺 (benzidine)	92875					0.000086 B,C	0.00020 B,C
60	苯并[a]蒽 (benzo[a]anthracene)	56553					0.0038 B,C	0.018 B,C
61	苯并[a]芘 (benzo[a]pyrene)	50328					0.0038 B,C	0.018 B,C
62	苯并[b]荧蒽 (benzo[b]fluoranthene)	205992					0.0038 B,C	0.018 B,C

续表

序号	优控污染物	CAS 编号	保护淡水水生生物		保护海水水生生物		保护人体健康	
			基准最大浓度（CMC）基准最大浓度	基准连续浓度（CCC）基准连续浓度	基准最大浓度（CMC）基准最大浓度	基准连续浓度（CCC）基准连续浓度	消费水和生物	只消费生物
63	苯并[g,h,i]苝 (benzo[g,h,i]perylene)	191242						
64	苯并[k]荧蒽 (benzo[k]fluoranthene)	207089					0.0038 B,C	0.018 B,C
65	二-2-氯乙氧基甲烷 [bis (2-chloroethoxy) methane]	111911						
66	二-2-氯乙基醚 [bis (2-chloroethyl) ether]	111444					0.030 B,C	0.53 B,C
67	二-2-氯异丙基醚 [bis (2-chloroisopropyl) ether]	108601					1400 B	65000 B
68	邻苯二甲酸二-（2-乙基己基）酯 x[bis (2-ethylhexyl) phthalate]	117817					1.2 B,C	2.2 B,C
69	4-溴苯基苯基醚 (4-bromophenyl phenyl ether)	101553						
70	邻苯二甲酸丁苄酯 (butylbenzyl phthalate) w	85687					1500 B	1900 B
71	2-氯萘 (2-chloronaphthalene)	91587					1000 B	1600 B
72	4-氯苯基苯基醚 (4-chlorophenyl phenyl ether)	7005723						
73	䓛 (chrysene)	218019					0.0038 B,C	0.018 B,C
74	二苯并[a,h]蒽 (dibenzo[a,h]anthracene)	53703					0.0038 B,C	0.018 B,C
75	1,2-二氯苯 (1,2-dichlorobenzene)	95501					420	1300

续表

序号	优控污染物	CAS 编号	保护淡水水生生物		保护海水水生生物		保护人体健康	
			基准最大浓度（CMC）	基准连续浓度（CCC）	基准最大浓度（CMC）	基准连续浓度（CCC）	消费水和生物	只消费生物
76	1,3-二氯苯（1,3-dichlorobenzene）	541731					320	960
77	1,4-二氯苯（1,4-dichlorobenzene）	106467					63	190
78	3,3'-二氯联苯胺（3,3'-dichlorobenzidine）	91941					0.021 B,C	0.028 B,C
79	邻苯二甲酸二乙酯（diethyl phthalate）w	84662					17000 B	44000 B
80	邻苯二甲酸二甲酯（dimethyl phthalate）w	131113					270000	1100000
81	邻苯二甲酸二丁酯（di-n-Butyl phthalate）w	84742					2000 B	4500 B
82	2,4-二硝基甲苯（2,4-dinitrotoluene）	121142					0.11 C	3.4 C
83	2,6-二硝基甲苯（2,6-dinitrotoluene）	606202						
84	邻苯二甲酸二辛酯（di-n-octyl phthalate）	117840						
85	1,2-二苯肼（1,2-diphenylhydrazine）	122667					0.036 B,C	0.20 B,C
86	荧蒽（fluoranthene）	206440					130 B	140 B
87	芴（fluorene）	86737					1100 B	5300 B
88	六氯苯（hexachlorobenzene）	118741					0.00028 B,C	0.00029 B,C

续表

序号	优控污染物	CAS 编号	保护淡水水生生物		保护海水水生生物		保护人体健康	
			基准最大浓度 (CMC)	基准连续浓度 (CCC)	基准最大浓度 (CMC)	基准连续浓度 (CCC)	消费水和生物	只消费生物
89	六氯丁二烯 (hexachlorobutadiene)	87683					0.44 B,C	18 B,C
90	六氯环戊二烯 (hexachlorocyclopentadiene)	77474					40 U	1100 U
91	六氯乙烷 (hexachloroethane)	67721					1.4 B,C	3.3 B,C
92	茚并 (1,2,3-cd) 芘 [indene (1,2,3-cd) pyrene]	193395					0.0038 B,C	0.018 B,C
93	异佛尔酮 (isophorone)	78591					35 B,C	960 B,C
94	萘 (naphthalene)	91203						
95	硝基苯 (nitrobenzene)	98953					17 B	690 B,H,U
96	N-亚硝基二甲胺 (N-nitrosodimethylamine)	62759					0.00069 B,C	3.0 B,C
97	N-亚硝基二丙胺 (N-nitrosodi-n-propylamine)	621647					0.0050 B,C	0.51 B,C
98	N-亚硝基二苯胺 (N-nitrosodiphenylamine)	86306					3.3 B,C	6.0 B,C
99	菲 (phenanthrene)	85018						
100	芘 (pyrene)	129000					830 B	4000 B
101	1,2,4-三氯苯 (1,2,4-trichlorobenzene)	120821					35	70
102	艾氏剂 (aldrin)	309002	3.0 G		1.3 G		0.000049 B,C	0.000050 B,C
103	α-六六六 (alpha-BHC)	319846					0.0026 B,C	0.0049 B,C
104	β-六六六 (beta-BHC)	319857					0.0091 B,C	0.017 B,C

续表

序号	优控污染物	CAS 编号	保护淡水水生生物		保护海水水生生物		保护人体健康	
			基准最大浓度（CMC）	基准连续浓度（CCC）	基准最大浓度（CMC）	基准连续浓度（CCC）	消费水和生物	只消费生物
105	γ-六六六（林丹）[gamma-BHC（lindane）]	58899	0.95^K		0.16^G		0.98	1.8
106	δ-六六六（delta-BHC）	319868						
107	氯丹（chlordane）	57749	2.4^G	0.0043^{G,aa}	0.09^G	0.004^{G,aa}	0.00080^{B,C}	0.00081^{B,C}
108	4,4'-滴滴涕（4,4'-DDT）	50293	1.1^{Gii}	0.001^{G,aa,ii}	0.13^{Gii}	0.001^{G,aa,ii}	0.00022^{B,C}	0.00022^{B,C}
109	4,4'-滴滴伊（4,4'-DDE）	72559					0.00022^{B,C}	0.00022^{B,C}
110	4,4'-滴滴滴（4,4'-DDD）	72548					0.00031^{B,C}	0.00031^{B,C}
111	狄氏剂（dieldrin）	60571	0.24^K	0.056^{K,O}	0.71^G	0.0019^{G,aa}	0.000052^{B,C}	0.000054^{B,C}
112	α-硫丹（alpha-endosulfan）	959988	0.22^{G,Y}	0.056^{G,Y}	0.034^{G,Y}	0.0087^{G,Y}	62^B	89^B
113	β-硫丹（beta-endosulfan）	33213659	0.22^{G,Y}	0.056^{G,Y}	0.034^{G,Y}	0.0087^{G,Y}	62^B	89^B
114	硫丹硫酸盐（endosulfan sulfate）	1031078					62^B	89^B
115	异狄氏剂（endrin）	72208	0.086^K	0.036^{K,O}	0.037^G	0.0023^{G,aa}	0.059	0.060
116	异狄氏剂醛（endrin aldehyde）	7421934					0.29^B	0.30^{B,H}
117	七氯（heptachlor）	76448	0.52^G	0.0038^{G,aa}	0.053^G	0.0036^{G,aa}	0.000079^{B,C}	0.000079^{B,C}
118	环氧七氯（heptachlor epoxide）	1024573	0.52^{G,V}	0.0038^{G,V,aa}	0.053^{G,V}	0.0036^{G,V,aa}	0.000039^{B,C}	0.000039^{B,C}
119	多氯联苯（polychlorinated biphenyls, PCB）			0.014^{N,aa}		0.03^{N,aa}	0.000064^{B,C,N}	0.000064^{B,C,N}
120	毒杀芬（toxaphene）	8001352	0.73	0.0002^{aa}	0.21	0.0002^{aa}	0.00028^{B,C}	0.00028^{B,C}

A. 水质基准推荐值来自三价砷的数据，但是此处适用于总砷。这就意味着三价砷和五价砷对水生生物的毒性是有加和性，且二者的毒性是相同的。在砷的基准文件（USEPA 440/5-84-033,1985年1月）中，给出了5个物种的三价砷和五价砷的物种平均急性值（SMAV），每个物种的三价砷和五价砷的SMAV之比的范围为0.6~1.7；给出了一个物种的三价砷和五价砷的慢性值；对黑头鱼来说，五价砷的三价砷的慢性值的0.29倍。关于砷的形态对水生生物的毒性是否具有加和性，据悉尚没有可利用的资料。

B. 本基准已被修订，以反映美国环境保护署署定的 q1*或者 RfD（慢性参考剂量），与综合风险信息系统（IRIS,2002年5月17日）中的相同。在每个案例下，保留了《环境水质基准》（1980年）中鱼类组织的生物富集系数 BCF。

C. 本基准是基于 10^{-6} 的致癌风险。通过移动小数点可得到改变的风险水平（例如，对风险水平 10^{-5} 来说，将推荐基准值的小数点向右移动一位即可）。

D. 金属的淡水和海水基准值以水体中的可溶性金属表示。利用以前的 304（a）水生生物水质基准值（以总可回收金属表示），计算出推荐的水质基准值。术语"转换系数"（CF）代表着将以水体中总可回收金属部分表示的基准值和可溶性部分表示的推荐金属浓度的转换系数。来自海水 CMC 值的转换系数既适用以水体中总可回收海水 CMC 值，也适用于海水 CCC 值。参见《水政策和技术指南办公室对水生生物金属基准值的解释和实施》，1993 年 10 月 1 日，Martha G.Prothro 著，可从水资源中心获得，USEPA。401 M st.，SW，邮编 RC4100，华盛顿，DC20460 和 40CFR 131.36（b）（1）。表中采用的转换系数可以在附录 5-A 中的有关可溶性金属的转换系数中找到。

E. 该淡水基准可表达为水体中硬度（mg/L）的函数。此处给出的基准值相当于硬度为 100mg/L 时的数值。其他硬度下的数值可按下式计算：

CMC（可溶性金属）$=\exp\{m_A \ln（硬度）+b_A\}$（CF）或 CCC（可溶性金属）$=\exp\{m_c \ln（硬度）+b_c\}$（CF）

计算可溶性金属的淡水基准值的参数也在附录 5-B 中已经具体给出，它们不依赖于硬度。

F. 五氯苯酚的基准值可表达为 pH 的函数，可按下式计算：CMC$=\exp\{1.005（pH）-4.869\}$;CCC$=\exp\{1.005（pH）-5.134\}$。表中列出的值对应于 pH 为 7.8 时的数值。

G. 本基准是基于 1980 年发布的 304（a）水生生物水质基准，被发布在下列文件之一中：艾氏剂/狄氏剂（USEPA 440/5-80-019），滴滴涕（USEPA 440/5-80-027），氯丹（USEPA 440/5-80-038），硫丹（USEPA 440/5-80-046），异狄氏剂（USEPA 440/5-80-047），七氯（USEPA 440/5-80-052），六氯环己烷（USEPA 440/5-80-054），银（USEPA 440/5-80-071）。与 1985 年指南相比，1980 年指南在最低数据要求方面是不同的。例如，用 1980 年推导指导程序同最大值，如果采用平均值，则给出的数值应被剔除以 2，以便获得一个比用 1985 年文件的数据值。

H. 在 1980 年的基准文件或 1986 年的水质基准中，没有介绍只消费水生生物（不包括水）的保护人体健康的基准。不过，1980 年的文件中提供了足够的信息，可以进行基准的计算，即使计算结果没有在文件中显示。

I. 本石棉基准值是根据《安全饮用水法》（SDWA）制定的最大污染物浓度（MCL）。

J. 甲基汞的基准值是根据鱼类组织残留基准值是根据鱼类消费率为 0.0175kg/d 计算。

K. 本推荐基准值是基于 304（a）水生生物水质基准 1995 年修订版：保护环境水中水生生物的水质基准文件（USEPA-820-B-96-001,1996 年 9 月）。这个值是用 GLI 指南（60FR15393~15399,1995 年 3 月 23 日；40CFR 132 附录 A）推导出的;1995 年修订版第 IV 页解释了 1985 年指南与 1985 年指南之间的差异。本基准的推导不受大湖有关影响的事项的影响。

L. CMC$=1/[（f_1/\text{CMC}_1）+（f_2/\text{CMC}_2）]$，式中 f_1 和 f_2 为总砷的一部分，分别用亚硝酸盐和硝酸盐表示，CMC，CMC_1 和 CMC_2 分别为 185.9μg/L 和 12.82μg/L。

M. 美国环境保护署目前正在重新评价砷的基准。

N. 这一基准适用于总多氯联苯（例如，所有同系物或所有同分异构体或体或 Aroclor 的分析总和）。

O. 该污染物（异狄氏剂）的 CCC 值的推导没有有考虑食物暴露，对于营养级别较高的水生生物来说，食物暴露可能是主要的暴露途径。

P. 尽管新的 RfD 可以从 IRIS 中获得，但是直到《国家一级饮用水条例：第 2 阶段消毒剂及其副产物规定》（Stage 2 DBPR）完成后，地表水水质基准才能被修订。因为正在征集，该值可能有实质性的变化。

Q. 本水质基准的推荐值用 μg 游离氰/L（以 CN 计）表示。

R. 硒的基准值于 1996 年 11 月 14 日颁布（61FR58444-58449），作为 GLI 303（c）水生生物水质基准的建议值。美国环境保护署目前正在对此基准进行修正，因此，在不久的将来，该值可能有实质性的变化。

S. 砷的水质基准推荐值只涉及无机形态。

T. 硒的水质基准推荐值用水体中总可回收金属来表示。采用 GLI 中所用的可同可回收金属来表示的基准值（0.996-CMC 或 0.992-CCC）将此值转换成可溶性金属来表示。从科学角度评估是可以接受的。

U. 感官影响基准比优先有毒污染物的基准更严格。

V. 该值根据七氯的数据得出的，基准文件提供的信息不充分，不能对七氯和环氧七氯的相对毒性进行评估。

W. 虽然美国环境保护署在发布邻苯二甲酸丁苄酯的水质基准文件，但美国环境保护署认识到有足够的资料可以用来计算水生生物水质基准。预期期工业界将在经同等地位人员审议的文献草案中发布和按照美国环境保护署指南制定的水生生物水质基准。美国环境保护署将审查此基准是否可作为国家水质基准。

X. 完整的水生生物毒性资料表明，在其溶解浓度水平下或低于其溶解度时，邻苯二甲酸二-(2-乙基己基)酯 (DEHP) 对水生生物是无毒的。

Y. 该值根据硫丹的数据得出，非常适用于 α-硫丹和 β-硫丹的总和。

Z. 美国环境保护署已经发布了更加严格的 MCL 值。可查阅饮用水法规 (40CFR 141) 或咨询安全饮用水热线 (1-800-426-4791)。

aa. 该基准是基于 1980 或 1986 年颁布的 304 (a) 水生生物基准，公布在下列文件中：艾氏剂/狄氏剂 (USEPA 440/5-80-019)，氯丹 (USEPA 440/5-80-027)，滴滴涕 (USEPA 440/5-80-038)，异狄氏剂 (USEPA 440/5-80-047)，七氯 (USEPA 440/5-80-052)，多氯联苯 (USEPA 440/5-80-068)，毒杀芬 (USEPA 440/5-86-006)。该 CCC 值目前是基于最终残留值 (FRV) 推导得出的。自从1995年发布了《大湖水生生物指南》(60 FR 15393-15399，1995 年 3 月 23 日) 以来，美国环境保护署不再采用最终残留值留程序来推导 CCC 值作为新的或修订的 304 (a) 水生生物基准。因此，美国环境保护署希望将来该 CCC 值的修订不再按照 FRV 程序。

bb. 该水质基准是基于 304 (a) 水生生物水质基准，根据 1985 年指南《推导保护水生生物及其用途的国家定量水质基准的指南》得出的，并且发布在下列基准文件之一中：砷 (USEPA 440/5-84-033)，镉 (USEPA 882-R-01-001)，铬 (USEPA 440/5-84-029)，铜 (USEPA 440/5-84-031)，铅 (USEPA 440/5-84-027)，镍 (USEPA 440/5-86-004)，五氯苯酚 (USEPA 440/5-86-009)，毒杀芬 (USEPA 440/5-87-003)，锌 (USEPA 440/5-87-003)。

cc. 当可溶性有机碳的浓度升高时，铜的溶解度明显下降，可以适当地使用水一效应比值可能比较适当。

dd. 硒的基准文件 (USEPA 440/5-87-006，1987 年 9 月) 规定，如果硒对海洋野生鱼类的毒性与淡水野生鱼类的毒性一样，那么一旦硒在海水中的浓度超过 5.0μg/L，就应对鱼类的群落状况进行监测，因为海水 CCC 值没有考虑经由食蛋白链的吸收。

ee. 该水质基准推荐值来自海水基准文件 (USEPA 440/5-84-026，1985 年 1 月) 中第 43 页。该基准文件第 23 页给出的海水 CCC 值为 0.025μg/L，是基于 1985 年指南中的最终残留值推导得出的。自从 1995 年发布了《大湖水生生物指南》(60 FR 15393-15399，1995 年 3 月 23 日) 以来，美国环境保护署不再采用最终残留值留程序来推导 CCC 值作为新的或修订的 304 (a) 水生生物基准。

ff. 该水质基准推荐值来自于《环境水质基准海水铜修订》(草案，1995 年 4 月 14 日)，发布于临时性最终毒物法 (60 FR 22228-222237，1995 年 5 月 4 日)。

gg. 美国环境保护署目前正在积极地对此基准进行修订。因此，在不久的将来，这推荐水质基准值可能会有实质性的变化。

hh. 该水质基准推荐值是根据无机汞 (二价) 的数据得出的，但此处适用于总汞。如果水体中汞的主要部分是甲基汞，本基准可能是保护不足的。此外，即使无机汞被转换成甲基汞，且甲基汞聚到很高程度，由于在基准推导时没有获得足够的数据，本基准没有考虑有考虑是经由食物链的吸收。

ii. 该基准适用于 DDT 及其代谢物（即 DDT 及其代谢物）的总浓度不应超过该值。

jj. 该水质基准推荐值以总浓度的氰化物表示，尽管 IRIS 的 RfD 是基于游离的氰化物。由于环境水体中各形态氰化物释放 CN 的能力不同而呈现不同的毒性。某些复杂的氰化物甚至要求比使用自由氰酸回流更加极端的条件来释放 CN。因此，这些复杂的氰化物以复杂的形式存在的（如 Fe₄[Fe(CN)₆]₃），水体中大部分的氰化物对人类毒性很小甚至不会呈现"生物有效性"，推导得出的。

kk. 该水质基准推荐值是使用 1.4 的癌症斜率因子（从出生开始的线性多级暴露）推导可能过于保守。

2004 年非优控污染物的水质基准

（单位: μg/L）

序号	非优控污染物	CAS 编号	保护淡水水生生物		保护海水水生生物		保护人体健康	
			基准最大浓度（CMC）	基准连续浓度（CCC）	基准最大浓度（CMC）	基准连续浓度（CCC）	消费水和生物	只消费生物
1	碱度（alkalinity）	—		20000 [F]				
2	铝 pH 6.5～9.0（aluminum pH 6.5～9.0）	7429905	750 [G,I]	87 [G,I,L]				
3	氨（ammonia）	—	淡水基准与 pH、温度和生命阶段有关（见文件 [D] USEPA 822-R-99-014）海水基准与 pH 和温度有关（USEPA 44015-88-004）					
4	感官质量（aesthetic qualities）	—	叙述性条文《黄皮书》					
5	细菌（bacteria）	—	适用于直接接触娱乐和水生贝壳类动物（见文件《黄皮书》）					
6	钡（barium）	7440393					1000 [A]	
7	硼（boron）	—	叙述性条文《黄皮书》					
8	氯化物（chloride）	16887006	860000 [G]	230000 [G]				
9	氯（chlorine）	7782505	19	11	13	7.5	C	
10	2,4,5-涕丙酸[chlorophenoxy herbicide（2,4,5-TP）]	93721					10 [A]	
11	2,4-滴（chlorophenoxy herbicide）	94757					100 [A,C]	
12	毒死蜱（chloropyrifos）	2921882	0.083 [G]	0.041 [G]	0.011 [G]	0.0056 [G]		
13	色度（color）	—	叙述性条文《黄皮书》					
14	内吸磷（demeton）	8065483		0.1 [F]		0.1 [F]		
15	二（氯甲基）醚（ether, bis-chloromethyl）	542881					0.00010 [E,H]	0.00029 [E,H]
16	总可溶性气体（gases, total dissolved）	—	叙述性条文《黄皮书》					
17	谷硫磷（guthion）	86500		0.01 [F]		0.01 [F]		

续表

序号	非优控污染物	CAS编号	保护淡水水生生物 基准最大浓度（CMC）	保护淡水水生生物 基准连续浓度（CCC）	保护海水生生物 基准最大浓度（CMC）	保护海水生生物 基准连续浓度（CCC）	保护人体健康 消费水和生物	保护人体健康 只消费生物
18	硬度 (hardness)		叙述性条文（见文件）					
19	工业六六六 (hexachlorocyclohexane technical)	319868					0.0123	0.0414
20	铁 (iron)	7439896		1000 [F]			300 [A]	
21	马拉硫磷 (malathion)	121755		0.1 [F]		0.1 [F]		
22	锰 (manganese)	7439965					50 [A,O]	100 [A]
23	甲氧氯 (methoxychlor)	72435		0.03 [F]		0.03 [F]	100 [A,C]	
24	灭蚁灵 (mirex)	2385855		0.001 [F]		0.001 [F]		
25	硝酸盐 (nitrates)	14797558					10000 [A]	
26	亚硝胺 (nitrosamines)						0.0008	1.24
27	二硝基苯酚 (dinitrophenols)	25550587					69	5300
28	N-亚硝基二丁胺 (N-nitrosodibutylamine)	924163					0.0063 [A,H]	0.22 [A,H]
29	N-亚硝基二乙胺 (N-nitrosodiethylamine)	55185					0.0008 [A,H]	1.24 [A,H]
30	N-亚硝基吡咯烷 (N-nitrosopyrrolidine)	930552					0.016 [H]	34 [H]
31	油和脂 (oil and grease)		叙述性条文（见文件 [F]《黄皮书》）					
32	淡水溶解氧 (oxygen, dissolved freshwater) 海水溶解氧 (oxygen, dissolved saltwater)	7782447	温水和冷水基质（见文件 [N]《黄皮书》）海水（见文件 USEPA-822R-00-012）					
33	对硫磷 (parathion)	56382	0.065 [J]	0.013 [J]				
34	五氯苯 (pentachlorobenzene)	608935					1.4 [E]	1.5 [E]

续表

序号	非优控污染物	CAS 编号	保护淡水水生生物		保护海水水生生物		保护人体健康	
			基准最大浓度（CMC）	基准连续浓度（CCC）	基准最大浓度（CMC）	基准连续浓度（CCC）	消费水和生物	只消费生物
35	pH	—		6.5~9 [F]		6.5~8.5 [F,K]	5~9	
36	元素磷（phosphorus elemental）	7723140				0.1 [F,K]		
37	营养物（nutrients）	—	见美国环境保护署生态区总磷、总氮、叶绿素 a 和水体透明度（湖泊为塞氏盘深度、河流为浊度）基准（III级生态区基准）[P]					
38	可溶性固体和盐度（solids dissolved and salinity）	—					250000 [A]	
39	悬浮性固体和浊度（solids suspended andturbidity）	—	叙述性条文 [F]《黄皮书》					
40	硫化物-硫化氢（sulfide-hydrogen sulfide）	7783064		2.0 [F]		2.0 [F]		
41	沾染性物质（tainting substances）	—			叙述性条文（见文件《黄皮书》）			
42	温度（temperature）	—	与物种有关的基准（见文件 [M]《黄皮书》）					
43	1,2,4,5-四氯苯（1,2,4,5-tetrachlorobenzene,）	95043	0.46 [Q]	0.072 [Q]	0.42 [Q]	0.0074 [Q]	0.97 [E]	1.1 [E]
44	三丁基锡（tributyltin, TBT）	—						
45	2,4,5-三氯苯酚（2,4,5-trichlorophenol）	95954					1800 [B,E]	3600 [B,E]

A. 该人体健康基准与最初发布于《红皮书》中的一样，此书早于 1980 年的方法学，并且没有使用鱼类摄食 BCF 法。同样的基准值现发布于《黄皮书》。

B. 感官影响基准值比非优控污染物表中列出的基准值更严格。

C. 根据《安全饮用水法》，美国环境保护署发布了更严格的最大污染物浓度（MCL）。参阅饮用水法规 40 CFR 141 或咨询安全饮用水热线（1-800-426-4791）。

D. 根据《推导保护水生生物及其用途的国家定量水质基准》中描述的程序，除了在某一地区非常敏感的重要物种，如果附录 5-C 关于计算淡水氨水基准指定的 2 个条件都满足，则淡水水生生物应当受到保护。

E. 该基准已被修订，以反映美国环境保护署的 q_1^* 或者 RfD 值（慢性参考剂量），与综合风险信息系统（IRIS,2002 年 5 月 17 日）中的相同。在每个案例下，保留了《环境基准》（1980 年）中的鱼类组织的生物富集系数 BCF。

F. 该值的推导在《红皮书》（USEPA 440／9-76-023, 1976 年 7 月）中有介绍。

G. 该值是基于 304（a）水生生物水质基准，它是根据 1985 年指南《推导保护水生生物及其用途的国家定量水质基准》（PB85-227049,1985 年 1 月）得到的，并且被发布于下列文件之一中：铝（USEPA 440/5-86-008），氰化物（USEPA 440/5-88-001），毒死蜱（USEPA 440/5-86-005）。

H. 本基准是基于 10^{-6} 的致癌风险。通过移动小数点可改变的风险水平（例如，对风险水平 10^{-5} 来说，将推荐基准值的小数点向右移动一位即可）。

I. 铝的基准值用水体中总的可回收金属铝来表示。

J. 本推荐基准值是基于 304（a）水生生物水质基准，它被发布于 1995 年修订版《保护环境水体中的水生生物的水质基准文件》（USEPA-820-B-96-001,1996 年 9 月）。这个值是用 GLI 指南（60FR 15393～15399, 1995 年 3 月 23 日; 40CFR 132 附录 A）推导出的; 1995 年指南与 GLI 指南于 1985 年指南第 Ⅳ 页解释了 1985 年指南的推导的差异。该基准的推导大湖不受大湖有关需要考虑事项的影响。

K. 根据《红皮书》第 181 页; 对于水深大大超过透光层的开阔海洋水体，其 pH 的变化不应超出自然变化范围的 0.2 个单位以上，或者说在任何情况下都不能超出 6.5～8.5 的范围。对于水深较浅且有大量生物繁殖的沿海和河口地区，其 pH 的自然变化接近于使某些物种致死的限值，在任何情况下不得超过为淡水制定的限值，即 pH 6.5～9.0。

L. 有三个原因用来解释为什么采用水体一致应比率所求得的毒性实验数据表明。①87μg/L 是基于条纹石鲥在 pH=6.5～6.6，硬度小于 10mg/L 的水中进行的毒性实验得到的基准值。《关于弗吉尼亚中西部 3M 厂废水排放的实验研究》中铝的水一致应比率中的数据表明，在 pH 和硬度较高的情况下，铝的毒性显著下降，但是当听没有对可溶性铝比可回收铝更适于测定，这表明总可回收铝的浓度是恒定的，即使可溶性铝的浓度随着总铝的增加而增加，至少在颗粒性铝主要是氢氧化铝或现场资料表明，在测定总可回收铝或溶解性铝时，总可回收铝法可能测定的是与黏土颗粒粘合的铝，黏土颗粒中的铝可能是低毒性的。然而，在地表水中，总可回收铝中的铝，与氢氧化铝粘合的铝相比，至少在颗粒比可回收铝比这样的情况。可回收铝或溶解性铝对多高质量的水体含有 87μg/L 以上的铝。

M. USEPA. 1973.《水质基准 1972》（USEPA-R3-73-033, National Technical Information Service,Springfield,VA.）; USEPA. 1977.《淡水鱼类的温度基准：草案和程序》（USEPA-600/3-77-061, National Technical Information Service,Springfield,VA.）。

N. USEPA. 1986.《溶解氧的环境水质基准》（USEPA 440/5-86-003, National Technical Information Service,Springfield,VA.）。

O. 锰的基准不是基于毒性影响，而意在将饮料中令人讨厌的物质如洗衣治污和异味最小化。

P. 营养生态区中的湖泊和水库：Ⅱ USEPA 822-B-01-015、Ⅸ USEPA 822-B-01-008、Ⅲ USEPA 822-B-00-007、Ⅲ USEPA 822-B-01-008、Ⅴ USEPA 822-B-01-009、Ⅵ USEPA 822-B-01-010、Ⅶ USEPA 822-B-00-009、Ⅷ USEPA 822-B-01-011、Ⅸ USEPA 822-B-00-011、Ⅺ USEPA 822-B-00-012、Ⅻ USEPA 822-B-00-013、ⅩⅢ USEPA 822-B-00-014、Ⅺ USEPA 822-B-01-011; 营养生态区中的河流：Ⅰ USEPA 822-B-00-012、Ⅱ USEPA 822-B-00-015、Ⅲ USEPA 822-B-01-014、Ⅴ USEPA 822-B-01-013、Ⅶ USEPA 822-B-01-014、Ⅵ USEPA 822-B-00-017、Ⅷ USEPA 822-B-00-018、Ⅷ USEPA 822-B-01-015、Ⅹ USEPA 822-B-01-016、Ⅺ USEPA 822-B-00-019、Ⅹ USEPA 822-B-00-020、Ⅺ USEPA 822-B-01-016; 营养生态区中的湿地：Ⅻ USEPA 822-B-00-021、ⅩⅣ USEPA 822-B-00-022、ⅩⅣ USEPA 822-B-00-023。

Q. 美国环境保护署于 1997 年 8 月 7 日发布了三丁基锡（TBT）修订文件草案（62 FR 42554）。美国环境保护署已重新评估了这一文件，预计不久将针对公众意见发布一份最新文件。

感官影响的水质基准推荐值

序号	污染物	CAS 编号	感官影响基准/（μg/L）
1	二氢苊（acenaphthene）	83329	20
2	一氯苯（monochlorobenzene）	108907	20
3	3-氯苯酚（3-chlorophenol）	—	0.1
4	4-氯苯酚（4-chlorophenol）	106489	0.1
5	2,3-二氯苯酚（2,3-dichlorophenol）	—	0.04
6	2,5-二氯苯酚（2,5-dichlorophenol）	—	0.5
7	2,6-二氯苯酚（2,6-dichlorophenol）	—	0.2
8	3,4-二氯苯酚（3,4-dichlorophenol）	—	0.3
9	2,4,5-三氯苯酚（2,4,5-trichlorophenol）	95954	1
10	2,4,6-三氯苯酚（2,4,6-trichlorophenol）	88062	2
11	2,3,4,6-四氯苯酚 （2,3,4,6-tetrachlorophenol）	—	1
12	2-甲基-4-氯苯酚 （2-methyl-4-chlorophenol）	—	1800
13	3-甲基-4-氯苯酚 （3-methyl-4-chlorophenol）	59507	3000
14	3-甲基-6-氯苯酚 （3-methyl-6-chlorophenol）	—	20
15	2-氯苯酚（2-chlorophenol）	95578	0.1
16	铜（copper）	7440508	1000
17	2,4-二氯苯酚（2,4-dichlorophenol）	120832	0.3
18	2,4-二甲基苯酚（2,4-dimethylpehnol）	105679	400
19	六氯环戊二烯（hexachlorocyclopentadiene）	77474	1
20	硝基苯（nitrobenzene）	98953	30
21	五氯苯酚（pentachlorophenol）	87865	30
22	苯酚（phenol）	108952	300
23	锌（zinc）	7440666	5000

注：这些基准是基于感官（嗅和味）的影响。由于化学命名系统的改变，该污染物列表与 40 CFR 423 附录 A 中的列表不完全相同。化学文摘服务处（CAS）登记号也被列出，为每种化学物质提供了唯一识别。

附录说明：

1. 基准最大浓度和基准连续浓度

基准最大浓度（CMC）是对一种物质在地表水中的最高浓度的估值，在此浓度下，水生生物群落可以暂时地被暴露而不产生不可接受的影响。基准连续浓度（CCC）是对一种物质在地表水中的最高浓度估值，在此浓度下，水生生物群落可以无限期地被暴露而不产生不可接受的影响。CMC 和 CCC 仅是水生生物水质基准中 6 个部分中的 2 个；

其他 4 个部分分别是急性平均周期、慢性平均周期、允许超标现象的急性频率及允许超标现象的慢性频率。304（a）水生生物水质基准是美国国家指南，旨在保护美国境内的绝大多数水生生物群落。

2. 优控污染物、非优控污染物和感官影响基准推荐值

本汇编列出了所有优控污染物和部分非优控污染物，人体健康基准和感官影响基准都是依照 304（a）发布的。空白表明美国环境保护署还没有制定出《清洁水法》304（a）基准推荐值。对于那些没有列出的非优控污染物，《清洁水法》304（a）"水+生物"人体健康基准是无法获得的，但是美国环境保护署按照《安全饮用水法》（SDWA）发布了可以用来制定水质标准保护水体提供的指定用途的最大污染物浓度（MCL）。由于化学命名系统的改变，本污染物列表与 40 CFR 423 附录 A 中的列表不完全相同。化学文摘服务处（CAS）登记号也被列出，为每种化学物质提供了唯一识别。

3. 人体健康风险

优控污染物和非优控污染物的人体健康基准都是基于 10^{-6} 的致癌风险。通过移动小数点可得到改变的风险水平（例如，对风险水平 10^{-5} 来说，将推荐基准值的小数点向右移动一位即可）。

4. 按照《清洁水法》304（a）或 303（a）发布的水质基准

本汇编中的许多数值都发布在《加利福尼亚毒物法》中。尽管这些数值是按照《清洁水法》303（a）发布的，但它们代表了水质基准的最新计算和美国环境保护署的 304（a）基准。

5. 可溶性金属基准的计算

304（a）金属基准，以可溶性金属表示，是用两种方法中的一种计算出来的。淡水金属基准与硬度有关，只以硬度为 100mg/L（以 $CaCO_3$ 计）为例，计算出了那些与硬度有关的可溶性金属基准值。和硬度无关的海水和淡水基准值是通过用总可回收基准值乘以适当的转换系数得到的。表中的最终可溶性金属的基准值被四舍五入成 2 位有效数字。关于由硬度决定的转换系数的计算信息见表后的注释。

6. 最大污染物浓度

本汇编附有比本汇编中推荐的水质基准更为严格的最大污染物浓度污染物的注释。本汇编中不包括这些污染物的最高污染物浓度，但可以在饮用水法规（40 CFR 141，11-16 和 141.60-63）中找到，或者咨询安全饮用水热线（800-426-4791），或者访问互联网（http://www.epa.gov/waterscience/ dringking/standards/dwstandards.pdf）。

7. 感官影响

本汇编包括了污染物的基于毒性和非毒性的 304（a）基准。基于非毒性基准的根据是使水和可食用的水生生物变得不可食用但对人体没有毒性的感官影响（如味觉和嗅觉）。表中包括了 23 种污染物的感官影响基准。污染物的感官影响基准严于基于毒性的基准（例如，包括优控污染物和非优控污染物）。

8. 金皮书

《黄皮书》是指《水质基准：1986》（USEPA 440/5-86-001）。

9. 化学文摘服务处编号的更正

二（2-氯异丙基）醚的化学文摘服务处编号（CAS）已在 IRIS 和本表中更正。它的正确的 CAS 编号是 108-60-1。该污染物以前的 CAS 编号是 39638-32-9。

10. 带空白表格的污染物

美国环境保护署还没有为带空白表格的污染物计算出基准。然而，许可证机构应该在 NPDES 许可证工作中运用各州的有毒物质的现有叙述性基准对这些污染物加以解释。

11. 特殊化学物质的计算

本汇编包括了硒的水生生物水质基准，与已提到的 CTR 中发布的基准相同。在 CTR 中，根据《大湖系统水质指南》（61 FR 58444）中硒的推荐基准值，美国环境保护署推荐了硒的急性基准值。GLI 和 CTR 的建议值考虑的数据表明硒的 2 个最主要的氧化形态——亚硒酸盐和硒酸盐，提出了不同潜在的水生生物毒性，且新的数据表明不同形态的硒具有加成性。根据亚硒酸盐的相对比例和硒的其他存在形态，新的方法得出了不同硒的急性基准浓度或 CMC 值。

美国环境保护署目前正在对硒进行再评价，希望根据最终的再评价报告（63 FR 26186），修改硒的 304（a）基准。但是，在美国环境保护署颁布修订的硒的水质基准之前，本汇编中推荐的水质基准是现行的 304（a）基准。

附录 5-A　可溶性金属的转换系数

金 属	淡水 CMC 转换系数	淡水 CCC 转换系数	海水 CMC 转换系数	海水 CCC 转换系数
砷（arsenic）	1.000	1.000	1.000	1.000
镉（cadmium）	1.136672−[（ln 硬度）(0.041838)]	1.101672−[（ln 硬度）(0.041838)]	0.994	0.994
三价铬（chromium III）	0.316	0.860	—	—
六价铬（chromium VI）	0.982	0.962	0.993	0.993
铜（copper）	0.960	0.960	0.830	0.830
铅（lead）	1.46203−[（ln 硬度）(0.145712)]	1.46203−[（ln 硬度）(0.145712)]	0.951	0.951
汞（mercury）	0.850	0.850	0.850	0.850
镍（nickel）	0.998	0.997	0.990	0.990
硒（selenium）	—	—	0.998	0.998
银（silver）	0.850	—	0.850	—
锌（zinc）	0.978	0.986	0.946	0.946

附录 5-B　与硬度有关的淡水可溶性金属基准的计算参数

金　属	m_A	b_A	m_C	b_C	淡水转换系数（CF）	
					CMC	CCC
镉（cadmium）	1.0166	−3.9240	0.7409	−4.719	1.136672−［（ln 硬度）（0.041838）］	1.101672−［（ln 硬度）（0.041838）］
三价铬（chromium III）	0.8190	3.7256	0.8190	0.6848	0.316	0.860
铜（copper）	0.9422	−1.7000	0.8545	−1.702	0.960	0.960
铅（lead）	1.273	−1.4600	1.273	−4.705	1.46203−［（ln 硬度）（0.145712）］	1.46203−［（ln 硬度）（0.145712）］
镍（nickel）	0.8460	2.2550	0.8460	0.0584	0.998	0.997
银（silver）	1.7200	−6.5900	—	—	0.850	—
锌（zinc）	0.8473	0.8840	0.8473	0.8840	0.978	0.986

由硬度决定的金属基准可以根据以下公式计算：

$$\text{CMC（可溶性金属）} = \exp\{m_A\,[\ln（硬度）]+ b_A\}（CF）$$
$$\text{CCC（可溶性金属）} = \exp\{m_C\,[\ln（硬度）]+ b_C\}（CF）$$

附录 5-C　淡水中氨基准的计算

1. 1h 的总氨氮平均浓度（mg N/L）超过每三年平均最高值不得多于一次，使用下面的公式计算 CMC。

在鲑鱼存在的区域：

$$\text{CMC}=\frac{0.275}{1+10^{7.204-\text{pH}}}+\frac{39.0}{1+10^{\text{pH}-7.024}}$$

在没有鲑鱼的区域：

$$\text{CMC}=\frac{0.411}{1+10^{7.204-\text{pH}}}+\frac{58.4}{1+10^{\text{pH}-7.024}}$$

2A. 30d 总氨氮的平均浓度（mg N/L）超过每三年平均最高值不得多于一次，使用下面的公式计算 CCC。

当有鱼的幼苗存在时：

$$\text{CCC}=\left(\frac{0.0577}{1+10^{7.688-\text{pH}}}+\frac{2.487}{1+10^{\text{pH}-7.688}}\right)\times\min\left(2.85,1.45\times10^{0.028\times(52-\text{T})}\right)$$

当不存在鱼的幼苗时：

$$\text{CCC}=\left(\frac{0.0577}{1+10^{7.688-\text{pH}}}+\frac{2.487}{1+10^{\text{pH}-7.688}}\right)\times1.45\times10^{0.028\times(25-\max(\text{T},7))}$$

2B. 另外，30d 内每 4 天平均的最高值不应该超过 CCC 的 2.5 倍。

附录6　2006年美国环境保护署推荐水质基准

优控污染物的水质基准

（单位: μg/L）

序号	优控污染物	CAS编号	保护淡水水生生物		保护海水水生生物		保护人体健康	
			基准最大浓度（CMC）	基准连续浓度（CCC）	基准最大浓度（CMC）	基准连续浓度（CCC）	消费水和生物	只消费生物
1	锑（antimony）	7440360					5.6 B	640 B
2	砷（arsenic）	7440382	340 A,D,K	150 A,D,K	69 A,D,bb	36 A,D,bb	0.018 C,M,S	0.14 C,M,S
3	铍（beryllium）	7440417					Z	
4	镉（cadmium）	7440439	2.0 D,E,K,bb	0.25 D,E,K,bb	40 D,bb	8.8 D,bb	Z	
5a	三价铬[chromium Ⅲ]	16065831	570 D,E,K	74 D,E,K			Z Total	
5b	六价铬[chromium Ⅵ]	18540299	16 D,K	11 D,K	1100 D,bb	50 D,bb	Z Total	
6	铜（copper）	7440508	13 D,E,K,cc	9.0 D,E,K,cc	4.8 D,cc,ff	3.1 D,cc,ff	1300 U	
7	铅（lead）	7439921	65 D,E,bb,gg	2.5 D,E,bb,gg	210 D,bb	8.1 D,bb		
8a	汞（mercury）	7439976	1.4 D,K,hh	0.77 D,K,hh	1.8 D,cc,hh	0.94 D,cc,hh		
8b	甲基汞（methylmercury）	22967926						0.3 mg/kg J
9	镍（nickel）	7440020	470 D,E,K	52 D,E,K	74 D,bb	8.2 D,bb	610 B	4600 B
10	硒（selenium）	7782492	L,R,T	5.0 T	290 D,bb,dd	71 D,bb,dd	170 Z	4200
11	银（silver）	7440224	3.2 D,E,G		1.9 D,G			
12	铊（thallium）	7440280					0.24	0.47
13	锌（zinc）	7440666	120 D,E,K	120 D,E,K	90 D,bb	81 D,bb	7400 U	26000 U
14	氰化物（cyanide）	57125	22 K,Q	5.2 K,Q	1 Q,bb	1 Q,bb	140 JJ	140 JJ
15	石棉（asbestos）	1332214					7百万个纤维/L I	
16	2,3,7,8-四氯二苯并二噁英[2,3,7,8-TCDD（dioxin）]	1746016					5.0×10^{-9} C	5.1×10^{-9} C

续表

序号	优控污染物	CAS 编号	保护淡水水生生物		保护海水水生生物		保护人体健康	
			基准最大浓度（CMC）	基准连续浓度（CCC）	基准最大浓度（CMC）	基准连续浓度（CCC）	消费水和生物	只消费生物
17	丙烯醛（acrolein）	107028					190	290
18	丙烯腈（acrylonitrile）	107131					0.051 B,C	0.25 B,C
19	苯（benzene）	71432					2.2 B,C	51 B,C
20	三溴甲烷（bromoform）	75252					4.3 B,C	140 B,C
21	四氯化碳（carbon tetrachloride）	56235					0.23 B,C	1.6 B,C
22	氯苯（chlorobenzene）	108907					130 Z,U	1600 U
23	氯二溴甲烷（chlorodibromomethane）	124481					0.40 B,C	13 B,C
24	氯乙烷（chloroethane）	75003						
25	2-氯乙基乙烯醚（2-chloroethylvinyl ether）	110758						
26	三氯甲烷（chloroform）	67663					5.7 C,P	470 C,P
27	二氯溴甲烷（dichlorobromomethane）	75274					0.55 B,C	17 B,C
28	1,1-二氯乙烷（1,1-dichloroethane）	75343						
29	1,2-二氯乙烷（1,2-dichloroethane）	107062					0.38 B,C	37 B,C
30	1,1-二氯乙烯（1,1-dichloroethylene）	75354					330	7100 B,C
31	1,2-二氯丙烷（1,2-dichloropropane）	78875					0.50 B,C	15 B,C

续表

序号	优控污染物	CAS 编号	保护淡水水生生物		保护海水水生生物		保护人体健康	
			基准最大浓度（CMC）	基准连续浓度（CCC）	基准最大浓度（CMC）	基准连续浓度（CCC）	消费水和生物	只消费生物
32	1,3-二氯丙烯（1,3-dichloropropene）	542756					0.34 [C]	21 [C]
33	乙苯（ethylbenzene）	100414					530	2100
34	甲基溴（methyl bromide）	74839					47 [B]	1500 [B]
35	氯代甲烷（methyl chloride）	74873						
36	二氯甲烷（methylene chloride）	75092					4.6 [B,C]	590 [B,C]
37	1,1,2,2-四氯乙烷（1,1,2,2-tetrachloroethane）	79345					0.17 [B,C]	4.0 [B,C]
38	四氯乙烯（tetrachloroethylene）	127184					0.69 [C]	3.3 [C]
39	甲苯（toluene）	108883					1300 [Z]	15000
40	1,2-反式-二氯乙烯（1,2-*trans*-dichloroethylene）	156605					140 [Z]	10000
41	1,1,1-三氯乙烷（1,1,1-trichloroethane）	71556					Z	
42	1,1,2-三氯乙烷（1,1,2-trichloroethane）	79005					0.59 [B,C]	16 [B,C]
43	三氯乙烯（trichloroethylene）	79016					2.5 [C]	30 [C]
44	氯乙烯（vinyl chloride）	75014					0.025 [C,kk]	2.4 [C,kk]
45	2-氯苯酚（2-chlorophenol）	95578					81 [B,U]	150 [B,U]
46	2,4-二氯苯酚（2,4-dichlorophenol）	120832					77 [B,U]	290 [B,U]

续表

序号	优控污染物	CAS 编号	保护淡水生物		保护海水生物		保护人体健康	
			基准最大浓度（CMC）	基准连续浓度（CCC）	基准最大浓度（CMC）	基准连续浓度（CCC）	消费水和生物	只消费生物
47	2,4-二甲基苯酚（2,4-dimethylphenol）	105679					380 [B]	850 [B,U]
48	2-甲基-4,6-二硝基苯酚（2-methyl-4,6-dinitrophenol）	534521					13	280
49	2,4-二硝基苯酚（2,4-dinitrophenol）	51285					69 [B]	5300 [B]
50	2-硝基苯酚（2-nitrophenol）	88755						
51	4-硝基苯酚（4-nitrophenol）	100027						
52	3-甲基-4-氯苯酚（3-methyl-4-chlorophenol）	59507					U	U
53	五氯苯酚（pentachlorophenol）	87865	19 [F,K]	15 [F,K]	13 [bb]	7.9 [bb]	0.27 [B,C]	3.0 [B,C,H]
54	苯酚（phenol）	108952					21000 [B,U]	1700000 [B,U]
55	2,4,6-三氯苯酚（2,4,6-trichlorophenol）	88062					1.4 [B,C]	2.4 [B,C,U]
56	二氢苊（acenaphthene）	83329					670 [B,U]	990 [B,U]
57	苊（acenaphthylene）	208968						
58	蒽（anthracene）	120127					8300 [B]	40000 [B]
59	联苯胺（benzidine）	92875					0.000086 [B,C]	0.00020 [B,C]
60	苯并[a]蒽（benzo[a]anthracene）	56553					0.0038 [B,C]	0.018 [B,C]
61	苯并[a]芘（benzo[a]pyrene）	50328					0.0038 [B,C]	0.018 [B,C]
62	苯并[b]荧蒽（benzo[b]fluoranthene）	205992					0.0038 [B,C]	0.018 [B,C]

续表

序号	优控污染物	CAS 编号	保护淡水水生生物		保护海水水生生物		保护人体健康	
			基准最大浓度（CMC）	基准连续浓度（CCC）	基准最大浓度（CMC）	基准连续浓度（CCC）	消费水和生物	只消费生物
63	苯并[g,h,i]芘 (benzo[g,h,i]perylene)	191242						
64	苯并[k]荧蒽 (benzo[k]fluoranthene)	207089					0.0038 B,C	0.018 B,C
65	二-2-氯乙氧基甲烷 [bis(2-chloroethoxy)methane]	111911						
66	二-2-氯乙基醚 [bis(2-chloroethyl)ether]	111444					0.030 B,C	0.53 B,C
67	二-2-氯异丙基醚 [bis(2-chloroisopropyl)ether]	108601					1400 B	65000 B
68	邻苯二甲酸二-(2-乙基己基)酯 x [bis(2-ethylhexyl)phthalate]	117817					1.2 B,C	2.2 B,C
69	4-溴苯基苯醚 (4-bromophenyl phenyl ether)	101553						
70	邻苯二甲酸丁苄酯 (butylbenzyl phthalate) w	85687					1500 B	1900 B
71	2-氯萘 (2-chloronaphthalene)	91587					1000 B	1600 B
72	4-氯苯基苯醚 (4-chlorophenyl phenyl ether)	7005723						
73	蔰 (chrysene)	218019					0.0038 B,C	0.018 B,C
74	二苯并[a,h]蒽 (dibenzo[a,h]anthracene)	53703					0.0038 B,C	0.018 B,C
75	1,2-二氯苯 (1,2-dichlorobenzene)	95501					420	1300

续表

序号	优控污染物	CAS 编号	保护淡水水生生物		保护海水水生生物		保护人体健康	
			基准最大浓度（CMC）	基准连续浓度（CCC）	基准最大浓度（CMC）	基准连续浓度（CCC）	消费水和生物	只消费生物
76	1,3-二氯苯 （1,3-dichlorobenzene）	541731					320	960
77	1,4-二氯苯 （1,4-dichlorobenzene）	106467					63	190
78	3,3'-二氯联苯 （3,3'-dichlorobenzidine）	91941					0.021 [B,C]	0.028 [B,C]
79	邻苯二甲酸二乙酯 （diethyl phthalate）[W]	84662					17000 [B]	44000 [B]
80	邻苯二甲酸二甲酯 （dimethyl phthalate）[W]	131113					270000	1100000
81	邻苯二甲酸二丁酯 （di-*n*-butyl phthalate）[W]	84742					2000 [B]	4500 [B]
82	2,4-二硝基甲苯 （2,4-dinitrotoluene）	121142					0.11 [C]	3.4 [C]
83	2,6-二硝基甲苯 （2,6-dinitrotoluene）	606202						
84	邻苯二甲酸二辛酯 （di-*n*-octyl phthalate）	117840						
85	1,2-二苯肼 （1,2-diphenylhydrazine）	122667					0.036 [B,C]	0.20 [B,C]
86	荧蒽（fluoranthene）	206440					130 [B]	140 [B]
87	芴（fluorene）	86737					1100 [B]	5300 [B]
88	六氯苯 （hexachlorobenzene）	118741					0.00028 [B,C]	0.00029 [B,C]

续表

序号	优控污染物	CAS 编号	保护淡水水生生物		保护海水水生生物		保护人体健康	
			基准最大浓度（CMC）	基准连续浓度（CCC）	基准最大浓度（CMC）	基准连续浓度（CCC）	消费水和生物	只消费生物
89	六氯丁二烯（hexachlorobutadiene）	87683					0.44 B,C	18 B,C
90	六氯环戊二烯（hexachlorocyclopentadiene）	77474					40 U	1100 U
91	六氯乙烷（hexachloroethane）	67721					1.4 B,C	3.3 B,C
92	茚并（1,2,3-cd）芘 [indene (1,2,3-cd) pyrene]	193395					0.0038 B,C	0.018 B,C
93	异佛尔酮（isophorone）	78591					35 B,C	960 B,C
94	萘（naphthalene）	91203						
95	硝基苯（nitrobenzene）	98953					17 B	690 B,H,U
96	N-亚硝基二甲胺（N-nitrosodimethylamine）	62759					0.00069 B,C	3.0 B,C
97	N-亚硝基二丙胺（N-nitrosodi-n-propylamine）	621647					0.0050 B,C	0.51 B,C
98	N-亚硝基二苯胺（N-nitrosodiphenylamine）	86306					3.3 B,C	6.0 B,C
99	菲（phenanthrene）	85018						
100	芘（pyrene）	129000					830 B	4000 B
101	1,2,4-三氯苯（1,2,4-trichlorobenzene）	120821					35	70
102	艾氏剂（aldrin）	309002	3.0 G		1.3 G		0.000049 B,C	0.000050 B,C
103	α-六六六（alpha-BHC）	319846					0.0026 B,C	0.0049 B,C
104	β-六六六（beta-BHC）	319857					0.0091 B,C	0.017 B,C

续表

序号	优控污染物	CAS 编号	保护淡水水生生物		保护海水水生生物		保护人体健康	
			基准最大浓度（CMC）	基准连续浓度（CCC）	基准最大浓度（CMC）	基准连续浓度（CCC）	消费食物和生物	只消费生物
105	γ-六六六（林丹）[gamma-BHC (lindane)]	58899	0.95 K		0.15 G		0.98	1.8
106	δ-六六六（delta-BHC）	319868						
107	氯丹（chlordane）	57749	2.4 G	0.0043 G,aa	0.09 G	0.004 G,aa	0.00080 B,C	0.00081 B,C
108	4,4'-滴滴涕（4,4'-DDT）	50293	1.1 G,ii	0.001 G,aa,ii	0.13 G,ii	0.001 G,aa,ii	0.00022 B,C	0.00022 B,C
109	4,4'-滴滴伊（4,4'-DDE）	72559					0.00022 B,C	0.00022 B,C
110	4,4'-滴滴滴（4,4'-DDD）	72548					0.00031 B,C	0.00031 B,C
111	狄氏剂（dieldrin）	60571	0.24 K	0.056 K,O	0.71 G	0.0019 G,aa	0.000052 B,C	0.000054 B,C
112	α-硫丹（alpha-endosulfan）	959988	0.22 G,Y	0.056 G,Y	0.034 G,Y	0.0087 G,Y	62 B	89 B
113	β-硫丹（beta-endosulfan）	33213659	0.22 G,Y	0.056 G,Y	0.034 G,Y	0.0087 G,Y	62 B	89 B
114	硫丹硫酸盐（endosulfan sulfate）	1031078					62 B	89 B
115	异狄氏剂（endrin）	72208	0.086 K	0.036 K,O	0.037 G	0.0023 G,aa	0.059	0.060
116	异狄氏剂醛（endrin aldehyde）	7421934					0.29 B	0.30 B,H
117	七氯（heptachlor）	76448	0.52 G	0.0038 G,aa	0.053 G	0.0036 G,aa	0.000079 B,C	0.000079 B,C
118	环氧七氯（heptachlor epoxide）	1024573	0.52 G,V	0.0038 G,V,aa	0.053 G,V	0.0036 G,V,aa	0.000039 B,C	0.000039 B,C
119	多氯联苯（polychlorinated biphenyls, PCB）			0.014 N,aa		0.03 N,aa	0.000064 B,C,N	0.000064 B,C,N
120	毒杀芬（toxaphene）	8001352	0.73	0.0002 aa	0.21	0.0002 aa	0.00028 B,C	0.00028 B,C

A. 本水质基准推荐值来自三价砷的数据，但是此处适用于总砷，这就意味着三价砷和五价砷的毒性是相同的，且二者的毒性具有加和性。在砷的基准文件（USEPA 440/5-84-033,1985 年 1 月）中，给出了 5 个物种的三价砷和五价砷的物种平均急性值（SMAV），每个物种的 SMAV 之比的范围为 0.6～1.7；给出了一个物种的三价砷和五价砷的慢性值，对黑头呆鱼来说，五价砷的慢性值是三价砷的慢性值的 0.29 倍。关于砷的形态对水生生物的毒性是否具有加和性，尚缺乏可利用的资料。

B. 本基准已被修订，以反映美国环境保护署在 q1*或者 RfD（慢性参考剂量），与综合风险信息系统（IRIS,2002 年 5 月 17 日）中的相同。在每个案例下，保留了《环境水质基准》（1980 年）中鱼类组织的生物富集系数 BCF。

C. 本基准是基于 10^{-6} 的致癌风险。通过移动小数点可以得到改变的风险水平（例如，对风险水平 10^{-5} 来说，将推荐基准值的小数点向右移动一位即可）。

D. 金属的淡水和海水基准以水体中的可溶性金属表示。利用以前的（以总可回收金属表示）水质基准推荐值，计算出水质基准推荐值。本语"转换系数"（CF）代表将以水体中总可回收金属部分表示的基准值转换成以水体中可溶性部分表示的转换系数（目前尚没有海水 CCC 的转换系数。与转换系数（CF）相乘，计算出水质基准推荐值。来自海水 CMC 值的转换系数即适用于海水 CMC 值，也适用于海水 CCC 值。参见《水政策和技术指南办公室对水生生物金属基准的解释和实施》，1993 年 10 月 1 日，Martha G.Prothro 著，可从水资源中心获得，USEPA，401 M st., SW，邮编 RC4100，华盛顿，DC20460 和 40CFR 131.36（b）（1）。表中采用的转换系数可以在附录 6-A 中的有关可溶性金属的转换系数中找到。

E. 该金属的淡水基准可表达为水体中硬度（mg/L）的函数。此处给出的基准值相当于硬度为 100mg/L 时的数值。其他硬度下的基准值可按下式计算：

CMC（可溶性金属）=exp[m_A ln（硬度）+b_A]（CF）或 CCC（可溶性金属）=exp{m_c[ln（硬度）]+b_c}（CF）

F. 五氯苯酚的基准值可表达为 pH 的函数，可按下式计算：CMC=exp{1.005（pH）-4.869}；CCC=exp{1.005（pH）-5.134}。表中列出的值对应于 pH 为 7.8 时的数值。

G. 本基准是基于 1980 年发布的 304（a）水生生物水质基准，被发布在下列文件之一中：艾氏剂/狄氏剂（USEPA 440/5-80-019），氯丹（USEPA 440/5-80-027），滴滴涕（USEPA 440/5-80-038），硫丹（USEPA 440/5-80-046），异艾氏剂（USEPA 440/5-80-047），七氯（USEPA 440/5-80-052），六氯环己烷（USEPA 440/5-80-054），银（USEPA 440/5-80-071）。与 1985 年的指南相比，1980 年的指南在最低数据要求和推导程序方面是不同的。例如，用 1980 年的指南推导的 CMC 值被用作瞬间最大值。如果采用平均周期进行评价，则给出的数值应除以 2，以便获得一个比用 1985 年指南推导的 CMC 更匹配的数值。

H. 在 1980 年的基准文件或 1986 年的水质基准中，没有介绍只消费水生生物（不包括水）的保护人体健康基准。不过，1980 年的文件中提供了足够的信息，可以进行基准的计算，即使计算结果没有在文件中显示。

I. 本石棉基准是根据《安全饮用水法》（SDWA）制定的最大污染物浓度（MCL）。

J. 甲基汞的基准是根据鱼类组织残留基准值是根据鱼类消费率 0.0175kg/d 计算。

K. 本基准推荐值是基于 304（a）水生生物水质基准 1995 年修订版：保护环境水体中水生生物的水质基准文件（USEPA-820-B-96-001,1996 年 9 月）。这个值是用 GLI 指南（60FR 15393~15399，1995 年 3 月 23 日；40CFR 132 附录 A）推导出的；1995 年修订版第Ⅳ页解释了 1985 年指南与 GLI 指南之间的差异。本水质基准的推导不受大湖有关需要考虑事项的影响。

L. CMC=1/[（f_1/CMC$_1$）+（f_2/CMC$_2$）]，式中 f_1 和 f_2 为总硒的一部分，分别用亚硝酸盐和硝酸盐表示，CMC$_1$ 和 CMC$_2$ 分别为 185.9μg/L 和 12.82μg/L。

M. 美国环境保护署目前正在重新评价砷的基准。

N. 这一基准适用于总多氯联苯，（例如，所有同系物，所有同分异构体或 Aroclor 的分析合剂）。

O. 污染物（异艾氏剂）的 CCC 值从 IRIS 中获得，对营养级别较高的水生生物来说，食物暴露可能是主要的暴露途径。

P. 尽管新的 RfD 可以从 IRIS 中获得，但是直到《国家一级饮用水条例：第 2 阶段消毒剂及其副产物规定》（Stage 2 DBPR）完成后，地表水水质基准建议值。美国环境保护署目前正在正式对此基准进行修订，因此，在不久的将来，该值可能有实质性的变化。

Q. 水质基准的推荐值使用 μg 游离氰/L（以 CN 计）表示。

R. 硒的基准值于 1996 年 11 月 14 日颁布（61FR58444-58449），作为 GLI 303（c）水生生物水质基准建议值。美国环境保护署目前正在正式对此基准进行修订，因此，在不久的将来，该值可能有实质性的变化。

S. 砷的水质基准推荐值只涉及无机形态。

T. 硒的水质基准推荐值用水中总可回收金属硒表示。采用 GLI 中所用用于可回收金属硒表示。采用 GLI 中所用的转换系数（0.996-CMC 或 0.992-CCC）将此值转换成以可回收金属硒表示的基准值，从科学角度讲是可以接受的。

U. 感官影响基准比先有毒污染物的基准更严格。

V. 该值根据七氯的数据得出，基准文件提供的信息不充分，不能对七氯和环氧七氯的相对毒性进行评估。

W. 虽然美国环境保护署还没有发布邻苯二甲酸丁苄酯的水生生物基准，但美国环境保护署认识到有足够的资料可以用来计算水生生物水质基准。预期工业界将在经同等地位人员审议的文献草案中发布相应的水质基准。美国环境保护署将审查此基准是否可作为国家水质基准。

X. 完整的水生生物毒性资料表明，在其溶解度下或低于其溶解度时，邻苯二甲酸二-（2-乙基己基）酯（DEHP）对水生生物是无毒的。

Y. 该值根据溶解丹的数据得出，非常适用于 α-硫丹和 β-硫丹的总和。

Z. 美国环境保护署已经发布了更加严格的 MCL 值。可查阅饮用水法规（40CFR 141）或咨询安全饮用水热线（1-800-426-4791）。

aa. 该基准是基于 1980 或 1986 年颁布的 304（a）水生生物水质基准，发布在下列文件之一中：艾氏剂／狄氏剂（USEPA 440/5-80-019）、氯丹（USEPA 440/5-80-027）、滴滴涕（USEPA 440/5-80-038）、异狄氏剂（USEPA 440/5-80-047）、七氯（USEPA 440/5-80-052）、多氯联苯（USEPA 440/5-80-068）、毒杀芬（USEPA 440/5-86-006）。该 CCC 值目前是基于最终残留值（FRV）程序。由于 1995 年发布了《大湖水生生物指南》（60 FR 15393-15399, 1995 年 3 月 23 日），美国环境保护署不再采用最终残留值程序来推导 CCC 值作为新的或修订的 304（a）水生生物水质基准。因此，美国环境保护署希望将来该 CCC 值的修订不再按照 FRV 程序。

bb. 该水质基准是基于 304（a）水生生物水质基准，根据 1985 年指南《推导保护水生生物及其他国家定量水质基准的指南》得出的，并且发布在下列基准文件之一中：砷（USEPA 440/5-84-033）、镉（USEPA 882-R-01-001）、铬（USEPA 440/5-84-029）、铜（USEPA 440/5-84-031）、氰化物（USEPA 440/5-84-028）、铅（USEPA 440/5-84-027）、镍（USEPA 440/5-86-004）、五氯苯酚（USEPA 440/5-86-009）、毒杀芬（USEPA 440/5-86-006）、锌（USEPA 4-0/5-87-003）。

cc. 当可溶性有机碳的浓度升高时，铜的毒性明显下降，可以适当地使用水一效应比值可能比较适当。

dd. 硒的基准文件（USEPA 440/5-87-006, 1987 年 9 月）规定，如果硒对海水野生鱼类的毒性与对淡水野生鱼类的毒性一样，那么一旦硒在海水中的浓度超过 5.0μg/L，就应该对鱼类的群落状况进行监测，因为海水 CCC 值没有考虑硒经由食物链的吸收。

ee. 该水质基准推荐值未自于汞基准文件（USEPA 440/5-84-026, 1985 年 1 月）中第 43 页，是基于文件中第 23 页给出的海水 CCC 值为 0.025μg／L，是基于 1985 年指南中的最终残留值程序。自从 1995 年发布了《大湖水生生物指南》（60 FR 15393-15399, 1995 年 3 月 23 日）以来，美国环境保护署不再采用最终残留值程序来推导 CCC 值作为新的或修订的 304（a）水生生物水质基准。

ff. 该水质基准推荐值未自于《环境水质基准海水铜附录》（草案，1995 年 4 月 14 日），发布于临时性最终国家毒物法（60 FR 22228-222237, 1995 年 5 月 4 日）。

gg. 美国环境保护署目前正在积极地对此基准进行修订。因此，在不久的将来，支推荐水质基准值可能会有实质性的变化。

hh. 该水质基准推荐值是根据溶解无机汞（二价）的数据得出的，但也适用于总汞。如果水体中汞的主要成分是甲基汞，本基准可能是保护不足的。此外，即使无机汞被转换成甲基汞，且甲基汞来富集到很高程度，由于在基准推导时没有获得足够的数据，本基准没有考虑由食物链的吸收。

ii. 该基准适用于 DDT 及其代谢物（即 DDT 及其代谢物的总浓度不应超过该值）。

jj. 该水质基准推荐值以总的游离氰化物 CN⁻表示，尽管 IRIS 的 RfD 是基于游离的氰化物。由于环境水体中各形态氰化物释放 CN 的能力差异而呈现不同的毒性。某些复杂的氰化物甚至要求比使用硫氰酸盐流更加极端的条件才能释放 CN⁻。因此，这些复杂氰化物对人类毒性很小基本不会呈现"生物有效性"。水体中大部分的氰化物以复杂的形式存在的（如 Fe₄[Fe（CN）₆]₃），基准可能过于保守。

kk. 该水质基准推荐值使用 1.4 的癌症斜率因子（从出生开始的线性多级暴露）推导出的。

2006 年非优控污染物的水质基准

（单位：μg/L）

序号	非优控污染物	CAS 编号	保护淡水水生生物		保护海水水生生物		保护人体健康	
			基准最大浓度（CMC）	基准连续浓度（CCC）	基准最大浓度（CMC）	基准连续浓度（CCC）	消费水和生物	只消费生物
1	碱度（alkalinity）	—		20000 F				
2	铝 pH 6.5~9.0 （aluminum pH 6.5~9.0）	7429905	750 G,I	87 G,I,L				
3	氨（ammonia）	7664417	淡水基准与 pH、温度和生命阶段有关（见文件 D USEPA 822-R-99-014）/ 海水基准与 pH 和温度有关（USEPA 44015-88-004）					
4	感官质量（aesthetic qualities）	—	叙述性条文（见文件《黄皮书》）					
5	细菌（bacteria）		适用于直接接触触娱乐和水生贝壳类动物（见文件《黄皮书》）					
6	钡（barium）	7440393					1000 A	
7	硼（boron）		叙述性条文（见文件《黄皮书》）					
8	氯化物（chloride）	16887006	860000 G	230000 G				
9	氯（chlorine）	7782505	19	11	13	7.5	C	
10	2,4,5-涕丙酸（chlorophenoxy herbicide2,4,5-TP）	93721					10 A	
11	2,4-滴（chlorophenoxy herbicide 2,4-D）	94757					100 A,C	
12	毒死蜱（chloropyrifos）	2921882	0.083 G	0.041 G	0.011 G	0.0056 G		
13	色度（color）	—	叙述性条文（见文件《黄皮书》）					
14	内吸磷（demeton）	8065483		0.1 F		0.1 F		
15	二（氯甲基）醚（ether, bis-chloromethyl）	542881					0.00010 E,H	0.00029 E,H
16	总可溶性气体（gases, total dissolved）		叙述性条文（见文件 F《黄皮书》）					
17	谷硫磷（guthion）	86500		0.01 F		0.01 F		

续表

序号	非优控污染物	CAS编号	保护淡水生物		保护海水生物		保护人体健康	
			基准最大浓度（CMC）	基准连续浓度（CCC）	基准最大浓度（CMC）	基准连续浓度（CCC）	消费水和生物	只消费生物
18	硬度（hardness）		叙述性条文（见文件 F《黄皮书》）					
19	工业六六六（hexachlorocyclohexane technical）	319868					0.0123	0.0414
20	铁（iron）	7439896		1000 ^{F}			300 ^{A}	
21	马拉硫磷（malathion）	121755		0.1 ^{F}		0.1 ^{F}		
22	锰（manganese）	7439965					50 ^{A,O}	100 ^{A}
23	甲氧氯（methoxychlor）	72435		0.03 ^{F}		0.03 ^{F}	100 ^{A,C}	
24	灭蚊灵（mirex）	2385855		0.001 ^{F}		0.001 ^{F}		
25	硝酸盐（nitrates）	14797558					10000 ^{A}	
26	亚硝胺（nitrosamines）						0.0008	1.24
27	二硝基苯酚（dinitrophenols）	25550587					69	5300
28	壬基苯酚（nonylphenol）	1044051	28	6.6	7.0	1.7		
29	N-亚硝基二丁胺（N-nitrosodibutylamine）	924163					0.0063 ^{A,H}	0.22 ^{A,H}
30	N-亚硝基二乙胺（N-nitrosodiethylamine）	55185					0.0008 ^{A,H}	1.24 ^{A,H}
31	N-亚硝基吡咯烷（N-nitrosopyrrolidine）	930552					0.016 ^{H}	34 ^{H}
32	油和脂（oil and grease）		叙述性条文（见文件 ^{F}）					
33	淡水溶解氧（oxygen, dissolved freshwater） 海水溶解氧（oxygen, dissolved saltwater）	7782447	温水和冷水基质（见文件 ^{N}《黄皮书》） 海水（见文件 ^{F}《黄皮书》）					
34	二嗪农（diazinon）	333415	0.17	0.17	0.82	0.82		

续表

序号	非优控污染物	CAS 编号	保护淡水水生物（CMC） 基准最大浓度（CMC）	基准连续浓度（CCC）	保护海水水生物（CMC） 基准最大浓度（CMC）	基准连续浓度（CCC）	保护人体健康 消费水和生物	只消费生物
35	对硫磷（parathion）	56382	0.065^J	0.013^J				
36	五氯苯（pentachlorobenzene）	608935					1.4^E	1.5^E
37	pH	—	$6.5\sim9^F$			$6.5\sim8.5^{F,K}$		$5\sim9$
38	元素磷（phosphorus elemental）	7723140				$0.1^{F,K}$		
39	营养物（nutrients）	—	见美国环境保护署生态区总磷、总氮，叶绿素 a 和水体透明度（湖泊为塞氏盘深度，河流为浊度）基准（III级生态基准）^{P}					
40	可溶性固体和盐度（solids dissolved and salinity）	—					250000^A	
41	悬浮性固体和浊度（solids suspended and turbidity）	—	叙述性条文^F《黄皮书》					
42	硫化物–硫化氢（sulfide-hydrogen sulfide）	7783064		2.0^F		2.0^F		
43	沾染性物质（tainting substances）	—	叙述性条文（见文件^F《黄皮书》）					
44	温度（temperature）	—	与物种有关的基准（见文件^M《黄皮书》）					
45	1,2,4,5-四氯苯（1,2,4,5-tetrachlorobenzene）	95943					0.97^E	1.1^E
46	三丁基锡（tributyltin）	—	0.46^Q	0.072^Q	0.42^Q	0.0074^Q		
47	2,4,5-三氯苯酚（2,4,5-trichlorophenol）	95954					$1800^{B,E}$	$3600^{B,E}$

A. 该人体健康基准与最初发布于《红皮书》中的一样，此书早于 1980 年的方法学，并且没有使用鱼类摄食 BCF 法。同样的基准值现在发布于《黄皮书》。

B. 感官影响基准值比非优控污染物表中列出的基准值更严格。

C. 根据《安全饮用水法》，美国环境保护署发布了更严格的最大污染物浓度（MCL）。参阅饮用水法规 40 CFR 141 或咨询安全饮用水热线（1-800-426-4791）。

D. 根据《推导保护水生生物及其用途的国家定量水质基准》中描述的程序，除了在某一地区非常敏感的重要物种，如果淡水氨基准指定的 2 个条件都满足，则淡水水生生物应当受到保护。

E. 该基准已被修订，以反映美国环境保护署的 q_1^* 或者 RfD 值（慢性参考剂量），与综合风险信息系统（IRIS,2002 年 5 月 17 日）中的相同。在每个案例下，保留了《环境水质基准》（1980 年）中鱼类组织的生物富集系数 BCF。

F. 该值的推导在《红皮书》（USEPA 440 / 9-76-023，1976 年 7 月）中有介绍。

G. 该值是基于 304（a）水生生物水质基准，它是根据 1985 年指南《推导保护水生生物及其用途的国家定量水质基准》（PB85-227049,1985 年 1 月）得出的，并且被发布于下列文件之一中：铝（USEPA 440/5-88-001），氧化物（USEPA 440/5-86-008），毒死蜱（USEPA 440/5-86-005）。

H. 本基准是基于 10^{-6} 的致癌风险。通过移动小数点可得到改变的风险水平（例如，对风险水平 10^{-5} 来说，将推荐基准值的小数点向右移动一位即可）。

I. 铝的基准值用水体中总的可回收金属铝来表示。

J. 本推荐基准值是基于 304（a）水生生物水质基准，它发布于 1995 年修订版《保护环境水体中的水生生物的水质基准》（USEPA-820-B-96-001,1996 年 9 月）。这个值是用 GLI 指南（60FR 15393～15399，1995 年 3 月 23 日；40CFR 132 附录 A）推导出的；1995 年指南第Ⅳ页修订版第Ⅳ页解释了 1985 年指南与 GLI 指南之间的差异。该基准的推导中受淡水制定的限值，即 pH 6.5～8.5 的范围。

K. 根据《红皮书》第 181 页，对于水深大大超过透光层的开阔海洋水体，其 pH 的变化不应超出自然变化范围的 0.2 个单位以上，或者说在任何情况下都不能超出 6.5～8.5 的范围。对于水深较浅且有大量生物繁殖的沿海和河口地区，其 pH 的自然变化接近于使某些物种致死的限值，应避免 pH 6.5～9.0。

L. 有三个原因用来解释为什么水体-效应比值适当的：①87μg/L 是基于条纹石鮨在 pH=6.5～6.6，硬度小于 10mg/L 的水中进行毒性实验。《关于弗吉尼亚中西部 3M 厂废水排放中铝的水-效应比率》中的数据表明，在低 pH 和硬度的条件下，用美洲红点鲑做的实验中，影响随着总铝浓度的增加而增加，即使可溶性铝的浓度更为适当的测定。②在低 pH 和硬度较高的情况下，铝的毒性显著下降，但是当时没有对 pH 和硬度的影响进行定量。至少在颗粒性铝主要是氢氧化铝的现场资料表明，然而，在低表水中，总可回收铝法可能测定的是与黏土颗粒结合的铝，与氢氧化铝中的铝相比，黏土颗粒中的铝可能是低毒性的。③美国环境保护署已收集到的现场资料表明，在测定总可回收铝或溶解性铝时，美国许多高质量的水体含有 87μg/L 以上的铝。

M. USEPA. 1973.《水质基准 1972》（USEPA-R3-73-033, National Technical Information Service,Springfield,VA.）。

N. USEPA. 1986.《溶解氧的环境水质基准》（USEPA 440/5-86-003, National Technical Information Service,Springfield,VA.）。

O. 该锰的基准不是基于毒性影响，而意在将饮料中令人讨厌的物质如洗衣治污和异味最小化。

P. 营养生态区中的湖泊和水库： Ⅱ USEPA 822-B-00-007、Ⅲ USEPA 822-B-01-008、Ⅳ USEPA 822-B-00-009、Ⅷ USEPA 822-B-01-015、Ⅸ USEPA 822-B-01-015、Ⅺ USEPA 822-B-00-011、Ⅻ USEPA 22-B-00-012、ⅩⅢ USEPA 822-B-00-013、Ⅴ USEPA 822-B-01-009、Ⅵ USEPA 822-B-00-010、ⅩⅣ USEPA 822-B-01-011；营养生态区中的河流： Ⅰ USEPA 822-B-00-012、Ⅱ USEPA 822-B-00-015、Ⅲ USEPA 822-B-01-013、Ⅴ USEPA 822-B-01-014、Ⅵ USEPA 822-B-00-017、Ⅷ USEPA 822-B-00-018、Ⅷ USEPA 822-B-01-015、Ⅸ USEPA 822-B-00-019、Ⅹ USEPA 822-3-01-016、Ⅺ USEPA 822-B-00-020、Ⅻ USEPA 822-3-01-016、Ⅹ USEPA 822-B-00-021、ⅩⅣ USEPA 822-B-00-022；营养生态区中的湿地： ⅩⅢ USEPA 822-B-00-023。

Q. 美国环境保护署 1997 年 8 月 7 日发布了三丁基锡（TBT）修订文件草案（62 FR 42554）。美国环境保护署已重新评估了这一文件，预计不久将针对公众意见发布一份最新文件。

感官影响的水质基准推荐值

序号	污染物	CAS 编号	感官影响基准/（μg/L）
1	二氢苊（acenaphthene）	83329	20
2	一氯苯（monochlorobenzene）	108907	20
3	3-氯苯酚（3-chlorophenol）	—	0.1
4	4-氯苯酚（4-chlorophenol）	106489	0.1
5	2,3-二氯苯酚（2,3-dichlorophenol）	—	0.04
6	2,5-二氯苯酚（2,5-dichlorophenol）	—	0.5
7	2,6-二氯苯酚（2,6-dichlorophenol）	—	0.2
8	3,4-二氯苯酚（3,4-dichlorophenol）	—	0.3
9	2,4,5-三氯苯酚（2,4,5-trichlorophenol）	95954	1
10	2,4,6-三氯苯酚（2,4,6-trichlorophenol）	88062	2
11	2,3,4,6-四氯苯酚（2,3,4,6-tetrachlorophenol）	—	1
12	2-甲基-4-氯苯酚（2-methyl-4-chlorophenol）	—	1800
13	3-甲基-4-氯苯酚（3-methyl-4-chlorophenol）	59507	3000
14	3-甲基-6-氯苯酚（3-methyl-6-chlorophenol）	—	20
15	2-氯苯酚（2-chlorophenol）	95578	0.1
16	铜（copper）	7440508	1000
17	2,4-二氯苯酚（2,4-dichlorophenol）	120832	0.3
18	2,4-二甲基苯酚（2,4-dimethylpehnol）	105679	400
19	六氯环戊二烯（hexachlorocyclopentadiene）	77474	1
20	硝基苯（nitrobenzene）	98953	30
21	五氯苯酚（pentachlorophenol）	87865	30
22	苯酚（phenol）	108952	300
23	锌（zinc）	7440666	5000

注：这些基准是基于感官（嗅和味）的影响。由于化学命名系统的改变，该污染物列表与 40 CFR 423 附录 A 中的列表不完全相同。化学文摘服务处（CAS）登记号也被列出，为每种化学物质提供了唯一识别。

附录说明：

1. 基准最大浓度和基准连续浓度

基准最大浓度（CMC）是对一种物质在地表水中的最高浓度的估值，在此浓度下，水生生物群落可以暂时地被暴露而不产生不可接受的影响。基准连续浓度（CCC）是对一种物质在地表水中的最高浓度的估值，在此浓度下，水生生物群落可以无限期地被暴露而不产生不可接受的影响。CMC 和 CCC 仅是水生生物水质基准中 6 个部分中的 2 个，其他 4 个部分分别是急性平均周期、慢性平均周期、允许超标现象的急性频率以及允许超标现象的慢性频率。304（a）水生生物水质基准是美国国家指南，旨在保护美国境内的绝大多数水生生物群落。

2. 优控污染物、非优控污染物和感官影响基准推荐值

本汇编列出了所有优控污染物和部分非优控污染物，人体健康基准和感官影响基准都是依照 304（a）发布的。空白表明美国环境保护署还没有制定出《清洁水法》304（a）基准推荐值。对于那些没有列出的非优控污染物，《清洁水法》304（a）"水+生物"人体健康基准是无法获得的，但是美国环境保护署按照《安全饮用水法》（SDWA）发布了可以用来制定水质标准保护水体提供的指定用途的最大污染物浓度（MCL）。由于化学命名系统的改变，本污染物列表与 40 CFR 423 附录 A 中的列表不完全相同。化学文摘服务处（CAS）登记号也被列出，为每种化学物质提供了唯一识别。

3. 人体健康风险

优控污染物和非优控污染物的人体健康基准都是基于 10^{-6} 的致癌风险。通过移动小数点可得到改变的风险水平（例如，对风险水平 10^{-5} 来说，将推荐基准值的小数点向右移动一位即可）。

4. 按照《清洁水法》304（a）或 303（a）发布的水质基准

本汇编中的许多数值都发布在《加利福尼亚毒物法》中。尽管这些数值是按照《清洁水法》303（a）发布的，但它们代表了水质基准的最新计算和美国环境保护署的 304（a）基准。

5. 可溶性金属基准的计算

304（a）金属基准，以可溶性金属表示，是用两种方法中的一种计算出来的。淡水金属基准与硬度有关，只以硬度为 100mg/L（以 $CaCO_3$ 计）为例，计算出了那些与硬度有关的可溶性金属基准值。和硬度无关的海水和淡水基准值是通过用总可回收基准值乘以适当的转换系数得到的。表中的最终可溶性金属的基准值四舍五入成 2 位有效数字。关于由硬度决定的转换系数的计算信息见表后的注释。

6. 最大污染物浓度

本汇编附有比本汇编中推荐的水质基准更为严格的最大污染物浓度的污染物的注释。本汇编中不包括这些污染物的最高污染物浓度，但可以在饮用水法规（40 CFR 141，11-16 和 141.60-63）中找到，或者咨询安全饮用水热线（800-426-4791），或者访问互联网（http://www.epa.gov/waterscience/dringking/standards/dwstandards.pdf）。

7. 感官影响

本汇编包括了污染物的基于毒性和非毒性的 304（a）基准。基于非毒性基准的根据是使水和可食用的水生生物变得不可食但对人体没有毒性的感官影响（如味觉和嗅觉）。表中包括了 23 种污染物的感官影响基准。污染物的感官影响基准严于基于毒性的基准（例如，包括优控污染物和非优控污染物）。

8. 金皮书

《黄皮书》是指《水质基准：1986》（USEPA 440/5-86-001）。

9. 化学文摘服务处编号的更正

二（2-氯异丙基）醚的化学文摘服务处编号（CAS）已在 IRIS 和本表中更正。正确的 CAS 编号是 108-60-1。该污染物以前的 CAS 编号是 39638-32-9。

10. 带空白表格的污染物

美国环境保护署还没有为带空白表格的污染物计算出基准。然而，许可证机构应该在 NPDES 许可证工作中运用各州的有毒物质的现有叙述性基准对这些污染物加以解释。

11. 特殊化学物质的计算

本汇编包括了硒的水生生物水质基准，与已提到的 CTR 中发布的基准相同。在 CTR 中，根据《大湖系统水质指南》（61 FR 58444）中硒的推荐基准值，美国环境保护署推荐了硒的急性基准值。GLI 和 CTR 的建议值考虑的数据表明硒的 2 个最主要的氧化形态——亚硒酸盐和硒酸盐，提出了不同潜在的水生生物毒性，且新的数据表明不同形态的硒具有加成性。根据亚硒酸盐的相对比例和硒的其他存在形态，新的方法得出了不同硒的急性基准浓度或 CMC 值。

美国环境保护署目前正在对硒进行再评价，希望根据最终的再评价报告（63 FR 26186），修改硒的 304（a）基准。但是，在美国环境保护署颁布修改的硒的水质基准之前，本汇编中推荐的水质基准是现行的 304（a）基准。

附录 6-A 可溶性金属的转换系数

金 属	淡水 CMC 转换系数	淡水 CCC 转换系数	海水 CMC 转换系数	海水 CCC 转换系数
砷（arsenic）	1.000	1.000	1.000	1.000
镉（cadmium）	1.136672–[（ln 硬度）（0.041838）]	1.101672–[（ln 硬度）（0.041838）]	0.994	0.994
三价铬（chromium III）	0.316	0.860	—	—
六价铬（chromium VI）	0.982	0.962	0.993	0.993
铜（copper）	0.960	0.960	0.83	0.83
铅（lead）	1.46203–[（ln 硬度）（0.145712）]	1.46203–[（ln 硬度）（0.145712）]	0.951	0.951
汞（mercury）	0.85	0.85	0.85	0.85
镍（nickel）	0.998	0.997	0.990	0.990
硒（selenium）	—	—	0.998	0.998
银（silver）	0.85	0.85	0.85	—
锌（zinc）	0.978	0.986	0.946	0.946

附录 6-B 计算与硬度有关的淡水可溶性金属基准的参数

金 属	m_A	b_A	m_C	b_C	淡水转换系数（CF）	
					CMC	CCC
镉（cadmium）	1.0166	–3.924	0.7409	–4.719	1.136672–[（ln 硬度）（0.041838）]	1.101672–[（ln 硬度）（0.041838）]
三价铬（chromium III）	0.8190	3.7256	0.8190	0.6848	0.316	0.860

金　属	m_A	b_A	m_C	b_C	淡水转换系数（CF）	
					CMC	CCC
铜（copper）	0.9422	−1.700	0.8545	−1.702	0.960	0.960
铅（lead）	1.273	−1.460	1.273	−4.705	1.46203−[（ln 硬度）（0.145712）]	1.46203−[（ln 硬度）（0.145712）]
镍（nickel）	0.8460	2.255	0.8460	0.0584	0.998	0.997
银（silver）	1.72	−6.59	—	—	0.85	—
锌（zinc）	0.8473	0.884	0.8473	0.884	0.978	0.986

由硬度决定的金属基准可以根据以下公式计算：

$$CMC（可溶性金属）= \exp\{m_A [\ln（硬度）]+ b_A\}（CF）$$

$$CCC（可溶性金属）= \exp\{m_C [\ln（硬度）]+ b_C\}（CF）$$

附录 6-C　淡水中氨基准的计算

1. 1h 的总氨氮平均浓度（mg N/L）超过每三年平均最高值不得多于一次，使用下面的公式计算 CMC。

在鲑鱼存在的区域：

$$CMC=\frac{0.275}{1+10^{7.204-pH}}+\frac{39.0}{1+10^{pH-7.024}}$$

在没有鲑鱼的区域：

$$CMC=\frac{0.411}{1+10^{7.204-pH}}+\frac{58.4}{1+10^{pH-7.024}}$$

2A. 30d 总氨氮的平均浓度（mg N/L）超过每三年平均最高值不得多于一次，使用下面的公式计算 CCC。

当有鱼的幼苗存在时：

$$CCC=\left(\frac{0.0577}{1+10^{7.688-pH}}+\frac{2.487}{1+10^{pH-7.688}}\right)\times \min\left(2.85, 1.45\times 10^{0.028\times(52-T)}\right)$$

当不存在鱼的幼苗时：

$$CCC=\left(\frac{0.0577}{1+10^{7.688-pH}}+\frac{2.487}{1+10^{pH-7.688}}\right)\times 1.45\times 10^{0.028\times(25-\max(T,7))}$$

2B. 另外，30d 内每 4d 平均的最高值不应该超过 CCC 的 2.5 倍。

附录7 2009年美国环境保护署推荐水质基准

优控污染物的水质基准

（单位：μg/L）

序号	优控污染物	CAS编号	保护淡水水生生物 基准最大浓度（CMC）	基准连续浓度（CCC）	保护海水水生生物 基准最大浓度（CMC）	基准连续浓度（CCC）	保护人体健康 消费水和生物	只消费生物
1	锑（antimony）	7440360					5.6^{B}	640^{B}
2	砷（arsenic）	7440382	340^{A,D,K}	150^{A,D,K}	69^{A,D,bb}	36^{A,D,bb}	0.018^{C,M,S}	0.14^{C,M,S}
3	铍（beryllium）	7440417					z	
4	镉（cadmium）	7440439	2.0^{D,E,K,bb}	0.25^{D,E,K,bb}	40^{D,bb}	8.8^{D,bb}	z	
5a	三价铬［chromium（III）］	16065831	570^{D,E,K}	74^{D,E,K}			z Total	z Total
5b	六价铬［chromium（VI）］	18540299	16^{D,K}	11^{D,K}	1100^{D,bb}	50^{D,bb}	z Total	z Total
6	铜（copper）	7440508	BLM^{mmm} epa.gov/waterscience/ criteria/copper/	2.5^{D,E,bb,gg}	4.8^{D,cc,ff}	3.1^{D,cc,ff}	1300^{U}	
7	铅（lead）	7439921	65^{D,E,bb,gg}		210^{D,bb}	8.1^{D,bb}		
8a	汞（mercury）	7439976	1.4^{D,K,hh}	0.77^{D,K,hh}	1.8^{D,ee,hh}	0.94^{D,ee,hh}		
8b	甲基汞（methylmercury）	22967926						0.3mg/kg^{J}
9	镍（nickel）	7440020	470^{D,E,K}	52^{D,E,K}	74^{D,bb}	8.2^{D,bb}	610^{B}	4600^{B}
10	硒（selenium）	7782492	L,R,T	5.0^{T}	290^{D,bb,dd}	71^{D,bb,dd}	170^{Z}	4200
11	银（silver）	7440224	3.2^{D,E,G}		1.9^{D,G}			
12	铊（thallium）	7440280					0.24	0.47
13	锌（zinc）	7440666	120^{D,E,K}	120^{D,E,K}	90^{D,bb}	81^{D,bb}	7400^{U}	26 000^{U}
14	氰化物（cyanide）	57125	22^{K,Q}	5.2^{K,Q}	1^{Q,bb}	1^{Q,bb}	140^{jj}	140^{jj}
15	石棉（asbestos）	1332214					7百万个纤维/L^{I}	

续表

序号	优控污染物	CAS 编号	保护淡水水生生物 (CMC) 基准最大浓度	保护淡水水生生物 (CCC) 基准连续浓度	保护海水水生生物 (CMC) 基准最大浓度	保护海水水生生物 (CCC) 基准连续浓度	保护人体健康 消费水和生物	保护人体健康 只消费生物
16	2，3，7，8-四氯二苯并二噁英[2，3，7，8 TCDD (dioxin)]	1746016					5.0×10^{-9} C	5.1×10^{-9} C
17	丙烯醛 (acrolein)	107028	3	3			190	290
18	丙烯腈 (acrylonitrile)	107131					$0.051^{B,C}$	$0.25^{B,C}$
19	苯 (benzene)	71432					$2.2^{B,C}$	$51^{B,C}$
20	三溴甲烷 (bromoform)	75252					$4.3^{B,C}$	$140^{B,C}$
21	四氯化碳 (carbon tetrachloride)	56235					$0.23^{B,C}$	$1.6^{B,C}$
22	氯苯 (chlorobenzene)	108907					$130^{Z,U}$	1600^{U}
23	氯二溴甲烷 (chlorodibromomethane)	124481					$0.40^{B,C}$	$13^{B,C}$
24	氯乙烷 (chloroethane)	75003						
25	2-氯乙基乙烯醚 (2-chloroethylvinyl ether)	110758						
26	三氯甲烷 (chloroform)	67663					$5.7^{C,P}$	$470^{C,P}$
27	二氯溴甲烷 (dichlorobromomethane)	75274					$0.55^{B,C}$	$17^{B,C}$
28	1,1-二氯乙烷 (1,1-dichloroethane)	75343						
29	1,2-二氯乙烷 (1,2-dichloroethane)	107062					$0.38^{B,C}$	$37^{B,C}$
30	1,1-二氯乙烯 (1,1-dichloroethylene)	75354					330	7100
31	1,2-二氯丙烷 (1,2-dichloropropane)	78875					$0.50^{B,C}$	$15^{B,C}$
32	1,3-二氯丙烯 (1,3-dichloropropene)	542756					0.34^{C}	21^{C}
33	乙苯 (ethylbenzene)	100414					530	2100
34	甲基溴 (methyl bromide)	74839					47^{B}	1500^{B}
35	氯代甲烷 (methyl chloride)	74873						

续表

序号	优控污染物	CAS 编号	保护淡水水生生物		保护海水水生生物		保护人体健康	
			基准最大浓度（CMC）	基准连续浓度（CCC）	基准最大浓度（CMC）	基准连续浓度（CCC）	消费水和生物	只消费生物
36	三氯甲烷 (methylene chloride)	75092					4.6^{B,C}	590^{B,C}
37	1,1,2,2-四氯乙烷 (1,1,2,2-tetrachloroethane)	79345					0.17^{B,C}	4.0^{B,C}
38	四氯乙烯 (tetrachloroethylene)	127184					0.69^{C}	3.3^{C}
39	甲苯 (toluene)	108883					1300^{Z}	15 000
40	1,2-反式-二氯乙烯 (1,2-trans-dichloroeth-ylene)	156605					140^{Z}	10 000
41	1,1,1-三氯乙烷 (1,1,1-trichloroethane)	71556					z	z
42	1,1,2 三氯乙烷 (1,1,2-trichloroethane)	79005					0.59^{B,C}	16^{B,C}
43	三氯乙烯 (trichloroethylene)	79016					2.5^{C}	30^{C}
44	氯乙烯 (vinyl chloride)	75014					0.025^{C,kk}	2.4^{C,kk}
45	2-氯苯酚 (2-chlorophenol)	95578					81^{B,U}	150^{B,U}
46	2,4-二氯苯酚 (2,4-dichlorophenol)	120832					77^{B,U}	290^{B,U}
47	2,4-二甲基苯酚 (2,4-dimethylphenol)	105679					380^{B}	850^{B,U}
48	2-甲基-4,6-二硝基苯酚 (2-methyl-4,6-dini-trophenol)	534521					13	280
49	2,4-二硝基苯酚 (2,4-dinitrophenol)	51285					69^{B}	5300^{B}
50	2-硝基苯酚 (2-nitrophenol)	88755						
51	4-硝基苯酚 (4-nitrophenol)	100027						
52	3-甲基-4-氯苯酚 (3-methyl-4-chlorophenol)	59507					U	U
53	五氯苯酚 (pentachlorophenol)	87865	19^{F,K}	15^{F,K}	13^{bb}	7.9^{bb}	0.27^{B,C}	3.0^{B,C,H}
54	苯酚 (phenol)	108952					10 000^{U,U}	860 000^{U,U}

续表

序号	优控污染物	CAS 编号	保护淡水水生生物		保护海水水生生物		保护人体健康	
			基准最大浓度（CMC）	基准连续浓度（CCC）	基准最大浓度（CMC）	基准连续浓度（CCC）	消费水和生物	只消费生物
55	2,4,6-三氯苯酚（2,4,6-trichlorophenol）	88062					1.4[B,C]	2.4[B,C,U]
56	二氢苊（acenaphthene）	83329					670[B,U]	990[B,U]
57	苊（acenaphthylene）	208968						
58	蒽（anthracene）	120127					8300[B]	40 000[B]
59	联苯胺（benzidine）	92875					0.000 086[B,C]	0.000 20[B,C]
60	苯并[a]蒽（benzo[a]anthracene）	56553					0.0038[B,C]	0.018[B,C]
61	苯并[a]芘（benzo[a]pyrene）	50328					0.0038[B,C]	0.018[B,C]
62	苯并[b]荧蒽（benzo[b]fluoranthene）	205992					0.0038[B,C]	0.018[B,C]
63	苯并[g,h,i]苝（benzo[g,h,i]perylene）	191242						
64	苯并[k]荧蒽（benzo[k]fluoranthene）	207089					0.0038[B,C]	0.018[B,C]
65	二-2-氯乙基甲烷 [bis (2-chloroethoxy) methane]	111911						
66	二-2-氯乙基醚 [bis (2-chloroethyl) ether]	111444					0.030[B,C]	0.53[B,C]
67	二-2-氯异丙基醚 [bis (2-chloroisopropyl) ether]	108601					1400[B]	65 000[B]
68	邻苯二甲酸二-(2-乙基己基)酯[x] [bis (2-ethylhexyl) phthalate]	117817					1.2[B,C]	2.2[B,C]
69	4-溴苯基苯基醚（4-bromophenyl phenyl ether）	101553						
70	邻苯二甲酸丁苄酯[w]（butylbenzyl phthalate）	85687					1500[B]	1900[B]
71	2-氯萘（2-chloronaphthalene）	91587					1000[B]	1600[B]

续表

序号	优控污染物	CAS 编号	保护淡水水生生物 CMC 基准最大浓度	保护淡水水生生物 CCC 基准连续浓度	保护海水水生生物 CMC 基准最大浓度	保护海水水生生物 CCC 基准连续浓度	保护人体健康 消费水和生物	保护人体健康 只消费生物
72	4-氯苯基苯基醚 (4-chlorophenyl phenyl ether)	7005723						
73	䓛 (chrysene)	218019					0.0038[B,C]	0.018[B,C]
74	二苯并[a, h]蒽 (dibenzo[a, h]anthraxcene)	53703					0.0038[B,C]	0.018[B,C]
75	1, 2-二氯苯 (1, 2-dichlorobenzene)	95501					420	1300
76	1, 3-二氯苯 (1, 3-dichlorobenzene)	541731					320	960
77	1, 4-二氯苯 (1, 4-dichlorobenzene)	106467					63	190
78	3,3′-二氯联苯 (3,3′-dichlorobenzidine)	91941					0.021[B,C]	0.028[B,C]
79	邻苯二甲酸二乙酯 (diethyl phthalate) [w]	84662					17 000[B]	44 000[B]
80	邻苯二甲酸二甲酯 (dimethyl phthalate) [w]	131113					270 000	1 100 000
81	邻苯二甲酸二丁酯 (di-*n*-butyl phthalate) [w]	84742					2000[B]	4500[B]
82	2, 4-二硝基甲苯 (2, 4-dinitrotoluene)	121142					0.11[C]	3.4[C]
83	2, 6-二硝基甲苯 (2, 6-dinitrotoluene)	606202						
84	邻苯二甲酸二辛酯 (di-*n*-octyl phthalate)	117840						
85	1,2-二苯肼 (1,2- diphenylhydrazine)	122667					0.036[B,C]	0.20[B,C]
86	荧蒽 (fluoranthene)	206440					130[B]	140[B]
87	芴 (fluorene)	86737					1100[B]	5300[B]
88	六氯苯 (hexachlorobenzene)	118741					0.000 28[B,C]	0.000 29[B,C]

续表

序号	机控污染物	CAS 编号	保护淡水水生生物		保护海水水生生物		保护人体健康	
			基准最大浓度（CMC）	基准连续浓度（CCC）	基准最大浓度（CMC）	基准连续浓度（CCC）	消费水和生物	只消费生物
89	六氯丁二烯 (hexachlorobutadiene)	87683					$0.44^{B,C}$	$18^{B,C}$
90	六氯环戊二烯 (hexachlorcyclopentadiene)	77474					40^{U}	1100^{U}
91	六氯乙烷 (hexachloroethane)	67721					$1.4^{B,C}$	$3.3^{B,C}$
92	茚并 (1,2,3-cd) 芘 [ideno (1, 2, 3-cd) pyrene]	193395					$0.0038^{B,C}$	$0.018^{B,C}$
93	异佛尔酮 (isophorone)	78591					$35^{B,C}$	$960^{B,C}$
94	萘 (naphthalene)	91203						
95	硝基苯 (nitrobenzene)	98953					17^{B}	$690^{B,H,U}$
96	N-亚硝基二甲胺 (N-nitrosodimethylamine)	62759					$0.000\,69^{B,C}$	$3.0^{B,C}$
97	N-亚硝基二丙胺 (N-nitrosodi-n-propylamine)	621647					$0.0050^{B,C}$	$0.51^{B,C}$
98	N-亚硝基二苯胺 (N-nitrosodiphenylamine)	86306					$3.3^{B,C}$	$6.0^{B,C}$
99	菲 (phenanthrene)	85018						
100	芘 (pyrene)	129000					830^{B}	4000^{B}
101	1,2,4-三氯苯 (1,2,4-trichlorobenzene)	120821					35	70
102	艾氏剂 (aldrin)	309002	3.0^{G}		1.3^{G}		$0.000\,049^{B,C}$	$0.000\,050^{B,C}$
103	α-六六六 (alpha-BHC)	319846					$0.0026^{B,C}$	$0.0049^{B,C}$
104	β-六六六 (beta-BHC)	319857					$0.0091^{B,C}$	$0.017^{B,C}$
105	γ-六六六 (林丹) [gamma-BHC (lindane)]	58899	0.95^{K}		0.16^{G}		0.98	1.8
106	δ-六六六 (delta-BHC)	319868						

续表

序号	优控污染物	CAS 编号	保护淡水水生生物 基准最大浓度 (CMC)	保护淡水水生生物 基准连续浓度 (CCC)	保护海水水生生物 基准最大浓度 (CMC)	保护海水水生生物 基准连续浓度 (CCC)	保护人体健康 消费水和生物	保护人体健康 只消费生物
107	氯丹 (chlordane)	57749	2.4[G]	0.0043[G,aa]	0.09[G]	0.004[G,aa]	0.000 80[B,C]	0.000 81[B,C]
108	4,4'-滴滴涕 (4,4'-DDT)	50293	1.1[G, ii]	0.001[G,aa,ii]	0.13[G,ii]	0.001[G,aa,ii]	0.000 22[B,C]	0.000 22[B,C]
109	4,4'-滴滴伊 (4,4'-DDE)	72559					0.000 22[B,C]	0.000 22[B,C]
110	4,4'-滴滴滴 (4,4'-DDD)	72548					0.000 31[B,C]	0.000 31[B,C]
111	狄氏剂 (dieldrin)	60571	0.24[K]	0.056[K,O]	0.71[G]	0.0019[G,aa]	0.000 052[B,C]	0.000 054[B,C]
112	α-硫丹 (alpha-endosulfan)	959988	0.22[G,Y]	0.056[G,Y]	0.034[G,Y]	0.0087[G,Y]	62[B]	89[B]
113	β-硫丹 (beta-endosulfan)	33213659	0.22[G,Y]	0.056[G,Y]	0.034[G,Y]	0.0087[G,Y]	62[B]	89[B]
114	硫丹硫酸盐 (endosulfan sulfate)	1031078					62[B]	89[B]
115	异狄氏剂 (endrin)	72208	0.086[K]	0.036[K,O]	0.037[G]	0.0023[G,aa]	0.059	0.060
116	异狄氏剂醛 (endrin aldehyde)	7421934					0.29[B]	0.30[B,H]
117	七氯 (heptachlor)	76448	0.52[G]	0.0038[G,aa]	0.053[G]	0.0036[G,aa]	0.000 079[B,C]	0.000 079[B,C]
118	环氧七氯 (heptachlor epoxide)	1024573	0.52[G,V]	0.0038[G,V,aa]	0.053[G,V]	0.0036[G,V,aa]	0.000 039[B,C]	0.000 039[B,C]
119	多氯联苯 [polychlorinated biphenyls (PCB)]			0.014[N,aa]		0.03[N,aa]	0.000 064[B,C,N]	0.000 064[B,C,N]
120	毒杀芬 (toxaphene)	8001352	0.73	0.0002[aa]	0.21	0.0002[aa]	0.000 28[B,C]	0.000 28[B,C]

A. 本水质基准推荐值来自三价砷的数据，但是此处适用于总砷，这就意味着三价砷和五价砷对水生生物的毒性是相同的，且二者的毒性具有加和性。在砷的基准文件（USEPA 440/5-84-033,1985 年 1 月）中，给出了 5 个物种的三价砷和五价砷的物种平均急性值（SMAV），每个物种的 SMAV 之比约为 0.6~1.7；给出了一个物种的三价砷和五价砷的慢性值；对某些鱼类来说，五价砷的慢性值是三价砷的慢性值的 0.29 倍。关于砷的形态对水生生物的毒性是否具有加和性，据悉尚没有可利用的资料。

B. 本基准已被修订，以反映美国环境保护署的 q_1^* 或者 RfD（慢性参考剂量），与综合风险信息系统（IRIS,2002 年 5 月 17 日）中的相同。在每个案例下，保留了《环境水质基准》（1980 年）中鱼类组织的生物富集系数 BCF.

C. 本基准是基于 10^{-6} 的致癌风险。通过移动小数点可得到改变的风险水平（例如，对风险水平 10^{-5} 来说，将推荐基准值的小数点向右移动一位即可）。

D. 金属的淡水和海水基准值以水体中的可溶性金属表示。利用以前的 304（a）水生生物水质基准（以总可回收表示）的基准值中可溶性部分表示的金属基准值转换成以水体中总可回收金属 CCC 的转换系数（目前尚没有海水 CCC 的转换系数，与转换系数（CF）相乘，计算出水体的推荐值。CMC 值的淡水和海水转换系数既适用于海水中总可回收金属基准值转换成以水体中可溶性部分表示的基准值时推荐的转换系数的解释和实施（《水政策和技术指南办公室对水生生物金属基准的解释和实施》，1993 年 10 月 1 日，Martha G.Prothro 著，可从水资源中心获得，USEPA，401 M st.，SW，邮编 RC4100，华盛顿，DC20460 和 40CFR 131.36（b）（1）。表中采用的转换系数可以在附录 7-A 中的有关可溶性金属的转换系数中找到。

E. 该金属的淡水基准可表达为水体中硬度（mg/L）的函数。此处给出的基准相当于水体硬度为 100mg/L 时的数值。其他硬度下的基准值可按下式计算：

CMC（可溶性金属）=exp{m_A ln（硬度）+b_A}（CF）或 CCC（可溶性金属）=exp{m_C[ln（硬度）]+b_C}（CF）

计算可溶性金属的淡水基准值的参数在附录 7-B 中给出，它们不依赖于硬度。

F. 五氯苯酚的基准可表达为 pH 的函数，可按下式计算：CMC=exp{1.005（pH）-4.869};CCC=exp{1.005（pH）-5.134}。表中列出的值对应于 pH 值为 7.8 时的数值。

G. 本基准是基于 1980 年发布的 304（a）水生生物水质基准，被发布在下列文件之一中：艾氏剂/狄氏剂（USEPA 440/5-80-019），氯丹（USEPA 440/5-80-027），滴滴涕（USEPA 440/5-80-038），硫丹（USEPA 440/5-80-046），异氏剂（USEPA 440/5-80-047），七氯（USEPA 440/5-80-052），六氯环己烷（USEPA 440/5-80-054），银（USEPA 440/5-80-071）。与 1985 年的指南相比，1980 年的指南在在最低数据要求和推导程序方面是不同的。例如，用 1980 年的指南推导的 CMC 值被用作瞬间最大值。如果采用平均值周期进行评价，则给出的数值应被除以 2，以便获得一个比用 1985 年指南推导的 CMC 更匹配的数值。

H. 在 1980 年基准文件或 1986 年基准中，没有介绍只消费水生生物（不包拓水）的保护个人体健康基准。不过，1980 年的文件中提供了足够的信息，可以进行基准的计算，即使计算结果没有在文件中显示。

I. 本石棉基准值是根据《安全饮用水法》（SDWA）制定的最大污染物浓度（MCL）。

J. 甲基汞的基准值是根据鱼组织残留基准值根据鱼类组织残留基准总消费率 0.0175kg/d 计算。

K. 本基准推荐值是基于 304（a）水生生物水质基准 1995 年修订版《保护环境水体中水生生物的水质基准文件》（USEPA-820-B-96-001,1996 年 9 月）。这个值是用 GLI 指南（60FR 15393~15399，1995 年 3 月 23 日；40CFR 132 附录 A）推导出的；1995 年修订版第Ⅳ页解释了 1985 年指南与 GLI 指南之间的差异。本基准的推导受大湖有关需要考量事项的影响。

L. CMC=1/[（f_1/CMC$_1$）+（f_2/CMC$_2$）]，式中 f_1 和 f_2 为总砷的一部分，分别用亚硝酸盐和硝酸盐表示，CMC$_1$ 和 CMC$_2$ 分别为 185.9μg/L 和 12.82μg/L。

M. 美国环境保护署目前正在重新评价砷的基准。

N. 这一基准适用于总多氯联苯（例如，所有同系物或所有同分异构体或 Aroclor 的分析总和）。

O. 该污染物（异狄氏剂）的 CCC 值可以从 IRIS 中获得的推荐值没有考虑食物暴露，对于营养级别较高的水生生物来说，食物暴露可能是主要的暴露途径。

P. 尽管新的 RfD 可以从 IRIS 中获得，但是直到《国家一级饮用水条例》（Stage 2 DBPR）完成后，地表水水质基准才能被修订，因为正在征集。

Q. 本水质基准值用 μg 游离氰/L（以 CN 计）表示。

R. 硒的基准值于 1996 年 11 月 14 日颁布（61FR58444-58449），作为 GLI 303（c）水生生物水质基准建议值。

S. 砷的水质基准推荐值只涉及无机形态。

T. 硒的水质基准用水体中总可回收金属来表示。采用 GLI 中所用的转换系数（0.996-CMC 或 0.992-CCC）将此值转换成以可溶性金属来表示的基准值。

U. 感官影响基准比优先有毒污染物的基准更严格。

V. 该值根据七氯的数据得出。不能对七氯和环氧七氯的相对毒性进行评估。

W. 虽然美国环境保护署还没有发布邻苯二甲酸丁苄酯的水生生物基准文件，但美国环境保护署认识到有足够的资料可以用来计算水生生物水质基准。预期工业界将在经同等地位人员审议的文献卓案中发布本案按照美国环境保护署指南制定的水生生物水质基准。美国环境保护署审查此基准是否可作为国家水质基准。

x. 完整的水生生物毒性资料表明，在其溶解度浓度下或低于其溶解度时，邻苯二甲酸二（2-乙基己基）酯（DEHP）对水生生物是无毒的。

y. 该值根据硫丹的数据得出，非常适用于 α-硫丹和 β-硫丹的总和。

z. 美国环境保护署已经发布了更加严格的 MCL 值。可查阅饮用水法规（40CFR 141）或咨询安全饮用水热线（1-800-426-4791）。

aa. 该基准是基于 1980 或 1986 年颁布的 304（a）水生生物基准，公布在下列文件之一中：艾氏剂／狄氏剂（USEPA 440/5-80-019）、滴滴涕（USEPA 440/5-80-038）、异狄氏剂（USEPA 440/5-80-047）、七氯（USEPA 440/5-80-052）、多氯联苯（USEPA 440/5-80-068）、毒杀芬（USEPA 440/5-80-068）。该 CCC 值目前是基于最终残留值（FRV）程序。由于 1995 年发布了《大湖水生生物指南》（60 FR 15393-15399, 1995 年 3 月 23 日），美国环境保护署不再采用最终残留留值程序来推导 CCC 值作为新的或修订的 304（a）水生生物基准。因此，美国环境保护署希望将来该 CCC 值将按照 FRV 程序。

bb. 该水质基准是基于 304（a）水生生物水质基准，根据 1985 年指南《推导保护水生生物及其有用途的国家定量水质基准的指南》得出的，并且发布在下列基准文件之一中：砷（USEPA 440/5-84-033）、镉（USEPA 882-R-01-001）、铬（USEPA 440/5-84-029）、铜（USEPA 440/5-84-031）、氰化物（USEPA 440/5-84-028）、铅（USEPA 440/5-84-027）、镍（USEPA 440/5-86-004）、五氯苯酚（USEPA 440/5-86-009）、毒杀芬（USEPA 440/5-86-006）、锌（USEPA 440/5-87-003）。

cc. 当可溶性有机碳的浓度升高时，铜的基准值明显下降，可以适当地使用水一淡应比值可能比值较适当。

dd. 砷的基准文件（USEPA 440/5-87-006, 1987 年 9 月）规定，如果硒对海水野生物的毒性与淡水鱼类的毒性一样，一旦硒在海水中的浓度超过 5.0μg/L，就应该对鱼类的群落状况进行监测，因为海水 CCC 没有考虑经由食物链的吸收。

ee. 该基准推荐值来自汞基准文件《大湖水生生物指南》（60 FR 15393-15399, 1995 年 3 月 23 日）以来，美国环境保护署不再采用最终残留留值程序来推导 CCC 作为新的或修订的 304（a）水生生物基准。该基准文件中第 23 页给出的海水 CCC 值为 0.025μg/L，是基于 1985 年指南中的最终残留值。自从 1995 年发布了《大湖水生生物指南》

ff. 该水质基准推荐值来自于《环境水质基准海水铜附录》（草案，1995 年 4 月 14 日），发布于临时性最终国家毒物毒性物法（60 FR 22228-222237, 1995 年 5 月 4 日）。

gg. 美国环境保护署目前正在积极地对此基准进行修订。因此，在不久的将来，这推荐水质基准值可能会有实质性的变化。

hh. 该水质基准推荐值是根据无机汞（二价）的数据得出的，但此处适用于汞总汞。如果水体中汞的主要部分是甲基汞，即使无机汞被转换成甲基汞，且甲基汞富集到很高程度。由于在基准推导时没有获得足够的数据，本基准可能是保护不足的。此外，即使无机汞被转换成甲基汞，且甲基汞富集到很高程度。

ii. 该基准适用于 DDT 及其代谢物（即 DDT 及其代谢物）及其总浓度不应超过该值。

jj. 该水质基准推荐值以总的氰化物表示，尽管 IRIS 的 RfD 是基于下游释放的氰化物。由于环境水体中各形态氰化物释放 CN 的能力差异而呈现不同的毒性。某些复杂的氰化物甚至要求比使用硫酸回流更加极端的条件释放 CN。因此，这些复杂的氰化物以复杂的形式存在的（如 Fe₄[Fe(CN)₆]₃），水体中大部分的氰化物以复杂的形式存在的（如 Fe₄[Fe(CN)₆]₃），基准可能过于保守。

kk. 该水质基准值已被修订，以用来反映美国环境保护署包含于 IRIS 里的致癌症斜率因子（从出生开始的线性多级暴露）推导得出的。

ll. 该基准推荐值是使用 1.4 的癌症斜率因子（从出生开始的线性多级暴露）推导得出的。由于基准值包含了 IRIS 里的致癌症斜率因子 q₁*和参考剂量，并保留了 1980 年保护水生生物水质基准文献中鱼体组织的生物富集因子。

mm. 用可获得的毒性数据，采用 "保护水生生物及其使用功能的国家定量水质基准指南" 的程序，推导的 24h 和 4d 的平均毒性浓度不能超过使用生物配体模型推导的急性和慢性基准浓度。

非优控污染物的水质基准

（单位：μg/L）

序号	非优控污染物	CAS 编号	保护淡水水生生物		保护海水水生生物		保护人体健康	
			基准最大浓度（CMC）	基准连续浓度（CCC）	基准最大浓度（CMC）	基准连续浓度（CCC）	消费水和水生生物	只消费生物
1	碱度（alkalinity）			20 000^F				
2	铝 pH 6.5~9.0（aluminum pH 6.5~9.0）	7429905	750^{G,I}	87^{G,I,L}				
3	氨（ammonia）	7664417	淡水基准与 pH，温度和生命阶段有关[见文件^D（USEPA 822-R99-014）]		海水基准与 pH 和温度有关（USEPA 440-588-044）			
4	感官质量（aesthetic qualities）		叙述性条文（见《黄皮书》）					
5	细菌（bacteria）		适用于直接接触娱乐和水生贝壳类动物（见《黄皮书》）					
6	钡（barium）	7440393					1000^A	
7	硼（boron）		叙述性条文（见《黄皮书》）					
8	氯化物（chloride）	16887006	860 000^G	230 000^G				
9	氯（chlorine）	7782505	19	11	13	7.5	C	
10	2,4,5-涕丙酸（chlorophenoxy herbicide 2,4,5-TP）	93721					10^A	
11	2,4-滴（chlorophenoxy herbicide 2,4-D）	94757					100^{A,C}	
12	毒死蜱（chlorpyrifos）	2921882	0.083^G	0.041^G	0.011^G	0.0056^G		
13	色度（color）		叙述性条文（见《黄皮书》）					
14	内吸磷（demeton）	8065483		0.1^F		0.1^F		
15	二（氯甲基）醚（ether, bis-chloromethyl）	542881					0.000 010^{E,H}	0.000 29^{E,H}
16	总可溶性气体（gases, total dissolved）		叙述性条文（见文件^F《黄皮书》）		叙述性条文（见文件^F《黄皮书》）			
17	含硫磷（guthion）	86500		0.01^F		0.01^F		
18	硬度（hardness）		叙述性条文（见《黄皮书》）					

续表

序号	非优控制污染物	CAS 编号	保护淡水生生物		保护海水生生物		保护人体健康	
			基准最大浓度（CMC）	基准连续浓度（CCC）	基准最大浓度（CMC）	基准连续浓度（CCC）	消费水和生物	只消费生物
19	工业六六六（hexachlorocyclo-hexane-technical）	608731					0.0123[H]	0.0414[H]
20	铁（iron）	7439896		1000[F]			300[A]	
21	马拉硫磷（malathion）	121755		0.1[F]		0.1[F]		
22	锰（manganese）	7439965					50[A,O]	100[A]
23	甲氧氯（methoxychlor）	72435		0.03[F]		0.03[F]	100[A,C]	
24	灭蚁灵（mirex）	2385855		0.001[F]		0.001[F]		
25	硝酸盐（nitrates）	14797558					10 000[A]	
26	亚硝胺（nitrosamines）	—					0.0008	1.24
27	二硝基苯酚（dinitrophenols）	25550587		28		7.0	69	5300
28	壬基苯酚（nonylphenol）	84852153	28		7.0			
29	N-亚硝基二丁胺（N-nitrosodibutylamine）	924163					0.0063[A,H]	0.22[A,H]
30	N-亚硝基二乙胺（N-nitrosodiethylamine）	55185					0.0008[A,H]	1.24[A,H]
31	N-亚硝基吡咯烷（N-nitrosopyrrolidine）	930552					0.016[H]	34[H]
32	油和脂（oil and grease）	—	叙述性条文（见文件[F] 《黄皮书》）					
33	淡水溶解氧（oxygen, dissolved freshwater） 海水溶解氧（oxygen, dissolved saltwater）	7782447	温水和冷水基质（见文件[N]《黄皮书》） 海水[见文件（USEPA 822-R00-012）]					
34	二嗪农（diazinon）	333415	0.17	0.17	0.82	0.82		
35	对硫磷（parathion）	56382	0.065[J]	0.013[J]				

续表

序号	非优控污染物	CAS 编号	保护淡水水生生物		保护海水水生生物		保护人体健康	
			基准最大浓度（CMC）	基准连续浓度（CCC）	基准最大浓度（CMC）	基准连续浓度（CCC）	消费水和生物	只消费生物
36	五氯苯（pentachlorobenzene）	608935					1.4^E	1.5^E
37	pH	—		$6.5\sim9^F$		$6.5\sim8.5^{F,K}$		$5\sim9$
38	元素磷（phosphorus elemental）	7723140				$0.1^{F,K}$		
39	营养物（nutrients）	—	见美国环境保护署生态区总磷，总氮，叶绿素 a 和水体透明度（湖泊为塞氏盘深度，河流为浊度）基准（Ⅲ级生态区基准）^{P}					
40	可溶性固体和盐度（solids dissolved and salinity）	—					$250\ 000^A$	
41	悬浮性固体和浊度（solids suspended and turbidity）	—	叙述性条文（见文件 ^{F}《黄皮书》）					
42	硫化物—硫化氢（sulfide-hydrogen sulfide）	7783064		2.0^F		2.0^F		
43	沾染性物质（tainting substances）	—	叙述性条文（见文件《黄皮书》）					
44	温度（temperature）	—	与物种有关的基准（见文件 ^{M}《黄皮书》）					
45	1,2,4,5-四氯苯（1,2,4,5-tetrachlorobenzene）	95943					0.97^E	1.1^E
46	三丁基锡（tributyltin）	—	0.45^Q	0.072^Q	0.42^Q	0.0074^Q		
47	2,4,5-三氯苯酚（2,4,5-trichlorophenol）	95954					$1800^{B,E}$	$3600^{B,E}$

A. 该人体健康基准与最初发布于《红皮书》（USEPA 440/9-76-023, 1976）中的一样，此书早于 1980 年的方法学，并且没有使用鱼类膳食 BCF 法。同样的基准值现在发布于《黄皮书》（USEPA 440/5-86-001, 1986）。

B. 感官影响基准值比非优控污染物表中列出的基准值更严格。

C. 根据《安全饮用水法》，美国环境保护署发布了更严格的最大污染物浓度（MCL）。参阅饮用水法规 40 CFR 141 或咨询安全饮用水热线（1-800-426-4791）。

D. 根据《维导保护水生生物及共用水质基准》中描述的程序，除了在某一地区非常敏感的重要物种，如果附录 7-C 关于计算淡水氨氮基准指定的 2 个条件都满足，则淡水水生生物应当受到保护。

E. 该基准值已被修订，以反映美国环境保护署的 q_1^* 或者 RfD 值（慢性参考剂量），与综合风险信息系统（IRIS,2002 年 5 月 17 日）中的相同。在每个案例下，保留了《环境水质基准》（1980 年）中鱼类组织的生物富集系数 BCF。

F. 该值的推导在《红皮书》（USEPA 440/9-76-023, 1976 年 7 月）中有介绍。

G. 该值是基于 304（a）水生生物水质基准，它是根据 1985 年指南《推导保护水生生物及其用途的国家定量水质基准》（PB85-227049,1985 年 1 月）得出的，并且被发布于下列文件之一中：铝（USEPA 440/5-88-001）、氧化物（USEPA 440/5-86-008）、毒死蜱（USEPA 440/5-86-005）。

H. 本基准是基于 10^{-6} 的致癌风险。通过移动小数点可得到改变的风险水平（例如，对风险水平 10^{-5} 来说，将推荐基准值的小数点向右移动一位即可）。

I. 铝的基准值适用于水体中总的可回收金属铝来表示。

J. 本推荐基准值是基于 304（a）水生生物水质基准，它发布于 1995 年修订版《保护环境水体中的水生生物的水质基准文件》（USEPA-820-B-96-001,1996 年 9 月）。这个值适用 GLI 指南（60FR 15393～15399, 1995 年 3 月 23 日; 40CFR 132 附录 A）推导出的; 1995 年指南第Ⅳ版第 页解释了 1985 年指南与 GLI 指南之间的差异。该基准的推导导不受大湖有关需要考虑事项的影响。

K. 根据《红皮书》第 181 页: 对于水深大大超过透光层的开阔海洋水体, 其 pH 的变化范围都不应超出 6.5～8.5 的范围, 或者说在任何情况下都不能超出 0.2 个单位以上, 在任何情况下不得超过为淡水制定的限值, 即 pH 6.5～9.0。对于水深较浅且有大量生物繁殖的沿海和河口地区, 其 pH 的自然变化接近于或低于致死的种类致死的限值, 应避免 pH 的变化。

L. 有三个原因用来解释为什么溶解用水体一致应比值适当的: ①87μg/L 是基于条纹石鲥在 pH=6.5～6.6、硬度小于 10mg/L 的水中进行的毒性实验。《关于弗吉尼亚中西部 3M 厂排放废水中铝的水-效应比率》中的数据表明, 在 pH 和硬度较高的情况下, 铝的毒性显著下降, 但是当时没有对 pH 和硬度的影响进行定量化。②在低 pH 和硬度的条件下, 用美洲红点鲑做的实验中, 随着总铝浓度的增加而增大。即使以可溶性铝比可溶性铝的浓度是恒定的, 这表明总可回收铝可能更适宜用于铝的水质基准的测定, 至少在颗粒性铝主要是氢氧化铝时的是这样的情况。然而, 在地表水中, 总可回收铝或溶解性铝时, 总与黏土颗粒中的铝相比, 与氢氧化铝中的铝可能是低毒的。③美国环境保护署已收集到的现场资料表明, 在测定总可回收铝或溶解性铝时, 黏土颗粒中的铝, 与氢氧化多高质量的水体含有 87μg/L 以上的铝。

M. USEPA. 1973.《水质基准 1972》（USEPA-R3-73-033, National Technical Information Service,Springfield,VA.）; USEPA. 1977.《淡水鱼类的温度基准: 草案和程序》（USEPA-600/3-77-061, National Technical Information Service,Springfield,VA.）。

N. USEPA. 1986.《溶解氧的环境水质基准》（USEPA 440/5-86-003, National Technical Information Service,Springfield,VA.）。

O. 该锰的基准不是基于毒性影响, 而意在将饮料中令人对厌的物质如洗衣污渍和异味最小化。

P. 营养生态区中的湖泊和水库: II USEPA 822-B-01-015、IX USEPA 822-B-01-008、III USEPA 822-B-00-007、III USEPA 822-B-01-010、VI USEPA 822-B-00-008、VII USEPA 822-B-00-009、VIII USEPA 822-B-01-015、IX USEPA 822-B-00-011、XI USEPA 22-B-00-012、XII USEPA 822-B-00-013、XIII USEPA 822-B-01-011; 营养生态区中的河流: I USEPA 822-B-00-012、II USEPA 822-B-00-015、III USEPA 822-B-01-013、V USEPA 822-B-01-014、VI USEPA 822-B-00-016、VII USEPA 822-B-00-018、VIII USEPA 822-B-01-015、X USEPA 822-B-00-019、X USEPA 822-B-00-020、XI USEPA 822-B-01-016、XII USEPA 822-B-00-021、XIV USEPA 822-B-00-022; 营养生态区中的湿地: XIII USEPA 822-B-00-023。

Q. 美国环境保护署于 1997 年 8 月 7 日发布了三丁基锡（TBT）修订文件草案（62 FR 42554）。美国环境保护署已重新评估了这一文件, 预计不久将针对公众意见发布一份最新文件。

感官影响的水质基准推荐值

序号	污染物	CAS 编号	感官影响基准/（μg/L）
1	二氢苊（acenaphthene）	83329	20
2	一氯苯（monochlorobenzene）	108907	20
3	3-氯苯酚（3-chlorophenol）	—	0.1
4	4-氯苯酚（4-chlorophenol）	106489	0.1
5	2,3-二氯苯酚（2,3-dichlorophenol）	—	0.04
6	2,5-二氯苯酚（2,5-dichlorophenol）	—	0.5
7	2,6-二氯苯酚（2,6-dichlorophenol）	—	0.2
8	3,4-二氯苯酚（3,4-dichlorophenol）	—	0.3
9	2,4,5-三氯苯酚（2,4,5-trichlorophenol）	95954	1
10	2,4,6-三氯苯酚（2,4,6-trichloropehnol）	88062	2
11	2,3,4,6-四氯苯酚（2,3,4,6-tetrachlorophenol）	—	1
12	2-甲基-4-氯苯酚（2-methyl-4-chlorophenol）	—	1800
13	3-甲基-4-氯苯酚（3-methyl-4-chlorophenol）	59507	3000
14	3-甲基-6-氯苯酚（3-methyl-6-chlorophenol）	—	20
15	2-氯苯酚（2-chlorophenol）	95578	0.1
16	铜（copper）	7440508	1000
17	2,4-二氯苯酚（2,4-dichlorophenol）	120832	0.3
18	2,4-二甲基苯酚（2,4-dimethylpehnol）	105679	400
19	六氯环戊二烯（hexachlorocyclopentadiene）	77474	1
20	硝基苯（nitrobenzene）	98953	30
21	五氯苯酚（pentachlorophenol）	87865	30
22	苯酚（phenol）	108952	300
23	锌（zinc）	7440666	5000

注：这些基准是基于感官（嗅和味）的影响。由于化学命名系统的改变，本污染物列表与 40 CFR 423 附录 A 中的列表不完全相同。化学文摘服务处（CAS）登记号也被列出，为每种化学物质提供了唯一识别。

附录说明：

1. 基准最大浓度和基准连续浓度

　　基准最大浓度（CMC）是对一种物质在地表水中的最高浓度的估值，在此浓度下，水生生物群落可以暂时地被暴露而不产生不可接受的影响。基准连续浓度（CCC）是对一种物质在地表水中的最高浓度的估值，在此浓度下，水生生物群落可以无限期地被暴露而不产生不可接受的影响。CMC 和 CCC 仅是水生生物基准水质中 6 个部分中的 2 个；其他 4 个部分分别是急性平均周期、慢性平均周期、允许超标现象的急性频率以及允许超标现象的慢性频率。304（a）水生生物水质基准是美国国家指南，旨在保护美国境内的绝大多数水生生物群落。

2. 优控污染物、非优先污染物和感官影响基准推荐值

本汇编列出了所有优控污染物和部分非优控污染物，人体健康基准和感官影响基准都是依照 304（a）发布的。空白表明美国环境保护署还没有制定出《清洁水法》304（a）基准推荐值。对于那些没有列出的非优美国污染物，《清洁水法》304（a）"水+生物"人体健康基准是无法获得的，但是美国环境保护署按照《安全饮用水法》（SDWA）发布了可以用来制定水质标准保护水体提供的指定用途的最大污染物浓度（MCL）。由于化学命名系统的改变，本污染物列表与 40 CFR 423 附录 A 中的列表不完全相同。化学文摘服务处（CAS）登记号也被列出，为每种化学物质提供了唯一识别。

3. 人体健康风险

优控污染物和非优控污染物的人体健康基准都是基于 10^{-6} 的致癌风险。通过移动小数点可得到改变的风险水平（例如，对风险水平 10^{-5} 来说，将推荐基准值的小数点向右移动一位即可）。

4. 按照《清洁水法》304（a）或 303（a）发布的水质基准

本汇编中的许多数值都发布在《加利福尼亚毒物法》中。尽管这些数值是按照《清洁水法》303（a）发布的，但它们代表了水质基准的最新计算和美国环境保护署的 304（a）基准。

5. 可溶性金属基准的计算

304（a）金属基准，以可溶性金属表示，是用两种方法中的一种计算出来的。淡水金属基准与硬度有关，只以硬度为 100mg/L（以 $CaCO_3$ 计）为例，计算出了那些与硬度有关的可溶性金属基准值。和硬度无关的海水和淡水基准值是通过用总可回收基准值乘以适当的转换系数得到的。表中的最终可溶性金属的基准值四舍五入成 2 位有效数字。硬度决定的转换系数的计算信息见表后的注释。

6. 最大污染物浓度

本汇编附有比本汇编中推荐的水质基准更为严格的最大污染物浓度的污染物的注释。本汇编中不包括这些污染物的最高污染物浓度，但可以在饮用水法规（40 CFR 141，11-16 和 141.60-63）中找到，或者咨询安全饮用水热线（800-426-4791），或者访问互联网（http://www.epa.gov/waterscience/dringking/standards/dwstandards.pdf）。

7. 感官影响

本汇编包括了污染物的基于毒性和非毒性的 304（a）基准。基于非毒性基准的根据是使水和可食用的水生生物变得不可食但对人体没有毒性的感官影响（如味觉和嗅觉）。表中包括了 23 种污染物的感官影响基准。污染物的感官影响基准严于基于毒性的基准（例如，包括优控污染物和非优控污染物）。

8. 金皮书

《黄皮书》是指《水质基准：1986》（USEPA 440/5-86-001）。

9. 化学文摘服务处编号的更正

二（2-氯异丙基）醚的化学文摘服务处编号（CAS）已在 IRIS 和本表中更正。正确的 CAS 编号是 108-60-1。该污染物以前的 CAS 编号是 39638-32-9。

10. 带空白表格的污染物

美国环境保护署还没有为带空白表格的污染物计算出基准。然而，许可证机构应该在 NPDES 许可证工作中运用各州的有毒物质的现有叙述性基准对这些污染物加以解释。

11. 特殊化学物质的计算

本汇编包括了硒的水生生物水质基准，与已提到的 CTR 中发布的基准相同。在 CTR 中，根据《大湖系统水质指南》（61 FR 58444）中硒的推荐基准值，美国环境保护署推荐了硒的急性基准值。GLI 和 CTR 的建议值考虑的数据是硒的 2 个最主要的氧化形态——亚硒酸盐和硒酸盐，提出了不同潜在的水生生物毒性，且新的数据表明不同形态的硒具有加成性。根据亚硒酸盐的相对比例和硒的其他存在形态，新的方法得出了不同的硒急性基准浓度或 CMC 值。

美国环境保护署目前正在对硒进行再评价，希望根据最终的再评价报告（63 FR 26186），修改硒的 304（a）基准。但是，在美国环境保护署颁布修改的硒的水质基准之前，本汇编中推荐的水质基准是现行的 304（a）基准。

附录 7-A　可溶性金属的转换系数

金属	淡水 CMC 转换系数	淡水 CCC 转换系数	海水 CMC 转换系数	海水 CCC 转换系数
砷（arsenic）	1.000	1.000	1.000	1.000
镉（cadmium）	1.136672–[（ln 硬度）（0.041838）]	1.101672–[（ln 硬度）（0.041838）]	0.994	0.994
三价铬（chromium III）	0.316	0.860	—	—
六价铬（chromium VI）	0.982	0.962	0.993	0.993
铜（copper）	0.960	0.960	0.830	0.830
铅（lead）	1.46203–[（ln 硬度）（0.145712）]	1.46203–[（ln 硬度）（0.145712）]	0.951	0.951
汞（mercury）	0.850	0.850	0.850	0.850
镍（nickel）	0.998	0.997	0.990	0.990
硒（selenium）	—	—	0.998	0.998
银（silver）	0.850	—	0.850	—
锌（zinc）	0.978	0.986	0.946	0.946

附录 7-B　计算与硬度有关的淡水可溶性金属基准的参数

金属	m_A	b_A	m_C	b_C	淡水转换系数（CF）	
					CMC	CCC
镉（cadmium）	1.0166	−3.9240	0.7409	−4.7190	1.136672–[（ln 硬度）（0.041838）]	1.101672–[（ln 硬度）（0.041838）]
三价铬（chromium III）	0.8190	3.7256	0.8190	0.6848	0.316	0.860

续表

金属	m_A	b_A	m_C	b_C	淡水转换系数（CF）	
					CMC	CCC
铜（copper）	0.9422	−1.7000	0.8545	−1.7020	0.960	0.960
铅（lead）	1.2730	−1.4600	1.2730	−4.7050	1.46203−[（ln 硬度）（0.145712）]	1.46203−[（ln 硬度）（0.145712）]
镍（nickel）	0.8460	2.2550	0.8460	0.0584	0.998	0.997
银（silver）	1.7200	−6.5900	—	—	0.850	—
锌（zinc）	0.8473	0.8840	0.8473	0.8840	0.978	0.986

由硬度决定的金属基准可以根据以下公式计算：

$$CMC（可溶性金属）= \exp\{m_A [\ln（硬度）]+ b_A\}（CF）$$

$$CCC（可溶性金属）= \exp\{m_C [\ln（硬度）]+ b_C\}（CF）$$

附录 7-C 淡水中氨基准的计算

1. 1h 的总氨氮平均浓度（mg N/L）超过每三年平均最高值不得多于一次，使用下面的公式计算 CMC。

在鲑鱼存在的区域：

$$CMC = \frac{0.275}{1+10^{7.204-pH}} + \frac{39.0}{1+10^{pH-7.024}}$$

在没有鲑鱼的区域：

$$CMC = \frac{0.411}{1+10^{7.204-pH}} + \frac{58.4}{1+10^{pH-7.024}}$$

2A. 30d 总氨氮的平均浓度（mg N/L）超过每三年平均最高值不得多于一次，使用下面的公式计算 CCC。

当有鱼的幼苗存在时：

$$CCC = \left(\frac{0.0577}{1+10^{7.688-pH}} + \frac{2.487}{1+10^{pH-7.688}}\right) \times \min\left(2.85, 1.45 \times 10^{0.028 \times (52-T)}\right)$$

当不存在鱼的幼苗时：

$$CCC = \left(\frac{0.0577}{1+10^{7.688-pH}} + \frac{2.487}{1+10^{pH-7.688}}\right) \times 1.45 \times 10^{0.028 \times (25-\max(T,7))}$$

2B. 另外，30d 内 4d 平均的最高值不应该超过 CCC 的 2.5 倍。

附录8a 2012年美国环境保护署推荐人体健康水质基准

人体健康水质基准

污染物	CAS 编号	P/NP*	人体的消费健康		出版年份
			消费水和生物/(μg/L)	只消费生物/(μg/L)	
苊（acenaphthene）	83329	P	670 B, U	990 B, U	2002
丙烯醛（acrolein）	107028	P	6 II	9 II	2009
丙烯腈（acrylonitrile）	107131	P	0.051 B, C	0.25 B, C	2002
艾氏剂（aldrin）	309002	P	0.000049 B, C	0.000050 B, C	2002
α-六六六（alpha-BHC）	319846	P	0.0026 B, C	0.0049 B, C	2002
α-硫丹（alpha-endosulfan）	959988	P	62 B	89 B	2002
蒽（anthracene）	120127	P	8300 B	40000 B	2002
锑（antimony）	7440360	P	5.6 B	640 B	2002
砷（arsenic）	7440382	P	0.018 C, M, S	0.14 C, M, S	1992
石棉（asbestos）	1332214	P	7 million fibers/L I		1991
钡（barium）	7440393	NP	1000 A		1986
苯（benzene）	71432	P	2.2 B, C	51 B, C	2002
联苯胺（benzidine）	92875	P	0.000086 B, C	0.00020 B, C	2002
苯并[a]蒽（benzo[a]anthracene）	56553	P	0.0038 B, C	0.018 B, C	2002
苯并[a]芘（benzo[a]pyrene）	50328	P	0.0038 B, C	0.018 B, C	2002
苯并[b]荧蒽（benzo[b]fluoranthene）	205992	P	0.0038 B, C	0.018 B, C	2002
苯并[k]荧蒽（benzo[k]fluoranthene）	207089	P	0.0038 B, C	0.018 B, C	2002
铍（beryllium）	7440417	P	Z		
β-六六六（beta-BHC）	319857	P	0.0091 B, C	0.017 B, C	2002
β-硫丹（beta-endosulfan）	33213659	P	62 B	89 B	2002
二氯异丙醚[bis（2-chloroethyl）ether]	111444	P	0.030 B, C	0.53 B, C	2002
双（2-氯乙基）醚 [bis（2-chloroisopropyl）ether]	108601	P	1400 B	65000 B	2002
邻苯二甲酸二-（2-乙基己）酯 [bis（2-ethylhexyl）phthalate]	117817	P	1.2 B, C	2.2 B, C	2002
三溴甲烷（bromoform）	75252	P	4.3 B, C	140 B, C	2002
邻苯二甲酸丁苄酯（butylbenzyl phthalate）	85687	P	1500 B	1900 B	2002
镉（cadmium）	7440439	P	Z		
四氯化碳（carbon tetrachloride）	56235	NP	0.23 B, C	1.6 B, C	2002
氯丹（chlordane）	57749	P	0.00080 B, C	0.00081 B, C	2002
氯苯（chlorobenzene）	108907	P	130 Z, U	1600 U	2003
氯二溴甲烷（chlorodibromomethane）	124481	P	0.40 B, C	13 B, C	2002
三氯甲烷（chloroform）	67663	P	5.7 C, P	470 C, P	2002
2,4-滴[chlorophenoxy herbicide（2,4-D）]	94757	NP	100 Z		1986

污染物	CAS 编号	P/NP*	人体的消费健康		出版年份
			消费水和生物/($\mu g/L$)	只消费生物/($\mu g/L$)	
三价铬[chromium（III）]	16065831	P	Z Total		
六价铬[chromium（VI）]	18540299	P	Z Total		
䓛（chrysene）	218019	P	0.0038 [B, C]	0.018 [B, C]	2002
铜（copper）	7440508	P	1300 [U]		1992
氰化物（cyanide）	57125	P	140 [jj]	140 [jj]	2003
二苯并[a,h]蒽（dibenzo[a,h]anthracene）	53703	P	0.0038 [B, C]	0.018 [B, C]	2002
二氯一溴甲烷[dichlorobromomethane]	75274	P	0.55 [B, C]	17 [B,C]	2002
狄氏剂（dieldrin）	60571	P	0.000052 [B, C]	0.000054 [B, C]	2002
邻苯二甲酸二乙酯（diethyl phthalate）	84662	P	17000 [B]	44000 [B]	2002
邻苯二甲酸二甲酯（dimethyl phthalate）	131113	P	270000	1100000	2002
邻苯二甲酸二正丁酯（di-n-butyl phthalate）	84742	P	2000 [B]	4500 [B]	2002
二硝基酚（dinitrophenols）	25550587	NP	69	5300	2002
硫丹硫酸盐（endosulfan sulfate）	1031078	P	62 [B]	89 [B]	2002
异狄氏剂（endrin）	72208	P	0.059	0.060	2003
异狄氏剂醛（endrin aldehyde）	7421934	P	0.29 [B]	0.30 [B, H]	2002
双（氯甲基）醚[ether, bis（chloromethyl）]	542881	NP	0.00010 [C]	0.00029 [C]	2002
乙苯（ethylbenzene）	100414	P	530	2100	2003
荧蒽（fluoranthene）	206440	P	130 [B]	140 [B]	2002
芴（fluorene）	86737	P	1100 [B]	5300 [B]	2002
γ-六六六（林丹）[gamma-BHC（lindane）]	58899	P	0.98	1.8	2003
七氯（heptachlor）	76448	P	0.000079 [B, C]	0.000079 [B, C]	2002
环氧七氯（heptachlor epoxide）	1024573	P	0.000039 [B, C]	0.000039 [B, C]	2002
六氯苯（hexachlorobenzene）	118741	P	0.00028 [B, C]	0.00029 [B, C]	2002
六氯丁二烯（hexachlorobutadiene）	87683	P	0.44 [B, C]	18 [B, C]	2002
六氯环己烷技术（hexachlorocyclo-hexane-technical）	608731		0.0123 [H]	0.0414 [H]	
六氯环戊二烯（hexachlorocyclopentadiene）	77474	P	40 [U]	1100 [U]	2003
六氯乙烷（hexachloroethane）	67721	P	1.4 [B, C]	3.3 [B, C]	2002
茚并（1,2,3-cd）芘[indene（1,2,3-cd）pyrene]	193395	P	0.0038 [B, C]	0.018 [B, C]	2002
异佛尔酮（isophorone）	78591	P	35 [B, C]	960 [B, C]	2002
锰（manganese）	7439965	NP	50 [O]	100 [A]	
甲基汞（methylmercury）	22967926	P		0.3 mg/kg [J]	2001
甲氧氯（methoxychlor）	72435	NP	100 [A, Z]		1986
溴化甲烷（methyl bromide）	74839	P	47 [B]	1500 [B]	2002
二氯甲烷（methylene chloride）	75092	P	4.6 [B, C]	590 [B,C]	2002
镍（nickel）	7440020	P	610 [B]	4600 [B]	1998
硝酸盐（nitrates）	14797558	NP	10000 [A]		1986

续表

污染物	CAS 编号	P/NP*	人体的消费健康		出版年份
			消费水和生物/(μg/L)	只消费生物/(μg/L)	
硝基苯（nitrobenzene）	98953	P	17 B	690 B, H, U	2002
亚硝胺（nitrosamines）	—	NP	0.0008	1.24	1980
N-亚硝基二丁胺（N-nitrosodibutylamine）	924163	NP	0.0063 C	0.22 C	2002
N-亚硝基二乙胺（N-nitrosodiethylamine）	55185	NP	0.0008 C	1.24 C	2002
N-亚硝基吡咯烷（N-nitrosopyrrolidine）	930552	NP	0.016 C	34 C	2002
N-亚硝基二甲胺（N-nitrosodimethylamine）	62759	P	0.00069 B, C	3.0 B, C	2002
N-亚硝基二丙胺（N-nitrosodi-n-propylamine）	621647	P	0.0050 B, C	0.51 B, C	2002
N-亚硝基二苯胺（N-nitrosodiphenylamine）	86306	P	3.3 B, C	6.0 B, C	2002
营养物（nutrients）	—	NP	见美国环境保护署对总磷、总氮、叶绿素 a 和水透明度（湖泊的透明度深度，小溪和河流的浊度）（三级生态区域的基准）的生态区域基准		
病原体和病原体指标（pathogen and pathogen indicators）	—		见美国环境保护署 2012 水质基准文件		2012
五氯苯（pentachlorobenzene）	608935	NP	1.4	1.5	2002
五氯苯酚（pentachlorophenol）	87865	P	0.27 B, C	3.0 B, C, H	2002
pH	—	NP	5～9		1986
苯酚（phenol）	108952	P	10000 ll, U	860000 ll, U	2009
多氯联苯[polychlorinated biphenyls（PCB）]		P	0.000064 B, C, N	0.000064 B, C, N	2002
芘（pyrene）	129000	P	830 B	4000 B	2002
硒（selenium）	7782492	P	170 Z	4200	2002
可溶性固体和盐度（solids dissolved and salinity）	—	NP	250000 A		1986
1,2,4,5-四氯苯（1,2,4,5-tetrachlorobenzene）	95943	NP	0.97 B	1.1 B	2002
四氯乙烯（tetrachloroethylene）	127184	P	0.69 C	3.3 C	2002
铊（thallium）	7440280	P	0.24	0.47	2003
甲苯（toluene）	108883	P	1300 Z	15000	2003
毒杀芬（toxaphene）	8001352	P	0.00028 B, C	0.00028 B, C	2002
三氯乙烯（trichloroethylene）	79016	P	2.5 C	30 C	2002
2,4,5-三氯苯酚（2,4,5-trichlorophenol）	95954	NP	1800 B	3600 B	2002
氯乙烯（vinyl chloride）	75014	P	0.025 C, kk	2.4 C, kk	2003
锌（zinc）	7440666	P	7400 U	26000 U	2002
1,1,1-三氯乙烷（1,1,1-trichloroethane）	71556	P	Z		
1,1,2,2-四氯乙烷（1,1,2,2-tetrachloroethane）	79345	P	0.17 B, C	4.0 B, C	2002
1,1,2-三氯乙烷（1,1,2-trichloroethane）	79005	P	0.59 B, C	16 B, C	2002
1,1 二氯乙烯（1,1-dichloroethylene）	75354	P	330	7100	2003
1,2,4-三氯苯（1,2,4-trichlorobenzene）	120821	P	35	70	2003

续表

污染物	CAS 编号	P/NP*	人体的消费健康		出版年份
			消费水和生物/(μg/L)	只消费生物/(μg/L)	
1,2–二氯苯（1,2-dichlorobenzene）	95501	P	420	1300	2003
1,2-二氯乙烷（1,2-dichloroethane）	107062	P	0.38 [B, C]	37 [B, C]	2002
1,2-二氯丙烷（1,2-dichloropropane）	78875	P	0.50 [B, C]	15 [B, C]	2002
1,2-二苯肼（1,2-diphenylhydrazine）	122667	P	0.036 [B, C]	0.20 [B, C]	2002
1,2 反式-二氯乙烯（1,2-trans-dichloroethylene）	156605	P	140 [Z]	10000	2003
1,3 二氯苯（1,3-dichlorobenzene）	541731	P	320	960	2002
1,3 二氯丙烯（1,3-dichloropropene）	542756	P	0.34 [C]	21 [C]	2003
1,4 二氯苯（1,4-dichlorobenzene）	106467	P	63	190	2003
2,3,7,8-四氯二苯并二噁英 [2,3,7,8-TCDD（dioxin）]	1746016	P	5.0×10^{-9} [C]	5.1×10^{-9} [C]	2002
2,4,6-三氯苯酚（2,4,6-trichlorophenol）	88062	P	1.4 [B, C]	2.4 [B, C, U]	2002
2,4-二氯苯酚（2,4-dichlorophenol）	120832	P	77 [B, U]	290 [B, U]	2002
2,4-二甲苯酚（2,4-dimethylphenol）	105679	P	380 [B]	850 [B, U]	2002
2,4-二硝基酚（2,4-dinitrophenol）	51285	P	69 [B]	5300 [B]	2002
2,4-二硝基甲苯（2,4-dinitrotoluene）	121142	P	0.11 [C]	3.4 [C]	2002
2-氯奈（2-chloronaphthalene）	91587	P	1000 [B]	1600 [B]	2002
2-氯酚（2-chlorophenol）	95578	P	81 [B, U]	150 [B, U]	2002
2-甲基-4,6-二硝基苯酚（2-methyl-4,6-dinitrophenol）	534521	P	13	280	2002
3,3'-二氯联苯胺（3,3'-dichlorobenzidine）	91941	P	0.021 [B, C]	0.028 [B, C]	2002
3-甲基-4-氯苯酚（3-methyl-4-chlorophenol）	59507	P	U	U	2002
4,4'-滴滴滴（4,4'-DDD）	72548	P	0.00031 [B, C]	0.00031 [B, C]	2002
4,4'-滴滴伊（4,4'-DDE）	72559	P	0.00022 [B, C]	0.00022 [B, C]	2002
4,4'-滴滴涕（4,4'-DDT）	50293	P	0.00022 [B, C]	0.00022 [B, C]	2002

*P/NP 指优控污染物（P）或非优控污染物（NP）。

A. 该健康基准与最初发布于《红皮书》中的一样，此书早于 1980 年的方法学，且没有使用鱼类摄食 BCF 法。同样的基准值现发布于《金皮书》。

B. 本基准值已被修订，以反映美国环境保护署的 q_1^* 或 RfD，与综合风险信息系统（IRIS，2002 年 5 月 17 日）中的相同。在每个案例下，保留了《环境水质基准》（1980 年）中鱼类组织的生物富集系数 BCF。

C. 本基准是基于 10^{-6} 的致癌风险。通过移动小数点可得到改变的风险水平（例如，对风险水平 10^{-5} 来说，将推荐基准值的小数点向右移动一位即可）。

H. 在 1980 年的基准文件或 1986 的水质基准中，没有介绍只消费水生生物（不包括水）的保护人体健康的基准。不过，1980 年的文件中提供了足够的信息，可以进行基准的计算，即使计算结果没有在文件中显示。

I. 本石棉基准是根据《安全饮用水法》（SDWA）制定的最大污染物浓度（MCL）。

J. 甲基汞的鱼类组织残留基准是根据总的鱼类摄食速率 0.0175 kg/d 计算。

M. 美国环境保护署正在重新评价砷的基准。

N. 该基准适用于总多氯联苯（如所有同系或同分异构体或 Aroclor 分析总和）。

O. 锰的基准不是基于毒性影响，而意在将饮料中令人讨厌的物质，如洗衣沾污和异味最小化。

　　P. 尽管新的RfD可以从IRIS中获得，但是直到《国家一级饮用水条例：第二阶段消毒剂及其副产物规定》（Stage 2 DBPR）完成后，地表水水质基准才能被修订，因为正在征集公众对于三氯甲烷的相对源贡献（RSC）的意见。

　　S. 砷的水质基准推荐值只涉及无机形态。

　　U. 感官影响基准比优控污染物的基准更严格。

　　Z. 美国环境保护署已经发布了更加严格的 MCL 值。可查阅饮用水法规（40CFR141）或咨询安全饮用水热线（1-800-426-4791）。

　　jj. 该水质基准推荐值是总的氰化物表示，而 IRIS 的 RfD 是基于游离的氰化物。环境水体中各形态氰化物由于释放 CN^- 的能力不同而呈现不同的毒性。某些复杂的氰化物甚至需要比硫酸回流更加极端的条件才能释放 CN^-。因此，这些复杂的氰化物对人类毒性很小或者没有生物有效性。如果水体中大部分的氰化物以复杂形态存在（如 $Fe_4[Fe(CN)_6]_3$），基准可能过于保守。

　　kk. 该水质基准推荐值是使用 1.4 的致癌斜率因子（从出生开始的线性多级暴露）推导得出。

　　ll. 该基准已经被修订，以反映美国环境保护署的致癌斜率因子 CSF 或参考剂量 RfD，与 IRIS（最终 FR 通知发布日）中的相同。每个案例下，保留了《环境水质基准》（1980 年）中的鱼类组织的生物富集系数 BCF。

感官影响（嗅和味）

污染物	CAS 编号	影响感官的基准/（µg/L）	FR Cite/Source
苊（acenaphthene）	83329	20	《金皮书》
颜色（color）	—	NP	《金皮书》
铁（iron）	7439896	300	《金皮书》《红皮书》
一氯苯（monochlorobenzene）	108907	20	《金皮书》
引起异味的物质（tainting substance）	—	NP	《金皮书》
3-氯酚（3-chlorophenol）	—	0.1	《金皮书》
4-氯酚（4-chlorophenol）	106489	0.1	《金皮书》
2,3-二氯苯酚（2,3-dichlorophenol）	—	0.04	《金皮书》
2,5-二氯苯酚（2,5-dichlorophenol）	—	0.5	《金皮书》
2,6-二氯苯酚（2,6-dichlorophenol）	—	0.2	《金皮书》
3,4-二氯苯酚（3,4-dichlorophenol）	—	0.3	《金皮书》
2,4,5-三氯苯酚（2,4,5-trichlorophenol）	95954	1	《金皮书》
2,4,6-三氯苯酚（2,4,6-trichlorophenol）	88062	2	《金皮书》
2,3,4,6-四氯苯酚（2,3,4,6-tetrachlorophenol）	—	1	《金皮书》
2-甲基-4-氯苯酚（2-methyl-4-chlorophenol）	—	1800	《金皮书》
3-甲基-4-氯苯酚（3-methyl-4-chlorophenol）	59507	3000	《金皮书》
3-甲基-6-氯苯酚（3-methyl-6-chlorophenol）	—	20	《金皮书》
2-氯酚（2-chlorophenol）	95578	0.1	《金皮书》
铜（copper）	7440508	1000	《金皮书》
2,4-二氯苯酚（2,4-dichlorophenol）	120832	0.3	《金皮书》
2,4-二甲苯酚（2,4-dimethylphenol）	105679	400	《金皮书》
六氯环戊二烯（hexachlorocyclopentadiene）	77474	1	《金皮书》
锰（manganese）	7439965		
硝基苯（nitrobenzene）	98953	30	《金皮书》

续表

污染物	CAS 编号	影响感官的基准/（μg/L）	FR Cite/Source
五氯苯酚（pentachlorophenol）	87865	30	《金皮书》
苯酚（phenol）	108952	300	《金皮书》
锌（zinc）	7440666	5000	45 FR79341

注：这些基准是基于感官（嗅和味）的影响。由于化学命名系统的改变，本污染物列表与 40 CFR 423 附录 A 中的列表不完全相同。化学文摘服务处（CAS）登记号也被列出，为每种化学物质提供了唯一识别。

附录 8b 2012 年美国环境保护署推荐水生生物水质基准

淡水生物水质基准

污染物	CAS 编号	P/NP*	淡水		海水		出版年份
			CMC（急性）/（μg/L）	CCC（慢性）/（μg/L）	CMC（急性）/（μg/L）	CCC（慢性）/（μg/L）	
丙烯醛（acrolein）	107028	P	3	3			2009
感官质量（aesthetic qualities）	—	NP	叙述声明（见附件）				1986
艾氏剂（aldrin）	309002	P	3.0 G		1.3 G		1980
碱度（alkalinity）	—	NP	20000 C				1986
α-硫丹（alpha-endosulfan）	959988	P	0.22 G, Y	0.056 G, Y	0.034 G,Y	0.0087 G,Y	1980
铝（aluminum pH 6.5～9.0）	7429905	NP	750 I	87 I, S			1988
氨（ammonia）	7664417	NP	淡水基准取决于 pH、温度和生命阶段 海水基准取决于 pH 和温度				2013 1989
砷（arsenic）	7440382	P	340 A, D	150 A, D	69 A, D	36 A, D	1995
细菌（bacteria）	—	NP	主要娱乐和贝类用途（见附件）				1986
β-硫丹（beta-endosulfan）	33213659	P	0.22 G, Y	0.056 G, Y	0.034 G,Y	0.0087 G,Y	1980
硼（boron）	—	NP	叙述声明（见附件）				1986
甲萘威（carbaryl）	63252	NP	2.1	2.1	1.6		2012
镉（cadmium）	7440439	P	2.0 D, E	0.25 D, E	40 D	8.8 D	2001
氯丹（chlordane）	57749	P	2.4 G	0.0043 G	0.09 G	0.004 G	1980
氯化物（chloride）	16887006	NP	860000	230000			1986
氯（chlorine）	7782505	NP	19	11	13	7.5	1986
陶斯松（chloropyrifos）	2921882	NP	0.083	0.041	0.011	0.0056	1986
三价铬[chromium（III）]	16065831	P	570 D, E	74 D, E			1995
六价铬[chromium（VI）]	18540299	P	16 D	11 D	1100 D	50 D	1995
色度（color）	—	NP	叙述声明（见附件）				1986
铜（copper）	7440508	P	用 BLM 计算淡水基准（见附件）		4.8 D, cc	3.1 D, cc	2007
氰化物（cyanide）	57125	P	22 Q	5.2 Q	1 Q	1 Q	1985

续表

污染物	CAS 编号	P/NP*	淡水		海水		出版年份
			CMC（急性）/（μg/L）	CCC（慢性）/（μg/L）	CMC（急性）/（μg/L）	CCC（慢性）/（μg/L）	
内吸磷（demeton）	8065483	NP		0.1 C		0.1 C	1985
二嗪农（diazinon）	333415	NP	0.17	0.17	0.82	0.82	2005
狄氏剂（dieldrin）	60571	P	0.24	0.056 O	0.71 G	0.0019 G	1995
异狄氏剂（endrin）	72208	P	0.086	0.036 O	0.037 G	0.0023 G	1995
γ-六六六（林丹）[gamma-BHC（lindane）]	58899	P	0.95		0.16 G		1995
总可溶性气体（gases, total dissolved）	—	NP	叙述声明（见附件）				1986
谷硫磷（guthion）	86500	NP		0.01 C		0.01 C	1986
硬度（hardness）	—	NP	叙述声明（见附件）				1986
七氯（heptachlor）	76448	P	0.52 G	0.0038 G	0.053 G	0.0036 G	1980
七氯环氧化物（heptachlor epoxide）	1024573	P	0.52 G, V	0.0038 G, V	0.053 G,V	0.0036 G,V	1981
铁（iron）	7439896	NP		1000 C			1986
铅（lead）	7439921	P	65 D, E	2.5 D, E	210 D	8.1 D	1980
马拉硫磷（malathion）	121755	NP		0.1 C		0.1 C	1986
汞（mercury）甲基汞（methylmercury）	74399762296 7926	P	1.4 D, hh	0.77 D, hh	1.8 D,ee, hh	0.94 D,ee, hh	1995
甲氧氯（methoxychlor）	72435	NP		0.03 C		0.03 C	1986
灭蚁灵（mirex）	2385855	NP		0.001 C		0.001 C	1986
镍（nickel）	7440020	P	470 D, E	52 D, E	74 D	8.2 D	1995
壬基酚（nonylphenol）	84852153	NP	28	6.6	7	1.7	2005
营养物（nutrients）	—	NP	见美国环境保护署对总磷、总氮、叶绿素 a 和水透明度（湖泊的透明度深度；小溪和河流的浊度）（三级生态区域的基准）的生态区域基准				
油和脂（oil and grease）	—	NP	叙述声明（见附件）				1986
淡水溶解氧（oxygen, dissolved freshwater）海水溶解氧（oxygen, dissolved saltwater）	7782447	NP	温水和冷水矩阵（见附件）海水（见附件）				1986
对硫磷（parathion）	56382	NP	0.065 I	0.013 I			1995
五氯酚（pentachlorophenol）	87865	P	19 F	15 F	13	7.9	1995
pH	—	NP		6.5~9 C		6.5~8.5 C, P	1986
磷元素（phosphorus elemental）	7723140	NP					1986
多氯联苯[polychlorinated biphenyls（PCB）]		P		0.014 N		0.03 N	

续表

污染物	CAS 编号	P/NP[*]	淡水		海水		出版年份
			CMC（急性）/（μg/L）	CCC（慢性）/（μg/L）	CMC（急性）/（μg/L）	CCC（慢性）/（μg/L）	
硒（selenium）	7782492	P	L, R	5.0 [R]	290 [D,dd]	71 [D, dd]	1999
银（silver）	7440224	P	3.2 [D, E]		1.9 [D]		1980
悬浮性固体和浊度（solids suspended and turbidity）	—	NP	叙述声明（见附件）				1986
硫化氢-硫化物（sulfide-hydrogen sulfide）	7783064	NP		2.0 [C]		2.0 [C]	1986
沾染性物质（tainting substances）	—	NP	叙述声明（见附件）				1986
温度（temperature）	—	NP	物种相关基准（见附件 [M]）				1986
毒杀芬（toxaphene）	8001352	P	0.73	0.0002	0.21	0.0002	1986
三丁基锡[tributyltin（TBT）]	—	NP	0.46	0.072	0.42	0.0074	2004
锌（zinc）	7440666	P	120 [D, E]	120 [D, E]	90 [D]	81 [D]	1995
4,4'-滴滴涕（4,4'-DDT）	50293	P	1.1 [G, ii]	0.001 [G, ii]	0.13 [G, ii]	0.001 [G,ii]	1980

*P/NP 指优控污染物（P）或非优控污染物（NP）。

A. 该水质基准推荐值由三价砷的数据推导，这里适用于总砷，表明三价砷和五价砷对水生生物的毒性相当且可加和。没有数据表明不同形态的砷对水生生物的毒性是否可以加和。详情见水质基准文件。

C. 该基准的推导在《红皮书》中给出（USEPA 440/9-76-023，1976 年 7 月）。CCC 为 20mg/L 是最低值，除非本底碱度更低的区域，这些区域基准不能低于本底水平的 25%。

D. 金属的淡水和海水基准以水相中溶解态浓度表示。参见《水政策和技术指南办公室对水生生物金属基准的解释和实施》，1993 年 10 月 1 日，代理副主任 Martha G. Prothro 著，可从水资源中心获得，40CFR§131.36（b）（1）。表中使用的转换系数见附录 8-A 可溶性金属的转换因子。

E. 该金属的淡水基准可表达为水中硬度（mg/L）的函数。此处给出的基准相当于硬度为 100 mg/L 时的数值。其他硬度下的基准值可按基准文件中给出的公式计算。

F. 五氯苯酚的基准值可表达为 pH 的函数。表中列出的值对应于 pH 为 7.8 时的数值。

G. 本基准是基于 1980 年发布的 304（a）水生生物水质基准，被发布在下列文件之一中：艾氏剂/狄氏剂（USEPA 440/5-80-019）、氯丹（USEPA 440/5-80-027）、滴滴涕（USEPA 440/5-80-038）、硫丹（USEPA 440/5-80-046）、异狄氏剂（USEPA 440/5-80-047）、七氯（USEPA 440/5-80-052）、六氯环己烷（USEPA 440/5-80-054）、银（USEPA 440/5-80-071）。与 1985 年的指南相比，1980 年的指南在最低数据要求和推导程序方面是不同的。例如，用 1980 年的指南推导的 CMC 值被用作瞬间最大值。如果采用平均周期进行评价，则给出的数值应除以 2，以便获得一个比用 1985 年指南推导的 CMC 更匹配的数值。

I. 铝的基准值用水体中总可回收金属铝表示。

L. CMC=1/[（f_1/CMC$_1$）+（f_2/CMC$_2$）]，式中 f_1 和 f_2 分别表示亚硒酸盐和硒酸盐占总硒的百分数，CMC$_1$ 和 CMC$_2$ 分别为 185.9μg/L 和 12.82μg/L。然而，基于 2009 年 3 月 SETAC Pellston 工作组关于水环境中硒风险评估发现，食物是水生生物对硒暴露的主要途径，且基于溶解态浓度暴露预测毒性的传统方法对硒来说不合适。（SETAC Pellston 工作组的主要发现可访问网址 http://www.setac.org/resource/resmgr/publications_and_ resources/ selsummary.pdf）。

M. USEPA. 1973.《水质基准 1972》.（USEPA-R3-73-033. 国家技术咨询服务局，斯普林菲尔德，弗吉尼亚州）；USEPA. 1977.《淡水鱼类的温度基准：草案和程序》.（USEPA 600/3-77-061. 国家技术咨询服务局，斯普林菲尔德，弗吉尼亚州）。

N. 该基准适用于总多氯联苯（如所有同系物/所有同分异构体/ Aroclor 分析的总和）。

O. 该污染物（异狄氏剂）的 CCC 的推导没有考虑通过食物的暴露，食物暴露对较高营养级水生生物可能很重要。

P. 依据《红皮书》181 页：对于水深大大超过透光层的开阔海洋水体，其 pH 的变化不应超出自然变化范围的 0.2 个单位以上，或者说在任何情况下都不能超出 6.5～8.5。对于水深较浅且有大量生物繁殖的沿海和河口地区，其 pH 的自然变化接近于使某些物种致死的限值，应避免 pH 的变化，在任何情况下不得超过为淡水制定的限值，即 pH 6.5～9.0。

Q. 该水质基准推荐值用 µg 自由态氰化物/L（以 CN⁻计）表示。

R. 美国环境保护署参与该基准值的修订以反映最新的科学知识。结果就是，本基准值在近期可能会有较大的改变。

V. 该基准值由七氯的毒性数据推导，基准文件没有提供足够的数据来估计七氯和环氧七氯的相对毒性。

Y. 该基准值由硫丹的数据推导，适用于 α-硫丹和 β-硫丹的总和。

cc. 当溶解有机碳浓度升高时，铜的毒性显著降低且使用水-效应比可能更合适。

dd. 硒的基准文件（USEPA 440/5-87-006，1987 年 9 月）规定，如果硒对海水野生鱼类的毒性与对淡水野生鱼类的毒性一样，一旦硒在海水中的浓度超过 5.0µg/L，就应该对鱼类的群落状况进行监测，因为海水 CCC 值没有考虑经由食物链的吸收。

ee. 该水质基准推荐值来自汞基准文件（USEPA 440/5-84-026，1985 年 1 月）中第 43 页。该基准文件中第 23 页给出的海水 CCC 值为 0.025µg／L，是基于 1985 年指南中的最终残留值程序。自从 1995 年发布了《大湖水生生物指南》（60 FR 15393-15399，1995 年 3 月 23 日）以来，美国环境保护不再采用最终残留值程序来推导 CCC 作为新的或修订的 304（a）水生生物水质基准。

hh. 该水质基准推荐值是根据无机汞（二价）的数据得出的，但此处适用于总汞。如果水体中汞的主要部分是甲基汞，本基准可能是保护不足的。此外，即使无机汞被转换成甲基汞，且甲基汞富集到很高程度，由于在基准推导时没有获得足够的数据，本基准没有考虑经由食物链的吸收。

ii. 该基准适用于 DDT 及其代谢物（即 DDT 及其代谢物的总浓度不应超过该值）。

附录说明

1. 基准最大浓度和基准连续浓度

基准最大浓度（CMC）是对一种物质在地表水中的最高浓度的估值，在此浓度下，水生生物群落可以暂时地被暴露而不产生不可接受的影响。基准连续浓度（CCC）是对一种物质在地表水中的最高浓度估值，在此浓度下，水生生物群落可以无限期地被暴露而不产生不可接受的影响。CMC 和 CCC 仅是水生生物水质基准中 6 个部分中的 2 个；其他 4 个部分分别是急性平均周期、慢性平均周期、允许超标现象的急性频率以及允许超标现象的慢性频率。304（a）水生生物水质基准是美国国家指南，旨在保护美国境内的绝大多数水生生物群落。

2. 优控污染物、非优控污染物和感官影响基准推荐值

本汇编列出了所有优控污染物和部分非优控污染物，人体健康基准和感官影响基准都是依照 304（a）发布的。空白表明美国环境保护署还没有制定出《清洁水法》304（a）基准推荐值。对于那些没有列出的非优控污染物，《清洁水法》304（a）"水+生物"人体健康基准是无法获得的，但是美国环境保护署按照《安全饮用水法》（SDWA）发布了可以用来制定水质标准保护水体提供的指定用途的最大污染物浓度（MCL）。由于化学命名系统的改变，本污染物列表与 40 CFR 423 附录 A 中的列表不完全相同。化学文摘服务处（CAS）登记号也被列出，为每种化学物质提供了唯一识别。

3. 人体健康风险

优控污染物和非优控污染物的人体健康基准都是基于 10^{-6} 的致癌风险。通过移动小数点可得到改变的风险水平（例如，对风险水平 10^{-5} 来说，将推荐基准值的小数点向右移动一位即可）。

4. 按照《清洁水法》304（a）或 303（a）发布的水质基准

本汇编中的许多数值都发布在《加利福尼亚毒物法》中。尽管这些数值是按照《清

洁水法》303（a）发布的，但它们代表了水质基准的最新计算和美国环境保护署的 304（a）基准。

5. 可溶性金属基准的计算

304（a）金属基准，以可溶性金属表示，是用两种方法中的一种计算出来的。淡水金属基准与硬度有关，只以硬度为 100mg/L（以 $CaCO_3$ 计）为例，计算出了那些与硬度有关的可溶性金属基准值。和硬度无关的海水和淡水基准值是通过用总可回收基准值乘以适当的转换系数得到的。表中的最终可溶性金属的基准值被四舍五入成 2 位有效数字。关于由硬度决定的转换系数的计算信息见表后的注释。

6. 最大污染物浓度

本汇编附有比本汇编中推荐的水质基准更为严格的最大污染物浓度污染物的注释。本汇编中不包括这些污染物的最高污染物浓度，但可以在饮用水法规（40 CFR 141，11-16和 141.60-63）中找到，或者咨询安全饮用水热线（800-426-4791），或者访问互联网（http://www.epa.gov/waterscience/dringking/ standards/dwstandards.pdf）。

7. 感官影响

本汇编包括了污染物的基于毒性和非毒性的 304（a）基准。基于非毒性基准的根据是使水和可食用的水生生物变得不可食但对人体没有毒性的感官影响（如味觉和嗅觉）。表中包括了 23 种污染物的感官影响基准。污染物的感官影响基准严于基于毒性的基准（例如，包括优控污染物和非优控污染物）。

8. 金皮书

《黄皮书》是指《水质基准：1986》（USEPA 440/5-86-001）。

9. 化学文摘服务处编号的更正

二（2-氯异丙基）醚的化学文摘服务处编号（CAS）已在 IRIS 和本表中更正。正确的 CAS 编号是 108-60-1。该污染物以前的 CAS 编号是 39638-32-9。

10. 带空白表格的污染物

美国环境保护署还没有为带空白表格的污染物计算出基准。然而，许可证机构应该在 NPDES 许可证工作中运用各州的有毒物质的现有叙述性基准对这些污染物加以解释。

11. 特殊化学物质的计算

本汇编包括了硒的水生生物水质基准，与已提到的 CTR 中发布的基准相同。在 CTR 中，根据《大湖系统水质指南》（61 FR 58444）中硒的推荐基准值，美国环境保护署推荐了硒的急性基准值。GLI 和 CTR 的建议值考虑的数据表明硒的 2 个最主要的氧化形态——亚硒酸盐和硒酸盐，提出了不同潜在的水生生物毒性，且新的数据表明不同形态的硒具有加成性。根据亚硒酸盐的相对比例和硒的其他存在形态，新的方法得出了不同硒的急性基准浓度或 CMC 值。

美国环境保护署目前正在对硒进行再评价，希望根据最终的再评价报告（63 FR 26186），修改硒的 304（a）基准。但是，美国在环境保护署颁布修订的硒的水质基准之前，本汇编中推荐的水质基准是现行的 304（a）基准。

附录 8-A　可溶性金属的转换系数

金属	转换系数			
	淡水 CMC	淡水 CCC	海水 CMC	海水 CCC
砷（arsenic）	1.000	1.000	1.000	1.000
镉（cadmium）	1.136672−[（ln 硬度）（0.041838）]	1.101672−[（ln 硬度）（0.041838）]	0.994	0.994
三价铬（chromium Ⅲ）	0.316	0.860	—	—
六价铬（chromium Ⅵ）	0.982	0.962	0.993	0.993
铜（copper）	0.960	0.960	0.830	0.830
铅（lead）	1.46203−[（ln 硬度）（0.145712）]	1.46203−[（ln 硬度）（0.145712）]	0.951	0.951
汞（mercury）	0.850	0.850	0.850	0.850
镍（nickel）	0.998	0.997	0.990	0.990
硒（selenium）	—	—	0.998	0.998
银（silver）	0.850	—	0.850	—
锌（zinc）	0.978	0.986	0.946	0.946

附录 8-B　计算与硬度有关的淡水可溶性金属基准的计算参数

金属	m_A	b_A	m_C	b_C	淡水转换系数（CF）	
					CMC	CCC
镉（cadmium）	1.0166	−3.9240	0.7409	−4.7190	1.136672−[（ln 硬度）（0.041838）]	1.101672−[（ln 硬度）（0.041838）]
三价铬（chromium Ⅲ）	0.8190	3.7256	0.8190	0.6848	0.316	0.860
铜（copper）	0.9422	−1.7000	0.8545	−1.7020	0.960	0.960
铅（lead）	1.273	−1.4600	1.2730	−4.7050	1.46203−[（ln 硬度）（0.145712）]	1.46203−[（ln 硬度）（0.145712）]
镍（nickel）	0.8460	2.2550	0.8460	0.0584	0.998	0.997
银（silver）	1.7200	−6.5900	—	—	0.850	—
锌（zinc）	0.8473	0.8840	0.8473	0.8840	0.978	0.986

依赖硬度的金属基准由以下公式计算：

$$CMC（可溶性金属）= \exp\{m_A\,[\ln（硬度）]+ b_A\}（CF）$$

$$CCC（可溶性金属）= \exp\{m_C\,[\ln（硬度）]+ b_C\}（CF）$$

附录 9　2015 年美国环境保护署推荐人体健康水质基准

污染物	CAS 编号	消费水和水生生物的人体健康/ (μg/L)	仅消费水生生物的人体健康/ (μg/L)	发布年份	备注
苊 (acenaphthene, P)	83329	70	90	2015	感官（嗅和味）影响的基准可能更严。见《国家推荐水质基准——感官影响》
丙烯醛 (acrolein, P)	107028	3	400	2015	
丙烯腈 (acrylonitrile, P)	107131	0.061	7.0	2015	本基准是基于 10^{-6} 的致癌风险。通过移动小数点可得到改变的风险水平（如对风险水平 10^{-5} 来说，将推荐基准值的小数点向右移动一位即可）
艾氏剂 (aldrin, P)	309002	0.00000077	0.00000077	2015	本基准是基于 10^{-6} 的致癌风险。通过移动小数点可得到改变的风险水平（如对风险水平 10^{-5} 来说，将推荐基准值的小数点向右移动一位即可）
α-六六六[alpha-hexachlorocyclohexane (HCH), P]	319846	0.00036	0.00039	2015	本基准是基于 10^{-6} 的致癌风险。通过移动小数点可得到改变的风险水平（如对风险水平 10^{-5} 来说，将推荐基准值的小数点向右移动一位即可）
α-硫丹 (alpha-endosulfan, P)	959988	20	30	2015	
蒽 (anthracene, P)	120127	300	400	2015	
锑 (antimony, P)	7440360	5.6	640	1980	该基准已被修订，以反映美国环境保护署的 q_1 或 RfD，与综合风险信息系统（IRIS，2002 年 5 月 17 日）中的相同。鱼类组织的生物富集系数（BCF）来自 1980 水质基准文件。美国环境保护署发布了该物质的更严格的国家最大污染物浓度（MCL）。见美国环境保护署一级饮用水条例

续表

污染物	CAS 编号	消费水和水生生物的人体健康/（μg/L）	仅消费水生生物的人体健康/（μg/L）	发布年份	备注
砷（arsenic, P）	7440382	0.018	0.14	1992	本基准是基于 10^{-6} 的致癌风险。通过移动小数点可得到改变的风险水平（如对风险水平 10^{-5} 来说，将推荐基准值的小数点向右移动一位即可）。美国国家环境保护署发布了该物质的更严格的最大污染物浓度。见美国环境保护署发布的国家一级饮用水条例。该水质基准推荐值仅指无机砷
石棉（asbestos, P）	1332214	7 million fibers/L	—	1991	美国环境保护署发布了该物质的更严格的最大污染物浓度。见美国环境保护署的国家一级饮用水条例
钡（barium）	7440393	1000	—	1986	美国国家环境保护署发布了该物质的更严格的最大污染物浓度。见美国国家环境保护署的国家一级饮用水条例。该健康基准与最刻发布于《红皮书》中的一样，此书早于 1980 年的方法学《红皮书》，且没有使用鱼类摄食 BCF 法。同样有基准值现发布于《金皮书》
苯（benzene, P）	71432	0.58~2.1	16~58	2015	美国环境保护署发布了该物质的更严格的国家一级饮用水条例。见美国环境保护署的国家一级饮用水条例。本基准是基于 10^{-6} 的致癌风险。通过移动小数点可得到改变的风险水平（例如，对风险水平 10^{-5} 来说，将推荐基准值的小数点向右移动一位即可）
联苯胺（benzidine, P）	92875	0.00014	0.011	2015	本基准是基于 10^{-6} 的致癌风险。通过移动小数点可得到改变的风险水平（例如，对风险水平 10^{-5} 来说，将推荐基准值的小数点向右移动一位即可）
苯并[a]蒽（benzo[a]anthracene, P）	56553	0.0012	0.0013	2015	本基准是基于 10^{-6} 的致癌风险。通过移动小数点可得到改变的风险水平（例如，对风险水平 10^{-5} 来说，将推荐基准值的小数点向右移动一位即可）

续表

污染物	CAS 编号	消费水和水生生物的人体健康/ (μg/L)	仅消费水生生物的人体健康/ (μg/L)	发布年份	备注
苯并[a]芘 (benzo[a]pyrene, P)	50328	0.00012	0.00013	2015	本基准是基于 10^{-6} 的致癌风险。通过移动小数点可得到改变的风险水平（例如，对风险水平 10^{-5} 来说，将推荐基准值的小数点向右移动一位即可）见美国环境保护署发布的国家一级饮用水条例
苯并[b]荧蒽 (benzo[b]fluoranthene, P)	205992	0.0012	0.0013	2015	本基准是基于 10^{-6} 的致癌风险。通过移动小数点可得到改变的风险水平（例如，对风险水平 10^{-5} 来说，将推荐基准值的小数点向右移动一位即可）
苯并[k]荧蒽 (benzo[k]fluoranthene, P)	207089	0.012	0.013	2015	本基准是基于 10^{-6} 的致癌风险。通过移动小数点可得到改变的风险水平（例如，对风险水平 10^{-5} 来说，将推荐基准值的小数点向右移动一位即可）
铍 (beryllium, P)	7440417	—	—	—	美国环境保护署发布了更严格的国家一级饮用水条例
β-六六六[beta-hexachlorocyclohexane (HCH), P]	319857	0.0080	0.014	2015	本基准是基于 10^{-6} 的致癌风险。通过移动小数点可得到改变的风险水平（例如，对风险水平 10^{-5} 来说，将推荐基准值的小数点向右移动一位即可）
β-硫丹 (beta-endosulfan, P)	33213659	20	40	2015	
二氯异丙醚[bis (2-chloro-1-methylethyl) ether, P]	108601	200	4000	2015	
双 (2-氯乙基) 醚[bis (2-chloroethyl) ether, P]	111444	0.030	2.2	2015	本基准是基于 10^{-6} 的致癌风险。通过移动小数点可得到改变的风险水平（例如，对风险水平 10^{-5} 来说，将推荐基准值的小数点向右移动一位即可）
邻苯二甲酸二 (2-乙基己) 酯[bis (2-ethylhexyl) phthalate, P]	117817	0.32	0.37	2015	本基准是基于 10^{-6} 的致癌风险。通过移动小数点可得到改变的最大污染物浓度。见美国环境保护署发布的国家一级饮用水条例

续表

污染物	CAS 编号	消费水和水生生物的人体健康/ (μg/L)	仅消费水生生物的人体健康（μg/L）	发布年份	备注
二氯甲醚 (bis (chloromethyl) ether)	542881	0.00015	0.017	2015	本基准是基于 10^{-6} 的致癌风险。通过移动小数点可得到改变的风险水平（例如，对风险水平 10^{-5} 来说，将推荐基准值的小数点向右移动一位即可）
三溴甲烷 (bromoform, P)	75252	7.0	120	2015	美国环境保护署发布了该物质的更严格的国家一级饮用水条例。见美国环境保护署发布的国家一级饮用水浓度。通过移动小数点可得到改变的风险水平（例如，对风险水平 10^{-5} 来说，将推荐基准值的小数点向右移动一位即可）
邻苯二甲酸丁苄酯 (butylbenzyl phthalate, P)	85687	0.10	0.10	2015	本基准是基于 10^{-6} 的致癌风险。通过移动小数点可得到改变的风险水平（例如，对风险水平 10^{-5} 来说，将推荐基准值的小数点向右移动一位即可）
镉 (cadmium, P)	7440439	—	—	—	美国环境保护署发布了该物质的更严格的国家一级饮用水条例。见美国环境保护署发布的国家一级饮用水浓度。
四氯化碳 (carbon tetrachloride, P)	56235	0.4	5	2015	本基准是基于 10^{-6} 的致癌风险。通过移动小数点可得到改变的风险水平（例如，对风险水平 10^{-5} 来说，将推荐基准值的小数点向右移动一位即可）
氯丹 (chlordane, P)	57749	0.00031	0.00032	2015	美国环境保护署发布了该物质的更严格的国家一级饮用水条例。见美国环境保护署发布的国家一级饮用水浓度。本基准是基于 10^{-6} 的致癌风险。通过移动小数点可得到改变的风险水平（例如，对风险水平 10^{-5} 来说，将推荐基准值的小数点向右移动一位即可）

续表

污染物	CAS 编号	消费水和水生生物的人体健康/（μg/L）	仅消费水生生物的人体健康/（μg/L）	发布年份	备注
氯苯（chlorobenzene, P）	108907	100	800	2015	感官影响（嗅和味）可能更严格。见《国家推荐水质基准—感官影响》 美国环境保护署发布了该物质的更严格的最大污染物浓度。见美国环境保护署发布的国家一级饮用水条例
氯二溴甲烷（chlorodibromomethane, P）	124481	0.80	21	2015	本基准是基于 10^{-6} 的致癌风险。通过移动小数点可得到改变的风险浓度水平（例如，对风险水平 10^{-5} 来说，将推荐基准值的小数点向右移动一位即可） 美国环境保护署发布了该物质的更严格的最大污染物浓度。见美国环境保护署发布的国家一级饮用水条例
三氯甲烷（chloroform, P）	67663	60	2000	2015	美国环境保护署发布了该物质的更严格的最大污染物浓度。见美国环境保护署发布的国家一级饮用水条例
2,4-滴[chlorophenoxy herbicide（2,4-D）]	94757	1300	12000	2015	美国环境保护署发布了该物质的更严格的最大污染物浓度。见美国环境保护署发布的国家一级饮用水条例
2,4,5-涕丙酸[chlorophenoxy herbicide（2,4,5-TP）（silvex）]	93721	100	400	2015	美国环境保护署发布了该物质的更严格的最大污染物浓度。见美国环境保护署发布的国家一级饮用水条例
三价铬[chromium（III）, P]	16065831	Total	—	—	美国环境保护署发布了该物质的更严格的最大污染物浓度。见美国环境保护署发布的国家一级饮用水条例
六价铬（chromium（VI）, P）	18540299	Total	—	—	美国环境保护署发布了该物质的更严格的最大污染物浓度。见美国环境保护署发布的国家一级饮用水条例
䓛（chrysene, P）	218019	0.12	0.13	2015	本基准是基于 10^{-6} 的致癌风险。通过移动小数点可得到改变的风险浓度水平（例如，对风险水平 10^{-5} 来说，将推荐基准值的小数点向右移动一位即可） 美国环境保护署发布了该物质的更严格的最大污染物浓度。见美国环境保护署发布的国家一级饮用水条例

续表

污染物	CAS 编号	消费水和水生生物的人体健康（μg/L）	仅消费水生生物的人体健康（μg/L）	发布年份	备注
铜（copper, P）	7440508	1300	—	1992	本基准是基于10⁻⁶的致癌风险。通过移动小数点可得到改变的风险水平（例如，对风险水平10⁻⁵来说，将推荐基准值的小数点向右移动一位即可）。本基准是基于有感官影响（嗅和味）基准。某些情况下感官基准更严格。
氰化物（cyanide, P）	57125	4	400	2015	美国环境保护署发布了该物质的更严格的国家一级饮用水条例。见美国环境保护署发布的国家的更严格的最大污染物浓度。
二苯并[a,h]蒽（dibenzo[a,h]anthracene, P）	53703	0.00012	0.00013	2015	本基准是基于10⁻⁶的致癌风险。通过移动小数点可得到改变的风险水平（例如，对风险水平10⁻⁵来说，将推荐基准值的小数点向右移动一位即可）
二氯一溴甲烷（dichlorobromomethane, P）	75274	0.95	27	2015	本基准是基于10⁻⁶的致癌风险。通过移动小数点可得到改变的风险水平（例如，小数点向右移动一位即可）。美国环境保护署发布了该物质的更严格的国家一级饮用水条例。见美国环境保护署发布的国家的更严格的最大污染物浓度。
狄氏剂（dieldrin, P）	60571	0.0000012	0.0000012	2015	本基准是基于10⁻⁶的致癌风险。通过移动小数点可得到改变的风险水平（例如，对风险水平10⁻⁵来说，将推荐基准值的小数点向右移动一位即可）
邻苯二甲酸二乙酯（diethyl phthalate, P）	84662	600	600	2015	
邻苯二甲酸二甲酯（dimethyl phthalate, P）	131113	2000	2000	2015	
邻苯二甲酸正丁酯（di-n-butyl phthalate, P）	84742	20	30	2015	
二硝基酚（dinitrophenols）	25550587	10	1000	2015	
硫丹基硫酸酯（endosulfan sulfate, P）	1031078	20	40	2015	

续表

污染物	CAS 编号	消费水和水生生物的人体健康/ (μg/L)	仅消费水生生物的人体健康/ (μg/L)	发布年份	备注
异狄氏剂 (endrin, P)	72208	0.03	0.03	2015	美国环境保护署发布了该物质的更严格的最大污染物浓度。
异狄氏剂醛 (endrin aldehyde, P)	7421934	1	1	2015	见美国环境保护署的国家一级饮用水条例
乙苯 (ethylbenzene, P)	100414	68	130	2015	美国环境保护署发布了该物质的更严格的最大污染物浓度。
荧蒽 (fluoranthene, P)	206440	20	20	2015	见美国环境保护署的国家一级饮用水条例
芴 (fluorene, P)	86737	50	70	2015	
γ-六六六 [林丹] [gamma-hexachlorocyclohexane (HCH) (lindane), P]	58899	4.2	4.4	2015	美国环境保护署发布了该物质的更严格的最大污染物浓度。见美国环境保护署的国家一级饮用水条例
七氯 (heptachlor, P)	76448	0.0000059	0.0000059	2015	本基准是基于 10^{-6} 的致癌风险。通过移动小数点可得到改变的风险水平（例如，对风险水平 10^{-5} 来说，将推荐基准值的小数点向右移动一位即可）
环氧七氯 (heptachlor epoxide, P)	1024573	0.000032	0.000032	2015	本基准是基于 10^{-6} 的致癌风险。通过移动小数点可得到改变的风险水平（例如，对风险水平 10^{-5} 来说，将推荐基准值的小数点向右移动一位即可）美国环境保护署发布了该物质的更严格的最大污染物浓度。见美国环境保护署的国家一级饮用水条例
六氯苯 (hexachlorobenzene, P)	118741	0.000079	0.000079	2015	本基准是基于 10^{-6} 的致癌风险。通过移动小数点可得到改变的风险水平（例如，对风险水平 10^{-5} 来说，将推荐基准值的小数点向右移动一位即可）美国环境保护署发布了该物质的更严格的最大污染物浓度。见美国环境保护署的国家一级饮用水条例

续表

污染物	CAS 编号	消费水和水生生物的人体健康/（μg/L）	仅消费水生生物的人体健康/（μg/L）	发布年份	备注
六氯丁二烯（hexachlorobutadiene, P）	87683	0.01	0.01	2015	本基准是基于 10^{-6} 的致癌风险。通过移动小数点可得到改变的风险水平（例如，对风险水平 10^{-5} 来说，将推荐基准值的小数点向右移动一位即可）
六氯环己烷［hexachlorocyclohexane（HCH）-technical]	608731	0.0066	0.010	2015	本基准是基于 10^{-6} 的致癌风险。通过移动小数点可得到改变的风险水平（例如，对风险水平 10^{-5} 来说，将推荐基准值的小数点向右移动一位即可）
六氯环戊二烯（hexachlorocyclopentadiene, P）	77474	4	4	2015	本基准是基于 10^{-6} 的致癌风险。通过移动小数点可得到改变的风险水平（例如，对风险水平 10^{-5} 来说，将推荐基准值的小数点向右移动一位即可）。美国环境保护署发布了该物质的更严格的最大污染物浓度。见美国环境保护署的国家一级饮用水条例
六氯乙烷（hexachloroethane, P）	67721	0.1	0.1	2015	本基准是基于 10^{-6} 的致癌风险。通过移动小数点可得到改变的风险水平（例如，对风险水平 10^{-5} 来说，将推荐基准值的小数点向右移动一位即可）
茚并（1,2,3-cd）芘[indeno（1,2,3-cd）pyrene, P]	193395	0.0012	0.0013	2015	本基准是基于 10^{-6} 的致癌风险。通过移动小数点可得到改变的风险水平（例如，对风险水平 10^{-5} 来说，将推荐基准值的小数点向右移动一位即可）
异氟尔酮（isophorone, P）	78591	34	1800	2015	本基准是基于 10^{-6} 的致癌风险。通过移动小数点可得到改变的风险水平（例如，对风险水平 10^{-5} 来说，将推荐基准值的小数点向右移动一位即可）
锰（manganese）	7439965	50	100	1993	感官影响（嗅和味）基准可能更严格。见《国家推荐水质基准——感官影响》锰的摄食水和水生生物的人体健康基准不是基于毒性影响，而意在将饮料中令人讨厌的物质，如洗衣被污染和异味最小化
甲基汞（methylmercury, P）	22967926	—	0.3 mg/kg	2001	甲基汞的该鱼类组织残留基准是基于鱼总鱼类摄食速率 0.0175 kg/d 计算的

续表

污染物	CAS 编号	消费水和水生生物的人体健康/ (μg/L)	仅消费水生生物的人体健康/ (μg/L)	发布年份	备注
甲氧氯 (methoxychlor)	72435	0.02	0.02	2015	美国环境保护署发布了该物质的更严格的国家污染物浓度。见美国环境保护署保护的国家一级饮用水条例
溴化甲烷 (methyl bromide, P)	74839	100	10000	2015	本基准是基于 10^{-6} 的致癌风险。通过移动小数点可得到改变的风险水平（例如，对风险水平 10^{-5} 来说，将推荐基准值的小数点向右移动一位即可）
二氯甲烷 (methylene chloride, P)	75092	20	1000	2015	美国环境保护署发布了该物质的更严格的国家污染物浓度。见美国环境保护署保护的国家一级饮用水条例
镍 (nickel, P)	7440020	610	4600	1998	该基准已被修订，以反映美国环境保护署的 q_1 或 RfD，与综合风险信息系统 (IRIS, 2002 年 5 月 17 日) 中的相同。鱼类组织的生物富集系数 (BCF) 来自 1980 水质基准文件
硝酸盐 (nitrates)	14797558	10000	—	1986	美国环境保护署发布了该物质的更严格的国家污染物浓度。见美国环境保护署保护的国家一级饮用水条例
硝基苯 (nitrobenzene, P)	98953	10	600	2015	感官影响（嗅和味）基准可能更严格。见《国家推荐水质基准——感官影响》
亚硝胺 (nitrosamines)	—	0.0008	1.24	1980	本基准是基于 10^{-6} 的致癌风险。通过移动小数点可得到改变的风险水平（例如，对风险水平 10^{-5} 来说，将推荐基准值的小数点向右移动一位即可）
亚硝基二丁胺 (nitrosodibutylamine)	924163	0.0063	0.22	2002	本基准是基于 10^{-6} 的致癌风险。通过移动小数点可得到改变的风险水平（例如，对风险水平 10^{-5} 来说，将推荐基准值的小数点向右移动一位即可）
亚硝基二乙胺 (nitrosodiethylamine)	55185	0.0008	1.24	2002	本基准是基于 10^{-6} 的致癌风险。通过移动小数点可得到改变的风险水平（例如，对风险水平 10^{-5} 来说，将推荐基准值的小数点向右移动一位即可）

续表

污染物	CAS 编号	消费水和水生生物的人体健康/（μg/L）	仅消费水生生物的人体健康/（μg/L）	发布年份	备注
亚硝基吡咯烷（nitrosopyrrolidine）	930552	0.016	34	2002	本基准是基于 10^{-6} 的致癌风险。通过移动小数点可得到改变的风险水平（例如，对风险水平 10^{-5} 来说，将推荐基准值的小数点向右移动一位即可）
N-亚硝基二甲胺（N-nitrosodimethylamine, P）	62759	0.00069	3.0	2002	本基准是基于 10^{-6} 的致癌风险。通过移动小数点可得到改变的风险水平（例如，对风险水平 10^{-5} 来说，将推荐基准值的小数点向右移动一位即可）
N-亚硝基二丙胺（N-nitrosodi-n-propylamine, P）	621647	0.0050	0.51	2002	本基准是基于 10^{-6} 的致癌风险。通过移动小数点可得到改变的风险水平（例如，对风险水平 10^{-5} 来说，将推荐基准值的小数点向右移动一位即可）
N-亚硝基二苯胺（N-nitrosodiphenylamine, P）	86306	3.3	6.0	2002	本基准是基于 10^{-6} 的致癌风险。通过移动小数点可得到改变的风险水平（例如，对风险水平 10^{-5} 来说，将推荐基准值的小数点向右移动一位即可）
病原体和病原体指标（pathogen and pathogen indicators）	—	—	—	2012	参见美国环境保护署 2012 年娱乐用水基准。贝类见 1986 年水质基准（《黄皮书》）
五氯苯（pentachlorobenzene）	608935	0.1	0.1	2015	
五氯苯酚（pentachlorophenol, P）	87865	0.03	0.04	2015	本基准是基于 10^{-6} 的致癌风险。通过移动小数点可得到改变的风险水平（例如，对风险水平 10^{-5} 来说，将推荐基准值的小数点向右移动一位即可）。感官影响（嗅和味）基准可能更严格。见《国家推荐水质基准——感官影响》
pH	—	5～9	—	1986	美国环境保护署发布了该物质的更严格的最大污染物浓度。见美国环境保护署的国家一级饮用水条例
苯酚（phenol, P）	108952	4000	300000	2015	感官影响（嗅和味）基准可能更严格。见《国家推荐水质基准——感官影响》

续表

污染物	CAS 编号	消费水和水生生物的人体健康/(μg/L)	仅消费水生生物的人体健康/(μg/L)	发布年份	备注
多氯联苯[polychlorinated biphenyls (PCB), P]		0.000064	0.000064	2002	本基准是基于 10^{-6} 的致癌风险。通过移动小数点可得到改变的风险水平（例如，对风险水平 10^{-5} 来说，将推荐基准值的小数点向右移动一位即可） 该基准适用于同系物或异构体或 Aroclor 分析之和 美国环境保护署发布了该物质的更严格的最大污染物浓度。见美国环境保护署国家一级饮用水条例
芘 (pyrene, P)	129000	20	30	2015	美国环境保护署发布了该物质的更严格的最大污染物浓度。见美国环境保护署国家一级饮用水条例
硒 (selenium, P)	7782492	170	4200	2002	美国环境保护署发布了该物质的更严格的最大污染物浓度。见美国环境保护署国家一级饮用水条例
可溶性固体和盐度 (solids dissolved and salinity)	—	250000	—	1986	
四氯乙烯 (tetrachloroethylene, P)	127184	10	29	2015	本基准是基于 10^{-6} 的致癌风险。通过移动小数点可得到改变的风险水平（例如，对风险水平 10^{-5} 来说，将推荐基准值的小数点向右移动一位即可） 美国环境保护署发布了该物质的更严格的最大污染物浓度。见美国环境保护署国家一级饮用水条例
铊 (thallium, P)	7440280	0.24	0.47	2003	
甲苯 (toluene, P)	108883	57	520	2015	美国环境保护署发布了该物质的更严格的最大污染物浓度。见美国环境保护署国家一级饮用水条例
毒杀芬 (toxaphene, P)	8001352	0.00070	0.00071	2015	本基准是基于 10^{-6} 的致癌风险。通过移动小数点可得到改变的风险水平（例如，对风险水平 10^{-5} 来说，将推荐基准值的小数点向右移动一位即可） 美国环境保护署发布了该物质的更严格的最大污染物浓度。见美国环境保护署国家一级饮用水条例

续表

污染物	CAS 编号	消费水和水生生物的人体健康（μg/L）	仅消费水生生物的人体健康（μg/L）	发布年份	备注
三氯乙烯（trichloroethylene，P）	79016	0.6	7	2015	本基准是基于 10^{-6} 的致癌风险。通过移动小数点可得到改变的风险水平（例如，对风险水平 10^{-5} 来说，将推荐基准值的小数点向右移动一位即可）见美国环境保护署发布的该物质的国家一级饮用水条例
氯乙烯（vinyl chloride，P）	75014	0.022	1.6	2015	本基准是基于 10^{-6} 的致癌风险。通过移动小数点可得到改变的风险水平（例如，对风险水平 10^{-5} 来说，将推荐基准值的小数点向右移动一位即可）见美国环境保护署发布的该物质的国家一级饮用水条例
锌（zinc，P）	7440666	7400	26000	2002	感官影响（嗅和味）基准可能更严格。见《国家推荐水质基准—感官影响》
1,1,1-三氯乙烷（1,1,1-trichloroethane，P）	71556	10000	200000	2015	美国环境保护署发布了该物质的国家一级饮用水条例
1,1,2,2-四氯乙烷（1,1,2,2-tetrachloroethane，P）	79345	0.2	3	2015	本基准是基于 10^{-6} 的致癌风险。通过移动小数点可得到改变的风险水平（例如，对风险水平 10^{-5} 来说，将推荐基准值的小数点向右移动一位即可）
1,1,2-三氯乙烷（1,1,2-trichloroethane，P）	79005	0.55	8.9	2015	本基准是基于 10^{-6} 的致癌风险。通过移动小数点可得到改变的风险水平（例如，对风险水平 10^{-5} 来说，将推荐基准值的小数点向右移动一位即可）
1,1-二氯乙烯（1,1-dichloroethylene，P）	75354	300	20000	2015	美国环境保护署发布了该物质的更严格的最大污染物浓度。见美国环境保护署发布的该物质的国家一级饮用水条例
1,2,4,5-四氯苯（1,2,4,5-tetrachlorobenzene）	95943	0.03	0.03	2015	

续表

污染物	CAS 编号	消费水和水生生物的人体健康/（μg/L）	仅消费水生生物的人体健康/（μg/L）	发布年份	备注
1,2,4-三氯苯（1,2,4-trichlorobenzene, P）	120821	0.071	0.076	2015	美国环境保护署发布了该物质的更严格的国家的最大污染物浓度。见美国环境保护署发布的国家—级饮用水条例 本基准是基于 10^{-6} 的致癌风险。通过移动小数点可得到改变的风险水平（例如，对风险水平 10^{-5} 来说，将推荐基准值的小数点向右移动一位即可）
1,2-二氯苯（1,2-dichlorobenzene, P）	95501	1000	3000	2015	美国环境保护署发布了该物质的更严格的国家的最大污染物浓度。见美国环境保护署发布的国家—级饮用水条例 本基准是基于 10^{-6} 的致癌风险。通过移动小数点可得到改变的风险水平（例如，对风险水平 10^{-5} 来说，将推荐基准值的小数点向右移动一位即可）
1,2-二氯乙烷（1,2-dichloroethane, P）	107062	9.9	650	2015	美国环境保护署发布了该物质的更严格的国家的最大污染物浓度。见美国环境保护署发布的国家—级饮用水条例 本基准是基于 10^{-6} 的致癌风险。通过移动小数点可得到改变的风险水平（例如，对风险水平 10^{-5} 来说，将推荐基准值的小数点向右移动一位即可）
1,2-二氯丙烷（1,2-dichloropropane, P）	78875	0.90	31	2015	美国环境保护署发布了该物质的更严格的国家的最大污染物浓度。见美国环境保护署发布的国家—级饮用水条例 本基准是基于 10^{-6} 的致癌风险。通过移动小数点可得到改变的风险水平（例如，对风险水平 10^{-5} 来说，将推荐基准值的小数点向右移动一位即可）
1,2-二苯肼（1,2-diphenylhydrazine, P）	122667	0.03	0.2	2015	本基准是基于 10^{-6} 的致癌风险。通过移动小数点可得到改变的风险水平（例如，对风险水平 10^{-5} 来说，将推荐基准值的小数点向右移动一位即可）
反式-1,2-二氯乙烯（trans-1,2-dichloroethylene, P）	156605	100	4000	2015	美国环境保护署发布了该物质的更严格的国家的最大污染物浓度。见美国环境保护署发布的国家—级饮用水条例
1,3-二氯苯（1,3-dichlorobenzene, P）	541731	7	10	2015	
1,3-二氯丙烯（1,3-dichloropropene, P）	542756	0.27	12	2015	本基准是基于 10^{-6} 的致癌风险。通过移动小数点可得到改变的风险水平（例如，对风险水平 10^{-5} 来说，将推荐基准值的小数点向右移动一位即可）

续表

污染物	CAS 编号	消费水和水生生物的人体健康/ (μg/L)	仅消费水生生物的人体健康/ (μg/L)	发布年份	备注
1,4-二氯苯 (1,4-dichlorobenzene, P)	106467	300	900	2015	美国环境保护署发布了该物质的更严格的国家污染物的最大污染物浓度。见美国环境保护署发布的国家一级饮用水条例
2,3,7,8-四氯二苯并对二噁英 [2,3,7,8-TCDD (dioxin), P]	1746016	5.0×10^{-9}	5.1×10^{-9}	2002	本基准是基于 10^{-6} 的致癌风险水平（例如，对风险水平 10^{-5} 来说，将推荐基准值的小数点向右移动一位即可）。美国环境保护署发布了该物质的更严格的国家一级饮用水条例
2,4,5-三氯苯酚 (2,4,5-trichlorophenol)	95954	300	600	2015	感官影响（嗅和味）基准可能更严格。见《国家推荐水质基准—感官影响》
2,4,6-三氯苯酚 (2,4,6-trichlorophenol, P)	88062	1.5	2.8	2015	本基准是基于 10^{-6} 的致癌风险水平（例如，对风险水平 10^{-5} 来说，将推荐基准值的小数点向右移动一位即可）
2,4-二氯苯酚 (2,4-dichlorophenol, P)	120832	10	60	2015	感官影响（嗅和味）基准可能更严格。见《国家推荐水质基准—感官影响》
2,4-二甲基苯酚 (2,4-dimethylphenol, P)	105679	100	3000	2015	感官影响（嗅和味）基准可能更严格。见《国家推荐水质基准—感官影响》
2,4-二硝基苯酚 (2,4-dinitrophenol, P)	51285	10	300	2015	感官影响（嗅和味）基准可能更严格。见《国家推荐水质基准—感官影响》
2,4-二硝基甲苯 (2,4-dinitrotoluene, P)	121142	0.049	1.7	2015	本基准是基于 10^{-6} 的致癌风险水平（例如，对风险水平 10^{-5} 来说，将推荐基准值的小数点向右移动一位即可）
2-氯萘 (2-chloronaphthalene, P)	91587	800	1000	2015	感官影响（嗅和味）基准可能更严格。见《国家推荐水质基准—感官影响》
2-氯酚 (2-chlorophenol, P)	95578	30	800	2015	感官影响（嗅和味）基准可能更严格。见《国家推荐水质基准—感官影响》

续表

污染物	CAS 编号	消费水和水生生物的人体健康/（μg/L）	仅消费水生生物的人体健康/（μg/L）	发布年份	备注
2-甲基-4,6-二硝基苯酚 (2-methyl-4,6-dinitrophenol, P)	534521	2	30	2015	
3,3'-二氯联苯胺（3,3'-dichlorobenzidine, P）	91941	0.049	0.15	2015	本基准是基于 10^{-6} 的致癌风险。通过移动小数点可得到改变的风险水平（例如，对风险水平 10^{-5} 来说，将推荐基准值的小数点向右移动一位即可）
3-甲基-4-氯酚（3-methyl-4-chlorophenol, P）	59507	500	2000	2015	感官影响（嗅和味）基准可能更严格。见《国家推荐水质基准——感官影响》
4,4'-滴滴滴 [p,p'-dichlorodiphenyldichloroethane (DDD)，P]	72548	0.00012	0.00012	2015	本基准是基于 10^{-6} 的致癌风险。通过移动小数点可得到改变的风险水平（例如，对风险水平 10^{-5} 来说，将推荐基准值的小数点向右移动一位即可）
4,4'-滴滴伊 [p,p'-dichlorodiphenyldichloroethylene (DDE)，P]	72559	0.000018	0.000018	2015	本基准是基于 10^{-6} 的致癌风险。通过移动小数点可得到改变的风险水平（例如，对风险水平 10^{-5} 来说，将推荐基准值的小数点向右移动一位即可）
4,4'-滴滴涕 [p,p'-dichlorodiphenyltrichloroethane (DDT)，P]	50293	0.000030	0.000030	2015	本基准是基于 10^{-6} 的致癌风险。通过移动小数点可得到改变的风险水平（例如，对风险水平 10^{-5} 来说，将推荐基准值的小数点向右移动一位即可）

注：P 为优控污染物。

附录 10　2018 年美国环境保护署推荐水生生物水质基准

保护水生生物水质基准（2018）

（单位：μg/L）

污染物	CAS 编号	淡水 CMC（急性）	淡水 CCC（慢性）	海水 CMC（急性）	海水 CCC（慢性）	发布年份	备注
丙烯醛（acrolein, P）	107028						
感官质量（aesthetic qualities）	—	3	3	—	—	2009	见 1986 年水质基准（《金皮书》）所述
艾氏剂（aldrin, P）	309002	3.0	—	1.3	—	1980	基于 1980 年基准，使用了 1985 年指南中的不同数据要求和推导程序。如使用平均周期评估，将所给急性基准值除以 2 得到与 1985 年指南中 CMC 更相当的值
碱度（alkalinity）	—	—	20000	—	—	1986	20mg/L 的 CCC 是最低值，除非本底碱度更低（这些地方基准不能低于本底水平的 25%）
α-硫丹（alpha-endosulfan, P）	959988	0.22	0.056	0.034	0.0087	1980	基于 1980 年基准，使用了 1985 年指南中的不同数据要求和推导程序。如使用平均周期评估，将所给急性基准值除以 2 得到与 1985 年指南中 CMC 更相当的值。该基准由硫丹的毒性数据推号，最适用于 α-硫丹和 β-硫丹总和
铝（aluminum，pH 5.0~10.5）	7429905	—	—	—	—	2018	该基准基于给定地点的水化学数据（pH、硬度和 DOC）
氨（ammonia）	7664417	—	—	—	—	2013（淡水）1989（海水）	淡水基准依赖于 pH、温度和生命周期。海水基准依赖于 pH 和温度
砷（arsenic）	7440382	340	150	69	36	1995	该水质基准推荐值由三价砷的数据推导用于总砷。这里适用于金属的淡水基准和海水基准中的溶解态浓度表示。见水办公室发布的《解释和实施金属水质基准的政策和技术指南》

续表

污染物	CAS 编号	淡水 CMC（急性）	淡水 CCC（慢性）	海水 CMC（急性）	海水 CCC（慢性）	发布年份	备注
阿特拉津（atrazine）	1912249	—	—	—	—	—	
细菌（bacteria）	—	—	—	—	—	1986	见 1986 年水质基准（《金皮书》）所述。
β-硫丹（beta-endosulfan, P）	33213659	0.22	0.056	0.034	0.0087	1980	基于 1980 年基准，使用了 1985 年指南中的不同数据要求和推导程序。例如，使用平均周期评估，将所得急性基准值除以 2 得到与 1985 年相当的值。该基准由硫丹的毒性数据推导，最适用于 α-硫丹和 β-硫丹总和
硼（boron）	—	—	—	—	—	1986	见 1986 年水质基准（《金皮书》）所述
镉（cadmium, P）	7440439	1.8	0.72	33	7.9	2016	淡水急性和慢性基准依赖于硬度，将硬度标准化到 100 mg/L CaCO₃ 获得代表性基准值。淡水基准和海水基准以水相中溶解态浓度表示。见水办发布的《解释和实施水质基准的政策和技术指南》
甲萘威（carbaryl）	63252	2.1	2.1	1.6	—	2012	
氯丹（chlordane, P）	57749	2.4	0.0043	0.09	0.004	1980	基于 1980 年基准，使用了 1985 年指南中的不同数据要求和推导程序。例如，使用平均周期评估，将所得急性基准值除以 2 得到与 1985 年相当的值
氯化物（chloride）	16887006	860000	230000	—	—	1988	
氯（chlorine）	7782505	19	11	13	7.5	1986	
毒死蜱（chlorpyrifos）	2921882	0.083	0.041	0.011	0.0056	1986	
三价铬（chromium（Ⅲ）, P）	16065831	570	74	—	—	1995	淡水基准和海水基准以水相中溶解态浓度表示。见水办公室发布的《解释和实施金属水质基准的政策和技术指南》。该金属的基准以硬度（mg/L）公式表示，这里给出以硬度为 100 mg/L 的基准值

续表

污染物	CAS编号	淡水CMC（急性）	淡水CCC（慢性）	海水CMC（急性）	海水CCC（慢性）	发布年份	备注
六价铬（chromium（VI），P）	18540299	16	11	1100	50	1995	淡水基准和海水基准以水相中溶解态浓度表示。见1986年水质基准（《解释和实施金属水质基准的政策和技术指南》
色度（color）	—	—	—	—	—	1986	见1986年水质基准（《金皮书》）所述
铜（copper，P）	7440508	—	—	4.8	3.1	2007	淡水基准和海水基准以水相中溶解态浓度表示。见水办公室发布的《解释和实施金属水质基准的政策和技术指南》
氰化物（cyanide，P）	57125	22	5.2	1	1	1985	这些水质基准推荐值以 μg 自由态氰化物表示（CN/L）
内吸磷（demeton）	8065483	—	0.1	—	0.1	1985	
二嗪农（diazinon）	333415	0.17	0.17	0.82	0.82	2005	
狄氏剂（dieldrin，P）	60571	0.24	0.056	0.71	0.0019	1995	淡水CCC基准和海水基准基于1980年基准，使用了1985年指南中的不同数据要求和推导程序。例如，使用年平均周期评估，将所给急性基准值除以2得到与1985年指南中CMC更相当的值
异狄氏剂（endrin，P）	72208	0.086	0.036	0.037	0.0023	1995	该污染物CCC的推导没有考虑食物暴露，食物暴露对较高营养级水生生物很重要
γ-六六六（林丹）[gamma-BHC（lindane），P]	58899	0.95	—	0.16	—	1995	海水CCC基准基于1980年基准，使用了1985年指南中的不同数据要求和推导程序。例如，使用年平均周期评估，将所给急性基准值除以2得到与1985年指南中CMC更相当的值
总可溶性气体（gases，total dissolved）	—	—	—	—	—	1986	见1986年水质基准（《金皮书》）所述
谷硫磷（guthion）	86500	—	0.01	—	0.01	1986	见1986年水质基准（《金皮书》）所述
硬度（hardness）	—	—	—	—	—	1986	见1986年水质基准（《金皮书》）所述

续表

污染物	CAS 编号	淡水 CMC（急性）	淡水 CCC（慢性）	海水 CMC（急性）	海水 CCC（慢性）	发布年份	备注
七氯 (heptachlor, P)	76448	0.52	0.0038	0.053	0.0036	1980	这些基准基于 1980 年基准。使用了 1985 年指南中的不同数据要求和推导程序。例如，使用平均周期评估，将所给急性基准值除以 2 得到与 1985 年指南中 CMC 更相当的值
环氧七氯 (heptachlor epoxide, P)	1024573	0.52	0.0038	0.053	0.0036	1981	这些基准基于 1980 年基准。使用了 1985 年指南中的不同数据要求和推导程序。例如，使用平均周期评估，将所给急性基准值除以 2 得到与 1985 年指南中 CMC 更相当的值。该基准由七氯的液态数据推导，且没有充足的数据确定七氯和环氧七氯的相对毒性
铁 (iron)	7439896	—	1000	—	—	1986	见 1986 年水质基准（《金皮书》）所述
铅 (lead, P)	7439921	65	2.5	210	8.1	1980	淡水基准和海水基准以水相中溶解态浓度表示。见水办公室发布的《解释和实施金属水质基准的政策和技术指南》。该金属的液态以硬度（mg/L）公式表示，这里给出的是硬度为 100 mg/L 时的基准值
马拉硫磷 (malathion)	121755	—	0.1	—	0.1	1986	见 1986 年水质基准（《金皮书》）所述
汞 (mercury, P)	7439976 22967926	1.4	0.77	1.8	0.94	1995	淡水基准和海水基准以水相中溶解态浓度表示。见水办公室发布的《解释和实施金属水质基准的政策和技术指南》
甲氧氯 (methoxychlor)	72435	—	0.03	—	0.03	1986	见 1986 年水质基准（《金皮书》）所述
甲基叔丁基醚 [methyl tertiary-butyl ether (MTBE)]							
灭蚊灵 (mirex)	2385855	—	0.001	—	0.001	1986	见 1986 年水质基准（《金皮书》）所述

续表

污染物	CAS 编号	淡水 CMC（急性）	淡水 CCC（慢性）	海水 CMC（急性）	海水 CCC（慢性）	发布年份	备注
镍 (nickel, P)	7440020	470	52	74	8.2	1995	淡水基准和海水基准以水相中溶解态浓度表示。见美国办公室发布的《解释和实施金属水质基准的政策和技术指南》。该金属的淡水基准以硬度（mg/L）公式表示，这里给出的是硬度为 100 mg/L 时的基准值
壬基酚 (nonylphenol)	84852153	28	6.6	7	1.7	2005	
营养物 (nutrients)	—	—	—	—	—	—	见美国环境保护署关于总磷、总氮、叶绿素 a 和水透明度的生态区域基准（湖水透明度；小溪和河流的浊度）（III 类生态区域基准）
油脂 (oil and grease)	—	—	—	—	—	1986	见 1986 年水质基准（《金皮书》）所述
淡水溶解氧 (oxygen, dissolved freshwater)	—	—	—	—	—	1986	见 1986 年水质基准（《金皮书》）淡水部分。对海水，见科德角到哈特拉斯岬海域的溶氧的海水生物基准
海水溶解氧 (oxygen, dissolved saltwater)	7782447	—	—	—	—	1986	
对硫磷 (parathion)	56382	0.065	0.013	—	—	1995	
五氯酚 (pentachlorophenol, P)	87865	19	15	13	7.9	1995	五氯酚的淡水水生物基准以 pH 公式表示，表中给出的是 pH 为 7.8 的基准值
pH	—	—	6.5~9	—	6.5~8.5	1986	见 1986 年水质基准（《金皮书》）所述。对深度远大于真光带的开放海洋水域，pH 变化不得超过 6.5~8.5。不应大于 0.2 单位，或任何情况下故海水底，对本底 pH 变化超过 0.2 单位，pH 变化接近某些地物种致死限值的浅海、高产沿海和河口地区，应避免 pH 变化，但任何情况下不能超过淡水的限值 6.5~9.0
磷元素 (phosphorus elemental)	7723140	—	—	—	0.1	1986	见 1986 年水质基准（《金皮书》）所述
多氯联苯 [polychlorinated biphenyls (PCB), P]	—	—	0.014	—	0.03	—	该基准适用于总 PCB（即所有系物或同分异构体的总和）

续表

污染物	CAS 编号	淡水 CMC（急性）	淡水 CCC（慢性）	海水 CMC（急性）	海水 CCC（慢性）	发布年份	备注
硒（selenium, P）	7782492	—	—	290	71	2016 淡水 1999 海水	见 2016 年硒的淡水水生生物水质基准所述
银（silver, P）	7440224	3.2	—	1.9	—	1980	
悬浮性固体和浊度（solids suspended and turbidity）	—	—	—	—	—	1986	见 1986 年水质基准（《金皮书》）所述
硫化物－硫化氢（sulfide-hydrogen sulfide）	7783064	—	2.0	—	2.0	1986	
沾染性物质（tainting substances）	—	—	—	—	—	1986	见 1986 年水质基准（《金皮书》）所述
温度（temperature）	—	—	—	—	—	1986	基准依赖于物种，见 1986 年水质基准（《金皮书》）所述
毒杀芬（toxaphene, P）	8001352	0.73	0.0002	0.21	0.0002	1986	
三丁基锡（tributyltin, TBT）	—	0.46	0.072	0.42	0.0074	2004	
锌（zinc, P）	7440666	120	120	90	81	1995	
4,4'-滴滴涕（4,4'-DDT, P）	50293	1.1	0.001	0.13	0.001	1980	

注：P 为优控污染物。

可溶性金属的转换系数

金属	淡水 CMC	淡水 CCC	海水 CMC	海水 CCC
砷（arsenic）	1.000	1.000	1.000	1.000
镉（cadmium）	1.136672–[（ln 硬度）（0.041838）]	1.101672–[（ln 硬度）（0.041838）]	0.994	0.994
三价铬（chromium III）	0.316	0.860	—	—
六价铬（chromium VI）	0.982	0.962	0.993	0.993
铜（copper）	0.960	0.960	0.83	0.83
铅（lead）	1.46203–[（ln 硬度）（0.145712）]	1.46203–[（ln 硬度）（0.145712）]	0.951	0.951
汞（mercury）	0.85	0.85	0.85	0.85
镍（nickel）	0.998	0.997	0.990	0.990
硒（selenium）	—	—	0.998	0.998
银（silver）	0.85	—	0.85	—
锌（zinc）	0.978	0.986	0.946	0.946

依赖于硬度的可溶性金属的淡水基准计算参数

金属	m_A	b_A	m_C	b_C	淡水转换系数（CF）	
					CMC	CCC
镉（cadmium）	0.9789	–3.866	0.7977	–3.909	1.136672–[（ln 硬度）（0.041838）]	1.101672–[（ln 硬度）（0.041838）]
三价铬（chromium III）	0.8190	3.7256	0.8190	0.6848	0.316	0.860
铅（lead）	1.273	–1.460	1.273	–4.705	1.46203–[（ln 硬度）（0.145712）]	1.46203–[（ln 硬度）（0.145712）]
镍（nickel）	0.8460	2.255	0.8460	0.0584	0.998	0.997
银（silver）	1.72	–6.59	—	—	0.85	—
锌（zinc）	0.8473	0.884	0.8473	0.884	0.978	0.986

由硬度决定的金属基准可以根据以下公式计算：

$$CMC（可溶性金属）= \exp\{m_A[\ln（硬度）]+b_A\}（CF）$$

$$CCC（可溶性金属）= \exp\{m_C[\ln（硬度）]+b_C\}（CF）$$

附录 11　化学物质汇总表

不进行准则值推导的化学物质

化学物质	不推导准则值的原因
双甲脒	在环境中降解迅速且在饮用水供水中预期不会出现可测量的浓度
乙酯杀螨醇	饮用水中不太可能出现
百菌清	饮用水中不太可能出现
氯氰菊酯	饮用水中不太可能出现
溴氰菊酯	饮用水中不太可能出现
二嗪磷	饮用水中不太可能出现
地乐酚	饮用水中不太可能出现
乙烯硫脲	饮用水中不太可能出现
苯线磷	饮用水中不太可能出现
安果	饮用水中不太可能出现
六六六（混合异构体）	饮用水中不太可能出现
二甲四氯丁酸 [a]	饮用水中不太可能出现
甲胺磷	饮用水中不太可能出现
灭多虫	饮用水中不太可能出现
灭蚁灵	饮用水中不太可能出现
久效磷	许多国家已不再使用且饮用水中不太可能出现
草氨酰	饮用水中不太可能出现
甲拌磷	饮用水中不太可能出现
残杀威	饮用水中不太可能出现
哒草特	不稳定，饮用水中罕见
五氯硝基苯	饮用水中不太可能出现
毒杀芬	饮用水中不太可能出现
三唑磷	饮用水中不太可能出现
三丁基氧化锡	饮用水中不太可能出现
敌百虫	饮用水中不太可能出现

a. 4-(4-氯-邻甲苯氧基)丁酸。

尚未制定准则值的化学物质

化学物质	未制定准则值的原因
铝	可推导出健康值为 0.9 mg/L，但该值超过了水厂使用铝基混凝剂优化絮凝过程可达到的水平：大型水厂≤0.1 mg/L，小型水厂≤0.2 mg/L
氨	饮用水中存在的浓度远低于可影响健康的水平
石棉	摄入石棉是否有害健康尚无一致证据
灭草松	饮用水中存在的浓度远低于可影响健康的水平
铍	饮用水中极少发现可影响健康的浓度
溴	饮用水中存在的浓度远低于可影响健康的水平
溴氯乙酸盐	现有资料不足以推导基于健康的准则值
溴氯乙腈	现有资料不足以推导基于健康的准则值
Bacillus thuringiensis sraelensis（Bti）	为用于控制饮用水中传播媒介的农药设定准则值被认为是不合适的
甲萘威	饮用水中存在的浓度远低于可影响健康的水平
水合三氯乙醛	饮用水中存在的浓度远低于可影响健康的水平
氯化物	饮用水中存在的水平不影响健康 [a]
二氧化氯	迅速分解成亚氯酸盐，亚氯酸盐的暂定准则值足以预防二氧化氯的潜在毒性
氯丙酮	现有资料不足以推导基于健康的准则值
2-氯酚	现有资料不足以推导基于健康的准则值
三氯硝基甲烷	现有资料不足以推导基于健康的准则值
氰化物	饮用水中存在的浓度远低于可影响健康的水平，水源受到泄漏污染的紧急情况除外
氯化氰	饮用水中存在的浓度远低于可影响健康的水平
二烃基锡	对于任何一种二烃基锡现有资料不足以推导基于健康的准则值
二溴乙酸盐	现有资料不足以推导基于健康的准则值
二氯胺	现有资料不足以推导基于健康的准则值
1,3-二氯苯	现有资料不足以推导基于健康的准则值
1,1-二氯乙烷	现有资料不足以推导基于健康的准则值
1,1-二氯乙烯	饮用水中存在的浓度远低于可影响健康的水平
2,4-二氯酚	现有资料不足以推导基于健康的准则值
1,3-二氧丙烷	现有资料不足以推导基于健康的准则值
己二酸二辛酯	饮用水中存在的浓度远低于可影响健康的水平
除虫脲	为用于控制饮用水中传播媒介的农药设定准则值被认为是不合适的
敌草快	可用作控制池塘、湖泊和灌溉渠中自由漂浮和沉水水生杂草的水生除草剂
硫丹	饮用水中存在的浓度远低于可影响健康的水平
杀螟松	饮用水中存在的浓度远低于可影响健康的水平
荧蒽	饮用水中存在的浓度远低于可影响健康的水平
甲醛	饮用水中存在的浓度远低于可影响健康的水平
草甘膦和 AMPA[b]	饮用水中存在的浓度远低于可影响健康的水平
硬度	饮用水中存在的水平不影响健康
七氯和七氯环氧化物	饮用水中存在的浓度远低于可影响健康的水平
六氯苯	饮用水中存在的浓度远低于可影响健康的水平
硫化氢	饮用水中存在的水平不影响健康 [a]
无机锡	饮用水中存在的浓度远低于可影响健康的水平

化 学 物 质	未制定准则值的原因
碘	现有资料不足以推导基于健康的准则值，且通过水消毒终生接触碘是不太可能的
铁	在饮用水中引起可接受性问题的水平不影响健康 [a]
马拉硫磷	饮用水中存在的浓度远低于可影响健康的水平
锰	在饮用水中引起可接受性问题的水平不影响健康 [a]
甲氧普林	为用于控制饮用水中传播媒介的农药设定准则值被认为是不合适的
甲基对硫磷	饮用水中存在的浓度远低于可影响健康的水平
甲基叔丁基醚（MTBE）	任何推导出来的准则值都显著高于 MTBE 通过气味被检测出来的浓度
钼	饮用水中存在的浓度远低于可影响健康的水平
一溴乙酸盐	现有资料不足以推导基于健康的准则值
一氯苯	饮用水中存在的浓度远低于可影响健康的水平，基于健康的值远高于报道的最低嗅、味阈值
3-氯-4-二氯甲基-5-羟基-2(5H)-呋喃酮	饮用水中存在的浓度远低于可影响健康的水平
硝基苯	饮用水中极少发现可影响健康的浓度
双苯氟脲	为用于控制饮用水中传播媒介的农药设定准则值被认为是不合适的
对硫磷	饮用水中存在的浓度远低于可影响健康的水平
苄氯菊酯	饮用水中存在的浓度远低于可影响健康的水平
石油产品	多数情况下在低于可影响健康的浓度（特别是短期接触时），味道和气味就会被察觉出来
pH	饮用水中存在的水平不影响健康 [c]
2-苯基苯酚及其钠盐	饮用水中存在的浓度远低于可影响健康的水平
甲基嘧啶磷	不建议直接用于饮用水，除非没有其他有效和安全的措施可用
钾	饮用水中存在的浓度远低于可影响健康的水平
敌稗	迅速转变为毒性更大的代谢产物；为母体化合物制定准则值被认为是不合适的，且没有足够资料用于推导代谢产物的准则值
吡丙醚	为用于控制饮用水中传播媒介的农药设定准则值被认为是不合适的
银	现有资料不足以推导基于健康的准则值
钠	饮用水中存在的水平不影响健康 [a]
多杀菌素	为用于控制饮用水中传播媒介的农药设定准则值被认为是不合适的
硫酸盐	饮用水中存在的水平不影响健康 [a]
双硫磷	为用于控制饮用水中传播媒介的农药设定准则值被认为是不合适的
总溶解性固体	饮用水中存在的水平不影响健康 [a]
三氯胺	现有资料不足以推导基于健康的准则值
三氯乙腈	现有资料不足以推导基于健康的准则值
三氯苯类（总）	饮用水中存在的浓度远低于可影响健康的水平，基于健康的值高于报道的最低嗅阈值
1,1,1-三氯乙烷	饮用水中存在的浓度远低于可影响健康的水平
锌	饮用水中存在的水平不影响健康 [a]

a. 可能影响饮用水的可接受性。

b. 氨甲基膦酸。

c. 一个重要的运行水质参数。

饮用水中有健康意义的化学物质准则值

化学物	准则值/（mg/L）	准则值/（μg/L）	备注
丙烯酰胺	0.0005[a]	0.5[a]	
甲草胺	0.02[a]	20[a]	
涕灭威	0.01	10	适用于涕灭威亚砜与涕灭威砜
艾氏剂和狄氏剂	0.00003	0.03	适用于两者之和
锑	0.02	20	
砷	0.01（A，T）	10（A，T）	
莠去津及其氯均三嗪代谢物	0.1	100	
钡	0.7	700	
苯	0.01[a]	10[a]	
苯并[a]芘	0.0007[a]	0.7[a]	
硼	2.4	2400	
溴酸盐	0.01[a]（A，T）	10[a]（A，T）	
一溴二氯甲烷	0.06[a]	60[a]	
三溴甲烷	0.1	100	
镉	0.003	3	
呋喃丹	0.007	7	
四氯化碳	0.004	4	
氯酸盐	0.7（D）	700（D）	
氯丹	0.0002	0.2	
氯	5（C）	5000（C）	为保证有效消毒，pH<8.0 时，至少30 min 接触后剩余游离氯浓度≥0.5 mg/L。整个输水系统中应保持一定余氯。在管网点，游离氯的最低剩余浓度应为0.2 mg/L
亚氯酸盐	0.7（D）	700（D）	
三氯甲烷	0.3	300	
绿麦隆	0.03	30	
毒死蜱	0.03	30	
铬	0.05（P）	50（P）	适用于总铬
铜	2	2000	衣物和卫生洁具的着色可能发生在低于准则值的浓度
氰草津	0.0006	0.6	
2,4-D[b]	0.03	30	适用于游离酸
2,4-DB[c]	0.09	90	
DDT[d]和代谢物	0.001	1	
二溴乙腈	0.07	70	
二溴氯甲烷	0.1	100	
1,2-二溴-3-氯丙烷	0.001[a]	1[a]	

续表

化学物	准则值/（mg/L）	准则值/（μg/L）	备注
1,2-二溴乙烷	0.0004[a]（P）	0.4[a]（P）	
二氯乙酸盐	0.05[a]（D）	50[a]（D）	
二氯乙腈	0.02（P）	20（P）	
1,2-二氯苯	1（C）	1000（C）	
1,4-二氯苯	0.3（C）	300（C）	
1,2-二氯乙烷	0.03[a]	30[a]	
1,2-二氯乙烯	0.05	50	
二氯甲烷	0.02	20	
1,2-二氯丙烷	0.04（P）	40（P）	
1,3-二氯丙烯	0.02[a]	20[a]	
2,4-滴丙酸	0.1	100	
邻苯二甲酸二（2-乙基己基）酯	0.008	8	
乐果	0.006	6	
1,4-二氧己环	0.05[a]	50[a]	使用每日可耐受摄入量以及线性多级模型方法进行推导
乙二胺四乙酸	0.6	600	适用于游离酸
异狄氏剂	0.0006	0.6	
环氧氯丙烷	0.0004（P）	0.4（P）	
乙苯	0.3（C）	300（C）	
涕丙酸	0.009	9	
氟化物	1.5	1500	制定国家标准时应考虑饮水量和其他来源的摄入量
六氯丁二烯	0.0006	0.6	
羟基莠去津	0.2	200	莠去津代谢产物
异丙隆	0.009	9	
铅	0.01（A,T）	10（A,T）	
林丹	0.002	2	
MCPA[e]	0.002	2	
氯苯氧丙酸	0.01	10	
汞	0.006	6	适用于无机汞
甲氧滴滴涕	0.02	20	
异丙甲草胺	0.01	10	
微囊藻毒素-LR	0.001（P）	1（P）	适用于总微囊藻毒素-LR（游离的加与细胞结合的）
禾草特	0.006	6	
一氯胺	3	3000	
一氯乙酸盐	0.02	20	
镍	0.07	70	
硝酸盐（以 NO$_3$计）	50	50000	短期接触

续表

化学物	准则值/（mg/L）	准则值/（μg/L）	备注
次氮基三乙酸	0.2	200	
亚硝酸盐（以 NO_3^- 计）	3	3000	短期接触
N-二甲基亚硝胺	0.0001	0.1	
二甲戊乐灵	0.02	20	
五氯酚	0.009[a]（P）	9[a]（P）	
硒	0.04（P）	40（P）	
西玛津	0.002	2	
钠	50	50000	以二氯异氰尿酸钠形式
二氯异氰尿酸盐	40	40000	以三聚氰酸形式
苯乙烯	0.02（C）	20（C）	
2,4,5-T[f]	0.009	9	
特丁津	0.007	7	
四氯乙烯	0.04	40	
甲苯	0.7（C）	700（C）	
三氯乙酸盐	0.2	200	
二氯乙烯	0.02（P）	20（P）	
2,4,6-三氯酚	0.2[a]（C）	200[a]（C）	
氟乐灵	0.02	20	
三卤甲烷			每一种物质检出浓度与准则值比值之和不应超过 1
铀	0.03（P）	30（P）	仅涉及铀的化学方面
氯乙烯	0.0003[a]	0.3[a]	
二甲苯	0.5（C）	500（C）	

　　A. 暂定准则值（因为计算得出的准则值低于可实现的定量水平）；C. 该物质在水中的浓度等于或低于基于健康的准则值时，可能影响水的外观、味道或气味；D. 暂定准则值（由于消毒可能导致超出准则值）；P. 暂定准则值（由于健康数据库的不确定性）；T. 暂定准则值（由于计算得出的准则值低于实际处理方法或水源保护等所能达到的水平）。

　　a. 考虑作为致癌物，其准则值是与 10^{-5} 上限超额终生癌症风险相关的饮用水中的浓度（每 100000 人摄取含准则值浓度物质的饮用水 70 年，增加 1 例癌症案例）。与 10^{-4} 或 10^{-6} 上限预期超额终生癌症风险相关的浓度可通过将准则值分别乘以和除以 10 计算得出。

　　b. 2,4-二氯苯氧乙酸。

　　c. 2,4-三氯苯氧丁酸。

　　d. 二氯二苯基三氯乙烷。

　　e. 4-（2-甲基-4-氯苯氧基）乙酸。

　　f. 2,4,5-三氯苯氧乙酸。

附录 12　欧盟优控污染物和其他污染物的 EQS

编号	物质名称	CAS 编号 [1]	AA-EQS [2] 内陆地表水 [3] / (μg/L)	AA-EQS [2] 其他地表水 / (μg/L)	MAC-EQS [4] 内陆地表水 [3] / (μg/L)	MAC-EQS [4] 其他地表水 / (μg/L)	EQS-Biota [12] / (μg/kg 湿重)
1	甲草胺（alachlor）	15972-60-8	0.3	0.3	0.7	0.7	
2	蒽（anthracene）	120-12-7	0.1	0.1	0.1	0.1	
3	阿特拉津（atrazine）	1912-24-9	0.6	0.6	2.0	2.0	
4	苯（benzene）	71-43-2	10	8	50	50	
5	溴二苯醚 [5]（brominated diphenylethers）	32534-81-9			0.14	0.014	0.0085
6	镉及其化合物 [6]（cadmium and its compounds）	7440-43-9	≤ 0.08 (Class 1) 0.08 (Class 2) 0.09 (Class 3) 0.15 (Class 4) 0.25 (Class 5)	0.2	≤ 0.45 (Class 1) 0.45 (Class 2) 0.6 (Class 3) 0.9 (Class 4) 1.5 (Class 5)	≤ 0.45 (Class 1) 0.45 (Class 2) 0.6 (Class 3) 0.9 (Class 4) 1.5 (Class 5)	
6a	四氯化碳 [7]（carbon-tetrachloride）	56-23-5	12	12	不适用	不适用	
7	短链氯化石蜡 [8]（C10-13, chloroalkanes）	85535-84-8	0.4	0.4	1.4	1.4	
8	毒虫威（chlorfenvinphos）	287-476-5	0.1	0.1	0.3	0.3	
9	毒死蜱（乙基毒死蜱）[chlorpyrifos (chlorpyrifos-ethyl)]	2921-88-2	0.03	0.03	0.1	0.1	

续表

编号	物质名称	CAS 编号 [1]	AA-EQS [2] 内陆地表水 [3] / (μg/L)	AA-EQS [2] 其他地表水 / (μg/L)	MAC-EQS [4] 内陆地表水 [3] / (μg/L)	MAC-EQS [4] 其他地表水 / (μg/L)	EQS-Biota [12] / (μg/kg 湿重)
9a	二烯类杀虫剂 (cyclodiene pesticides)： 艾氏剂 [7] (aldrin) 狄氏剂 [7] (dieldrin) 异狄氏剂 [7] (endrin) 异黄素 [7] (isodrin)	309-00-2 60-57-1 72-20-8 465-73-6	Σ＝0.01	Σ＝0.05	不适用	不适用	
9b	总 DDT [7]，[9] (DDT total)	不适用	0.025	0.025	不适用	不适用	
	滴滴涕 [7] (para-para-DDT)	50-29-3	0.01	0.01	不适用	不适用	
10	1,2-二氯乙烷 (1,2-dichloroethane)	220-864-4	10	10	不适用	不适用	
11	二氯甲烷 (dichloromethane)	1975-9-2	20	20	不适用	不适用	
12	邻苯二甲酸二 (2-乙基己基) 酯 [di (2-ethylhexyl) phthalate (DEHP)]	117-81-7	1.3	1.3	不适用	不适用	
13	敌草隆 (diuron)	330-54-1	0.2	0.2	1.8	1.8	
14	硫丹 (endosulfan)	115-29-7	0.005	0.0005	0.01	0.004	
15	荧蒽 (fluoranthene)	206-44-0	0.0063	0.0063	0.12	0.12	30
16	六氯苯 (hexachlorobenzene)	118-74-1			0.05	0.05	10
17	六氯丁二烯 (hexachlorobutadiene)	87-68-3			0.6	0.6	55
18	六氯环己烷(hexachlorocyclohexane)	608-73-1	0.02	0.002	0.04	0.02	
19	异丙隆 (isoproturon)	34123-59-6	0.3	0.3	1.0	1.0	
20	铅及其化合物 (lead and its compounds)	7439-92-1	1.2 [13]	1.3	14	14	
21	汞及其化合物 (mercury and its compounds)	7439-97-6			0.07	0.07	20
22	萘 (naphthalene)	91-20-3	2	2	130	130	
23	镍及其化合物 (nickel and its compounds)	7440-02-0	4 [13]	8.6	34	34	

续表

编号	物质名称	CAS 编号 (1)	AA-EQS (2) 内陆地表水 (3) / (μg/L)	AA-EQS (2) 其他地表水 / (μg/L)	MAC-EQS (4) 内陆地表水 (3) / (μg/L)	MAC-EQS (4) 其他地表水 / (μg/L)	EQS-Biota (12) / (μg/kg 湿重)
24	壬基酚 (nonylphenols (4-nonylphenol))	8485-15-3	0.3	0.3	2.0	2.0	
25	辛基酚 (octylphenols ((4-(1,1',3,3'-tetramethyl-butyl)-phenol)))	140-66-9	0.1	0.01	不适用	不适用	
26	五氯苯 (pentachlorobenzene)	608-93-5	0.007	0.0007	不适用	不适用	
27	五氯苯酚 (pentachlorophenol)	87-65-5	0.4	0.4	1	1	
28	多环芳烃 [polyaromatic hydrocarbons (PAH)] (11)	不适用	不适用	不适用	不适用	不适用	
	苯并[a]芘 (benzo[a]pyrene)	50-32-8	1.7×10^{-4}	1.7×10^{-4}	0.27	0.027	5
	苯并[b]荧蒽 (benzo[b]fluor-anthene)	205-99-2	见表注(11)	见表注(11)	0.017	0.017	见表注(11)
	苯并[k]荧蒽 (benzo[k]fluor-anthene)	207-08-9	见表注(11)	见表注(11)	0.017	0.017	见表注(11)
	苯并[g, h, i]苝 (benzo[g,h,i]-perylene)	191-24-2	见表注(11)	见表注(11)	8.2×10^{-3}	8.2×10^{-4}	见表注(11)
	茚并 (1,2,3-cd) 芘 [indene (1,2,3-cd)-pyrene]	193-39-5	见表注(11)	见表注(11)	不适用	不适用	见表注(11)
29	西玛津 (simazine)	122-34-9	1	1	4	4	
29a	四氯乙烯 (Tetrachloro-ethylene) (7)	127-18-4	10	10	不适用	不适用	
29b	三氯乙烯 (Trichloro-ethylene) (7)	79-01-6	10	10	不适用	不适用	
30	三丁基锡化合物 (三丁基锡阳离子) tributyltin compounds (tributyltin-cation)	36643-28-4	0.0002	0.0002	0.0015	0.0015	
31	三氯苯 (trichlorobenzenes)	12002-48-1	0.4	0.4	不适用	不适用	
32	三氯甲烷 (trichloromethane)	67-66-3	2.5	2.5	不适用	不适用	

续表

编号	物质名称	CAS 编号 [1]	AA-EQS [2] 内陆地表水 [3] / (μg/L)	AA-EQS [2] 其他地表水/ (μg/L)	MAC-EQS [4] 内陆地表水 [3] / (μg/L)	MAC-EQS [4] 其他地表水/ (μg/L)	EQS-Biota [12] / (μg/kg 湿重)
33	氟乐灵 (trifluralin)	200-663-8	0.03	0.03	不适用	不适用	
34	三氯杀螨醇 (dicofol)	115-32-2	1.3×10^{-3}	3.2×10^{-5}	不适用 [10]	不适用 [10]	33
35	全氟辛基磺酸及其衍生物 [perfluorooctane sulfonic acid and its derivatives (PFOS)]	1763-23-1	6.5×10^{-4}	1.3×10^{-4}			9.1
36	喹氧灵 (quinoxyfen)	124495-18-7	0.15	0.015	2.7	0.54	
37	二噁英和二噁英类物质 (dioxins and dioxin-like compounds)	见 Directive 2000/60/EC 附件 X 的脚注 10			不适用	不适用	Sum of PCDD+PCDF+ PCB-DL 0.0065 μg/kg TEQ [14]
38	苯草醚 (aclonifen)	74070-46-5	0.12	0.012	0.12	0.012	
39	治草醚 (bifenox)	42576-02-3	0.012	0.0012	0.04	0.004	
40	辛布林 (cybutryne)	28159-98-0	0.0025	0.0025	0.016	0.016	
41	氯氰菊酯 (cypermethrin)	52315-07-8	8×10^{-5}	8×10^{-6}	6×10^{-4}	6×10^{-5}	
42	敌敌畏 (dichlorvos)	62-73-7	6×10^{-4}	6×10^{-5}	7×10^{-4}	7×10^{-5}	
43	六溴环十二烷 [hexabromocyclododecanes (HBCDD)]	不适用	0.0016	0.0008	0.5	0.05	167
44	七氯和环氧七氯 (heptachlor and heptachlor epoxide)	76-44-8/1024-57-3	2×10^{-7}	1×10^{-8}	3×10^{-4}	3×10^{-5}	6.7×10^{-3}
45	去草净 (terbutryn)	886-50-0					

注: AA. 年平均值。

MAC. 最大允许浓度。

(1) CAS: 化学文摘社。

(2) 该参数是表示为年平均值 (AA-EQS) 的 EQS。除非另有规定，否则适用于所有异构体的总浓度。

(3) 内陆地表水包括河流和湖泊以及相关的人工或大量改造的水体。

(4) 此参数是表示为最大允许浓度（MAC-EQ）的EQS。如果MAC-EQS标记为"不适用"，则AA-EQS值被视为对连续排放中的短期污染峰值具有保护作用，因为它们明显低于根据急性毒性得出的值。

(5) 对于溴二苯醚（5号）覆盖的优控物质组，EQS是指28、47、99、100、153和154号同类物质的浓度之和。

(6) 对于镉及其化合物（6号），EQS随着硬度的不同而不同，分为五类（1类：<40 mg CaCO$_3$/L，2类：40至<50 mg CaCO$_3$/L，3类：50至<100 mg CaCO$_3$/L，4类：100至<200 mg CaCO$_3$/L和5类：≥200 mg CaCO$_3$/L）。

(7) 该物质不是优控物质，而是其他污染物之一，其当量与2009年1月13日之前适用的立法中规定的当量相同。

(8) 没有为这类物质提供指示性参数。指示性参数为指示类物质提供指示性参数。

(9) 总滴滴涕包括异构体1,1,1-三氯-2,2-双（对氯苯基）乙烷（化学文摘社编号50-29-3；欧盟编号200-024-3）；1,1,1-三氯-2-（邻氯苯基）-2-（对氯苯基）乙烷（CAS号72-54-8；欧盟号200-783-0789-02-6；欧盟编号212-332-5）；1,1-二氯-2,2-双（对氯苯基）乙烯（化学文摘社编号72-55-9；欧盟编号200-784-6）和1,1-二氯-2,2-双（对氯苯基）乙烷（化学文摘社编号72-54-8；欧盟号200-783-0）的总和。

(10) 没有足够的信息为这些物质设定MAC-EQS。

(11) 对于多环芳烃（PAH）（No.28）这组优控物质，生物EQS和相应的AA-EQS是指苯并（a）芘的浓度。它们是以苯并（a）芘的毒性为基础的。苯并（a）芘可作为其他多环芳烃的标记物，因此只需监测苯并（a）芘，以便与生物EQS或水中相应的AA-EQS进行比较。

(12) 除非另有说明，否则生物EQS与鱼类有关。只要应用的EQS提供了同等的保护水平。对于编号为15（荧蒽）和28（多环芳烃）的物质，生物EQS指甲壳类动物和软体动物。为了评估化学状态，不宜对鱼类中的荧蒽和多环芳烃类进行监测。对于第37号物质（二噁英类化合物），生物EQS指鱼类、甲壳类动物和软体动物，根据2011年12月2日第1259/2011号欧盟委员会条例（EU）附件第5.3节，修订第1881/2006号委员会条例（EC）条例，食品中二噁英、类二噁英多氯联苯和类二噁英多氯联苯的最高含量（OJ L 320, 3.12.2011，第18页）。

(13) 这些EQS是指这些物质的生物可利用浓度。

(14) PCDD：多氯二苯并二噁英；PCDF：多氯二苯并呋喃；PCB-DL：二噁英类多氯联苯；TEQ：根据世界卫生组织2005年毒性当量因子的毒性当量。

附录13　国家环境基准管理办法（试行）

第一章　总　　则

第一条　为加强和规范环境基准管理工作，依据《中华人民共和国环境保护法》制定本办法。本办法适用于环境基准研究、制定、发布、应用与监督等工作的组织管理。

第二条　环境基准是环境因子（污染物质或有害要素）对人体健康与生态系统不产生有害效应的剂量或水平。

环境因子包括化学（污染物、营养物等）、物理（噪声、振动、辐射等）和生物（微生物、病原体等）因子等。

第三条　环境基准管理工作主要包括环境基准科学研究，环境基准工作规划和实施计划制定，环境基准制定、批准、发布，管理平台，环境基准专业队伍建设、技术培训、科学普及与应用。

第四条　环境基准管理工作应遵循以下基本原则：

（一）符合国家环境保护法律、法规、政策以及有关规章制度要求；

（二）以保护人体健康与生态系统为出发点，符合我国基本国情和环境特征，体现最新的科学技术成果；

（三）在借鉴吸收与自主创新相结合的基础上，科学规范、开放共享、持续有序地开展环境基准工作。

第五条　环境保护部对环境基准工作进行统一监督管理，制定相关工作规则，组织制定并发布环境基准。

环境保护部组建环境基准专家委员会（以下简称专家委员会）负责环境基准的科学评估。

第六条　环境基准任务承担单位负责环境基准研究与制订等工作。环境基准任务承担单位应具备下列条件：

（一）具有熟悉国家环境保护法律、法规，掌握国内外环境基准相关业务知识的专业技术人员；

（二）具有开展环境基准科学研究的实验分析手段和能力。

第二章　分　　类

第七条　环境基准可分为水环境基准、大气环境基准、土壤环境基准及其他基准。

为保护水环境因子暴露下人体健康和水生生态系统安全，制定水环境基准，主要包括人体健康水环境基准、水生生物水环境基准、水体营养物环境基准、沉积物环境基准、微生物水环境基准、病原体水环境基准等。

为保护大气环境因子暴露下人体健康和生态系统安全，制定大气环境基准，主要包括人体健康大气环境基准、生态系统大气环境基准等。

为保护土壤环境因子暴露下人体健康、土壤生态系统安全、农产品质量与地下水安全等，制定土壤环境基准，主要包括人体健康土壤环境基准、陆生生物土壤环境基准、农产品质量土壤环境基准、地下水土壤环境基准等。

为保护人体健康，制定噪声、振动、辐射等环境基准。

第八条 环境保护部发布水、大气、土壤等环境基准制定技术指南与规范，主要包括适用范围、基准数据筛选、模型和推导方法等。

第九条 依据环境基准技术指南与规范，确定不同环境因子的环境基准，具体表现形式为数值、函数式或描述水平。为阐述环境基准制定的具体方法和过程，环境基准发布时，需编制技术报告作为附件。技术报告主要内容包括环境因子性质、实验过程、效应分析、暴露分析、基准推导及表述、基准自审核、未使用数据的说明等。

第三章　制定与发布

第十条 环境基准的制定应遵循以下基本原则：

（一）科学客观。环境基准制定应符合我国环境特征和保护目标需求，以现有科学研究结果和大量的实验数据为基础。

（二）统一规范。环境基准制定应统一按照相关技术指南与管理规范进行，强化全过程质量控制。

（三）适时更新。环境基准应根据最新研究成果和管理要求，适时更新。

第十一条 环境基准的制定应遵循以下基本程序：

（一）编制环境基准年度工作计划；

（二）确定年度环境基准工作任务及承担单位；

（三）对环境基准任务的实施方案进行开题论证；

（四）开展环境基准相关的调查、实验、推导以及草案起草等工作；

（五）对环境基准草案进行公开征求意见和科学评估；

（六）组织环境基准行政审查；

（七）批准和发布环境基准。

第十二条 环境基准草案编制工作内容包括：

（一）调研目标环境因子国内外环境基准研究及发布现状，深入理解相关环境基准制定技术；

（二）调研与筛选目标环境因子的国内外环境基准相关数据，包括毒性数据、人体与环境暴露数据、生物富集数据、环境行为数据及流行病学数据等；

（三）开展环境基准相关的调查、实验、推导和校验；

（四）对环境基准相关数据进行分析评价，制订环境基准并编写技术报告。

第十三条 环境基准草案应向社会征求意见。环境基准任务承担单位应根据公众意见修改完善草案，并报专家委员会进行科学评估。

第十四条 环境基准任务承担单位须对科学评估的质疑进行分析与解释，争议较大时，可在环境基准任务承担单位修改完善后进行二次科学评估。

第十五条 科学评估的主要技术要点包括：

（一）环境基准与我国环境特征的适配性；

（二）环境基准制订方法的规范性；

（三）环境基准制订过程中使用数据的充分性、代表性、准确性和可靠性；

（四）环境基准制订过程中数据分析和推导的正确性。

第十六条 环境保护部对环境基准开展行政审查，批准后发布。

第四章　应用与监督

第十七条 环境基准可用于环境标准制修订、环境质量评价、环境风险评估等工作。

第十八条 建设国家环境基准数据库与管理信息化平台，促进环境基准成果共享。

第十九条 开展环境基准的科学普及与宣传，加大技术培训与交流，鼓励开展国际合作。

第二十条 环境保护部负责对环境基准任务承担单位进行监督。对违反环境基准工作程序和相关技术规范的，有权勒令停止，收回资金。

第二十一条 环境基准专家委员会应本着科学、公正、客观的态度开展工作，对环境基准科学评估结论负责。

第五章　附　　则

第二十二条 本办法由环境保护部负责解释。

第二十三条 本办法自发布之日起试行。

附录 14　淡水水生生物水质基准制定技术指南

（HJ 831—2017）

1　适用范围

本标准规定了淡水水生生物水质基准制定的程序、方法与技术要求。

本标准适用于我国淡水水生生物水质基准的制定。

本标准不适用于内分泌干扰物及高富集性有机物等物质的淡水水生生物水质基准制定。

2　规范性引用文件

本标准内容引用下列文件或其中的条款。凡是不注明日期的引用文件，其最新版本适用于本标准。

GB/T 13266　水质物质对蚤类（大型蚤）急性毒性测定方法

GB/T 13267　水质物质对淡水鱼（斑马鱼）急性毒性测定方法

GB/T 21766　化学品生殖/发育毒性筛选试验方法

GB/T 21805　化学品藻类生长抑制试验

GB/T 21806　化学品鱼类幼体生长试验

GB/T 21830　化学品藻类急性活动抑制试验

GB/T 21854　化学品鱼类早期生活阶段毒性试验

GB/T 29763　化学品稀有鮈鲫急性毒性试验

GB/T 29764　化学品青鳉鱼早期生命阶段毒性试验

3　术语和定义

下列术语和定义适用于本标准。

3.1　水质基准　water quality criteria

水环境中的污染物质或有害因素对人体健康和水生态系统不产生有害效应的最大剂量或水平。

3.2　淡水水生生物水质基准　freshwater quality criteria for the protection of aquatic organisms

能够保护淡水水生生物及其生态功能的水质基准，包括短期水质基准和长期水质基准。

3.3　短期水质基准　short-term water quality criteria

短期暴露（暴露时间小于等于 4 天）下能够保护淡水水生生物及其生态功能的水质基准。

3.4　长期水质基准　long-term water quality criteria

长期暴露（暴露时间大于等于 21 天）下能够保护淡水水生生物及其生态功能的水质

基准。

3.5　中国本土物种　Chinese native species

不受人类干扰，完全靠自然因素栖息在中国或中国某一特定区域的生物类群。

3.6　物种敏感度分布　species sensitivity distribution，SSD

描述不同物种对环境因子敏感性相互关系的数据分布，本标准采用环境因子的效应浓度与受影响物种累积概率之间的关系曲线来表示。

3.7　5%物种危害浓度　hazardous concentration for 5% of species，HC_5

受影响物种的累积概率达到 5%时的污染物质浓度，或 95%的物种能够得到有效保护的污染物质浓度。

3.8　评价因子　assessment factor，AF

从 HC_5 外推来获得水质基准所需的调整数值。

3.9　急慢性比　acute-chronic ratio，ACR

污染物质急性毒性与慢性毒性数值的比值。

3.10　半数致死浓度　50% of lethal concentration，LC_{50}

引起一组受试实验生物半数死亡的浓度。

3.11　半数效应浓度　50% of effective concentration，EC_{50}

引起一组受试实验生物半数出现某种生物效应的浓度。

3.12　无观察效应浓度　no observed effect concentration，NOEC

在规定的暴露条件下，通过实验和观察，一种外源污染物质不引起生物任何有害作用的最高浓度。

3.13　最低观察效应浓度　lowest observed effect concentration，LOEC

在规定的暴露条件下，通过实验和观察，一种外源污染物质引起生物某种有害作用的最低浓度。

3.14　最终毒性值　final toxicity value

某物种对某一污染物质所有急性/慢性毒性值的几何平均值。

4　水质基准的制定程序

水质基准值的推导主要包括 5 个步骤（图 1），具体如下：

（1）水质基准污染物质的确定；

（2）毒性数据收集和筛选；

（3）物种筛选；

（4）水质基准的推导；

（5）水质基准的审核。

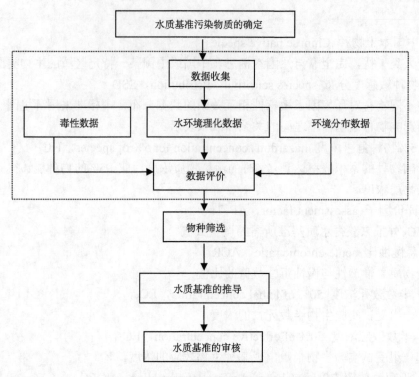

图 1　淡水水生生物水质基准制定流程

5 水质基准污染物质的确定

用于制定淡水水生生物水质基准的污染物质，其筛选确定应满足以下要求：

（1）该物质在多数自然水体中能够检出，或通过模型方法预测其可能普遍存在，并具有潜在的生态危害或风险；

（2）该物质的化学性质及其环境行为参数具有可得性；

（3）该物质具有有效的分析检测方法；

（4）当物质在水中以多种离子形式存在时，应视为同一种物质；

（5）当污染物质较多时，应进行优先度排序。

6 毒性数据收集和筛选

6.1 数据来源

数据主要包括淡水水生生物毒性数据、水体理化参数数据、物质固有的理化性质数据和环境分布数据等。数据来源主要有：

（1）国内外毒性数据库；

（2）本土物种实测数据；

（3）公开发表的文献或报告。

6.2 数据可靠性判断与分级

为了保证水质基准的科学性，需要对数据的可靠性进行评价。

数据可靠性的判断依据主要包括：

（1）是否使用国际、国家标准测试方法和行业技术标准，操作过程是否遵循良好实验室规范（Good Laboratory Practice，GLP）；

（2）对于非标准测试方法的实验，所用实验方法是否科学合理；

（3）实验过程和实验结果的描述是否详细；

（4）文献是否提供了原始数据。

可靠性数据分为 4 个等级：

（1）无限制可靠数据：数据来自 GLP 体系，或数据产生过程完全符合实验准则（参照 GB/T 13266，GB/T 13267，GB/T 21766，GB/T 21805，GB/T 21806，GB/T 21830，GB/T 21854，GB/T 29763，GB/T 29764）；

（2）限制性可靠数据：数据产生过程不完全符合实验准则，但有充足的证据证明数据可用；

（3）不可靠数据：数据产生过程与实验准则有冲突或矛盾，没有充足的证据证明数据可用，实验过程不能令人信服或被判断专家所接受；

（4）不确定数据：没有提供足够的实验细节，无法判断数据可靠性。

6.3　可靠性数据筛选方法

用于水质基准制定的数据，应采用无限制可靠数据和限制性可靠数据，其筛选应符合以下规定：

（1）实验过程中应严格控制实验条件，宜维持在受试物种的最适生长范围之内，其中，溶解氧饱和度大于 60%，总有机碳或颗粒物的浓度不超过 5 mg/L；

（2）实验用水应采用标准稀释水，不能使用蒸馏水或去离子水；

（3）实验必须设置对照组（空白对照组、助溶剂对照组等），如果对照组中的物种出现胁迫、疾病和死亡的比例超过 10%，不得采用该数据；

（4）优先采用流水式实验获得的物质毒性数据，其次采用半静态或静态实验数据；

（5）一般情况下，污染物质的实测浓度与理论浓度的偏差须小于 20%。对于偏差大于 20% 的数据，可采用经时间加权平均法（见附录 A）处理的数据；

（6）以单细胞动物作为受试物种的实验数据不得采用；

（7）急性毒性效应测试终点（主要包括 LC_{50} 和 EC_{50}）数据宜使用暴露时间小于等于 4 天的毒性数据；

（8）慢性毒性效应测试终点（主要包括 NOEC 和 LOEC）数据宜使用暴露时间大于等于 21 天的毒性数据；

（9）涉及的物种应符合本标准第 7 章的规定；

（10）当同一物种的同一毒性终点实验数据相差 10 倍以上时，应剔除离群值。

（11）对于一些重要的污染物质，如果硬度、有机质（主要为富里酸、腐殖酸、有机小分子等）、pH 值等水环境要素对其毒性有显著影响，在基准确定时应充分考虑水环境要素的影响，依据水质条件或建立生物配体等模型进行修正。

7 物种筛选

7.1 物种来源

基准受试物种应包含不同营养级别和生物类别，主要包括三类：

（1）国际通用物种（见附录 B），并在我国自然水体中有广泛分布；

（2）本土物种，敏感的本土物种见附录 C；

（3）引进物种。

针对我国珍稀或濒危物种、特有物种，应根据国家野生动物保护的相关法规选择性使用作为受试物种。

7.2 受试物种筛选原则

受试物种筛选原则包括：

（1）受试物种在我国地理分布较为广泛，在纯净的养殖条件下能够驯养、繁殖并获得足够的数量，或在某一地域范围内有充足的资源，确保有均匀的群体可供实验；

（2）受试物种对污染物质应具有较高的敏感性及毒性反应的一致性；

（3）受试物种的毒性反应有规范的测试终点和方法；

（4）受试物种应是生态系统的重要组成部分和生态类群代表，并能充分代表水体中不同生态营养级别及其关联性；

（5）受试物种应具有相对丰富的生物学资料；

（6）应考虑受试物种的个体大小和生活史长短；

（7）受试物种在人工驯养、繁殖时，应保持遗传性状稳定；

（8）当采用野外捕获物种进行毒性测试时，应确保该物种未曾接触过污染物质。

7.3 推导水质基准的物种和数据要求

在确定水质基准的过程中，应尽可能收集相关数据，用于水质基准推导的毒性数据需要满足以下要求：

（1）物种应该至少涵盖 3 个营养级：水生植物/初级生产者、无脊椎动物/初级消费者、脊椎动物/次级消费者；

（2）物种应该至少包括 5 个：1 种硬骨鲤科鱼、1 种硬骨非鲤科鱼、1 种浮游动物、1 种底栖动物、1 种水生植物。

当毒性数据不满足以上最低数据要求时，可采用以下处理：

（1）进行相应的环境毒理学实验补充相关数据；

（2）对于模型预测获得的毒性数据，经验证后可作为参照数据；

（3）当慢性毒性数据不足时，可采用急慢性比推导长期基准值。急慢性比数据的获得至少应包括同样实验条件下 3 个物种（一种鱼类、一种无脊椎动物、一种对急性暴露敏感的淡水物种）的急、慢性毒性数据。

8 水质基准的推导

8.1 水质基准推导方法

推荐采用物种敏感度分布法推导淡水水生生物水质基准。示意图如图 2 所示：

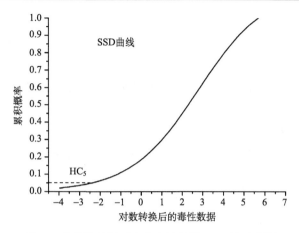

图 2　应用物种敏感度分布法推导 HC$_5$的示意图

具体推导步骤如下：

（1）毒性数据分布检验

将筛选获得的污染物质的所有毒性数据进行正态分布检验（如 K-S 检验、t 检验）；若不符合正态分布，应进行数据变换（例如对数变换）后重新检验。

（2）累积概率计算

将所有已筛选物种的最终毒性值按从小到大的顺序进行排列，并且给其分配等级 R，最小的最终毒性值的等级为 1，最大的最终毒性值等级为 N，依次排列。如果有两个或者两个以上物种的毒性值是相等的，那么将其任意排成连续的等级，计算每个物种的最终毒性值的累积概率，计算公式如下：

$$P = \frac{R}{N+1} \times 100\% \tag{1}$$

式中：

　　P—累积概率，%；

　　R—物种排序的等级；

　　N—物种的个数。

（3）模型拟合与评价

推荐使用逻辑斯谛分布、正态分布、极值分布三个模型进行数据拟合，模型方法参见附录 D；

根据模型的拟合优度评价参数分别评价这些模型的拟合度，评价准则见附录 D。最终选择的分布模型应能充分描绘数据分布情况，确保根据拟合的 SSD 曲线外推得出的水质基准在统计学上具有合理性、可靠性。

（4）水质基准外推

SSD 曲线上累积概率 5%对应的浓度值 HC$_5$，除以评估因子，即可确定最终的淡水水生生物水质基准。

评估因子根据推导基准的有效数据的数量和质量确定，一般取值为 2～5。当有效的毒性数据数量大于 15 并涵盖足够营养级时，评估因子的取值为 2。

8.2 水质基准的结果表述

按照本标准推导出的水质基准属于数值型基准,包括短期水质基准和长期水质基准。

（1）基准取值

淡水水生生物水质基准一般保留 4 位有效数字。必要时,可采用科学计数法进行表达, 单位用 μg/L 表示。

（2）水质基准的表述

与淡水水生生物水质基准相关内容包括水质基准、暴露时间、效应终点、HC_5、评估因子;

水质基准应附有技术报告（报告大纲见附录 E）。

9 水质基准的审核

9.1 基准的自审核项目

水质基准的最终确定需要仔细审核基准推导所用数据以及推导步骤,以确保基准是否合理可靠。自审项目如下:

（1）使用的毒性数据是否可被充分证明有效;

（2）所有使用的数据是否符合数据质量要求;

（3）物种对某一物质急性值的范围是否大于 10 倍;

（4）对于任何一种物种,测定物质的流水暴露实验所得急性毒性数据值是否低于短期基准;

（5）对于任何一种物种,测定的慢性毒性值是否低于长期基准;

（6）急性毒性数据中是否存在可疑数值;

（7）慢性毒性数据中是否存在可疑数值;

（8）急慢性比的范围是否合理;

（9）是否存在明显异常数据;

（10）是否遗漏其他重要数据。

9.2 基准的专家审核项目

（1）基准推导所用数据是否可靠;

（2）物种要求和数据量是否符合水质基准推导要求;

（3）基准推导过程是否符合技术指南;

（4）基准值的得出是否合理;

（5）是否有任何背离技术指南的内容并评估是否可接受。

10 基准的应用

（1）用于水环境标准的制修订

水质基准是制订水环境标准的基础。依据本标准制定出的水质基准可用于指导水环境标准的制修订。

（2）用于环境质量评价与环境风险评估

水质基准是环境质量评价和风险评估的重要依据。依据本标准制定出的水质基准可用于水环境质量评价以及污染物质环境风险评估。

（3）用于应急事故管理和环境损害鉴定评估

水质基准为污染物质的应急事故管理和环境损害鉴定评估提供重要参考。当某一污染物质造成突发性污染事故，而又没有相应的水质标准作为参照时，此时污染物质的处理处置以及损害鉴定评估可以参照其短期水质基准来开展。

附录 A
（规范性附录）
时间-加权平均值的算法

毒性实验中，如果污染物质具有很强的挥发性，则其浓度在整个实验过程中是下降的，实验结果会由物质浓度的变化而受到影响，因此，在这种情况下，应以生物学和统计学为基础选择一个合适的浓度作为生物暴露的浓度范围的代表浓度。考虑样品在实验过程中浓度的变化，将时间加权平均浓度（Time-weighted mean concentration，TWMC）作为实验结果更合适。此时，实验期间的最高浓度和最低浓度都应纳入 TWMC 的计算。

时间-加权平均浓度的示例见下图 A-1。

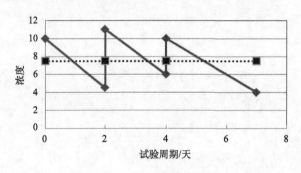

图 A-1　时间-加权平均样本

图 A-1 中，实验持续 7 天，在第 0 天、第 2 天、第 4 天更新溶液。

其中实线代表任意时间点的浓度，假定浓度是沿着指数衰减过程下降的，线上的点代表在每一个更新周期开始与结束时测定的实际浓度，虚线表示加权-平均浓度的位置。

时间-加权平均浓度的计算公式如下：

$$\text{TWMC} = \frac{1}{t_n} \sum_{i=1}^{n-1} \left[\frac{c_i - c_{i+1}}{\ln(c_i) - \ln(c_{i+1})} \times (t_{i+1} - t_i) \right] \tag{A.1}$$

式中：

C_i——每次更新周期开始时溶液实测浓度，μg/L；

C_{i+1}——每次更新周期结束时溶液实测浓度，μg/L；

$t_{i+1}-t_i$——更新频率间隔，天；

t_n——更新周期天数，天。

附录 B

（资料性附录）

国际通用毒性测试淡水水生生物名录

序号	物种名称	物种拉丁名	门	纲	目	科	属	推荐的国际组织
1	斑马鱼	*Danio rerio*	脊索动物门	硬骨鱼纲	鲤形目	鲤科	（鱼丹）属	OECD、EU、ISO
2	黑头软口鲦	*Pimephales promelas*	脊索动物门	硬骨鱼纲	鲤形目	鲤科	呆鱼属	OECD
3	日本青鳉	*Oryzias latipes*	脊索动物门	硬骨鱼纲	鹤鳉目	异鳉科	青鳉属	OECD
4	大型溞	*Daphnia magna*	节肢动物门	甲壳纲	双甲目	溞科	溞属	OECD、ISO
5	模糊网纹溞	*Ceriodaphnia dubia*	节肢动物门	甲壳纲	双甲目	溞科	网纹溞属	ISO
6	近头状伪蹄形藻	*Pseudokirchmeriella subcapitata*	绿藻门	绿藻纲	绿球藻目	小球藻科	伪蹄形藻属	OECD、EU、ISO
7	水华鱼腥藻	*Anabeana flosaquae*	蓝藻门	蓝藻纲	念珠藻目	念珠藻科	鱼腥藻属	OECD
8	浮萍	*Lemna minor*	被子植物门	单子叶植物纲	天南星目	浮萍科	浮萍属	OECD、EU、ISO、ASTM

注：EU，欧盟；OECD，经济合作与发展组织；ISO，国际标准化组织；ASTM，美国材料与实验协会。

附录 C

（资料性附录）

中国本土敏感淡水水生生物推荐名录（2016 年）

序号	物种名称	物种拉丁名	门	纲	目	科	属
1	鲤鱼	*Cyprinus carpio*	脊索动物门	硬骨鱼纲	鲤形目	鲤科	鲤属
2	草鱼	*Ctenopharyngodon idellus*	脊索动物门	硬骨鱼纲	鲤形目	鲤科	草鱼属
3	鲢鱼	*Hypophthalmichthys molitrix*	脊索动物门	硬骨鱼纲	鲤形目	鲤科	鲢属
4	鳙鱼	*Aristichthys nobilis*	脊索动物门	硬骨鱼纲	鲤形目	鲤科	鳙属
5	鲫鱼	*Carassius auratus*	脊索动物门	硬骨鱼纲	鲤形目	鲤科	鲫属
6	麦穗鱼	*Pseudorasbora parva*	脊索动物门	硬骨鱼纲	鲤形目	鲤科	麦穗鱼属
7	泥鳅	*Misgurnus anguillicaudatus*	脊索动物门	硬骨鱼纲	鲤形目	鳅科	泥鳅属
8	黄颡鱼	*Pelteobagrus fulvidraco*	脊索动物门	硬骨鱼纲	鲶形目	鲶科	黄颡鱼属
9	黄鳝	*Monopterus albus*	脊索动物门	硬骨鱼纲	合鳃鱼目	合鳃鱼科	黄鳝属
10	鳜鱼	*Siniperca chuatsi*	脊索动物门	硬骨鱼纲	鲈形目	真鲈科	鳜属
11	大型溞	*Daphnia magna*	节肢动物门	甲壳纲	双甲目	溞科	溞属
12	蚤状溞	*Daphnia pulex*	节肢动物门	甲壳纲	双甲目	溞科	溞属
13	僧帽溞	*Daphnia cucullata*	节肢动物门	甲壳纲	双甲目	溞科	溞属
14	透明溞	*Daphnia hyaline*	节肢动物门	甲壳纲	双甲目	溞科	溞属
15	锯顶低额溞	*Simocephalus serrulatus*	节肢动物门	甲壳纲	双甲目	溞科	低额溞属

续表

序号	物种名称	物种拉丁名	门	纲	目	科	属
16	槭榭网纹溞	*Ceriodaphnia dubia*	节肢动物门	甲壳纲	双甲目	溞科	网纹溞属
17	萼花臂尾轮虫	*Brachionus calyciflorus*	轮虫动物门	单巢纲	游泳目	臂尾轮虫科	臂尾轮虫属
18	四齿腔轮虫	*Lecane quadridentata*	轮虫动物门	单巢纲	单巢目	腔轮科	腔轮属
19	螺形龟甲轮虫	*Keratella cochlearis*	轮虫动物门	单巢纲	单巢目	臂尾轮科	龟甲轮属
20	褐水螅	*Hydra oligactis*	刺胞动物门	水螅纲	螅形目	水螅科	水螅属
21	绿水螅	*Hydra viridis*	刺胞动物门	水螅纲	螅形目	水螅科	水螅属
22	普通水螅	*Hydra vulgaris*	刺胞动物门	水螅纲	螅形目	水螅科	水螅属
23	蚤状钩虾	*Gammarus pulex*	节肢动物门	甲壳纲	端足目	钩虾科	钩虾属
24	淡水钩虾	*Gammarus lacustrid*	节肢动物门	甲壳纲	端足目	钩虾科	钩虾属
25	日本沼虾	*Macrobrachium nipponnense*	节肢动物门	软甲纲	十足目	长臂虾科	沼虾属
26	中华绒螯蟹	*Eriocheir sinensis*	节肢动物门	软甲纲	十足目	弓蟹科	绒螯蟹属
27	正颤蚓	*Tubifex tubifex*	环节动物门	寡毛纲	颤蚓目	颤蚓科	颤蚓属
28	苏氏尾鳃蚓	*Branchiura sowerbyi*	环节动物门	寡毛纲	单向蚓目	颤蚓科	尾鳃蚓属
29	尾盘虫	*Dero* sp.	环节动物门	寡毛纲	颤蚓目	仙女虫科	尾盘虫属
30	仙女虫	*Nais* sp.	环节动物门	寡毛纲	颤蚓目	仙女虫科	仙女虫属
31	放逸短沟蜷	*Semisulcospira libertina*	软体动物门	腹足纲	中腹足目	锥蜷科	短沟蜷属
32	静水椎实螺	*Lymnaea stagnalis*	软体动物门	腹足纲	有肺目	椎实螺科	椎实螺属
33	河蚬	*Corbicula fluminea*	软体动物门	瓣鳃纲	真瓣鳃目	蚬科	蚬属
34	日本三角涡虫	*Dugesia japonica*	扁形动物门	涡虫纲	三肠目	三角涡虫科	三角涡虫属
35	槐叶苹	*Salvinia natans*	蕨类植物门	薄囊蕨纲	槐叶苹目	槐叶苹科	槐叶苹属
36	浮萍	*Lemna minor*	被子植物门	单子叶植物纲	天南星目	浮萍科	浮萍属

续表

序号	物种名称	物种拉丁名	门	纲	目	科	属
37	紫萍	*Spirodela polyrhiza*	被子植物门	单子叶植物纲	天南星目	浮萍科	紫萍属
38	菹草	*Potamogeton crispus*	被子植物门	单子叶植物纲	沼生目	眼子菜科	眼子菜属
39	黑藻	*Hydrilla verticillata*	被子植物门	单子叶植物纲	沼生目	水鳖科	黑藻属
40	金鱼藻	*Ceratophyllum demersum*	被子植物门	双子叶植物纲	毛茛目	金鱼藻科	金鱼藻属
41	莱茵衣藻	*Chlamydomona sreinhardtii*	绿藻门	绿藻纲	团藻目	衣藻科	衣藻属
42	近头状伪蹄形藻	*Pseudokirchneriella subcapitata*	绿藻门	绿藻纲	绿球藻目	小球藻科	伪蹄形藻属
43	尖头栅藻	*Scenedesmus acutus*	绿藻门	绿藻纲	绿球藻目	栅藻科	栅藻属
44	舟型藻	*Navicula pelliculosa*	硅藻门	羽纹纲	舟形藻目	舟形藻科	舟形藻属
45	黄翅蜻	*Brachythemis contaminata*	节肢动物门	昆虫纲	蜻蜓目	蜻科	黄翅蜻属
46	四节蜉	*Baetis rhodani*	节肢动物门	昆虫纲	蜉蝣目	四节蜉科	四节蜉属
47	扁蜉	*Heptagenia sulphurea*	节肢动物门	昆虫纲	蜉蝣目	扁蜉科	扁蜉属
48	棘胸蛙	*Quasipaa spinosa*	脊椎动物门	两栖纲	无尾目	蛙科	蛙属

注：本推荐名录基于物种敏感度分析得出。其他中国代表性物种，目前由于毒性数据不足，无法对其敏感性做出准确评估，因此没有列入。

附录 D

（规范性附录）

SSD 模型与拟合优度评价准则

D.1 SSD 模型

本标准推荐使用三类模型：

（1）逻辑斯谛分布模型

$$y = \frac{e^{\frac{x-\mu}{\sigma}}}{\sigma(1+e^{\frac{x-\mu}{\sigma}})^2} \tag{D.1}$$

式中：

y—累积概率，%；

x—毒性值，$\mu g/L$；

μ—毒性值的平均值，$\mu g/L$；

σ—毒性值的标准差，$\mu g/L$。

（2）对数逻辑斯谛分布模型

$$y = \frac{e^{\frac{\log(x)-\mu}{\sigma}}}{\sigma x\left(1+e^{\frac{\log(x)-\mu}{\sigma}}\right)^2} \tag{D.2}$$

式中，各符号意义同 D.1。

（3）正态分布模型

$$y = \frac{1}{\sqrt{2\pi}\sigma}e^{-\frac{(x-\mu)^2}{2\sigma^2}} \tag{D.3}$$

式中，各符号意义同 D.1。

（4）对数正态分布模型

$$y = \frac{1}{x\sigma\sqrt{2\pi}}e^{-\frac{(\ln x-\mu)^2}{2\sigma^2}} \tag{D.4}$$

式中，各符号意义同 D.1。

（5）极值分布模型

$$y = \frac{1}{\sigma}e^{\frac{x-\mu}{\sigma}}e^{-e^{\frac{x-\mu}{\sigma}}} \tag{D.5}$$

式中，各符号意义同 D.1。

本标准规定的模型拟合软件可在网站（http://www.sklecra.cn/）下载。

D.2 拟合优度评价

模型拟合优度评价是用于检验总体中的一类数据其分布是否与某种理论分布相一致的统计方法。对于参数模型来说，检验模型拟合优度的参数包括：

（1）决定系数（coefficient of determination，R^2）

通常认为，R^2 大于 0.6 具有统计学意义，R^2 越接近 1，说明毒性数据的拟合优度越大，模型拟合越精准。

$$R^2 = 1 - \frac{\sum_{i=1}^{n}(y_i - \hat{y}_i)^2}{\sum_{i=1}^{n}(y_i - \overline{y}_i)^2} \quad (D.6)$$

式中：

R^2—决定系数，取值范围是[0，1]；

y_i—第 i 种物种的实测毒性值，μg/L；

$\hat{y}_i$—第 i 种物种的预测毒性值，μg/L；

n—毒性数据数量。

（2）均方根（room mean square errors, RMSE）

RMSE 是观测值与真值偏差的平方与观测次数比值的平方根，该统计参数也叫回归系统的拟合标准差。RMSE 在统计学意义上可反映出模型的精密度，RMSE 越接近于 0，说明模型拟合的精确度越高。计算公式如下：

$$RMSE = \sqrt{\frac{\sum_{i=1}^{n}(y_i - \hat{y}_i)^2}{n}} \quad (D.7)$$

式中：

RMSE—均方根；

y_i—第 i 种物种的实测毒性值，μg/L；

$\hat{y}_i$—第 i 种物种的预测毒性值，μg/L；

n—毒性数据数量。

（3）残差平方和（sum of squares for error, SSE）

SSE 是实测值和预测值之差的平方和，反映每个样本各预测值的离散状况，又称误差项平方和。SSE 越接近于 0，说明模型拟合的随机误差效应越低。计算公式如下：

$$SSE = \sum_{i=1}^{n}(y_i - \hat{y}_i)^2 \quad (D.8)$$

式中：

SSE—残差平方和；

y_i —第 i 种物种的实测毒性值，μg/L；

$\hat{y}_i$ —第 i 种物种的预测毒性值，μg/L；

n —毒性数据数量。

（4）K-S 检验（Kolmogorov–Smirnov test）

是基于累积分布函数，用于检验一个经验分布是否符合某种理论分布，它是一种拟合优度检验。通过 K-S 检验来验证分布与理论分布的差异时，若 P 值（即概率，反映两组差异有无统计学意义，$P>0.05$ 即差异无显著性意义，$P<0.05$ 即差异有显著性意义）大于 0.05，证明实际分布曲线与理论分布曲线不具有显著性差异，通过 K-S 检验，可反映模型符合理论分布。

附录 E

（资料性附录）

淡水水生生物水质基准技术报告编制大纲

1. 前言

1.1　水质基准制定的重要性和必要性

1.2　水质基准的国内外研究现状

1.3　我国水质基准制定的特异性

2. 污染物质的环境问题概述

2.1　理化性质与用途

2.2　来源与分布

2.3　存在形式与环境行为

2.4　毒性及毒性作用方式

2.5　水质参数的影响

3. 污染物质的毒性

3.1　急性毒性

3.2　慢性毒性

3.3　其他毒性效应

4. 水质基准的推导

4.1　短期水质基准

4.2　长期水质基准

5. 水质基准的审核

5.1　不同国家水质基准的比较与分析

5.2　不确定性分析

5.3　其他需要说明的问题

6. 参考文献

附录15　人体健康水质基准制定技术指南

（HJ 837—2017）

1　适用范围

本标准规定了人体健康水质基准的制定程序、方法与技术要求。

本标准适用于我国地表水和可提供水产品的淡水水域中污染物质长期慢性健康效应人体健康水质基准制定。

本标准不适用于娱乐用水人体健康水质基准的制定。

本标准不适用于微生物和物理因素人体健康水质基准的制定。

2　规范性引用文件

本标准内容引用下列文件或其中的条款。凡是不注明日期的引用文件，其有效版本适用于本标准。

GB/T 605　化学品　急性吸入毒性试验方法

GB/T 606　化学品　急性经皮毒性试验方法

GB/T 778　化学品　非啮齿类动物亚慢性（90 天）经口毒性试验方法

GB/T 7588　化学品　两代繁殖毒性试验方法

GB/T 21752　化学品　啮齿动物 28 天重复剂量经口毒性试验方法

GB/T 21757　化学品　急性经口毒性试验　急性毒性分类法

GB/T 21759　化学品　慢性毒性试验方法国家标准

GB/T 21763　化学品　啮齿类动物亚慢性经口毒性试验方法

GB/T 21766　化学品　生殖发育毒性筛选试验方法

GB/T 21787　化学品　啮齿类动物神经毒性试验方法

GB/T 21793　化学品　体外哺乳动物细胞基因突变试验方法

GB/T 21800　化学品　生物富集流水式鱼类试验

GB/T 21858　化学品　生物富集半静态式鱼类试验

3　术语与定义

下列术语和定义适用于本标准。

3.1　水质基准　water quality criteria

是水环境质量基准的简称，是指水环境中的污染物质或有害因素对人体健康、水生态系统与使用功能不产生有害效应的最大剂量或水平。

3.2　人体健康水质基准　water quality criteria for the protection of human health

只考虑饮水和（或）食用水产品暴露途径时，以保护人体健康为目的制定的水质基准。

3.3 参考剂量 reference dose, RfD

在终生暴露下对人群不产生有害效应的污染物质的日暴露剂量，是用于非致癌物水质基准推导的重要参数。

3.4 起算点 point of departure, POD

致癌物质剂量-效应关系曲线上低剂量外推的起点。

3.5 特定风险剂量 risk-specific dose, RSD

与特定风险水平相对应的污染物质的剂量。

3.6 相关源贡献率 relative source contribution, RSC

通过饮水与食用水产品途径产生的暴露及其占总暴露的比例。

3.7 生物富集系数 bioconcentration factor, BCF

因暴露（不含摄食）导致生物体内污染物质累积的浓度与所在水体中该污染物质浓度达到平衡时的比值，单位 L/kg。

3.8 生物累积系数 bioaccumulation factor, BAF

因暴露（含摄食）导致生物体内污染物质累积的浓度与所在水体中该污染物质浓度达到平衡时的比值，单位 L/kg。

3.9 基线生物累积系数 baseline BAF

简称基线 BAF，污染物质在水中的自由溶解态浓度与其在生物组织中的脂质标准化浓度的比值，单位 L/kg。

3.10 最终营养级生物累积系数 final BAF for trophic level n（$BAF_{TL\,n}$）

污染物质在某一营养级（通常指 2、3 和 4 级）生物中的 BAF。

4 水质基准的制定程序

水质基准的制定程序主要包括 4 个步骤（见图 1），具体如下：

（1）数据收集和评价；

（2）本土参数的确定；

（3）基准的推导；

（4）水质基准的审核。

5 数据收集与评价

5.1 数据种类及来源

数据主要包括剂量-效应数据、暴露参数数据、生物累积数据、水生态环境数据、污染物质理化性质数据和环境污染数据等。

数据来源主要有中国/地方实测和调查数据、国内外相关数据库、公开发表的文献/报告。

5.2 数据收集

5.2.1 剂量-效应数据

（1）污染物质毒性数据（动物和人体）

所需要搜集的毒性数据包括：急性、亚急性、慢性毒性、生殖毒性、发育毒性、神经毒性、免疫毒性、心血管毒性以及基因毒性等。

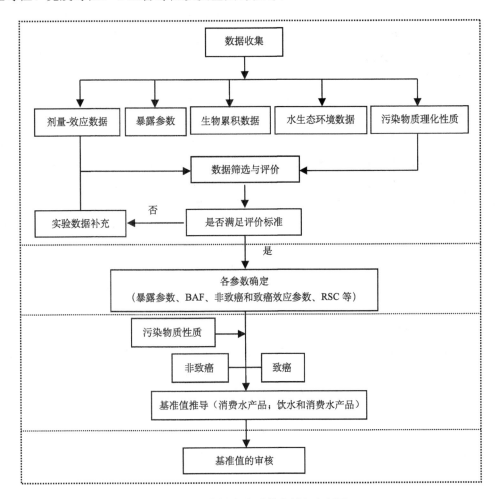

图 1　人体健康水质基准制定流程图

（2）污染物质代谢数据

所需要搜集的代谢数据包括：吸收（经口以及其他吸收路径）、分布、新陈代谢、排泄、生物监测、药物动力学数据等。

（3）人群流行病学数据

5.2.2 暴露参数数据

（1）体重、饮水量和水产品摄入量；

（2）污染物质相关暴露源及暴露途径（包括饮水/消费水产品、饮食摄入、沉积物/土壤、空气和特殊用途等）数据。

5.2.3 生物累积数据

所需要搜集的有关生物累积相关的数据包括：BCF 和 BAF 数据、体内/体外代谢数据、在生物体内的残留数据、在水体中的含量与分布数据、污染物质的理化特性（如 K_{ow}、电离常数、酸碱度等）、生物放大系数数据、生物脂质含量数据等。

5.2.4 其他数据

所需要搜集的其他数据包括：水体理化常数（如 pH 值、溶解态有机碳浓度 DOC、颗粒态有机碳浓度 POC）、生物种类与分布数据、营养级等级调查数据等。

5.3 数据筛选与评价

5.3.1 筛选原则

（1）优先选用国家/地区的本土数据，在缺乏本土数据的情况下，可采用国外权威机构发布的数据；

（2）优先选用采用国际、国家标准测试方法以及行业技术标准，操作过程遵循良好实验室规范（Good Laboratory Practice, GLP）的实验数据（参照 GB/T 605、GB/T 606、GB/T 778、GB/T 7588、GB/T 21752、GB/T 21757、GB/T 21759、GB/T 21763、GB/T 21766、GB/T 21787、GB/T 21793、GB/T 21800 和 GB/T 21858）；

（3）对于非标准测试方法的实验数据，在评估其实验方法、结果科学合理后可采用；

（4）优先选用敏感毒性效应终点的毒性数据；

（5）优先选用人体毒性数据，对缺乏足够人体毒性数据的可采用动物毒性数据；

（6）在选择人体毒性数据时，优先选用环境流行病学数据，若缺乏足够数据可选用职业流行病学数据。

5.3.2 筛选方法及质量评价

（1）数据产生过程不完全符合实验准则，但有充足的证据证明数据科学合理的可采用；

（2）同一污染物质的同一指标实验数据相差 10 倍以上时，应剔除离群值；

（3）数据产生过程与实验准则有冲突或矛盾、没有充足的证据证明数据可用、且实验过程不能令人信服或被判断专家所不能接受的数据不可用；

（4）没有提供足够的实验细节，无法判断数据可靠性的数据不可用；

（5）需满足建立剂量-效应关系曲线所需最低毒性数据量；

（6）毒性数据质量评价准则见附录 A。

6 本土参数的确定

6.1 暴露参数

优先使用通过标准调查方法获得的本土暴露参数，在缺乏实际暴露参数的情况下，可使用国家或地方发布的数据。

本标准推荐使用成年人（18 岁及以上）暴露参数如下：

（1）平均体重：60.6 kg；

（2）每日饮水量：1.85 L/d；

（3）每日水产品摄入量：0.0237kg/d。

6.2 生物累积系数 BAF

BAF 分为个体生物基线 BAF、物种基线 BAF、营养级基线 BAF 和最终营养级 BAF。

污染物质可分为非离子型有机化合物、离子型有机化合物、无机化合物和有机金属化合物，分别选择不同的推导程序（见图 2）。根据污染物质的疏水性、代谢率和生物放大作用等选择具体个体生物基线 BAF 推导方法。

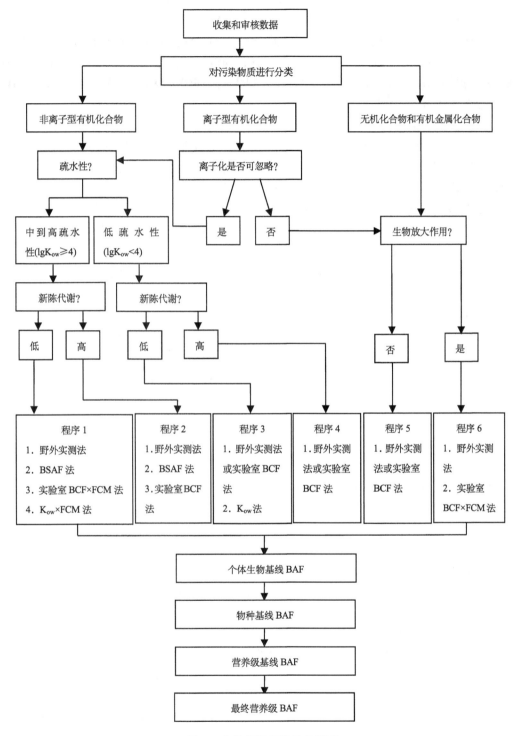

图 2　生物累积系数推导程序

6.2.1 个体生物基线 BAF 推导方法

根据污染物质疏水性、代谢率和生物放大作用的不同，在图 2 所示程序 1-6 中选择合适的推导程序，程序 1-6 中个体生物基线 BAF 的推导共有 4 种方法，方法前所标数字表示该方法的优先采用顺序。优先顺序依次为野外实测法、生物相-沉积物累积系数法（即 BSAF 法）、实验室生物富集系数×食物链倍增系数法（即实验室 BCF×FCM 法）和辛醇-水分配系数×食物链倍增系数法（即 K_{ow}×FCM 法），具体方法参见附录 B。

6.2.2 物种基线 BAF 推导方法

多个个体生物基线 BAF 的几何平均值即为"该物种的基线 BAF"。在计算过程中，应仔细审核个体生物基线 BAF 数据及其来源的合理性。需对污染物质在水体和生物组织中的含量时空分布特征获得尽可能多的测定数据，以保证数据可靠性；应剔除明显异常数据（差异大于 10 倍的数据即为异常数据）。

6.2.3 营养级基线 BAF 推导方法

某一营养级中多个物种基线 BAF 的几何平均值即为"营养级基线 BAF"。应计算第 2、3 和 4 营养级的基线 BAF。

当获得不止一个营养级基线 BAF 时，应考虑不同推导方法的优先顺序和结果的不确定性，选择最优的营养级基线 BAF。

6.2.4 最终营养级 BAF 推导方法

最终营养级 BAF 用于描述污染物质在特定营养级（2、3 和 4 级）生物中的生物累积潜力。每一营养级的最终营养级 BAF 由公式（1）计算：

$$最终营养级\ BAF_{TLn}=[营养级基线\ BAF_{TLn}\times(f_l)_{TLn}+1]\times f_{fd} \tag{1}$$

式中：

最终营养级 BAF_{TLn}——污染物质在某一营养级（2、3 和 4 级）生物中的 BAF，L/kg；

营养级基线 BAF_{TLn}——污染物质在某一营养级（2、3 和 4 级）的平均基线 BAF，L/kg；

$(f_l)_{TLn}$——某一营养级中被消耗水生生物的脂质分数，%，计算方法参见附录 B；

f_{fd}——污染物质在水中的自由溶解态分数，%，计算方法参见附录 B。

6.3 非致癌效应毒性参数

本标准采用参考剂量（RfD）作为非致癌效应毒性参数指标，用于非致癌物水质基准的推导。

6.3.1 数据需求

获得参考剂量（RfD）所需的动物毒性数据应同时包括：

（1）2 种哺乳类动物且其中之一必须是啮齿类动物的慢性毒性试验数据；

（2）1 种哺乳类动物多代生殖毒性试验数据；

（3）2 种哺乳类动物在给药途径相同条件下的发育毒性试验数据。

对具有免疫毒性和神经毒性的污染物质应考虑其特殊毒性。

6.3.2 计算方法

参考剂量（RfD）的计算方法包括基准剂量法（BMD）和 NOAEL/LOAEL 法，优先使用基准剂量法。

（1）基准剂量法（BMD）

第一步，在 6.3.1 数据基础上，明确效应及其剂量-效应关系；

第二步，分析剂量-效应关系，引起 10%效应对应的剂量即为 BMD 值，BMD 值的 95%置信区间下限为 BMDL 值；

第三步，选择最小的 BMD 和 BMDL 值；

第四步，根据实验条件与数据质量，分析不确定性系数（UF）；

第五步，根据公式（2）计算 RfD。

$$RfD = \frac{BMDL}{UF} \qquad (2)$$

式中：

RfD—参考剂量，mg/（kg·d）；

BMDL—BMD 值的 95%置信区间下限值，mg/（kg·d）；

UF—不确定性系数，无量纲。取值参见附录 C。

（2）NOAEL/LOAEL 法

根据公式（3）计算参考剂量。

$$RfD = \frac{NOAEL}{UF \times MF} \text{ 或 } \frac{LOAEL}{UF \times MF} \qquad (3)$$

式中：

NOAEL—不可见有害作用浓度，mg/（kg·d）；

LOAEL—最低可见有害作用浓度，mg/（kg·d）；

MF—修正因子，无量纲。取值参见附录 C。

公式（3）中 RfD 和 UF 的参数含义见公式（2）。

如果没有合理的不可见有害作用浓度（NOAEL）值，可用最低可见有害作用浓度（LOAEL）值估算参考剂量。

6.4 致癌效应毒性参数

致癌效应毒性参数包括起算点（POD）和特定风险剂量（RSD），其中起算点用于致癌非线性作用模式下的基准推导，特定风险剂量用于致癌线性作用模式下的基准推导。

6.4.1 起算点 POD

致癌效应起算点（POD）的计算方法包括基准剂量法（BMD）和 NOAEL/LOAEL 法，优先使用基准剂量法。

（1）基准剂量法（BMD）起算点的确定

当可获得致癌污染物质剂量-效应关系曲线时，可通过 BMD 法确定起算点，即 POD=BMDL。BMDL 获取方法参见 6.3.2。

（2）NOAEL/LOAEL 法

当无法按 BMD 法获得 POD 时，可采用不可见有害作用浓度（NOAEL）值作为起算点，如果没有合理的 NOAEL 值，可用最低可见有害作用浓度（LOAEL）值作为起算点。如果没有合理的 NOAEL/LOAEL 值时，可以采用 LED10 值（10%致癌效应对应剂量的 95%置信区间下限）确定起算点。

（3）当以动物实验数据为起算点依据时，需通过种间剂量调整或毒物代谢动力学数据转化为人体等效剂量。人体等效剂量计算公式：

$$人体等效剂量 = 动物剂量 \times \left(\frac{动物体重}{人体体重}\right)^{1/4} \tag{4}$$

6.4.2 特定风险剂量（RSD）

特定风险剂量（RSD）按公式（5）确定：

$$RSD = \frac{TICR}{q} \tag{5}$$

式中：

RSD—特定风险剂量，mg/（kg·d）；

TICR—目标增量致癌风险；

q—致癌斜率系数，是坐标原点和致癌效应点连线的斜率，[mg/（kg·d）]$^{-1}$。

（1）TICR 的确定

当保护对象为一般居民时，取其目标增量致癌风险水平为 10^{-6}；对于高暴露人群（钓客或渔民），取其目标增量致癌风险水平为 10^{-4}。

（2）致癌斜率系数 q 的确定

当以动物实验数据为致癌斜率系数 q 的依据时，需通过毒物代谢动力学数据或公式 4 转化为人体等效剂量。

致癌斜率系数 q 可通过 BMD 法获得，计算公式（6）为

$$q = \frac{BMR}{BMDL} \tag{6}$$

式中：

BMR—1%～10%（根据不同效应选择确定）致癌效应对应的污染物质的剂量。

公式（6）中 q 的参数含义见公式（5），BMDL 的参数含义见公式（2），获取方法参见 6.3.2。

当无法按 BMD 法获得致癌斜率系数 q 时，也可以 LED_{10} 作为效应点计算致癌斜率系数 q，计算公式如下：

$$q = \frac{0.10}{LED_{10}} \tag{7}$$

式中：

LED_{10}—10%致癌效应对应剂量的95%置信区间下限，mg/（kg·d）。

公式（7）中 q 的参数含义见公式（5）。

6.5 相关源贡献率（RSC）

当某一污染物质存在多种暴露途径时，为了确保总暴露量不超过参考剂量（或起算点/不确定性系数），需对相关源贡献率进行计算。常见计算方法有扣除法、百分数法和暴露决策树法。

（1）扣除法

为计算某一污染物质的水质基准，当能确定饮水和消费水产品类之外的其他暴露途径的暴露量时，可将其从参考剂量（或起算点/不确定性系数）中直接扣除。为方便计算，

可将其换算出所关注的暴露途径的百分数。

（2）百分数法

当计算某一污染物质的水质基准时，根据获取的所有暴露途径和暴露量，计算各种暴露途径所占的百分数，从中选取所关注暴露途径的百分数。

（3）暴露决策树法

当某一污染物质处于多环境介质暴露，且有效监测数据不充足，无法明确各种暴露途径及其暴露量时，推荐采用暴露决策树法估算相关源贡献率。

　暴露决策树法具体参见附录 D。

7　基准推导

根据健康效应的不同，污染物质分为非致癌和致癌两类，分别采用不同的基准推导方法。当主导效应不明确或效应不清楚时，应使用非致癌效应和致癌效应两种基准推导方法进行确定，选择较小值作为基准值。

7.1　非致癌效应基准推导

非致癌效应的水质基准按公式（8）计算。计算公式如下：

$$AWQC = RfD \cdot RSC \cdot \left(\frac{BW \times 1000}{DI + \sum_{i=2}^{4} (FI_i \cdot BAF_i)} \right) \tag{8}$$

式中：

AWQC—水质基准，μg/L；

RSC—相关源贡献率，%；

BW—人体体重，kg；

DI—饮水量，L/d。只考虑消费水产品暴露途径时，该参数缺省；

FI_i—不同营养级 i（i=2、3 和 4）对应的水产品摄入量，kg/d；

BAF_i—最终营养级 BAF_i，为污染物质在某一营养级 i（i=2、3 和 4）生物中的 BAF，L/kg。

公式（8）中 RfD 的参数含义见公式（2）。

7.2　致癌效应基准推导

根据致癌物质的剂量-效应关系不同，致癌效应基准推导方法分为线性法、非线性法和线性/非线性法 3 种。

7.2.1　线性法

致癌物质的作用模式呈线性剂量-效应关系时，选用线性法进行水质基准推导，推导公式如下：

$$AWQC = RSD \times \left(\frac{BW \times 1000}{DI + \sum_{i=2}^{4} (FI_i \times BAF_i)} \right) \tag{9}$$

式中：

公式（9）中 AWQC、BW、DI、FI_i 和 BAF_i 的参数含义见公式（8），RSD 的参数含义见公式（5）。

7.2.2　非线性法

当污染物质的致癌效应没有线性证据但有足够的证据支持非线性假设时，选用非线性法推导水质基准。

非线性假设包括以下两个方面：

（1）致癌效应呈现出非线性作用模式，且 DNA 诱变效应没有显示出线性关系；

（2）致癌效应呈现出非线性作用模式，虽有 DNA 诱变迹象，但未对肿瘤形成起到重要作用。

非线性法的推导公式如下：

$$AWQC = \frac{POD}{UF} \times RSD \times \left(\frac{BW \times 1000}{DI + \sum_{i=2}^{4}(FI_i \times BAF_i)} \right) \qquad (10)$$

式中：

POD——起算点，mg/（kg·d）。

公式（10）中 AWQC、RSC、BW、DI、FI_i 和 BAF_i 的参数含义见公式（8），UF 的参数含义见公式（2）。

7.2.3　线性/非线性法

线性和非线性两种作用模式同时存在时，应分别采用线性和非线性法推导水质基准，选择较小值作为基准值。

两种作用模式同时存在的情形包括：

（1）不同肿瘤类型的作用模式分别呈现出线性和非线性关系（如三氯乙烯一个肿瘤类型适用于非线性关系，而另一类型由于缺乏作用模式信息而适用于线性关系）；

（2）单一肿瘤类型的作用模式在剂量-效应曲线的不同部分分别呈现线性和非线性关系（如 4,4′-二氯甲烷）；

（3）肿瘤的作用模式在高剂量和低剂量时分别呈现线性和非线性关系（如甲醛在高剂量时呈现非线性关系，而低剂量时呈现线性关系）。

7.3　基准结果表述

按照本标准推导出的水质基准属于数值型基准，包括饮水和消费水产品水质基准、只消费水产品水质基准。

7.3.1　基准取值

人体健康水质基准一般保留 4 位有效数字。必要时，可采用科学计数法进行表达，单位用 μg/L 表示。

7.3.2　基准值表述

人体健康水质基准相关内容包括基准值及其重要参数[起算点 POD（mg/（kg·d））、参考剂量 RfD[mg/（kg·d）]、致癌斜率系数 q {[mg/（kg·d）]$^{-1}$}及相关源贡献率（RSC）等。

水质基准应附有技术报告（见附录 E）。

8　基准审核

8.1　自审核项目

水质基准值的最终确定需要仔细审核基准推导所用数据以及推导步骤，以确保基准值是否合理可靠。需要审查的项目如下：

（1）使用的未发布数据是否可被充分证明；

（2）所有要求数据是否均可获得；

（3）所用数据中是否存在可疑数值或异常数据；

（4）是否遗漏其他重要数据。

8.2　专家审核项目

（1）基准推导所用数据的相关性与适用性；

（2）相关实验设计的规范性及可靠性；

（3）各参数中不确定性系数使用的科学性；

（4）基准推导过程的准确性；

（5）所获得水质基准值是否经过审核；

（6）评估是否有任何背离技术指南的内容及可接受性。

9　基准应用

9.1　用于水环境质量标准制/修订

国家和地方在制/修订水环境质量标准时，对于已颁布人体健康水质基准的污染物质，可以其为参照制/修订标准。

9.2　环境质量评价与风险评估

国家和地方在水环境质量评价与风险评估时，对于已颁布人体健康水质基准的污染物质，可以其为依据进行水环境质量评价与风险评估。

附录 A

（规范性附录）

毒性数据质量评价准则

推导各项毒理学参数值应首先查阅和评价毒性数据库，以识别污染物质对健康不利影响的类型和程度。该评价应包括急性、短期（14-28 天）、亚慢性、生殖/发育以及慢性效应。

毒性实验的设计、实际操作以及数据结果的产出必须满足一定的标准。该附录为各类毒性实验以及数据质量的评价提供参考。

A.1 急性毒性测定

急性暴露结果通常用半致死剂量或浓度，LD_{50} 或 LC_{50} 表示。对于没有参照标准测试指南的急性毒性数据，应参照以下测试条件对毒性数据质量进行评价。

A.1.1 一般准则

（1）受试生物龄期和所属种属；

（2）每个剂量组每一性别至少包含 5 个样本（两性都应使用）；

（3）暴露需 14 天或更长时间的观察期；

（4）至少有 3 个适当间隔的剂量水平；

（5）所用试验材料的纯度或等级；

（6）如果选用基质，所选基质应无毒性；

（7）受试生物的尸检结果；

（8）受试生物的驯化期。

A.1.2 经口 LD_{50} 的特定条件

（1）填喂法或服用胶囊；

（2）所有剂量水平的溶剂和受试污染物质的总体积保持恒定；

（3）饲喂前对受试生物禁食。

A.1.3 经皮 LD_{10} 的特定条件

（1）皮肤完好无损，受试皮肤约占体表面积 10%；

（2）遮盖受试皮肤部位以防止受试生物舔舐。

A.1.4 吸入 LC_{50} 的特定条件

（1）暴露时间不少于 4 小时；

（2）若是气溶胶（烟雾或颗粒），应标明粒径大小。

A.2 短期毒性研究（14 天或 28 天重复的剂量毒性）

短期毒性数据质量评价准则如下：

（1）至少包括 3 个剂量水平，并设有对照组；

（2）每一剂量组每一性别至少要包含 10 个受试生物（两个性别均应使用）；

（3）最高剂量水平应引起毒性效应但不会引起过多致死，而最低剂量应不产生致毒迹象；

（4）理想的受试时间为 14 天或 28 天为一周期，且每周给药 7 天；

（5）整个实验过程中所有受试生物暴露方式相同；

（6）实验期间应每天观察所有受试生物的中毒症状。对死亡的生物应进行尸检，在研究结束时应杀死所有存活动物并进行尸检；

（7）所有定量和偶然的观察结果，都应采用适当的统计方法进行评价；

（8）临床检查应包括血液学、临床生物化学，必要时还需作尿液分析。病理检查应包括肉眼尸检和组织病理学检查。

A.3　亚慢性和慢性毒性

亚慢性暴露（通常 3 个月以上）和慢性暴露（包括延续暴露时间研究，或研究对象整个生命期中有重要作用的生命期）用于测定连续或重复暴露于某种污染物质的不可见效应水平（NOEL）和毒性效应。理想条件下，亚慢性和慢性研究应包括：

（1）至少 3 个剂量水平和一个对照组；

（2）亚慢性和慢性研究中每一剂量组每一性别至少应包含 10 和 20 个受试生物（雌雄两种性别都应包括）；

（3）最高剂量水平应引起某些毒性效应但没有引起过多死亡率，最低剂量最好不产生毒性效应；

（4）啮齿动物的亚慢性研究应至少暴露 90 天，慢性研究至少应暴露 12 个月，每周暴露 5～7 天。对于亚慢性研究受试生物至少暴露生命期的 10%，而慢性研究暴露至少是整个生命时间的 50%或更长；

（5）暴露期间应每日观察所有受试生物的中毒症状；

（6）死亡的动物要进行尸检，在研究结束时将存活的生物处死并进行尸检和组织病理学检验；

（7）选用合理的统计学方法对结果进行评价；

（8）应评价测试污染物质剂量与异常的（包括行为和临床异常）出现、发生率和严重性、肉眼可见损害、识别靶器官、体重变化、致死效应以及其他任何毒害效应之间的关系。

A.4　发育毒性

发育毒性应持续整个胚胎器官的形成期。高质量实验条件应包括：

（1）至少 20 只年幼、成年和怀孕的大鼠、小鼠或仓鼠，或每剂量组中挑选 12 只年幼、成年和怀孕的兔子；

（2）至少要 3 个剂量水平和一个对照组；

（3）最高剂量其死亡率不超过 10%；最低剂量对子体不产生可见的有害影响。理想结果是中等剂量产生最低可见毒性效应；

（4）暴露期应包含完整的胚胎器官发育期（如小白鼠和大鼠 6 到 15 天、仓鼠 6 到 14 天和兔子 6 到 18 天的妊娠期）；

（5）应每天观察母鼠的损害，测量每周食物消耗量和体重变化；

（6）尸检应包括对母鼠总体和微观检验，也应对子宫进行检验以便了解胚胎或幼体死亡数以及计算已成型子体的死亡数。子体应称体重；

（7）每胎 1/3 到 1/2 动物应进行骨骼异常检验，剩余的动物应作软组织异常检验；

（8）以窝数和产仔量作为统计实验单位，应分析特定终点每窝产仔的发病率或窝数有关的数据。

A.5　生殖毒性

推荐两代生殖研究，以提供有关污染物质影响性腺功能、受孕、分娩以及子代成长和发育程度的信息。也可提供有关新生子代的发病率、死亡率和发育毒性等信息，理想条件如下：

（1）在上代（P）交配前 10 周进行暴露（至少 20 只雄体和足够的雌体以保证雌体受孕），直至母体怀孕和子代的断奶（F1 或第一代）。随后以相同的给药方法暴露 F1 代，直至第二代（F2）产生并持续到断奶。剂量水平设置同发育毒性实验条件；

（2）应提供交配过程、同胎产仔数（每窝随机挑选 4 雄 4 雌）、观测、尸检和病理学详细资料；

（3）对用于交配的所有高剂量组动物（包括父本和子一代）的阴道、子宫、睾丸、附睾、精囊、前列腺、垂体和靶器官进行组织病理学检测，若出现病理学证据，则进一步检验器官的变化。

附录 B

（规范性附录）

个体生物基线生物累积系数推导方法

个体生物基线 BAF 是用于推导物种基线 BAF、营养级基线 BAF 和最终营养级 BAF 的基础。个体生物基线 BAF 的推导包括如下 4 种方法：

B.1 野外实测法

该方法适用于任何污染物质，并为优先推荐方法。

B.1.1 计算方法

应用下列公式，通过实测 BAF 计算个体生物基线 BAF：

$$基线BAF = \left(\frac{实测BAF}{f_{fd}} - 1 \right) \times \frac{1}{f_l} \tag{B.1}$$

式中：

基线 BAF—个体生物基线 BAF，L/kg；

实测 BAF—野外实测生物累积系数，L/kg；

f_l—脂质分数，%。

公式（B.1）中 f_{fd} 的参数含义见公式（1）。

B.1.2 实测 BAF 确定

实测 BAF 以水生生物相应组织中的污染物质总浓度以及采样现场水环境中的污染物质总浓度为基础，采用下列公式计算：

$$实测BAF = \frac{C_t}{C_w} \tag{B.2}$$

式中：

C_t—污染物质在特定组织中的浓度，mg/kg；

C_w—污染物质在水体中的浓度，mg/L。

公式（B.2）中实测 BAF 的参数含义见公式（B.1）。

B.1.3 自由溶解态分数的确定

通过水体中有机碳的含量预测污染物质的自由溶解态分数，采用下列公式计算：

$$f_{fd} = \frac{1}{1 + POC \times K_{poc} + DOC \times K_{doc}} \tag{B.3}$$

式中：

POC—颗粒态有机碳浓度，kg/L；

DOC—溶解态有机碳浓度，kg/L；

K_{poc}——值等于 K_{ow}（污染物质的辛醇-水分配系数），用于估算污染物质在 POC 中的分配系数，L/kg；

K_{doc}——值等于 $0.08 \times K_{ow}$，用于估算污染物质在 DOC 中的分配系数，L/kg。

公式（B.3）中 f_{fd} 的参数含义见公式（1）。

B.1.4 脂质分数的确定

采用下列公式计算：

$$f_l = \frac{M_l}{M_t} \qquad (B.4)$$

式中：

M_l——特定组织中脂质的质量（湿重），kg；

M_t——特定组织的质量（湿重），kg。

公式（B.4）中 f_l 的参数含义见公式（B.1）。

B.2 BSAF 法

该方法适用于可在水生生物组织和沉积物中检测到，但在水体中难于精确测定的污染物质，此类污染物质在生物体内新陈代谢的速率快。

B.2.1 计算方法

应用下列公式，通过实测 BSAF 计算个体生物基线 BAF：

$$(\text{基线BAF})_i = (\text{BSAF})_i \frac{(D_{i/r})(\text{II}_{socw})_r (K_{ow})_i}{(K_{ow})_r} \qquad (B.5)$$

式中：

（基线 BAF）$_i$——污染物质 i 的个体生物基线 BAF，L/kg；

（BSAF）$_i$——污染物质 i 的实测生物相-沉积物累积系数，kg 有机碳/kg 脂质；

（II$_{socw}$）$_r$——参比化学物质 r 在沉积物和水中的分配系数，L/kg；

（K_{ow}）$_i$——污染物质 i 的辛醇-水分配系数；无量纲；

（K_{ow}）$_r$——参比化学物质 r 的辛醇-水分配系数；无量纲；

$D_{i/r}$——污染物质 i 和参比化学物质 r 的 II$_{socw}/K_{ow}$ 比值，通常选择 $D_{i/r}=1$。

B.2.2 污染物质的实测生物相-沉积物累积系数的确定

采用下列公式计算：

$$\text{BSAF}_i = \frac{C_l}{C_{soc}} \qquad (B.6)$$

式中：

C_l——污染物质在生物体内的脂质标准化浓度，mg/kg；

C_{soc}——污染物质在表层沉积物中的有机碳标准化浓度，%。

公式（B.6）中 BSAF_i 的参数含义见公式（B.5）。

B.2.3 污染物质在生物体内的脂质标准化浓度的确定

采用下列公式计算：

$$C_1 = \frac{C_t}{f_1} \tag{B.7}$$

公式（B.7）中 C_1 的参数含义见公式（B.6），C_t 的参数含义见公式（B.2），f_1 的参数含义见公式（B.1）。

B.2.4 污染物质在表层沉积物中的有机碳标准化浓度的确定

$$C_{soc} = \frac{C_s}{f_{oc}} \tag{B.8}$$

式中：

C_s——污染物质在表层沉积物中（0～1 cm）的浓度，mg/kg；

f_{oc}——沉积物中的有机碳含量，mg 有机碳/kg。

公式（B.8）中 C_{soc} 的参数含义见公式（B.6）。

B.2.5 参比化学物质 r 在沉积物和水中的分配系数（II_{socw}）$_r$ 的确定

$$(II_{socw})_r = \frac{(C_{soc})_r}{(C_w^{fd})_r} \tag{B.9}$$

式中：

$(C_{soc})_r$——参比化学物质 r 在沉积物的有机碳标准化浓度，mg/kg；

$(C_w^{fd})_r$——参比化学物质 r 在水体中的自由溶解态浓度，mg/L。

公式（B.9）中（II_{socw}）$_r$ 的参数含义见公式（B.5）。

B.2.6 参比化学物质的选择

首选与污染物质具有相似 II_{socw}/K_{ow} 比值的物质作为参比化学物质，即污染物质与参比化学物质具有相似的物理化学性质（持久性、挥发性、K_{ow} 等）、住沉积物中二者具有相似的沉积过程与污染历史以及相似的表层沉积物浓度。

B.3 实验室 BCF×FCM 法

B.3.1 计算方法

采用下列公式计算：

$$基线BAF = FCM \times \left(\frac{实测BCF}{f_{fd}} - 1 \right) \times \frac{1}{f_1} \tag{B.10}$$

式中：

实测 BCF——实验室测定的 BCF，L/kg；

FCM——特定营养级（2、3 和 4 级）的食物链倍增系数，无量纲。

公式（B.10）中基线 BAF、f_1 的参数含义见公式（B.1），f_{fd} 的参数含义见公式（1）。

B.3.2 实测 BCF 确定

采用下列公式计算：

$$实测BCF = \frac{C_t}{C_w} \tag{B.11}$$

公式（B.11）中实测 BCF 的参数含义见公式（B.10），C_t 和 C_w 的参数含义见公式（B.2）。

B.3.3 FCM 推导

无机离子化合物与有机金属化合物可由实测数据获取 FCM；而非离子有机化合物则通过捕食者和被捕食者体内的脂质标准化浓度采用下列公式计算 FCM：

$$FCM_{TL2} = BMF_{TL2} \tag{B.12}$$

$$FCM_{TL3} = (BMF_{TL3})(BMF_{TL2}) \tag{B.13}$$

$$FCM_{TL4} = (BMF_{TL4})(BMF_{TL3})(BMF_{TL2}) \tag{B.14}$$

式中：

FCM_{TLn}—特定营养级（2、3 和 4 级）的食物链倍增系数，无量纲；

BMF_{TLn}—特定营养级（2、3 和 4 级）的生物放大系数，无量纲。

B.3.4 BMF 推导

依据下列公式计算：

$$BMF_{TL2} = (C_{l,TL2})/(C_{l,TL1}) \tag{B.15}$$

$$BMF_{TL3} = (C_{l,TL3})/(C_{l,TL2}) \tag{B.16}$$

$$BMF_{TL4} = (C_{l,TL4})/(C_{l,TL3}) \tag{B.17}$$

式中：

$C_{l,TLn}$—污染物质在特定营养级 n（2、3 和 4 级）生物组织中的脂质标准化浓度，mg/kg。

公式（B.15）、公式（B.16）和公式（B.17）中 BMF_{TLn} 的参数含义见公式（B.12）、公式（B.13）和公式（B.14）。

B.4 $K_{ow} \times FCM$ 法

采用下列公式计算：

$$基线BAF = FCM \times K_{ow} \tag{B.18}$$

式中：

K_{ow}—污染物质的辛醇-水分配系数，无量纲。

公式（B.18）中基线 BAF 的参数含义见公式（B.1），FCM 的参数含义见公式（B.10）。

附录 C
（规范性附录）
不确定性系数和修正因子的选择

C.1 含义

在推导 RfD 和 POD 时，需选择适当的不确定性系数（UF）和修正因子（MF），以便校正毒性数据外推时所固有的不确定性（见表 C.1），包括种内个体间敏感性差异（H）（种内差异）；动物外推到人体（A）（种间差异）；亚慢性外推到慢性（S）（从亚慢性 NOAEL/LOAEL 到慢性 NOAEL 外推的不确定性）；LOAEL 外推到 NOAEL（L）；不完整数据库外推时的不确定性（D）以及修正因子（MF）。

C.2 不确定性系数和修正因子的选择

在选取不确定性系数和修正因子的时候，必需由专家逐个案例进行判断，以选择合适的不确定性系数和修正因子。

表 C.1 不确定性系数和修正因子

不确定性系数	定义
UF_H	使用系数 1、3 或 10，由普通人群的长期暴露研究的有效数据进行推断。此系数用来说明种内个体间的敏感性差异（种内差异）
UF_A	在人体暴露研究结果不可知或不充分的情况下，使用系数 1、3 或 10，由长期实验动物研究的有效结果进行推断。这个系数用来说明由动物数据推及人体研究过程中的不确定性（种间差异）
UF_S	若没有可用的长期人体毒性数据，从动物的亚慢性研究结果外推时，使用系数 1、3 或 10。这个系数用来说明从亚慢性到慢性 NOAEL 外推时的不确定性
UF_L	当从 LOAEL 而不是从 NOAEL 获取 RfD 或 POD 时，使用系数 1、3 或 10。这个系数用来说明由 LOAEL 到 NOAEL 外推时的不确定性
UF_D	从某个"不完整"数据获取 RfD 或 POD 时，使用系数 1、3 或 10。此系用来说明任何单一研究不可能考虑到所有可能的不利影响。通常采用中间系数 3
修正因子 MF	修正因子由专业判断决定，是一个大于 0 小于等于 10 的不确定性系数。修正因子的量级由对前面未明确说明的研究和数据的科学不确定性（如参与测试的物种数量）进行的专业性评估来确定。修正因子的默认值为 1

在选择不确定性系数时，可具体参照以下原则：

（1）不确定性系数通常采用 1、3 或 10，默认值为 10；

（2）推导水质基准的数据量充足，不确定性系数则可采用较小的数值；反之，不确定性系数可采用默认值 10；当不确定性≥4 个方面时，最终的不确定性系数和修正因子乘积不应超过 3000；

（3）在以下特定情况下，推荐采用较小的不确定性系数（UF）：

a. 针对致癌效应的剂量-反应评估的前体效应（如增生）；

b. 致癌效应的起算点到原点的斜率较陡，表明风险随剂量降低而快速下降；

c. 由于动物和人体的生理学和新陈代谢的不同，研究发现人类对膀胱刺激、结石形成和后续肿瘤形成的敏感性可能大大低于雄性啮齿类动物。

附录 D

（资料性附录）

暴露决策树法

D.1　方法的基本原理

根据污染物质所获得的相关信息，包括化学/物理性质、用途、环境行为与转化，以及在各种环境介质中出现的可能性，估算致癌或非致癌污染物质相关源贡献率的方法。

D.2　决策程序

使用暴露决策树估算相关源贡献率时，需根据有效监测数据的完整情况选择相应的决策程序。暴露决策树法的具体决策程序见图 D.1。

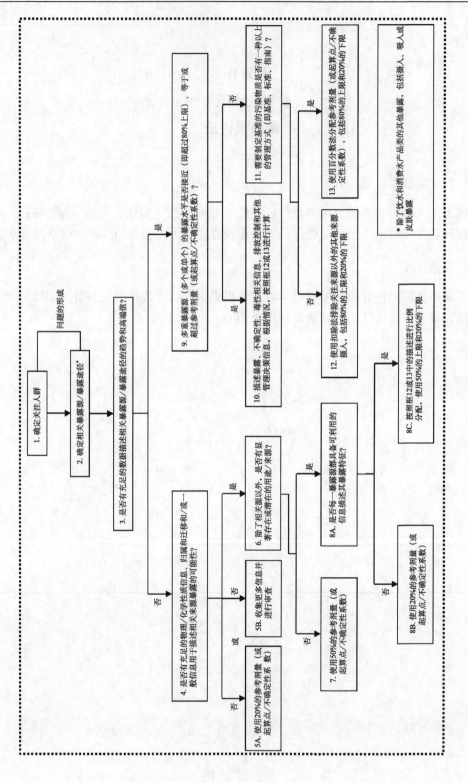

图 D.1　暴露决策树决策程序

附录 E

（资料性附录）

人体健康水质基准制定技术报告编制大纲

E.1　前言

E.1.1　水质基准制定的重要性和必要性

E.1.2　水质基准的国内外研究现状

E.1.3　我国水质基准制定的特异性

E.2　污染物质的环境问题概述

E.2.1　性质与用途

E.2.2　来源与分布

E.2.3　存在方式与迁移转化

E.2.4　毒性与毒性作用方式

E.2.5　体内和体外代谢分析

E.2.6　水质参数的影响

E.3　人体暴露参数数据

E.4　生物累积数据

E.5　污染物质的毒性效应分析

E.5.1　对动物和人体的毒性

　　E.5.1.1　急性毒性

　　E.5.1.2　亚慢性毒性

　　E.5.1.3　慢性毒性

　　E.5.1.4　生殖毒性

　　E.5.1.5　发育毒性

　　E.5.1.6　免疫毒性

　　E.5.1.7　神经毒性

　　E.5.1.8　"三致"效应

E.5.2　人群流行病学调查

E.6　各参数确定

E.7　水质基准推导

E.7.1　致癌效应水质基准
E.7.2　非致癌效应水质基准

E.8　水质基准的审核

E.8.1　不同国家水质基准的比较与分析
E.8.2　水质基准与水体暴露浓度的对比
E.8.3　不确定性分析
E.8.4　其他需要说明的问题

E.9　参考文献

附录 F
（资料性附录）
缩略词

AWQC　水环境质量基准　Ambient Water Quality Criteria

BAF_{fd}　基线生物累积系数　Baseline Bioaccumulation Factor

BAF　生物累积系数　Bioaccumulation Factor

BCF　生物富集系数　Bioconcentration Factor

BCF_{fd}　基线生物富集系数　Baseline Bioconcentration Factor

BCF_T^t　基于组织和水中总浓度的生物累积系数
　　　　Bioconcentration Factor Based on Total Concentrations in Tissue and Water

BMD　基准剂量法　Benchmark Dose

BMDL　基准剂量的 95% 置信区间下限　Lower-Bound Confidence Limit on the BMD

BMF　生物放大系数　Biomagnification Factor

BMR　基准反应　Benchmark Response

BSAF　生物-沉积物生物累积系数　Biota-Sediment Accumulation Factors

BW　体重　Body Weight

C_l　脂质标准化浓度　Lipid-Normalized Concentration

C_{soc}　有机碳标准化浓度　Organic Carbon-Normalized Concentration

C_t　特定湿组织中的污染物质浓度　Concentration of the Chemical in the Specified Wet Tissue

C_w　水体中的污染物质浓度　Concentration of the Chemical in Water

DI　饮水量　Drinking Water Intake

DOC　溶解态有机碳　Dissolved Organic Carbon

EC_{10}　10% 效应浓度　10% of Effective Concentration

EC_{50}　半效应浓度　50% of Effective Concentration

ED_{10}　概率为 10% 的受试个体出现效应的剂量　Dose Associated with a 10 Percent Extra Risk

FCM　食物链倍增系数　Food Chain Multiplier

f_{fd}　自由溶解态浓度　Fraction Freely Dissolved

FI　水产品摄入量　Fish Intake

f_l　脂质分数　Fraction Lipid

kg　公斤　Kilogram

K_{ow}　辛醇-水分配系数　Octanol-Water Partition Coefficient

L　升　Liter

LC$_{50}$　　半致死浓度 50% of Lethal Concentration

LED$_{10}$　　概率为 10%的受试个体出现效应剂量的 95%置信下限

　　　　The Lower 95 Percent Confidence Limit on a Dose as Sociated with a 10 Percent Extra Risk

LMS　　线性多级模型 Linear Multistage Model

LOAEL　最低可见有害效应水平 Lowest Observed Adverse Effect Level

MF　　修正因子 Modifying Factor

M$_l$　　特定组织中脂质的量（湿重）Mass of Lipid in Specified Tissue（Wet Weight）

M$_t$　　特定组织的量（湿重）Mass of Specified Tissue（Wet Weight）

NOAEL　不可见有害效应水平 No Observed Adverse Effect Level

NOEL　不可见效应水平 No Observed Effect Level

POC　　颗粒态有机碳 Particulate Organic Carbon

POD　　起算点 Point of Departure

RfD　　参考剂量 Reference Dose

RSC　　相关源贡献率 Relative Source Contribution

RSD　　特定风险剂量 Risk-Specific Dose

SF　　安全系数 Safety Factor

UF　　不确定性系数 Uncertainty Factor

附录16 淡水水生生物水质基准技术报告——镉
（2020 年版）（节选）

1 概述

镉具有高毒性、易解离、易残留等特点，达到一定浓度后会对水生生物及生态系统产生有害影响。许多国家和国际组织（国际标准化组织、欧洲标准化委员会、美国国家标准学会等）将其纳入水体基本监测指标，也是我国地表水环境质量标准等水质标准的控制项目。《淡水水生生物水质基准—镉》（2020 年版）依据《淡水水生生物水质基准制定技术指南》（HJ 831—2017）制定，反映现阶段地表水环境中镉对 95% 的中国淡水水生生物及其生态功能不产生有害效应的最大浓度，可为制修订相关水生态环境质量标准、预防和控制镉对水生生物及生态系统的危害提供科学依据。

基准推导过程中，共纳入 1137 篇中英文文献和 7907 条毒性数据库数据，经质量评价后 344 条数据为可靠数据，涉及 65 种淡水水生生物，基本代表了我国淡水水生生物区系特征，涵盖了草鱼、鳙鱼等我国淡水水生生物优势种。在对急性毒性值（ATV）和慢性毒性值（CTV）进行水体硬度校正后，基于物种敏感度分布法，推导出镉的短期水质基准（SWQC）和长期水质基准（LWQC），用总镉浓度表示，单位为 μg/L，基准值保留 2 位有效数字。

2 国内外研究进展

表 1 对比了国内外镉环境水质基准研究进展状况。美国是较早开始水质基准研究的国家，于 1980 年发布了单独成册的国家镉环境水质基准文件，并根据最新科学研究进展分别于 1985 年、1995 年、2001 年和 2016 年进行了 4 次修订。继美国之后，加拿大、澳大利亚先后发布了国家镉环境水质基准。我国镉环境水质基准研究始于 20 世纪末，虽然起步较晚，但进展较快，在借鉴、引用发达国家水质基准理论方法的基础上，有所创新和突破[1-4]，于 2020 年首次发布淡水水生生物镉水质基准（表 2）。

由于水质基准推导方法、物种使用的差异，不同国家甚至同一国家在不同时期制定的镉水质基准也存在较大差异（表 2）。例如：美国 1980 年发布淡水水生生物镉水质基准时，短期水质基准推导纳入了 29 个物种的急性毒性数据，长期水质基准推导纳入了 13 个物种的慢性毒性数据，鲤鱼急性毒性数据只有 1 条；在 2016 年进行镉水质基准更新时，短期水质基准推导纳入了 101 个物种的急性毒性数据，长期水质基准推导纳入了 27 个物种的慢性毒性数据，鲤鱼急性毒性数据增加至 7 条。在条件允许的情况下，各国、各地区应根据本国或本地区生态环境特点开展基准相关研究，制定水质基准[5]。

表 1　国内外镉环境水质基准研究进展

	发达国家	中国
基准推导方法	主要包括评价因子法、物种敏感度分布法、毒性百分数排序法	对评价因子法、物种敏感度分布法、毒性百分数排序法均进行了研究，并在 HJ 831—2017 中确定使用物种敏感度分布法
物种来源	本土物种、引进物种、国际通用物种	本土物种、国际通用且在中国水体中广泛分布的物种、引进物种
物种选择	基于不同国家生物区系的差异，各个国家物种选择要求不同。例如：美国要求物种不少于 3 门 8 科；加拿大要求 3 种及以上鱼类、3 种及以上水生或半水生无脊椎动物	依据 HJ 831—2017，基准推导至少需要 5 个淡水水生生物物种，覆盖三个营养级
毒性测试方法	参照采用国际标准化组织、经济合作与发展组织等规定的水生生物毒性测试方法；部分发达国家采用本国制订的水生生物毒性测试方法	参照采用国际标准化组织、经济合作与发展组织等规定的水生生物毒性测试方法；采用国家标准方法
相关毒性数据库	生态毒性数据库（ECOTOX）（http://cfpub.epa.gov/ecotox/）PAN 农药数据库（北美）（http://www.pesticideinfo.org/）	无

表 2　淡水水生生物镉水质基准

国家	制修订时间	SWQC (μg/L)	LWQC (μg/L)	水体硬度（以 CaCO₃ 计，mg/L）	物种数（个）		推导方法	发布部门
					SWQC	LWQC		
美国	1980 年	1.5	0.012	50	29	13	毒性百分数排序法	美国环境保护署
		3.0	0.025	100				
		6.3	0.051	200				
	1985 年	1.8	0.66	50	52	16		
		3.9	1.1	100				
		8.6	2.0	200				
	1995 年	2.067	1.4286	50	不详	不详		
	2001 年	2.0	0.25	100	65	21		
	2016 年	1.8	0.72	100	101	27		
加拿大	1996 年	—	0.018	50	不详	不详	评价因子法	加拿大环境部长理事会
	2014 年	1.2	0.10	60	62	36	物种敏感度分布法	
		2.2	0.18	120				
		3.8	0.26	180				
澳大利亚和新西兰	2000 年	—	0.2	30	不详	不详	物种敏感度分布法	澳大利亚和新西兰环境保护委员会、农业与资源管理委员会
中国	2020 年	2.1	0.15	50	57	23	物种敏感度分布法	中华人民共和国生态环境部
		4.2	0.23	100				
		6.5	0.29	150				

国家	制修订时间	SWQC（μg/L）	LWQC（μg/L）	水体硬度（以 CaCO3 计，mg/L）	物种数（个）		推导方法	发布部门
					SWQC	LWQC		
中国	2020 年	8.7	0.35	200	57	23	物种敏感度分布法	中华人民共和国生态环境部
		11	0.39	250				
		13	0.44	300				
		16	0.48	350				
		20	0.55	450				

3　镉及其化合物的环境问题

3.1　理化性质

镉，元素符号 Cd，为银白色、有光泽的过渡金属，第 48 号元素，元素周期表中位于第五周期 IIB 族，镉及其部分化合物的理化性质见表 3。

环境中镉的来源分为自然源和人为源。自然源包括岩石土壤侵蚀、火山爆发和森林火灾等；人为源包括采矿、农耕、城市活动、企业排污、化石燃料燃烧等。

在淡水水体中，水溶态二价镉离子是镉最主要的存在形式，目前研究尚难明确含镉有机化合物中镉对淡水水生生物的剂量—效应关系，因此本报告中镉的化合物均为水溶态二价无机镉盐，主要涉及氯化镉、硝酸镉、硫酸镉。

表 3　镉及其化合物的理化性质

镉及其化合物	单质镉	氯化镉	硝酸镉	硫酸镉
分子式	Cd	$CdCl_2$	$Cd(NO_3)_2$	$CdSO_4$
CAS 号	7440-43-9	10108-64-2	10325-94-7	10124-36-4
EINECS 号	231-152-8	233-296-7	233-710-6	233-331-6
UN 编号	—	2570	51522	—
熔点/℃	321	568	—	1000
沸点/℃	765	—	—	—
溶解性	不溶于水	易溶于水	溶于水	溶于水
用途	镉盐、烟幕弹、颜料、镉汞剂等	镉电池、陶瓷釉彩、印染助剂、光学镜增光剂等	催化剂、镉电池、含镉药剂及分析试剂等	镉电池、电子产品、消毒剂等

3.2　镉对淡水水生生物的毒性

3.2.1　急性毒性

基于急性毒性效应测试终点不同，ATV 包括半数致死浓度（LC_{50}）、半数效应浓度（EC_{50}）和半数抑制效应浓度（IC_{50}）。

本基准进行水体硬度校正和种平均急性值（SMAV）计算时，以 LC_{50} 和基于水生生物活动抑制效应的 EC_{50} 作为 ATV，求急性毒性—水体硬度斜率（公式 1）和 SMAV（公式 5），基于以下考虑：

1）数据检索未见镉对水生生物的 IC_{50} 值；

2）EC_{50} 包括活动抑制效应、繁殖效应、酶活性抑制等多种毒性效应测试终点，在天然水生态环境中，水生生物活动抑制、掠食困难极易引起生物死亡，因此使用基于水生生物活动抑制效应的 EC_{50}；

3）在同一物种下，若同时存在 LC_{50} 和基于水生生物活动抑制效应的 EC_{50}，则全部使用。

3.2.2　慢性毒性

基于慢性毒性效应测试终点不同，CTV 包括无观察效应浓度（NOEC）、最低观察效应浓度（LOEC）、无观察效应水平（NOEL）、最低观察效应水平（LOEL）和最大允许浓度（MATC）。MATC 是 NOEC 和 LOEC（或 NOEL 和 LOEL）的几何平均值。

本基准进行水体硬度校正和种平均慢性值（SMCV）计算时，以基于生长和生殖毒性效应的 NOEC、LOEC、NOEL、LOEL、MATC 作为 CTV，求慢性毒性—水体硬度斜率（公式 2）和 SMCV（公式 6），基于以下考虑：

1）在水生生物致毒过程中，一般认为低污染物浓度时先出现生长和生殖毒性，污染物浓度进一步增加引起活动抑制和致死，为充分保护水生生物及其生态功能，优先使用基于生长和生殖毒性效应的毒性数据作为 CTV；

2）同一物种，若同时存在基于生长和生殖毒性效应的 NOEC、LOEC、NOEL、LOEL，则全部使用；同一物种、同一实验中若同时存在基于生长和生殖毒性效应的 NOEC 和 LOEC、NOEL 和 LOEL，则计算 MATC；

3）生命周期较短的水生生物，将暴露时间小于 21 天但超过一个世代的 EC_{50} 值作为 CTV。

3.3　水质参数对镉毒性的影响

水质参数包括硬度、酸碱度、盐度、有机碳等，是影响镉毒性和水质基准的重要因素。研究显示，酸碱度、盐度和有机碳等水质参数对镉的毒性影响较弱；水体硬度对镉的毒性影响较大，二价镉离子和钙离子可以作用于相似的靶点，产生拮抗作用，随着水体硬度的增加，镉对水生生物毒性作用显著降低。

地表水水体硬度未纳入我国地表水水体监测。参考第三次全国地表水水质评价结果[6]，我国地表水水体硬度<150 mg/L、150 mg/L～300 mg/L、300 mg/L～450 mg/L、>450 mg/L 的水面积占我国地表水总面积的比例分别为 42%、34%、11%、13%。

本次基准推导将水体硬度（以 $CaCO_3$ 计）分为 50 mg/L、100 mg/L、150 mg/L、200 mg/L、250 mg/L、300 mg/L、350 mg/L、450 mg/L 八个等级，分别计算镉对淡水水生生物的 SWQC 及 LWQC。

4　资料检索和数据筛选

4.1　数据需求

本次基准推导所需数据类别包括化合物类型、物种类型、毒性数据、水体硬度等，各类数据关注指标见表 4。

表 4 毒性数据检索要求

数据类别	关注指标
化合物	氯化镉、硝酸镉、硫酸镉
物种类型	中国本土物种、国际通用且在中国水体中广泛分布的物种、引进物种
物种名称	中文名称、拉丁文名称
实验物种生命阶段	幼体、成体等
暴露方式	流水暴露、半静态暴露、静态暴露
暴露时间	以天或小时计
ATV	LC_{50}、EC_{50}、IC_{50}
CTV	NOEC、LOEC、NOEL、LOEL、MATC
毒性效应	致死效应、生殖毒性效应、活动抑制效应等
水体硬度	硬度值；钙、镁离子浓度

4.2 资料检索

本次基准推导使用的数据主要来自英文毒性数据库和中英文文献数据库。英文毒性数据库和中英文文献数据库纳入和剔除原则见表 5。完成毒性数据库和文献数据库筛选后，进行镉毒性数据检索，检索方案见表 6，检索结果见表 7。

表 5 数据库纳入和剔除原则

数据库类型	纳入条件	剔除原则	符合条件的数据库名称
毒性数据库	1）包含表 4 列出的数据类别和关注指标； 2）数据条目可溯源，包括题目、作者、期刊名、期刊号等信息	1）剔除不包含毒性测试方法的数据库； 2）剔除不包含毒性实验暴露时间的数据库； 3）剔除不包含实验用水硬度值，且无法根据给定条件计算出水体硬度值的数据库	1）ECOTOX； 2）PAN 农药数据库（北美）
文献数据库	1）包含表 4 列出的数据类别和关注指标； 2）包含中文核心期刊或科学引文索引核心期刊； 3）包含属于原创性的研究报告	1）剔除综述性论文数据库； 2）剔除理论方法学论文数据库	1）中国知识基础设施工程； 2）万方知识服务平台； 3）维普网； 4）WOS

表 6 毒性数据和文献检索方案

	数据库名称	检索时间	检索式	
			急性毒性	慢性毒性
毒性数据	ECOTOX	截至 2019 年 8 月 31 日之前数据库覆盖年限	化合物名称：Cadmium；暴露介质：Freshwater；毒性效应测试终点：EC_{50} 或 LC_{50} 或 IC_{50}	化合物名称：Cadmium；暴露介质：Freshwater；毒性效应测试终点：NOEC 或 LOEC 或 NOEL 或 LOEL 或 MATC
	PAN 农药数据库（北美）	截至 2019 年 8 月 31 日之前数据库覆盖年限	化合物名称：Cadmium 或 Cadmium chloride 或 Cadmium sulfate 或 Cadmium sulphate 或 Cadmium Nitrate	化合物名称：Cadmium 或 Cadmium chloride 或 Cadmium sulfate 或 Cadmium sulphate 或 Cadmium Nitrate

	数据库名称	检索时间	检索式	
			急性毒性	慢性毒性
文献检索	中国知识基础设施工程；万方知识服务平台；维普网	截至 2019 年 8 月 31 日之前数据库覆盖年限	题名：镉或 Cd；主题：毒性；期刊来源类别：核心期刊	题名：镉或 Cd；主题：毒性；期刊来源类别：核心期刊
	WOS	截至 2019 年 8 月 31 日之前数据库覆盖年限	题名：Cadmium；主题：EC$_{50}$ 或 LC$_{50}$ 或 IC$_{50}$	题名：Cadmium；主题：NOEC 或 LOEC 或 NOEL 或 LOEL 或 MATC

表 7　毒性数据和文献检索结果

数据库类型	数据类型	数据和文献量	合计
毒性数据库	急性毒性	3964 条	7907 条
	慢性毒性	3943 条	
文献数据库	急性毒性	1075 篇	1137 篇
	慢性毒性	62 篇	

4.3 数据筛选

4.3.1 筛选方法

依据 HJ 831—2017 对检索获得的数据（表 7）进行筛选，筛选方法见表 8。数据筛选时，采用两组研究人员独立完成上述毒性数据库的数据筛选及中英文文献数据的提取和筛选，若两组研究人员对数据存在歧义，则提交编制组统一讨论或组织专家咨询后决策。

表 8　数据筛选方法

	筛选原则
物种筛选	1）中国本土物种依据《中国动物志》[7]《中国大百科全书》[8]《中国生物物种名录》[9]和 HJ 831—2017 附录 C 进行筛选； 2）国际通用且在中国水体中广泛分布的物种依据 HJ 831—2017 附录 B 进行筛选； 3）引进物种依据《中国外来入侵生物》[10]进行筛选
毒性数据筛选	1）纳入受试物种在适宜生长条件下测得的毒性数据，剔除溶解氧、总有机碳含量不符合要求的数据； 2）纳入实验用水为标准稀释水的毒性数据，剔除使用蒸馏水或去离子水获得的毒性数据； 3）剔除未设置对照组实验的毒性数据，剔除对照组（含空白对照组、助溶剂对照组）物种出现胁迫、疾病和死亡的比例超过 10%的数据； 4）优先采用流水式实验获得的毒性数据，其次采用半静态或静态式实验获得的毒性数据； 5）剔除以单细胞动物作为受试物种的实验数据； 6）同一物种的同一毒性效应测试终点实验数据相差 10 倍以上时，应剔除离群值
暴露时间	1）急性毒性：暴露时间大于等于 1 天且小于等于 4 天； 2）慢性毒性：暴露时间大于等于 21 天；实验暴露时间至少跨越一个世代或生命敏感阶段
毒性效应测试终点	1）急性毒性：LC$_{50}$、基于活动抑制效应的 EC$_{50}$、IC$_{50}$； 2）慢性毒性：基于生长和繁殖为毒性效应测试终点的 NOEC、LOEC、NOEL、LOEL、MATC
水体硬度值	1）硬度值； 2）钙、镁离子浓度

4.3.2　筛选结果

依据表 8 所示数据筛选方法对检索所得数据进行筛选，共获得数据 807 条，筛选结果见表 9。经可靠性评价，共有 344 条数据可用于基准推导（表 10），其中：急性毒性数据 277 条，慢性毒性数据 67 条。用于基准推导的 344 条数据共涉及 65 个物种（表 11），其中：中国本土物种 42 个、国际通用且在中国水体中广泛分布的物种 7 个、引进物种 16 个，包括了在中国水体中广泛分布的草鱼、鳙鱼等物种。表 12、表 13 分别列出了用于 SWQC 和 LWQC 推导涉及的物种及其对应毒性数据量的分布情况。生命周期较短的小球藻等 4 种水生植物，将暴露时间超过一个世代的 EC_{50} 值作为慢性毒性值，用于 LWQC 制定。

表 9　数据筛选结果

数据库	毒性数据类型	总数据量（条）	剔除数据（条）						剩余数据（条）
			重复	无关	无水体硬度	暴露时间不符	化合物不符	物种不符	
毒性数据库	ATV	3964	19	523	1680	382	165	576	619
	CTV	3943	183	413	2018	960	182	137	50
中文文献数据库	ATV	542	0	440	75	11	0	0	16
	CTV	7	0	1	0	0	0	0	6
英文文献数据库	ATV	640	16	169	220	87	8	44	96
	CTV	62	16	9	0	0	0	17	20
合计		9158	234	1555	3993	1440	355	774	807

表 10　数据可靠性评价及分布

数据可靠性	评价原则	毒性数据（条）		合计（条）
		急性	慢性	
无限制可靠	数据来自良好实验室规范（GLP）体系，或数据产生过程符合实验准则（参照 HJ 831—2017 相关要求）	0	4	4
限制可靠	数据产生过程不完全符合实验准则，但发表在核心期刊或有充足的证据证明数据可用	277	63	340
不可靠	数据产生过程与实验准则有冲突或矛盾，没有充足证据证明数据可用，实验过程不能令人信服或不被同行评议专家接受	174	3	177
不确定	没有提供足够的实验细节，无法判断数据可靠性	280	6	286
合计		731	76	807

表 11　可靠性数据涉及的物种分布

数据类型	物种类型	物种数量（种）	物种名称	合计（种）
急性毒性	本土物种	38	1.草鱼；2.大鳞大马哈鱼；3.短尾秀体溞；4.端足类钩虾；5.多刺裸腹溞；6.萼花臂尾轮虫；7.俄勒冈叶唇鱼；8. 光滑爪蟾；9.褐水螅；10.霍甫水丝蚓；11.鲫鱼；12.棘爪网纹溞；13.夹杂带丝蚓；14.静水椎实螺；15.锯顶低额溞；16.鲤鱼；17.孔雀胎鳉；18.老年低额溞；19.绿水螅；20.绿太阳鱼；21.麦穗鱼；22.普通水螅；23.三角帆蚌；24.苏氏尾鳃蚓；25.唐鱼；26.无鳞甲三刺鱼；27. 无褶螺；28.仙女虫；29.亚东鲑；30.摇蚊幼虫；31.鳙鱼；32.原鳌虾；33.圆形盘肠溞；34.蚤状钩虾；35.蚤状溞；36.正颤蚓；37.中华大蟾蜍；38.中华新米虾	57
	国际通用且在中国水体中广泛分布的物种	6	1.斑马鱼；2.大型溞；3.浮萍；4.黑头软口鲦；5.模糊网纹溞；6.青鳉	
	引进物种	13	1.澳洲淡水龙虾；2.虹鳟；3.克氏原鳌虾；4.蓝腮太阳鱼；5.麦瑞加拉鲮鱼；6.美洲鳗鲡；7.莫桑比克罗非鱼；8. 尼罗罗非鱼；9.食蚊鱼；10.条纹狼鲈；11.银鲑；12.美洲红点鲑；13.斑点叉尾鮰	
慢性毒性	本土物种	9	1.大鳞大马哈鱼；2.尖头栅藻；3.鲤鱼；4.莱茵衣藻；5.蜻蜓幼虫；6.无褶螺；7.亚东鲑；8.小球藻；9.蚤状溞	23
	国际通用且在中国水体中广泛分布的物种	5	1.大型溞；2.黑头软口鲦；3.近头状伪蹄形藻；4.模糊网纹溞；5.青鳉	
	引进物种	9	1.奥利亚罗非鱼；2.白斑狗鱼；3.大西洋鲑；4.虹鳟；5. 蓝腮太阳鱼；6.麦瑞加拉鲮鱼；7.尼罗罗非鱼；8.银鲑；9.美洲红点鲑	

表 12　短期水质基准推导涉及的物种及毒性数据分布

序号	物种名称	毒性数据（条）	物种类型	序号	物种名称	毒性数据（条）	物种类型
1	亚东鲑	13		16	普通水螅	5	
2	苏氏尾鳃蚓	10		17	仙女虫	5	
3	孔雀胎鳉	9		18	俄勒冈叶唇鱼	4	
4	锯顶低额溞	9		19	光滑爪蟾	4	
5	蚤状溞	9		20	霍甫水丝蚓	4	
6	鲤鱼	8		21	鲫鱼	4	
7	绿太阳鱼	7		22	摇蚊幼虫	4	
8	大鳞大马哈鱼	6	本土物种	23	中华新米虾	4	本土物种
9	端足类钩虾	6		24	静水椎实螺	3	
10	棘爪网纹溞	6		25	三角帆蚌	3	
11	圆形盘肠溞	6		26	鳙鱼	3	
12	正颤蚓	6		27	短尾秀体溞	2	
13	草鱼	5		28	老年低额溞	2	
14	多刺裸腹溞	5		29	绿水螅	2	
15	夹杂带丝蚓	5		30	蚤状钩虾	2	

序号	物种名称	毒性数据（条）	物种类型	序号	物种名称	毒性数据（条）	物种类型
31	唐鱼	2		45	美洲红点鲑	13	
32	无鳞甲三刺鱼	2		46	蓝鳃太阳鱼	16	
33	无褶螺	2		47	虹鳟	7	
34	原螯虾	2	本土物种	48	斑点叉尾鮰	5	
35	萼花臂尾轮虫	1		49	克氏原螯虾	5	
36	褐水螅	1		50	食蚊鱼	5	
37	麦穗鱼	1		51	银鲑	5	引进物种
38	中华大蟾蜍	1		52	澳洲淡水龙虾	3	
39	黑头软口鲦	11		53	美洲鳗鲡	3	
40	模糊网纹溞	8		54	条纹狼鲈	3	
41	大型溞	6	国际通用且在中国水体中广泛分布的物种	55	麦瑞加拉鲮鱼	2	
42	斑马鱼	5		56	莫桑比克罗非鱼	2	
43	青鳉	2		57	尼罗罗非鱼	2	
44	浮萍	1					

表 13 长期水质基准推导涉及的物种及毒性数据分布

序号	物种名称	毒性数据（条）	物种类型	序号	物种名称	毒性数据（条）	物种类型
1	亚东鲑	7		13	近头状伪蹄形藻	1	国际通用且在中国水体中广泛分布的物种
2	大鳞大马哈鱼	2		14	青鳉	1	
3	蚤状溞	2		15	虹鳟	17	
4	无褶螺	2	本土物种	16	美洲红点鲑	4	
5	莱茵衣藻	1		17	蓝鳃太阳鱼	3	
6	鲤鱼	1		18	麦瑞加拉鲮鱼	2	
7	尖头栅藻	1		19	尼罗罗非鱼	2	引进物种
8	蜻蜓幼虫	1		20	奥利亚罗非鱼	1	
9	小球藻	1		21	白斑狗鱼	1	
10	模糊网纹溞	7	国际通用且在中国水体中广泛分布的物种	22	大西洋鲑	1	
11	大型溞	5		23	银鲑	1	
12	黑头软口鲦	3					

5 基准推导

5.1 推导方法

5.1.1 水体硬度校正

水体硬度校正分为毒性—水体硬度斜率拟合和水体硬度校正毒性值计算两个步骤，其中：毒性—水体硬度斜率拟合见公式 1 和公式 2；水体硬度校正毒性值计算见公式 3 和公式 4。

$$\lg(ATV) = K_A \lg(H_A) + C_A \tag{1}$$

$$\lg(CTV) = K_C \lg(H_C) + C_C \tag{2}$$

$$ATV_H = 10^{K_A \times \lg(H) + \lg(ATV) - K_A \times \lg(H_A)} \tag{3}$$

$$CTV_H = 10^{K_C \times \lg(H) + \lg(CTV) - K_C \times \lg(H_C)} \tag{4}$$

式中：ATV—水体硬度校正前急性毒性值，计算时不区分 LC_{50} 和 EC_{50}，见附录 A，$\mu g/L$；

CTV—水体硬度校正前慢性毒性值，计算时不区分 NOEC、LOEC、NOEL、LOEL 和 MATC，见附录 B，$\mu g/L$；

ATV_H—水体硬度校正后急性毒性值，$\mu g/L$；

CTV_H—水体硬度校正后慢性毒性值，$\mu g/L$；

K_A—急性毒性—水体硬度斜率，无量纲；

K_C—慢性毒性—水体硬度斜率，无量纲；

H_A—水体硬度校正前 ATV 对应水体硬度值，见附录 A，mg/L；

H_C—水体硬度校正前 CTV 对应水体硬度值，见附录 B，mg/L；

C_A—急性毒性常数，为截距，无量纲；

C_C—慢性毒性常数，为截距，无量纲；

H—水体硬度值（以 $CaCO_3$ 计），取值分别为 50 mg/L，100 mg/L，150 mg/L，200 mg/L，250 mg/L，300 mg/L，350 mg/L，450 mg/L。

5.1.2 种平均急/慢性值计算

依据公式 5、公式 6，在指定水体硬度条件下，分物种计算 SMAV 和 SMCV。

$$SMAV_{H,i} = \sqrt[m]{(ATV_H)_{i,1} \times (ATV_H)_{i,2} \times \cdots \times (ATV_H)_{i,m}} \tag{5}$$

$$SMCV_{H,i} = \sqrt[n]{(CTV_H)_{i,1} \times (CTV_H)_{i,2} \times \cdots \times (CTV_H)_{i,n}} \tag{6}$$

式中：$SMAV_{H,i}$—指定水体硬度 H 下物种 i 的种平均急性值，$\mu g/L$；

$SMCV_{H,i}$—指定水体硬度 H 下物种 i 的种平均慢性值，$\mu g/L$；

ATV_H—水体硬度校正后急性毒性值，$\mu g/L$；

CTV_H—水体硬度校正后慢性毒性值，$\mu g/L$；

m—物种 i 的 ATV_H 个数，个；

n—物种 i 的 CTV_H 个数，个；

i—某一物种，无量纲；

H—水体硬度值（以 $CaCO_3$ 计），取值分别为 50 mg/L，100 mg/L，150 mg/L，

200 mg/L，250 mg/L，300 mg/L，350 mg/L，450 mg/L。

5.1.3　毒性数据分布检验

在指定水体硬度下，对 $SMAV_{H,i}$ 和 $SMCV_{H,i}$ 分别进行正态分布检验（K-S 检验），若不符合正态分布，需进行对数转换后重新检验。符合正态分布的数据方能按照"5.1.5 模型拟合与评价"要求进行物种敏感度分布（SSD）模型拟合。

5.1.4　累积频率计算

将物种 $SMAV_{H,i}$ / $SMCV_{H,i}$ 或其对数值分别从小到大进行排序，确定其毒性秩次 R（最小毒性值的秩次为 1，次之秩次为 2，依次排列，如果有两个或两个以上物种的毒性值相同，则将其任意排成连续秩次，每个秩次下物种数为 1），依据公式 7 分别计算物种的累积频率 F_R。

$$F_R = \frac{\sum_1^R f}{\sum f + 1} \times 100\% \tag{7}$$

式中：F_R—累积频率，%；

f—频数，指毒性值秩次 R 对应的物种数，个。

5.1.5　模型拟合与评价

$SMAV_{H,i}$ / $SMCV_{H,i}$ 分别取以 10 为底的对数，将 $\lg(SMAV_{H,i})$ / $\lg(SMCV_{H,i})$ 作为模型拟合时的自变量，以 $\lg(SMAV_{H,i})$ / $\lg(SMCV_{H,i})$ 对应的 F_R 为因变量，进行 SSD 模型拟合（包括：正态分布模型、对数正态分布模型、逻辑斯谛分布模型、对数逻辑斯谛分布模型），依据模型拟合的决定系数（r^2）、均方根（RMSE）、残差平方和（SSE）以及 K-S 检验结果，确定最优拟合模型。对数正态分布模型和对数逻辑斯谛分布模型要求自变量为正数。

5.1.6　基准的确定

5.1.6.1　物种危害浓度 HC_x

根据"5.1.5 模型拟合与评价"确定的最优拟合模型拟合的 SSD 曲线，确定累积频率 5%、10%、25%、50%、75%、90%、95%所对应的 $\lg(SMAV_{H,i})$ / $\lg(SMCV_{H,i})$ 值，取反对数后获得的 $SMAV_{H,i}$ / $SMCV_{H,i}$，即为急性/慢性 5%、10%、25%、50%、75%、90%、95%物种危害浓度 HC_5、HC_{10}、HC_{25}、HC_{50}、HC_{75}、HC_{90}、HC_{95}。

5.1.6.2　基准值

HC_5 除以评估因子 2（根据 HJ 831—2017，f 大于 15 且涵盖足够营养级，评估因子取值为 2）后，即为淡水水生生物 SWQC 和 LWQC。

5.1.6.3　SSD 模型拟合软件

本次基准推导采用的 SSD 模型拟合软件为 MATLAB R2016b（MathWorks）。

5.1.7　结果表达

数据修约按照《数值修约规则与极限数值的表示和判定》（GB/T 8170—2008）进行，SWQC 和 LWQC 值均保留 2 位有效数字。

5.2　推导结果

5.2.1　短期水质基准

5.2.1.1　水体硬度校正

对附录 A 中每条数据的 ATV 和对应水体硬度值分别取以 10 为底的对数，利用公式 1 进行线性拟合，得到公式 $\lg(ATV)=1.0457\times\lg(H_A)+0.727$，急性毒性-水体硬度斜率 K_A 为 1.0457，决定系数 r^2 为 0.1181，线性显著相关（$p<0.05$），见图 1。

依据公式 3，对每条毒性数据进行水体硬度校正，分别获得水体硬度 H 为 50 mg/L，100 mg/L，150 mg/L，200 mg/L，250 mg/L，300 mg/L，350 mg/L，450 mg/L 时的 ATV_H，见附录 A。

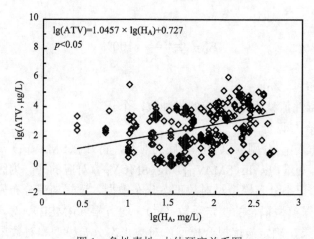

图1　急性毒性-水体硬度关系图

5.2.1.2　毒性数据分布检验

根据附录 A 的 ATV_H，利用公式 5 得到每个物种的 $SMAV_{H,i}$。对 $SMAV_{H,i}$ 和 $\lg(SMAV_{H,i})$ 进行正态检验，结果见表 14。$SMAV_{H,i}$ 不符合正态分布；$\lg(SMAV_{H,i})$ 符合正态分布，满足 SSD 模型拟合要求。

5.2.1.3　累积频率

利用公式 7 计算物种的 $\lg(SMAV_{H,i})$ 及累积频率 F_R，结果见表 15。

5.2.1.4　模型拟合与评价

模型拟合结果如表 16 所示。指定水体硬度条件下，通过 r^2、RMSE、SSE、p 值（K-S 检验）的比较，正态分布模型 SSD 曲线拟合最优，拟合结果见图 2。

5.2.1.5　短期物种危害浓度

采用正态分布模型推导的 HC_5、HC_{10}、HC_{25}、HC_{50}、HC_{75}、HC_{90}、HC_{95} 值结果见表 17。

5.2.1.6　短期水质基准

表 17 中不同硬度水质条件下 HC_5 除以评估因子 2，即为不同硬度水质条件下 SWQC（表 18），表示对 95%的中国淡水水生生物及其生态功能不产生急性有害效应的水体中镉最大浓度（以任何 1 小时的算术平均浓度计）。

表 14　急性毒性数据正态性检验结果

	H (以 CaCO₃ 计, mg/L)	百分位数							算术平均值	标准差	峰度	偏度	p 值 (K-S 检验)
		P5	P10	P25	P50	P75	P90	P95					
$SMAV_{H,i}$ (μg/L)	50	2.447	7.200	41.61	755.5	5463	10071	18700	6678	25752	48.01	6.748	<0.05
	100	5.052	14.86	85.90	1560	11278	20791	38604	13785	53161	48.01	6.748	
	150	7.720	22.71	131.3	2383	17233	31770	58988	21064	81232	48.01	6.748	
	200	10.43	30.68	177.3	3220	23281	42921	79692	28457	109743	48.01	6.748	
	250	13.17	38.75	223.9	4066	29400	54201	100636	35936	138585	48.01	6.748	
	300	15.94	46.89	271.0	4920	35575	65585	121773	43484	167694	48.01	6.748	
	350	18.72	55.09	318.4	5780	41798	77057	143073	51090	197026	48.01	6.748	
	450	24.35	71.64	414.1	7518	54361	100217	186076	66446	256245	48.01	6.748	
lg ($SMAV_{H,i}$, μg/L)	50	0.3845	0.8494	1.619	2.878	3.737	4.002	4.236	2.615	1.225	-0.7920	-0.1770	>0.05
	100	0.6992	1.164	1.934	3.193	4.052	4.317	4.551	2.930	1.225	-0.7920	-0.1770	
	150	0.8834	1.348	2.118	3.377	4.236	4.501	4.735	3.114	1.225	-0.7920	-0.1770	
	200	1.014	1.479	2.249	3.508	4.367	4.632	4.865	3.245	1.225	-0.7920	-0.1770	
	250	1.115	1.580	2.350	3.609	4.468	4.733	4.967	3.346	1.225	-0.7920	-0.1770	
	300	1.198	1.663	2.433	3.692	4.551	4.816	5.050	3.429	1.225	-0.7920	-0.1770	
	350	1.268	1.733	2.503	3.762	4.621	4.886	5.120	3.499	1.225	-0.7920	-0.1770	
	450	1.382	1.847	2.617	3.876	4.735	5.000	5.234	3.613	1.225	-0.7920	-0.1770	

表 15　种平均急性值及累积频率

物种 i	lg (SMAV$_{H,i}$, μg/L)								R	f (个)	F$_R$ (%)
	H=50	H=100	H=150	H=200	H=250	H=300	H=350	H=450			
条纹狼鲈	0.1642	0.4790	0.6631	0.7938	0.8951	0.9779	1.048	1.162	1	1	1.724
虹鳟	0.1902	0.5050	0.6891	0.8198	0.9211	1.004	1.074	1.188	2	1	3.448
美洲红点鲑	0.4060	0.7208	0.9050	1.036	1.137	1.220	1.290	1.404	3	1	5.172
亚东鲑	0.5587	0.8735	1.058	1.188	1.290	1.372	1.442	1.557	4	1	6.897
大鳞大马哈鱼	0.6744	0.9892	1.173	1.304	1.405	1.488	1.558	1.672	5	1	8.621
银鲑	0.8931	1.208	1.392	1.523	1.624	1.707	1.777	1.891	6	1	10.34
蚤状钩虾	1.161	1.476	1.660	1.791	1.892	1.975	2.045	2.159	7	1	12.07
大型溞	1.266	1.580	1.765	1.895	1.997	2.079	2.149	2.264	8	1	13.79
绿水螅	1.288	1.602	1.787	1.917	2.019	2.101	2.171	2.285	9	1	15.52
澳洲淡水龙虾	1.329	1.644	1.828	1.958	2.060	2.142	2.212	2.327	10	1	17.24
模糊网纹溞	1.586	1.901	2.085	2.216	2.317	2.400	2.470	2.584	11	1	18.97
棘爪网纹溞	1.597	1.912	2.096	2.226	2.328	2.411	2.481	2.595	12	1	20.69
端足类钩虾	1.600	1.915	2.099	2.230	2.331	2.414	2.484	2.598	13	1	22.41
多刺裸腹溞	1.615	1.930	2.114	2.245	2.346	2.429	2.499	2.613	14	1	24.14
老年低额溞	1.623	1.938	2.122	2.253	2.354	2.437	2.507	2.621	15	1	25.86
蚤状溞	1.701	2.016	2.200	2.331	2.432	2.515	2.585	2.699	16	1	27.59
锯顶低额溞	1.729	2.043	2.227	2.358	2.459	2.542	2.612	2.726	17	1	29.31
浮萍	1.845	2.160	2.344	2.475	2.576	2.659	2.729	2.843	18	1	31.03
褐水螅	1.853	2.168	2.352	2.483	2.584	2.667	2.737	2.851	19	1	32.76
普通水螅	1.909	2.223	2.408	2.538	2.640	2.722	2.792	2.906	20	1	34.48

续表

物种 i	lg（SMAV$_{Hi}$, μg/L）								R	f（个）	F$_R$（%）
	H=50	H=100	H=150	H=200	H=250	H=300	H=350	H=450			
无褶螺	2.020	2.335	2.519	2.650	2.751	2.834	2.934	3.018	21	1	36.21
中华新米虾	2.159	2.474	2.658	2.788	2.890	2.972	3.042	3.157	22	1	37.93
青鳉	2.172	2.486	2.671	2.801	2.903	2.985	3.055	3.169	23	1	39.66
短尾秀体溞	2.227	2.542	2.726	2.856	2.958	3.041	3.111	3.225	24	1	41.38
仙女虫	2.243	2.558	2.742	2.873	2.974	3.057	3.127	3.241	25	1	43.10
夹杂带丝蚓	2.301	2.616	2.800	2.931	3.032	3.115	3.135	3.299	26	1	44.83
静水椎实螺	2.355	2.669	2.854	2.984	3.086	3.168	3.238	3.352	27	1	46.55
圆形盘肠溞	2.852	3.167	3.351	3.482	3.583	3.666	3.736	3.850	28	1	48.28
霍甫水丝蚓	2.878	3.193	3.377	3.508	3.609	3.692	3.762	3.876	29	1	50.00
弯花青尾虫	2.960	3.274	3.459	3.589	3.690	3.773	3.843	3.957	30	1	51.72
黑头软口鲦	2.985	3.299	3.483	3.614	3.715	3.798	3.858	3.982	31	1	53.45
美洲鳘鲴	3.000	3.315	3.499	3.630	3.731	3.814	3.834	3.998	32	1	55.17
原螯虾	3.073	3.388	3.572	3.702	3.804	3.887	3.957	4.071	33	1	56.90
三角帆蚌	3.118	3.433	3.617	3.748	3.849	3.932	4.002	4.116	34	1	58.62
俄勒冈叶唇鱼	3.120	3.435	3.619	3.750	3.851	3.934	4.004	4.118	35	1	60.34
中华大蟾蜍	3.147	3.461	3.646	3.776	3.878	3.960	4.030	4.145	36	1	62.07
光滑爪蟾胚胎	3.172	3.487	3.671	3.802	3.903	3.986	4.056	4.170	37	1	63.79
斑马鱼	3.342	3.657	3.841	3.971	4.073	4.155	4.226	4.340	38	1	65.52
孔雀胎鳉	3.358	3.673	3.857	3.988	4.089	4.172	4.242	4.356	39	1	67.24
正颤蚓	3.473	3.788	3.972	4.103	4.204	4.287	4.357	4.471	40	1	68.97

续表

物种 i	lg (SMAV$_{H,i}$, μg/L)								R	f (个)	F$_R$ (%)
	H=50	H=100	H=150	H=200	H=250	H=300	H=350	H=450			
克氏原螯虾	3.616	3.931	4.115	4.246	4.347	4.430	4.500	4.614	41	1	70.69
无鳞甲三刺鱼	3.725	4.040	4.224	4.355	4.456	4.539	4.609	4.723	42	1	72.41
草鱼	3.735	4.050	4.234	4.365	4.466	4.549	4.619	4.733	43	1	74.14
盾鱼	3.738	4.053	4.237	4.367	4.469	4.552	4.622	4.736	44	1	75.86
莫桑比克罗非鱼	3.762	4.077	4.261	4.392	4.493	4.576	4.646	4.760	45	1	77.59
尼罗罗非鱼	3.764	4.079	4.263	4.393	4.495	4.577	4.647	4.762	46	1	79.31
斑点叉尾鮰	3.801	4.116	4.300	4.431	4.532	4.615	4.685	4.799	47	1	81.03
鲫鱼	3.867	4.182	4.366	4.497	4.598	4.681	4.751	4.865	48	1	82.76
蓝腮太阳鱼	3.895	4.210	4.394	4.525	4.626	4.709	4.779	4.893	48	1	84.48
食蚊鱼	3.912	4.227	4.411	4.542	4.643	4.726	4.796	4.910	50	1	86.21
鲤鱼	3.943	4.258	4.442	4.572	4.674	4.757	4.827	4.941	51	1	87.93
绿太阳鱼	3.987	4.302	4.486	4.617	4.718	4.801	4.871	4.985	52	1	89.66
麦瑞加拉鲮鱼	4.062	4.376	4.560	4.691	4.792	4.875	4.945	5.059	53	1	91.38
苏氏尾鳠鲶	4.152	4.467	4.651	4.781	4.883	4.966	5.036	5.150	54	1	93.10
鳙鱼	4.185	4.500	4.684	4.815	4.916	4.999	5.069	5.183	55	1	94.83
麦穗鱼	4.692	5.007	5.191	5.321	5.423	5.505	5.576	5.690	56	1	96.55
摇蚊幼虫	5.279	5.593	5.778	5.908	6.010	6.092	6.162	6.277	57	1	98.28

表 16　短期水质基准模型拟合结果

H（以 CaCO$_3$ 计，mg/L）	拟合模型	r^2	RMSE	SSE	p 值（K-S 检验）
50	**正态分布模型**	**0.9733**	**0.0464**	**0.1225**	**0.6581**
	对数正态分布模型	0.9055	0.0872	0.4334	0.0866
	逻辑斯谛分布模型	0.9689	0.05	0.1427	0.7114
	对数逻辑斯谛分布模型	0.9591	0.0574	0.1876	0.1742
100	**正态分布模型**	**0.9733**	**0.0464**	**0.1225**	**0.6581**
	对数正态分布模型	0.9055	0.0872	0.4334	0.0866
	逻辑斯谛分布模型	0.9689	0.05	0.1427	0.7114
	对数逻辑斯谛分布模型	0.9591	0.0574	0.1876	0.1742
150	**正态分布模型**	**0.9733**	**0.0464**	**0.1225**	**0.6581**
	对数正态分布模型	0.9055	0.0872	0.4334	0.0866
	逻辑斯谛分布模型	0.9689	0.05	0.1427	0.7114
	对数逻辑斯谛分布模型	0.9591	0.0574	0.1876	0.1742
200	**正态分布模型**	**0.9733**	**0.0464**	**0.1225**	**0.6581**
	对数正态分布模型	0.9055	0.0872	0.4334	0.0866
	逻辑斯谛分布模型	0.9689	0.05	0.1427	0.7114
	对数逻辑斯谛分布模型	0.9591	0.0574	0.1876	0.1742
250	**正态分布模型**	**0.9733**	**0.0464**	**0.1225**	**0.6581**
	对数正态分布模型	0.9055	0.0872	0.4334	0.0866
	逻辑斯谛分布模型	0.9689	0.05	0.1427	0.7114
	对数逻辑斯谛分布模型	0.9591	0.0574	0.1876	0.1742
300	**正态分布模型**	**0.9733**	**0.0464**	**0.1225**	**0.6581**
	对数正态分布模型	0.9055	0.0872	0.4334	0.0866
	逻辑斯谛分布模型	0.9689	0.05	0.1427	0.7114
	对数逻辑斯谛分布模型	0.9591	0.0574	0.1876	0.1742
350	**正态分布模型**	**0.9733**	**0.0464**	**0.1225**	**0.6581**
	对数正态分布模型	0.9055	0.0872	0.4334	0.0866
	逻辑斯谛分布模型	0.9689	0.05	0.1427	0.7114
	对数逻辑斯谛分布模型	0.9591	0.0574	0.1876	0.1742
450	**正态分布模型**	**0.9733**	**0.0464**	**0.1225**	**0.6581**
	对数正态分布模型	0.9055	0.0872	0.4334	0.0866
	逻辑斯谛分布模型	0.9689	0.05	0.1427	0.7114
	对数逻辑斯谛分布模型	0.9591	0.0574	0.1876	0.1742

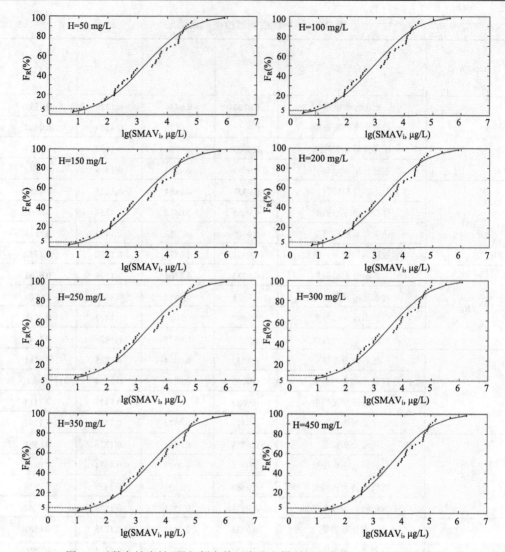

图 2　对数急性毒性-累积频率的正态分布模型拟合曲线（H 为水体硬度）

表 17　短期物种危害浓度

H （以 CaCO₃ 计，mg/L）	HCₓ（µg/L）						
	HC₅	HC₁₀	HC₂₅	HC₅₀	HC₇₅	HC₉₀	HC₉₅
50	4.101	11.22	60.39	391.6	2540	13663	37399
100	8.465	23.17	124.7	808.4	5243	28205	77204
150	12.94	35.41	190.5	1235	8011	43097	117972
200	17.48	47.84	257.3	1669	10823	58225	159382
250	22.07	60.41	325.0	2107	13668	73528	201266
300	26.70	73.10	393.2	2550	16538	88971	243540
350	31.37	85.88	462.0	2996	19431	104532	286141
450	40.80	111.7	600.9	3897	25271	135950	372143

表 18　短期水质基准

H（以 CaCO₃ 计，mg/L）	HC₅（μg/L）	评估因子	SWQC（μg/L）
50	4.101	2	2.1
100	8.465	2	4.2
150	12.94	2	6.5
200	17.48	2	8.7
250	22.07	2	11
300	26.70	2	13
350	31.37	2	16
450	40.80	2	20

5.2.2　长期水质基准

5.2.2.1　水体硬度校正

对附录 B 中每条数据的 CTV 和对应水体硬度值分别取以 10 为底的对数，利用公式 2 进行线性拟合，得到公式 $\lg(CTV) = 0.583 \times \lg(H_C) - 0.4193$，慢性毒性—水体硬度斜率 K_C 为 0.583，决定系数 r^2 为 0.0846，线性显著相关（$p < 0.05$），见图 3。

依据公式 4，对每条毒性数据进行水体硬度校正，分别获得水体硬度 H 为 50 mg/L，100 mg/L，150 mg/L，200 mg/L，250 mg/L，300 mg/L，350 mg/L，450 mg/L 时的 CTV_H，见附录 B。

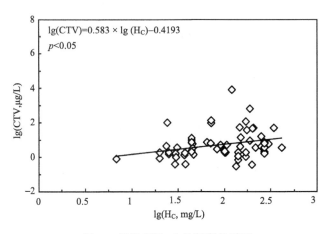

图 3　慢性毒性-水体硬度关系图

5.2.2.2　毒性数据分布检验

根据附录 B 的 CTV_H，利用公式 6 得每个物种的 $SMCV_{H,i}$。将 $SMCV_{H,i}$ 和 $\lg(SMCV_{H,i})$ 进行统计分析，结果见表 19。$SMCV_{H,i}$ 不符合正态分布；$\lg(SMCV_{H,i})$ 符合正态分布，满足 SSD 模型拟合要求。

5.2.2.3　累积频率

利用公式 7 计算物种的 $\lg(SMCV_{H,i})$ 及累积频率 F_R，结果见表 20。

表 19　慢性毒性数据正态性检验结果

	H（以 CaCO₃ 计，mg/L）	百分位数							算术平均值	标准差	峰度	偏度	p 值（K-S 检验）
		P5	P10	P25	P50	P75	P90	P95					
SMCV$_{Hi}$（μg/L）	50	0.6667	1.296	2.574	4.746	27.95	240.7	4021	246.5	1028	22.77	4.762	<0.05
	100	0.9987	1.942	3.855	7.109	41.87	360.5	6024	369.3	1540	22.77	4.762	
	150	1.265	2.460	4.883	9.004	53.04	456.6	7630	467.8	1950	22.77	4.762	
	200	1.496	2.909	5.775	10.65	62.72	540.0	9023	553.2	2307	22.77	4.762	
	250	1.704	3.313	6.577	12.13	71.44	615.0	10277	630.0	2627	22.77	4.762	
	300	1.895	3.685	7.315	13.49	79.45	684.0	11429	700.7	2922	22.77	4.762	
	350	2.073	4.031	8.002	14.76	86.92	748.3	12504	766.6	3196	22.77	4.762	
	450	2.400	4.667	9.265	17.08	100.6	866.4	14477	887.5	3701	22.77	4.762	
lg（SMCV$_{Hi}$）（μg/L）	50	−0.2093	0.1126	0.4105	0.6763	1.446	2.359	3.451	1.003	0.9113	2.189	1.374	>0.05
	100	−0.03380	0.2881	0.5860	0.8518	1.622	2.534	3.627	1.179	0.9113	2.189	1.374	
	150	0.06880	0.3908	0.6887	0.9544	1.725	2.637	3.729	1.281	0.9113	2.189	1.374	
	200	0.1417	0.4636	0.7615	1.027	1.797	2.710	3.802	1.354	0.9113	2.189	1.374	
	250	0.1982	0.5201	0.8180	1.084	1.854	2.766	3.859	1.411	0.9113	2.189	1.374	
	300	0.2443	0.5663	0.8642	1.130	1.900	2.812	3.905	1.457	0.9113	2.189	1.374	
	350	0.2834	0.6053	0.9032	1.169	1.939	2.851	3.944	1.496	0.9113	2.189	1.374	
	450	0.3470	0.6690	0.9669	1.233	2.003	2.915	4.008	1.560	0.9113	2.189	1.374	

表 20　种平均慢性值及累积频率

物种 i	lg（SMCV$_{H_i}$, μg/L）								R	f（个）	F_R（%）
	H=50	H=100	H=150	H=200	H=250	H=300	H=350	H=450			
大型溞	−0.2877	−0.1123	−0.009551	0.06321	0.1197	0.1659	0.2049	0.2686	1	1	4.167
模糊网纹溞	0.1044	0.2798	0.3825	0.4553	0.5118	0.5579	0.5970	0.6606	2	1	8.333
虹鳟	0.1250	0.3006	0.4033	0.4761	0.5326	0.5788	0.6178	0.6814	3	1	12.50
青鳉	0.3324	0.5080	0.6107	0.6835	0.7400	0.7862	0.8252	0.8889	4	1	16.67
银鲑	0.3551	0.5305	0.6332	0.7060	0.7625	0.8087	0.8477	0.9113	5	1	20.83
大鳞大马哈鱼	0.4105	0.5861	0.6887	0.7615	0.8180	0.8642	0.9032	0.9669	6	1	25.00
美洲红点鲑	0.4244	0.6000	0.7026	0.7755	0.8320	0.8782	0.9172	0.9808	7	1	29.17
亚东鲑	0.5402	0.7156	0.8183	0.8912	0.9477	0.9938	1.033	1.096	8	1	33.33
尖头拟鲦	0.5501	0.7257	0.8283	0.9011	0.9577	1.004	1.043	1.107	9	1	37.50
小球藻	0.5501	0.7257	0.8283	0.9011	0.9577	1.004	1.043	1.107	10	1	41.67
蚤状溞	0.6584	0.8339	0.9366	1.009	1.066	1.112	1.151	1.215	11	1	45.83
无褶螺	0.6763	0.8518	0.9545	1.027	1.084	1.130	1.169	1.233	12	1	50.00
大西洋鲑	0.8473	1.023	1.125	1.198	1.255	1.301	1.340	1.404	13	1	54.17
白斑狗鱼	0.8993	1.075	1.178	1.250	1.307	1.353	1.392	1.456	14	1	58.33
蓝腮太阳鱼	0.980	1.156	1.258	1.331	1.388	1.434	1.473	1.536	15	1	62.50
黑头软口鲦	1.160	1.335	1.438	1.511	1.567	1.614	1.653	1.716	16	1	66.67
尼罗罗非鱼	1.214	1.389	1.492	1.565	1.621	1.667	1.706	1.770	17	1	70.83
奥利亚罗非鱼	1.446	1.622	1.725	1.797	1.854	1.900	1.939	2.003	18	1	75.00
近头状伪蹄形藻	1.768	1.943	2.046	2.119	2.175	2.221	2.261	2.324	19	1	79.17
麦瑞加拉鲮鱼	1.965	2.141	2.243	2.316	2.373	2.419	2.458	2.522	20	1	83.33
莱哈衣藻	2.182	2.357	2.460	2.532	2.589	2.635	2.674	2.738	21	1	87.50
鲤鱼	2.477	2.652	2.755	2.828	2.884	2.931	2.970	3.033	22	1	91.67
蜻蜓幼虫	3.695	3.870	3.973	4.046	4.102	4.148	4.187	4.251	23	1	95.83

5.2.2.4 模型拟合与评价

拟合结果如表 21 所示。由于大型溞的 lg（$SMCV_{H,i}$）为负数，本次 LWQC 推导无法使用对数正态分布模型和对数逻辑斯谛分布模型，仅能使用正态分布模型和逻辑斯谛分布模型进行水质基准模型拟合。指定水体硬度条件下，通过 r^2、RMSE、SSE、p 值（K-S 检验）的比较，逻辑斯谛分布模型拟合最优，拟合结果见图 4。

表 21 长期水质基准模型拟合结果

H（以 CaCO₃ 计，mg/L）	拟合模型	r^2	RMSE	SSE	p 值（K-S 检验）
50	正态分布模型	0.9200	0.0782	0.1406	0.5274
	逻辑斯谛分布模型	**0.9548**	**0.0587**	**0.0794**	**0.7928**
100	正态分布模型	0.9200	0.0782	0.1406	0.5274
	逻辑斯谛分布模型	**0.9548**	**0.0587**	**0.0794**	**0.7928**
150	正态分布模型	0.9200	0.0782	0.1406	0.5274
	逻辑斯谛分布模型	**0.9548**	**0.0587**	**0.0794**	**0.7928**
200	正态分布模型	0.9200	0.0782	0.1406	0.5274
	逻辑斯谛分布模型	**0.9548**	**0.0587**	**0.0794**	**0.7928**
250	正态分布模型	0.9200	0.0782	0.1406	0.5274
	逻辑斯谛分布模型	0.9548	0.0587	0.0794	0.7928
300	正态分布模型	0.9200	0.0782	0.1406	0.5274
	逻辑斯谛分布模型	**0.9548**	**0.0587**	**0.0794**	**0.7928**
350	正态分布模型	0.9200	0.0782	0.1406	0.5274
	逻辑斯谛分布模型	**0.9548**	**0.0587**	**0.0794**	**0.7928**
450	正态分布模型	0.9200	0.0782	0.1406	0.5274
	逻辑斯谛分布模型	**0.9548**	**0.0587**	**0.0794**	**0.7928**

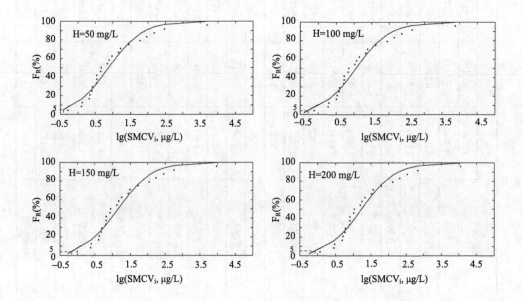

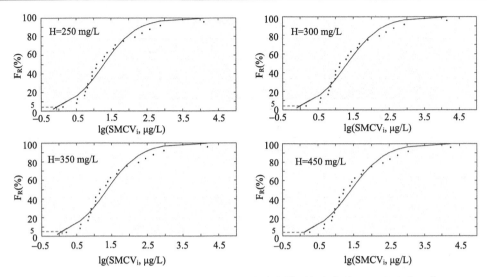

图 4 对数慢性毒性-累积频率的逻辑斯谛分布模型拟合曲线（H 为水体硬度）

5.2.2.5 长期物种危害浓度

选用逻辑斯谛分布模型推导的 HC_5、HC_{10}、HC_{25}、HC_{50}、HC_{75}、HC_{90}、HC_{95} 结果见表 22。

5.2.2.6 长期水质基准

表 22 中不同硬度水质条件下 HC_5 除以评估因子 2，即为不同硬度水质条件下 LWQC（见表 23）。LWQC 表示对 95%的中国淡水水生生物及其生态功能不产生慢性有害效应的水体中镉最大浓度（以连续 4 个自然日的日均浓度的算术平均浓度计）。

表 22 长期物种危害浓度

H（以 CaCO₃ 计，mg/L）	HC_x（µg/L）						
	HC_5	HC_{10}	HC_{25}	HC_{50}	HC_{75}	HC_{90}	HC_{95}
50	0.3076	0.6948	2.303	7.633	25.30	83.85	189.4
100	0.4607	1.041	3.450	11.43	37.90	125.6	283.8
150	0.5836	1.319	4.370	14.48	48.00	159.1	359.4
200	0.6902	1.559	5.168	17.13	56.77	188.2	424.9
250	0.7861	1.776	5.886	19.51	64.65	214.3	484.1
300	0.8743	1.975	6.546	21.70	71.91	238.3	538.4
350	0.9566	2.161	7.162	23.74	78.67	260.7	589.0
450	1.107	2.502	8.292	27.48	91.08	301.9	682.0

表 23　长期水质基准

H（以 CaCO₃ 计，mg/L）	HC₅（μg/L）	评估因子	LWQC（μg/L）
50	0.3076	2	0.15
100	0.4607	2	0.23
150	0.5836	2	0.29
200	0.6902	2	0.35
250	0.7861	2	0.39
300	0.8742	2	0.44
350	0.9564	2	0.48
450	1.107	2	0.55

6　基准审核

2019 年 12 月 10 日，依据《国家环境基准管理办法（试行）》《国家生态环境基准专家委员会章程（试行）》，国家生态环境基准专家委员会召开《淡水水生生物水质基准—镉》（2020 年版）科学评估会议。

科学评估会议认为，《淡水水生生物水质基准—镉》（2020 年版）编制经过开题论证、征求意见及相关技术审查环节，符合国家生态环境基准管理规定；基准文件内容编制逻辑清晰，基准推导过程、推导方法科学规范，使用数据可靠，符合《淡水水生生物水质基准制定技术指南》（HJ 831—2017）要求。经专家投票表决，一致通过《淡水水生生物水质基准—镉》（2020 年版）科学评估。

《淡水水生生物水质基准—镉》（2020 年版）推导所涉及物种和数据质量情况见表 24。我国水质基准研究尚处于起步阶段，能够满足基准推导要求的毒性数据量有限，发达国家在其基准研究过程中也存在类似问题。随着我国生态环境科学研究的不断发展和深入，生态环境基准也将适时修订和更新。

表 24　基准推导涉及物种和数据质量情况

内容	HJ 831—2017 要求	本基准使用	
		SWQC	LWQC
营养级别	生产者	1.浮萍	1.尖头栅藻；2.近头状伪蹄形藻；3.莱茵衣藻 4.小球藻
	初级消费者	1.斑马鱼；2.草鱼；3.大型溞；4.短尾秀体溞；5.端足类钩虾；6.多刺裸腹溞；7.萼花臂尾轮虫；8.褐水螅；9.霍甫水丝蚓；10.鲫鱼；11.棘爪网纹溞；12.夹杂带丝蚓；13.锯顶低额溞；14.克氏原螯虾；15.老年低额溞；16.鲤鱼；17.绿水螅；18.麦瑞加拉鲮鱼；19.模糊网纹溞；20.莫桑比克罗非鱼；21.普通水螅；22.三角帆蚌；23.苏氏尾鳃蚓；24.无鳞甲三刺鱼；25.无褶螺；26.仙女虫；27.摇蚊幼虫；28.原螯虾；29.圆形盘肠溞；30.蚤状钩虾；31.蚤状溞；32.正颤蚓；33.中华新米虾	1.奥利亚罗非鱼；2.大型溞；3.鲤鱼；4.麦瑞加拉鲮鱼；5.模糊网纹溞；6.无褶螺；7.蚤状溞

内容	HJ 831—2017 要求	本基准使用	
		SWQC	LWQC
营养级别	次级消费者	1.澳洲淡水龙虾；2.斑点叉尾鮰；3.大鳞大马哈鱼；4.俄勒冈叶唇鱼；5.光滑爪蟾；6.黑头软口鲦；7. 虹鳟；8.静水椎实螺；9.孔雀胎鳉；10.蓝腮太阳鱼；11.绿太阳鱼；12.麦穗鱼；13.美洲红点鲑；14. 美洲鳗鲡；15.尼罗罗非鱼；16. 青鳉；17.食蚊鱼；18.唐鱼；19.条纹狼鲈；20. 亚东鳟；21.银鲑；22. 鲻鱼；23.中华大蟾蜍	1. 白斑狗鱼；2.大鳞大马哈鱼；3.大西洋鲑；4.黑头软口鲦；5.虹鳟；6.蓝腮太阳鱼；7.美洲红点鲑；8.尼罗罗非鱼；9.青鳉；10.蜻蜓幼虫；11.亚东鳟；12.银鲑
物种要求	至少包括5 个物种	57 个物种	23 个物种
	1 种硬骨鲤科鱼类	1.草鱼；2.俄勒冈叶唇鱼；3.鲫鱼；4.鲤鱼；5.麦穗鱼；6.麦瑞加拉鲮鱼；7.鲻鱼	1.麦瑞加拉鲮鱼；2.黑头软口鲦；3.鲤鱼
	1 种硬骨非鲤科鱼类	1.斑马鱼；2.大鳞大马哈鱼；3.黑头软口鲦；4.虹鳟；5.孔雀胎鳉；6.蓝腮太阳鱼；7.绿太阳鱼；8.美洲鳗鲡；9.莫桑比克罗非鱼；10.美洲红点鲑；11.尼罗罗非鱼；12.青鳉；13.食蚊鱼；14.亚东鳟；15.唐鱼；16.条纹狼鲈；17.无鳞甲三刺鱼；18.银鲑	1.奥利亚罗非鱼；2.白斑狗鱼；3.大鳞大马哈鱼；4.大西洋鲑；5.虹鳟；6.蓝腮太阳鱼；7.美洲红点鲑；8.尼罗罗非鱼；9.青鳉；10.亚东鳟；11.银鲑
	1 种浮游动物	1.大型溞；2.短尾秀体溞；3.多刺裸腹溞；4.棘爪网纹溞；5.锯顶低额溞；6.老年低额溞；7.模糊网纹溞；8.圆形盘肠溞；9.蚤状溞	1.大型溞；2.模糊网纹溞；3.蚤状溞
	1 种底栖动物	1.澳洲淡水龙虾；2. 斑点叉尾鮰；3.萼花臂尾轮虫；4.端足类钩虾；5.光滑爪蟾；6.霍甫水丝蚓；7.褐水螅；8.夹杂带丝蚓；9.静水椎实螺；10.克氏原螯虾；11.绿水螅；12.普通水螅；13.三角帆蚌；14.苏氏尾鳃蚓；15.无褶螺；16.仙女虫；17.摇蚊幼虫；18. 原螯虾；19.蚤状钩虾；20.正颤蚓；21.中华大蟾蜍；22.中华新米虾	1.无褶螺；2.蜻蜓幼虫
	1 种水生植物	1.浮萍	1.尖头栅藻；2.近头状伪蹄形藻；3.莱茵衣藻；4.小球藻
毒性数据	无限制可靠	0	4 条
	限制可靠	277 条	63 条
	不可靠	0	0
	不确定	0	0

附录17　淡水水生生物水质基准技术报告——氨氮
（2020年版）（节选）

1　概述

氨氮对水生生物毒性效应明显，是我国地表水环境质量标准（GB 3838—2002）的基本项目之一，也是我国水环境主要污染物排放总量控制的约束性指标之一[1]。《淡水水生生物水质基准—氨氮》（2020年版）是在我国氨氮水质基准前期研究的基础上[2-8]，依据《淡水水生生物水质基准制定技术指南》（HJ 831—2017）制定，反映现阶段水环境中氨氮对95%的中国淡水水生生物及其生态功能不产生有害效应的最大浓度，可为制修订相关水生态环境质量标准、预防和控制氨氮对水生生物及生态系统的危害提供科学依据。

基准推导过程中，共纳入3694篇中英文文献、4330条毒性数据库数据和5条实验室自测毒性数据，经质量评价后303条数据为无限制可靠数据和限制性可靠数据，可用于基准推导，涉及61种淡水水生生物，基本涵盖了青鱼、草鱼、鲢鱼和鳙鱼等我国淡水水生生物优势种。本基准推导依据我国地表水质状况等将水体温度分为6个等级，将水体pH值分为12个等级，组成72组水质条件。在对急性毒性值（ATV）、慢性毒性值（CTV）进行水体温度和水体pH值校正后，基于物种敏感度分布法分别推导得到72组水质条件下的短期水质基准（SWQC）和长期水质基准（LWQC），用总氨氮浓度表示，单位为mg/L，保留两位有效数字。

2　国内外研究进展

环境水质基准研究中氨的表征形式有非离子氨、总氨和（总）氨氮等，三者可以相互转换。国内外氨的环境水质基准研究进展对比见表1。美国是较早开始水质基准研究的国家，1976年，基于评价因子法，美国首次发布了总氨的国家环境水质基准（由非离子氨基准换算而得），继而根据最新科学进展分别于1985年、1999年和2013年基于毒性百分数排序法进行了修订，氨的环境水质基准形式也由非离子氨和/或总氨逐渐转变为氨氮。继美国之后，加拿大、澳大利亚和新西兰也都分别基于物种敏感度分布法制定颁布了本国氨的环境水质基准（多以总氨或氨氮表示）。

由于水质基准推导方法、物种使用和表征形式的差异，不同国家甚至同一国家在不同时期制定的氨的水质基准也存在较大差异（表2）。以美国为例：

1976年，美国发现非离子氨对不同鱼类的致死浓度在0.2~2.0 mg/L范围内，其中虹鳟最敏感，利用评价因子法（取评价因子为10）推导得到保护水生生物的非离子氨水质基准为0.02 mg/L，继而根据非离子氨在氨的水溶液中的百分比推导出不同水体温度和pH值条件下的总氨基准。

1986年，美国在修订氨的环境水质基准时，进一步丰富了氨的毒性数据，短期基准推导纳入了 48 个物种的急性毒性数据，长期基准推导纳入了 11 个物种的慢性毒性数据，采用毒性百分数排序法推导了总氨环境水质基准。

1999 年，美国修订氨的环境水质基准时，开始以氨氮的形式表示氨的基准，慢性毒性数据增至 14 个物种，并基于当时的科学认知，考虑了水体 pH 值对氨氮短期基准的影响，长期水质基准则同时考虑了水体温度和水体 pH 值的影响。

鉴于后续研究发现贝类对氨氮具有高敏感性，美国于 2013 年修订氨氮环境水质基准时，短期基准推导纳入了 100 个物种的急性毒性数据，长期基准推导纳入了 21 个物种的慢性毒性数据，氨氮基准值也发生了相应改变。

除美国外，未见各国制定氨的短期水质基准。

表 1　国内外氨的环境水质基准研究进展

内容	发达国家	中国
基准推导方法	主要包括评价因子法、物种敏感度分布法、毒性百分数排序法	对评价因子法、物种敏感度分布法、毒性百分数排序法均进行了研究，并在 HJ 831—2017 中确定使用物种敏感度分布法
物种来源	本土物种、引进物种、国际通用物种	本土物种、国际通用且在中国水体中广泛分布的物种、引进物种
物种选择	基于不同国家生物区系的差异，各个国家物种选择要求不同。例如：美国要求物种不少于 3 门 8 科；加拿大要求 3 种及以上鱼类、3 种及以上水生或半水生无脊椎动物	依据 HJ 831—2017，基准推导至少需要 5 个淡水水生生物物种，覆盖 3 个营养级
毒性测试方法	参照采用国际标准化组织、经济合作与发展组织等规定的水生生物毒性测试方法；部分发达国家采用本国制订的水生生物毒性测试方法	参照采用国际标准化组织、经济合作与发展组织等规定的水生生物毒性测试方法；采用国家标准方法
相关毒性数据库	生态毒性数据库（ECOTOX）http://cfpub.epa.gov/ecotox/） PAN 农药行动网络（http://www.pesticideinfo.org/）	中国知识基础设施工程、万方知识服务平台、维普网等文献数据库。无生态毒性数据库

3　氨氮化合物的环境问题

3.1　理化性质

自然界中氨的来源包括有机废料的分解、大气气体交换、森林火灾、动物粪便、生物群落释放以及生物固氮过程。工业生产中，氨可在高温高压下由甲烷与氮气反应生成。氨可以通过人为活动以及固氮和动物排泄等自然来源进入水环境。

氨氮是指水中以非离子氨（NH_3）和铵离子（NH_4^+）形式存在的氮。氨氮主要的化合物形式有氯化铵、硫酸铵、磷酸铵、碳酸氢铵、磷酸氢二铵、磷酸二氢铵、硝酸铵、碳酸铵和氢氧化铵等，本报告中氨氮化合物的可靠数据绝大部分来自氯化铵，个别数据来自硫酸铵、碳酸氢铵和磷酸氢二铵，这 4 种化合物的理化性质见表 3。

表2 淡水水生生物氨氮水质基准

国家	制修订时间	基准类别	物种数（个）	水体温度范围（℃）	水体 pH 值范围	水质基准（mg/L）		推导方法	发布部门
						基准范围	基线水质条件（20℃ 和 pH 7.0/pH 7.0）下基准		
美国	1976 年	LWQC	不详	5~30（同隔 5）	6.0~10.0（同隔 0.5）	0.022~160（总氨）	5.1（总氨）	评价因子法	美国环境保护局
	1986 年	SWQC	48	0~30（同隔 5）	6.50~9.00（同隔 0.25）	0.58~35（总氨）	23（总氨）		
	1986 年	LWQC	11	0~30（同隔 5）	6.50~9.00（同隔 0.25）	0.094~3.0（总氨）	1.49（总氨）		
	1999 年	SWQC	48	未考虑	6.5~9.0（同隔 0.1）	0.885~32.6（氨氮）	24.1（氨氮）	毒性百分数排序法	
	1999 年	LWQC	14	0~30（同隔 2）	6.5~9.0（同隔 0.1）	0.179~6.67（氨氮）	4.15（氨氮）		
	2013 年	SWQC	100	0~30（同隔 1）	6.5~9.0（同隔 0.1）	0.27~33（氨氮）	17（氨氮）		
	2013 年	LWQC	21	0~30（同隔 1）	6.5~9.0（同隔 0.1）	0.08~4.9（氨氮）	1.9（氨氮）		
加拿大	2010 年	LWQC	7	0~30（同隔 5）	6.0~10.0（同隔 0.5）	0.021~231（总氨）	4.82（总氨）	物种敏感度分布法	加拿大环境部长理事会
澳大利亚	2000 年	LWQC	不详	未考虑	6.0~9.0（同隔 0.1）	0.18~2.57（氨氮）	2.18（氨氮）	物种敏感度分布法	澳大利亚和新西兰环境保护委员会、农业与资源管理委员会
新西兰	2000 年	LWQC	不详	未考虑	6.0~9.0（同隔 0.1）	0.18~2.57（氨氮）	2.18（氨氮）	物种敏感度分布法	澳大利亚和新西兰环境保护委员会、农业与资源管理委员会
中国	2020 年	SWQC	53	5~30（同隔 5）	6.0~9.0（同隔 0.2 或 0.5）	0.36~18（氨氮）	12（氨氮）	物种敏感度分布法	中华人民共和国生态环境部
	2020 年	LWQC	16	5~30（同隔 5）	6.0~9.0（同隔 0.2 或 0.5）	0.065~2.1（氨氮）	1.5（氨氮）	物种敏感度分布法	中华人民共和国生态环境部

表 3　部分氨氮化合物的理化性质

物质名称	氯化铵	硫酸铵	碳酸氢铵	磷酸氢二铵
分子式	NH_4Cl	$(NH_4)_2SO_4$	NH_4HCO_3	$(NH_4)_2HPO_4$
CAS 号	12125-02-9	7783-20-2	1066-33-7	7783-28-0
EINECS 号	235-186-4	231-984-1	213-911-5	231-987-8
UN 编号	9085	无	9081	无
熔点（℃）	340	280	105	155
沸点（℃）	520	330（760 mm Hg）	169.8	158（760 mm Hg）
溶解性	易溶于水	较易溶于水	易溶于水	易溶于水
用途	电镀、染织、铸造、植绒、氮肥等	焊药、防火剂、电镀浴添加剂等	氮肥、食品发酵剂、膨胀剂等	阻燃剂、水质软化剂、肥料等

3.2　氨氮对淡水水生生物的毒性

3.2.1　毒性效应

氨氮不具有持久性和生物富集性，其对水生生物的毒性效应主要包括导致鳃组织增殖和损伤[9]、血液携氧能力下降[10]、肝脏正常代谢功能被破坏[11, 12]以及其他氧化应激损伤[13]等。

3.2.2　急性毒性

基于急性毒性效应测试终点不同，急性毒性值（ATV）包括半数致死浓度（LC_{50}）、半数效应浓度（EC_{50}）和半数抑制效应浓度（IC_{50}）。本报告筛选获得的 ATV 都是 LC_{50}，推导种平均急性值（SMAV）时，均以 LC_{50} 作为 ATV 计算 SMAV。

3.2.3　慢性毒性

慢性毒性值（CTV）包括无观察效应浓度（NOEC）、最低观察效应浓度（LOEC）、无观察效应水平（NOEL）、最低观察效应水平（LOEL）和最大允许浓度（MATC）。MATC 是 NOEC 和 LOEC（或 NOEL 和 LOEL）的几何平均值。本基准推导种平均慢性值（SMCV）时，以基于生长和生殖毒性等效应指标获得的 MATC 作为 CTV 计算 SMCV。

3.3　水质参数对氨氮毒性的影响

水质参数包括温度、pH 值、硬度、盐度和有机碳等，是影响水质基准的重要因素，其中盐度对氨氮生物毒性的影响主要在海洋氨氮水质基准制定中考虑。研究显示，水体温度和水体 pH 值能显著影响氨氮溶液中铵离子和非离子氨之间的化学平衡，是影响氨氮对淡水水生生物毒性的主要因素，基于这种化学平衡可以计算出非离子氨在氨氮溶液中的百分比，水温和 pH 值越高则非离子氨比例越大（表 4）。非离子氨是中性分子，更容易扩散穿过细胞膜，对水生生物的毒性远高于铵离子，随着水温和 pH 值的升高，氨氮的生物毒性也随之增强。

2018 年全国地表水 1698 个国控断面水质监测的水体温度和水体 pH 值分布见表 5 和表 6。我国现行地表水 I 类至 V 类的 pH 值标准范围均为 6～9。综合考虑断面占比相对平均分布以及地表水 pH 值标准范围和氨氮基准的变化规律，本基准推导将水体温度分为 5℃、10℃、15℃、20℃、25℃和 30℃共 6 个等级，将水体 pH 值分为 6.0、6.5、7.0、

7.2、7.4、7.6、7.8、8.0、8.2、8.4、8.6 和 9.0 共 12 个等级，组合成 72 组水质条件，分别计算氨氮的 SWQC 及 LWQC。氨氮基准推导过程中需要基于水体温度和水体 pH 值对毒性数据进行校正，由于在极端水质条件下校正容易产生偏差，不推导水体温度超出 5℃～30℃、水体 pH 值超出 6.0～9.0 范围的氨氮基准。

表 4 氨氮溶液中非离子氨的百分比（%）[14]

水体温度（℃）	水体 pH 值								
	6.0	6.5	7.0	7.5	8.0	8.5	9.0	9.5	10.0
5	0.0125	0.0395	0.125	0.394	1.23	3.80	11.1	28.3	55.6
10	0.0186	0.0586	0.186	0.586	1.83	5.56	15.7	37.1	65.1
15	0.0274	0.0865	0.274	0.859	2.67	7.97	21.5	46.4	73.3
20	0.0397	0.125	0.396	1.24	3.82	11.2	28.4	55.7	79.9
25	0.0569	0.180	0.566	1.77	5.38	15.3	36.3	64.3	85.1
30	0.0805	0.254	0.799	2.48	7.46	20.3	44.6	71.8	89.0

表 5 2018 年全国地表水体国控断面水体温度分布

水体温度（℃）	断面占比（%）			
	春季	夏季	秋季	冬季
<5	5.76	0.89	1.18	36.6
5～	12.7	1.12	4.12	24.9
10～	18.4	2.18	17.0	26.7
15～	45.4	8.37	22.4	10.5
20～	16.1	23.8	45.2	1.30
25～	1.64	54.8	10.1	0.00
≥30	0.00	8.84	0.00	0.00
合计	100	100	100	100

表 6 2018 年全国地表水体国控断面水体 pH 值分布

水体 pH 值	断面占比（%）			
	春季	夏季	秋季	冬季
<6.5	3.65	4.71	4.59	10.1
6.5～	8.13	3.94	4.53	2.71
7.0～	4.48	5.95	4.35	6.01
7.2～	5.89	9.24	7.3	6.83
7.4～	8.66	13.4	10.8	7.36
7.6～	12.9	17.1	14.8	12.7
7.8～	16.3	15.9	16.3	16.4
8.0～	16.8	11.8	17.1	18.2

续表

水体 pH 值	断面占比（%）			
	春季	夏季	秋季	冬季
8.2～	12.4	9.94	12.7	12.1
8.4～	7.72	4.72	5.18	6.18
≥8.6	3.07	3.30	2.35	1.41
合计	100	100	100	100

4　资料检索和数据筛选

4.1　数据需求

本基准制定所需数据类型包括化合物类型、物种类型、毒性数据、水体温度和水体 pH 值等，各类型数据的具体指标见表 7。

表 7　毒性数据检索要求

数据类型	关注指标
化合物	氯化铵、硫酸铵、磷酸铵、碳酸氢铵、磷酸氢二铵、磷酸二氢铵、硝酸铵、碳酸铵、氢氧化铵
化合物形态	化合物、非离子氨、总氨、总氨氮
物种类型	本土物种、国际通用且在中国水体中广泛分布的物种、引进物种
物种名称	中文名称、拉丁文名称
实验物种生命阶段	幼体、成体等
暴露方式	流水暴露、半静态暴露、静态暴露
暴露时间	以天或小时计
ATV	LC_{50}、EC_{50}、IC_{50}
CTV	NOEC、LOEC、NOEL、LOEL、MATC
毒性效应	致死效应、生殖毒性效应、活动抑制效应等
水质参数	水体温度和水体 pH 值

4.2　资料检索

本基准制定使用的数据来自英文毒性数据库和中英文文献数据库。英文毒性数据库和中英文文献数据库纳入和剔除原则见表 8；在数据库筛选的基础上进行氨氮毒性数据检索，检索方案见表 9，检索结果见表 10。

表 8　数据库纳入和剔除原则

数据库类型	纳入条件	剔除原则	符合条件的数据库名称
毒性数据库	1）包含表 7 列出的数据类型和关注指标； 2）数据条目可溯源，且包括题目、作者、期刊名、期刊号等信息	1）剔除不包含毒性测试方法的数据库； 2）剔除不包含实验条件的数据库	ECOTOX

续表

数据库类型	纳入条件	剔除原则	符合条件的数据库名称
文献数据库	1）包含表 7 列出的数据类别和关注指标； 2）包含中文核心期刊或科学引文索引核心期刊； 3）包含属于原创性的研究报告	1）剔除综述性论文数据库； 2）剔除理论方法学论文数据库	1）中国知识基础设施工程； 2）万方知识服务平台； 3）维普网； 4）WOS

表 9　毒性数据和文献检索方案

数据类别	数据库名称	检索时间	检索式	
			急性毒性	慢性毒性
毒性数据	ECOTOX	截至 2019 年 7 月 1 日之前数据库覆盖年限	化合物名称：ammonium chloride 或 ammonium carbonate 或 ammonium sulphate 或 ammonium phosphate 或 diammonium phosphate 或 ammonium dihydrogen phosphate 或 ammonium nitrate 或 ammonium bicarbonate 或 ammonium hydroxide； 暴露介质：freshwater； 毒性效应测试终点：EC_{50} 或 LC_{50} 或 IC_{50}	化合物名称：ammonium chloride 或 ammonium carbonate 或 ammonium sulphate 或 ammonium phosphate 或 diammonium phosphate 或 ammonium dihydrogen phosphate 或 ammonium nitrate 或 ammonium bicarbonate 或 ammonium hydroxide； 暴露介质：freshwater； 毒性效应测试终点：NOEC 或 LOEC 或 NOEL 或 LOEL 或 MATC
文献检索	中国知识基础设施工程；万方知识服务平台；维普网	截至 2019 年 7 月 1 日之前数据库覆盖年限	题名：氨或铵； 主题：毒性； 期刊来源类别：核心期刊	题名：氨或铵； 主题：毒性； 期刊来源类别：核心期刊
	WOS	截至 2019 年 7 月 1 日之前数据库覆盖年限	题名： ammonium chloride 或 ammonium carbonate 或 ammonium sulphate 或 ammonium phosphate 或 diammonium phosphate 或 ammonium dihydrogen phosphate 或 ammonium nitrate 或 ammonium bicarbonate 或 ammonium hydroxide 或 ammonia nitrogen 或 ammonia； 主题：toxicity 或 ecotoxicity 或 EC_{50} 或 LC_{50} 或 IC_{50}	题名： ammonium chloride 或 ammonium carbonate 或 ammonium sulphate 或 ammonium phosphate 或 diammonium phosphate 或 ammonium dihydrogen phosphate 或 ammonium nitrate 或 ammonium bicarbonate 或 ammonium hydroxide 或 ammonia nitrogen 或 ammonia； 主题： toxicity 或 ecotoxicity 或 NOEC 或 LOEC 或 NOEL 或 LOEL 或 MATC

表 10　毒性数据和文献检索结果

数据库类型	数据类型	数据或文献量	合计
毒性数据库	急性毒性	2258 条	4330 条
	慢性毒性	2072 条	
文献数据库	急性毒性	2453 篇	3694 篇[*]
	慢性毒性	2216 篇	

*急性和慢性的部分文献有重复。

4.3 文献数据筛选

4.3.1 筛选方法

依据 HJ 831—2017 对检索获得的数据（表 10）进行筛选，筛选方法见表 11。数据筛选时，采用两组研究人员分别独立完成，筛选过程中若两组人员对数据存在歧义，则提交编制组统一讨论或组织专家咨询后决策。

表 11　数据筛选方法

内容	筛选原则
物种筛选	1）中国本土物种依据《中国动物志》[15]、《中国大百科全书》[16]、《中国生物物种名录》[17]进行筛选； 2）国际通用物种依据 HJ 831-2017 附录 B 进行筛选； 3）引进物种依据《中国外来入侵生物》[18]进行筛选
毒性数据筛选	1）纳入受试物种在适宜生长条件下测得的毒性数据，剔除溶解氧、总有机碳含量不符合要求的数据； 2）纳入实验用水为标准稀释水或曝气自来水的毒性数据，剔除使用蒸馏水或去离子水获得的毒性数据； 3）剔除未设置对照组实验的毒性数据，剔除对照组（含空白对照组、助溶剂对照组）生物出现胁迫、疾病和死亡的比例超过 10%的数据； 4）优先采用流水式实验获得的毒性数据，其次采用半静态或静态实验获得的毒性数据； 5）剔除以单细胞动物作为受试物种的实验数据； 6）同一物种的同一毒性效应测试终点实验数据相差 10 倍以上时，剔除离群值
暴露时间	1）急性毒性：暴露时间大于等于 1 天且小于等于 4 天； 2）慢性毒性：暴露时间大于等于 21 天；实验暴露时间至少跨越 1 个世代或生命敏感阶段
毒性效应测试终点	1）急性毒性：LC_{50}、基于活动抑制效应的 EC_{50}、IC_{50}； 2）慢性毒性：基于生长和繁殖毒性效应终点的 NOEC、LOEC、NOEL、LOEL、MATC
水质参数	1）水体温度； 2）水体 pH 值

4.3.2 筛选结果

依据表 11 所示数据筛选方法对检索所得数据进行筛选，共获得数据 670 条，筛选结果见表 12。经可靠性评价，共有 298 条文献毒性数据可用于基准推导（表 13），其中：急性毒性数据 256 条（附录 A），慢性毒性数据 42 条（附录 B）。这 298 条数据共涉及60 个物种（表 14），其中：中国本土物种 43 个、引进物种 14 个、国际通用且在中国水体中广泛分布的物种 3 个。大部分物种都是我国本土淡水常见种，少数物种分布在我国部分区域，如史氏鲟、辽宁棒花鱼、白斑狗鱼、亚东鲑、昆明裂腹鱼、细鳞大马哈鱼、三刺鱼、印度囊鳃鲇和稀有鮈鲫等。稀有鮈鲫是我国特有鱼类，也是我国化学品环境管理中指定的生态毒性测试受试生物，具有重要的生态学意义和应用价值，其他鱼类也大都具有重要价值，考虑到我国水质基准研制的阶段性，将这些区域性分布物种纳入基准计算。

获得的动物急性毒性数据终点均为 LC_{50}（附录 A），获得的动物慢性毒性数据终点有 NOEC、LOEC 和 MATC（附录 B）。植物毒性数据的急、慢性分类规则尚不明确。氨氮对水生植物的毒性数据相对缺乏，本报告筛选获得了 4 条用于基准推导的水生植物毒性数据，包括 1 条浮萍毒性数据（附录 A 第 259 条）、1 条固氮鱼腥藻毒性数据（附录 B 第 40 条）和 2 条铜绿微囊藻毒性数据（附录 B 第 41 条和第 42 条）。其中浮萍毒性数据暴露时间为 5 天，纳入短期基准计算；固氮鱼腥藻和铜绿微囊藻毒性数据终点为 EC_{50}，暴露时间为 4 天，跨越了至少一个世代，纳入长期基准计算。

表 12 数据筛选结果

数据库	毒性数据类型	总数据量（条）	剔除数据（条）						剩余数据（条）
			重复	无关	无温度和pH值	暴露时间不符	化合物不符	物种不符	
毒性数据库	ATV	2258	1	146	129	756	517	380	329
	CTV	2072	0	70	31	1521	192	151	107
中文文献数据库	ATV	1017	0	798	2	2	0	96	119
	CTV	989	0	965	0	0	0	6	18
英文文献数据库	ATV	1516	11	1272	0	15	0	152	66
	CTV	1255	2	1084	0	20	0	118	31
合计		9107	14	4335	162	2314	709	903	670

表 13 数据可靠性评价及分布

数据可靠性	评价原则	毒性数据（条）		合计（条）
		急性	慢性	
无限制可靠	数据来自良好实验室规范（GLP）体系，或数据产生过程符合实验准则（参照 HJ 831—2017 相关要求）	10	0	10
限制可靠	数据产生过程不完全符合实验准则，但发表在核心期刊或有充足的证据证明数据可用	246	42	288
不可靠	数据产生过程与实验准则有冲突或矛盾，没有充足证据证明数据可用，实验过程不能令人信服或不被同行评议专家接受	253	114	367
不确定	没有提供足够的实验细节，无法判断数据可靠性	5	0	5
合计		514	156	670

表 14 可靠性数据涉及的物种分布

数据类型	物种类型	物种数量（种）	物种名称	合计（种）
急性毒性	本土物种	37	1.河蚬；2.中国鲈；3.史氏鲟；4.翘嘴鳜；5.鲢鱼；6.辽宁棒花鱼；7.中华鲟；8.鳙鱼；9.麦穗鱼；10.夹杂带丝蚓；11.青鱼；12.普栉鰕虎鱼；13.黄颡鱼；14.白斑狗鱼；15.日本沼虾；16.草鱼；17.细鳞大马哈鱼；18.昆明裂腹鱼；19.老年低额溞；20.鲤鱼；21.英勇剑水蚤；22.中华绒螯蟹；23.棘胸蛙；24.稀有鮈鲫；25.霍甫水丝蚓；26.中华小长臂虾；27.鲫鱼；28.团头鲂；29.黄鳝；30.大刺鳅；31.中国林蛙；32.蒙古裸腹溞；33.泥鳅；34.克氏瘤丽星介；35.中华大蟾蜍；36.溪流摇蚊；37.中华圆田螺	53

续表

数据类型	物种类型	物种数量（种）	物种名称	合计（种）
急性毒性	国际通用且在中国水体中广泛分布的物种	3	1.大型溞；2.模糊网纹溞；3.浮萍	53
	引进物种	13	1.尼罗罗非鱼；2.大口黑鲈；3.麦瑞加拉鲮鱼；4.蓝鳃太阳鲈；5.条纹鲈；6.加州鲈；7.斑点叉尾鮰；8.莫桑比克罗非鱼；9.溪红点鲑；10.罗氏沼虾；11.欧洲鳗鲡；12.红螯螯虾；13.虹鳟	
慢性毒性	本土物种	9	1.静水椎实螺；2.短钝溞；3.草鱼；4.同形溞；5.拟同形溞；6.溪流摇蚊；7.鲤鱼；8.固氮鱼腥藻；9.铜绿微囊藻	15
	国际通用且在中国水体中广泛分布的物种	1	1.大型溞	
	引进物种	5	1.银鲈；2.斑点叉尾鮰；3.蓝鳃太阳鲈；4.尼罗罗非鱼；5.虹鳟	

4.4　实验室自测氨氮毒性数据

鲤科鱼类是我国淡水鱼类的优势类群。本报告参考国家标准测试方法[19]，利用本土代表性鲤科鱼类，草鱼、鲫鱼和鲤鱼开展了氨氮急性毒性测试，获取了氨氮对草鱼、鲤鱼和鲫鱼的 96 h-LC$_{50}$（附录 A 第 185 条、第 220 条和第 246 条）。氨氮的慢性毒性数据相对缺乏，本报告参考国家标准测试方法[19]，利用本土代表性淡水虾类，中华锯齿米虾开展了氨氮慢性毒性测试。获取了氨氮对中华锯齿米虾 21 天慢性实验的 NOEC 和 LOEC（附录 B 第 43 条和第 44 条）。测试实验报告见附录 C。

4.5　基准推导涉及的物种及毒性数据分布

短期水质基准推导物种及毒性数据分布情况见表 15，长期水质基准推导物种及毒性数据分布情况见表 16。

表 15　短期水质基准推导涉及的物种及毒性数据分布

序号	物种名称	毒性数据（条）	物种类型	序号	物种名称	毒性数据（条）	物种类型
1	霍甫水丝蚓	6	本土物种	10	稀有鮈鲫	2	本土物种
2	黄颡鱼	5		11	鲫鱼	2	
3	鲤鱼	3		12	泥鳅	2	
4	河蚬	3		13	中华绒螯蟹	2	
5	老年低额溞	3		14	溪流摇蚊	2	
6	史氏鲟	2		15	细鳞大马哈鱼	1	
7	翘嘴鲌	2		16	鲢鱼	1	
8	白斑狗鱼	2		17	辽宁棒花鱼	1	
9	草鱼	2		18	中华鲟	1	

续表

序号	物种名称	毒性数据（条）	物种类型	序号	物种名称	毒性数据（条）	物种类型
19	鳙鱼	1		37	克氏瘤丽星介	1	本土物种
20	麦穗鱼	1		38	模糊网纹溞	7	国际通用且在中国水体中广泛分布的物种
21	青鱼	1		39	大型溞	2	
22	普栉鰕虎鱼	1		40	浮萍	1	
23	大刺鳅	1		41	虹鳟	133	
24	中国鲈	1		42	斑点叉尾鮰	19	
25	昆明裂腹鱼	1		43	蓝鳃太阳鲈	18	
26	团头鲂	1		44	红螯螯虾	4	
27	黄鳝	1		45	罗氏沼虾	3	
28	棘胸蛙	1	本土物种	46	麦瑞加拉鲮鱼	2	
29	中国林蛙	1		47	溪红点鲑	2	引进物种
30	中华大蟾蜍	1		48	大口黑鲈	2	
31	中华小长臂虾	1		49	尼罗罗非鱼	1	
32	日本沼虾	1		50	条纹鲈	1	
33	中华圆田螺	1		51	加州鲈	1	
34	英勇剑水蚤	1		52	莫桑比克罗非鱼	1	
35	蒙古裸腹溞	1		53	欧洲鳗鲡	1	
36	夹杂带丝蚓	1					

表 16　长期水质基准推导涉及的物种及毒性数据分布

序号	物种名称	毒性数据（条）	物种类型	序号	物种名称	毒性数据（条）	物种类型
1	草鱼	2		9	鲤鱼	1	本土物种
2	中华锯齿米虾	2		10	固氮鱼腥藻	1	
3	静水椎实螺	2	本土物种	11	大型溞	4	国际通用且在中国水体中广泛分布的物种
4	短钝溞	2		12	尼罗罗非鱼	8	
5	同形溞	2		13	虹鳟	5	
6	拟同形溞	2		14	银鲈	4	引进物种
7	溪流摇蚊	2		15	蓝鳃太阳鲈	3	
8	铜绿微囊藻	2		16	斑点叉尾鮰	2	

5　基准推导

5.1　推导方法

5.1.1　水体温度和水体 pH 值校正

5.1.1.1　非离子氨毒性值转换

文献资料中常以不同的化合物形态表示氨氮毒性值，本报告获得的氨氮毒性值均以非离子氨或总氨氮形式表示（附录 A 和附录 B）。在对毒性值进行水体温度和水体 pH 值校正之前，利用公式 1（根据文献[20-22]建立）先将以非离子氨形态表示的毒性值转换为总氨氮。

$$V_{TAN} = \left(V_{UIA} + \frac{V_{UIA}}{10^{pH-0.09018-\frac{2729.92}{273.2+t}}} \right) \times \frac{14}{17} \tag{1}$$

式中：V_{TAN}——以总氨氮表示的急性或慢性毒性值，μg/L；

V_{UIA}——以非离子氨表示的急性或慢性毒性值，μg/L；

pH——水体 pH 值，无量纲；

t——水体温度，℃。

5.1.1.2 基线水质条件下毒性数据校正

数据校正时首先设定一个基线水质条件，根据地表水的水质状况和水生生物生存的适宜条件，设定水体温度和水体 pH 值的基线水质条件为 20℃和 pH 7.0。

依据现有研究结果[20-22]，分三种情况对以总氨氮形式表示的淡水生物毒性值进行水体温度和水体 pH 值校正，将任一水体温度和水体 pH 值下的毒性值校正到基线水质条件下：

（1）**脊椎动物**。利用公式 2 将急性毒性数据校正至 pH 7.0，利用公式 3 将慢性毒性数据校正至 pH 7.0。

$$ATV_{pH=7} = \frac{ATV_{pH}}{\dfrac{0.0114}{1+10^{7.204-pH}} + \dfrac{1.6181}{1+10^{pH-7.204}}} \tag{2}$$

$$CTV_{pH=7} = \frac{CTV_{pH}}{\dfrac{0.0278}{1+10^{7.688-pH}} + \dfrac{1.1994}{1+10^{pH-7.688}}} \tag{3}$$

式中：$ATV_{pH=7}$——水体 pH 值校正后脊椎动物急性毒性值，μg/L；

$CTV_{pH=7}$——水体 pH 值校正后脊椎动物慢性毒性值，μg/L；

ATV_{pH}——水体 pH 值校正前脊椎动物急性毒性值，见附录 A，μg/L；

CTV_{pH}——水体 pH 值校正前脊椎动物慢性毒性值，见附录 B，μg/L；

pH——水体 pH 值校正前 ATV_{pH} 或 CTV_{pH} 对应水体 pH 值，见附录 A 和附录 B，无量纲。

（2）**无脊椎动物**。利用公式 4 将急性毒性数据校正至 20℃和 pH 7.0，利用公式 5 将慢性毒性数据校正至 20℃和 pH 7.0。

$$ATV_{t=20,pH=7} = \frac{ATV_{t,pH}}{\left(\dfrac{0.0114}{1+10^{7.204-pH}} + \dfrac{1.6181}{1+10^{pH-7.204}}\right) \times 10^{0.036(20-t)}} \tag{4}$$

$$CTV_{t=20,pH=7} = \frac{CTV_{t,pH}}{\left(\dfrac{0.0278}{1+10^{7.688-pH}} + \dfrac{1.1994}{1+10^{pH-7.688}}\right) \times 10^{0.028(20-t)}} \tag{5}$$

式中：$ATV_{t=20,pH=7}$——水体温度和水体 pH 值校正后无脊椎动物急性毒性值，μg/L；

　　　　$CTV_{t=20,pH=7}$——水体温度和水体 pH 值校正后无脊椎动物慢性毒性值，μg/L；

　　　　$ATV_{t,pH}$——水体温度和水体 pH 值校正前无脊椎动物急性毒性值，见附录 A，μg/L；

　　　　$CTV_{t,pH}$——水体温度和水体 pH 值校正前无脊椎动物慢性毒性值，见附录 B，μg/L；

　　　　pH——水体 pH 值校正前 $ATV_{t,pH}$ 或 $CTV_{t,pH}$ 对应水体 pH 值，见附录 A 和附录 B，无量纲；

　　　　t——水体温度校正前 $ATV_{t,pH}$ 或 $CTV_{t,pH}$ 对应水体温度，见附录 A 和附录 B，℃。

（3）水生植物。国内外均无氨氮对植物的毒性数据校正的研究基础，不进行校正，直接采用。

5.1.2 基线水质条件下种平均急/慢性值计算

5.1.2.1 毒性数据使用

（1）急性毒性数据。本报告获得的急性毒性数据均为 LC_{50}，计算 SMAV 时，直接作为 ATV 纳入计算。

（2）慢性毒性数据。本报告获得的动物慢性毒性数据包括 NOEC、LOEC 和 MATC 三种形式，计算 SMCV 时，用公式 6 分物种计算获得 MATC，再统一将 MATC 作为 CTV 纳入计算；慢性毒性数据中，有 1 条虹鳟毒性数据只有 NOEC（附录 B 第 26 条），还有 3 条植物数据只有 EC_{50}（附录 B 第 40 条到第 42 条），均直接作为 CTV 使用。

$$MATC_i = \sqrt{NOEC_i \times LOEC_i} \tag{6}$$

式中：MATC——最大允许浓度，μg/L；

　　　　NOEC——无观察效应浓度，μg/L；

　　　　LOEC——最低观察效应浓度，μg/L；

　　　　i——某一物种，无量纲。

5.1.2.2 种平均急/慢性值计算

（1）脊椎动物。利用公式 7 和公式 8，分物种计算 SMAV 和 SMCV。

$$SMAV_{pH=7,i} = \sqrt[m]{(ATV_{pH=7})_{i,1} \times (ATV_{pH=7})_{i,2} \times \cdots \times (ATV_{pH=7})_{i,m}} \tag{7}$$

$$SMCV_{pH=7,i} = \sqrt[n]{(CTV_{pH=7})_{i,1} \times (CTV_{pH=7})_{i,2} \times \cdots \times (CTV_{pH=7})_{i,n}} \tag{8}$$

式中：$SMAV_{pH=7}$——基线水质条件下（pH = 7）脊椎动物种平均急性值，μg/L；

　　　　$SMCV_{pH=7}$——基线水质条件下（pH = 7）脊椎动物种平均慢性值，μg/L；

　　　　$ATV_{pH=7}$——基线水质条件下（pH = 7）脊椎动物急性毒性值，μg/L；

　　　　$CTV_{pH=7}$——基线水质条件下（pH = 7）脊椎动物慢性毒性值，μg/L；

　　　　m——物种 i 的 ATV 个数，个；

　　　　n——物种 i 的 CTV 个数，个；

　　　　i——某一物种，无量纲。

（2）无脊椎动物。利用公式 9 和公式 10，分物种计算 SMAV 和 SMCV。

$$SMAV_{t=20,pH=7,i} = \sqrt[m]{(ATV_{t=20,pH=7})_{i,1} \times (ATV_{t=20,pH=7})_{i,2} \times \cdots \times (ATV_{t=20,pH=7})_{i,m}} \tag{9}$$

$$SMCV_{t=20,pH=7,i} = \sqrt[n]{(CTV_{t=20,pH=7})_{i,1} \times (CTV_{t=20,pH=7})_{i,2} \times \cdots \times (CTV_{t=20,pH=7})_{i,n}} \tag{10}$$

式中：$\text{SMAV}_{t=20,\text{pH}=7}$——基线水质条件下（$t=20℃$，$\text{pH}=7$）无脊椎动物种平均急性值，μg/L；

$\quad\quad\text{SMCV}_{t=20,\text{pH}=7}$——基线水质条件下（$t=20℃$，$\text{pH}=7$）无脊椎动物种平均慢性值，μg/L；

$\quad\quad\text{ATV}_{t=20,\text{pH}=7}$——基线水质条件下（$t=20℃$，$\text{pH}=7$）无脊椎动物急性毒性值，μg/L；

$\quad\quad\text{CTV}_{t=20,\text{pH}=7}$——基线水质条件下（$t=20℃$，$\text{pH}=7$）无脊椎动物慢性毒性值，μg/L；

$\quad\quad m$——物种 i 的 ATV 个数，个；

$\quad\quad n$——物种 i 的 CTV 个数，个；

$\quad\quad i$——某一物种，无量纲。

（3）水生植物。利用公式 11 和公式 12，分物种计算 SMAV 和 SMCV。

$$(\text{SMAV}_p)_i = \sqrt[m]{(\text{ATV}_p)_{i,1} \times (\text{ATV}_p)_{i,2} \times \cdots \times (\text{ATV}_p)_{i,m}} \tag{11}$$

$$(\text{SMCV}_p)_i = \sqrt[n]{(\text{CTV}_p)_{i,1} \times (\text{CTV}_p)_{i,2} \times \cdots \times (\text{CTV}_p)_{i,n}} \tag{12}$$

式中：SMAV_p——基线水质条件下水生植物种平均急性值，μg/L；

$\quad\quad\text{SMCV}_p$——基线水质条件下水生植物种平均慢性值，μg/L；

$\quad\quad\text{ATV}_p$——任一水质条件下水生植物急性毒性值，μg/L；

$\quad\quad\text{CTV}_p$——任一水质条件下水生植物慢性毒性值，μg/L；

$\quad\quad m$——物种 i 的 ATV 个数，个；

$\quad\quad n$——物种 i 的 CTV 个数，个；

$\quad\quad i$——某一物种，无量纲。

5.1.3 种平均急/慢性值外推

将基线水质条件下的 SMAV 和 SMCV 按以下三种情况外推至其他 71 组水质条件（见 "3.3 水质参数对氨氮毒性的影响"）下：

（1）脊椎动物。利用公式 13 和公式 14 进行外推。

$$(\text{SMAV}_e)_{\text{pH},i} = \text{SMAV}_{\text{pH}=7,i} \times \left(\frac{0.0114}{1+10^{7.204-\text{pH}}} + \frac{1.6181}{1+10^{\text{pH}-7.204}} \right) \tag{13}$$

$$(\text{SMCV}_e)_{\text{pH},i} = \text{SMCV}_{\text{pH}=7,i} \times \left(\frac{0.0278}{1+10^{7.688-\text{pH}}} + \frac{1.1994}{1+10^{\text{pH}-7.688}} \right) \tag{14}$$

式中：$(\text{SMAV}_e)_{\text{pH}}$——外推后任一水体 pH 值下脊椎动物种平均急性值，μg/L；

$\quad\quad(\text{SMCV}_e)_{\text{pH}}$——外推后任一水体 pH 值下脊椎动物种平均慢性值，μg/L；

$\quad\quad\text{SMAV}_{\text{pH}=7}$——基线水质条件下（$\text{pH}=7$）脊椎动物种平均急性值，μg/L；

$\quad\quad\text{SMCV}_{\text{pH}=7}$——基线水质条件下（$\text{pH}=7$）脊椎动物种平均慢性值，μg/L；

$\quad\quad$pH——水体 pH 值，取值分别为 6.0、6.5、7.0、7.2、7.4、7.6、7.8、8.0、8.2、8.4、8.6 和 9.0，无量纲；

$\quad\quad i$——某一物种，无量纲。

（2）无脊椎动物。利用公式 15 和公式 16 进行外推。

$$(\text{SMAV}_e)_{t,\text{pH},i} = \text{SMAV}_{t=20,\text{pH}=7,i} \times \left(\frac{0.0114}{1+10^{7.204-\text{pH}}} + \frac{1.6181}{1+10^{\text{pH}-7.204}} \right) \times 10^{0.036(20-t)} \tag{15}$$

$$(\text{SMCV}_e)_{t,\text{pH},i} = \text{SMCV}_{t=20,\text{pH}=7,i} \times \left(\frac{0.0278}{1+10^{7.688-\text{pH}}} + \frac{1.1994}{1+10^{\text{pH}-7.688}} \right) \times 10^{0.028(20-t)} \quad （16）$$

式中：$(\text{SMAV}_e)_{t,\text{pH}}$—外推后任一水体温度和水体 pH 值下无脊椎动物种平均急性值，μg/L；

$(\text{SMCV}_e)_{t,\text{pH}}$—外推后任一水体温度和水体 pH 值下无脊椎动物种平均慢性值，μg/L；

$\text{SMAV}_{t=20,\text{pH}=7}$—基线水质条件下（$t=20℃$，$\text{pH}=7$）无脊椎动物种平均急性值，μg/L；

$\text{SMCV}_{t=20,\text{pH}=7}$—基线水质条件下（$t=20℃$，$\text{pH}=7$）无脊椎动物种平均慢性值，μg/L；

pH—水体 pH 值，取值分别为 6.0、6.5、7.0、7.2、7.4、7.6、7.8、8.0、8.2、8.4、8.6 和 9.0，无量纲；

t—水体温度，取值分别为 5、10、15、20、25 和 30，℃；

i—某一物种，无量纲。

（3）水生植物。利用公式 17 和公式 18 进行外推。

$$(\text{SMAV}_e)_i = (\text{SMAV}_p)_i \quad （17）$$

$$(\text{SMCV}_e)_i = (\text{SMCV}_p)_i \quad （18）$$

式中：SMAV_e—外推后任一水质条件下水生植物种平均急性值，μg/L；

SMCV_e—外推后任一水质条件下水生植物种平均慢性值，μg/L；

SMAV_p—基线水质条件下水生植物种平均急性值，μg/L；

SMCV_p—基线水质条件下水生植物种平均慢性值，μg/L；

i—某一物种，无量纲。

5.1.4 毒性数据分布检验

对获得的 72 组水质条件（见"3.3 水质参数对氨氮毒性的影响"）下所有物种的 SMAV 和 SMCV 分别进行正态分布检验（K-S 检验），若不符合正态分布，则对数据进行转换后重新检验。对符合正态分布的数据按照"5.1.6 模型拟合与评价"要求进行物种敏感度分布（SSD）模型拟合。

5.1.5 累积频率计算

将上述 72 组水质条件下 SMAV 和 SMCV 或其对数值分别从小到大进行排序，确定其秩次 R（最小毒性值的秩次为 1，次之秩次为 2，依次排列，如果有两个或两个以上物种的毒性值相同，则将其任意排成连续秩次，每个秩次下物种数为 1），分别计算物种的累积频率 F_R，计算方法见公式 19：

$$F_R = \frac{\sum_1^R f}{\sum f + 1} \times 100\% \quad （19）$$

式中：F_R—累积频率，%；

f—频数，指毒性值秩次 R 对应的物种数，个。

5.1.6 模型拟合与评价

分别以通过正态分布检验的 72 组水质条件下 SMAV 和 SMCV 或其转换数据作为模型拟合时的自变量 X，以对应的累积频率 F_R 为因变量 Y，进行 SSD 模型拟合（包括：正态分布模型、对数正态分布模型、逻辑斯谛分布模型和对数逻辑斯谛分布模型），依据模型拟合的决定系数（r^2）、均方根（RMSE）、残差平方和（SSE）以及 K-S 检验结果，结合专业判断，分别确定 72 组水质条件下 SMAV 或 SMCV 的最优拟合模型。

5.1.7 基准的确定

5.1.7.1 物种危害浓度 HC_x

依据 "5.1.6 模型拟合与评价" 确定的 72 组水质条件下最优拟合模型拟合的 SSD 曲线，分别确定累积频率为 5%、10%、25%、50%、75%、90% 和 95% 所对应的 X 值（SMAV 和 SMCV 或其转换的数据形式），将 X 值还原为数据转换前的形式，即为急性/慢性 5%、10%、25%、50%、75%、90%、95% 物种危害浓度 HC_5、HC_{10}、HC_{25}、HC_{50}、HC_{75}、HC_{90}、HC_{95}。

5.1.7.2 基准值

急性/慢性 HC_5 分别除以评估因子 2（根据 HJ 831—2017，f 大于 15 且涵盖足够营养级，评估因子取值为 2）后，即为淡水水生生物 SWQC 和 LWQC。

5.1.8 SSD 模型拟合软件

本次基准推导采用的 SSD 模型拟合软件为 MATLAB R2017b（MathWorks）。

5.1.9 结果表达

数据修约按照《数值修约规则与极限数值的表示和判定》（GB/T 8170—2008）进行。由于对数正态和对数逻辑斯谛两种模型拟合需要 lg(SMAV) 和 lg(SMCV) 均为正值，基准推导过程中的氨氮毒性值计量单位均以 μg/L 表示，最终氨氮基准计量单位以 mg/L 表示，结果保留两位有效数字。

5.2 推导结果

5.2.1 短期水质基准

5.2.1.1 总氨氮毒性与基线水质条件下的 ATV

对附录 A 中的每条氨氮急性毒性数据分别进行总氨氮毒性值的转换和水体温度和/或水体 pH 值校正，得到校正前的总氨氮毒性值以及基线水质条件下 ATV 校正值一并列于附录 A。

5.2.1.2 基线水质条件下 SMAV

将基线水质条件下 ATV（附录 A）分别代入公式 7、公式 9 和公式 11，得到基线水质条件下各物种的 SMAV（表 17）。

表 17 基线水质条件下的氨氮 SMAV

物种	SMAV($\times 10^3$, μg/L)	物种	SMAV($\times 10^3$, μg/L)	物种	SMAV($\times 10^3$, μg/L)
河蚬	10.80	白斑狗鱼	84.05	棘胸蛙	202.11
中国鲈	15.62	蓝鳃太阳鲈	84.46	稀有鮈鲫	220.40
史氏鲟	25.78	条纹鲈	90.27	霍甫水丝蚓	263.55
翘嘴鲌	28.87	日本沼虾	91.51	欧洲鳗鲡	276.97
浮萍	33.40	大型溞	95.94	红螯螯虾	296.56
鲢鱼	34.99	草鱼	98.92	中华小长臂虾	317.86
辽宁棒花鱼	36.25	加州鲈	105.03	鲫鱼	343.71
中华鲟	44.64	斑点叉尾鲴	121.85	团头鲂	362.97

物种	SMAV(×10³, μg/L)	物种	SMAV(×10³, μg/L)	物种	SMAV(×10³, μg/L)
鳙鱼	48.00	模糊网纹溞	125.43	黄鳝	387.47
麦穗鱼	54.42	细鳞大马哈鱼	135.42	大刺鳅	395.00
尼罗罗非鱼	56.34	昆明裂腹鱼	136.26	克氏瘤丽星介	687.29
夹杂带丝蚓	56.87	老年低额溞	141.16	中国林蛙	691.00
大口黑鲈	57.03	鲤鱼	141.58	蒙古裸腹溞	693.08
青鱼	57.19	中华绒螯蟹	143.25	泥鳅	722.10
麦瑞加拉鲮鱼	58.18	英勇剑水蚤	162.20	中华大蟾蜍	817.00
普栉鰕虎鱼	61.52	莫桑比克罗非鱼	176.29	溪流摇蚊	855.30
黄颡鱼	81.42	溪红点鲑	176.58	中华圆田螺	2052.13
虹鳟	83.17	罗氏沼虾	179.67		

5.2.1.3 非基线水质条件下 SMAV

依据公式 13、公式 15 和公式 17，分别将基线水质条件下各物种 SMAV 外推至其他 71 组水质条件下，结果见附录 D。

5.2.1.4 毒性数据分布检验

对 72 组水质条件下 SMAV 和 lg(SMAV)（附录 D）分别进行正态分布检验，结果见表 18 至表 23。SMAV 不符合正态分布，lg(SMAV)符合正态分布，满足 SSD 模型拟合要求。

5.2.1.5 累积频率

利用公式 19，分别计算 72 组水质条件下 SMAV（附录 D）的物种急性累积频率 F_R，结果见附录 D。

5.2.1.6 模型拟合与评价

模型拟合结果见表 24 至表 29。通过 r^2、RMSE、SSE 和 p 值（K-S 检验）的比较，72 组水质条件下都是对数正态分布模型 SSD 曲线拟合最优，拟合结果见图 1～图 6。

5.2.1.7 短期物种危害浓度

采用对数正态分布模型推导的 HC_5、HC_{10}、HC_{25}、HC_{50}、HC_{75}、HC_{90} 和 HC_{95} 见表 30。

5.2.1.8 短期水质基准

表 30 中 72 组水质条件下 HC_5 除以评估因子 2，即为 72 组水质条件下短期水质基准（表 31），表示对 95%的中国淡水水生生物及其生态功能不产生急性有害效应的水体中氨氮最大浓度（以任何 1 小时的算术平均浓度计）。

表18　急性毒性数据的正态性检验结果（5℃）

水体pH值	数据类别	百分位数							算术平均值	标准差	峰度	偏度	p值（K-S检验）
		P5	P10	P25	P50	P75	P90	P95					
6.0	SMAV（×10³，μg/L）	37.51	54.08	87.89	268.6	751.2	1634	3918	803.1	1684	24.97	4.61	0.00002
	lg(SMAV，μg/L)	4.573	4.733	4.944	5.429	5.876	6.213	6.591	5.458	0.5993	-0.27	0.45	0.95627
6.5	SMAV（×10³，μg/L）	34.43	48.02	78.04	238.5	667.1	1451	3480	713.2	1495	24.97	4.61	0.00002
	lg(SMAV，μg/L)	4.537	4.681	4.892	5.377	5.824	6.161	6.539	5.407	0.5977	-0.27	0.46	0.93892
7.0	SMAV（×10³，μg/L）	27.94	35.50	57.69	176.3	493.1	1073	2572	527.3	1105	24.98	4.61	0.00002
	lg(SMAV，μg/L)	4.446	4.550	4.761	5.246	5.693	6.030	6.408	5.279	0.5943	-0.26	0.48	0.89691
7.2	SMAV（×10³，μg/L）	22.87	30.06	47.21	144.3	403.6	877.9	2105	431.7	904.3	24.98	4.61	0.00002
	lg(SMAV，μg/L)	4.359	4.478	4.674	5.159	5.606	5.943	6.321	5.193	0.5923	-0.25	0.49	0.87079
7.4	SMAV（×10³，μg/L）	17.79	23.38	36.72	112.2	313.8	682.7	1637	335.9	703.2	24.99	4.61	0.00002
	lg(SMAV，μg/L)	4.249	4.369	4.565	5.050	5.497	5.834	6.212	5.086	0.5901	-0.23	0.49	0.84002
7.6	SMAV（×10³，μg/L）	13.19	17.33	28.24	83.20	232.7	506.2	1214	249.2	521.3	25.00	4.61	0.00002
	lg(SMAV，μg/L)	4.120	4.239	4.451	4.920	5.367	5.704	6.082	4.959	0.5880	-0.21	0.49	0.80637
7.8	SMAV（×10³，μg/L）	9.398	12.35	20.13	59.29	165.8	360.8	865.0	177.8	371.5	25.01	4.61	0.00002
	lg(SMAV，μg/L)	3.972	4.092	4.304	4.773	5.220	5.557	5.935	4.814	0.5862	-0.19	0.49	0.79633
8.0	SMAV（×10³，μg/L）	6.510	8.556	13.94	41.07	114.9	249.9	599.2	123.3	257.2	25.03	4.61	0.00002
	lg(SMAV，μg/L)	3.813	3.932	4.144	4.614	5.060	5.397	5.775	4.658	0.5851	-0.18	0.48	0.94396
8.2	SMAV（×10³，μg/L）	4.434	5.829	9.498	28.02	78.25	170.2	408.1	84.21	175.1	25.05	4.62	0.00002
	lg(SMAV，μg/L)	3.646	3.766	3.977	4.447	4.893	5.231	5.609	4.494	0.5848	-0.18	0.46	1.00000
8.4	SMAV（×10³，μg/L）	3.006	3.952	6.439	19.00	53.05	115.4	276.7	57.30	118.7	25.06	4.62	0.00003
	lg(SMAV，μg/L)	3.477	3.597	3.809	4.279	4.725	5.062	5.440	4.329	0.5854	-0.20	0.44	0.98876
8.6	SMAV（×10³，μg/L）	2.053	2.698	4.397	12.97	36.22	78.80	188.9	39.32	81.02	25.05	4.61	0.00003
	lg(SMAV，μg/L)	3.312	3.431	3.643	4.113	4.559	4.896	5.274	4.166	0.5869	-0.24	0.43	0.96678
9.0	SMAV（×10³，μg/L）	1.025	1.348	2.196	6.480	19.43	39.36	94.38	19.96	40.51	24.78	4.58	0.00003
	lg(SMAV，μg/L)	3.010	3.130	3.342	3.812	4.288	4.595	4.973	3.870	0.5919	-0.33	0.41	0.94024

表 19　急性毒性数据的正态性检验结果 （10℃）

水体 pH 值	数据类别	百分位数							算术平均值	标准差	峰度	偏度	p 值（K-S 检验）
		P5	P10	P25	P50	P75	P90	P95					
6.0	SMAV (×10³, µg/L)	36.41	47.71	87.89	214.8	578.2	1191	2589	594.3	1109	24.18	4.49	0.00008
	lg(SMAV, µg/L)	4.561	4.677	4.944	5.332	5.762	6.075	6.411	5.404	0.5502	-0.23	0.36	1.00000
6.5	SMAV (×10³, µg/L)	33.45	42.37	78.04	190.7	513.5	1057	2299	527.8	984.7	24.18	4.49	0.00008
	lg(SMAV, µg/L)	4.524	4.625	4.892	5.280	5.710	6.023	6.359	5.353	0.5486	-0.23	0.37	1.00000
7.0	SMAV (×10³, µg/L)	25.47	34.04	57.69	141.0	379.5	781.5	1699	390.3	727.8	24.19	4.49	0.00008
	lg(SMAV, µg/L)	4.406	4.532	4.761	5.149	5.579	5.892	6.228	5.224	0.5451	-0.22	0.40	1.00000
7.2	SMAV (×10³, µg/L)	20.84	29.05	47.21	115.4	310.6	639.6	1391	319.6	595.6	24.20	4.49	0.00008
	lg(SMAV, µg/L)	4.319	4.463	4.674	5.062	5.492	5.805	6.141	5.139	0.5431	-0.21	0.40	1.00000
7.4	SMAV (×10³, µg/L)	16.21	22.59	36.72	89.73	241.6	497.4	1082	248.6	463.1	24.21	4.49	0.00008
	lg(SMAV, µg/L)	4.210	4.354	4.565	4.953	5.383	5.696	6.032	5.032	0.5409	-0.19	0.41	1.00000
7.6	SMAV (×10³, µg/L)	12.02	16.75	28.24	66.53	179.1	368.8	801.9	184.5	343.3	24.22	4.49	0.00008
	lg(SMAV, µg/L)	4.080	4.224	4.451	4.823	5.253	5.566	5.902	4.904	0.5388	-0.16	0.41	1.00000
7.8	SMAV (×10³, µg/L)	8.566	11.94	20.13	47.42	127.7	262.8	571.5	131.7	244.6	24.24	4.50	0.00008
	lg(SMAV, µg/L)	3.933	4.077	4.304	4.676	5.106	5.419	5.755	4.760	0.5372	-0.14	0.40	1.00000
8.0	SMAV (×10³, µg/L)	5.933	8.269	13.94	33.40	88.41	182.1	395.9	91.41	169.3	24.27	4.50	0.00009
	lg(SMAV, µg/L)	3.773	3.917	4.144	4.524	4.946	5.260	5.595	4.603	0.5363	-0.13	0.39	1.00000
8.2	SMAV (×10³, µg/L)	4.042	5.633	9.498	27.98	60.23	124.0	269.7	62.47	115.3	24.29	4.50	0.00009
	lg(SMAV, µg/L)	3.606	3.751	3.977	4.447	4.780	5.093	5.429	4.440	0.5363	-0.14	0.37	1.00000
8.4	SMAV (×10³, µg/L)	2.740	3.819	6.439	18.97	40.83	84.08	182.8	42.55	78.13	24.30	4.50	0.00008
	lg(SMAV, µg/L)	3.438	3.582	3.809	4.278	4.611	4.924	5.260	4.274	0.5373	-0.17	0.35	1.00000
8.6	SMAV (×10³, µg/L)	1.871	2.607	4.397	12.95	28.74	57.41	124.8	29.26	53.34	24.23	4.49	0.00011
	lg(SMAV, µg/L)	3.272	3.416	3.643	4.112	4.458	4.758	5.094	4.112	0.5393	-0.21	0.34	1.00000
9.0	SMAV (×10³, µg/L)	0.9346	1.302	2.196	6.469	14.36	32.03	62.35	14.93	26.77	23.51	4.40	0.00013
	lg(SMAV, µg/L)	2.971	3.115	3.342	3.811	4.157	4.505	4.793	3.816	0.5453	-0.30	0.33	1.00000

表 20　急性毒性数据的正态性检验结果（15℃）

水体pH值	数据类别	百分位数							算术平均值	标准差	峰度	偏度	p 值（K-S检验）
		P5	P10	P25	P50	P75	P90	P95					
6.0	SMAV (×10³, μg/L)	30.85	47.71	87.89	211.0	538.0	1187	1710	456.4	739.8	21.61	4.16	0.00038
	lg(SMAV, μg/L)	4.486	4.677	4.944	5.324	5.731	6.074	6.231	5.349	0.5101	-0.20	0.27	1.00000
6.5	SMAV (×10³, μg/L)	30.01	42.37	78.04	187.4	477.7	1054	1519	405.3	656.9	21.61	4.16	0.00038
	lg(SMAV, μg/L)	4.470	4.625	4.892	5.273	5.679	6.022	6.179	5.299	0.5085	-0.20	0.28	1.00000
7.0	SMAV (×10³, μg/L)	22.95	34.04	57.69	138.5	353.1	779.1	1123	299.8	485.5	21.63	4.16	0.00038
	lg(SMAV, μg/L)	4.352	4.532	4.761	5.141	5.548	5.891	6.048	5.170	0.5050	-0.19	0.30	1.00000
7.2	SMAV (×10³, μg/L)	18.78	29.05	47.21	113.4	289.0	637.6	918.9	245.5	397.3	21.64	4.16	0.00038
	lg(SMAV, μg/L)	4.265	4.463	4.674	5.054	5.461	5.804	5.961	5.085	0.5030	-0.17	0.31	1.00000
7.4	SMAV (×10³, μg/L)	14.61	22.59	36.72	88.16	224.8	495.8	714.6	191.0	308.9	21.65	4.17	0.00039
	lg(SMAV, μg/L)	4.156	4.354	4.565	4.945	5.352	5.695	5.852	4.977	0.5009	-0.15	0.32	1.00000
7.6	SMAV (×10³, μg/L)	10.83	16.75	28.24	65.36	166.6	367.6	529.8	141.8	228.9	21.67	4.17	0.00040
	lg(SMAV, μg/L)	4.026	4.224	4.451	4.815	5.222	5.565	5.722	4.850	0.4989	-0.12	0.31	1.00000
7.8	SMAV (×10³, μg/L)	7.719	11.94	20.13	46.59	118.8	262.0	377.6	101.2	163.1	21.70	4.17	0.00041
	lg(SMAV, μg/L)	3.879	4.077	4.304	4.668	5.075	5.418	5.575	4.706	0.4975	-0.09	0.30	1.00000
8.0	SMAV (×10³, μg/L)	5.346	8.269	13.94	32.84	82.26	181.5	261.5	70.32	112.9	21.74	4.18	0.00043
	lg(SMAV, μg/L)	3.719	3.917	4.144	4.516	4.915	5.258	5.415	4.549	0.4968	-0.08	0.29	1.00000
8.2	SMAV (×10³, μg/L)	3.642	5.633	9.498	22.37	56.04	123.6	178.2	48.10	76.84	21.76	4.18	0.00045
	lg(SMAV, μg/L)	3.552	3.751	3.977	4.350	4.748	5.091	5.249	4.386	0.4972	-0.10	0.27	1.00000
8.4	SMAV (×10³, μg/L)	2.469	3.819	6.439	15.17	37.99	83.82	120.8	32.81	52.07	21.72	4.17	0.00049
	lg(SMAV, μg/L)	3.384	3.582	3.809	4.181	4.580	4.923	5.080	4.220	0.4986	-0.14	0.25	1.00000
8.6	SMAV (×10³, μg/L)	1.686	2.607	4.397	10.36	27.56	57.23	82.47	22.61	35.59	21.53	4.14	0.00055
	lg(SMAV, μg/L)	3.218	3.416	3.643	4.015	4.440	4.757	4.914	4.057	0.5011	-0.19	0.24	1.00000
9.0	SMAV (×10³, μg/L)	0.8422	1.302	2.196	5.173	13.77	32.03	41.20	11.61	18.02	19.97	3.96	0.00066
	lg(SMAV, μg/L)	2.917	3.115	3.342	3.714	4.139	4.505	4.613	3.762	0.5081	-0.27	0.25	1.00000

表 21　急性毒性数据的正态性检验结果 (20℃)

水体 pH 值	数据类别	百分位数							算术平均值	标准差	峰度	偏度	p 值（K-S 检验）
		P5	P10	P25	P50	P75	P90	P95					
6.0	SMAV (×10³, μg/L)	30.52	47.71	87.01	191.1	436.9	1055	1262	365.3	511.1	16.00	3.50	0.00201
	lg(SMAV, μg/L)	4.480	4.677	4.940	5.281	5.640	6.023	6.101	5.295	0.4812	-0.14	0.17	1.00000
6.5	SMAV (×10³, μg/L)	29.72	42.37	77.26	169.7	388.0	936.5	1121	324.4	453.8	16.01	3.50	0.00198
	lg(SMAV, μg/L)	4.464	4.625	4.888	5.230	5.589	5.972	6.049	5.244	0.4797	-0.13	0.18	1.00000
7.0	SMAV (×10³, μg/L)	22.73	34.04	57.11	125.4	286.8	692.2	828.5	240.0	335.3	16.03	3.50	0.00193
	lg(SMAV, μg/L)	4.346	4.532	4.757	5.098	5.457	5.840	5.918	5.116	0.4762	-0.11	0.20	1.00000
7.2	SMAV (×10³, μg/L)	18.60	29.05	46.74	102.7	234.7	566.6	678.1	196.5	274.4	16.04	3.50	0.00186
	lg(SMAV, μg/L)	4.259	4.463	4.670	5.011	5.370	5.753	5.831	5.030	0.4743	-0.09	0.21	1.00000
7.4	SMAV (×10³, μg/L)	14.47	22.59	36.35	79.83	182.5	440.6	527.3	153.0	213.3	16.06	3.51	0.00175
	lg(SMAV, μg/L)	4.150	4.354	4.561	4.902	5.261	5.644	5.722	4.923	0.4723	-0.06	0.21	0.97823
7.6	SMAV (×10³, μg/L)	10.73	16.75	27.22	59.19	135.3	326.7	391.0	113.6	158.0	16.09	3.51	0.00286
	lg(SMAV, μg/L)	4.020	4.224	4.435	4.772	5.131	5.514	5.592	4.796	0.4705	-0.02	0.20	1.00000
7.8	SMAV (×10³, μg/L)	7.646	11.94	19.40	42.19	96.45	232.8	278.7	81.13	112.6	16.12	3.52	0.00331
	lg(SMAV, μg/L)	3.873	4.077	4.288	4.625	4.984	5.367	5.445	4.651	0.4693	0.00	0.19	1.00000
8.0	SMAV (×10³, μg/L)	5.296	8.269	13.44	31.55	66.81	161.3	193.0	56.38	77.89	16.15	3.52	0.00340
	lg(SMAV, μg/L)	3.713	3.917	4.128	4.499	4.825	5.208	5.285	4.495	0.4690	0.01	0.17	1.00000
8.2	SMAV (×10³, μg/L)	3.607	5.633	9.154	21.49	45.51	109.9	131.5	38.61	53.02	16.15	3.52	0.00232
	lg(SMAV, μg/L)	3.547	3.751	3.962	4.332	4.658	5.041	5.119	4.331	0.4697	-0.02	0.15	1.00000
8.4	SMAV (×10³, μg/L)	2.446	3.819	6.206	14.57	32.65	74.48	89.14	26.38	35.95	16.05	3.49	0.00201
	lg(SMAV, μg/L)	3.378	3.582	3.793	4.163	4.514	4.872	4.950	4.166	0.4716	-0.07	0.14	1.00000
8.6	SMAV (×10³, μg/L)	1.670	2.607	4.238	9.948	22.57	50.85	60.86	18.21	24.63	15.67	3.44	0.00198
	lg(SMAV, μg/L)	3.212	3.416	3.627	3.998	4.353	4.706	4.784	4.003	0.4746	-0.12	0.13	1.00000
9.0	SMAV (×10³, μg/L)	0.8342	1.302	2.117	4.969	11.27	26.07	31.99	9.412	12.71	13.32	3.18	0.00193
	lg(SMAV, μg/L)	2.911	3.115	3.326	3.696	4.052	4.416	4.505	3.707	0.4827	-0.18	0.16	1.00000

表 22　急性毒性数据的正态性检验结果（25℃）

水体 pH 值	数据类别	百分位数							算术平均值	标准差	峰度	偏度	p 值（K-S 检验）
		P5	P10	P25	P50	P75	P90	P95					
6.0	SMAV (×10³, μg/L)	30.52	47.71	87.01	150.79	327.88	795.64	1144	305.1	379.6	8.60	2.65	0.00335
	lg(SMAV, μg/L)	4.480	4.677	4.940	5.178	5.516	5.898	6.058	5.241	0.4657	0.02	0.07	1.00000
6.5	SMAV (×10³, μg/L)	29.72	42.37	77.26	133.90	291.15	706.51	1015	271.0	337.1	8.60	2.65	0.00334
	lg(SMAV, μg/L)	4.464	4.625	4.888	5.127	5.464	5.847	6.006	5.190	0.4643	0.03	0.08	1.00000
7.0	SMAV (×10³, μg/L)	22.73	34.04	57.11	98.97	215.21	522.24	750.6	200.4	249.0	8.62	2.66	0.00329
	lg(SMAV, μg/L)	4.346	4.532	4.757	4.996	5.333	5.716	5.875	5.061	0.4610	0.07	0.09	1.00000
7.2	SMAV (×10³, μg/L)	18.60	29.05	46.74	81.00	176.13	427.41	614.3	164.2	203.7	8.63	2.66	0.00326
	lg(SMAV, μg/L)	4.259	4.463	4.670	4.908	5.246	5.629	5.788	4.976	0.4592	0.10	0.10	1.00000
7.4	SMAV (×10³, μg/L)	14.47	22.59	36.35	62.99	136.97	332.39	477.7	127.8	158.3	8.64	2.66	0.00320
	lg(SMAV, μg/L)	4.150	4.354	4.561	4.799	5.137	5.519	5.678	4.869	0.4574	0.13	0.10	1.00000
7.6	SMAV (×10³, μg/L)	10.73	16.75	27.22	46.71	101.56	246.45	354.2	94.93	117.3	8.66	2.66	0.00311
	lg(SMAV, μg/L)	4.020	4.224	4.435	4.669	5.007	5.389	5.549	4.741	0.4558	0.17	0.09	0.96718
7.8	SMAV (×10³, μg/L)	7.646	11.94	19.40	33.40	72.38	175.64	252.4	67.84	83.52	8.69	2.67	0.00297
	lg(SMAV, μg/L)	3.873	4.077	4.288	4.524	4.860	5.242	5.401	4.597	0.4549	0.19	0.07	0.92518
8.0	SMAV (×10³, μg/L)	5.296	8.269	13.44	24.47	50.13	121.66	174.9	47.18	57.79	8.70	2.67	0.00277
	lg(SMAV, μg/L)	3.713	3.917	4.128	4.389	4.700	5.083	5.242	4.440	0.4550	0.19	0.05	1.00000
8.2	SMAV (×10³, μg/L)	3.607	5.633	9.154	16.67	34.19	82.87	119.1	32.34	39.34	8.67	2.65	0.00249
	lg(SMAV, μg/L)	3.547	3.751	3.962	4.222	4.534	4.916	5.075	4.277	0.4561	0.16	0.03	1.00000
8.4	SMAV (×10³, μg/L)	2.446	3.819	6.206	11.30	26.76	56.18	80.75	22.13	26.72	8.50	2.62	0.00570
	lg(SMAV, μg/L)	3.378	3.582	3.793	4.053	4.425	4.747	4.906	4.111	0.4585	0.10	0.02	1.00000
8.6	SMAV (×10³, μg/L)	1.670	2.607	4.2377	7.716	18.27	38.36	55.14	15.31	18.39	8.04	2.54	0.00452
	lg(SMAV, μg/L)	3.212	3.416	3.627	3.887	4.259	4.582	4.741	3.949	0.4619	0.04	0.02	1.00000
9.0	SMAV (×10³, μg/L)	0.8342	1.302	2.117	3.854	9.126	23.51	31.01	7.962	9.770	6.28	2.36	0.00214
	lg(SMAV, μg/L)	2.911	3.115	3.326	3.586	3.957	4.369	4.491	3.653	0.4709	0.01	0.08	1.00000

表 23　急性毒性数据的正态性检验结果（30℃）

水体 pH 值	数据类别	百分位数							算术平均值	标准差	峰度	偏度	p 值（K-S 检验）
		P5	P10	P25	P50	P75	P90	P95					
6.0	SMAV (×10³, μg/L)	30.52	41.16	83.17	128.7	321.9	597.2	1144	265.3	313.3	4.30	2.14	0.00106
	lg(SMAV, μg/L)	4.480	4.614	4.920	5.110	5.507	5.776	6.058	5.186	0.4649	0.28	-0.03	1.00000
6.5	SMAV (×10³, μg/L)	29.72	36.55	73.85	114.3	285.8	530.3	1015	235.6	278.2	4.30	2.14	0.00105
	lg(SMAV, μg/L)	4.464	4.562	4.868	5.058	5.456	5.725	6.006	5.136	0.4636	0.30	-0.02	1.00000
7.0	SMAV (×10³, μg/L)	22.06	30.68	54.59	84.46	211.3	392.0	750.6	174.3	205.5	4.31	2.15	0.00103
	lg(SMAV, μg/L)	4.335	4.486	4.737	4.927	5.324	5.593	5.875	5.007	0.4606	0.35	-0.02	0.98805
7.2	SMAV (×10³, μg/L)	18.06	25.63	44.68	69.13	172.9	320.8	614.3	142.8	168.1	4.32	2.15	0.00101
	lg(SMAV, μg/L)	4.248	4.407	4.650	4.840	5.237	5.506	5.788	4.922	0.4590	0.38	-0.02	0.96005
7.4	SMAV (×10³, μg/L)	14.04	19.93	34.74	53.76	134.5	249.5	477.7	111.2	130.7	4.33	2.15	0.00099
	lg(SMAV, μg/L)	4.138	4.298	4.541	4.730	5.128	5.397	5.678	4.814	0.4574	0.42	-0.02	0.92619
7.6	SMAV (×10³, μg/L)	10.41	14.78	26.21	39.86	99.70	185.0	354.2	82.61	96.78	4.34	2.15	0.00094
	lg(SMAV, μg/L)	4.008	4.168	4.418	4.601	4.998	5.267	5.549	4.687	0.4562	0.46	-0.04	0.88791
7.8	SMAV (×10³, μg/L)	7.421	10.53	18.68	30.36	71.05	131.8	252.4	59.05	68.89	4.35	2.15	0.00089
	lg(SMAV, μg/L)	3.861	4.021	4.271	4.482	4.851	5.120	5.401	4.543	0.4556	0.48	-0.05	0.91339
8.0	SMAV (×10³, μg/L)	5.140	7.296	12.94	21.03	49.21	91.32	174.9	41.10	47.67	4.34	2.15	0.00105
	lg(SMAV, μg/L)	3.702	3.861	4.112	4.323	4.692	4.961	5.242	4.386	0.4560	0.47	-0.07	0.97233
8.2	SMAV (×10³, μg/L)	3.501	4.970	8.815	14.33	34.19	62.21	119.1	28.20	32.47	4.28	2.13	0.00205
	lg(SMAV, μg/L)	3.535	3.694	3.945	4.156	4.534	4.794	5.075	4.223	0.4575	0.42	-0.09	1.00000
8.4	SMAV (×10³, μg/L)	2.374	3.369	5.976	9.712	26.76	42.17	80.75	19.32	22.10	4.09	2.08	0.00170
	lg(SMAV, μg/L)	3.366	3.526	3.776	3.987	4.425	4.625	4.906	4.057	0.4603	0.36	-0.09	1.00000
8.6	SMAV (×10³, μg/L)	1.621	2.301	4.081	6.631	18.27	31.65	55.14	13.39	15.29	3.67	2.00	0.00135
	lg(SMAV, μg/L)	3.201	3.360	3.611	3.822	4.259	4.499	4.741	3.894	0.4640	0.30	-0.08	1.00000
9.0	SMAV (×10³, μg/L)	0.8096	1.149	2.038	3.313	9.126	21.01	30.85	7.004	8.367	3.43	2.02	0.00085
	lg(SMAV, μg/L)	2.899	3.058	3.309	3.520	3.957	4.307	4.489	3.599	0.4737	0.28	-0.01	0.91050

表 24　短期水质基准模型拟合结果（5℃）

水体 pH 值	拟合模型*	r^2	RMSE	SSE	p 值（K-S 检验）
6.0	正态分布模型	0.9856	0.0340	0.0613	0.8553
	对数正态分布模型	0.9884	0.0305	0.0494	0.9207
	逻辑斯谛分布模型	0.9834	0.0365	0.0708	0.8894
	对数逻辑斯谛分布模型	0.9841	0.0358	0.0678	0.8617
6.5	正态分布模型	0.9850	0.0347	0.0637	0.8449
	对数正态分布模型	0.9879	0.0312	0.0514	0.9107
	逻辑斯谛分布模型	0.9829	0.0370	0.0726	0.8839
	对数逻辑斯谛分布模型	0.9836	0.0362	0.0696	0.8590
7.0	正态分布模型	0.9836	0.0362	0.0696	0.8184
	对数正态分布模型	0.9867	0.0326	0.0564	0.8846
	逻辑斯谛分布模型	0.9818	0.0382	0.0774	0.8680
	对数逻辑斯谛分布模型	0.9826	0.0374	0.0742	0.8538
7.2	正态分布模型	0.9829	0.0371	0.0728	0.8009
	对数正态分布模型	0.9862	0.0333	0.0588	0.8674
	逻辑斯谛分布模型	0.9812	0.0389	0.0800	0.8557
	对数逻辑斯谛分布模型	0.9820	0.0380	0.0766	0.8522
7.4	正态分布模型	0.9821	0.0379	0.0762	0.7794
	对数正态分布模型	0.9856	0.0340	0.0612	0.8464
	逻辑斯谛分布模型	0.9805	0.0396	0.0830	0.8379
	对数逻辑斯谛分布模型	0.9814	0.0386	0.0791	0.8315
7.6	正态分布模型	0.9825	0.0374	0.0742	0.7549
	对数正态分布模型	0.9865	0.0330	0.0576	0.8664
	逻辑斯谛分布模型	0.9811	0.0390	0.0805	0.8133
	对数逻辑斯谛分布模型	0.9822	0.0378	0.0757	0.8528
7.8	正态分布模型	0.9837	0.0361	0.0692	0.7474
	对数正态分布模型	0.9878	0.0313	0.0518	0.8981
	逻辑斯谛分布模型	0.9824	0.0376	0.0750	0.8256
	对数逻辑斯谛分布模型	0.9836	0.0363	0.0697	0.8705
8.0	正态分布模型	0.9857	0.0338	0.0606	0.8480
	对数正态分布模型	0.9896	0.0289	0.0442	0.9493
	逻辑斯谛分布模型	0.9844	0.0354	0.0665	0.9311
	对数逻辑斯谛分布模型	0.9854	0.0342	0.0619	0.8905
8.2	正态分布模型	0.9871	0.0322	0.0549	0.8886
	对数正态分布模型	0.9902	0.0280	0.0416	0.9404
	逻辑斯谛分布模型	0.9853	0.0344	0.0625	0.9089
	对数逻辑斯谛分布模型	0.9858	0.0337	0.0603	0.9078

水体 pH 值	拟合模型*	r^2	RMSE	SSE	p 值（K-S 检验）
8.4	正态分布模型	0.9866	0.0328	0.0569	0.8737
	对数正态分布模型	**0.9890**	**0.0297**	**0.0468**	**0.9336**
	逻辑斯谛分布模型	0.9840	0.0358	0.0679	0.8889
	对数逻辑斯谛分布模型	0.9842	0.0357	0.0674	0.8222
8.6	正态分布模型	0.9855	0.0341	0.0616	0.8614
	对数正态分布模型	**0.9876**	**0.0315**	**0.0527**	**0.9191**
	逻辑斯谛分布模型	0.9824	0.0376	0.0750	0.8752
	对数逻辑斯谛分布模型	0.9825	0.0375	0.0745	0.7878
9.0	正态分布模型	0.9847	0.0351	0.0652	0.8457
	对数正态分布模型	**0.9873**	**0.0319**	**0.0541**	**0.9279**
	逻辑斯谛分布模型	0.9817	0.0383	0.0776	0.8671
	对数逻辑斯谛分布模型	0.9823	0.0377	0.0752	0.8311

*不同水体 pH 值下的最优拟合模型以加粗字体表示。

表 25　短期水质基准模型拟合结果（10℃）

水体 pH 值	拟合模型*	r^2	RMSE	SSE	p 值（K-S 检验）
6.0	正态分布模型	0.9907	0.0273	0.0396	0.9597
	对数正态分布模型	**0.9924**	**0.0247**	**0.0324**	**0.9735**
	逻辑斯谛分布模型	0.9882	0.0307	0.0500	0.9437
	对数逻辑斯谛分布模型	0.9885	0.0304	0.0491	0.9296
6.5	正态分布模型	0.9902	0.0280	0.0415	0.9536
	对数正态分布模型	**0.9920**	**0.0253**	**0.0339**	**0.9677**
	逻辑斯谛分布模型	0.9879	0.0312	0.0516	0.9392
	对数逻辑斯谛分布模型	0.9881	0.0309	0.0506	0.9236
7.0	正态分布模型	0.9894	0.0292	0.0452	0.9366
	对数正态分布模型	**0.9914**	**0.0262**	**0.0364**	**0.9512**
	逻辑斯谛分布模型	0.9871	0.0321	0.0547	0.9258
	对数逻辑斯谛分布模型	0.9874	0.0317	0.0534	0.9058
7.2	正态分布模型	0.9889	0.0299	0.0473	0.9246
	对数正态分布模型	**0.9912**	**0.0266**	**0.0375**	**0.9393**
	逻辑斯谛分布模型	0.9867	0.0326	0.0564	0.9152
	对数逻辑斯谛分布模型	0.9871	0.0321	0.0547	0.8919
7.4	正态分布模型	0.9881	0.0308	0.0504	0.9091
	对数正态分布模型	**0.9907**	**0.0273**	**0.0394**	**0.9239**
	逻辑斯谛分布模型	0.9861	0.0334	0.0590	0.8997
	对数逻辑斯谛分布模型	0.9866	0.0327	0.0568	0.8718

水体 pH 值	拟合模型*	r^2	RMSE	SSE	p 值（K-S 检验）
7.6	正态分布模型	0.9887	0.0301	0.0482	0.9252
	对数正态分布模型	0.9916	0.0259	0.0356	0.9800
	逻辑斯谛分布模型	0.9868	0.0325	0.0561	0.9301
	对数逻辑斯谛分布模型	0.9875	0.0316	0.0530	0.9399
7.8	正态分布模型	0.9896	0.0289	0.0442	0.9308
	对数正态分布模型	0.9926	0.0244	0.0316	0.9892
	逻辑斯谛分布模型	0.9879	0.0311	0.0514	0.9676
	对数逻辑斯谛分布模型	0.9887	0.0301	0.0480	0.9477
8.0	正态分布模型	0.9910	0.0269	0.0383	0.9501
	对数正态分布模型	0.9935	0.0228	0.0276	0.9849
	逻辑斯谛分布模型	0.9894	0.0292	0.0453	0.9683
	对数逻辑斯谛分布模型	0.9899	0.0285	0.0432	0.9483
8.2	正态分布模型	0.9914	0.0262	0.0364	0.9736
	对数正态分布模型	0.9932	0.0234	0.0291	0.9809
	逻辑斯谛分布模型	0.9893	0.0293	0.0454	0.9571
	对数逻辑斯谛分布模型	0.9893	0.0293	0.0456	0.9333
8.4	正态分布模型	0.9907	0.0273	0.0394	0.9687
	对数正态分布模型	0.9919	0.0255	0.0346	0.9779
	逻辑斯谛分布模型	0.9879	0.0312	0.0516	0.9493
	对数逻辑斯谛分布模型	0.9876	0.0315	0.0527	0.9180
8.6	正态分布模型	0.9906	0.0274	0.0398	0.9653
	对数正态分布模型	0.9916	0.0259	0.0356	0.9716
	逻辑斯谛分布模型	0.9874	0.0318	0.0537	0.9413
	对数逻辑斯谛分布模型	0.9872	0.0320	0.0544	0.8978
9.0	正态分布模型	0.9899	0.0284	0.0429	0.9638
	对数正态分布模型	0.9917	0.0257	0.0351	0.9769
	逻辑斯谛分布模型	0.9872	0.0320	0.0544	0.9520
	对数逻辑斯谛分布模型	0.9876	0.0316	0.0529	0.9248

*不同水体 pH 值下的最优拟合模型以加粗字体表示。

表 26　短期水质基准模型拟合结果（15℃）

水体 pH 值	拟合模型*	r^2	RMSE	SSE	p 值（K-S 检验）
6.0	正态分布模型	0.9941	0.0217	0.0250	0.9921
	对数正态分布模型	0.9958	0.0184	0.0180	0.9992
	逻辑斯谛分布模型	0.9926	0.0244	0.0315	0.9857
	对数逻辑斯谛分布模型	0.9931	0.0236	0.0295	0.9825

水体 pH 值	拟合模型*	r^2	RMSE	SSE	p 值 （K-S 检验）
6.5	正态分布模型	0.9938	0.0222	0.0262	0.9901
	对数正态分布模型	0.9956	0.0187	0.0185	0.9987
	逻辑斯谛分布模型	0.9924	0.0248	0.0325	0.9837
	对数逻辑斯谛分布模型	0.9928	0.0240	0.0304	0.9797
7.0	正态分布模型	0.9931	0.0235	0.0292	0.9834
	对数正态分布模型	0.9954	0.0193	0.0197	0.9965
	逻辑斯谛分布模型	0.9918	0.0257	0.0350	0.9770
	对数逻辑斯谛分布模型	0.9924	0.0247	0.0325	0.9708
7.2	正态分布模型	0.9927	0.0242	0.0310	0.9778
	对数正态分布模型	0.9952	0.0196	0.0203	0.9943
	逻辑斯谛分布模型	0.9914	0.0262	0.0365	0.9711
	对数逻辑斯谛分布模型	0.9921	0.0251	0.0334	0.9629
7.4	正态分布模型	0.9920	0.0254	0.0342	0.9696
	对数正态分布模型	0.9948	0.0205	0.0222	0.9907
	逻辑斯谛分布模型	0.9908	0.0272	0.0391	0.9617
	对数逻辑斯谛分布模型	0.9917	0.0258	0.0354	0.9504
7.6	正态分布模型	0.9923	0.0249	0.0327	0.9584
	对数正态分布模型	0.9954	0.0192	0.0195	0.9965
	逻辑斯谛分布模型	0.9914	0.0263	0.0366	0.9533
	对数逻辑斯谛分布模型	0.9925	0.0245	0.0319	0.9775
7.8	正态分布模型	0.9929	0.0239	0.0303	0.9832
	对数正态分布模型	0.9959	0.0182	0.0175	0.9999
	逻辑斯谛分布模型	0.9922	0.0250	0.0330	0.9907
	对数逻辑斯谛分布模型	0.9934	0.0231	0.0283	0.9931
8.0	正态分布模型	0.9935	0.0228	0.0275	0.9754
	对数正态分布模型	0.9959	0.0180	0.0172	0.9995
	逻辑斯谛分布模型	0.9929	0.0239	0.0304	0.9926
	对数逻辑斯谛分布模型	0.9936	0.0226	0.0272	0.9872
8.2	正态分布模型	0.9940	0.0219	0.0254	0.9943
	对数正态分布模型	0.9957	0.0186	0.0184	0.9996
	逻辑斯谛分布模型	0.9927	0.0242	0.0310	0.9860
	对数逻辑斯谛分布模型	0.9930	0.0236	0.0296	0.9811
8.4	正态分布模型	0.9945	0.0210	0.0233	0.9916
	对数正态分布模型	0.9958	0.0184	0.0180	0.9994
	逻辑斯谛分布模型	0.9925	0.0246	0.0321	0.9796
	对数逻辑斯谛分布模型	0.9927	0.0242	0.0310	0.9777

续表

水体 pH 值	拟合模型*	r^2	RMSE	SSE	p 值 （K-S 检验）
8.6	正态分布模型	0.9938	0.0223	0.0264	0.9889
	对数正态分布模型	0.9953	0.0195	0.0201	0.9994
	逻辑斯谛分布模型	0.9915	0.0261	0.0361	0.9759
	对数逻辑斯谛分布模型	0.9921	0.0252	0.0337	0.9774
9.0	正态分布模型	0.9927	0.0241	0.0309	0.9850
	对数正态分布模型	0.9953	0.0193	0.0198	0.9995
	逻辑斯谛分布模型	0.9913	0.0264	0.0370	0.9761
	对数逻辑斯谛分布模型	0.9924	0.0247	0.0323	0.9812

*不同水体 pH 值下的最优拟合模型以加粗字体表示。

表 27　短期水质基准模型拟合结果（20℃）

水体 pH 值	拟合模型*	r^2	RMSE	SSE	p 值 （K-S 检验）
6.0	正态分布模型	0.9918	0.0257	0.0349	0.9564
	对数正态分布模型	0.9945	0.0211	0.0235	0.9872
	逻辑斯谛分布模型	0.9918	0.0257	0.0350	0.9493
	对数逻辑斯谛分布模型	0.9932	0.0234	0.0291	0.9843
6.5	正态分布模型	0.9915	0.0261	0.0360	0.9527
	对数正态分布模型	0.9944	0.0211	0.0237	0.9863
	逻辑斯谛分布模型	0.9915	0.0261	0.0360	0.9470
	对数逻辑斯谛分布模型	0.9930	0.0237	0.0298	0.9831
7.0	正态分布模型	0.9908	0.0271	0.0390	0.9421
	对数正态分布模型	0.9943	0.0214	0.0243	0.9845
	逻辑斯谛分布模型	0.9910	0.0269	0.0384	0.9412
	对数逻辑斯谛分布模型	0.9926	0.0244	0.0315	0.9761
7.2	正态分布模型	0.9903	0.0279	0.0412	0.9340
	对数正态分布模型	0.9941	0.0218	0.0251	0.9838
	逻辑斯谛分布模型	0.9906	0.0275	0.0402	0.9376
	对数逻辑斯谛分布模型	0.9924	0.0248	0.0325	0.9688
7.4	正态分布模型	0.9892	0.0294	0.0460	0.9228
	对数正态分布模型	0.9933	0.0232	0.0285	0.9836
	逻辑斯谛分布模型	0.9897	0.0288	0.0439	0.9339
	对数逻辑斯谛分布模型	0.9917	0.0259	0.0355	0.9565
7.6	正态分布模型	0.9894	0.0291	0.0450	0.9077
	对数正态分布模型	0.9937	0.0224	0.0266	0.9841
	逻辑斯谛分布模型	0.9902	0.0280	0.0416	0.9313
	对数逻辑斯谛分布模型	0.9924	0.0246	0.0321	0.9766

续表

水体 pH 值	拟合模型*	r^2	RMSE	SSE	p 值 （K-S 检验）
7.8	正态分布模型	0.9894	0.0291	0.0450	0.8884
	对数正态分布模型	0.9935	0.0229	0.0278	0.9858
	逻辑斯谛分布模型	0.9904	0.0277	0.0407	0.9320
	对数逻辑斯谛分布模型	0.9926	0.0244	0.0315	0.9782
8.0	正态分布模型	0.9903	0.0278	0.0411	0.8679
	对数正态分布模型	0.9937	0.0224	0.0266	0.9875
	逻辑斯谛分布模型	0.9911	0.0268	0.0379	0.9377
	对数逻辑斯谛分布模型	0.9929	0.0239	0.0302	0.9825
8.2	正态分布模型	0.9924	0.0248	0.0325	0.9643
	对数正态分布模型	0.9951	0.0198	0.0208	0.9917
	逻辑斯谛分布模型	0.9922	0.0249	0.0330	0.9477
	对数逻辑斯谛分布模型	0.9938	0.0224	0.0265	0.9837
8.4	正态分布模型	0.9918	0.0256	0.0347	0.9629
	对数正态分布模型	0.9946	0.0208	0.0230	0.9948
	逻辑斯谛分布模型	0.9909	0.0270	0.0386	0.9589
	对数逻辑斯谛分布模型	0.9927	0.0243	0.0312	0.9815
8.6	正态分布模型	0.9912	0.0265	0.0373	0.9483
	对数正态分布模型	0.9945	0.0210	0.0234	0.9958
	逻辑斯谛分布模型	0.9902	0.0280	0.0415	0.9687
	对数逻辑斯谛分布模型	0.9924	0.0247	0.0324	0.9822
9.0	正态分布模型	0.9892	0.0294	0.0457	0.8980
	对数正态分布模型	0.9939	0.0221	0.0259	0.9646
	逻辑斯谛分布模型	0.9895	0.0291	0.0448	0.8585
	对数逻辑斯谛分布模型	0.9922	0.0250	0.0331	0.9513

*不同水体 pH 值下的最优拟合模型以加粗字体表示。

表 28　短期水质基准模型拟合结果（25℃）

水体 pH 值	拟合模型*	r^2	RMSE	SSE	p 值 （K-S 检验）
6.0	正态分布模型	0.9888	0.0300	0.0478	0.9353
	对数正态分布模型	0.9927	0.0243	0.0313	0.9708
	逻辑斯谛分布模型	0.9892	0.0294	0.0458	0.9223
	对数逻辑斯谛分布模型	0.9917	0.0258	0.0353	0.9560
6.5	正态分布模型	0.9884	0.0305	0.0492	0.9291
	对数正态分布模型	0.9926	0.0244	0.0315	0.9764
	逻辑斯谛分布模型	0.9890	0.0298	0.0469	0.9184
	对数逻辑斯谛分布模型	0.9915	0.0261	0.0361	0.9530

续表

水体 pH 值	拟合模型*	r^2	RMSE	SSE	p 值 （K-S 检验）
7.0	正态分布模型	0.9874	0.0317	0.0534	0.9119
	对数正态分布模型	0.9922	0.0250	0.0331	0.9865
	逻辑斯谛分布模型	0.9881	0.0309	0.0504	0.9093
	对数逻辑斯谛分布模型	0.9909	0.0270	0.0386	0.9462
7.2	正态分布模型	0.9867	0.0326	0.0565	0.8994
	对数正态分布模型	0.9918	0.0256	0.0347	0.9906
	逻辑斯谛分布模型	0.9876	0.0316	0.0528	0.9044
	对数逻辑斯谛分布模型	0.9906	0.0275	0.0402	0.9426
7.4	正态分布模型	0.9854	0.0342	0.0621	0.8827
	对数正态分布模型	0.9907	0.0272	0.0393	0.9770
	逻辑斯谛分布模型	0.9865	0.0329	0.0574	0.9005
	对数逻辑斯谛分布模型	0.9897	0.0288	0.0439	0.9403
7.6	正态分布模型	0.9853	0.0343	0.0625	0.8616
	对数正态分布模型	0.9907	0.0273	0.0395	0.9288
	逻辑斯谛分布模型	0.9867	0.0326	0.0564	0.9007
	对数逻辑斯谛分布模型	0.9901	0.0282	0.0421	0.9418
7.8	正态分布模型	0.9858	0.0338	0.0606	0.8365
	对数正态分布模型	0.9908	0.0272	0.0393	0.9418
	逻辑斯谛分布模型	0.9873	0.0320	0.0542	0.9090
	对数逻辑斯谛分布模型	0.9905	0.0276	0.0404	0.9499
8.0	正态分布模型	0.9884	0.0305	0.0492	0.9481
	对数正态分布模型	0.9928	0.0241	0.0307	0.9509
	逻辑斯谛分布模型	0.9894	0.0291	0.0449	0.9261
	对数逻辑斯谛分布模型	0.9923	0.0248	0.0326	0.9635
8.2	正态分布模型	0.9892	0.0294	0.0459	0.9491
	对数正态分布模型	0.9932	0.0234	0.0289	0.9561
	逻辑斯谛分布模型	0.9890	0.0297	0.0467	0.9472
	对数逻辑斯谛分布模型	0.9919	0.0255	0.0346	0.9775
8.4	正态分布模型	0.9888	0.0300	0.0476	0.9331
	对数正态分布模型	0.9931	0.0235	0.0293	0.9579
	逻辑斯谛分布模型	0.9879	0.0311	0.0513	0.9623
	对数逻辑斯谛分布模型	0.9912	0.0266	0.0375	0.9876
8.6	正态分布模型	0.9869	0.0324	0.0558	0.9159
	对数正态分布模型	0.9920	0.0253	0.0340	0.9570
	逻辑斯谛分布模型	0.9863	0.0331	0.0581	0.8483
	对数逻辑斯谛分布模型	0.9901	0.0282	0.0422	0.9081

续表

水体 pH 值	拟合模型*	r^2	RMSE	SSE	p 值（K-S 检验）
9.0	正态分布模型	0.9855	0.0341	0.0617	0.8830
	对数正态分布模型	0.9920	0.0254	0.0341	0.9490
	逻辑斯谛分布模型	0.9862	0.0332	0.0585	0.8957
	对数逻辑斯谛分布模型	0.9906	0.0275	0.0401	0.9437

*不同水体 pH 值下的最优拟合模型以加粗字体表示。

表 29 短期水质基准模型拟合结果（30℃）

水体 pH 值	拟合模型*	r^2	RMSE	SSE	p 值（K-S 检验）
6.0	正态分布模型	0.9873	0.0320	0.0542	0.9041
	对数正态分布模型	0.9915	0.0261	0.0360	0.9515
	逻辑斯谛分布模型	0.9871	0.0321	0.0547	0.8995
	对数逻辑斯谛分布模型	0.9901	0.0282	0.0421	0.9321
6.5	正态分布模型	0.9868	0.0325	0.0561	0.8962
	对数正态分布模型	0.9913	0.0264	0.0369	0.9584
	逻辑斯谛分布模型	0.9867	0.0326	0.0564	0.8925
	对数逻辑斯谛分布模型	0.9898	0.0286	0.0435	0.9261
7.0	正态分布模型	0.9857	0.0339	0.0608	0.8734
	对数正态分布模型	0.9908	0.0272	0.0391	0.9721
	逻辑斯谛分布模型	0.9858	0.0338	0.0605	0.8708
	对数逻辑斯谛分布模型	0.9891	0.0296	0.0463	0.9070
7.2	正态分布模型	0.9846	0.0351	0.0654	0.8575
	对数正态分布模型	0.9900	0.0284	0.0427	0.9737
	逻辑斯谛分布模型	0.9849	0.0348	0.0643	0.8529
	对数逻辑斯谛分布模型	0.9884	0.0305	0.0494	0.8907
7.4	正态分布模型	0.9833	0.0366	0.0710	0.8371
	对数正态分布模型	0.9887	0.0301	0.0479	0.9586
	逻辑斯谛分布模型	0.9838	0.0361	0.0689	0.8263
	对数逻辑斯谛分布模型	0.9875	0.0317	0.0533	0.8660
7.6	正态分布模型	0.9839	0.0360	0.0686	0.8125
	对数正态分布模型	0.9891	0.0295	0.0462	0.8860
	逻辑斯谛分布模型	0.9847	0.0351	0.0653	0.8462
	对数逻辑斯谛分布模型	0.9884	0.0305	0.0492	0.9210
7.8	正态分布模型	0.9859	0.0337	0.0602	0.8290
	对数正态分布模型	0.9906	0.0275	0.0399	0.9008
	逻辑斯谛分布模型	0.9867	0.0327	0.0568	0.9077
	对数逻辑斯谛分布模型	0.9902	0.0280	0.0416	0.9448

续表

水体 pH 值	拟合模型*	r^2	RMSE	SSE	p 值（K-S 检验）
8.0	正态分布模型	0.9875	0.0317	0.0532	0.8646
	对数正态分布模型	0.9916	0.0259	0.0356	0.9113
	逻辑斯谛分布模型	0.9874	0.0318	0.0536	0.9072
	对数逻辑斯谛分布模型	0.9907	0.0273	0.0396	0.9377
8.2	正态分布模型	0.9883	0.0306	0.0497	0.9200
	对数正态分布模型	0.9923	0.0249	0.0328	0.9173
	逻辑斯谛分布模型	0.9871	0.0322	0.0550	0.8891
	对数逻辑斯谛分布模型	0.9905	0.0277	0.0406	0.9255
8.4	正态分布模型	0.9864	0.0330	0.0577	0.9024
	对数正态分布模型	0.9911	0.0268	0.0380	0.9190
	逻辑斯谛分布模型	0.9849	0.0349	0.0644	0.8251
	对数逻辑斯谛分布模型	0.9888	0.0300	0.0477	0.8801
8.6	正态分布模型	0.9854	0.0342	0.0619	0.8856
	对数正态分布模型	0.9909	0.0271	0.0389	0.9170
	逻辑斯谛分布模型	0.9842	0.0356	0.0670	0.8588
	对数逻辑斯谛分布模型	0.9886	0.0302	0.0484	0.9077
9.0	正态分布模型	0.9840	0.0359	0.0681	0.8272
	对数正态分布模型	0.9906	0.0274	0.0399	0.9046
	逻辑斯谛分布模型	0.9843	0.0356	0.0670	0.8833
	对数逻辑斯谛分布模型	0.9892	0.0295	0.0461	0.9354

*不同水体 pH 值下的最优拟合模型以加粗字体表示。

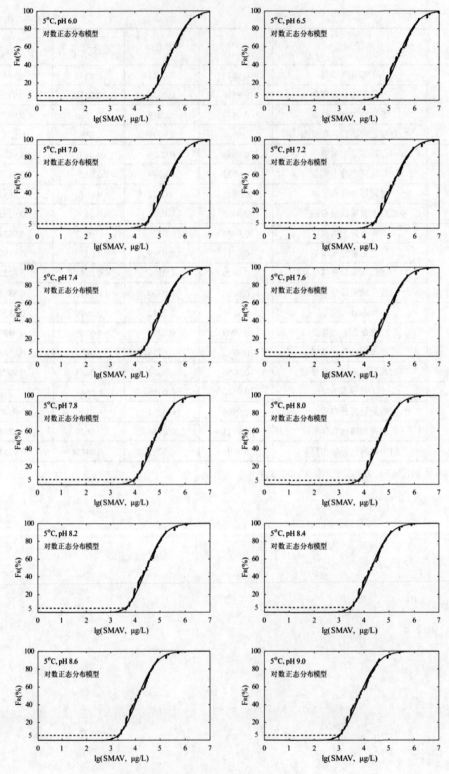

图1 对数急性毒性-累积频率的模型拟合曲线（5℃）

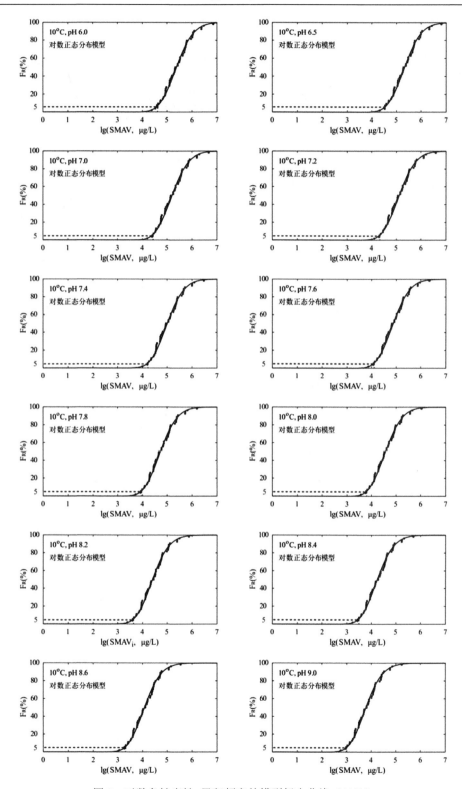

图 2　对数急性毒性-累积频率的模型拟合曲线（10℃）

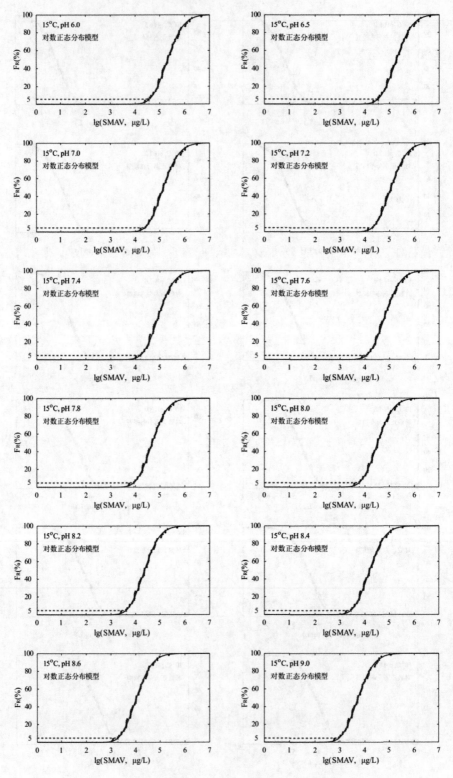

图 3　对数急性毒性-累积频率的模型拟合曲线（15℃）

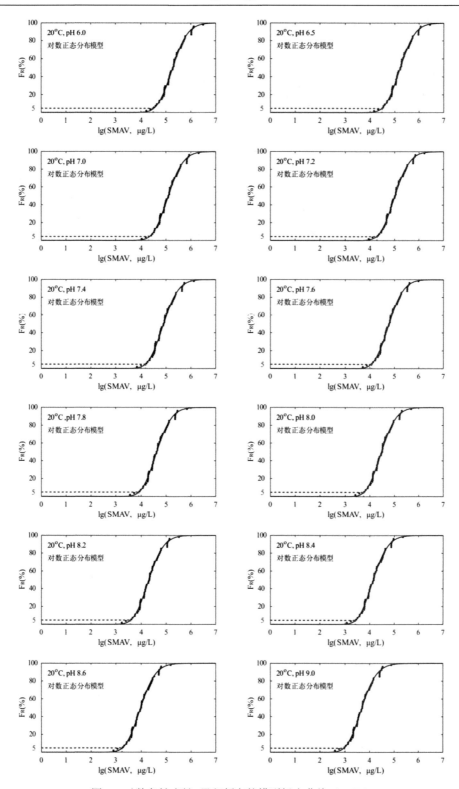

图 4　对数急性毒性-累积频率的模型拟合曲线（20℃）

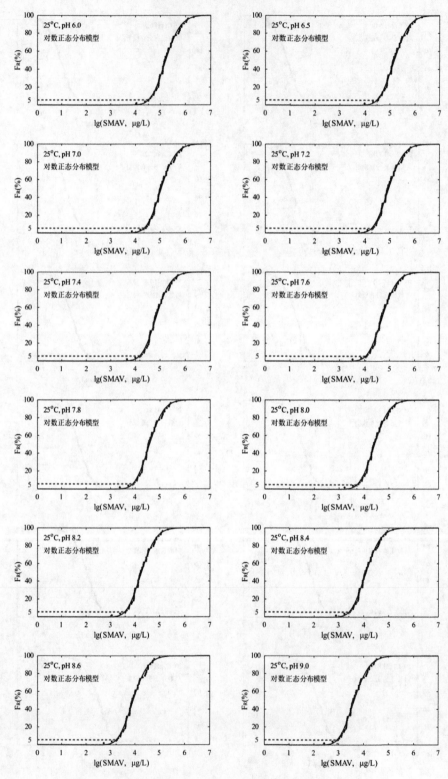

图 5　对数急性毒性-累积频率的模型拟合曲线（25℃）

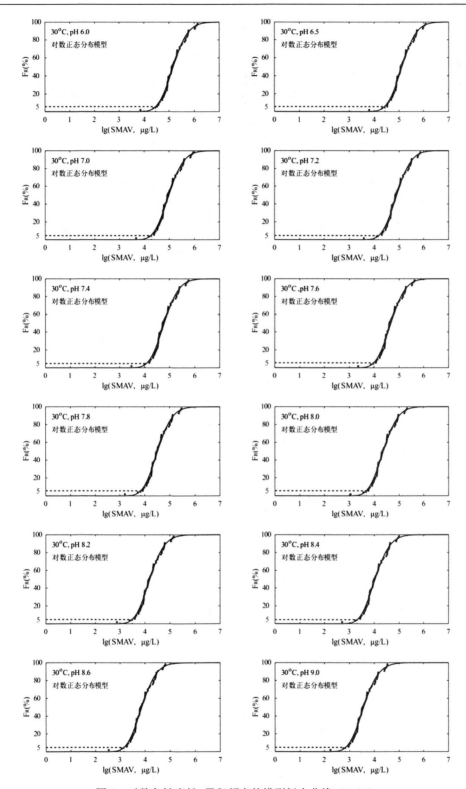

图 6　对数急性毒性-累积频率的模型拟合曲线（30℃）

表 30　短期物种危害浓度

水体温度和水体 pH 值		HC_x (mg/L)						
		HC_5	HC_{10}	HC_{25}	HC_{50}	HC_{75}	HC_{90}	HC_{95}
5℃	6.0	36	53	111	267	689	1721	3065
	6.5	32	47	99	237	611	1523	2710
	7.0	24	36	74	176	451	1119	1986
	7.2	20	29	61	145	369	914	1619
	7.4	16	23	48	113	287	709	1256
	7.6	12	17	36	84	213	526	931
	7.8	8.6	13	26	60	153	376	666
	8.0	6.0	8.8	18	42	106	262	466
	8.2	4.2	6.0	12	29	73	180	322
	8.4	2.8	4.1	8.3	20	50	124	222
	8.6	1.9	2.8	5.7	13	34	86	155
	9.0	1.0	1.4	2.8	6.7	17	45	114
10℃	6.0	36	53	105	238	570	1318	2233
	6.5	32	47	94	212	506	1167	1974
	7.0	24	36	70	157	373	857	1446
	7.2	20	29	58	129	306	700	1179
	7.4	16	23	45	101	238	544	915
	7.6	12	17	34	75	177	403	679
	7.8	8.6	13	24	54	126	288	486
	8.0	6.0	8.8	17	37	88	201	340
	8.2	4.2	6.0	12	26	60	139	235
	8.4	2.8	4.1	7.9	17	41	95	162
	8.6	1.9	2.8	5.4	12	28	66	120
	9.0	1.0	1.4	2.7	6.0	14	36	89
15℃	6.0	36	52	99	212	477	1037	1687
	6.5	32	46	88	188	423	918	1492
	7.0	24	35	66	140	313	675	1093
	7.2	20	29	54	115	256	551	892
	7.4	16	23	43	90	199	428	692
	7.6	12	17	32	67	148	318	514
	7.8	8.6	12	23	48	106	227	368
	8.0	6.0	8.6	16	33	74	159	257
	8.2	4.1	5.9	11	23	51	109	178
	8.4	2.8	4.0	7.4	16	35	75	123
	8.6	1.9	2.7	5.1	11	24	52	96
	9.0	1.0	1.4	2.5	5.3	12	27	60

水体温度和水体 pH 值		HC_x (mg/L)						
		HC_5	HC_{10}	HC_{25}	HC_{50}	HC_{75}	HC_{90}	HC_{95}
20℃	6.0	35	49	91	188	405	844	1335
	6.5	31	44	81	167	359	747	1181
	7.0	23	33	61	124	266	549	866
	7.2	19	27	50	102	217	449	707
	7.4	15	22	39	80	169	349	549
	7.6	11	16	29	59	126	259	408
	7.8	8.3	12	21	42	90	186	292
	8.0	5.8	8.1	15	30	63	130	205
	8.2	4.0	5.5	10	20	43	90	142
	8.4	2.7	3.8	6.8	14	30	62	99
	8.6	1.8	2.6	4.6	9.4	20	43	69
	9.0	0.92	1.3	2.3	4.7	10	22	44
25℃	6.0	32	45	82	166	351	715	1117
	6.5	29	40	73	148	311	634	988
	7.0	22	30	55	110	230	466	726
	7.2	18	25	45	90	189	381	593
	7.4	14	20	35	70	147	297	461
	7.6	11	15	26	52	109	221	343
	7.8	7.6	11	19	38	78	158	247
	8.0	5.3	7.4	13	26	55	111	173
	8.2	3.6	5.0	9.0	18	38	77	120
	8.4	2.5	3.4	6.1	12	26	53	84
	8.6	1.7	2.3	4.2	8.4	18	37	59
	9.0	0.83	1.2	2.1	4.2	9.1	19	34
30℃	6.0	28	40	72	146	310	635	994
	6.5	25	35	64	130	276	563	880
	7.0	19	27	48	97	204	415	648
	7.2	16	22	40	79	167	340	530
	7.4	12	17	31	62	130	265	413
	7.6	9.2	13	23	46	97	197	308
	7.8	6.6	9.2	17	33	70	142	222
	8.0	4.6	6.4	12	23	49	99	156
	8.2	3.1	4.4	7.9	16	33	69	109
	8.4	2.1	3.0	5.3	11	23	48	76
	8.6	1.5	2.0	3.6	7.4	16	33	53
	9.0	0.72	1.0	1.8	3.7	8.1	17	29

表 31　短期水质基准

水体温度 ＼ 水体 pH 值		6.0	6.5	7.0	7.2	7.4	7.6	7.8	8.0	8.2	8.4	8.6	9.0
HC$_5$ (mg/L)	5℃	36	32	24	20	16	12	8.6	6.0	4.2	2.8	1.9	1.0
	10℃	36	32	24	20	16	12	8.6	6.0	4.2	2.8	1.9	1.0
	15℃	36	32	24	20	16	12	8.6	6.0	4.1	2.8	1.9	1.0
	20℃	35	31	23	19	15	11	8.3	5.8	4.0	2.7	1.8	0.92
	25℃	32	29	22	18	14	11	7.6	5.3	3.6	2.5	1.7	0.83
	30℃	28	25	19	16	12	9.2	6.6	4.6	3.1	2.1	1.5	0.72
评估因子		2	2	2	2	2	2	2	2	2	2	2	2
SWQC (mg/L)	5℃	18	16	12	10	8.0	6.0	4.3	3.0	2.1	1.4	0.95	0.50
	10℃	18	16	12	10	8.0	6.0	4.3	3.0	2.1	1.4	0.95	0.50
	15℃	18	16	12	10	8.0	6.0	4.3	3.0	2.1	1.4	0.95	0.50
	20℃	18	16	12	9.5	7.5	5.5	4.2	2.9	2.0	1.4	0.90	0.46
	25℃	16	15	11	9.0	7.0	5.5	3.8	2.7	1.8	1.3	0.85	0.42
	30℃	14	13	9.5	8.0	6.0	4.6	3.3	2.3	1.6	1.1	0.75	0.36

5.2.2 长期水质基准

5.2.2.1 总氨氮毒性与基线水质条件下的 CTV

对附录 B 中的每条氨氮慢性毒性数据分别进行总氨氮毒性值的转换和水体温度和/或水体 pH 值校正，得到校正前的总氨氮毒性值以及基线水质条件下的 CTV 校正值一并列于附录 B。

5.2.2.2 基线水质条件下 SMCV

将基线水质条件下 CTV（附录 B）分别代入公式 8、公式 10 和公式 12，得到基线水质条件下各物种的 SMCV（表 32）。

表 32　基线水质条件下的氨氮 SMCV

物种	SMCV ($\times 10^3$, μg/L)	物种	SMCV ($\times 10^3$, μg/L)
银鲈	3.54	中华锯齿米虾	22.54
静水椎实螺	5.20	大型溞	35.64
斑点叉尾鮰	5.30	同形溞	43.49
蓝鳃太阳鲈	5.83	拟同形溞	43.49
短钝溞	6.46	溪流摇蚊	48.80
尼罗罗非鱼	7.00	固氮鱼腥藻	131.00
虹鳟	11.35	鲤鱼	171.06
草鱼	15.66	铜绿微囊藻	186.60

5.2.2.3 非基线水质条件下的 SMCV

依据公式 14、公式 16 和公式 18，分别将基线水质条件下各物种 SMCV 外推至其他 71 组水质条件下，结果见附录 E。

5.2.2.4 毒性数据分布检验

对 72 组水质条件下 SMCV 和 lg(SMCV)（附录 E）分别进行正态分布检验，结果见表 33 到表 38。部分水质条件下的 SMCV 不符合正态分布，lg(SMCV)全部符合正态分布，满足 SSD 模型拟合要求。

5.2.2.5 累积频率

利用公式 19，分别计算 72 组水质条件下 SMCV（附录 E）的物种慢性累积频率 F_R，结果见附录 E。

5.2.2.6 模型拟合与评价

模型拟合结果见表 39 到表 44。通过 r^2、RMSE、SSE 和 p 值（K-S 检验）的比较，对数正态分布模型或对数逻辑斯谛分布模型 SSD 拟合曲线最优，拟合结果见图 7～图 12。

5.2.2.7 长期物种危害浓度

采用最优拟合模型（对数正态分布模型或对数逻辑斯谛分布模型）推导的 HC_5、HC_{10}、HC_{25}、HC_{50}、HC_{75}、HC_{90} 和 HC_{95} 见表 45。

5.2.2.8 长期水质基准

表 45 中 72 组水质条件下 HC_5，除以评估因子 2，即为 72 组水质条件下长期水质基准（表 46），表示对 95%的中国淡水水生生物及其生态功能不产生慢性有害效应的水体中氨氮最大浓度（以连续 4 个自然日的日均浓度的算术平均浓度计）。

表 33　慢性毒性数据正态性检验结果（5℃）

水体 pH 值	数据类别	百分位数							算术平均值	标准差	峰度	偏度	p 值（K-S 检验）
		P5	P10	P25	P50	P75	P90	P95*					
6.0	SMCV（×10³, μg/L）	4.163	5.611	9.510	44.85	134.5	165.1	—	72.91	67.59	-1.74	0.33	0.12531
	lg(SMCV, μg/L)	3.619	3.742	3.968	4.572	5.129	5.216	—	4.560	0.6021	-1.76	-0.20	0.33761
6.5	SMCV（×10³, μg/L）	3.993	5.383	9.123	43.02	130.5	160.6	—	70.76	66.02	-1.65	0.36	0.12661
	lg(SMCV, μg/L)	3.549	3.672	3.898	4.502	5.096	5.167	—	4.545	0.6046	-1.76	-0.20	0.34838
7.0	SMCV（×10³, μg/L）	3.228	4.352	7.376	34.78	113.9	147.7	—	64.98	62.13	-1.27	0.49	0.13327
	lg(SMCV, μg/L)	3.509	3.632	3.858	4.462	5.056	5.163	—	4.499	0.6123	-1.75	-0.18	0.38144
7.2	SMCV（×10³, μg/L）	2.836	3.823	6.478	30.55	100.1	147.7	—	61.00	59.75	-0.87	0.62	0.14147
	lg(SMCV, μg/L)	3.453	3.575	3.801	4.405	5.000	5.163	—	4.464	0.6185	-1.74	-0.16	0.40853
7.4	SMCV（×10³, μg/L）	2.382	3.210	5.441	25.66	84.00	147.7	—	56.00	57.13	-0.14	0.85	0.15796
	lg(SMCV, μg/L)	3.377	3.500	3.725	4.330	4.924	5.163	—	4.415	0.6276	-1.72	-0.13	0.44934
7.6	SMCV（×10³, μg/L）	1.906	2.570	4.355	20.54	67.24	147.7	—	50.21	54.71	1.00	1.18	0.18980
	lg(SMCV, μg/L)	3.280	3.403	3.629	4.233	4.827	5.163	—	4.348	0.6406	-1.67	-0.09	0.50900
7.8	SMCV（×10³, μg/L）	1.458	1.965	3.330	15.71	51.42	147.7	—	44.15	52.98	2.47	1.60	0.24624
	lg(SMCV, μg/L)	3.164	3.286	3.512	4.116	4.711	5.163	—	4.264	0.6582	-1.58	-0.02	0.59246
8.0	SMCV（×10³, μg/L）	1.074	1.448	2.454	11.57	37.89	147.7	—	38.43	52.16	3.92	2.00	0.21536
	lg(SMCV, μg/L)	3.031	3.154	3.380	3.984	4.578	5.163	—	4.162	0.6810	-1.44	0.08	0.64023
8.2	SMCV（×10³, μg/L）	0.7725	1.041	1.765	8.323	27.25	147.7	—	33.54	52.12	5.02	2.30	0.05373
	lg(SMCV, μg/L)	2.888	3.011	3.237	3.841	4.435	5.163	—	4.046	0.7087	-1.23	0.20	0.62596
8.4	SMCV（×10³, μg/L）	0.5509	0.7426	1.259	5.935	19.43	147.7	—	29.70	52.52	5.67	2.49	0.01349
	lg(SMCV, μg/L)	2.741	2.864	3.090	3.694	4.288	5.163	—	3.920	0.7406	-0.98	0.33	0.61535
8.6	SMCV（×10³, μg/L）	0.2912	0.3926	0.6653	3.137	10.27	147.7	—	26.87	53.04	6.01	2.59	0.00425
	lg(SMCV, μg/L)	2.464	2.587	2.813	3.417	4.011	5.163	—	3.792	0.7752	-0.70	0.47	0.60852
9.0	SMCV（×10³, μg/L）	3.549	3.672	3.898	4.502	5.096	5.167	—	23.56	53.91	6.23	2.66	0.00099
	lg(SMCV, μg/L)	3.228	4.352	7.376	34.78	113.9	147.7	—	3.550	0.8446	-0.13	0.72	0.60375

*因数据量不足，无法求得 P95。

表 34　慢性毒性数据正态性检验结果（10℃）

水体 pH 值	数据类别	百分位数							算术平均值	标准差	峰度	偏度	p 值（K-S 检验）
		P5	P10	P25	P50	P75	P90	P95*					
6.0	SMCV（×10³, μg/L）	4.163	5.611	9.086	34.46	106.4	165.1	—	61.96	60.96	-0.76	0.73	0.18405
	lg(SMCV, μg/L)	3.619	3.742	3.953	4.484	5.026	5.216	—	4.499	0.5762	-1.73	-0.08	0.52039
6.5	SMCV（×10³, μg/L）	3.993	5.383	8.716	33.06	102.0	160.6	—	60.25	59.94	-0.60	0.78	0.18809
	lg(SMCV, μg/L)	3.601	3.724	3.935	4.466	5.008	5.204	—	4.483	0.5792	-1.73	-0.07	0.53654
7.0	SMCV（×10³, μg/L）	3.540	4.772	7.727	29.30	90.46	148.7	—	55.66	57.48	-0.02	0.96	0.20354
	lg(SMCV, μg/L)	3.549	3.672	3.883	4.414	4.956	5.167	—	4.438	0.5879	-1.70	-0.05	0.58533
7.2	SMCV（×10³, μg/L）	3.228	4.352	7.047	26.72	82.49	147.7	—	52.51	56.02	0.51	1.11	0.21911
	lg(SMCV, μg/L)	3.509	3.632	3.843	4.374	4.916	5.163	—	4.403	0.5949	-1.67	-0.02	0.62447
7.4	SMCV（×10³, μg/L）	2.836	3.823	6.190	23.47	72.46	147.7	—	48.54	54.49	1.33	1.33	0.24641
	lg(SMCV, μg/L)	3.453	3.575	3.787	4.318	4.860	5.163	—	4.353	0.6051	-1.61	0.02	0.68222
7.6	SMCV（×10³, μg/L）	2.382	3.210	5.198	19.71	60.85	147.7	—	43.94	53.18	2.43	1.63	0.29218
	lg(SMCV, μg/L)	3.377	3.500	3.711	4.242	4.784	5.163	—	4.287	0.6196	-1.53	0.08	0.75347
7.8	SMCV（×10³, μg/L）	1.906	2.570	4.161	15.78	48.71	147.7	—	39.13	52.38	3.66	1.95	0.27606
	lg(SMCV, μg/L)	3.280	3.403	3.614	4.145	4.687	5.163	—	4.202	0.6390	-1.39	0.16	0.73527
8.0	SMCV（×10³, μg/L）	1.458	1.965	3.182	12.07	37.25	147.7	—	34.60	52.17	4.74	2.24	0.12283
	lg(SMCV, μg/L)	3.164	3.286	3.498	4.029	4.571	5.163	—	4.100	0.6639	-1.19	0.27	0.71793
8.2	SMCV（×10³, μg/L）	1.074	1.448	2.345	8.891	27.45	147.7	—	30.72	52.42	5.48	2.44	0.04547
	lg(SMCV, μg/L)	3.031	3.154	3.365	3.896	4.438	5.163	—	3.984	0.6939	-0.93	0.40	0.70320
8.4	SMCV（×10³, μg/L）	0.7725	1.041	1.686	6.395	19.74	147.7	—	27.67	52.90	5.91	2.56	0.01891
	lg(SMCV, μg/L)	2.888	3.011	3.222	3.753	4.295	5.163	—	3.859	0.7280	-0.62	0.54	0.69206
8.6	SMCV（×10³, μg/L）	0.5509	0.7426	1.203	4.561	14.08	147.7	—	25.42	53.40	6.12	2.62	0.00589
	lg(SMCV, μg/L)	2.741	2.864	3.075	3.606	4.148	5.163	—	3.731	0.7647	-0.30	0.69	0.68462
9.0	SMCV（×10³, μg/L）	0.2912	0.3926	0.6357	2.411	7.441	147.7	—	22.80	54.15	6.25	2.66	0.00121
	lg(SMCV, μg/L)	2.464	2.587	2.798	3.329	3.871	5.163	—	3.488	0.8377	0.31	0.94	0.67842

*因数据量不足，无法获得 P95。

表 35 慢性毒性数据正态性检验结果（15℃）

水体 pH 值	数据类别	百分位数							算术平均值	标准差	峰度	偏度	p 值（K-S 检验）
		P5	P10	P25	P50	P75	P90	P95*					
6.0	SMCV (×10³, μg/L)	4.163	5.611	8.283	27.50	77.05	165.1	—	54.03	58.51	0.41	1.19	0.32325
	lg(SMCV, μg/L)	3.619	3.742	3.918	4.414	4.886	5.216	—	4.438	0.5585	-1.59	0.08	0.82534
6.5	SMCV (×10³, μg/L)	3.993	5.383	7.946	26.38	73.92	160.6	—	52.64	57.77	0.57	1.24	0.32866
	lg(SMCV, μg/L)	3.601	3.724	3.900	4.396	4.868	5.204	—	4.422	0.5618	-1.58	0.09	0.84760
7.0	SMCV (×10³, μg/L)	3.540	4.772	7.044	23.39	65.53	148.7	—	48.91	55.99	1.13	1.39	0.34835
	lg(SMCV, μg/L)	3.549	3.672	3.848	4.344	4.816	5.167	—	4.376	0.5715	-1.52	0.13	0.88249
7.2	SMCV (×10³, μg/L)	3.228	4.352	6.424	21.33	59.76	147.7	—	46.36	54.96	1.62	1.51	0.36704
	lg(SMCV, μg/L)	3.509	3.632	3.808	4.304	4.776	5.163	—	4.341	0.5793	-1.47	0.16	0.87903
7.4	SMCV (×10³, μg/L)	2.836	3.823	5.643	18.73	52.49	147.7	—	43.13	53.91	2.36	1.69	0.30227
	lg(SMCV, μg/L)	3.453	3.575	3.752	4.248	4.720	5.163	—	4.292	0.5906	-1.40	0.21	0.87540
7.6	SMCV (×10³, μg/L)	2.382	3.210	4.739	15.73	44.09	147.7	—	39.40	53.05	3.30	1.92	0.16634
	lg(SMCV, μg/L)	3.377	3.500	3.676	4.172	4.644	5.163	—	4.226	0.6064	-1.27	0.28	0.87256
7.8	SMCV (×10³, μg/L)	1.906	2.570	3.793	12.59	35.29	147.7	—	35.50	52.59	4.29	2.16	0.07832
	lg(SMCV, μg/L)	3.280	3.403	3.579	4.075	4.547	5.163	—	4.141	0.6275	-1.09	0.37	0.87185
8.0	SMCV (×10³, μg/L)	1.458	1.965	2.901	9.630	26.98	147.7	—	31.82	52.56	5.13	2.36	0.03450
	lg(SMCV, μg/L)	3.164	3.286	3.463	3.959	4.431	5.163	—	4.039	0.6542	-0.85	0.49	0.87455
8.2	SMCV (×10³, μg/L)	1.074	1.448	2.137	7.096	19.88	147.7	—	28.67	52.85	5.69	2.51	0.01601
	lg(SMCV, μg/L)	3.031	3.154	3.330	3.826	4.298	5.163	—	3.923	0.6862	-0.55	0.62	0.88127
8.4	SMCV (×10³, μg/L)	0.7725	1.041	1.537	5.104	14.30	147.7	—	26.19	53.29	6.00	2.59	0.00850
	lg(SMCV, μg/L)	2.888	3.011	3.187	3.683	4.155	5.163	—	3.798	0.7224	-0.21	0.76	0.89174
8.6	SMCV (×10³, μg/L)	0.5509	0.7426	1.096	3.640	10.20	147.7	—	24.37	53.72	6.16	2.64	0.00529
	lg(SMCV, μg/L)	2.741	2.864	3.040	3.536	4.008	5.163	—	3.669	0.7609	0.13	0.90	0.90490
9.0	SMCV (×10³, μg/L)	0.291	0.3926	0.5795	1.924	5.391	147.7	—	22.24	54.34	6.26	2.67	0.00139
	lg(SMCV, μg/L)	2.464	2.587	2.763	3.259	3.731	5.163	—	3.427	0.8370	0.75	1.13	0.75345

*因数据量不足，无法求得 P95。

表36　慢性毒性数据正态性检验结果（20℃）

水体 pH 值	数据类别	百分位数							算术平均值	标准差	峰度	偏度	p 值（K-S 检验）
		P5	P10	P25	P50	P75	P90	P95*					
6.0	SMCV (×10³, μg/L)	4.163	5.529	7.040	22.46	55.82	165.1	—	48.28	58.16	1.23	1.53	0.22748
	lg(SMCV, μg/L)	3.619	3.736	3.847	4.344	4.746	5.216	—	4.377	0.5496	-1.31	0.27	0.67793
6.5	SMCV (×10³, μg/L)	3.993	5.304	6.754	21.55	53.55	160.6	—	47.12	57.52	1.36	1.56	0.20030
	lg(SMCV, μg/L)	3.601	3.718	3.829	4.326	4.728	5.204	—	4.361	0.5532	-1.29	0.28	0.68105
7.0	SMCV (×10³, μg/L)	3.540	4.702	5.988	19.10	47.47	148.7	—	44.03	56.00	1.83	1.67	0.13710
	lg(SMCV, μg/L)	3.549	3.666	3.777	4.274	4.676	5.167	—	4.315	0.5639	-1.22	0.32	0.69079
7.2	SMCV (×10³, μg/L)	3.228	4.288	5.460	17.42	43.29	147.7	—	41.90	55.12	2.26	1.76	0.10217
	lg(SMCV, μg/L)	3.509	3.626	3.737	4.234	4.636	5.163	—	4.280	0.5723	-1.16	0.36	0.69887
7.4	SMCV (×10³, μg/L)	2.836	3.766	4.796	15.30	38.03	147.7	—	39.22	54.22	2.90	1.90	0.06783
	lg(SMCV, μg/L)	3.453	3.570	3.681	4.178	4.580	5.163	—	4.231	0.5845	-1.07	0.41	0.71109
7.6	SMCV (×10³, μg/L)	2.382	3.163	4.028	12.85	31.94	147.7	—	36.11	53.49	3.71	2.07	0.04013
	lg(SMCV, μg/L)	3.377	3.494	3.605	4.102	4.504	5.163	—	4.164	0.6015	-0.92	0.48	0.72887
7.8	SMCV (×10³, μg/L)	1.906	2.532	3.224	10.29	25.56	147.7	—	32.87	53.08	4.57	2.26	0.02201
	lg(SMCV, μg/L)	3.280	3.397	3.508	4.005	4.407	5.163	—	4.080	0.6240	-0.72	0.58	0.75341
8.0	SMCV (×10³, μg/L)	1.458	1.936	2.466	7.865	19.55	147.7	—	29.81	53.03	5.29	2.42	0.01205
	lg(SMCV, μg/L)	3.164	3.281	3.392	3.889	4.291	5.163	—	3.978	0.6524	-0.45	0.70	0.78509
8.2	SMCV (×10³, μg/L)	1.074	1.427	1.817	5.795	14.40	147.7	—	27.19	53.26	5.77	2.54	0.00708
	lg(SMCV, μg/L)	3.031	3.148	3.259	3.756	4.158	5.163	—	3.862	0.6861	-0.14	0.83	0.82306
8.4	SMCV (×10³, μg/L)	0.7725	1.026	1.307	4.168	10.36	147.7	—	25.13	53.62	6.04	2.61	0.00465
	lg(SMCV, μg/L)	2.888	3.005	3.116	3.613	4.015	5.163	—	3.737	0.7238	0.21	0.96	0.82892
8.6	SMCV (×10³, μg/L)	0.5509	0.7317	0.9318	2.972	7.388	147.7	—	23.61	53.97	6.17	2.64	0.00342
	lg(SMCV, μg/L)	2.741	2.858	2.969	3.466	3.868	5.163	—	3.608	0.7639	0.55	1.09	0.68674
9.0	SMCV (×10³, μg/L)	0.2912	0.3868	0.4926	1.571	3.905	147.7	—	21.84	54.48	6.26	2.67	0.00154
	lg(SMCV, μg/L)	2.464	2.581	2.692	3.189	3.591	5.163	—	3.366	0.8423	1.15	1.30	0.48062

*因数据量不足，无法求得 P95。

表 37 慢性毒性数据正态性检验结果（25℃）

水体 pH 值	数据类别	百分位数							算术平均值	标准差	峰度	偏度	p 值（K-S 检验）
		P5	P10	P25	P50	P75	P90	P95*					
6.0	SMCV (×10³, μg/L)	4.163	4.349	6.388	18.81	40.44	165.1	—	44.11	58.67	1.67	1.71	0.04730
	lg(SMCV, μg/L)	3.619	3.638	3.805	4.274	4.606	5.216	—	4.315	0.5500	-0.93	0.45	0.96610
6.5	SMCV (×10³, μg/L)	3.993	4.173	6.128	18.04	38.79	160.6	—	43.13	58.05	1.77	1.74	0.04219
	lg(SMCV, μg/L)	3.601	3.620	3.787	4.256	4.588	5.204	—	4.300	0.5538	-0.90	0.46	0.96897
7.0	SMCV (×10³, μg/L)	3.540	3.699	5.432	15.99	34.39	148.7	—	40.48	56.58	2.18	1.81	0.03048
	lg(SMCV, μg/L)	3.549	3.568	3.735	4.204	4.536	5.167	—	4.254	0.5653	-0.83	0.51	0.97793
7.2	SMCV (×10³, μg/L)	3.228	3.373	4.954	14.59	31.36	147.7	—	38.67	55.72	2.56	1.89	0.02401
	lg(SMCV, μg/L)	3.509	3.528	3.695	4.164	4.496	5.163	—	4.219	0.5742	-0.77	0.55	0.98536
7.4	SMCV (×10³, μg/L)	2.836	2.963	4.352	12.81	27.55	147.7	—	36.38	54.83	3.14	2.00	0.01750
	lg(SMCV, μg/L)	3.453	3.472	3.638	4.108	4.440	5.163	—	4.170	0.5872	-0.67	0.60	0.99658
7.6	SMCV (×10³, μg/L)	2.382	2.489	3.655	10.76	23.14	147.7	—	33.73	54.07	3.88	2.14	0.01193
	lg(SMCV, μg/L)	3.377	3.396	3.563	4.032	4.364	5.163	—	4.103	0.6051	-0.52	0.67	0.99473
7.8	SMCV (×10³, μg/L)	1.906	1.992	2.925	8.6127	18.52	147.7	—	30.96	53.60	4.67	2.30	0.00790
	lg(SMCV, μg/L)	3.280	3.299	3.466	3.935	4.267	5.163	—	4.019	0.6288	-0.31	0.76	0.87316
8.0	SMCV (×10³, μg/L)	1.458	1.523	2.237	6.586	14.16	147.7	—	28.35	53.48	5.34	2.44	0.00533
	lg(SMCV, μg/L)	3.164	3.183	3.349	3.819	4.151	5.163	—	3.917	0.6584	-0.05	0.88	0.74139
8.2	SMCV (×10³, μg/L)	1.074	1.122	1.648	4.853	10.43	147.7	—	26.11	53.62	5.79	2.55	0.00383
	lg(SMCV, μg/L)	3.031	3.050	3.217	3.686	4.018	5.163	—	3.801	0.6933	0.26	1.00	0.61314
8.4	SMCV (×10³, μg/L)	0.7725	0.8072	1.186	3.491	7.505	147.7	—	24.35	53.88	6.04	2.61	0.00297
	lg(SMCV, μg/L)	2.888	2.907	3.074	3.543	3.875	5.163	—	3.675	0.7323	0.59	1.12	0.49892
8.6	SMCV (×10³, μg/L)	0.5509	0.5756	0.8454	2.489	5.352	147.7	—	23.06	54.17	6.17	2.64	0.00248
	lg(SMCV, μg/L)	2.741	2.760	2.927	3.396	3.728	5.163	—	3.547	0.7735	0.92	1.24	0.40433
9.0	SMCV (×10³, μg/L)	0.2912	0.3043	0.4469	1.316	2.829	147.7	—	21.55	54.59	6.25	2.67	0.00165
	lg(SMCV, μg/L)	2.464	2.483	2.650	3.119	3.451	5.163	—	3.305	0.8537	1.49	1.43	0.27602

*因数据量不足，无法获得 P95。

表 38　慢性毒性数据正态性检验结果（30℃）

水体 pH 值	数据类别	百分位数							算术平均值	标准差	峰度	偏度	p 值（K-S 检验）
		P5	P10	P25	P50	P75	P90	P95*					
6.0	SMCV (×10³, μg/L)	3.209	3.753	6.388	16.16	29.30	165.1	—	41.10	59.43	1.87	1.81	0.01183
	lg(SMCV, μg/L)	3.506	3.572	3.805	4.204	4.466	5.216	—	4.254	0.5596	-0.51	0.60	0.82822
6.5	SMCV (×10³, μg/L)	3.078	3.601	6.128	15.50	28.10	160.6	—	40.23	58.80	1.96	1.82	0.01086
	lg(SMCV, μg/L)	3.488	3.554	3.787	4.186	4.448	5.204	—	4.238	0.5637	-0.49	0.61	0.80583
7.0	SMCV (×10³, μg/L)	2.729	3.192	5.432	13.74	24.91	148.7	—	37.92	57.29	2.33	1.89	0.00858
	lg(SMCV, μg/L)	3.436	3.502	3.735	4.134	4.396	5.167	—	4.193	0.5757	-0.42	0.66	0.74345
7.2	SMCV (×10³, μg/L)	2.489	2.911	4.954	12.53	22.72	147.7	—	36.33	56.40	2.68	1.95	0.00727
	lg(SMCV, μg/L)	3.396	3.462	3.695	4.094	4.356	5.163	—	4.158	0.5850	-0.36	0.70	0.69845
7.4	SMCV (×10³, μg/L)	2.186	2.557	4.352	11.01	19.96	147.7	—	34.32	55.46	3.23	2.04	0.00589
	lg(SMCV, μg/L)	3.340	3.406	3.638	4.038	4.300	5.163	—	4.108	0.5985	-0.27	0.75	0.63914
7.6	SMCV (×10³, μg/L)	1.836	2.147	3.655	9.247	16.76	147.7	—	32.01	54.63	3.94	2.17	0.00462
	lg(SMCV, μg/L)	3.264	3.330	3.563	3.962	4.224	5.163	—	4.042	0.6171	-0.14	0.82	0.56661
7.8	SMCV (×10³, μg/L)	1.470	1.719	2.925	7.401	13.42	147.7	—	29.58	54.07	4.70	2.32	0.00361
	lg(SMCV, μg/L)	3.167	3.233	3.466	3.865	4.127	5.163	—	3.957	0.6416	0.06	0.90	0.48520
8.0	SMCV (×10³, μg/L)	1.124	1.314	2.237	5.660	10.26	147.7	—	27.29	53.85	5.34	2.45	0.00290
	lg(SMCV, μg/L)	3.051	3.117	3.349	3.749	4.011	5.163	—	3.855	0.6720	0.30	1.01	0.40255
8.2	SMCV (×10³, μg/L)	0.8280	0.9685	1.648	3.962	7.559	147.7	—	25.33	53.90	5.78	2.55	0.00243
	lg(SMCV, μg/L)	2.918	2.984	3.217	3.616	3.878	5.163	—	3.739	0.7078	0.59	1.12	0.32651
8.4	SMCV (×10³, μg/L)	0.5956	0.6966	1.186	3.000	5.437	147.7	—	23.79	54.09	6.04	2.61	0.00214
	lg(SMCV, μg/L)	2.775	2.841	3.074	3.473	3.735	5.163	—	3.614	0.7476	0.90	1.23	0.26221
8.6	SMCV (×10³, μg/L)	0.4247	0.4967	0.8454	2.139	3.877	147.7	—	22.66	54.32	6.16	2.64	0.00196
	lg(SMCV, μg/L)	2.628	2.694	2.927	3.326	3.588	5.163	—	3.486	0.7895	1.20	1.34	0.21119
9.0	SMCV (×10³, μg/L)	0.2245	0.2626	0.4469	1.131	2.050	147.7	—	21.34	54.67	6.25	2.67	0.00174
	lg(SMCV, μg/L)	2.351	2.417	2.650	3.049	3.311	5.163	—	3.243	0.8709	1.72	1.52	0.14440

*因数据量不足，无法获得 P95。

表 39　长期水质基准模型拟合结果（5℃）

水体 pH 值	拟合模型*	r^2	RMSE	SSE	p 值（K-S 检验）
6.0	正态分布模型	0.8570	0.1025	0.1682	0.3363
	对数正态分布模型	0.8630	0.1004	0.1611	0.3255
	逻辑斯谛分布模型	0.8571	0.1025	0.1681	0.3765
	对数逻辑斯谛分布模型	0.8622	0.1007	0.1621	0.3751
6.5	正态分布模型	0.8578	0.1023	0.1673	0.3469
	对数正态分布模型	0.8638	0.1001	0.1602	0.3343
	逻辑斯谛分布模型	0.8578	0.1023	0.1673	0.3863
	对数逻辑斯谛分布模型	0.8629	0.1004	0.1613	0.3835
7.0	正态分布模型	0.8628	0.1005	0.1615	0.3793
	对数正态分布模型	0.8683	0.0984	0.1549	0.3605
	逻辑斯谛分布模型	0.8623	0.1006	0.1619	0.4151
	对数逻辑斯谛分布模型	0.8671	0.0989	0.1564	0.4081
7.2	正态分布模型	0.8688	0.0982	0.1544	0.4056
	对数正态分布模型	0.8737	0.0964	0.1486	0.3815
	逻辑斯谛分布模型	0.8678	0.0986	0.1555	0.4372
	对数逻辑斯谛分布模型	0.8720	0.0970	0.1505	0.4268
7.4	正态分布模型	0.8767	0.0952	0.1450	0.4450
	对数正态分布模型	0.8808	0.0936	0.1402	0.4123
	逻辑斯谛分布模型	0.8749	0.0959	0.1472	0.4684
	对数逻辑斯谛分布模型	0.8785	0.0945	0.1429	0.4528
7.6	正态分布模型	0.8863	0.0914	0.1337	0.5017
	对数正态分布模型	0.8893	0.0902	0.1302	0.4555
	逻辑斯谛分布模型	0.8831	0.0927	0.1375	0.5100
	对数逻辑斯谛分布模型	0.8860	0.0915	0.1341	0.4872
7.8	正态分布模型	0.8969	0.0871	0.1213	0.5786
	对数正态分布模型	0.8987	0.0863	0.1192	0.5130
	逻辑斯谛分布模型	0.8919	0.0891	0.1271	0.5620
	对数逻辑斯谛分布模型	0.8941	0.0883	0.1246	0.5294
8.0	正态分布模型	0.9075	0.0825	0.1088	0.6211
	对数正态分布模型	0.9082	0.0822	0.1080	0.5839
	逻辑斯谛分布模型	0.9006	0.0855	0.1169	0.6001
	对数逻辑斯谛分布模型	0.9020	0.0849	0.1153	0.5773
8.2	正态分布模型	0.9171	0.0781	0.0976	0.6085
	对数正态分布模型	0.9170	0.0781	0.0977	0.6636
	逻辑斯谛分布模型	0.9087	0.0819	0.1074	0.6091
	对数逻辑斯谛分布模型	0.9092	0.0817	0.1068	0.6275

附　　录

・479・

续表

水体 pH 值	拟合模型*	r^2	RMSE	SSE	p 值（K-S 检验）
8.4	正态分布模型	0.9246	0.0745	0.0887	0.5991
	对数正态分布模型	0.9244	0.0745	0.0889	0.7445
	逻辑斯谛分布模型	0.9157	0.0787	0.0992	0.6220
	对数逻辑斯谛分布模型	0.9155	0.0788	0.0994	0.6763
8.6	正态分布模型	0.9294	0.0721	0.0831	0.5930
	对数正态分布模型	0.9303	0.0716	0.0820	0.7497
	逻辑斯谛分布模型	0.9215	0.0760	0.0923	0.6373
	对数逻辑斯谛分布模型	0.9208	0.0763	0.0932	0.7205
9.0	正态分布模型	0.9311	0.0712	0.0810	0.5887
	对数正态分布模型	0.9374	0.0679	0.0737	0.7456
	逻辑斯谛分布模型	0.9297	0.0719	0.0827	0.6691
	对数逻辑斯谛分布模型	0.9283	0.0726	0.0844	0.7584

*不同水体 pH 值下的最优拟合模型以加粗字体表示。

表 40　长期水质基准模型拟合结果（10℃）

水体 pH 值	拟合模型*	r^2	RMSE	SSE	p 值（K-S 检验）
6.0	正态分布模型	0.8837	0.0925	0.1368	0.5123
	对数正态分布模型	0.8870	0.0911	0.1329	0.4691
	逻辑斯谛分布模型	0.8817	0.0933	0.1392	0.5215
	对数逻辑斯谛分布模型	0.8844	0.0922	0.1360	0.4968
6.5	正态分布模型	0.8856	0.0917	0.1345	0.5274
	对数正态分布模型	0.8888	0.0904	0.1308	0.4811
	逻辑斯谛分布模型	0.8834	0.0926	0.1371	0.5332
	对数逻辑斯谛分布模型	0.8860	0.0916	0.1342	0.5066
7.0	正态分布模型	0.8909	0.0896	0.1284	0.5721
	对数正态分布模型	0.8936	0.0885	0.1252	0.5166
	逻辑斯谛分布模型	0.8880	0.0908	0.1318	0.5666
	对数逻辑斯谛分布模型	0.8902	0.0899	0.1292	0.5346
7.2	正态分布模型	0.8957	0.0876	0.1228	0.6072
	对数正态分布模型	0.8979	0.0866	0.1201	0.5442
	逻辑斯谛分布模型	0.8921	0.0891	0.1269	0.5916
	对数逻辑斯谛分布模型	0.8940	0.0883	0.1247	0.5554
7.4	正态分布模型	0.9021	0.0849	0.1152	0.6573
	对数正态分布模型	0.9037	0.0841	0.1133	0.5834
	逻辑斯谛分布模型	0.8976	0.0868	0.1205	0.6259
	对数逻辑斯谛分布模型	0.8991	0.0861	0.1187	0.5838

水体 pH 值	拟合模型*	r^2	RMSE	SSE	p 值（K-S 检验）
7.6	正态分布模型	0.9097	0.0815	0.1062	0.7159
	对数正态分布模型	0.9106	0.0811	0.1051	0.6363
	逻辑斯谛分布模型	0.9040	0.0840	0.1129	0.6701
	对数逻辑斯谛分布模型	0.9050	0.0836	0.1118	0.6202
7.8	正态分布模型	0.9179	0.0777	0.0965	0.7013
	对数正态分布模型	0.9182	0.0775	0.0962	0.7025
	逻辑斯谛分布模型	0.9110	0.0809	0.1047	0.7098
	对数逻辑斯谛分布模型	0.9114	0.0807	0.1043	0.6635
8.0	正态分布模型	0.9258	0.0739	0.0873	0.6871
	对数正态分布模型	0.9258	0.0739	0.0873	0.7770
	逻辑斯谛分布模型	0.9179	0.0777	0.0966	0.7158
	对数逻辑斯谛分布模型	0.9177	0.0778	0.0968	0.7108
8.2	正态分布模型	0.9321	0.0706	0.0798	0.6749
	对数正态分布模型	0.9325	0.0705	0.0794	0.8148
	逻辑斯谛分布模型	0.9244	0.0746	0.0889	0.7254
	对数逻辑斯谛分布模型	0.9237	0.0749	0.0898	0.7580
8.4	正态分布模型	0.9360	0.0686	0.0753	0.6656
	对数正态分布模型	0.9379	0.0676	0.0731	0.8065
	逻辑斯谛分布模型	0.9300	0.0717	0.0823	0.7380
	对数逻辑斯谛分布模型	0.9289	0.0723	0.0837	0.8013
8.6	正态分布模型	0.9370	0.0681	0.0741	0.6593
	对数正态分布模型	0.9417	0.0655	0.0686	0.8007
	逻辑斯谛分布模型	0.9346	0.0693	0.0769	0.7521
	对数逻辑斯谛分布模型	0.9332	0.0701	0.0786	0.8340
9.0	正态分布模型	0.9318	0.0708	0.0802	0.6541
	对数正态分布模型	0.9452	0.0635	0.0645	0.7958
	逻辑斯谛分布模型	0.9406	0.0661	0.0699	0.7798
	对数逻辑斯谛分布模型	0.9394	0.0668	0.0713	0.8528

*不同水体 pH 值下的最优拟合模型以加粗字体表示。

表 41　长期水质基准模型拟合结果（15℃）

水体 pH 值	拟合模型*	r^2	RMSE	SSE	p 值（K-S 检验）
6.0	正态分布模型	0.9121	0.0804	0.1034	0.7707
	对数正态分布模型	0.9124	0.0803	0.1031	0.6896
	逻辑斯谛分布模型	0.9082	0.0822	0.1080	0.7179
	对数逻辑斯谛分布模型	0.9084	0.0821	0.1078	0.6686

续表

水体 pH 值	拟合模型*	r^2	RMSE	SSE	p 值（K-S 检验）
6.5	正态分布模型	0.9134	0.0798	0.1019	0.7867
	对数正态分布模型	0.9137	0.0797	0.1016	0.7035
	逻辑斯谛分布模型	0.9094	0.0816	0.1066	0.7296
	对数逻辑斯谛分布模型	0.9095	0.0816	0.1065	0.6787
7.0	正态分布模型	0.9168	0.0782	0.0978	0.8108
	对数正态分布模型	0.9171	0.0781	0.0975	0.7431
	逻辑斯谛分布模型	0.9124	0.0802	0.1030	0.7621
	对数逻辑斯谛分布模型	0.9125	0.0802	0.1030	0.7068
7.2	正态分布模型	0.9202	0.0766	0.0939	0.8085
	对数正态分布模型	0.9204	0.0765	0.0937	0.7723
	逻辑斯谛分布模型	0.9154	0.0789	0.0995	0.7852
	对数逻辑斯谛分布模型	0.9153	0.0789	0.0996	0.7272
7.4	正态分布模型	0.9246	0.0745	0.0887	0.8060
	对数正态分布模型	0.9247	0.0744	0.0886	0.8110
	逻辑斯谛分布模型	0.9194	0.0770	0.0949	0.8155
	对数逻辑斯谛分布模型	0.9191	0.0771	0.0952	0.7542
7.6	正态分布模型	0.9296	0.0719	0.0828	0.8041
	对数正态分布模型	0.9298	0.0719	0.0826	0.8579
	逻辑斯谛分布模型	0.9240	0.0747	0.0894	0.8306
	对数逻辑斯谛分布模型	0.9235	0.0750	0.0900	0.7872
7.8	正态分布模型	0.9346	0.0694	0.0770	0.8036
	对数正态分布模型	0.9351	0.0691	0.0763	0.8796
	逻辑斯谛分布模型	0.9291	0.0722	0.0834	0.8415
	对数逻辑斯谛分布模型	0.9283	0.0726	0.0843	0.8240
8.0	正态分布模型	0.9386	0.0672	0.0723	0.8054
	对数正态分布模型	0.9402	0.0663	0.0704	0.8789
	逻辑斯谛分布模型	0.9341	0.0696	0.0775	0.8556
	对数逻辑斯谛分布模型	0.9331	0.0701	0.0787	0.8611
8.2	正态分布模型	0.9405	0.0661	0.0700	0.8100
	对数正态分布模型	0.9443	0.0640	0.0656	0.8798
	逻辑斯谛分布模型	0.9387	0.0671	0.0721	0.8719
	对数逻辑斯谛分布模型	0.9376	0.0677	0.0734	0.8948
8.4	正态分布模型	0.9399	0.0665	0.0707	0.8170
	对数正态分布模型	0.9470	0.0625	0.0624	0.8823
	逻辑斯谛分布模型	0.9425	0.0650	0.0676	0.8889
	对数逻辑斯谛分布模型	0.9415	0.0656	0.0688	0.9140

水体 pH 值	拟合模型*	r^2	RMSE	SSE	p 值（K-S 检验）
8.6	正态分布模型	0.9365	0.0683	0.0747	0.8256
	对数正态分布模型	0.9482	0.0617	0.0609	0.8859
	逻辑斯谛分布模型	0.9454	0.0634	0.0642	0.9053
	对数逻辑斯谛分布模型	0.9448	0.0637	0.0650	0.9245
9.0	正态分布模型	0.9240	0.0747	0.0894	0.7159
	对数正态分布模型	0.9477	0.0620	0.0615	0.8946
	逻辑斯谛分布模型	0.9484	0.0616	0.0607	0.9290
	对数逻辑斯谛分布模型	0.9493	0.0611	0.0597	0.9416

*不同水体 pH 值下的最优拟合模型以加粗字体表示。

表 42　长期水质基准模型拟合结果（20℃）

水体 pH 值	拟合模型*	r^2	RMSE	SSE	p 值（K-S 检验）
6.0	正态分布模型	0.9342	0.0696	0.0774	0.6536
	对数正态分布模型	0.9336	0.0699	0.0781	0.6661
	逻辑斯谛分布模型	0.9305	0.0715	0.0817	0.6802
	对数逻辑斯谛分布模型	0.9292	0.0722	0.0833	0.6680
6.5	正态分布模型	0.9347	0.0693	0.0769	0.6563
	对数正态分布模型	0.9343	0.0695	0.0772	0.6680
	逻辑斯谛分布模型	0.9312	0.0711	0.0810	0.6846
	对数逻辑斯谛分布模型	0.9298	0.0718	0.0825	0.6714
7.0	正态分布模型	0.9358	0.0687	0.0755	0.6645
	对数正态分布模型	0.9361	0.0685	0.0751	0.6739
	逻辑斯谛分布模型	0.9329	0.0703	0.0790	0.6973
	对数逻辑斯谛分布模型	0.9317	0.0709	0.0804	0.6815
7.2	正态分布模型	0.9373	0.0679	0.0737	0.6713
	对数正态分布模型	0.9381	0.0675	0.0729	0.6787
	逻辑斯谛分布模型	0.9347	0.0693	0.0768	0.7073
	对数逻辑斯谛分布模型	0.9336	0.0699	0.0782	0.6893
7.4	正态分布模型	0.9392	0.0669	0.0716	0.6815
	对数正态分布模型	0.9406	0.0661	0.0699	0.6859
	逻辑斯谛分布模型	0.9372	0.0680	0.0739	0.7216
	对数逻辑斯谛分布模型	0.9361	0.0686	0.0752	0.7005
7.6	正态分布模型	0.9408	0.0660	0.0696	0.6961
	对数正态分布模型	0.9434	0.0645	0.0666	0.6961
	逻辑斯谛分布模型	0.9400	0.0664	0.0706	0.7410
	对数逻辑斯谛分布模型	0.9391	0.0669	0.0717	0.7155

水体 pH 值	拟合模型*	r^2	RMSE	SSE	p 值（K-S 检验）
7.8	正态分布模型	0.9417	0.0655	0.0686	0.7158
	对数正态分布模型	0.9460	0.0630	0.0635	0.7098
	逻辑斯谛分布模型	0.9430	0.0647	0.0670	0.7656
	对数逻辑斯谛分布模型	0.9423	0.0651	0.0679	0.7345
8.0	正态分布模型	0.9409	0.0659	0.0695	0.7406
	对数正态分布模型	0.9480	0.0618	0.0612	0.7267
	逻辑斯谛分布模型	0.9458	0.0631	0.0637	0.7945
	对数逻辑斯谛分布模型	0.9455	0.0633	0.0642	0.7565
8.2	正态分布模型	0.9380	0.0675	0.0729	0.7690
	对数正态分布模型	0.9489	0.0613	0.0601	0.7460
	逻辑斯谛分布模型	0.9482	0.0617	0.0610	0.8257
	对数逻辑斯谛分布模型	0.9483	0.0616	0.0608	0.7803
8.4	正态分布模型	0.9326	0.0704	0.0793	0.7733
	对数正态分布模型	0.9485	0.0615	0.0605	0.7661
	逻辑斯谛分布模型	0.9498	0.0608	0.0591	0.8566
	对数逻辑斯谛分布模型	0.9508	0.0602	0.0579	0.8038
8.6	正态分布模型	0.9250	0.0743	0.0883	0.6611
	对数正态分布模型	0.9471	0.0624	0.0622	0.7856
	逻辑斯谛分布模型	0.9506	0.0603	0.0581	0.8848
	对数逻辑斯谛分布模型	0.9527	0.0590	0.0556	0.8256
9.0	正态分布模型	0.9063	0.0830	0.1103	0.4749
	对数正态分布模型	0.9425	0.0650	0.0676	0.7968
	逻辑斯谛分布模型	0.9500	0.0606	0.0588	0.8524
	对数逻辑斯谛分布模型	0.9552	0.0574	0.0527	0.8599

*不同水体 pH 值下的最优拟合模型以加粗字体表示。

表 43　长期水质基准模型拟合结果（25℃）

水体 pH 值	拟合模型*	r^2	RMSE	SSE	p 值（K-S 检验）
6.0	正态分布模型	0.9513	0.0599	0.0573	0.8631
	对数正态分布模型	0.9551	0.0575	0.0529	0.8832
	逻辑斯谛分布模型	0.9525	0.0591	0.0558	0.8897
	对数逻辑斯谛分布模型	0.9521	0.0594	0.0564	0.8854
6.5	正态分布模型	0.9508	0.0601	0.0579	0.8647
	对数正态分布模型	0.9551	0.0575	0.0529	0.8842
	逻辑斯谛分布模型	0.9527	0.0590	0.0557	0.8928
	对数逻辑斯谛分布模型	0.9524	0.0592	0.0560	0.8879

续表

水体 pH 值	拟合模型*	r^2	RMSE	SSE	p 值（K-S 检验）
7.0	正态分布模型	0.9493	0.0611	0.0597	0.8698
	对数正态分布模型	0.9549	0.0576	0.0531	0.8874
	逻辑斯谛分布模型	0.9530	0.0588	0.0553	0.9018
	对数逻辑斯谛分布模型	0.9530	0.0588	0.0552	0.8953
7.2	正态分布模型	0.9487	0.0614	0.0604	0.8739
	对数正态分布模型	0.9553	0.0573	0.0526	0.8900
	逻辑斯谛分布模型	0.9537	0.0584	0.0545	0.9085
	对数逻辑斯谛分布模型	0.9540	0.0581	0.0541	0.9007
7.4	正态分布模型	0.9476	0.0621	0.0617	0.8801
	对数正态分布模型	0.9557	0.0571	0.0521	0.8939
	逻辑斯谛分布模型	0.9546	0.0578	0.0534	0.9175
	对数逻辑斯谛分布模型	0.9554	0.0573	0.0525	0.9081
7.6	正态分布模型	0.9455	0.0633	0.0641	0.8791
	对数正态分布模型	0.9559	0.0570	0.0519	0.8994
	逻辑斯谛分布模型	0.9556	0.0572	0.0523	0.9289
	对数逻辑斯谛分布模型	0.9569	0.0563	0.0507	0.9176
7.8	正态分布模型	0.9420	0.0653	0.0682	0.8045
	对数正态分布模型	0.9554	0.0573	0.0525	0.9066
	逻辑斯谛分布模型	0.9564	0.0567	0.0514	0.9321
	对数逻辑斯谛分布模型	0.9584	0.0553	0.0489	0.9287
8.0	正态分布模型	0.9366	0.0683	0.0746	0.7062
	对数正态分布模型	0.9540	0.0582	0.0541	0.8882
	逻辑斯谛分布模型	0.9567	0.0564	0.0509	0.9095
	对数逻辑斯谛分布模型	0.9599	0.0543	0.0472	0.9404
8.2	正态分布模型	0.9290	0.0722	0.0835	0.5971
	对数正态分布模型	0.9516	0.0597	0.0569	0.8227
	逻辑斯谛分布模型	0.9566	0.0565	0.0511	0.8799
	对数逻辑斯谛分布模型	0.9610	0.0535	0.0458	0.9519
8.4	正态分布模型	0.9194	0.0770	0.0948	0.4922
	对数正态分布模型	0.9483	0.0617	0.0608	0.7490
	逻辑斯谛分布模型	0.9557	0.0571	0.0521	0.8445
	对数逻辑斯谛分布模型	0.9619	0.0529	0.0448	0.9563
8.6	正态分布模型	0.9084	0.0821	0.1078	0.4016
	对数正态分布模型	0.9444	0.0640	0.0655	0.6772
	逻辑斯谛分布模型	0.9542	0.0581	0.0539	0.8054
	对数逻辑斯谛分布模型	0.9624	0.0526	0.0442	0.9453

水体 pH 值	拟合模型*	r^2	RMSE	SSE	p 值 （K-S 检验）
9.0	正态分布模型	0.8851	0.0919	0.1352	0.2755
	对数正态分布模型	0.9364	0.0684	0.0748	0.5641
	逻辑斯谛分布模型	0.9497	0.0608	0.0592	0.7281
	对数逻辑斯谛分布模型	0.9628	0.0523	0.0437	0.9249

*不同水体 pH 值下的最优拟合模型以加粗字体表示。

表 44　长期水质基准模型拟合结果（30℃）

水体 pH 值	拟合模型*	r^2	RMSE	SSE	p 值（K-S 检验）
6.0	正态分布模型	0.9517	0.0596	0.0569	0.7728
	对数正态分布模型	0.9634	0.0519	0.0431	0.8959
	逻辑斯谛分布模型	0.9642	0.0513	0.0421	0.8993
	对数逻辑斯谛分布模型	0.9664	0.0497	0.0395	0.9370
6.5	正态分布模型	0.9503	0.0604	0.0584	0.7563
	对数正态分布模型	0.9627	0.0524	0.0439	0.8858
	逻辑斯谛分布模型	0.9639	0.0516	0.0425	0.8904
	对数逻辑斯谛分布模型	0.9663	0.0498	0.0397	0.9302
7.0	正态分布模型	0.9464	0.0628	0.0631	0.7079
	对数正态分布模型	0.9607	0.0538	0.0462	0.8550
	逻辑斯谛分布模型	0.9628	0.0523	0.0437	0.8649
	对数逻辑斯谛分布模型	0.9659	0.0501	0.0401	0.9099
7.2	正态分布模型	0.9439	0.0642	0.0660	0.6710
	对数正态分布模型	0.9597	0.0545	0.0475	0.8300
	逻辑斯谛分布模型	0.9625	0.0525	0.0442	0.8715
	对数逻辑斯谛分布模型	0.9660	0.0500	0.0400	0.9150
7.4	正态分布模型	0.9404	0.0662	0.0702	0.6201
	对数正态分布模型	0.9582	0.0555	0.0492	0.7937
	逻辑斯谛分布模型	0.9619	0.0529	0.0448	0.8855
	对数逻辑斯谛分布模型	0.9662	0.0499	0.0398	0.9256
7.6	正态分布模型	0.9353	0.0690	0.0762	0.5551
	对数正态分布模型	0.9559	0.0569	0.0519	0.7440
	逻辑斯谛分布模型	0.9610	0.0535	0.0458	0.9033
	对数逻辑斯谛分布模型	0.9663	0.0498	0.0397	0.9385
7.8	正态分布模型	0.9283	0.0726	0.0843	0.4792
	对数正态分布模型	0.9528	0.0589	0.0556	0.6819
	逻辑斯谛分布模型	0.9597	0.0545	0.0474	0.8766
	对数逻辑斯谛分布模型	0.9662	0.0498	0.0397	0.9405

水体 pH 值	拟合模型*	r^2	RMSE	SSE	p 值（K-S 检验）
8.0	正态分布模型	0.9194	0.0770	0.0949	0.3998
	对数正态分布模型	0.9486	0.0615	0.0604	0.6122
	逻辑斯谛分布模型	0.9577	0.0558	0.0497	0.8336
	对数逻辑斯谛分布模型	0.9660	0.0500	0.0401	0.9181
8.2	正态分布模型	0.9086	0.0820	0.1076	0.3254
	对数正态分布模型	0.9437	0.0644	0.0663	0.5416
	逻辑斯谛分布模型	0.9551	0.0575	0.0528	0.7829
	对数逻辑斯谛分布模型	0.9655	0.0504	0.0406	0.8912
8.4	正态分布模型	0.8963	0.0873	0.1220	0.2618
	对数正态分布模型	0.9381	0.0674	0.0728	0.4766
	逻辑斯谛分布模型	0.9519	0.0595	0.0566	0.7286
	对数逻辑斯谛分布模型	0.9648	0.0509	0.0414	0.8618
8.6	正态分布模型	0.8833	0.0926	0.1373	0.2110
	对数正态分布模型	0.9325	0.0705	0.0794	0.4213
	逻辑斯谛分布模型	0.9482	0.0617	0.0609	0.6750
	对数逻辑斯谛分布模型	0.9640	0.0514	0.0424	0.8327
9.0	正态分布模型	0.8579	0.1022	0.1672	0.1444
	对数正态分布模型	0.9225	0.0755	0.0911	0.3439
	逻辑斯谛分布模型	0.9403	0.0662	0.0702	0.5832
	对数逻辑斯谛分布模型	0.9625	0.0525	0.0442	0.7834

*不同水体 pH 值下的最优拟合模型以加粗字体表示。

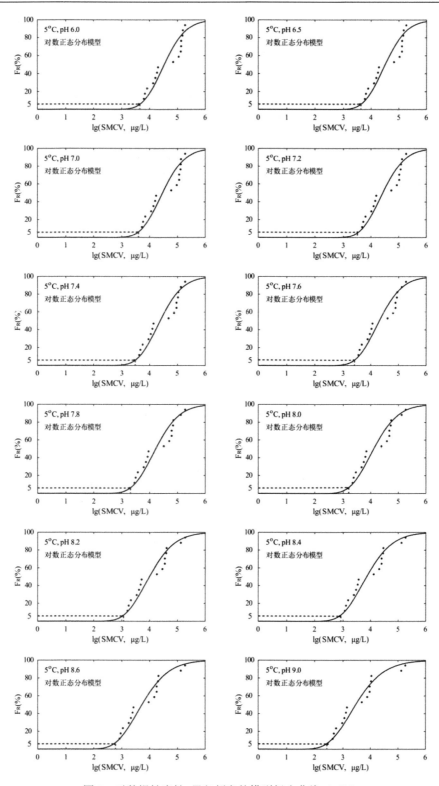

图 7　对数慢性毒性-累积频率的模型拟合曲线（5℃）

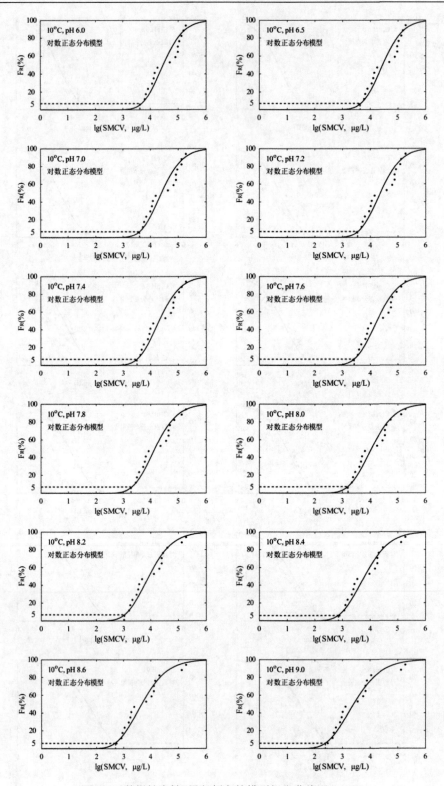

图 8　对数慢性毒性-累积频率的模型拟合曲线（10℃）

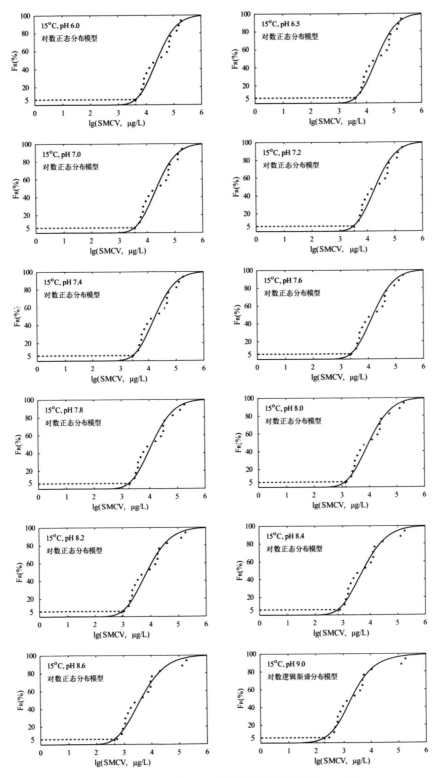

图9　对数慢性毒性-累积频率的模型拟合曲线（15℃）

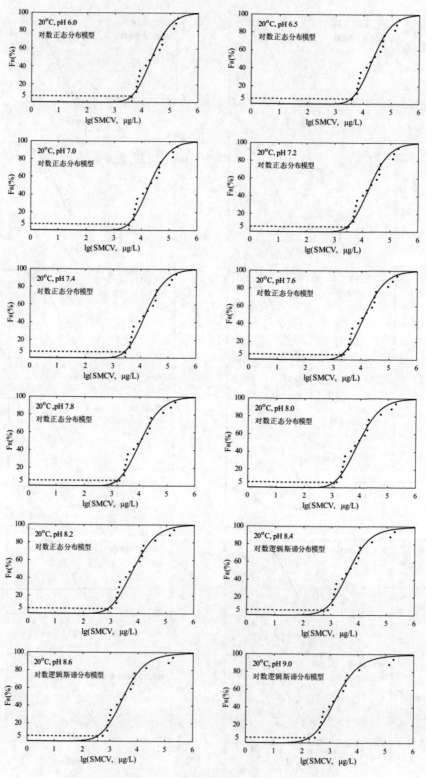

图10 对数慢性毒性-累积频率的模型拟合曲线（20℃）

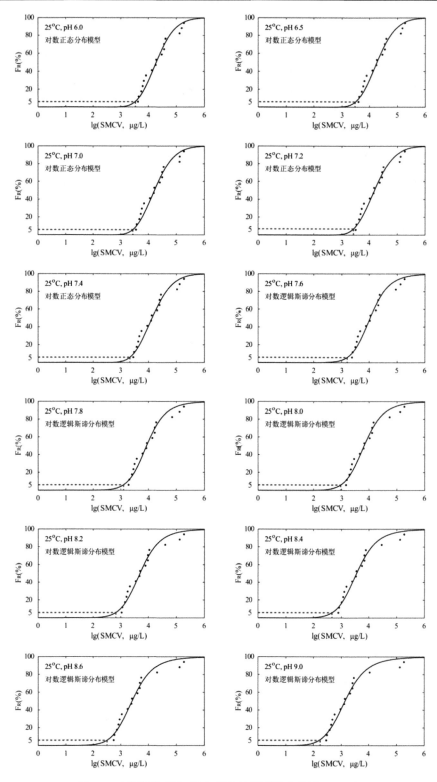

图 11　对数慢性毒性-累积频率的模型拟合曲线（25℃）

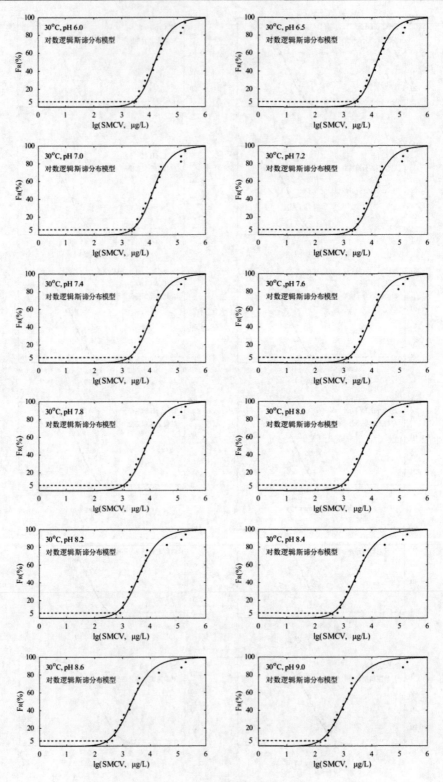

图 12 对数慢性毒性-累积频率的模型拟合曲线（30℃）

表 45　长期物种危害浓度

水体温度和水体 pH 值		HC$_x$ (mg/L)						
		HC$_5$	HC$_{10}$	HC$_{25}$	HC$_{50}$	HC$_{75}$	HC$_{90}$	HC$_{95}$
5℃	6.0	4.2	6.4	13	33	90	237	441
	6.5	4.0	6.1	13	32	87	230	430
	7.0	3.5	5.4	11	29	79	212	401
	7.2	3.2	4.9	10	26	73	200	380
	7.4	2.8	4.3	9.2	24	66	183	353
	7.6	2.3	3.6	7.8	20	58	164	320
	7.8	1.8	2.8	6.2	16	48	142	284
	8.0	1.4	2.1	4.7	13	39	120	247
	8.2	1.0	1.5	3.5	10	31	99	211
	8.4	0.68	1.1	2.5	7.2	24	81	180
	8.6	0.47	0.74	1.8	5.2	18	66	153
	9.0	0.23	0.38	0.92	2.9	11	45	114
10℃	6.0	4.0	6.0	12	29	75	187	336
	6.5	3.9	5.8	12	28	72	182	328
	7.0	3.4	5.1	10	25	66	168	306
	7.2	3.1	4.6	10	23	61	158	291
	7.4	2.7	4.0	8.4	21	55	146	271
	7.6	2.2	3.3	7.1	18	48	130	247
	7.8	1.7	2.6	5.6	14	40	113	220
	8.0	1.3	2.0	4.3	11	33	96	191
	8.2	0.91	1.4	3.1	8.5	26	79	165
	8.4	0.63	1.0	2.2	6.3	20	65	140
	8.6	0.44	0.69	1.6	4.6	15	53	120
	9.0	0.22	0.35	0.83	2.5	9.3	36	89
15℃	6.0	3.8	5.6	11	25	63	151	265
	6.5	3.6	5.3	11	24	61	147	259
	7.0	3.2	4.7	9.4	22	55	136	242
	7.2	2.9	4.2	8.6	20	51	128	230
	7.4	2.5	3.7	7.5	18	46	118	215
	7.6	2.0	3.1	6.3	15	41	106	196
	7.8	1.6	2.4	5.0	13	34	92	175
	8.0	1.2	1.8	3.8	10	28	78	153
	8.2	0.84	1.3	2.8	7.4	22	65	132
	8.4	0.58	0.90	2.0	5.5	17	53	113
	8.6	0.40	0.62	1.4	4.0	13	44	96
	9.0	0.18	0.30	0.71	1.9	6.0	22	60

水体温度和水体 pH 值		HC_x (mg/L)						
		HC_5	HC_{10}	HC_{25}	HC_{50}	HC_{75}	HC_{90}	HC_{95}
20℃	6.0	3.5	5.0	10	22	53	126	217
	6.5	3.3	4.8	10	21	52	122	212
	7.0	2.9	4.2	8.4	19	47	113	199
	7.2	2.6	3.8	7.6	18	44	107	189
	7.4	2.2	3.3	6.7	16	40	99	177
	7.6	1.8	2.7	5.6	13	35	89	162
	7.8	1.4	2.2	4.5	11	29	77	145
	8.0	1.1	1.6	3.4	8.5	24	66	127
	8.2	0.75	1.1	2.5	6.4	19	55	110
	8.4	0.46	0.76	1.7	4.2	12	36	85
	8.6	0.32	0.53	1.2	3.0	8.6	28	68
	9.0	0.16	0.27	0.62	1.6	4.8	17	44
25℃	6.0	3.0	4.4	8.6	19	46	108	185
	6.5	2.9	4.2	8.3	18	44	105	181
	7.0	2.5	3.7	7.3	17	41	97	170
	7.2	2.3	3.4	6.7	15	38	92	162
	7.4	2.0	2.9	5.8	14	34	85	152
	7.6	1.4	2.3	4.8	11	26	68	138
	7.8	1.1	1.8	3.8	8.6	21	58	119
	8.0	0.84	1.3	2.9	6.7	17	47	100
	8.2	0.60	1.0	2.1	4.9	13	37	82
	8.4	0.42	0.68	1.5	3.6	10	29	66
	8.6	0.29	0.47	1.0	2.6	7.0	22	52
	9.0	0.15	0.24	0.54	1.4	3.9	13	34
30℃	6.0	2.4	3.7	7.4	16	35	85	161
	6.5	2.3	3.6	7.1	15	34	82	157
	7.0	2.0	3.1	6.3	13	31	75	145
	7.2	1.8	2.8	5.7	12	28	70	137
	7.4	1.5	2.4	5.0	11	25	64	126
	7.6	1.3	2.0	4.1	9.1	22	56	112
	7.8	1.0	1.6	3.3	7.3	18	47	97
	8.0	0.73	1.2	2.5	5.6	14	39	81
	8.2	0.52	0.84	1.8	4.2	11	30	66
	8.4	0.37	0.59	1.3	3.0	8.0	24	53
	8.6	0.25	0.41	0.89	2.2	5.9	18	42
	9.0	0.13	0.21	0.46	1.2	3.3	11	27

表 46　长期水质基准

水体温度 ＼ 水体 pH 值		6.0	6.5	7.0	7.2	7.4	7.6	7.8	8.0	8.2	8.4	8.6	9.0
HC₅ (mg/L)	5℃	4.2	4.0	3.5	3.2	2.8	2.3	1.8	1.4	1.0	0.68	0.47	0.23
	10℃	4.0	3.9	3.4	3.1	2.7	2.2	1.7	1.3	0.91	0.63	0.44	0.22
	15℃	3.8	3.6	3.2	2.9	2.5	2.0	1.6	1.2	0.84	0.58	0.40	0.18
	20℃	3.5	3.3	2.9	2.6	2.2	1.8	1.4	1.1	0.75	0.46	0.32	0.16
	25℃	3.0	2.9	2.5	2.3	2.0	1.4	1.1	0.84	0.60	0.42	0.29	0.15
	30℃	2.4	2.3	2.0	1.8	1.5	1.3	1.0	0.73	0.52	0.37	0.25	0.13
评估因子		2	2	2	2	2	2	2	2	2	2	2	2
SWQC (mg/L)	5℃	2.1	2.0	1.8	1.6	1.4	1.2	0.90	0.70	0.50	0.34	0.24	0.12
	10℃	2.0	2.0	1.7	1.6	1.4	1.1	0.85	0.65	0.46	0.32	0.22	0.11
	15℃	1.9	1.8	1.6	1.5	1.3	1.0	0.80	0.60	0.42	0.29	0.20	0.090
	20℃	1.8	1.7	1.5	1.3	1.1	0.90	0.70	0.55	0.38	0.23	0.16	0.080
	25℃	1.5	1.5	1.3	1.2	1.0	0.70	0.55	0.42	0.30	0.21	0.15	0.075
	30℃	1.2	1.2	1.0	0.90	0.75	0.65	0.50	0.37	0.26	0.19	0.13	0.065

6　基准审核

2020 年 1 月 17 日，依据《国家环境基准管理办法（试行）》和《国家生态环境基准专家委员会章程（试行）》，国家生态环境基准专家委员会召开《淡水水生生物水质基准—氨氮》（2020 年版）科学评估会议。

科学评估会议认为：《淡水水生生物水质基准—氨氮》（2020 年版）编制经过开题论证、征求意见及相关技术审查环节，符合国家生态环境基准管理规定；基准文件内容编制逻辑清晰，基准推导过程、推导方法科学规范，使用数据可靠，符合《淡水水生生物水质基准制定技术指南》（HJ 831—2017）要求。经专家投票表决，一致通过《淡水水生生物水质基准—氨氮》（2020 年版）科学评估。

《淡水水生生物水质基准—氨氮》（2020 年版）推导所纳入物种和数据质量情况见表47。我国水质基准研究尚处于起步阶段，能够满足基准推导要求的毒性数据有限，发达国家在其基准研究过程中也存在类似问题。随着我国生态环境科学研究的不断发展和深入，生态环境基准也将适时修订和更新。

表 47　基准推导纳入物种和数据质量情况

内容	HJ 831—2017 要求	本基准纳入	
		SWQC	LWQC
营养级别	生产者	1.浮萍	1.固氮鱼腥藻；2.铜绿微囊藻
	初级消费者	1.河蚬；2.鲢鱼；3.夹杂带丝蚓；4.麦瑞加拉鲮鱼；5.黄颡鱼；6.日本沼虾；7.大型溞；8.草鱼；9.模糊网纹溞；10.昆明裂腹鱼；11.老年低额溞；12.鲤鱼；13.英勇剑水蚤；14.莫桑比克罗非鱼；15.罗氏沼虾；16.稀有鮈鲫；17.霍甫水丝蚓；18.红螯螯虾；19.中华小长臂虾；20.鲫鱼；21.团头鲂；22.蒙古裸腹溞；23.泥鳅；24.克氏瘤丽星介；25.溪流摇蚊；26.中华圆田螺	1.短钝溞；2.草鱼；3.中华锯齿米虾；4.大型溞；5.同形溞；6.拟同形溞；7.溪流摇蚊；8.鲤鱼
	次级消费者	1.中国鲈；2.史氏鲟；3.翘嘴鲌；4.辽宁棒花鱼；5.中华鲟；6.鳙鱼；7.大口黑鲈；8.青鱼；9.普栉鰕虎鱼；10.虹鳟；11.白斑狗鱼；12.蓝鳃太阳鲈；13.条纹鲈；14.加州鲈；15.细鳞大马哈鱼；16.中华绒螯蟹；17.溪红点鲑；18.棘胸蛙；19.欧洲鳗鲡；20.黄鳝；21.大刺鳅；22.中国林蛙；23.中华大蟾蜍；24.麦穗鱼；25.尼罗罗非鱼；26.斑点叉尾鮰	1.静水椎实螺；2.斑点叉尾鮰；3.尼罗罗非鱼；4.银鲈；5.蓝鳃太阳鲈；6.虹鳟
物种要求	至少包括 5 个物种	53 个物种	16 个物种
	1 种硬骨鲤科鱼类	1.鲢鱼；2.麦穗鱼；3.草鱼；4.鲤鱼；5.稀有鮈鲫；6.鲫鱼；7.麦瑞加拉鲮鱼；8.昆明裂腹鱼；9.团头鲂；10.辽宁棒花鱼；11.鳙鱼；12.青鱼	1.草鱼；2.鲤鱼
	1 种硬骨非鲤科鱼类	1.尼罗罗非鱼；2.黄颡鱼；3.斑点叉尾鮰；4.莫桑比克罗非鱼；5.泥鳅；6.中国鲈；7.史氏鲟；8.翘嘴鲌；9.中华鲟；10.大口黑鲈；11.普栉鰕虎鱼；12.虹鳟；13.白斑狗鱼；14.蓝鳃太阳鲈；15.条纹鲈；16.加州鲈；17.细鳞大马哈鱼；18.溪红点鲑；19.欧洲鳗鲡；20.黄鳝；21.大刺鳅	1.斑点叉尾鮰；2.尼罗罗非鱼；3.银鲈；4.蓝鳃太阳鲈；5.虹鳟
	1 种浮游动物	1.大型溞；2.模糊网纹溞；3.老年低额溞；4.英勇剑水蚤；5.蒙古裸腹溞	1.短钝溞；2.大型溞；3.同形溞；4.拟同形溞
	1 种底栖动物	1.河蚬；2.夹杂带丝蚓；3.日本沼虾；4.罗氏沼虾；5.霍甫水丝蚓；6.红螯螯虾；7.中华小长臂虾；8.克氏瘤丽星介；9.溪流摇蚊；10.中华圆田螺；11.中华绒螯蟹	1.静水椎实螺；2.中华锯齿米虾；3.溪流摇蚊
	1 种水生植物	1.浮萍	1.固氮鱼腥藻；2.铜绿微囊藻
	其他生物	1.棘胸蛙；2.中国林蛙；3.中华大蟾蜍	—
毒性数据	无限制可靠	13 条（含 3 条自测数据）	2 条（均为自测数据）
	限制可靠	246 条	42 条
	不可靠	0	0
	不确定	0	0

附录 18　淡水水生生物水质基准技术报告——苯酚
（征求意见稿）（节选）

1　概述

　　苯酚对水生生物毒性效应明显，是我国地表水环境质量标准的基本控制项目挥发酚的重要组成部分。《淡水水生生物水质基准—苯酚》依据《淡水水生生物水质基准制定技术指南》（HJ 831—2017）制定，反映现阶段水环境中苯酚对 95% 的中国淡水水生生物及其生态功能不产生有害效应的最大剂量，可为制修订相关水生态环境质量标准、预防和控制苯酚对水生生物及生态系统的危害提供科学依据。

　　基准推导过程中，共纳入 6804 篇中英文文献、1301 条毒理数据库数据、11 条自测急、慢性毒性数据和 1 条推导数据，经质量评价后 122 条数据为无限制可靠数据和限制性可靠数据，涉及 65 种淡水水生生物，基本涵盖了草鱼、鲢鱼等我国淡水水生生物优势种。基于物种敏感度分布法，推导得到短期水质基准值（SWQC）和长期水质基准值（LWQC），用苯酚浓度表示，单位为 μg/L，基准值保留 4 位有效数字。

2　国内外研究进展

　　国内外苯酚的水质基准研究进展对比见表 1。美国是最早开始水质基准研究的国家，于上世纪 70 年代开始苯酚基准的相关研究工作。1980 年，基于评价因子法，美国发布了国家苯酚水质基准文件[1]。继美国之后，加拿大、澳大利亚和新西兰也都先后制定颁布了本国苯酚（或酚类化合物）的水质基准[2, 3]。由于水质基准推导方法和表征形式、使用的物种均存在差异，导致不同国家制定的苯酚相关的基准均存在一定差异（表 2）。在条件允许的情况下，各国应根据国情开展水质基准研究，并制定水质基准。我国近年才开始苯酚的水质基准研究，起步较晚，基准推导以借鉴、引用发达国家水质基准理论和方法为主。

表 1　国内外苯酚环境水质基准研究进展

项目	发达国家	中国
基准推导方法	评价因子法、物种敏感度分布法	对评价因子法、物种敏感度分布法、毒性百分数排序法均进行了研究，并在 HJ 831—2017 中确定使用物种敏感度分布法
物种来源	本土物种、引进物种、国际通用物种	本土物种、国际通用物种且在中国水体中广泛分布、引进物种
物种选择	基于各个国家生物区系的差异，各个国家物种选择与数据要求不同。例如加拿大要求不少于 3 种及以上鱼类、3 种及以上水生或半水生无脊椎动物	按照 HJ 831—2017 规定，基准推导至少需要 5 个淡水水生生物物种

续表

项目	发达国家	中国
毒性测试方法	参照采用国际标准化组织（ISO）、经济合作与发展组织（OECD）等规定的水生生物毒性测试方法；部分发达国家采用本国制定的水生生物毒性测试方法	参照采用国际标准化组织（ISO）、经济合作与发展组织（OECD）等规定的水生生物毒性测试方法；采用国家标准方法
相关毒性数据库	美国生态毒理数据库（ECOTOX）（http://cfpub.epa.gov/ecotox/）	无

表 2　国外淡水水生生物苯酚水质基准

国家	制定时间（年）	SWQC（μg/L）	LWQC（μg/L）	物种数（个） SWQC	物种数（个） LWQC	推导方法	发布部门
美国	1980	10200	2560	17	1	评价因子法	美国环境保护局
加拿大	1999	—	4.0*	—	9	评价因子法	加拿大环境部长理事会
澳大利亚	2000	—	320	—	不详	物种敏感度分布法	澳大利亚和新西兰环境保护理事会
新西兰	2000	—	320	—	不详	物种敏感度分布法	澳大利亚和新西兰环境保护理事会

* 酚类化合物水质基准。

3　苯酚化合物的环境问题

3.1　理化性质

苯酚，分子式为 C_6H_5OH，为无色或白色结晶，具有特殊气味，具有一定挥发性，苯酚的理化性质见表 3。环境中苯酚的来源分为自然源和人为源。自然源主要来自水生环境中水生植物的分解；人为源可分为工业废水和生活污水的直接排放，同时，有机物如农药等的水解、化学氧化和生物降解也会产生苯酚及酚类化合物。

表 3　苯酚化合物的理化性质

物质名称	苯酚
分子式	C_6H_5OH
CAS 号	108-95-2
EINECS 号	203-632-7
UN 编号	2312（熔融苯酚），1671（固态苯酚），2821（苯酚溶液）
熔点（℃）	41
沸点（℃）	182
水溶性	可溶于水，65℃以上与水混溶
用途	酚醛树脂、双酚 A、溶剂、杀菌剂等

3.2 苯酚对淡水水生生物的毒性

3.2.1 急性毒性

基于急性毒性效应测试终点不同，急性毒性值（ATV）包括半数致死浓度（LC$_{50}$）、半数效应浓度（EC$_{50}$）和半数抑制浓度（IC$_{50}$）。本基准推导种平均急性值（SMAV）时，以 LC$_{50}$ 和对水生生物生命活动有重要抑制效应的 EC$_{50}$（如生物活动被抑制等）作为 ATV 计算 SMAV。对于同一物种，若同时存在 LC$_{50}$ 和 EC$_{50}$，则全部使用。

3.2.2 慢性毒性

慢性毒性值（CTV）包括无观察效应浓度（NOEC）、最低观察效应浓度（LOEC）、无观察效应水平（NOEL）、最低观察效应水平（LOEL）和最大允许浓度（MATC）。MATC 是 NOEC 和 LOEC（或 NOEL 和 LOEL）的几何平均值。本基准推导种平均慢性值（SMCV）时，以基于生长毒性等效应指标获得的 MATC 作为 CTV 计算 SMCV。针对生命周期较短的水生生物，将暴露时间小于 21 天但超过一个世代的 EC$_{50}$ 值作为慢性毒性值，用于长期基准制定。

3.3 水质参数对苯酚毒性的影响

水质参数包括温度、硬度、酸碱度、盐度等，是影响污染物质毒性和水质基准的重要因素。目前，关于水质参数对苯酚毒性影响的研究较少，尚未形成统一认识。美国、加拿大、澳大利亚和新西兰在制定本国苯酚相关基准时，均未考虑水质参数对苯酚毒性的影响，本次基准推导对水质参数的影响也不予考虑。

4　资料检索和数据筛选

4.1 数据需求

本次基准推导所需数据类别包括物种类型、毒性数据等，各类数据关注指标见表 4。

表 4　毒性数据检索要求

数据类型	关注指标
化合物	苯酚
物种类型	中国本土物种、在中国自然水体中广泛分布的国际通用物种、引进物种
物种名称	中文名称、拉丁文名称
实验物种生命阶段	幼体、成体等
暴露方式	流水暴露、半静态暴露、静态暴露
暴露时间	以天或小时计
ATV	LC$_{50}$、EC$_{50}$、IC$_{50}$
CTV	NOEC、LOEC、NOEL、LOEL、MATC
毒性效应	致死效应、生殖毒性效应、活动抑制效应等

4.2 文献资料检索

本次基准制定使用的数据来自英文毒理数据库和中英文文献数据库。毒理数据库、文献数据库纳入条件和剔除原则见表 5；在数据库筛选的基础上进行苯酚毒性数据检索，检索方案见表 6，检索结果见表 7。

表 5 数据库纳入和剔除原则

数据库类型	纳入条件	剔除原则	符合条件的数据库名称
毒理数据库	1）包含表 4 关注的数据类型和指标； 2）数据条目可溯源，且包括题目、作者、期刊名、期刊号等信息	1）剔除不包含毒性测试方法的数据库； 2）剔除不包含具体实验条件的数据库	ECOTOX
文献数据库	1）包含中文核心期刊或科学引文索引核心期刊（SCI）； 2）包含表 4 关注的数据类型和指标	1）剔除综述性论文数据库； 2）剔除理论方法学论文数据库	1）中国知识基础设施工程 2）万方知识服务平台 3）维普网 4）Web of Science

表 6 毒理数据和文献检索方案

数据类别	数据库名称	检索时间	检索式 急性毒性	检索式 慢性毒性
毒理数据	ECOTOX	截至 2018 年 12 月 31 日之前数据库覆盖年限	化合物名称：phenol； 暴露介质：freshwater； 测试终点：EC_{50} 或 LC_{50} 或 IC_{50}	化合物名称 phenol； 暴露介质：freshwater； 测试终点：NOEC 或 LOEC 或 NOEL 或 LOEL 或 MATC
文献检索	中国知识基础设施工程；万方知识服务平台；维普网	截至 2018 年 12 月 31 日之前数据库覆盖年限	题名：酚或苯酚； 主题：毒性； 期刊来源类别：核心期刊	题名：酚或苯酚； 主题：毒性； 期刊来源类别：核心期刊
	Web of Science	截至 2018 年 12 月 31 日之前数据库覆盖年限	题名：phenol 或 phenols； 主题：toxicity 或 ecotoxicity 或 EC_{50} 或 LC_{50} 或 IC_{50}	题名：phenol 或 phenols； 主题：toxicity 或 ecotoxicity 或 NOEC 或 LOEC 或 NOEL 或 LOEL 或 MATC

表 7 毒理数据和文献检索结果

数据库类型	数据类型	数据或文献量	合计
毒理数据库	急性毒性	936 条	1301 条
	慢性毒性	365 条	
文献数据库	急性毒性	4417 篇	6804 篇
	慢性毒性	4177 篇	

4.3 文献数据筛选

4.3.1 筛选方法

依据 HJ 831—2017 对检索获得的数据（表 7）进行筛选，筛选方法见表 8。数据筛选时，采用两组研究人员分别独立完成，筛选过程中若两组人员对数据存在歧义，则提交编制组统一讨论或组织专家咨询后决策。

表 8　数据筛选方法

项目	筛选原则
物种筛选	1）中国本土物种依据《中国动物志》（中国科学院中国动物志编辑委员会，1978~2018）、《中国大百科全书》（中国大百科全书（第二版）总编辑委员会，2009）、《中国生物物种名录》（中国科学院生物多样性委员会组织编辑，2015~2018）进行筛选； 2）国际通用在中国自然水体中广泛分布物种，依据HJ 831—2017 附录B 进行筛选； 3）引进物种依据《中国外来入侵生物》进行筛选。
毒性数据筛选	1）纳入受试物种在适宜生长条件下测得的毒理数据，剔除溶解氧、总有机碳不符合要求的数据； 2）剔除以蒸馏水或去离子水作为实验稀释水的毒理数据； 3）剔除对照组（含空白对照组、助溶剂对照组）物种出现胁迫、疾病和死亡的比例超过10%的数据，剔除未设置对照实验的毒理数据； 4）优先采用流水式实验毒理数据，其次采用半静态或静态实验数据； 5）优先采用实验过程中对实验溶液浓度进行化学分析监控的数据； 6）剔除单细胞动物的实验数据； 7）当同一物种的同一毒性终点实验数据相差10 倍以上时，剔除离群值。
暴露时间　急性毒性	暴露时间大于等于1 天且小于等于4 天
慢性毒性	暴露时间大于等于21 天，或实验暴露时间至少跨越 1 个世代
毒性效应测试终点　急性毒性	LC_{50}、EC_{50}、IC_{50}
慢性毒性	NOEC、LOEC、NOEL、LOEL、MATC

4.3.2　筛选结果

依据表 8 所示数据筛选方法对检索所得数据进行筛选，共获得数据 8105 条，筛选结果见表 9。经可靠性评价，共有 114 条数据（无限制可靠和限制可靠数据）可用于基准推导（表 10），其中：急性毒性数据 95 条（见附录 A），慢性毒性数据 19 条（见附录 B）。114 条数据共涉及 63 个物种（表 11），其中：中国本土物种 44 种、国际通用且在中国自然水体中广泛分布物种 4 种、引进物种 15 种。大部分物种都是我国本土淡水优势种，个别物种如稀有鮈鲫，虽然在我国分布地域不广，但由于该物种是我国特有鱼类，也是我国化学品环境管理中指定的生态毒性测试受试生物，具有重要的生态学意义和应用价值，也纳入基准计算。

表 9　数据筛选结果

数据库	毒性数据类型	总数据量（条）	剔除数据（条）				剩余数据（条）
			重复数据	无关数据	暴露时间不符数据	物种不符数据	
毒理数据库数据	ATV	936	0	65	617	74	180
	CTV	365	0	35	228	18	84
中文文献数据库	ATV	1790	472	1196	82	10	30
	CTV	1790	472	1278	20	12	8
英文文献数据库	ATV	2627	67	2468	68	5	19
	CTV	2387	22	2355	3	5	2
合计（条）		8105	1033	7397	1018	124	323

表 10　数据可靠性评价及分布

数据可靠性	评价原则	急性毒性数据（条）	慢性毒性数据（条）	合计（条）
无限制可靠	数据来自良好实验室规范（GLP）体系，或数据产生过程符合实验准则（参照 HJ 831—2017 相关要求）	23	5	28
限制可靠	数据产生过程不完全符合实验准则，但发表于核心期刊	72	14	86
不可靠	数据产生过程与实验准则有冲突或矛盾，没有充足的证据证明数据可用，实验过程不能令人信服；以及合并后的非优先数据（对比实验方式及是否进行了化学监控等）	67	74	141
不确定	没有提供足够的实验细节，无法判断数据可靠性	67	1	68
合计（条）		229	94	323

表 11　筛选数据涉及的物种分布

数据类型	物种类型	物种数量（种）	物种名称	合计（种）
急性毒性	本土物种	37	1.斑尾小鲃；2.大鳞副泥鳅；3.短钝溞；4.刺铁长足摇蚊；5.黑点青鳉；6.红裸须摇蚊；7.霍甫水丝蚓；8.鲫鱼；9.夹杂带丝蚓；10.简弧象鼻溞；11.近球形金星介；12.晶莹仙达溞；13.锯齿米虾；14.眶棘双边鱼；15.鲤鱼；16.隆线溞；17.麦穗鱼；18.泥鳅；19.琵琶萝卜螺；20.乔氏鳋；21.伸展摇蚊；22.石蚕蛾；23.稀有鮈鲫；24.项圈五脉摇蚊；25.溪流摇蚊；26.印度扁卷螺；27.羽摇蚊；28.圆形盘肠溞；29.蚤状钩虾；30.蚤状溞；31.长刺溞；32.栉水虱；33.中华鲟；34.椎实螺；35.稀脉萍；36.美丽网纹溞；37.异斑小鲃	55
	在中国自然水体中广泛分布的国际通用物种	3	1.大型溞；2.模糊网纹溞；3.日本青鳉	
	引进物种	15	1.奥尼罗非鱼；2.斑点叉尾鮰；3.弓背鱼；4.红剑鱼；5.红尾印度鲹；6.虹鳟；7.孔雀胎鳉；8.蓝腮太阳鱼；9.罗氏沼虾；10.麦瑞加拉鲮鱼；11.莫桑比克罗非鱼；12.澳洲银鲈；13.印度囊鳃鲶；14.元宝鳊；15.细鳞鲴	
慢性毒性	本土物种	7	1.蛋白核小球藻；2.近具刺栅藻；3.拟鲤；4.普通小球藻；5.三角褐指藻；6.斜生栅藻；7.中肋骨条藻	12
	在中国自然水体中广泛分布的国际通用物种	3	1.大型溞；2.近头状伪蹄形藻；3.日本青鳉	
	引进物种	2	1.弓背鱼；2.虹鳟	

　　获得的动物急性毒性数据终点有 LC_{50} 和 EC_{50}（附录 A），获得的动物慢性毒性数据终点有 NOEC、LOEC 和 MATC（附录 B）。植物毒性数据的急、慢性分类规则尚不明确。苯酚对水生植物的毒性数据相对较少，本报告筛选获得了 11 条用于基准推导的水生植物毒性数据，包括 1 条稀脉萍毒性数据（附录 A）和 10 条藻类毒性数据（附录 B）。其中稀脉萍毒性数据终点为 EC_{50}，暴露时间为 4 天，纳入短期基准计算；藻类毒性数据终点为 EC_{50}，暴露时间为大于等于 3 天，暴露时间跨越了至少一个世代，纳入长期基准计算。

4.4 自测苯酚毒性数据

鲤科鱼类是我国优势淡水鱼类，鲫鱼、草鱼和鲢鱼为常见物种。由于筛选获得的相关急、慢性毒性数据缺乏（表 11），本次基准推导参考国家标准测试方法开展毒性测试实验，获取了鲫鱼、草鱼和鲢鱼的 96 小时 LC_{50}（见附录 A 第 10 条，第 29 条和第 56 条），鲫鱼和草鱼 28 天 NOEC 和 LOEC（见附录 B 第 1～2 条、第 5～6 条），测试实验报告见附录 C。

4.5 基准推导物种及毒性数据量分布

短期水质基准推导物种及毒性数据量分布情况见表 12，长期水质基准推导物种及毒性数据量分布情况见表 13。

表 12　短期水质基准推导物种及毒性数据量分布

序号	物种名称	毒性数据（条）	物种类型	序号	物种名称	毒性数据（条）	物种类型
1	蚤状溞	8		30	稀有鮈鲫	1	
2	羽摇蚊	4		31	溪流摇蚊	1	
3	鲤鱼	3		32	顶圈五脉摇蚊	1	
4	伸展摇蚊	3		33	印度扁卷螺	1	
5	斑尾小鲃	2		34	圆形盘肠溞	1	本土物种
6	刺铗长足摇蚊	2		35	蚤状钩虾	1	
7	短钝溞	2		36	长刺溞	1	
8	黑点青鳉	2		37	栉水虱	1	
9	鲫鱼	2		38	中华鲟	1	
10	眶棘双边鱼	2		39	椎实螺	1	
11	异斑小鲃	2		40	模糊网纹溞	4	国际通用物种
12	草鱼	1		41	大型溞	1	且在中国水体
13	大鳞副泥鳅	1		42	日本青鳉	1	中广泛分布
14	红裸须摇蚊	1		43	虹鳟	5	
15	霍甫水丝蚓	1	本土物种	44	印度囊鳃鲶	4	
16	夹杂带丝蚓	1		45	孔雀胎鳉	3	
17	简弧象鼻溞	1		46	弓背鱼	3	
18	近球形金星介	1		47	罗氏沼虾	3	
19	晶莹仙达溞	1		48	莫桑比克罗非鱼	2	
20	锯齿米虾	1		49	红剑鱼	2	
21	鲢鱼	1		50	红尾印度鲮	2	引进物种
22	隆线溞	1		51	元宝鳊	2	
23	麦穗鱼	1		52	奥尼罗非鱼	1	
24	美丽网纹溞	1		53	斑点叉尾鮰	1	
25	泥鳅	1		54	蓝腮太阳鱼	1	
26	琵琶萝卜螺	1		55	麦瑞加拉鲮鱼	1	
27	乔氏鳉	1		56	细鳞鲳	1	
28	石蚕蛾	1		57	澳洲银鲈	1	
29	稀脉萍	1					

表 13 长期水质基准推导物种及毒性数据量分布

序号	物种名称	毒性数据（条）	物种类型	序号	物种名称	毒性数据（条）	物种类型
1	斜生栅藻	4		8	三角褐指藻	1	本土物种
2	草鱼	2		9	中肋骨条藻	1	
3	鲫鱼	2		10	大型溞	2	国际通用物种且在中国水体中广泛分布
4	拟鲤	2	本土物种	11	近头状伪蹄形藻	1	
5	蛋白核小球藻	1		12	日本青鳉	1	
6	近具刺栅藻	1		13	弓背鱼	2	引进物种
7	普通小球藻	1		14	虹鳟	2	

5 基准推导

5.1 推导方法

5.1.1 种平均急/慢性值的计算

5.1.1.1 毒性数据使用

（1）急性毒性数据。本报告获得的急性毒性数据包括 LC_{50} 和 EC_{50}，计算 SMAV 时，直接作为 ATV 纳入计算。

（2）慢性毒性数据。本报告获得的动物慢性毒性数据包括 NOEC、LOEC 和 MATC 三种形式，计算 SMCV 时，用公式 1 分物种计算获得 MATC，再统一将 MATC 作为 CTV 纳入计算。获得的植物慢性毒性数据为藻类毒性数据 EC_{50}，计算 SMCV 时，直接作为 CTV 纳入计算。

$$MATC_i = \sqrt{NOEC_i \times LOEC_i} \tag{1}$$

式中：$MATC_i$——物种 i 的最大允许浓度，$\mu g/L$；

　　　$NOEC_i$——物种 i 的无观察效应浓度，$\mu g/L$；

　　　$LOEC_i$——物种 i 的最低观察效应浓度，$\mu g/L$；

　　　i——某一物种，无量纲。

5.1.1.2 分类别物种的种平均急/慢性值的计算

根据 HJ 831—2017，基准推导至少应涵盖 5 类物种，分别是硬骨鲤科鱼类、硬骨非鲤科鱼类、浮游动物、底栖动物和水生植物。由于本次数据收集过程中，仅收集到底栖动物的急性毒性数据，未收集到慢性毒性数据，物种的种平均急性值（SMAV）和种平均慢性值（SMCV）分以下两类情况计算。

（1）已有毒性数据的物种。除底栖动物的 SMCV 外，依据公式 2 和公式 3，分物种计算 $SMAV_i$ 和 $SMCV_i$。

$$SMAV_i = \sqrt[m]{(ATV_1)_i \times (ATV_2)_i \times \cdots \times (ATV_m)_i} \tag{2}$$

$$SMCV_i = \sqrt[n]{(CTV_1)_i \times (CTV_2)_i \times \cdots \times (CTV_n)_i} \tag{3}$$

式中：$SMAV_i$——物种 i 的种平均急性值，$\mu g/L$；

　　　$SMCV_i$——物种 i 的种平均慢性值，$\mu g/L$；

ATV——急性毒性值，计算时不区分 LC_{50} 和 EC_{50}，见附录 A，μg/L；

CTV——慢性毒性值，计算时不区分 MATC 和藻类毒性数据 EC_{50}，见附录 B，μg/L；

m——物种 i 的 ATV 个数，个；

n——物种 i 的 CTV 个数，个。

i——某一物种，无量纲。

（2）底栖类动物的 SMCV。针对底栖动物的慢性毒性值，采用急慢性比方法估算。

首先，从硬骨鲤科鱼类、硬骨非鲤科鱼类、浮游动物和水生植物数据中，筛选基于同样实验条件获得急、慢性毒性值的物种，依据公式 4 计算各物种的急慢性比，依据公式 5 计算平均急慢性比。

其次，对收集的底栖类动物急性毒性数据，依据公式 2 计算底栖类动物各个物种的种平均急性值 $SMAV_i$，依据公式 6 归类计算底栖类动物的 $SMAV_z$。底栖类动物的 $SMAV_z$ 仅用于推导底栖类动物的 $SMCV_z$，不用于短期水质基准的推导。

第三，依据公式 7 计算底栖类动物的种平均慢性值 $SMCV_z$。

$$\mathrm{ACR}_j = \sqrt[h]{\frac{(\mathrm{ATV}_1)_j}{(\mathrm{CTV}_1)_j} \times \frac{(\mathrm{ATV}_2)_j}{(\mathrm{CTV}_2)_j} \times \cdots \times \frac{(\mathrm{ATV}_h)_j}{(\mathrm{CTV}_h)_j}} \tag{4}$$

$$\mathrm{ACR}_w = \sqrt[w]{\prod_{j=1}^{w} \mathrm{ACR}_j} \tag{5}$$

$$\mathrm{SMAV}_z = \sqrt[z]{\mathrm{SMAV}_1 \times \mathrm{SMAV}_2 \times \cdots \times \mathrm{SMAV}_z} \tag{6}$$

$$\mathrm{SMCV}_z = \frac{\mathrm{SMAV}_z}{\mathrm{ACR}_w} \tag{7}$$

式中：ACR_j——物种 j 的急慢性比，无量纲；

ACR_w——w 个物种的平均急慢性比，无量纲；

$SMAV_z$——底栖类动物的种平均急性值，μg/L；

$SMCV_z$——底栖类动物的种平均慢性值，μg/L；

$(ATV_h)_j$——物种 j 的第 h 组中的急性毒性值，μg/L；

$(CTV_h)_j$——物种 j 的第 h 组中的慢性毒性值，μg/L；

j——基于同样实验条件获得急、慢性毒性值的某一物种，无量纲；

h——基于同样实验条件获得急、慢性毒性值的某一物种的急慢性比组数，个；

w——具有急慢性比的物种数，个；

z——具有急性毒性数据的底栖动物的物种数，个。

5.1.2 毒性数据分布检验

对计算获得的 $SMAV_i$ 和 $SMCV_i$ 分别进行正态分布检验（K-S 检验），若不符合正态分布，则对数据进行对数转换后重新检验。对符合正态分布的数据按照"5.1.4 模型拟合与评价"要求进行物种敏感度分布（SSD）模型拟合。

5.1.3 累积频率计算

将物种 $SMAV_i$ 和 $SMCV_i$ 或其对数值分别从小到大进行排序，确定其毒性秩次 R

（最小毒性值的秩次为 1，次之秩次为 2，依次排列，如果有两个或两个以上物种的毒性值相同，则将其任意排成连续秩次，每个秩次下物种数为 1），依据公式 8 分别计算物种的累积频率 F_R。

$$F_R = \frac{\sum_1^R f}{\sum f + 1} \times 100\% \qquad (8)$$

式中：F_R——累积频率，指毒性秩次 1 至 R 的物种数之和与物种总数之比，%；

　　　f——频数，指毒性值秩次 R 对应的物种数，个。

5.1.4 模型拟合与评价

分别以通过正态分布检验的 $SMAV_i$ 和 $SMCV_i$ 或经转换后符合正态分布的数据为 X，以对应的累积频率 F_R 为 Y，进行物种敏感度分布（SSD）模型拟合（包括：正态分布模型、对数正态分布模型、逻辑斯谛分布模型、对数逻辑斯谛分布模型），依据模型拟合的决定系数（r^2）、均方根（RMSE）、残差平方和（SSE）以及 K-S 检验结果，结合专业判断，分别确定 $SMAV_i$ 和 $SMCV_i$ 的最优拟合模型。

5.1.5 基准的确定

5.1.5.1 HC_X

根据"5.1.4 模型拟合与评价"确定的最优拟合模型拟合的 SSD 曲线，分别确定累积频率为 5%、10%、25%、50%、75%、90%、95%所对应的 X 值（SMAV 和 SMCV 或其转换的数据形式），将 X 值还原为数据转换前的形式，获得的 SMAV 和 SMCV 即为急性或慢性的 5%、10%、25%、50%、75%、90%、95%物种危害浓度，分别为 HC_5、HC_{10}、HC_{25}、HC_{50}、HC_{75}、HC_{90}、HC_{95}。

5.1.5.2 基准值

将急性和慢性的 HC_5 分别除以评估因子 2（根据 HJ 831—2017，毒性数据的数量大于 15 且涵盖足够的营养级，评估因子取值为 2）后，即为苯酚的淡水水生生物短期或长期基准，单位 μg/L。

5.1.6 SSD 模型拟合软件

本次基准推导采用的 SSD 模型拟合软件为 MATLAB R2017b（MathWorks）。

5.1.7 结果表达

数据修约按照《数值修约规则与极限数值的表示和判定》（GB/T 8170—2008）进行。SWQC 和 LWQC 保留 4 位有效数字。

5.2 推导结果

5.2.1 短期水质基准

5.2.1.1 SMAV

将附录 A 中急性毒性数据代入公式 2，得到每个物种的 $SMAV_i$（表 14）。

5.2.1.2 毒性数据分布检验

对获得的 $SMAV_i$ 和 lg（$SMAV_i$）分别进行正态分布检验，综合 p 值、峰度和偏度分析结果，lg（$SMAV_i$）正态分布对称性更优，满足 SSD 模型拟合要求，结果见表 15。

表 14　种平均急性值及累积频率

物种 i	$SMAV_i$（μg/L，×10³）	lg（$SMAV_i$，μg/L）	lg（$SMAV_i$，μg/L）		
			R	f（个）	F_R（%）
麦瑞加拉鲮鱼	1.555	3.192	1	1	1.72
模糊网纹溞	3.395	3.531	2	1	3.45
隆线溞	4.030	3.605	3	1	5.17
晶莹仙达溞	6.000	3.778	4	1	6.90
眶棘双边鱼	6.735	3.828	5	1	8.62
虹鳟	9.144	3.961	6	1	10.34
红尾印度鲮	9.499	3.978	7	1	12.07
黑点青鳉	9.595	3.982	8	1	13.79
短钝溞	10.78	4.033	9	1	15.52
大型溞	12.60	4.100	10	1	17.24
元宝鳊	12.64	4.102	11	1	18.97
澳洲银鲈	14.00	4.146	12	1	20.69
斑尾小鲃	14.09	4.149	13	1	22.41
鲢鱼	14.64	4.166	14	1	24.14
斑点叉尾鮰	15.08	4.178	15	1	25.86
异斑小鲃	15.50	4.190	16	1	27.59
弓背鱼	16.14	4.208	17	1	29.31
蓝鳃太阳鱼	17.40	4.241	18	1	31.03
长刺溞	18.00	4.255	19	1	32.76
圆形盘肠溞	20.00	4.301	20	1	34.48
罗氏沼虾	20.37	4.309	21	1	36.21
草鱼	24.38	4.387	22	1	37.93
泥鳅	25.43	4.405	23	1	39.66
鲤鱼	25.78	4.411	24	1	41.38
奥尼罗非鱼	28.07	4.448	25	1	43.10
锯齿米虾	30.25	4.481	26	1	44.83
莫桑比克罗非鱼	31.58	4.499	27	1	46.55
印度囊鳃鲶	31.88	4.504	28	1	48.28
细鳞鲳	32.50	4.512	29	1	50.00
大鳞副泥鳅	33.00	4.519	30	1	51.72
鲫鱼	35.08	4.545	31	1	53.45
夹杂带丝蚓	35.60	4.551	32	1	55.17
红剑鱼	35.62	4.552	33	1	56.90
简弧象鼻溞	36.00	4.556	34	1	58.62
乔氏鲦	36.30	4.560	35	1	60.34
麦穗鱼	36.56	4.563	36	1	62.07
日本青鳉	38.30	4.583	37	1	63.79

续表

物种 i	SMAV$_i$（μg/L，×10³）	lg（SMAV$_i$, μg/L）	lg（SMAV$_i$, μg/L）		
			R	f（个）	F$_R$（%）
稀有鮈鲫	40.65	4.609	38	1	65.52
美丽网纹溞	42.00	4.623	39	1	67.24
孔雀胎鳉	42.40	4.627	40	1	68.97
蚤状溞	55.63	4.745	41	1	70.69
红裸须摇蚊	67.74	4.831	42	1	72.41
蚤状钩虾	69.00	4.839	43	1	74.14
中华鲟	71.00	4.851	44	1	75.86
刺铗长足摇蚊	71.34	4.853	45	1	77.59
近球形金星介	71.78	4.856	46	1	79.31
稀脉萍	94.00	4.973	47	1	81.03
琵琶萝卜螺	102.6	5.011	48	1	82.76
印度扁卷螺	125.8	5.100	49	1	84.48
椎实螺	128.8	5.110	50	1	86.21
伸展摇蚊	154.4	5.189	51	1	87.93
栉水虱	180.0	5.255	52	1	89.66
石蚕蛾	260.0	5.415	53	1	91.38
项圈五脉摇蚊	400.0	5.602	54	1	93.10
溪流摇蚊	500.0	5.699	55	1	94.83
霍甫水丝蚓	780.0	5.892	56	1	96.55
羽摇蚊	1356	6.132	57	1	98.28

表 15　急性毒性数据的正态性检验结果

数据类别	百分位数值							算数平均值	标准差	峰度	偏度	p 值（K-S 检验）
	P5	P10	P25	P50	P75	P90	P95					
SMAV$_i$（×10³，μg/L）	3.967	8.662	14.86	32.50	70.00	196.0	528.0	94.40	214.6	23.01	4.523	0.349
lg（SMAV$_i$, μg/L）	3.598	3.935	4.172	4.512	4.845	5.287	5.718	4.536	0.5619	0.936	0.541	0.137

5.2.1.3　累积频率

lg（SMAV$_i$）的累积频率 F$_R$ 见表 14。

5.2.1.4　模型拟合与评价

模型拟合结果见表 16。通过 r^2、RMSE、SSE 和 p 值（K-S 检验）的比较可知，对数逻辑斯谛模型为最优拟合模型，拟合曲线见图 1。

表 16　苯酚短期水质基准模型拟合结果

模型拟合	r^2	RMSE	SSE	p 值（K-S 检验）
正态分布模型	0.9748	0.0451	0.1158	0.2155
对数正态分布模型	0.9836	0.0364	0.0753	0.4269
逻辑斯谛分布模型	0.9874	0.0318	0.0576	0.5638
对数逻辑斯谛分布模型	0.9901	0.0282	0.0454	0.6804

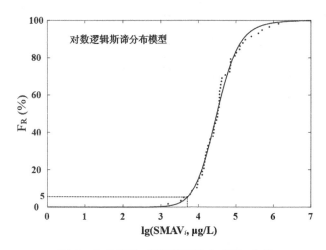

图 1　急性毒性–累积频率拟合 SSD 曲线

5.2.1.5 HC$_x$

依据模型拟合结果（表 16），选择对数逻辑斯谛模型推导短期物种危害浓度 HC$_5$、HC$_{10}$、HC$_{25}$、HC$_{50}$、HC$_{75}$、HC$_{90}$ 和 HC$_{95}$（表 17）。

表 17　淡水水生生物苯酚短期物种危害浓度（$\mu g/L$，$\times 10^3$）

HC$_5$	HC$_{10}$	HC$_{25}$	HC$_{50}$	HC$_{75}$	HC$_{90}$	HC$_{95}$
4.943	7.620	15.00	31.12	68.08	158.1	291.1

5.2.1.6 短期水质基准

由表 17 中确定的 HC$_5$，除以评估因子 2，得到苯酚短期水质基准 2472 $\mu g/L$。本短期水质基准表示对 95%的中国淡水水生生物及其生态功能不产生急性有害效应的水体中苯酚最大浓度（以任何 1 小时算术平均浓度计）。

5.2.2　长期水质基准

5.2.2.1 SMCV

（1）底栖类动物。 附录 A 共纳入 22 种底栖生物的急性毒性数据（表 24）。从附录 A 和附录 B 中选取基于同样实验条件下获得苯酚急、慢性毒性数据的物种，获得鲫鱼、草鱼、虹鳟和日本青鳉 4 个物种数据，依据公式 4 和公式 5，得到 4 个物种的急慢性比和平均急慢性比（表 18）。依据公式 6 和公式 7，利用平均急慢性比推导得到底栖类动物的 $SMCV_z$（表 19）纳入表 20。

表 18　用于推导底栖类动物的 $SMCV_z$ 的急慢性比

序号	物种 j	h	ATV_j（µg/L，$\times10^3$）	CTV_j（µg/L，$\times10^3$）	ACR_j	w	ACR_w
1	鲫鱼	1	33.25	3.837	8.666		
2	草鱼	1	24.38	5.593	4.359		
4	虹鳟	1	6.082	0.157	38.74	4	10.92
5	日本青鳉	1	38.3	3.940	9.721		

表 19　基于急慢性比方法推导的底栖类动物的 $SMCV_z$

序号	物种 z	$SMAV_i$（µg/L，$\times10^3$）	$SMAV_z$（µg/L，$\times10^3$）	ACR_w	$SMCV_z$（µg/L，$\times10^3$）
1	斑点叉尾鮰	15.08			
2	罗氏沼虾	20.37			
3	泥鳅	25.43			
4	锯齿米虾	30.25			
5	印度囊鳃鲶	31.88			
6	大鳞副泥鳅	33.00			
7	夹杂带丝蚓	35.60			
8	红裸须摇蚊	67.74			
9	蚤状钩虾	69.00			
10	中华鲟	71.00			
11	刺铗长足摇蚊	71.34			
12	近球形金星介	71.78	95.72	10.92	8.766
13	琵琶萝卜螺	102.6			
14	印度扁卷螺	125.8			
15	椎实螺	128.8			
16	伸展摇蚊	154.4			
17	栉水虱	180.0			
18	石蚕蛾	260.0			
19	项圈五脉摇蚊	400.0			
20	溪流摇蚊	500.0			
21	霍甫水丝蚓	780.0			
22	羽摇蚊	1356			

表 20　种平均慢性值及累积频率

物种 i	$SMCV_i$（µg/L，$\times10^3$）	lg（$SMCV_i$，µg/L）	lg（$SMCV_i$，µg/L）		
			R	f（个）	F_R（%）
虹鳟	0.4146	2.618	1	1	6.25
弓背鱼	0.7275	2.862	2	1	12.50

物种 i	SMCV$_i$（μg/L，×10³）	lg（SMCV$_i$，μg/L）	lg（SMCV$_i$，μg/L）		
			R	f（个）	F$_R$（%）
大型溞	3.074	3.488	3	1	18.75
鲫鱼	3.837	3.584	4	1	25.00
日本青鳉	3.940	3.595	5	1	31.25
草鱼	5.593	3.748	6	1	37.50
底栖类	8.766	3.943	7	1	43.75
拟鲤	12.55	4.099	8	1	50.00
三角褐指藻	27.32	4.436	9	1	56.25
中肋骨条藻	27.32	4.436	10	1	62.50
近头状伪蹄形藻	175.0	5.243	11	1	68.75
近具刺栅藻	229.0	5.360	12	1	75.00
斜生栅藻	242.7	5.385	13	1	81.25
蛋白核小球藻	327.3	5.515	14	1	87.50
普通小球藻	370.0	5.568	15	1	93.75

（2）其他物种。根据附录 B 中每个物种的 CTV，利用公式 3 得到每个物种的 SMCV$_i$（表 20）。

5.2.2.2 毒性数据分布检验

对获得的 SMCV$_i$ 和 lg（SMCV$_i$）分别进行正态分布检验，综合 p 值、峰度和偏度分析结果，lg（SMCV$_i$）正态分布对称性更优，满足 SSD 模型拟合要求，结果见表 21。

表 21　慢性毒性数据的正态性检验结果

数据类别	百分位数值							算数平均值	标准差	峰度	偏度	p 值（K-S 检验）
	P5	P10	P25	P50	P75	P90	P95					
SMCV$_i$（×10³，μg/L）	0.4146	0.6023	3.837	12.55	229.0	344.4	-	95.84	133.6	−0.346	1.117	0.363
lg（SMCV$_i$，μg/L）	2.618	2.764	3.584	4.099	5.360	5.536	-	4.259	0.9757	−1.181	−0.037	0.177

5.2.2.3 累积频率

lg（SMCV$_i$）的累积频率 F$_R$ 见表 20。

5.2.2.4 模型拟合与评价

模型拟合结果见表 22。通过 r^2、RMSE、SSE 和 p 值（K-S 检验）的比较可知，最优拟合模型为对数正态分布模型，拟合曲线见图 2。

表 22　苯酚长期水质基准模型拟合结果

模型拟合	r^2	RMSE	SSE	p 值（K-S 检验）
正态分布模型	0.9372	0.0677	0.0687	0.6729
对数正态分布模型	0.9516	0.0594	0.0529	0.7221
逻辑斯谛分布模型	0.9332	0.0698	0.0730	0.6293
对数逻辑斯谛分布模型	0.9462	0.0626	0.0589	0.7108

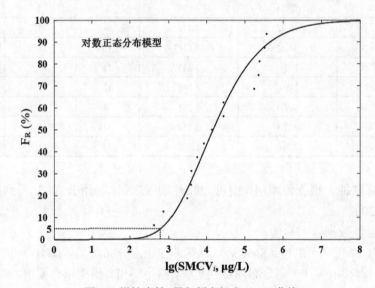

图 2　慢性毒性-累积频率拟合 SSD 曲线

5.2.2.5 HCₓ

依据模型拟合结果（表 22），选择对数正态分布模型推导长期物种危害浓度 HC_5、HC_{10}、HC_{25}、HC_{50}、HC_{75}、HC_{90} 和 HC_{95}（表 23）。

表 23　淡水水生生物苯酚长期物种危害浓度（μg/L，×10³）

HC_5	HC_{10}	HC_{25}	HC_{50}	HC_{75}	HC_{90}	HC_{95}
0.6324	1.135	3.404	14.13	-	-	-

5.2.2.6 长期水质基准

由表 23 中确定的 HC_5，除以评估因子 2，得到苯酚长期水质基准 316.2 μg/L。本长期水质基准表示对 95%的中国淡水水生生物及其生态功能不产生慢性有害效应的水体中苯酚最大浓度（以连续 4 个自然日的算术平均浓度计）。

6　水质基准推导自审核

本次基准推导所涉及物种在营养级、类别、数据质量等方面基本满足 HJ 831—2017

要求（表 24）。我国水质基准研究尚处于起步阶段，能够满足基准推导要求的毒性数据有限，发达国家在其基准研究过程也经历过类似的问题。随着我国生态环境基准研究的不断充实、丰富和发展，生态环境基准也将适时更新。

表 24　基准推导自审核详情

审核项目	HJ 831—2017 有关要求	本基准使用	
		急性	慢性
营养级别	涵盖 3 个营养级	生产者	1.稀脉萍	1.蛋白核小球藻；2.近具刺栅藻；3.近头状伪蹄形藻；4.普通小球藻；5.三角褐指藻；6.斜生栅藻；7.中肋骨条藻
		初级消费者	1.奥尼罗非鱼；2.草鱼；3.刺铗长足摇蚊；4.大鳞副泥鳅；5.大型溞；6.短钝溞；7.红裸须摇蚊；8.霍甫水丝蚓；9.鲫鱼；10.夹杂带丝蚓；11.简弧象鼻溞；12.近球形金星介；13.晶莹仙达溞；14.锯齿米虾；15. 鲤鱼；16.鲢鱼；17.隆线溞；18.罗氏沼虾；19.麦瑞加拉鲮鱼；20.美丽网纹溞；21.模糊网纹溞；22.莫桑比克罗非鱼；23.泥鳅；24.琵琶萝卜螺；25.伸展摇蚊；26.石蚕蛾；27.稀有鮈鲫；28.溪流摇蚊；29.细鳞鲴；30.项圈五脉摇蚊；31.印度扁卷螺；32.羽摇蚊；33. 元宝鳊；34.圆形盘肠溞；35.蚤状钩虾；36.蚤状溞；37.长刺溞；38.栉水虱；39.椎实螺	1.草鱼；2.大型溞；3.鲫鱼；4.拟鲤
		次级消费者	1.澳洲银鲈；2.斑点叉尾鮰；3.斑尾小鲃；4.弓背鱼；5.黑点青鳉；6.红剑鱼；7.红尾印度鲮；8.虹鳟；9. 孔雀胎鳉；10.眶棘双边鱼；11.蓝腮太阳鱼；12.麦穗鱼；13.乔氏鲦；14.日本青鳉；15.异斑小鲃；16.印度囊鳃鲶；17.中华鲟	1.弓背鱼；2.虹鳟；3.日本青鳉
物种要求	5 种	至少包括 5 个物种	57 个	14 个
		1 种硬骨鲤科鱼类	1.斑尾小鲃；2.草鱼；3.鲫鱼；4.鲤鱼；5.鲢鱼；6.麦瑞加拉鲮鱼；7.麦穗鱼；8.稀有鮈鲫；9.异斑小鲃；10.元宝鳊	1.草鱼；2.鲫鱼；3.拟鲤
		1 种硬骨非鲤科鱼类	1.奥尼罗非鱼；2.澳洲银鲈；3.弓背鱼；4.黑点青鳉；5.红剑鱼；6.红尾印度鲮；7.虹鳟；8.孔雀胎鳉；9.眶棘双边鱼；10.蓝腮太阳鱼；11.莫桑比克罗非鱼；12.乔氏鲦；13.日本青鳉；14.细鳞鲴	1.弓背鱼；2.虹鳟；3.日本青鳉
		1 种浮游动物	1.长刺溞；2.大型溞；3.短钝溞；4.简弧象鼻溞；5. 晶莹仙达溞；6.隆线溞；7.美丽网纹溞；8.模糊网纹溞；9.圆形盘肠溞；10.蚤状溞	1.大型溞
		1 种底栖动物	1.斑点叉尾鮰；2.刺铗长足摇蚊；3.大鳞副泥鳅；4.红裸须摇蚊；5.霍甫水丝蚓；6.夹杂带丝蚓；7.近球形金星介；8.锯齿米虾；9.罗氏沼虾；10.泥鳅；11.琵琶萝卜螺；12.伸展摇蚊；13.石蚕蛾；14.溪流摇蚊；15.项圈五脉摇蚊；16.印度扁卷螺；17.印度囊鳃鲶；18.羽摇蚊；19.蚤状钩虾；20.栉水虱；21.椎实螺；22.中华鲟	底栖类（急慢性比推导）

续表

审核项目	HJ 831—2017 有关要求		本基准使用	
			急性	慢性
物种要求	5 种	1 种水生植物	1.稀脉萍	1.蛋白核小球藻；2.近具刺栅藻；3.近头状伪蹄形藻；4.普通小球藻；5.三角褐指藻；6.斜生栅藻；7.中肋骨条藻
毒性数据	有效性	无限制可靠数据	26 条（含 3 条自测数据）	9 条（含 4 条自测数据）
		限制可靠数据	72 条	15 条（含 1 条推导数据）
		不可靠数据	0	0
		不确定数据	0	0